LE

RÈGNE MINÉRAL.

IMPRIMERIE D'HIPPOLYTE TILLIARD,
RUE SAINT-HYACINTHE-SAINT-MICHEL, 30.

LE
RÈGNE MINÉRAL

RAMENÉ

AUX MÉTHODES

DE

L'HISTOIRE NATURELLE.

PAR **L. A. NECKER**,

DE L'ACADÉMIE ET DE LA SOCIÉTÉ DE PHYSIQUE ET D'HISTOIRE NATURELLE DE GENÈVE,
DES SOCIÉTÉS ROYALE D'ÉDIMBOURG, GÉOLOGIQUE DE LONDRES,
MINÉRALOGIQUE DE JÉNA, ETC., ETC.

TOME DEUXIÈME.

PARIS,

F. G. LEVRAULT, LIBRAIRE-ÉDITEUR,
RUE DE LA HARPE, 81.
STRASBOURG, MÊME MAISON, RUE DES JUIFS, 33.

1835.

TABLE

DES MATIÈRES

du tome deuxième.

FIN DE LA TABLE.

CLASSIFICATION.

CLASSIFICATION

DES CRISTAUX

ou

INDIVIDUS MINÉRAUX.

Les Cristaux se divisent en quatre classes :

1º Les *Cristaux métallophanes* , qui ont l'aspect et l'éclat métallique, et qui, même dans l'état le plus pur, sont toujours complètement opaques dans les plus minces fragmens.

2° *Cristaux lithophanes* , qui n'ont jamais l'aspect ni l'éclat métallique , et qui dans l'état de pureté parfaite, sont complétement transparens. Les mélanges mécaniques qui altèrent souvent la pureté de ces minéraux , sont rarement assez abondans pour anéantir entièrement la transparence , qui même alors s'aperçoit encore comme une translucidité plus ou moins grande dans les fragmens peu épais , ou tout au moins sur leurs bords les plus minces, et enfin , par la couleur claire de la poussière.

3° Entre ces deux classes naturelles, séparées

entre elles par des caractères si tranchés, est une
classe artificielle intermédiaire , qui participe à
la fois des caractères propres aux deux autres ;
c'est celle des *cristaux amphiphanes*, ou dans laquelle le même individu présente à la fois l'éclat
et l'aspect métallique, joints à l'aspect terreux ou
à une translucidité plus ou moins parfaite.

4° Enfin, les *cristaux inflammables*, petite classe
artificielle, comprenant deux seuls genres qui
possèdent l'aspect lithoïde, la transparence et la
propriété de brûler à un feu plus ou moins vif,
sans laisser, s'ils sont purs, aucun résidu, et sans
émettre l'odeur d'ail.

On verra ci-après , que chacune de ces classes
est formée de groupes chimiques différant, par
le mode et la nature de leurs combinaisons , de
ceux qui composent les autres classes.

Ainsi, les cristaux métallophanes comprennent
tous les métaux natifs , les alliages ou combinaisons de métaux entre eux , la plupart des combinaisons des métaux avec des combustibles non
métalliques, comme le soufre et le carbone, et ne
comprennent que des combinaisons dont l'oxygène, le fluor ou le chlore sont exclus.

Les cristaux amphiphanes comprennent, 1° quelques combinaisons du soufre avec des métaux.
2° Celles de certains métaux avec l'oxygène :
en général avec la plus petite portion d'oxygène
qu'ils puissent contenir (métaux oxydulés).

Les cristaux inflammables sont des combustibles simples non métalliques.

Enfin, la classe des cristaux lithophanes, la plus nombreuse de toutes en genres et en espèces, se compose de tous les oxydes, les acides, les combinaisons d'oxydes entre eux et avec des acides, ou de corps simples avec le fluor et le chlore.

PREMIÈRE CLASSE.

LES CRISTAUX MÉTALLOPHANES.

Essentiellement opaques, doués de l'éclat métallique, ayant une couleur propre, conducteurs de l'électricité, prenant l'éclat métallique par la râclure. Les minéraux de cette classe sont quelquefois sujets à une altération de composition qui leur fait perdre, en tout ou en partie, dans les surfaces exposées à l'action des élémens, l'éclat métallique. Mais cet éclat caractéristique reparaît dans l'intérieur du corps, encore sain, par la seule soustraction de la croûte superficielle altérée, ou seulement par le poli ou le frottement d'un corps dur.

Cette altération provient d'un commencement d'oxydation ou d'hydration.

Dans cette classe, l'intensité de l'éclat paraît indépendante de la dureté du minéral. Des cris-

taux métallophanes peu durs surpassent en éclat
d'autres qui le sont davantage.

Elle comprend les minéraux les plus pesans.
Le minimum de pesanteur spécifique (en ex-
ceptant les graphites) est de 4,10. Le maximum
est 19,50; c'est celle de l'iridium osmié, le plus
pesant des minéraux naturels.

En général, les minéraux de cette classe sont
peu durs; tous sont rayés par le quartz, plusieurs
le sont même par la chaux fluatée, la plupart
jusques par la chaux carbonatée: ceux-ci ne rayent
que le gypse ou le talc; les plus durs, qui sont en
petit nombre, rayent l'apatite et même le feldspath., mais, pas au-delà.

Considérés chimiquement, les corps qui composent cette classe sont des métaux purs; des
métaux combinés entre eux ou avec le carbone,
et des métaux combinés avec le soufre, on n'y
rencontre l'oxygène sous aucune forme.

La classe des cristaux métallophanes se sous-
divise en quatre ordres :

 1° Les MÉTAUX NATIFS OU RÉGULIENS ;

 2° Les AMALGAMES OU ALLIAGES ;

 3° Les PYRITES ;

 4° Les GRAPHITES,

qui seraient susceptibles d'être réunis chimiquement en deux sous-classes, dont la première
comprenant les réguliens et les alliages, serait
formée de métaux, soit seuls, soit combinés entre
eux ; et la seconde, les pyrites et les graphites,

présenterait la combinaison des métaux avec des combustibles non métalliques.

PREMIER ORDRE.

LES MÉTAUX NATIFS OU RÉGULIENS.

Dans l'état de pureté parfaite , indécomposables également par la voie sèche et par la voie humide ; poussière ayant l'aspect et l'éclat métalliques, comme le corps ; formes dérivées de solides appartenant au système tétraédrique, tels que le cube , l'octaèdre régulier et le dodécaèdre rhomboïdal ; clivage nul ou à peine appréciable ; pesanteur spécifique , jamais inférieure à 5,7 ; dureté n'égalant pas celle de la chaux fluatée. Aucun n'étincelle avec le briquet.

Nature chimique. — Corps simples et élémentaires, combustibles, métalliques.

La nature ne nous les offre guères dans un état de pureté complète ; ils sont en général unis à une très faible proportion d'autres métaux du même ordre. Mais le métal dominant conserve toujours ses propriétés caractéristiques.

Cet ordre renferme deux familles :

1° Les métaux malléables ;

2° Les métaux fragiles.

Ire FAMILLE. — *MÉTAUX MALLÉABLES*.

Cédant et s'aplatissant sous le marteau ou se divisant avec le couteau en lames minces et flexibles.

Ier Genre. — PLATINE. (*Platinum.*)

Platine natif ferrifère, Haüy. *Hexaedrisches Platin*, Mohs.

Couleur intermédiaire entre le gris de plomb et le blanc d'argent. Pesanteur spécifique, 18,94. (Trallés, d'après celle d'une pépite de platine du poids de 1088,8 grains, donnée par M. de Humboldt, au Musée de Berlin.) Varie entre 16 et 20. Raye la chaux carbonatée; rayé par le feldspath.

Infusible sans addition à la plus forte chaleur du chalumeau ou des fourneaux; insoluble dans les acides, à l'exception de l'acide nitro-muriatique. Isolé et frotté, acquérant l'électricité résineuse.

Ce métal est ordinairement souillé par un mélange, probablement mécanique, d'une petite quantité de fer.

ESPÈCES.

1re Espèce. PLATINE OCTAÈDRE (*Platinum octaedricum*). Forme l'octaèdre régulier dont les faces triangulaires équilatérales sont inclinées entre elles de 109° 28'. *De Nishnei-Tagilsk*, dans les monts Ourals.

2e PLATINE CUBIQUE (*Platinum cubicum*). Le cube. Incidence des faces 90°, indiquée par Haüy et Vauquelin, sans désignation de localité.

M. Breithaupt (Ann. des Mines, 2e série, t. 3, p. 283) cite d'autres espèces de ce genre, dont les formes dérivent du cube, comme trouvées à Nishnei-Tagilsk, dans les monts Ourals.

MODE DE GROUPEMENT DES INDIVIDUS MOLÉCULAIRES DE CE GENRE.

En pépites arrondies, plus ou moins grosses, en paillettes et en petites masses irrégulières rassemblées en forme de sable.

2ᵉ Genre. — OR. (*Aurum.*)

Or natif des divers minéralogistes, *Hexaedrisches Gold*. Mohs.

Couleur jaune. Forme primitive, le cube; soluble seulement dans l'acide nitro-muriatique (Eau régale). Pes. spéc. 19, 28. Fusible au 32º. Wedgwood. Raye le gypse; rayé par la chaux fluatée. Isolés et frottés les minéraux de ce genre acquièrent l'électricité résineuse.

ESPÈCES.

1ʳᵉ Espèce. OR PRIMITIF (*Aurum cubicum*). Signe des faces, *P*, toutes carrées, et faisant entre elles des angles de 90º. *De Transylvanie* (Haüy).

2 OR OCTAÈDRE (*Aurum octaedricum*). Sig. des faces, *n*, toutes des triangles équilatéraux, inclinées entre elles de 109º 28', produites par une modification d'une seule facette sur tous les angles solides du noyau, modification qui a atteint sa limite.

Variété *a. Cunéiforme.* Les deux angles des sommets remplacés par une arête, et chaque pyramide changée en un solide en forme de coin ou de toit, formé de deux grands trapèzes et de deux petits triangles. *De Vorospatack;* en Transylvanie. (Lucas, Coll. du Mus.)

Var. *b. Segminiforme.* Fragment comme détaché d'un octaèdre par un plan parallèle à une des faces et passant entre cette face et le centre du cristal.

3ᵉ OR TRAPÉZOÏDAL (*Aurum trapezoidale*). Signe des faces *o*, 24 faces trapézoïdales inclinées entre elles de 131º 48' 36" et de 146º 26' 35", produites par une modification complète sur tous les angles solides du noyau, par 3 facettes correspondantes aux faces. *De Vorospatack*, en Transylvanie. (Lucas, Coll. du Muséum.)

4ᵉ OR CUBO-OCTAÈDRE (*Aurum cubo-octaedricum*). Sig. des faces *nP*. Modification incomplète, par une face sur tous les angles solides du noyau; inclinaison de *n* sur *P* 125º 15' 52".

Var. *a.* Cube dominant. Inclinaison de *P* sur *P* 90º.

Var. *b.* Octaèdre dominant. Inclinaison de *n* sur *n* 109º 28' 16".

De Matto-Grosso, Brésil. (Haüy et Lucas, Coll. du Mus.)

MODE DE GROUPEMENT DES INDIVIDUS DE CE GENRE.

En ramifications ou en dendrites, dans quelques-unes desquelles on reconnaît à la vue simple les petits octaèdres implantés les uns dans les autres.

Souvent ces cristaux sont trop petits pour être aperçus même au microscope; mais le groupe ramuleux ou dendritique qui en est formé, est exactement semblable à ceux qui sont composés de cristaux visibles.

Ces rameaux se changent parfois en filaments déliés.

Les lames planes ou contournées, et dont la surface est souvent réticulée, paraissent aussi formées de cristaux indiscernables à l'œil.

Enfin, il existe des grains arrondis, des paillettes et des masses amorphes, ou *pépites*, qui doivent être considérées comme des assemblages irréguliers de cristaux moléculaires du genre or.

Or argentifère. La plupart des ors natifs contiennent une petite proportion d'argent. Les chimistes Boussingault et Michelotti considèrent une pareille association comme une véritable combinaison chimique en proportions définies. Cependant, en voyant que le nombre des atomes d'argent contenus dans le mélange, varie suivant les localités; que les caractères de l'or, à l'exception toutefois de sa couleur, ne sont point influencés par la présence de l'argent; qu'en outre les formules donneraient des rapports beaucoup plus compliqués que la généralité des combinaisons connues (comme de 8 à 22 atomes d'or pour 1 atome d'argent); en voyant enfin qu'il existe un véritable alliage d'or et d'argent, l'électrum de Klaproth, dont les propriétés sont différentes de celles des deux métaux composans, nous donnerons la description de l'électrum dans l'ordre des Alliages auquel il appartient, et nous placerons ici sous le nom d'ors argentifères ceux de ces mélanges mécaniques dans lesquels les caractères principaux sont ceux de l'or.

3ᵉ Genre. — ARGENT. (*Argentum*.)

Argent natif des divers minéralogistes *Hexaedrisches Silber*, Mohs.

Couleur blanche; forme primitive, le cube. Soluble à froid dans l'acide nitrique et à chaud dans l'acide sulfurique. On le précipite de sa solution dans l'acide nitrique, soit par l'acide hydrochlorique, soit en y plongeant une lame de cuivre sur laquelle l'argent se dépose à l'état métallique. Rayant la chaux sulfatée ; rayé par la chaux fluatée. Pes. spéc. 10, 47. Isolés et frottés, les minéraux de ce genre acquièrent l'électricité positive ou vitrée. Fusible au 28ᵉ degré du pyromètre de Wedgwood.

ESPÈCES.

1ʳᵉ Espèce. ARGENT PRIMITIF (*Argentum cubicum*). Le cube. Signe des faces, *P*, toutes carrées, et faisant entre elles des angles de 90°. *De Kongsberg*, en *Norwége*. (Lucas., Coll. du Muséum).

2ᵉ ARGENT OCTAÈDRE (*Argentum octaedricum*). Sig. des faces, *r*, toutes des triangles équilatéraux, inclinées entre elles de 109° 28' 16", produites en vertu d'une modification complète par une seule face sur tous les angles solides du noyau.

Var. *a. Cunéiforme.* (Voyez le genre OR.)

Var. *b. Segminiforme.* (Idem.)

3ᵉ ARGENT CUBO-OCTAÈDRE (*Argentum cubo-octaedricum*.) Sig. des faces. Pr. Modification incomplète par une seule face sur tous les angles solides du noyau.

Inclinaison de *r* sur P 125° 15' 52".

Var. *a.* Cube dominant. Inclinaison de P sur P 90°.

Var. *b.* Octaèdre dominant. Inclinaison de *r* sur *r* 109° 28' 16"

De Kongsberg en *Norwége*. (Luc., Coll. du Mus.)

MODE DE GROUPEMENT DES INDIVIDUS DE CE GENRE.

En ramifications ou dendrites, dans quelques-unes desquelles on reconnaît, à la vue simple, les petits octaèdres ou les cubes implantés les uns dans les autres. Tantôt ces rameaux divergent, tantôt ils imitent la forme des feuilles de fougère, tantôt ils se croisent sur un même plan, de manière à former un réseau.

Ce rameaux sont souvent composés de cristaux trop petits pour pouvoir être aperçus même avec l'aide du microscope.

Ils prennent aussi l'apparence de filets souvent contournés et courbés en anneaux. Ces filets ont quelquefois un diamètre sensible ; d'autres fois ils sont si minces qu'ils imitent des touffes de cheveux.

Les cristaux moléculaires se disposent aussi en lames appliquées à la surface des pierres ou en remplissant les fissures.

On doit encore supposer que les grains arrondis et les masses amorphes formées de la même substance, sont aussi des groupes irréguliers d'une multitude prodigieuse de petits cristaux.

ALTÉRATION.

Les minéraux de ce genre sont sujets, lorsqu'ils sont exposés à l'air, à se couvrir, à leur surface, d'un enduit noirâtre qui leur ôte l'éclat métallique à l'extérieur; mais, au-dessous de cette surface ternie, on retrouve ce brillant non altéré. Haüy dit qu'on peut préserver de cette altération les cristaux, lames et filets d'argent conservés dans des collections, en les mettant sous verre.

4ᵉ Genre. — CUIVRE. (*Cuprum.*)

Cuivre natif des divers minéralogistes. *Oktaedrisches Kupfer*, Mohs.

Couleur jaune rougeâtre; forme primitive, le cube; soluble dans l'acide nitrique qu'il colore en vert; et soluble dans l'ammoniaque auquel il donne une belle couleur bleue. Raye la chaux carbonatée ou spath; rayé par la chaux fluatée ou fluor. Pes. spéc. 8,58 à 8,9. Isolés et frottés, les minéraux de ce genre acquièrent l'électricité vitrée. Fusible au 27°, Wedgwood.

ESPÈCES.

1ʳᵉ Espèce. CUIVRE PRIMITIF (*Cuprum cubicum*). Signe des faces P, toutes carrées, et faisant entre elles des angles de 90°. *Cornouailles.*

2ᵉ CUIVRE OCTAÈDRE (*Cuprum octaedricum*). Sig. des faces r, toutes des triangles équilatéraux, inclinées entre elles de 109° 28' 16", produites par une modification complète, par une seule facette, sur tous les angles solides du noyau. *Cornouailles.*

Var. *a. Transposé.* Une moitié de l'octaèdre paraissant avoir tourné sur l'autre d'un sixième de circonférence. Solide à 3 angles rentrans, 8 triangles et 6 trapèzes.

3ᵉ CUIVRE CUBO-OCTAÈDRE (*Cuprum cubo-octaedricum*). Sig. des faces P r. Modification incomplète par une facette sur tous les angles solides du noyau.

Inclinaison de *r* sur P 125° 15' 52".

Var. *a.* Cube dominant. Inclinaison de P sur P 90°.

Var *b.* Octaèdre dominant. Inclinaison de *r* sur *r* 109° 28' 16".

4° CUIVRE CUBO-DODÉCAÈDRE (*Cuprum cubo-dodecaedricum*). Le cube émarginé , ou dont les huit arêtes sont remplacées chacune par une facette. Signe des faces P *s.* Modification incomplète par une facette sur toutes les arêtes du noyau. Inclinaison de *s* sur P 153° 26' 5".

Var. *a.* Cube dominant.

Var. *b.* Dodécaèdre rhomboïdal dominant, et dont les six angles quadruples sont remplacés par une facette carrée. Inclinaison de *s* sur *s* 120°.

5e CUIVRE TRIFORME (*Cuprum triforme*). Le cube modifié par une facette sur tous les angles solides et sur toutes les arêtes. Modifications qui n'ont pas atteint leur limite. Signe des faces P *s r.* Inclinaisons de P sur *s* 153° 26' 5", de *s* sur *r* 144° 44' 8", de P sur *r* 125° 15' 52".

N. B. Haüy signale avec doute une sixième espèce, qu'il nomme *trihexaèdre* , et qui est formée d'un odécaèdre bipyramidal très surbaissé et d'un prisme hexaèdre très court interposé entre les deux pyramides. Les cristaux qu'il a décrits étaient trop petits pour qu'il pût en mesurer exactement les angles. Cette cristallisation n'appartenant pas au système tétraédrique, qui est celui de cette famille , mais au système rhomboédrique , semblerait indiquer une *pseudomorphose* , dans laquelle la substance du cuivre a pris la place de quelque autre cristal, ou une *épigénie* du cuivre sulfuré, qui aurait perdu son soufre, et serait demeuré cuivre pur en conservant la forme qui lui est propre.

On peut en dire autant des cristaux de cuivre natif de la collection du Muséum de Paris, signalés par Lucas comme étant en prismes rhomboïdaux, ou à un plus grand nombre de pans terminés par des sommets pyramidaux aigus, dentiformes. (Tabl. des Esp. minér., 2e part. p. 331.)

MODES DE GROUPEMENT DES INDIVIDUS DE CE GENRE.

Comme ceux des genres précédents , en rameaux divergens ou réticulés ; en filamens déliés (près de Temeswar), en lames et en grains. Ils forment aussi des groupes concrétionnés, mamelonnés ou botryoïdes , c'est-à-dire imitant la forme d'une grappe de raisin.

Enfin, il existe des masses formées de la même substance, qui sont quelquefois susceptibles de clivage.

Il est à observer que les cristaux réguliers de ce genre, ainsi que ceux qui sont groupés en rameaux et en lamelles, se trouvent ainsi dans les roches les plus anciennes, tandis que les groupes concrétionnés appartiennent à ce qu'on nomme le *cuivre de cémentation*, qui provient d'un sulfate de cuivre formé dans les mines par la décomposition de quelques minerais de cuivre, et particulièrement du cuivre pyriteux. Ce cuivre sulfaté, dissous par les eaux et entraîné par elles, ayant subi une nouvelle décomposition, a déposé le cuivre, sous forme métallique, sur des morceaux de fer et divers autres corps.

5ᵉ Genre. — FER. *(Ferrum.)*

Fer natif des minéralogistes, *Oktaedrisches Eisen*, Mohs.

Couleur d'un gris légèrement bleuâtre, attirable à l'aimant; forme primitive, l'octaèdre régulier (Haüy); soluble dans tous les acides; solution précipitant abondamment en bleu par l'hydrocyanate de potasse. Pes. spécifique, 7,44 à 7,8. Isolé et frotté donne l'électricité résineuse. Raye la chaux fluatée; rayé par l'apatite.

ESPÈCE UNIQUE.

FER CUBIQUE (*Ferrum cubicum*). Signe des faces *r*, toutes carrées, et faisant entre elles des angles de 90°. Modification complète, par une seule facette, sur tous les angles du noyau. *Du Sénégal*, Wallérius, et rapporté par M. Mollien, *de Galam*, dans le centre de l'Afrique, vers la source du Sénégal.

GROUPEMENT DES INDIVIDUS MOLÉCULAIRES DE CE GENRE.

En petites masses amorphes formées de cette substance, 1° à Kamsdorff en Saxe, où elles sont d'un gris métallique blanchâtre, à cassure raboteuse, et quelquefois hamiforme, ayant la polarité magnétique.

2° En masses celluleuses ayant, en certains endroits, le gris du fer avec un tissu raboteux, en d'autres le blanc argentin avec un tissu lamelleux, et jouissant aussi du magnétisme polaire. Trouvé par M. Mossier dans les laves du volcan de Graveneire, *en Auvergne.*

3° En grains arrondis disséminés dans les aérolithes (c'est le *fer natif météorique* de Haüy).

4° En masses irrégulières quelquefois très considérables, isolées à la surface de la terre, en Sibérie, dans l'Amérique Méridionale près San-Iago, et au Cap de Bonne Espérance. Celle-ci et celle de Sibérie sont d'un fer très blanc et très malléable. (1)

Enfin le fer natif, malléable, à l'état d'acier, se trouve aux environs d'une mine de houille embrasée à la Bouiche, département de l'Allier. Pes. spéc. 7,44. Il est plus dur que l'acier trempé, à cassure granuleuse. Naturellement il n'a pas de polarité magnétique. C'est l'*acier natif pseudo-volcanique* d'Haüy et le *fer aciéreux* d'autres minéralogistes.

Si il venait à se présenter avec des formes cristallines, il pourrait trouver place dans la méthode, ou comme sous-genre du genre *fer* si ses formes étaient les mêmes, ou comme un genre particulier si elles présentaient des différences.

Toutes les masses, petites ou grandes de fer météorique, contiennent une petite proportion de nickel; quelques unes renferment aussi du cobalt, du chrôme, etc.

ANALYSES DES FERS MÉTÉORIQUES DE :

	Hraschina. (Klaproth)	Sibérie. (Klaproth)	Mexique. (Klaproth)	Atacama. (Turner)
Fer.....	96,5	98,6	96,75	95,4.
Nickel....	3,5	1,5	3,25	6,618.
Cobalt....	0,0	trace (Stromeyer)	0,00	0,535.
Chrome / Soufre \	0,0	trace (Laugier)	0,00	0,000.
	100,0	100,0	100,00	100,553,

Formule de M. Berzélius Fe (Ni, Co, Ch).

---

(1) Un échantillon pesant plusieurs livres de la masse de fer du Cap, rapportée par Barrow, était à Londres, dans le musée de Sowerby. Son grain était très compacte et serré et ses surfaces artificiellement polies ne s'oxydaient point. Ce beau morceau a été employé à fabriquer une lame de sabre pour l'Empereur de Russie.

Appendice à la famille des Réguliens malléables.

Quelques métaux se présentent dans la nature à l'état natif et avec les caractères de cette famille; mais n'ayant jamais encore été trouvés sous des formes cristallines ou clivables, ils ne constituent pas de vraies espèces ni de vrais genres. Cependant on peut présumer par analogie qu'un jour on les trouvera avec ces formes dérivées d'un solide du système téraédrique, qui caractérisent tous les métaux natifs connus jusqu'ici à l'état cristallin. C'est ce qui fait que malgré qu'ils doivent trouver leur place parmi les pierres non cristallines, nous indiquerons sommairement leurs principales propriétés qui deviendraient des caractères génériques si l'on venait à trouver de vraies espèces formées de ces substances.

*Le **Palladium**.* Couleur blanc grisâtre; isolé et frotté acquiert l'électricité résineuse, infusible au chalumeau, soluble dans l'acide nitro-muriatique auquel il communique une belle couleur rouge. Pes. spéc. 11,31 à 11,8. Se présente mêlé avec les grains de platine sous la forme de petites lamelles. Du Brésil et dans le sable platinifère des monts Ourals, suivant M. Brithaupt, Ann. des mines, 2e série, t. 3e, p. 283. Sa pesanteur spécifique est de 12 à 13. Des cristaux de palladium en octaèdres à base carrée et prismes symétriques ont été indiqués par Sowerby, *Ann. of. philos.* XVI, *p.* 223. On a dernièrement trouvé le palladium en grains microscopiques dans l'or natif entouré de plomb sélénié à Tilkerode dans le Hartz.

*Le **Plomb**,* ne s'est encore présenté pur et malléable dans la nature que dans les laves de l'île de Madère où il a été découvert par M. Retke, minéralogiste danois. Il existe en petites masses contournées; sa couleur est grise; il est très tendre, soluble dans les acides, sa solution est précipitée en noir par le sulfure ammoniacal et en blanc par les sulfates et par l'hydro-cyonate de potasse. Pes. spéc. 10 à 11,35. Isolé et frotté, il acquiert l'électricité négative. Au chalumeau seul sur le charbon, il fond aisément et recouvre le charbon d'oxyde jaune.

*Le **Mercure*** n'a été admis que par tolérance dans les systèmes de minéralogie : étant toujours fluide à la température ordinaire de nos climats, il ne présente aucune forme déterminée et se trouve en petites gouttelettes disséminées dans les schistes tendres à Idria, au Carniol, à Almaden en Espagne et dans le Duché des Deux-Ponts. Son état liquide, sa couleur blanc d'argent, sa pesanteur spécifique de 23, 56, la facilité avec laquelle il se volatilise à une chaleur un peu forte, sont des caractères suffisans pour le faire reconnaître et le distinguer de toutes les autres substances minérales.

Le prétendu *Nickel natif* de Klaproth et des minéralogistes qui ont écrit après lui, a été reconnu par M. Rivero pour être un arséniure ou un phosphure de nickel. Le nickel natif de Cornouailles n'est autre chose, selon lui, que du quartz capillaire recouvert de fer sulfuré (1) : ainsi ce genre doit cesser d'être admis parmi les métaux natifs.

2° Famille. — *MÉTAUX FRAGILES.*

Se brisant sans s'étendre sous le marteau, et s'égrénant lorsqu'on les coupe avec un couteau.

1er Genre.—Bismuth. (*Wismuthum.*)

Bismuth natif de Haüy, Brochant et de tous les minéralogistes, excepté celui d'Esmarck qui est un alliage de tellure, de sélénium et de bismuth. *Oktaedrisches Wismuth,* Mohs.

Couleur : blanc jaunâtre ou rougeâtre. Forme primitive : octaèdre régulier. Tissu très lamelleux. Pes. spéc. 9,612 à 9,8. Rayant le gypse ; rayé par la chaux carbonatée. Isolé et frotté donne l'électricité résineuse. Fusible à la simple flamme d'une bougie.

Au chalumeau, développe quelquefois une faible odeur d'ail due à un mélange accidentel d'arsenic qui accompagne presque toujours ce métal.—Dans le matras ne se sublime pas à la chaleur que le verre peut supporter.—Dans le tube ouvert donne peu de fumée, et le métal s'environne d'un oxyde fondu brun sombre qui, après le refroidissement, ne conserve qu'une teinte jaunâtre. Il attaque fortement le verre. Sur le charbon s'évapore en fumée laissant autour de la place qu'occupait le fragment, une aréole blanche à bord rouge ou orangé, qui s'évapore au feu de réduction sans colorer la flamme. (Berzélius.) —Soluble avec effervescence dans l'acide nitrique en y répandant un nuage d'un vert jaunâtre. Par l'addition de l'eau pure, on le précipite de ses dissolutions dans les acides.

______

(1) Mémoires de la Soc. d'Hist. nat. de Paris, t. 1, 1° part., p. 20.

ALTÉRATION PARTIELLE.

Prenant quelquefois à la surface les couleurs de l'iris.

ESPÈCES.

1re Espèce. BISMUTH PRIMITIF (*Wismuthum octaedricum*). Signe des faces, P ; toutes des triangles équilatéraux, inclinées entre elles de 109° 28' 16".

Cité par Fourcroy comme venant *de Bastenaes* en Suède (Luc., Tabl. méth., 2e part., p. 433.)

2e BISMUTH CUBIQUE (*Wismuthum cubicum*). Signe des faces, *r*; toutes des carrés, inclinées entre elles de 90°. Modification complète par une seule facette sur tous les angles solides du noyau. Cité par Cronstet, Wallerius et Emmerlind (Lucas, Tabl. méth. *ibid.*). Cité aussi par M. Brochant.

3e BISMUTH DODÉCAÈDRE (*Wismuthum dodecaedricum*). Signe des faces, *s*; un dodécaèdre rhomboïdal formé par une modification complète par une seule face sur chacune des arêtes du noyau. Cité par M. de Léonhard.

MODE DE GROUPEMENT DES INDIVIDUS DE CE GENRE.

En lames souvent amorphes et quelquefois rectangulaires ou triangulaires. (*Bohême*, *Schneeberg* (en Saxe) ; environs de *Freyberg*; *Modum* en Norwège.)

En rameaux dendritiques disséminés dans un jaspe à *Schneeberg*, en Saxe.

NOTES.

Le *Bismuth natif rhomboïdal* de Bieber en Hanau, reconnu comme espèce par Haüy, a une forme incompatible avec le système cristallin de ce genre. Mais cette forme provient, suivant M. de Léonhard, d'une altération des cristaux primitifs qui, par l'avortement de deux des faces parallèles et le prolongement de l'angle solide du sommet en arête, prennent la forme d'un rhomboïde aigu.

M. Berzélius a reconnu que les minéraux des mines de Suède, anciennement nommés bismuth natif, sont des séléniures d'argent et de cuivre.

On doit observer ici que, par la fusion du bismuth du commerce ou affiné, et par conséquent pur, on obtient des cristaux cubiques ou octaèdres en vidant un creuset rempli de ce métal en fusion, lorsqu'une croûte superficielle s'est refroidie, tandis que l'intérieur du creuset est encore plein de métal liquide.

2ᵉ Genre.—ANTIMOINE. (*Stibium.*)

Rhomboedrisches Antimon (Mohs).

Ce genre n'est établi que par la cristallisation bien distincte qu'offre l'antimoine fondu, qui est bien réellement la même substance que l'antimoine naturel. Il n'a pas encore été trouvé cristallisé dans la nature, mais sous la forme laminaire et lamellaire qui indique un minéral cristallin.

Couleur : blanc d'étain. Forme primitive : l'octaèdre régulier (1), sous-divisible en dodécaèdre rhomboïdal. Pes. spéc. 6,70.

Isolé et frotté, acquiert l'électricité résineuse. Au chalumeau s'évapore en fumée sans laisser de résidu.—Dans le matras ne se sublime pas à la chaleur que le verre peut supporter. — Dans le tube ouvert donne une fumée blanche qui en couvre intérieurement la paroi, et qu'on peut chasser d'une partie à l'autre du tube, au moyen de la chaleur, sans qu'elle laisse de trace.—Sur le charbon se dissipe en fumée en laissant autour de la place qu'occupait le fragment une aréole toute blanche que le feu de réduction dissipe en colorant la flamme d'un beau vert foncé. (Berzélius.) — Soluble dans l'acide nitrique en laissant un dépôt blanchâtre dans la liqueur.

Point d'espèce connue.

MODES DE GROUPEMENT DES INDIVIDUS MOLÉCULAIRES.

En lames, à *Allemont* (Dauphiné), à *Sala* (en Suède).
En lamelles brillantes disposées confusément.

Sous-Genre.—ANTIMOIME ARSÉNIFÈRE.

Contenant un mélange mécanique d'arsenic natif dont les proportions varient de 2 à 16 ⁰/₀ et qui se reconnaît

---

(1) Suivant M. Mohs, la forme primitive de l'antimoine est un rhomboïde obtus de 117⁰ 15' et 62⁰ 45'.

par l'odeur d'ail que prend la fumée produite par l'éva-
poration du métal au chalumeau. On n'a encore trouvé
aucune espèce de ce sous-genre, et les modes de groupement sont les mêmes que ceux de l'antimoine pur; seulement les lames, au lieu d'être planes, ont l'apparence de
croûtes à surfaces ondulées. (D'Allemont, en Dauphiné).

Appendice.

3ᵉ Genre.—ARSENIC. *(Arsenicum.)*

Rhomboedrisches Arsenik (Mohs).

N'a point encore présenté de forme cristalline ni de clivage d'où l'on puisse conjecturer sa forme primitive (1);
ainsi il ne peut pas encore figurer comme genre dans
la méthode; cependant il a tous les caractères de la famille des métaux fragiles. Il a même des modes de groupement qui indiquent l'existence de vrais cristaux, savoir
en prismes accolés et réunis longitudinalement, et en
aiguilles rayonnant d'un centre commun.

Sa couleur est d'un gris d'acier qui se ternit par l'exposition à l'air. Pes. spéc. 5,73 (l'arsenic fondu 8,30).
Il est très cassant.

Isolé et frotté acquiert l'électricité résineuse. — Au chalumeau
il répand une forte odeur d'ail, ce qui peut servir à le distinguer
de tous les métaux, et se volatilise en entier.

LES MODES DE GROUPEMENT DES INDVIDUS MOLÉCULAIRES SONT :

En tubercules composés de couches concentriques. Au *Chili* et au
Hartz (Saxe), *Sᵉ Marie-aux-mines* (Vosges).
En prismes accolés longitudinalement, à *Bieber* (en Hanau.)

---

(1) M. de Léonhard cite un rhomboïde de 114° et 65° 34', clivable parallèlement à ses faces et perpendiculairement à l'axe comme
la forme primitive de l'arsenic natif. M. Mohs admet également cette
forme.

En lames. A *Oravitzka* (Bannat) et *Kapnik* (Transylvanie).

En masses globuleuses. De *Transylvanie.*

En masses amorphes compactes ou à grains fins. A *Wittichen* (en Souabe). Diverses mines en France, en Angleterre, Saxe, Norwége, Hongrie, Espagne, Chili, etc.

Le *Tellure (Tellurium).* Nous indiquons ici ce métal d'après MM. Mohs, de Léonhard et Beudant, car le prétendu tellure natif de Norwége, décrit par Esmarck, a été reconnu par M. Berzélius pour un alliage de tellure, de bismuth et de sélénium; et les mélanges indiqués par Haüy comme purement accidentels et qu'il fait rentrer dans l'espèce du tellure natif, sont des alliages, et par conséquent n'appartiennent pas à l'ordre des régules.

Au reste, voici les caractères donnés à ce tellure natif, et ceux qu'on a trouvés à ce métal artificiellement séparé de ses combinaisons.

Couleur : blanc d'étain ou gris d'acier. Éclat très métallique; structure lamellaire; cristaux très rares indiqués en prismes hexaèdres réguliers (1)? Pes. spéc. 5,7 à 6,5. Soluble dans l'acide nitrique, sans que la couleur de l'acide cesse d'être claire, ce qui le distingue de l'antimoine. Les alkalis donnent un précipité qui se redissout bientôt en tout ou en partie; un barreau de zinc plongé dans la solution occasione un précipité noir.

Au chalumeau, sur le charbon, le tellure brûle avec une flamme bleue assez vive, puis se volatilise en une fumée blanche. — Dans le matras il se forme un sublimé gris métallique. — Dans le tube ouvert, la fumée dépose, dans le haut du tube, un sublimé blanc

----

(1) Haüy donne au tellure l'octaèdre régulier pour forme primitive, ce qui paraît vraisemblable par analogie avec les autres métaux natifs. M. Mohs lui donne la forme du rhomboïde.

qui se fond et se transforme en gouttes incolores et limpides lorsqu'on le chauffe ; ce qui le distingue de l'antimoine (1).

Le *tellure natif auro-ferrifère* de Haüy, serait un
sous-genre, dans lequel le tellure est mêlé mécaniquement d'une petite portion de fer et d'une trace d'or.

ANALYSE PAR KLAPROTH.

Tellure 92,55 ; Fer 7,20 ; Or 0,25. — 100,00.

C'est le Sylvane ou Tellure natif de Werner et de Karsten.

Couleur : le blanc plus sombre que l'étain, quelquefois avec une teinte jaunâtre. Pes. spéc. 5,72. Tendre
et fragile, tache légèrement le papier en noirâtre. Raye le
gypse; rayé par la chaux carbonatée. A la flamme d'une
bougie il brûle avec flamme.

Au chalumeau décrépite, puis fond comme le plomb, et brûle
avec une flamme vive et brunâtre, en répandant une odeur âcre,
et se dissipe enfin en fumée blanche. Se présente en petites lames
groupées confusément. — Soluble à chaud dans l'acide muriatique.

IIe ORDRE.

LES ALLIAGES OU MÉTAUX COMBINÉS ENTRE EUX.

Décomposables par le feu ou par les acides en
deux élémens, tous les deux métalliques, et
dans l'un et l'autre cas laissant pour résidu de la
décomposition un régule ou métal simple.

Exposés au chalumeau dans le tube ouvert, ne
développent jamais l'odeur d'acide sulfureux et

---

(1) La fumée du tellure pur n'a qu'une odeur piquante. L'odeur
de rave qu'indique Haüy comme caractère de la fumée du tellure,
est due à la présence du sélénium auquel il est combiné, ainsi que
l'a observé M. Berzélius.

ne jaunissent jamais le papier de Fernambouc humecté placé dans le tube.

Tous sont conducteurs de l'électricité; et isolés et frottés acquièrent l'électricité résineuse.

Tous, à l'exception d'un seul genre, sont formés d'un métal fixe qui reste après l'exposition au feu, et d'un métal volatil qui se dissipe en fumée, en exhalant une odeur particulière, ou en offrant des réactions qui lui sont propres.

Les plus dures rayent l'apatite, et étincellent sous le briquet ; les plus tendres ne rayent que le talc.

La pesanteur spécifique n'est jamais au-dessous de 6.

Les formes primitives appartiennent à 4 des systèmes cristallins.

Plusieurs se rapportent encore au système tétraédrique, quelques-uns au système rhomboédrique, et les autres aux systèmes des prismes droits rectangulaires ou à bases carrées :

Ils comprennent six Familles :

1° Les Argyridiens ;
2° Les Hydrargyridiens ;
3° Les Arséniuriens ;
4° Les Stibidiens ;
5° Les Osmidiens ;
6° Les Telluridiens, et en appendice les Sélénidiens.

1ʳᵉ Famille. — *LES ARGYRIDIENS.*

Ductiles, ne donnant, au chalumeau, ni fumée, ni odeur, ni sublimé.

1ᵉʳ Genre.—Electrum. (*Electrum*, Klaproth.)

Or argental, Lucas, Tab. méth. *Argent natif aurifère*, Haüy.

Alliage d'or et d'argent dans des proportions variables. Signe minéralogique de M. Berzélius : Ag + Au. La quantité d'or varie de 64 à 28 ¹⁄₇, et celle de l'argent de 27 à 36 ²⁄₇. (1)

Couleur jaune, ductile. Pes. spéc. approchant de celle de l'or. Forme primitive : le cube.

Au chalumeau se fond en un grain d'un jaune plus ou moins pâle. Avec le borax donne, comme l'argent, au feu d'oxydation, un verre qui devient, par le refroidissement, blanc de lait ou opalin, et au feu de réduction un verre grisâtre. (Berzél.) Avec le sel de phosphore donne un verre jaunâtre ou jaune rougeâtre au feu d'oxydation.

Insoluble dans l'acide nitrique et même dans l'acide nitro-muriatique. Mais si on l'a uni par la fonte avectrois fois son poids d'ar-

---

(1) M. Boussingault (*Ann. de Chimie*, t. 34, p. 408) a trouvé divers alliages d'or et d'argent en proportion déterminée, et contenant de 2 à 8 atomes d'or sur un d'argent. On observe que plus l'argent est abondant, plus la couleur de l'or est d'un jaune pâle, et plus au contraire l'or domine, plus l'alliage prend une couleur jaune foncée ou rougeâtre. De même, la pesanteur spécifique varie de 12,666 à 14,706. Il cite des cristaux cubiques et octaèdres de quelques-uns de ces alliages. M. Michelotti (*Mém. de l'Acad. roy. des sc. de Turin*, t. 35, p. 223) a trouvé dans les ors natifs du Piémont, des alliages de 2, 3,12 et jusqu'à 24 atomes d'or pour 1 atome d'argent. Nous avons donné à l'article de l'*Or*, les raisons qui nous font regarder ces associations de l'argent et de l'or comme des mélanges, tandis que l'électrum de Klaproth, par ses propriétés différentes de celles de ses deux élémens, a tous les caractères d'une vraie combinaison.

gent, il devient soluble en partie dans l'acide nitrique ; le résidu insoluble est l'or qui faisait partie de l'alliage.

ESPÈCE UNIQUE.

ELECTRUM CUBIQUE. (*Electrum cubicum*). A 6 faces toutes carrées, faisant entre elles des angles de 90°. De *Schlangenberg* ou *Zmeof* en Sibérie.

MODES DE GROUPEMENT DES INDIVIDUS CUBIQUES.

En lames dentelées , sur une baryte sulfatée en masse , et sur un hornstein du même lieu.

2ᵉ FAMILLE. — *LES HYDRARGYRIDIENS.*

Fragiles. Au chalumeau dans le matras et dans le tube ouvert donnent un sublimé de mercure en goutelettes sans odeur.

2ᵉ Genre.—AMALGAME. (Romé-de-l'Isle, Werner, Kirwan.) (*Amalgama.*)

Mercure argental, Haüy. *Dodekaedrisches Mercur*, Mohs.

Alliage de mercure et d'argent. Signe minéralogique de M. Berzélius : Ag. Hg$_2$.

ANALYSE DE KLAPROTH.

Mercure................... 64 ⎱
Argent. .... 36 ⎰ 100.

Couleur : blanc d'argent. Forme primitive : dodécaèdre romboïdal. Pes. spéc. 14,11. Fragile. Cassure conchoïde sans indice de lames. Raye le talc ; rayé par la chaux carbonatée. Isolé et frotté acquiert l'électricité vitrée. — Communiquant au cuivre une couleur argentée à l'aide du frottement.

Au chalumeau, le mercure se volatilise et l'argent reste sous forme métallique. — Dans le matras il bouillonne, éclabousse ; le mercure se dépose en gouttes sur le tube ; le résidu , qui est une masse boursouflée , se résout sur le charbon en un grain d'argent malléable. (Berzélius.)

1ʳᵉ Espèce. AMALGAME PRIMITIF (*Amalgama dodecaedron*). Dodécaèdre rhomboïdal. 12 faces rhomboïdales semblables, inclinées entre elles de 120°.

Signe des faces P. De *Moschel-Landsberg*, (*Duché de Deux-Ponts.*)

2ᵉ. AMALGAME UNITAIRE (*Amalgama emarginatum*). Un octaèdre régulier émarginé sur toutes ses arêtes. Signe des faces, P *r*. Modification incomplète, par une facette sur tous les angles solides triples du noyau, à laquelle sont dues les 8 faces *r* triangulaires de l'octaèdre ; les facettes émarginantes P étant les restes des plans du dodécaèdre primitif.

Inclinaison de P sur *r*, 144° 44'. De *Moschel-Landsberg*.

3ᵉ. AMALGAME BIFORME (*Amalg. biforme*). Le dodécaèdre rhomboïdal dont les six angles solides quadruples sont remplacés chacun par une facette carrée. Signe des faces, P *z*. Modification incomplète, par une seule facette sur tous les angles solides quadruples du noyau.

Inclinaison de P sur *z*, 135°. De *Moschel-Landsberg*.

4ᵉ. AMALGAME TRIFORME (*Am. triforme*). Le dodécaèdre rhomboïdal émarginé sur toutes ses arêtes, épointé par une seule facette sur tous ses angles solides quadruples. Signe des faces, P *z s*. La même modification que dans l'Am. biforme, et de plus une modification incomplète par une seule facette (*s*), sur toutes les arêtes du noyau.

Inclinaison de P sur *s*, 150°.

    de *s* sur *z*, 144° 44'.

De *Moschel-Landsberg*.

5ᵉ. AMALGAME SEXTIFORME (*Am. sextiforme*). Le dodécaèdre rhomboïdal, modifié comme dans l'espèce précédente (triforme) et ayant de plus : 1° Toutes les facettes émarginantes *s* bordées de chaque côté par une facette *l* qui encadre la face rhomboïdale P ; 2° une facette triangulaire *r* remplaçant tous les angles solides triple du noyau ; 3° la face carrée *z* qui remplace les angles solides quadruples, changée en un octogone par la présence de quatre petites facettes triangulaires (*t*) qui partent de chacun de ses angles plans. Signe des faces, P *r s z t l*.

Outre l'assemblage de toutes les modifications des quatre espèces précédentes, celle-ci est encore formée par une modification incomplète, par deux faces en biseau (*l*) sur toutes les arêtes du noyau, et par une modification incomplète, par quatre facettes (*t*) correspondantes aux faces du noyau, sur tous les angles solides quadruples de ce noyau. Aucune de ces modifications n'atteint sa limite, et, dans cet état, le cristal entier est terminé par 122 facettes. Chacune de ces modifications, supposée complète, changerait le noyau dodécaèdre en l'un des cinq solides suivans :

Les faces *r* en octaèdre régulier.

—   *z* en cube.
—   *s* en solide, à 24 faces trapézoïdales.
—   *l* en solide, à 48 faces triangulaires.
—   *t* en solide, à 24 faces triangulaires.

Incidence de :

l sur P. 160° 53'.
l sur l. 158° 12'.
l sur s. 169° 6'.
t sur P. 153° 26'.
t sur z. 161° 33'.

De *Moschel-Landsberg*.

ALTÉRATIONS DANS LES FORMES.

Dans ces diverses espèces, les angles et les arêtes, en s'émoussant, changent les cristaux en grains arrondis. De *Stahlberg* (Lucas.)

MODE DE GROUPEMENT DES INDIVIDUS MOLÉCULAIRES.

En lames ou feuilles très minces, appliquées sur la surface de la gangue. Ex. sur lithomarge. *Almaden* et *Moschel-Landsberg*. (Lucas.)

En masses amorphes. De *Deux-Ponts*. (Lucas.)

3ᵉ FAMILLE.— *LES ARSÉNIURIENS.*

Fragiles. Au chalumeau, dans le tube ouvert, et quelquefois à la simple flamme d'une bougie, ou par la seule percussion, donnant une fumée accompagnée de l'odeur d'ail caractéristique de l'arsenic ; dont aucune portion

ne se transporte dans le tube, ou ne se réduit en gouttelettes par l'application de la chaleur.

3ᵉ Genre. — COBALT ARSÉNICAL.. (*Smaltina.*)

Le cobalt arsénical gris noirâtre de Haüy. *Le Grauer Speiscobalt*,
Werner. *Oktaedrische Kobalt Kies*, Mohs.

Alliage de cobalt et d'arsenic souvent mélangé d'une plus grande
proportion d'arsenic et contenant quelquefois accidentellement du
sulfate de fer et de cuivre en très petite quantité. Signe minéralogique de M. Berzélius : Co As², As. et quelquefois Fe A8².

ANALYSES DU COBALT ARSÉNICAL,

	De Riegelsdorff par Stromeyer.	De Schneeberg par John.	De Bieber par Laugier.
Arsenic......	74,21	65,75	50,7
Cobalt.......	20,31	28,00	12,7
Fer.	3,42 Oxydes de	....	12,7
Soufre	0,88 fer et man-	....	trace.
Cuivre......	0,15 ganèse.	6,25.	(0,0
Silice.......	0.00	0,00.........	25,0
	98,97	100,00	100,9

D'après l'analyse de M. Laugier, son signe serait Co As + Fe As.

Forme primitive : le cube. Tissu granulaire, aigre
et cassant. Couleur : gris noirâtre ou gris de fer, souvent
peu éclatant, par altération à la surface, mais qui, dans
l'intérieur, prend un éclat assez vif. Pes. spéc. 6,35 à
7,72. Dureté. Raye l'apatite ; rayé par le feldspath.

Au chalumeau, dans le tube ouvert, donne des vapeurs arsénicales avec odeur d'ail. De même sur le charbon, où il se fond en
une boule métallique non malléable. Donne au borax une belle
couleur bleue.—L'odeur d'ail se manifeste en exposant un fragment
à la flamme d'une bougie.—Soluble avec effervescence dans l'acide
nitrique.

ESPÈCES.

1re Espèce. Cobalt arsénical octaèdre (*Smaltina octaedrica*). Signe des faces, *r*. Huit faces triangulaires équilatérales , inclinées entre elles de 109° 28' 16". Modification complète par une seule facette sur tous les angles solides du noyau.

2°. Cobalt arsénical cubo-octaèdre (*Smaltina cubo-octaedrica*). Signe des faces, P *r*. Le cube ayant tous ses angles solides remplacés par une face triangulaire , ou l'octaèdre ayant tous les siens remplacés par une face carrée.

Inclinaison de *P* sur *r*, 125° 15' 52".

Modification incomplète par une seule facette sur tous les angles solides du noyau. *Wittichen* (en Souabe), *Allemont* (Dauphiné), *Schneeberg* (en Saxe), et *Schladming* (Styrie.) Lucas, Tab. méth.

3°. Cobalt arsénical triforme (*Smaltina triformis*). Signe des faces, *P r s*. L'espèce précédente ayant de plus toutes ses arêtes remplacées par une face.

Inclinaison de *s* sur *r*, 153° 26' 5".

de *s* sur *P*, 144° 44' 8".

Même modification qu'à l'espèce précédente , et de plus modification incomplète par une seule facette sur toutes les arêtes du noyau. En *Bohème* et à *Bieber* (Hanau.) Lucas.

MODES DE GROUPEMENT COMMUNS AUX INDIVIDUS MOLÉCULAIRES DE TOUT CE GENRE.

En mamelons composés de cristaux plus ou moins déformés ou arrondis. De *Saxe*.

En rameaux dendritiques (cobalt tricoté) qui paraissent à Haüy avoir remplacé de semblables rameaux d'argent. *Schneeberg* (en Saxe), *Joachimsthal* (en Bohème), *Schladming* (en Styrie).

En masses amorphes. A *Allemont* (Dauphiné) , à *Schladming* (Styrie), à *Schneeberg* et *Annaberg* (Saxe).

NOTE.

Le cobalt gris de Haüy, ainsi que le cobalt arsénical blanc argentin du même auteur (*Wisser Speis Kobalt* , Wern.), font partie de l'ordre suivant , parce que leur analyse, ainsi que leurs réactions au chalumeau, indiquent le soufre comme principe essentiel dans leur composition ; ils diffèrent aussi du cobalt arsénical par leur structure lamelleuse et leur pesanteur spécifique qui est moindre.

Appendice à la famille des Arséniuriens.

Genre. — NICKEL ARSÉNICAL (Haüy).

Kupfer Nickel, Werner, Karsten, Romé-de-l'Isle et Brochant. *Prismatischer Nickel kies*, Mohs.
Alliage de nickel et d'arsenic.

ANALYSE DU NICKEL ARSÉNICAL D'ALLEMONT (DAUPHINÉ), PAR
BERTHIER.

Arséniure de nickel.	88,55
Arséniure de cobalt.	00,35
Sulfure d'antimoine.	10,00
	98,90

Sa pesanteur spécifique, suivant le même, est 7,29.

ANALYSE DU NICKEL ARSÉNICAL.

		De Riechelsdorff.
	Stromeyer.	Pfaff.
Nickel.	44,20	48,90
Arsenic.	54,72	46,42
Fer.	0,33	0,34
Plomb.	0,32	0,56
Soufre.	0,40	0,80
	99,97	97,02

Signe minéralogique de M. Berzélius, Ni As.

L'analyse d'où cette formule a été calculée est celle de Stromeyer (Thomson, *Annals*, August., 1818, p. 152.)

Couleur : jaune rougeâtre, passant souvent à celle du cuivre pur, ou plus ou moins au blanc et au gris.

Pesanteur spécifique, 6,60 à 7,65.

Raye la chaux phosphatée ; rayé par le feldspath. Très cassant. Cassure raboteuse et peu brillante, quelquefois conchoïde, rarement unie ou rayonnée.

Dans l'acide nitrique, il forme presque aussitôt un dépôt verdâtre.

Au chalumeau, dans le tube ouvert, répand des fumées et l'odeur
arsénicale. Un dépôt abondant d'arsenic blanc s'attache aux parois
du tube. Le résidu est une substance d'un vert jaunâtre qui, grillée
de nouveau sur le charbon, puis fondue avec de la soude et un
peu de borax, donne un grain métallique assez malléable et très
magnétique.

Seul sur le charbon, fond, dégage de la fumée et une odeur d'arsenic, et donne un globule métallique blanc.

Après le grillage donne ordinairement au verre de borax une
couleur bleue qui indique la présence d'une certaine quantité de
cobalt. (Berzélius.)

Ce minéral n'ayant jamais encore été trouvé en cristaux,
n'offre pas des espèces, et par conséquent ne saurait être regardé
comme constituant un genre que par analogie. Aussi ne l'indi-
quons-nous que comme appendice à la famille dont il possède les
caractères.

Le kupfer nickel ne s'est encore présenté qu'en masse, ou disséminé, ou très rarement tricoté, ou en buisson, presque toujours
associé au cobalt arsénical. A *Schneeberg*, *Annaberg*, *Johann-
Georgen-Stadt* et *Freyberg* (en Saxe), à *Schladming* (Haute Styrie),
Joachimsthal (Bohême), *Allemont* (France), etc.

Arséniure de fer. Klaproth a analysé un minerai de Reichein-
stein (Silésie), qu'il a trouvé composé de Fer 38
                               Arsenic 62
                               ————
                               100

(*Mém. de la Soc. royale des sciences de Berlin*, de 1814 et 1815,
p. 27.

Ce minéral ne contenant point de soufre, diffère essentiellement
du mispickel et devrait prendre le nom de *fer arsénical.*

Arséniure de manganèse. Dur, cassant, blanc grisâtre. Pes.
spéc. 5,5. Se recouvrant, à l'air, d'une poussière noire. En mamelons lamelleux. Composition :

            Manganèse.   45,5
            Arsenic.   51,8
                          ————
                          97,3

Bulletin des Scienc. naturelles, 1831, et *Mémorial encycl.*, avril
1832, p. 99.

On ajouterait encore à la famille des arséniuriens, si on le connaissait isolé, l'alliage d'argent et d'arsenic qui se mêle avec l'argent antimonial dans le sous-genre désigné sous le nom d'*Argent arsénical*. Ce nom serait alors donné à ce nouveau genre de la famille des Arséniuriens. C'est le même alliage qui, mélangé avec le fer arsénical de Haüy ou mispickel, constitue le *Weisserz* des Allemands. Mais jusqu'ici on n'a pas encore rencontré cet alliage seul et avec des caractères génériques qui lui soient propres. C'est l'*arséniure d'argent* de M. Beudant.

De même, si on venait à reconnaître que l'*antimoine arsénifère* (*arséniure d'antimoine* de M. Beudant), que nous avons indiqué comme sous-genre de l'antimoine natif, était réellement un alliage ou combinaison chimique, et non un mélange mécanique, il prendrait sa place ici.

4ᵐᵉ Famille.—*LES STIBIDIENS*.

Fragiles. Au chalumeau, dans le tube ouvert, donnent une fumée blanche, qui a une odeur piquante, mais non pas d'ail. Cette fumée recouvre la paroi du tube, et peut être chassée d'une partie à l'autre du tube, au moyen de la chaleur, sans qu'elle laisse de traces.

Dans le matras ne donnent aucun sublimé.

4ᵉ Genre.—ARGENT ANTIMONIAL. (*Discrasis*).

Argent antimonial, Haüy. *Spiesglanz Silber*, Werner. *Antimon Silber*, Léonhard. *Prismatisches Antimon*, Mohs.

Alliage d'argent et d'antimoine.

Signe minéralogique de M. Berzélius : g² Sb.

ANALYSE DE L'ARGENT ANTIMONIAL.

	de Wolfach. (Klaproth.)		d'Andreasberg. (Vauquelin.)
Argent	84	76	78
Antimoine	16	24	22

Forme primitive : un rhomboïde obtus de 109° 28' et 70° 32'. Couleur : blanc d'argent. Tissu lamelleux cassant, quoique légèrement malléable. Rayant la chaux carbonatée ; rayé par la chaux fluatée. Pes. spéc. 9,44 à 9,8.

Dans l'acide nitrique, il se couvre en peu de temps d'un enduit bleuâtre, qui est de l'oxyde d'antimoine.

Au chalumeau sur le charbon, fond aisément et se transforme en un grain métallique, gris, non malléable, dégage de la fumée d'antimoine, qui se dépose en partie sur le charbon. Après une insufflation soutenue, il ne reste plus que de l'argent. — Dans le tube ouvert, il dégage beaucoup d'oxyde d'antimoine, et le grain qui reste s'entoure d'un anneau de verre d'un jaune sombre.(Berzélius.)

ESPÈCE UNIQUE.

Argent antimonial prismatique (*Discrasis prismatica*). Signe des faces, *l o*.

Un prisme à six faces rectangulaires, terminé de chaque côté par une face plane, hexagonale, perpendiculaire à l'axe. L'individu, dans la collection de Haüy, qui a servi à la description de cette espèce et à la détermination de la forme primitive du genre, avait ses pans alternativement larges et étroits ; on y voyait trois joints obliques à l'axe, correspondans aux pans étroits. Les pans *l* du prisme sont produits par une modification par une seule face sur les six angles inférieurs du rhomboïde, et les deux faces terminales *o* par une modification par une seule face sur les angles supérieurs du sommet.

Incidence de *l* sur *l*, 120°.

de *l* sur *o*, 90°.

De *Alt-Wolfach* (Grand duché de Bade) et de *Sainte-Marie-aux-Mines* (France). (Lucas, Coll. du Muséum.)

NOTE.

D'après M. Brochant, on aurait encore l'exemple de deux autres espèces de ce genre. La *péridodécaèdre* ou le prisme hexaèdre ayant toutes ses arêtes latérales remplacées chacune par une face, et la *primitive*, si, comme il est probable, le cube qu'il assigne comme forme cristalline de cette substance, d'après le catalogue de Pabst, n° 210, était un rhomboïde très obtus, comme le noyau de l'argent antimonial. Ces espèces n'ayant pas été reconnues par les minéralogistes plus récens, nous ne faisons que les indiquer sans les décrire. M. de Léonhard ainsi que M. Mohs regardent la forme primitive de ce minéral comme étant un prisme rhomboïdal droit, de 120° et 60°, clivable parallèlement aux bases, moins nettement parallèlement aux pans du prisme et sur les arêtes terminales. Ils citent neuf formes secondaires dérivées de ce noyau, ou neuf espèces, dans lesquelles sont comprises les trois que nous avons indiquées ci-dessus, d'après Haüy et M. Brochant. Celle que ce dernier minéralogiste signale comme un cube, serait, selon M. de Léonhard, un prisme droit rectangulaire.

ALTÉRATION DE LA SUBSTANCE.

Les cristaux éprouvent une altération superficielle qui donne à leur surface, des teintes jaunâtres, grises ou brunes, et souvent irisées.

ALTÉRATION DE LA FORME.

Les prismes, souvent déformés par des stries longitudinales ou par des arrondissemens, prennent une forme cylindroïde. De *la mine de Saint-Venceslas* (au Hartz,) et de *Sainte-Marie-aux-Mines* (France). (Lucas, Coll. du Muséum.)

MODE DE GROUPEMENT DES INDIVIDUS MOLÉCULAIRES.

En grains séparés ou rassemblés. D'*Alt-Wolfach* (Grand duché de Bade.)

En masses amorphes et en masses réniformes. D'*Alt-Wolfach* et de *Salzbourg* et *Rathnausberg*. (Lucas, Coll. du Muséum.)

Sous-Genre. — ARGENT ARSÉNICAL de Werner et de M. Brongniart.

Argent antimonial ferro-arsénifère de Haüy.

C'est de l'argent antimonial mêlé d'arsenic et de fer. Sa couleur est également blanc d'argent, altéré quelquefois par l'exposition à l'air qui donne à sa surface des couleurs jaunâtres ou grises. Sa structure est également lamelleuse.

Au chalumeau exhale une forte odeur d'ail, provenant de la fumée d'arsenic qui se mêle à celle de l'antimoine. Le résidu est un grain d'argent plus ou moins impur.

ANALYSE DE L'ARGENT ARSÉNICAL (DE LA MINE DE SAMSON , A ANDREAS-
BERG) PAR KLAPROTH.

Argent.	12,75
Antimoine.	4
Fer.	44,25
Arsenic.	35
Perte.	4,00
	——
	100,00

Haüy n'indique aucun cristal de ce sous-genre; mais M. Brochant cite deux formes qui se rapportent au système rhomboédrique.

1º Le prisme hexaèdre régulier ;

2º Un dodécaèdre bi-pyramidal aigu , ayant ses sommets tronqués.

Ces espèces seraient décrites , si elles étaient mieux connues , et que leur existence fût complétement avérée.

Elles se trouvent à *Andreasberg* (au Hartz).

MODE DE GROUPEMENT DES INDIVIDUS MOLÉCULAIRES DE CE SOUS-
GENRE.

En masses amorphes grenues.

En masses réniformes , botryoïdes (ou en grappes) , composées de lames minces , testacées et concentriques. D'*Andreasberg* (au Hartz.)

Appendice à la famille des Stibidiens.

Nickel antimonial. Alliage de nickel et d'antimoine. *Antimoniure de nickel*. (Beudant , première édition du *Traité de minéralogie*, p. 478.)

Couleur : rouge de cuivre à éclat métallique. Solution nitrique verte , devenant bleu violacé par l'ammoniaque en excès , précipitant en vert par la potasse ou la soude. (Beudant.)

Ce minéral , que M. Beudant ne fait pas reparaître dans la seconde édition de son *Traité*, vient d'être de nouveau décrit et analysé par MM. Haussmann et Stromeyer , en 1833, comme suit :

Les cristaux paraissent des hexaèdres réguliers , modifiés sur leurs angles en présentant des vestiges d'une cristallisation pyramidale ; leurs surfaces sont lisses et leurs dimensions excèdent rarement une ligne. Cassure raboteuse et brillante ; les bords des pans ont un éclat métallique. Ces cristaux forment aussi des lamelles minces hexaèdres, disséminées ou réunies en groupes touffus ou dendritiques.

Couleur : au sortir de la mine, celle du cuivre tirant fortement sur le violet ; elle s'obscurcit par l'oxydation. Poussière d'un roux-brun. Rayant la chaux fluatée; rayée par le feldspath. Non magnétique. Pesant. spéc. inconnue. Très difficilement fusible, même en très petits fragmens au chalumeau. Dans le tube ouvert dégage une grande quantité de vapeurs antimoniales. Faiblement attaquable par les acides simples, mais promptement soluble dans l'eau régale.

Des fragmens mélangés de sulfure de plomb ont donné à l'analyse :

Nickel.	28,946	27,054
Antimoine.	63,734	59,706
Fer.	0,866	0,842
Sulfure de plomb.	6,457	12,357
	99,983	99,959

D'où en retirant le fer et le sulfure de plomb, on déduit la composition de l'antimoniure de nickel pur, comme suit :

Nickel.	31,207
Antimoine.	68,793
	100,000

Des mines d'*Andreasberg* (au Hartz). (L'Institut du 8 mars 1834, n. 43, p. 80).

<h3 style="text-align:center">5e FAMILLE.—LES OSMIDIENS.</h3>

Fragiles. Ne donnant par le chalumeau dans le tube ouvert aucun sublimé ni fumée, mais seulement une odeur piquante qui ressemble à celle du chlore, et qui devient plus sensible en chauffant avec le nitre.

<h3 style="text-align:center">5e Genre.—IRIDOSMINE. (Osmiridium.)</h3>

Iridium osmié, Haüy. *Rhomboedrisches iridium*, Mohs.

Alliage d'iridium et d'osmium.

ANALYSE PAR THOMSON. (*Ann. des Mines,* t. 12, p. 326.)

Iridium.   0,729
Osmium.   0,245
Fer métallique.   0,026

Signe minéralogique de M. Berzélius, I O s.

Couleur : d'un blanc grisâtre. Pesanteur spécifique, 18 à 19,50. Forme primitive : un prisme hexaèdre régulier divisible parallèlement à sa base? Plus dur que le platine. Raye la chaux fluatée ou carbonatée ; rayé par le feldspath. Nullement malléable.

Inaltérable dans tous les acides , même dans l'eau régale. Infusible au chalumeau, soit seul, soit avec les flux. Dans le tube ouvert et exposé à une forte chaleur, on croit reconnaître, dit M. Berzélius , l'odeur de l'oxyde d'osmium. Cette odeur, qui n'est ni celle de l'ail , ni celle du soufre, ni celle des raiforts, est particulière , très piquante et a quelque analogie avec celle du chlore. En chauffant le minéral avec du nitre , on obtient une odeur plus décidée.

Pour séparer l'iridium de l'osmium, on le fond d'abord avec la soude ou la potasse , puis on dissout dans l'eau qui, avec l'alkali, dissout en même temps l'osmium. Ce métal communique à l'eau son odeur particulière et se volatilise avec elle. L'iridium reste sous la forme d'oxyde jaune verdâtre, qui se dissout facilement en vert (passant au bleu par l'addition de l'eau) dans les acides sulfurique et hydrochlorique, et en rouge dans l'acide nitrique. (*Voy.* Brongniart , *Traité de Minér.*, tom. 2 , p. 278 , où se trouvent les détails sur les propriétés chimiques de l'iridium et de l'osmium.)

ESPÈCE UNIQUE.

IRIDOSMINE HEXAÈDRE (*Osmiridium hexaedricum*). Le prisme *hexaèdre* qui paraît régulier. Dans le sable platinifère de *Belemboyevski* et de *Kitchen, Monts Ourals, Breithaupt.* (Ann. des Mines, 2ᵉ série, t. , 3, p. 283.)

ALTÉRATION DE FORME.

Les cristaux se changent en lames ou paillettes et en grains amorphes , et c'est ainsi que l'on trouve communément l'iridium osmié. Mêlé avec le sable de platine. Du *Choco* (Amérique Méridionale.) Lorsque ce sable a été soumis à l'action de l'acide nitro-muriatique, le platine est dissous, et il reste un sable insoluble, formé de grains d'iridium osmié , de fer oxydulé et d'oligiste, de spinelle , corindon et topaze.

Sous-Genre.—IRIDOSMINE OSMIFÈRE.

M. Berzélius vient de trouver des iridium osmiés parmi ceux des sables de l'Oural, qui renferment 2 et 3 atomes d'osmium pour un atome d'iridium. Chauffé sur une feuille de platine, il exhale une forte odeur d'osmium. — En lames hexagonales.

6ᵉ FAMILLE.—*LES TELLURIDIENS*.

Fragiles. Au chalumeau dans le tube ouvert, répandant une grande quantité de fumée qui s'attache aux parois du verre sous forme de poussière blanche, susceptible de se fondre et de se tranformer en gouttes limpides et incolores lorsqu'on la chauffe. Ces gouttes ne s'aperçoivent quelquefois qu'à l'aide de la loupe.

6ᵉ Genre.—SYLVANITE. (Kirwan.) (*Sylvania*.)

Tellure natif auro-argentifère, Haüy. *Sylvane graphique*, Brochant. *Or graphique*, De Born, la Métherie, etc. *Schrifterz*, Werner et Karsten. *Prismaticher Antimon-glanz*, Mohs.

Alliage de tellure, d'or et d'argent.

Signe chimique de M. Berzélius : $Ag\,Te^2 + Au\,Te^6$.

ANALYSES PAR KLAPROTH.

Tellure.	60	61,55
Or.	30	28,36
Argent.	10	10,29
	——	——
	100	100,00

Couleur : le blanc d'étain ou le gris d'acier, quelquefois jaunâtre. La forme primitive est un prisme droit rhomboïdal, d'environ 107° 40' (Beudant). Cassure longitudinale, lamelleuse et très éclatante ; cassure transversale, inégale, à grains fins, et peu éclatante. Raye le talc ; rayé par la chaux carbonatée. Pes. spéc. 8 à 10. Un peu ductile. Mise en solution dans l'acide nitrique, laisse un résidu d'or qui est quelquefois en poudre, mais qui quelquefois conserve la forme du fragment.

Au chalumeau dans le tube ouvert, dépose une fumée blanche, qui dans le voisinage de la pièce d'essai, est grise. Cette fumée qui est du tellure, se résout en gouttes limpides lorsqu'on dirige la flamme dessus. Elle répand une odeur piquante.—Sur le charbon se fond en une boule métallique d'un gris sombre, convre le charbon d'une fumée blanche que la flamme de réduction fait disparaître, en jetant une lueur verte ou bleuâtre. Après une insufflation soutenue, on obtient un grain métallique jaune clair, qui après le refroidissement, est très brillant et malléable. (Berzélius.)

Les espèces de ce genre étant très rares et ne se présentant qu'en cristaux fort petits, n'ont été jusqu'ici que très mal connues et très imparfaitement déterminées. Nous signalerons cependant, sans en donner la description complète :

1o D'après M. Beudant. — La sylvanite en prismes octogones avec deux ou trois rangs de facettes annulaires.

2o D'après le même. — La sylvanite en octaèdres rectangulaires modifiés sur les angles et sur les arêtes.

3o D'après M. Brochant. — La sylvanite en prismes à 4 ou 6 faces.

4o D'après Haüy. — La sylvanite en prismes rectangulaires modifiés sur les bords latéraux et terminés par des pyramides droites à 4 faces.

5o M. Mohs donne l'indication de deux formes et la figure d'une d'entre elles qui se rapportent au système prismatique droit rectangulaire ou rhomboïdal. (*Grundriss der minen.*, t. 2, page 580, pl. 2 et p. 35.)

On voit par l'indication peu détaillée que donnent ces auteurs des formes de la sylvanite , qu'il est encore impossible et sans un nouvel examen, d'établir exactement des descriptions d'espèces pour ce genre. On n'a encore trouvé ces cristaux qu'à *Offenbanya en* Transylvanie.

MODE DE GROUPEMENT DES PRISMES DE SYLVANITE.

Ces prismes sont groupés en dendrites ou par rangées composées de longs prismes aciculaires , disposés parallèlement sans se toucher, et laissant entre eux des excavations en trémies.

Souvent ces prismes se réunissent deux à deux par une de leurs

extrémités sous un angle droit ; et plusieurs de ces doubles cristaux rangés à la file , imitent grossièrement l'écriture persane ;
d'où est venu le nom d'or graphique et de sylvane graphique qui
a été donné à ce minéral.

7ᵉ Genre.—MULLERINE. (Beudant.) (*Mullerina.*)

Une partie du *tellure natif auro-plombifère* , Haüy. *Sylvane
blanc*, Brochant. *Weissylvanerz*, Werner. *Gelberz*, Karsten.

Alliage de tellure, d'or et de plomb.

Signe minéralogique de M. Berzélius : Au Te² + 2 Pb
Te² + 3 Au Te³.

ANALYSE DE KLAPROTH.

Tellure.	44,75
Or.	26,75
Plomb.	19,50
Argent.	8,50
Soufre.	0,50
	100,00

Couleur : blanc d'argent, tirant au jaune de laiton et quelquefois
au gris. Un peu ductile ; cassure lamelleuse longitudinalement, et
inégale transversalement. Raye le talc; rayé par le gypse. Soluble
dans l'acide nitrique , et précipitant abondamment par l'addition
de l'acide sulfurique , et donnant du plomb métallique sur un barreau de zinc. Pes. spéc. 8,91 à 10,67. Forme primitive : prisme
droit rectangulaire ou prisme droit rhomboïdal de 105° 30' et 74° 30'.

Au chalumeau, dans le tube ouvert, donne, comme le genre précédent, un sublimé, qui n'est blanc et fusible que dans la partie du
tube éloigné de la pièce d'essai. La partie du sublimé qui environne
la pièce d'essai est grise : elle ne se fond pas comme l'oxyde de tellure ; mais elle ne fait que changer d'aspect, et forme sur le verre
une couverture grisâtre à demi-fondue, dans laquelle on ne remarque aucune goutte liquide. (Berzélius.)

ESPÈCES.

On ne connaît que de petits cristaux en lames plus ou moins
épaisses, rectangulaires, avec diverses modifications sur leurs arêtes
terminales et latérales. De Nagyag (Transylvanie).

Appendice à la Famille des Telluridiens.

1º Le minéral nommé par les anciens minéralogistes, *Argent molybdique; Wasser bley Silber* de Klaproth et de De Born; *Tellur Wismuth*, Léonhard; *Rhomboedrischer Wismuth Glanz*, Mohs; *Bornine*, Beudant.

C'est un composé de tellure, de bismuth et de sélénium. A l'éclat métallique, couleur gris d'acier, en lamelles plus ou moins étendues. Pesanteur spécifique, 7,82 (Beudant).

ANALYSE PAR M. WEHRLE.

Tellure.	29,74.
Bismuth.	61,15.
Soufre et traces de sélénium.	2,33.
Argent.	2,07.

Au chalumeau, dans le tube ouvert, brunit avant de fondre; se convertit aisément en boule par la fusion, et alors répand pendant quelques instans l'odeur de rave qui est celle du sélénium. Pendant l'ignition, dégage une abondante fumée blanche qui s'attache au verre et se résout par la chaleur en gouttes blanches et transparentes, ce qui indique le tellure. Enfin, le résidu est un globule de bismuth qui ne donne plus de fumée, et qui, par une insufflation soutenue, s'environne d'un oxyde brun de bismuth en fusion, de même que le bismuth pur. (Berzélius.)

Ce minéral a été autrefois trouvé à Berzony ou Deutsch-Pilsen en Hongrie. M. Beudant, dans son Voyage, dit qu'il n'a pu réussir à en retrouver ni à s'en procurer (1). Il en existe des échantillons dans la collection de Werner à Freyberg, dans celle de l'Université de Berlin, qui a servi à l'essai au chalumeau de M. Berzélius, et enfin de très beaux morceaux dans la collection impériale de Vienne.

2º *Le Tellurure de bismuth* blanc d'étain passant au gris de plomb et au noir de fer, d'un éclat vif à clivage net, à cassure striée et à pes. spéc. de 7,5. Rayant le gypse; rayé par le spath calcaire. Paraît se rapprocher beaucoup de l'argent molybdique. Sa composition, d'après M. Wehrle, est

Bismuth.	59,47.
Tellure.	35,72.
Soufre.	4,92.
Silice mécan. mélangée.	0,40.
	100,51.

----

(1) Beudant, *Voyage en Hongrie*, t. 1, p. 515.

Sa forme primitive paraît être un rhomboèdre; il se présente quelquefois sous la forme de prismes hexaèdres réguliers, très aplatis et striés horizontalement avec des modifications sur les arêtes terminales.

Au chalumeau, dans le tube ouvert, donne les réactions du tellure. Sur le charbon, dégage l'odeur du soufre et du sélénium et fond aisément avec émission de fumée blanche. La flamme se colore en bleu, et on obtient pour résidu un grain métallique d'un blanc d'argent. — Aisément soluble dans l'acide hydrochlorique en laissant un dépôt jaune. De *Schonbkau* près de *Schernowitz*, aux environs de *Schemnitz* en *Hongrie*.

3° *Argent telluré* (*Tellur Silber*, G. Rose.) (Poggendorf, Annalen der Ph. und Ch., et Jour. of the Roy. Instit. n.° 11, pag. 399.) Pris auparavant pour de l'argent sulfuré dans les mines d'argent de Sawodinski, près de celle de Siranowski sur la rivière Buchtarma dans les monts Altaï, et trouvé pour la première fois par M. G. Rose en 1830. — Tissu grenu, non cristallisé, inclivable; éclat fortement métallique: couleur entre le gris de plomb et le gris d'acier. Malléable, quoique moins que l'argent sulfuré. Pes. spéc. 8,56 à 8,41. Au chalumeau, seul sur le charbon, fond en une masse noire qui en se refroidissant, se recouvre de nombreux points blancs et de ramifications d'argent métallique.—Dans le matras, fond et colore le verre en jaunâtre. — Dans le tube ouvert, fond en déposant une petite quantité de sublimé blanc, dont une partie se volatilise lorsqu'on dirige la flamme sur lui, tandis que l'autre partie se réduit en petits globules.

Soluble dans l'acide nitrique, sur-tout lorsque celui-ci est chauffé. Par le refroidissement de la solution, il se dépose d'abord de petits cristaux brillans d'oxydes de tellure et d'argent, et peu de temps après il se dépose du nitrate d'argent cristallisé.

ANALYSE DE L'ARGENT TELLURÉ PAR ROSE.

Argent.	61,42	62,32.
Tellure.	36,95	36,89.
Fer.	0,24	0,50.

Signes chimiques par Rose : Ag, Te.

On en voit dans le massif de Birmont près du fleuve Obi deux grands blocs d'un pied cube chacun. Les échantillons examinés par M. Rose adhéraient à un schiste talqueux d'un gris verdâtre, et le minerai était mélange de bismuth natif avec un peu de sulfure de fer et de cuivre, et du plomb telluré.

4° *Plomb telluré* (*Tellur bleg*, G. Rose.) (Poggendorf, Ann. der Ph. und Ch. et Journ. of the Roy. Inst. of G.B. n. 11, p. 400.) De la même localité que l'argent telluré; non cristallisé, mais clivable en trois sens qui paraissent être rectangulaires entre eux; les plans de clivage sont un peu raboteux. Couleur: blanc d'étain presque comme l'antimoine, mais un peu plus jaune. Eclat fortement métallique. Fragile. Dureté de la chaux fluatée. Pes. spéc. 8,159. Il est mêlé avec une petite proportion d'argent telluré.—Au chalumeau sur le charbon, il fond en un petit bouton qui peu à peu diminue de grosseur et finit par montrer un petit globule d'argent entouré par un anneau d'une teinte métallique qui semble formé par la volatilisation et la subséquente précipitation du plomb telluré. Si l'on dirige la flamme dessus, il est complétement volatilisé : la flamme prend au même moment une couleur bleue. Il fond aussi dans le matras et forme une petite quantité de sublimé blanc qui, sous l'action d'une forte chaleur, se contracte en petits globules. Dans le tube ouvert, il fond et s'entoure d'un anneau de gouttes blanches, et un sublimé blanc très dense se dépose dans la partie inférieure du tube : la flamme du chalumeau change ce sublimé en gouttelettes. — En poudre, se dissout dans l'acide nitrique avec dégagement de vapeurs rouges. — Une seule analyse a donné à M. Rose : Argent 1,28, Plomb 60,35, Tellure 38,37.

5° Le minéral nommé par Esmarck *Bismuth natif*, et par Haüy *Tellure sélénié bismuthifère*.

Sa composition paraît très rapprochée de celle de l'argent molybdique. C'est également un alliage de tellure , de bismuth , de cuivre et de sélénium ; mais ce dernier métal y est en plus grande proportion, ainsi que l'indiquent ses réactions au chalumeau, telles qu'elles sont données par M. Berzélius qui , le premier, a reconnu sa véritable nature et celle de l'argent molybdique.

Au chalumeau, seul sur le charbon, se transforme, par la fusion, en une boule métallique, qui colore en bleu la flamme et dégage une forte odeur de rave , indice du sélénium. Forme sur le charbon un dépôt blanc pulvérulent qui s'évanouit par la flamme de réduction en lui donnant une couleur verte. A l'aide d'un feu soutenu, la boule métallique disparaît, et si l'on fond du sel de phosphore sur la place qu'elle occupait, on obtient au feu de réduction un verre dont la couleur rouge indique la présence du cuivre.

Dans le tube ouvert , les phénomènes sont les mêmes que ceux que présente l'argent molybdique, seulement la fumée blanche dépose une substance rougeâtre (qu'on reconnaît à sa forte odeur de rave pour du sélénium) dans la partie du sublimé la plus voisine de la boule d'essai. (Berzélius).

Cette substance a été découverte, en 1814, par Esmarck, dans la mine de Mornapomdal, près Tellemark, en Norwége.

6° *Tellurure de fer* cristallisé en octaèdre régulier, trouvé dans le comté de Guilford, aux États-Unis. (*Bulletin des sciences naturelles*, 1831.)

Appendice à l'ordre des Alliages.

FAMILLE DES SÉLÉNIDIENS.

Au chalumeau, dans le tube ouvert, il se forme un sublimé rouge avec dégagement d'une forte odeur de rave ou de raifort pourri, qui indique la présence du sélénium.

A cette famille appartiennent d'abord deux substances découvertes, analysées et décrites par M. Berzélius, mais qui ne s'étant point encore présentées sous une forme cristalline, ne peuvent être admises dans la méthode. On ignore par conséquent encore si elles devaient appartenir à deux genres différens, ou si l'une n'est qu'un sous-genre de l'autre. La connaissance des espèces et de leur forme primitive peut seule résoudre cette difficulté. Ces substances sont :

1° Le *Séléniure de cuivre*, Berzélius; *Cuivre sélénié* de Haüy.

Alliage de sélénium et de cuivre. Signe minéralogique de M. Berzélius : Cu Se.

Analyse par M. Berzélius. Sélénium, 40; Cuivre, 64. Total 104.

Couleur blanche : éclat métallique; mou; se laisse aplatir et polir, et prend alors la couleur de l'étain. Isolé et frotté acquiert l'électricité résineuse. Une altération superficielle lui donne une couleur noire dans les parties exposées à l'air : c'est ainsi qu'elle paraît comme des taches ou des dendrites noires, en infiltration dans la chaux carbonatée. A *Skrickernm*, en Smoland (Suède).

Au chalumeau, seul sur le charbon, fond en une boule grise un peu malléable, en développant une très forte odeur de rave.

Dans le tube ouvert, donne à la fois du sélénium qui se sublime sous la forme d'une poudre rouge, et de l'acide sélénique qui forme, au-delà du dépôt de sélénium, des cristaux susceptibles de se volatiliser par une chaleur très douce.

Après un très long grillage accompagné constamment de l'odeur du sélénium, on obtient par la soude un grain de cuivre. (Berzélius.)

2o *Eukairite*. (Berzélius.) Séléniure double de cuivre et d'argent.
Cuivre sélénié argental (Haüy).

Alliage de sélénium, de cuivre et d'argent.

Signe minéralogique de M. Berzélius : Cu Se × Ag Se.

ANALYSE DE L'EUKAIRITE DE SKRICKERUM, PAR BERZÉLIUS.

Argent.	38,92	
Cuivre.	23,05	
Sélénium.	26,00	100,00
Substances terreuses.	8,90	
Perte.	3,12	

Couleur : d'un gris métallique plombé. Cassure grenue, sous-cristalline. Mou, se laissant entamer par le couteau. La coupure a le brillant de l'argent. Isolé et frotté acquiert l'électricité résineuse.

Soluble dans l'acide nitrique chauffé; la solution mêlée d'eau froide, donne un précipité blanc.

Au chalumeau, seule sur le charbon, entre en fusion, dégage une forte odeur de rave et donne un grain métallique gris, doux, mais non malléable. Coupellée avec le plomb, elle donne un grain d'argent.

Dans le tube ouvert se comporte comme le séléniure de cuivre.

Avec le borax et le sel de phosphore, donne un verre qui est d'un beau vert au feu d'oxydation, qui devient incolore au feu de réduction, et qui, en se solidifiant, devient opaque et d'un rouge de cinabre : ce qui est la réaction du cuivre.

L'eukairite n'a encore été trouvée qu'à Skrickerum, province de Smoland, en Suède, dans de la chaux carbonatée et de la serpentine.

Aux deux minéraux sélénidiens précédens doivent être joints d'autres minéraux de la même famille, découverts en 1823 par M. Zinkern et analysés par M. Rose. (*Ann. des Mines*, t. 12, p. 317.) Ce sont :

1° *Séléniure de plomb*. Ressemblant beaucoup à la galène, quoique ne contenant pas une trace de soufre.

Couleur : gris de plomb clair. En masses cristallines, à tissu lâche, à clivage cubique. Pesanteur spécifique, 6,8 à 8,8.

Au chalumeau, dans le tube fermé, ne fond pas et ne donne aucun sublimé. Dans le tube ouvert, il se sublime un peu de sélénium, et il se forme de l'acide sélénique; la pièce d'essai s'entoure d'oxyde jaune de plomb.

Sur le charbon , se couvre d'un sublimé d'oxyde de plomb, mais il ne se forme pas de plomb métallique, à moins qu'on ajoute de la soude.

ANALYSE.

Plomb.	0,7230
Sélénium.	0,2770
	———
	1,0000

Formule chimique : P b Se². Du *Hartz* , près de *Clausthal* et de *Tilkerode*.

2° *Séléniure de plomb et de cobalt.* Il a le même aspect que le séléniure de plomb.

Dans le tube fermé, il donne un sublimé de sélénium, et il montre la réaction du cobalt avec les flux , en les colorant en bleu. Pesanteur spécifique, 7,697.

ANALYSE.

	Par M. H. Rose.	Par M. Stromeyer.
Plomb.	0,6392	0,7098
Cobalt.	0,0314	0,0083
Fer.	0,0045	0,0000
Sélénium.	0,3142	0,2811
	———	———
	0,9893	0,9992

Formule chimique : Co Se4+6 Pb Se². De *Clausthal* (au Hartz.)

3° *Séléniure de plomb et de cuivre.* Amorphe, d'un gris de plomb. Dans le matras, il ne donne pas de sublimé. Dans le tube ouvert , il donne du sélénium et de l'acide sélénique. Pes. spéc. 5,6 à 7,0.

ANALYSE.

Plomb.	0,5967	0,4743
Cuivre.	0,0786	0,1545
Argent.	0,0000	0,0129
Fer.	0,0077	0,0000
Sélénium.	0,2976	0,3426
Gangue.	0,0100	0,0200
	———	———
	0,9906	1,0043

4° *Séléniure de plomb et de mercure.* Ressemble au séléniure de plomb, et il a aussi un clivage cubique très distinct. Pes. spéc. 7,80 à

7,87. Dans le matras, donne un sublimé cristallin de séléniure de mercure qui, quand il est abondant, fait fondre et bouillir le minerai. Si l'on ajoute du carbonate de soude, il se sublime du mercure. Dans le tube ouvert, il se produit un sublimé de séléniate de mercure, en gouttes jaunâtres.

ANALYSE.

Plomb.	0,5584	0,2733
Mercure.	0,1694	0,4469
Sélénium.	0,2497	0,2798
	0,9775	1,0000

Ces deux analyses, faites sur deux portions du même morceau, prouvent que les deux séléniures ne sont pas combinés en proportions fixes.

Ces quatre minéraux sélénidiens se trouvent au Hartz, disséminés dans la dolomie : 1° auprès de Zorge, dans des filons de fer traversant le schiste argileux et la diorite ; 2° près de Tilkerode, dans des filons, quelquefois avec de l'or natif.

Puis enfin 5° *Séléniure d'argent*. Ag Se². Indiqué par MM. André del Rio et Mendez, comme trouvé sous forme de petites tables hexagonales à angles et bords arrondis, gris de plomb et très ductiles, à Tasco (Mexique). (*Ann. des Mines*, tom. 12, pag. 321.)

6° Autre *séléniure d'argent* ou *argent sélénié*. Trouvé libre par M. Rose, en filons d'une ligne d'épaisseur dans le plomb sélénié de Tilkerode, aussi bien que dans sa gangue. Couleur plus sombre que celle du plomb sélénié. Possède trois clivages perpendiculaires entre eux. Pes. spéc. 8. Au chalumeau, avec le borax et la soude, donne un bouton métallique d'argent mêlé de plomb. Formule de M. Rose : Ag Se avec quelques centièmes de Pb Se. (Poggendorff, *Annales*, tom. XIV, pag. 471, et Berzélius, Jahres Beritht 9ter Jahrgang, Tubingue 1830.)

7° Le minéral nommé par M. Breithaupt, *Silber phyllinglanz* (Jah. der Ch. und. Ph. 1828, t. 1ᵉ, p. 178) se trouve en masses feuilletées d'un gris de plomb foncé. Éclat métallique. Flexible en lames minces. Pes. spéc. 5,895. M. Breithaupt, vu les réactions de cette substance au chalumeau, la regarde comme une combinaison d'argent sélénié et de molybdène sélénié. Se trouve avec de la galène dans des filons qui traversent le gneiss à Deutsch-Pilsen ou Borsoni en Hongrie. On le confondait auparavant avec l'argent mo-

lybdique de de Born. (Berzélius, Jahres Bericht, 9ter Jahrg., p. 184,
Tubingen, 1830.)

8° Nous indiquons ici, quoique son contenu de soufre, lorsque
ce minéral sera mieux connu, pût lui assigner une autre place, le
mercure sélénié (*Selen quecksilber*) de Kensten (dans Kastner, Archiv., t. XIV, p. 127) qui ressemble au cuivre gris. Eclat métallique,
couleur gris d'acier obscur : il paraît composé de mercure sélénié
et de mercure sulfuré. Trouvé au Mexique dans un filon de spath
calcaire et de quartz, accompagné de mercure natif et de soufre.
(Berzélius, Jahres Bericht, 9'ter Jahrg, p. 183. Tubingue 1830.)
Marx décrit comme un *mercure sélénié* le minéral, regardé par
Tiémann comme du sélénium natif, et trouvé dans une mine
abandonnée du Hartz septentrional. (Jahr. der. Ch. und Phys.
1828, t. III, p. 223, et Berzélius, Jahres Bericht, 9 ter Jahrg.,
p. 184.)

IIIe ORDRE.

LES PYRITES OU MÉTAUX COMBINÉS AVEC LE SOUFRE, A ASPECT COMPLÉTEMENT MÉTALLIQUE.

Décomposables par le feu ou par les acides en
deux élémens au moins, dont l'un est le soufre, et
les autres sont des métaux. Ceux-ci en général
restent fixes, tandis que le soufre se dissipe en
fumée ou se sublime à l'aide de la chaleur.

Il s'en trouve cependant, comme l'arsenic et
l'antimoine, que la chaleur fait évaporer avec le
soufre.

Ce sont les sulfures métalliques de la chimie,
ceux au moins qui ont l'aspect métallique et prennent de l'éclat par la râclure. Le reste des sulfures métalliques appartient à la classe suivante,
par ses caractères physiques.

Exposés au chalumeau, dans le tube ouvert, ils développent l'odeur de l'acide sulfureux, ou du moins jaunissent un papier de Fernambouc humecté introduit dans la partie supérieure du tube.

Plusieurs exhalent l'odeur sulfureuse, par le simple frottement.

Les pyrites se font remarquer par un éclat métallique miroitant, très vif et supérieur en général à celui des régules et des alliages.

Toutes sont conductrices de l'électricité, et acquièrent, lorsqu'elles sont isolées et frottées, l'électricité résineuse.

Les plus dures rayent le feldspath, et les plus tendres ne rayent que le talc. La pesanteur spécifique est en général inférieure à celle des deux ordres précédens : elle varie de 7,5 à 4,1.

La plupart appartiennent encore pour la forme au système cristallin tétraédrique ; le reste aux systèmes rhomboédrique et prismatique.

Cet ordre comprend deux familles : les *pyrites proprement dites* et les *galènes*.

1re FAMILLE.—*LES PYRITES*

PROPREMENT DITES.

Ont une cassure presque jamais lamelleuse, mais inégale et grenue, à grains plus ou moins fins, ou conchoïde à petites cavités. Elles sont composées, en tout ou en partie, de sulfures au maximum. Leur dureté est en général supérieure à celle des galènes. Les plus dures rayent le feldspath et sont rayées par le quartz; les plus tendres rayent la chaux carbonatée et sont rayées par la chaux fluatée. Leur pesanteur spécifique est en revanche proportionnellement peu considérable. Trois genres ou sous-genres sont au-dessus de 5 ; mais au-dessous de 7 toutes les autres pyrites sont entre 5,0 et 4,1.

Elles ont un éclat très vif sur les cristaux, éclat miroitant ; il est un peu moindre dans l'intérieur. Aucune n'est ductile, ni malléable, ni flexible.

On peut distinguer dans les pyrites : 1º celles qui sont dures et compactes en même tems ; 2º celles qui sont dures et ont un tissu lamelleux ; 3º celles qui sont tendres et compactes.

+ Dures et compactes.

1ᵉʳ Genre.—FER SULFURÉ (Haüy). (*Pyrites.*)

Marcassite, Romé-de-l'Isle. *Pyrite martiale*, Brochant.

Schwefelkies, Werner ; *Eisenkies*, de Léonhard ; *Hexædrischer Eisenkies*, Mohs.

Combinaison de fer et de soufre au maximum.

Signe minéralogique de M. Berzélius : Fe S⁴, plus récemment Fe S².

ANALYSE DES FERS SULFURÉS.

	PAR HATCHETT.		PAR BERZÉLIUS.
Soufre.	52, 15	52, 5.	54, 26.
Fer.	47, 85	47, 5.	45, 74.
	100,00	100,0	100,00

Couleur : jaune de bronze. Forme primitive : le cube , clivable parallèlement aux faces de ce solide et aussi à celles de l'octaèdre régulier ; ce qui , suivant Haüy, donnerait le tétraèdre régulier pour forme de la molécule intégrante. Cassure généralement raboteuse et peu éclatante , quelquefois cependant conchoïde, lisse et très brillante. Pesanteur spécifique, 4,749 à 5,07. Rayant le feldspath ; rayé par le quartz. Étincelant avec le briquet, et donnant par la percussion une odeur sulfureuse. — Poussière vert noirâtre. A la loupe cette poussière a aussi l'aspect et l'éclat métalliques.

A la flamme d'une bougie exhale une odeur sulfureuse et devient rousse et attirable à l'aimant. Sa poussière jetée sur un charbon allumé et placée dans l'obscurité, produit une multitude de points lumineux dus à la combustion du soufre.

Au chalumeau, dans le matras, exhale une odeur d'hydrogène sulfuré et donne du soufre. Vers la fin du grillage, on obtient, en poussant le feu, un sublimé rougeâtre moins volatile que le soufre et ressemblant au sulfure d'arsenic : la pièce d'essai bien grillée a l'aspect métallique, est poreuse et attirable à l'aimant.

Sur le charbon, devient rouge à la flamme extérieure, et se transforme par le grillage en oxyde de fer. Dans la flamme intérieure se résout à une température élevée, en un grain revêtu d'une masse noire, inégale et cristalline ; sa cassure est cristalline, jaunâtre, et a le brillant métallique. (Berzélius.)

ESPÈCES.

1re Espèce. Fer sulfuré primitif (*Pyrites cubicus*).

Le cube : toutes les faces carrées inclinées entre elles de 90°. Signe des faces (d'après Haüy), M P.

Var. *a. Rectangulaire*, en parallélipipède rectangle plus ou moins alongé. Commun dans tous les terrains, mais plus particulièrement dans les ardoises de l'île d'*Elbe*. De *Mohrwinkel* (Bavière), de *Bohéme*. (Lucas, Coll. du Mus.)

2e. Fer sulfuré octaèdre (*Pyrites octaedricus*). Signe des faces, *d*. Huit faces triangulaires, équilatérales, inclinées entre elles de 109° 28'. Modification complète par une seule face sur tous les angles solides du noyau.

Var. *a. Cunéiforme*, les angles solides qui forment les sommets prolongés en une arète perpendiculaire à l'axe.

Var. *b. Triglyphe*, marqué de stries dans trois sens perpendiculaires l'un à l'autre. C'est l'ébauche de la forme du dodécaèdre. Théoriquement, on devrait rapporter cette variété à cette dernière espèce.

3e. Fer sulfuré trapézoïdal (*Pyrites trapezoïdeus*). Signe des faces, *o*. 24 faces trapézoïdales inclinées entre elles de 131° 48' 36" et de 146° 26' 33", produites par une modification complète sur tous les angles solides du noyau par trois faces correspondantes aux faces. En *Corse* dans la stéatite (Haüy).

4.

4°. Fer sulfuré dodécaèdre (*Pyrites dodecaedron*). Signe des faces, *e*. Douze faces pentagonales symétriques, inclinées entre elles de 126° ½ et de 113° ½, produites par une modification complète dissymétrique, par une face au lieu de deux sur toutes les arêtes du noyau. *Commune*.

Var. *a*. *Alongée* entre deux de ses faces opposées.

Var. *b*. *Triglyphe*. Nous l'avons rapportée au *Fer sulfuré primitif*.

En cristaux croisés deux à deux, de manière que les angles solides de l'un forment des saillies au-dessus des faces de l'autre.

5°. Fer sulfuré cubo-octaèdre (*Pyrites cubo-octaedricus*). Signe des faces, MP*d*. Le cube ayant tous ses angles solides remplacés par une face triangulaire; ou l'octaèdre ayant tous les siens remplacés par une face carrée. Modification incomplète sur tous les angles solides du noyau par une seule facette. Inclinaison de *d* sur M et sur P, 125° 15' 52".

Var. *a*. Cube dominant. Inclinaison de P sur M et de M sur M, 90°.

Var. *b*. Octaèdre dominant. Inclinaison de *d* sur *d*, 109° 28' 16".

Cette espèce se trouve à *Traverselle* (Piémont), à *l'île d'Elbe*, à *Nagybania* (Transylvanie), à *Dognatska* (Bannat), à *Freyberg* (Saxe), etc. (Lucas, Coll. du Muséum.)

6°. Fer sulfuré cubo-dodécaèdre (*Pyrites cubo-dodecaedron*). Signe des faces, *e*MP. Le dodécaèdre pentagonal ayant six de ses arêtes, bases communes de 2 pentagones, remplacées chacune par une face appartenant au noyau. De ces six faces, deux sont perpendiculaires et quatre parallèles à l'axe du solide. Ou le cube émarginé par une face sur toutes ses arêtes. Modification incomplète dissymétrique par une seule face, au lieu de deux sur toutes les arêtes du noyau. Inclinaison de *e* sur P et sur M, 153° 26' 5".

Var. *a*. Cube dominant.

Var. *b*. Dodécaèdre dominant. Inclinaison de *e* sur *e*, 126° 52' 12" et 113° 34' 41".

Sous-variété *z*. Les faces MP correspondantes à celles du cube sont striées dans trois sens perpendiculaires l'un à l'autre, comme dans la variété triglyphe (*Freyberg*).

Cette espèce se trouve à *Traverselle* et à *Brosso* (Piémont).

7°. Fer sulfuré triacontaèdre (*Pyrites triacontaedron*.) Solide à 30 faces, dont 6 sont des rhombes parallèles aux faces du noyau et 24 sont des trapézoïdes approchant des rhombes pour la forme. Signe des faces, MP*f*. Modification incomplète sur chaque angle solide du cube primitif par trois facettes (*f*) correspondantes aux arêtes. Inclinaison de *f* sur *f*, 141° 47' 12", de *f* sur M et sur P, 143° 18' 2". De *Traverselle* (Piémont). (Lucas, Coll. du Mus.)

8ᵉ. FER SULFURÉ BIFORME (*Pyrites biformis*). Signe des faces, *d x*. Un octaèdre émarginé par une face sur toutes ses arêtes. Combinaison de deux modifications incomplètes, dont l'une par une face (*d*) sur tous les angles solides du noyau produirait l'octaèdre régulier, et l'autre également par une face (*x*) sur toutes les arêtes du noyau, produirait un dodécaèdre rhomboïdal. Cette combinaison forme une modification complète qui intercepte entièrement le noyau. Inclinaison de *d* sur *x*, 144° 44' 8".

9ᵉ. FER SULFURÉ QUATERNAIRE (*Pyrites quaternaris*). Signe des faces, *h*MP. Forme analogue au cubo-dodécaèdre (voyez cette espèce), mais dont les faces produites en vertu d'une modification incomplète et dissymétrique par une seule face au lieu de deux sur les arêtes du noyau (faces *h* d'un dodécaèdre pentagonal), forment des angles différens avec les faces MP du cube primitif. Inclinaison de *h* sur P et sur M, 104° 2' 11" et 165° 57' 49".

10ᵉ. FER SULFURÉ TRIÉPOINTÉ (*Pyrites cubo-trapezoidalis*). Signe des faces, *o*MP. Un cube ayant tous ses angles solides remplacés par autant de pyramides à trois faces triangulaires. Modification incomplète sur tous les angles solides du noyau, par trois facettes correspondantes aux faces du cube. Cette modification complétée produit le solide trapézoïdal. Inclinaison de P sur M et de M sur M, 90°, de *o* sur *o*, 131° 48' 36" et 146° 26' 33".

11ᵉ. FER SULFURÉ ICOSAÈDRE (*Pyrites icosaedricus*). Signe des faces, *ed*. Solide à 20 faces triangulaires, dont 8 (*d*) sont des triangles équilatéraux, et 12 (*e*) des triangles isocèles. Combinaison de deux modifications, l'une par une seule face sur tous les angles solides du noyau produirait, si elle était complète, l'octaèdre régulier. L'autre par une seule face sur toutes les arêtes du noyau produirait le dodécaèdre pentagonal. Cette combinaison intercepte complétement le noyau. Inclinaison de *d* sur *e*, 140° 46' 7".

Var. *a. Octaédriforme*. Les faces *d* sont devenues des hexagones et ont pris beaucoup d'accroissement aux dépens des faces *e* qui sont restées triangulaires. Dans cet état, le cristal ressemble à un octaèdre dont tous les angles solides seraient remplacés par deux faces triangulaires.

12ᵉ. Fᴇʀ sᴜʟғᴜʀᴇ́ ᴘᴀɴᴛᴏɢᴇ̀ɴᴇ (*Pyrites pantogenus*). Signe des faces, *cf*. Solide à 36 faces triangulaires ou l'icosaèdre dans lequel les faces équilatérales (*d*) sont remplacées par des pyramides triangulaires très surbaissées. Combinaison des modifications qui produisent le dodécaèdre rhomboïdal (voyez le *triacontaèdre*) et le dodécaèdre pentagonal (voyez l'espèce *dodécaèdre*). Inclinaison de *f* sur *f*, 141° 47' 12", de *e* sur *f*, 162° 58' 34". De l'île d'*Elbe* et de *Transylvanie*. (Lucas, Coll. du Mus.)

13ᵉ. Fᴇʀ sᴜʟғᴜʀᴇ́ ʙɪsᴜɴɪᴛᴀɪʀᴇ (*Pyrites bisunitarius*). Signe des faces, *dx* PM. L'espace *biforme* ayant de plus les faces du cube. Ou l'octaèdre régulier émarginé sur toutes les arêtes et ayant tous ses angles solides remplacés par une face perpendiculaire à l'axe. C'est la combinaison de modifications qui produit l'espèce *biforme*, mais qui n'a pas atteint sa limite.

14ᵉ. Fᴇʀ sᴜʟғᴜʀᴇ́ ᴄᴜʙᴏ-ɪᴄᴏsᴀᴇ̀ᴅʀᴇ (*Pyrites cubo-icosaedron*). Signe des faces, *ed* M P. Solide à 26 faces; l'icosaèdre dans lequel les bases communes de deux triangles isocèles adjacens sont remplacées par des faces du cube perpendiculaires entre elles dans trois sens différens. C'est aussi le cube modifié à la fois sur toutes les arêtes et sur tous les angles solides par une seule face. Modification qui n'atteignant pas sa limite, laisse à découvert en partie les faces du noyau. Inclinaison de *e* sur P et sur M, 153° 26' 5", de *d* sur *e*, 140° 46' 7", de *d* sur M, 125° 15,52", de *d* sur P, 152° 15' 52".

15ᵉ. Fᴇʀ sᴜʟғᴜʀᴇ́ ǫᴜᴀᴅʀɪᴇ́ᴘᴏɪɴᴛᴇ́ (*Pyrites quadripunctatus*). Signe des faces, M P *f d*. Le cube ayant tous ses angles solides modifiés par quatre facettes triangulaires dont l'une (*d*) celle du milieu a pour côtés les bases des trois autres triangles (*f*) qui correspondent aux arêtes. C'est une combinaison des faces du cube primitif et de deux modifications incomplètes, dont l'une par une seule face sur tous les angles solides du noyau aurait produit l'octaèdre régulier, et l'autre également sur tous les angles solides du noyau par trois faces correspondantes aux arêtes aurait produit un solide trapézoïdal. Inclinaison de P et M sur *f*, 143° 18' 2", de *d* sur *f*, 157° 47' 33".

16ᵉ. Fᴇʀ sᴜʟғᴜʀᴇ́ ᴜɴɪʙɪɴᴀɪʀᴇ (*Pyrites unibinarius*). Signe des faces, *d o e*; l'octaèdre régulier modifié sur tous ses angles solides par huit faces, dont quatre *e* en hexagones alongés le long des arêtes sont réunis par les quatre autres faces triangulaires *o* correspondant aux faces de l'octaèdre. C'est une combinaison des deux modifications sur les angles du noyau, qui produisent, l'une l'octaèdre *d* et l'autre le solide trapézoïdal *o*, et de celle sur les arêtes qui donnerait le dodécaèdre pentagonal *e*. Inclinaison de *d* sur *o*, 160° 31' 44".

17ᵉ. Fɛʀ sulfuré triforme (*Pyrites triformis*). Signe des faces, *e f d.* Solide à 44 faces dont douze triangulaires isocèles, *e*, 24 trapèzes *f*, et 8 petits triangles équilatéraux, *d*. C'est le *pantogène* dont les angles solides triples sont tronqués par une facette triangulaire *d*, correspondant aux faces de l'octaèdre et aux huit faces équilatérales de l'icosaèdre. Inclinaison de *d* sur *f*, 157° 47' 33". Pour les incidences et la dérivation des autres faces, voyez le *pantogène*.

18ₑ. Fer sulfuré bifère (*Pyrites biferus*). Signe des faces, *e x f d.* La même forme que la précédente espèce (*triforme*), où les assortimens pyramidaux de facettes en trapèzes, au lieu de se toucher par les angles de leur base, sont séparés par de petites facettes triangulaires *x*, produites par une modification sur les arètes du noyau. Inclinaison de *e* sur *x*, 161° 33' 24". De *Kremnitz* (Hongrie.) (Lucas, Collec. du Muséum.)

19ᵉ. Fer sulfuré mégalogone (*Pyrites mégalogonos*). Signe des faces, *e u z n.* Solide dont la forme approche de celle d'un sphéroïde, composé de 84 faces faisant entre elles des angles très ouverts : c'est le produit d'une combinaison de quatre modifications, qui interceptent complétement le noyau ; une sur les arètes et les 3 autres sur les angles de la forme primitive. Inclinaison de *e* sur *n*, 169° 19' 46", de *z* sur *z*, 144° 54' 10". Du *Piémont* (val d'Aoste.)

20ᵉ. Fer sulfuré surcomposé (*Pyrites compositissimus*). Signe des faces, P M *d o k f.* Solide à 110 faces. Un octaèdre ayant toutes ses arètes biselées ou remplacées par deux faces (*k*) et tous ses angles solides tronqués par une facette carrée (P M) correspondant aux faces du cube : de chacun des quatre côtés de cette facette part une facette triangulaire isocèle (*o*). Ces facettes triangulaires sont séparées deux à deux par deux faces trapézoïdales (*f*) qui correspondent aux faces du biseau. Combinaison de quatre modifications qui n'interceptent pas complétement le noyau ; la 1ʳᵉ sur tous les angles du cube par une seule face produit l'octaèdre dominant ; les trois autres sont aussi sur les angles. Inclinaison de *d* sur *k*, 164° 12' 24", de *d* sur *f*, 157° 47'33", de *f* sur *o*, 150° 47'40", de *o* sur M ou P, 144° 44' 8".

21ᵉ. Fer sulfuré parallélique (*Pyrites parallelicus*). Signe des faces, M P *d e y o f s n.* Solide à 134 faces, ce qui est le plus grand nombre jusqu'ici observé sur les cristaux. Il résulte de sept modifications combinées avec les faces du noyau. Ici le cube est la forme dominante et ses arètes sont remplacées par des assemblages de nombreuses petites faces, dont les bords en général offrent un parallélisme remarquable entre eux. (Voyez pour la figure de ces diverses faces ainsi que pour leurs inclinaisons entre elles, l'Atlas de Haüy, pl. 108 et le tableau des mesures d'angles qui y est annexé.) A *Petrorka* (Pérou) où cette espèce est aurifère.

ALTÉRATION DANS LA SUBSTANCE.

Quelques espèces de ce genre (p. ex. le cubo-octaèdre et le pantogène) éprouvent parfois une altération dans laquelle le soufre se dégage en entier, et le fer s'oxyde tout en conservant sa forme cristalline. Dans ce cas, le brillant métallique a disparu et la couleur est devenue brune ou noirâtre. La pesanteur spécifique et la dureté sont sensiblement diminuées. Haüy qui donne la précédente description appelle le produit de cette altération *Fer oxydé épigène*, vulgairement *fer hépatique* (*Leber Kies*, Karsten). L'altération n'est pas toujours complète : elle commence par la surface du cristal et s'étend graduellement dans son intérieur; aussi existe-t-il plusieurs états intermédiaires entre le fer sulfuré intact et le fer oxydé épigène.

On trouve le fer oxydé épigène *primitif* aux environs de Montbard (Bourgogne); la variété *triglyphe* dans la mine d'or de *Bérésof* (Sibérie), le *cubo-octaèdre* dans le départ. de l'Ardèche. (Lucas, Coll. du Mus.)

ALTÉRATION DANS LA FORME.

Les cristaux, soit par une attrition postérieure à leur formation, soit par un défaut d'espace suffisant pour se développer, ont revêtu la forme de grains arrondis.

MODES DE GROUPEMENT DES INDIVIDUS DE CE GENRE.

En dendrites formées de petits cubes ou d'octaèdres juxtaposés par leurs angles et formant des rameaux divergens entre les feuillets d'un schiste marno-bitumineux noir de Mansfeld.

En masses globuleuses ou cylindriques radiées intérieurement et hérissées à leur surface par les angles solides des cristaux qui ont contribué à leur formation. Quelquefois ces masses ont passé aussi à l'état de fer oxydé épigène.

Les individus moléculaires de ce genre forment par leur groupement des masses amorphes, ou des concrétions de forme cylindrique, et des ensembles qui revêtent des formes empruntées à des êtres du règne organique, des coquilles, etc.

Fer sulfuré aurifère, en Hongrie, Transylvanie, Pérou, à Petrorca, Macugnaga (Piémont) Dauphiné aux mines de Molard, Allemont, Allevard, la Gardette, etc. (Luc., Tableau méth., 2e part.)

Fer sulfuré argentifère (*Humboldt*) en Saxe, à la Nouvelle Espagne, au Mexique. (Humboldt, *Essai politique,* t. 2, p. 510 et 543.)

Fer sulfuré arsénifère donne une odeur d'ail très marquée au chalumeau, et se trouve en Suède et dans le Cornouailles.

Fer sulfuré titanifère ? au Saint-Gothard ? (Haüy cité par Lucas, Tabl. méth., 2e partie.) Couleur brun rougeâtre.

2e Genre. — PYRITE RAYONNÉE (Brochant), ou RADIÉE (*Sperkisa.*)

Fer sulfuré blanc (Haüy) ; *Strahlkies,* Werner ; *Prismatischer Eisenkies,* Mohs.

Jusqu'à présent l'analyse n'a pas offert de différence entre ce genre et le précédent ; cependant sa forte tendance à se décomposer à l'air et à fournir des efflorescences de sulfate de fer , semble indiquer quelque différence dans la composition. M. Berzélius serait porté à croire (1) que la pyrite rayonnée renferme des particules interposées de pyrite magnétique.

ANALYSE DE M. BERZÉLIUS.

Fer.	45, 07
Manganèse.	0, 70
Soufre.	53, 35
Silice.	0, 80

99, 92.

Forme primitive : prisme rhomboïdal droit dans lequel l'angle dièdre obtus du prisme est de 106° 36', et le côté de la base à la hauteur à peu près comme 5 à

---

(1) Nouveau système de Minéralogie, p. 263.

4 : (1). Couleur : blanc d'étain qui, par altération et exposition à l'action de l'air, passe au jaune de bronze et parfois au gris d'acier. Pes. spéc., 4,69 à 4,84. Raye le feldspath ; rayé par le quartz. Étincelle par le choc du briquet. Exposé à la flamme d'une bougie, donne une fumée légère avec l'odeur de soufre, mais jamais d'ail ; attire ensuite l'aiguille aimantée. Les fragmens exposés à l'air, et particulièrement ceux qui proviennent d'un groupe de cristaux en masses radiées, se convertissent plus ou moins promptement en fer sulfaté.

Soluble dans l'acide nitrique à chaud en laissant un dépôt blanchâtre.

ESPÈCES.

1re Espèce. PYRITE RADIÉE PRIMITIVE (*Sperkisa prismatica*). Un prisme droit à base rhombe sans aucune modification. Signe des faces, *a* M P. Inclinaison de M sur M, 106° 36' et 73° 24', de M sur P, 90°. *Derbyshire* et *Joachimstahl* (Bohème.)

MODE DE GROUPEMENT PARTICULIER AUX INDIVIDUS DE CETTE ESPÈCE.

Assortimens offrant une espèce de dentelure, composée d'une suite d'angles aigus appartenant à autant de prismes rhomboïdaux primitifs qui semblent se pénétrer : c'est le *fer. s. bl. dentelé* de Haüy, vulgairement *Pyrite en crête de coq*. (*Hahnen Kam Kies*, de Werner). Du *Derbyshire*. (Luc., Coll. du Mus.)

2e. PYRITE RADIÉE QUATERNAIRE (*Sperkisa quaternaris*). (Signe des faces, M r. Solide à 8 faces, dont quatre triangulaires remplacent les deux bases du prisme et les quatre autres sont les quatre faces du prisme qui sont devenues des trapèzes au lieu d'être des parallélogrames. Modification par une seule face sur les angles aigus des bases, qui, sans atteindre sa limite, intercepte cependant complète-

---

(1) Ces déterminations sont celles de Haüy que nous conservons provisoirement à cause des figures de cet auteur auquel nous renvoyons. Des mesures plus récentes indiquent un prisme rhomboïdal de 106° 2' à 73° 58'. Cette différence en produit dans la mesure des inclinaisons réciproques des faces secondaires des diverses espèces, mais trop peu sensibles pour que leur omission puisse égarer le naturaliste.

ment les bases du noyau. Inclinaison de *r* sur *r*, 147° 48'. Du *Derbyshire*. (Luc., Coll. du Mus).

Var *a*. *Pyrite radiée quaternaire élargie* (*Sperkisa quaternaris dilatata*). C'est aussi un solide à 8 faces dont quatre triangulaires et quatre trapézoïdales. Le signe des faces est le même, M r; mais ici les faces triangulaires sont celles qui restent du noyau M, et les faces en trapèze sont celles de la modification qui remplace les bases et intercepte aussi les arêtes aiguës du prisme.

MODE DE GROUPEMENT RÉGULIER PARTICULIER AUX INDIVIDUS, OU
FRAGMENS D'INDIVIDUS DE CETTE ESPÈCE.

En cristaux composés aplatis, ressemblant à des lentilles à contours hexaèdres et échancrées dans la direction des rayons de l'hexagone. C'est le *Fer sulfuré blanc péritome* de Haüy. (*Voy.* dans la seconde édition du *Traité de Minéralogie* la description du mode de formation de ces groupes, et leurs variétés ; t. 4, p. 72 , et atlas, fig. 232 et 233.) Se trouve en *Cornouailles* et dans le *Derbyshire* (Angleterre) ; près de *Freyberg* (Saxe); à *Joachimsthal* (Bohème) ; près de *Dieppe* et de *Boulogne* (France).

4°. PYRITE RADIÉE QUADRI-HEXAGONALE(*Sperkisa quadri-hexagonalis*). Signe des faces, M P r. Le prisme rhomboïdal primitif ayant tous les angles aigus de ses bases, remplacés chacun par une facette triangulaire. C'est la même modification par laquelle est formée l'espèce précédente; mais ici elle est plus incomplète que dans la quaternaire, puisqu'elle n'intercepte pas les bases du prisme. Inclinaison de P sur *r*, environ 160° 48'.

5e. PYRITE RADIÉE QUADRI-OCTONALE (*Sperkisa quadri-octonalis*). Signe des faces, M g s. Un octaèdre ayant les angles des sommets intacts et chacun des angles latéraux remplacés par une seule facette. Cette facette appartient aux pans du prisme primitif. Les huit faces de l'octaèdre sont formées par la combinaison de deux modifications d'une seule face, dont l'une (*s*) a lieu sur les angles aigus et l'autre (*g*) sur les angles obtus des bases. Inclinaison de g sur g, 114° 20' De *Schemnitz* (Hongrie); d'*Almérode*.

6e. PYRITE RADIÉE BISUNITAIRE (*Sperkisa bisunitaria*). Signe des faces, M P g l. Un octaèdre ayant tous ses angles solides remplacés chacun par une seule face quadrilatère. Les faces sont celles du solide primitif, et les faces de l'octaèdre sont formées par la combinaison de deux modifications incomplètes, dont l'une (*g*) sur les angles obtus, et l'autre (*l*) sur les angles aigus des bases, toutes deux par une seule face. Inclinaison de g sur *l*, 110° 48', de *p* sur g, 129° 30', de

P sur *l*, 130° 53', de *l* sur *l*, 126° 16'. De *Joachimsthal*, (Bohème). (Luc., Coll. du Mus.)

7e. *Pyrite radiée équivalente* (*Sperkisa emarginata*). Signe des faces, M P *g l h*; un octaèdre émarginé par une seule face sur toutes ses arêtes, et ayant ses deux angles terminaux remplacés chacun par une seule face quadrilatère. Les facettes terminales et les quatre facettes émarginantes de la base commune des deux pyramides, appartiennent aux faces du noyau. Les faces (*h*) de l'octaèdre sont formées par une modification en vertu d'une seule face, sur toutes les arêtes de la base du solide primitif, et les facettes *g* et *l* qui remplacent les arêtes de cet octaèdre, sont celles qui forment les faces de l'espèce précédente. De *Freyberg* (Saxe), de *Schemnitz* (Hongrie). (Luc., Coll. du Mus.)

MODES DE GROUPEMENT DES INDIVIDUS DE CE GENRE.

En masses radiées du centre à la circonférence ; ces masses ont la forme globulaire, ou cylindrique, ou tuberculeuse, et leur surface est ordinairement hérissée de pyramides aiguës ou tronquées. En masses concrétionnées fibreuses (de Hongrie), mamelonnées (d'Angleterre), ou compactes (de Poullaoen, Bretagne). (Luc., Coll. du Mus.)

ALTÉRATIONS DE LA SUBSTANCE.

Les individus de ce genre sont susceptibles de deux sortes d'altération dans leur substance : 1° quelques-unes se transforment, comme le fer sulfuré, en fer oxydé épigène, qui conserve les formes cristallines de la pyrite radiée, après que le fer a perdu le soufre avec lequel il était combiné, et s'est complétement oxydé. Dans cet état, l'éclat métallique a disparu, la couleur est devenue brune ou jaunâtre et l'aspect est terreux et mat ; enfin, la dureté a beaucoup diminué : c'est alors encore un *fer oxydé épigène* de Haüy.

La pyrite radiée primitive, dentelée, changée en fer oxydé, se trouve dans les comtés de Stafford, de Derby et de Nottingham en Angleterre ; en Bohème et en Hongrie. Le fer oxydé épigène provenant de la pyrite radiée globulaire à surfaces hérissées de pyramides tronquées, se trouve en Espagne. (Luc., Coll. du Mus.)

2° La plupart des masses concrétionnées, fibreuses et mamelonnées, sont sujettes, par l'exposition à l'air, à se décomposer, à perdre leur agrégation et à se convertir, en partie du moins, en sulfite de fer. Cette décomposition est presque toujours accompagnée d'un dégagement de calorique et même d'inflammation spontanée, lorsqu'il se trouve des substances combustibles, telles que la houille ou la lignite, dans le voisinage des pyrites.

3ᵉ Genre. — MISPICKEL, Bergm. (*Marcassites*, Kirw.)

Fer arsénical (Haüy). *Pyrite arsénicale* (Brochant). *Arsenik Kies* (Werner et Karsten). *Prismatischer Arsenik Kies* (Mohs).

Combinaison de sulfure de fer au maximum et d'arséniure de fer au maximum. Signe minéralogique de M. Berzélius : $FeS4 + FeAs$.

ANALYSES DES MISPICKELS DE FREYBERG.

	Par Chevreul.	Stromeyer.	Thomson.
Fer.	34,938	36,04	36,4
Arsenic.	43,418	42,88	48,1
Soufre.	20,132	21,08	15,4
Perte.			0,1
	98,488	100,00	100,0

Couleur : le blanc d'étain ou le blanc jaunâtre. Forme primitive : prisme droit rhomboïdal, dans lequel l'incidence des faces du prisme est de 111° 18' et de 68° 42' (1), et le côté de la base est à peu près égal à la hauteur du prisme. Les clivages parallèles aux pans du prisme sont les plus nets.

Pes. spéc., 6,52. Raye l'apatite ; rayé par le quartz. Étincelant par le choc du briquet en exhalant une odeur d'ail très sensible. Présenté à la simple flamme d'une bougie, il donne une fumée épaisse accompagnée d'une forte odeur d'ail.

Au chalumeau, dans le matras, donne d'abord un sublimé rouge de sulfure d'arsenic, puis un sublimé noir, puis à un feu vif un sublimé gris métallique et cristallin, qui est de l'arsenic. Le résidu traité sur le charbon ne dégage plus d'odeur d'ail, mais se transforme à la flamme extérieure en oxyde de fer. Dans la flamme inté-

---

(1) 111° 12' et 68° 48' suivant M. Beudant ; 111° 53' et 68° 7' suivant M. de Léonhard.

rieure un en grain qui, après le refroidissement, se trouve revêtu
d'une scorie noire, et dont la cassure est cristalline. Ce sont les
caractères que présente la pyrite magnétique.

Seul sur le charbon, le mispickel dégage d'abord une épaisse fumée
d'arsenic, puis fond avec l'odeur d'ail en un globule semblable à
la pyrite magnétique. S'il contient du cobalt, on le reconnaît parce
qu'après le grillage, dissous au feu de réduction dans le borax ou
le sel de phosphore, le verre devient bleu par le refroidissement.
(Berzélius).

ESPÈCES.

1ᵉʳᵉ Espèce. Mispickel primitif (*Marcassites prismaticus*). Signe
des faces, M P. Prisme rhomboïdal droit. Inclinaison de P sur M,
90°, de M sur M, 111° 18' et 68° 42'. De *Styrie*. (Luc., Coll. du Mus.)

2ᵉ. Mispickel unitaire (*Marcassites acutus*). Signe des faces, M *l*.
Solide à 8 faces dont deux triangulaires remplacent chacune des
bases, et forment un angle dièdre aigu dont l'arête est parallèle à la
petite diagonale de la base du noyau. Les quatre autres faces sont
des trapèzes et sont les faces du prisme primitif. Il a l'apparence d'un
octaèdre cunéiforme. Modification par une seule face très inclinée
sur les angles aigus des bases du noyau. Modification qui intercepte
entièrement les bases, mais seulement en partie les arêtes aiguës du
prisme. Inclinaison de M sur *l*, 115° 32', de *l* sur *l*, 80° 24'. De
Freyberg (Saxe), *Niclausberg* (Bohême). (Luc., Coll. du Mus.)

3ᵉ. Mispicel ditétraèdre (*Marcassites obtusus*). Signe des faces, M *r*.
Ne diffère de l'espèce précédente qu'en ce que l'angle dièdre que
forment entre elles les deux faces qui remplacent la base est très
obtus au lieu d'être aigu. Ces faces sont ordinairement striées parallèlement à l'arête qui les réunit. La modification qui produit
les faces *r* a lieu également sur les angles aigus des bases et par
une seule face, mais qui est très surbaissée. Inclinaison de M sur *r*,
124° 21', de *r* sur *r*, 147° 2'. De *Freyberg* (Saxe) et de *Schladming*
(Styrie.) (Luc., Coll. du Mus.)

4ᵉ. Mispickel unibinaire (*Marcassites sub-obtusatus*). Signe des
faces, M *l* z. C'est la même forme que l'*unitaire*, mais où l'arête
terminale qui joint les faces triangulaires *l*, par lesquelles les bases
du noyau sont interceptées, est biselée ou remplacée par deux
petites faces (z), produites par une modification, par une seule
face surbaissée sur les angles aigus des bases. Inclinaison de *l* sur z,
160° 49', de z sur z, 118° 46'. De *Freyberg* (Saxe).

5ᵉ. Mispickel quadrioctonal (*Marcassites quadrioctonalis*). Signe des faces, M *r l*. C'est le ditétraèdre avec une facette triangulaire (*l*) placée là où l'angle du sommet des faces triangulaires *n* rencontre les arêtes aiguës du prisme. Ces faces *l* sont les mêmes que celles qui modifient le prisme rhomboïdal primitif dans l'espèce *unitaire*. C'est donc une combinaison des deux modifications qui produisent le ditétraèdre et l'unitaire (voyez ces espèces). Inclinaison de *l* sur *r*, 146° 41'. De *Freyberg* (Saxe).

6°. Mispickel équivalent (*Marcassites equivalens*). Solide à 18 faces, dont 10 sont des rectangles et 8 des triangles. Signe des faces, M *n g l*. On peut se le figurer comme un prisme hexaèdre très court, duquel les bases sont surmontées chacune d'une pyramide à six faces dont l'angle solide du sommet se prolongerait en arête. C'est l'*unitaire* augmentée de 8 faces triangulaires (*g*) qui naissent sur l'arête qui joint les faces *l* aux faces M du prisme, et de plus, de deux faces *n* qui remplacent les arêtes aiguës du noyau. Les faces *g* sont produites par une modification d'une seule face sur toutes les arêtes des bases du prisme primitif, et les faces *n* par une modification d'une seule face sur les arêtes aiguës de ce même prisme. Inclinaison de *g* sur *g*, 118° 46', de M sur *g*, 154° 30', de *g* sur *l*, 131° 48', de M sur *n*, 124° 21'.

MODE DE GROUPEMENT DES INDIVIDUS DE CE GENRE AVEC PLUS OU MOINS D'ALTÉRATION DANS LEUR FORME.

En prismes déformés et alongés en forme de baguettes : leurs angles solides sont émoussés et arrondis. C'est le *fer arsénical baccillaire* de Haüy.

En aiguilles, dans une chaux carbonatée nacrée. Du *Bannat de Temeswar* (Haüy).

Les individus moléculaires de ce genre forment aussi des masses amorphes et à pièces séparées grenues.

Sous-genre. *Mispickel argentifère.*

Fer arsénical argentifère , Haüy; *Weisserz*, Werner ; *Edler Arsenikkies*, Karsten.

C'est un mispickel mélangé d'argent , dont la proportion varie de 1 à 10 pour 100.

Sa couleur est un blanc d'étain passant au blanc d'argent ; sa surface devient jaunâtre par altération.

M. Brochant cite de très petits prismes à quatre faces aciculaires qui appartiennent à ce sous-genre et probablement à l'espèce primitive.

On l'exploite à *Freyberg* et à *Braunsdorf* en Saxe, pour en retirer l'argent.

ANNOTATION.

M. Mohs décrit sous le nom de *Axotomer Arsenik Kies* et M. de Léonhard sous celui de *Arsenik Eisen*, un minéral qui, quoique ressemblant par plusieurs de ses caractères au mispickel, offre cependant des différences assez sensibles pour mériter, lorsqu'il aura été plus étudié, d'être classé dans un genre à part et peut-être même pour être placé, dans l'ordre des alliages, dans la famille des Arséniuriens, si la très petite quantité de soufre qu'accuse la seule analyse qui ait été faite de ce minéral, provenait d'un mélange mécanique d'un peu de pyrite ou fer sulfuré, et n'entrait pas comme partie essentielle de sa composition.

Ses caractères sont les suivans. Couleur: le blanc d'argent passant au gris d'acier. Forme primitive : prisme droit rhomboïdal de 122° 26' et 57° 54'. Clivages très nets parallèlement aux bases du prisme, ou perpendiculairement à l'axe; à peine sensibles parallèlement à l'axe et aux pans du prisme ; il en existe d'un peu plus marqués parallèlement à des faces inclinées à l'axe qui naîtraient sur les angles aigus des bases. Pesanteur spécifique, 7,22. Raye la chaux fluatée ; rayé par le feldspath. Cassure inégale.

ANALYSE DES PYRITES ARSÉNICALES AXOTOMES DE REICHENSTEIN PAR HOFFMANN.

Arsenic.	65 99
Fer.	28,06
Soufre.	1,94
Gangue.	2,17
	98,16

On n'indique qu'une seule espèce ou forme cristalline , savoir un prisme rhomboïdal primitif terminé par un sommet dièdre dont les faces correspondent aux arètes obtuses du prisme.

Ces prismes, par une altération dans la forme, deviennent des masses baccillaires, qui se groupent ensemble.

On trouve aussi des groupemens en masses grenues.

De *Loling* près *Huttenberg* (en Carinthie) ; de *Schludming* (en Styrie) et de *Reichenstein* (en Silésie.)

+ + Dures à tissu lamelleux.

4ᵉ Genre.—COBALT GRIS. (Haüy.) (*Cobaltina.*)

Le *Cobalt gris* et le *Cobalt arsénical blanc argentin* de Haüy. Le *Cobalt éclatant* et le *Cobalt blanc* de Brochant. Le *Glanz Kobalt* et le *Weisser Speis Kobalt* de Werner. *Hexaedrischer Kobalt Kies*, Mohs.

N. B. Le cobalt gris de Brochant, *Grauer Speis Kobalt* de **Werner**, est notre cobalt arsénical.

Sulfure de cobalt combiné avec des sulfures de fer et de cuivre , et avec des arséniures de cobalt et de fer. Ces diverses combinaisons qui n'altèrent ni la couleur ni la forme primitive du cobalt sulfuré, donneront lieu à diviser ce genre en trois sous-genres , pour chacun desquels nous indiquerons les analyses et les signes chimiques qui leur appartiennent.

CARACTÈRES DU GENRE COMMUNS AUX TROIS SOUS-GENRES.

Forme primitive : le cube. Couleur : blanc d'étain ou d'argent. Éclat vif et miroitant. Rayant l'apatite ; rayé par le feldspath. Étincelle souvent par le choc du briquet. Au chalumeau, dans le tube ouvert, dégage de l'acide sulfureux qu'on reconnaît à son odeur et à ce qu'il blanchit le papier de Fernambouc. Colore en bleu le verre de borax.

1ᵉʳ Sous-Genre.—COBALT PYRITEUX.

Cobalt sulfuré. Schwefel Kobalt, Berzélius. *Kobalt Kies*, Hausmann et Léonhard. *Koboldine* , Beudant. *Isometrisches Kobalt Kies*, Mohs.

Ne donne aucune indication d'arsenic ni au chalumeau, ni par l'analyse.

Le principe dominant est un sulfure de colbat ; il est mélangé de sulfures de fer et de cuivre en petite proportion.

ANALYSES DE COBALT PYRITEUX

	de Ryddarhyttan (1) près Bastnaes (Suède). Hisinger.	de Mussen (2) régence d'Aralen Vernekinck.
Cobalt.	43,20	0,4586
Fer.	3,53	0,0534
Cuivre.	14,40	0,0410
Soufre.	38,50	0,4100
Gangue.	0,33	0,0067
Arsenic.	point	point
Perte.	0,04	
	100,00	0,9497

Signe chimique du cobalt pyriteux de Bastnaes par M. Berzélius:
Fe S⁴ + 4 Cu S. + 12 Co S⁵.

Pesanteur spécifique : 4,923 a 6,4.

Au chalumeau, dans le matras, ne décrépite point et ne dégage aucune substance volatile. Dans le tube ouvert, donne de l'acide sulfureux et un sublimé blanc en gouttelettes microscopiques, qui est de l'acide sulfurique. On ne découvre aucune trace d'arsenic. Seul sur le charbon, fond, après le grillage, en une boule métallique de couleur grise (Berzélius).

Soluble dans l'acide nitrique avec dégagement de gaz nitreux en laissant un résidu blanchâtre dans la liqueur, qui est d'abord rosée et ensuite brune. (Hisinger, *loc. cit.*)

ESPÈCES.

1ʳᵉ Espèce. COBALT PYRITEUX OCTAÈDRE(*Cobaltina octaedrica*).Signe des faces. *r*. Huit faces triangulaires équilatérales inclinées entre elles de 109° 28'. Produites en vertu d'une modification complète, par une seule face sur tous les angles solides du cube primitif. De *Mussen* (Prusse). Vernekinck, *loc. cit.*

---

(1) Afh. i Fys. III. 516 et Ann. de chim., t. 23, p. 329.

(2) Ann. des mines. X, p. 3 et 4.

Var *a. Cunéiforme.* L'angle du sommet alongé en arête. De *Mussen*, idem.

2ᵉ. Cobalt pyriteux cubo-octaèdre (*Cobaltina cubo-octaedrica*). L'octaèdre ayant tous ses angles solides remplacés par une facette carrée. Signe des faces, P *r.* La même modification qui produit l'octaèdre, mais incomplète. Inclinaison de P sur *r*, 126°, 15'52". De *Mussen.* (Vernekinck, *loc. cit.*)

MODE DE GROUPEMENT LES INDIVIDUS DE CE SOUS-GENRE.

En grapes à facettes cristallines brillantes. De *Bastnaes.*

2ᵉ Sous-Genre.—COBALT ÉCLATANT. (Beudant.)

Cobalt gris de Haüy. *Glanz Kobalt*, Werner, *Kobalt Glanz*, Léonhard. *Hexaedrischer Kobalt Kies*, Mohs. *Cobaltine*, Beudant.

Combinaison en volume à peu près égal de sulfure et d'arséniure de cobalt. Signe chimique de M. Berzélius : Co S + Co As².

ANALYSE DU COBALT ÉCLATANT

	De Skutterud (Norwège). par Stromeyer.	De Tunaberg. par Tessaert.
Arsenic.	43,47	49,00
Cobalt.	33,10	36,66
Soufre.	20,08	06,66
Fer.	3,25	05,66
	99,88	97,98

Tissu très lamelleux: joints naturels parallèles aux faces, et d'autres à des plans inclinés à l'axe et passant par les arêtes, très nets et répandant un vif éclat. Pes. spéc., 6,23.

Au chalumeau, dans le matras, ne s'altère pas ; dans le tube ouvert, se grille difficilement. Ne donne d'acide arsénieux qu'à un feu vif, et en même temps donne l'odeur d'acide sulfureux. Sur le charbon, fume abondamment et entre en fusion après quelque temps de grillage. Donne enfin une boule métallique blanche non malléable. (Berzélius.)

1re Espèce. Cobalt éclatant primitif (*Cobaltina cubica*). Signe des faces, P. Le cube. 6 faces inclinées entre elles de 90°. De *Tunaberg* (Suède).

Var. *a. Triglyphe*. Les faces marquées de stries dans trois sens perpendiculaires entre eux. De *Tunaberg*.

2°. Cobalt éclatant octaèdre. (*Cobaltina octaedra*). (Voyez le sous-genre précédent). De *Tunaberg*.

3°. Cobalt éclatant dodécaèdre (*Cobaltina dodecaedra*). Signe des faces, e. Douze faces pentagonales symétriques inclinées entre elles de 126° 1/2 et de 113° 1/2, produites en vertu d'une modification complète non symétrique par une face sur toutes les arêtes du noyau. De *Tunaberg*.

4°. Cobalt éclatant icosaèdre (*Cobaltina icosaedra*). Signe des faces, e d. Solide à 20 faces triangulaires, dont 8 (d) sont des triangles équilatéraux, et 12 (e) des triangles isocèles. Combinaison de deux modifications : l'une par une seule face sur tous les angles solides du noyau produirait, si elle était complète, l'octaèdre régulier, l'autre par une seule face sur toutes les arêtes du noyau produirait le dodécaèdre pentagonal. Cette combinaison intercepte complétement le noyau. Inclinaison de d sur e, 140° 46' 7".

5°. Cobalt éclatant cubo-isocaèdre (*Cobaltina cubo-icosaedra*). Signe des faces, e d M P. Solide à 26 faces. L'icosaèdre dans lequel les bases communes de deux triangles isocèles adjacens sont remplacées par des faces du cube, perpendiculaires entre elles dans trois sens différens. C'est aussi le cube modifié sur toutes les arêtes et sur tous les angles solides par une seule face; modification qui, n'atteignant pas sa limite, laisse à découvert en partie les faces du noyau. Inclinaison de e sur P, 153° 26' 5"; de d sur e, 140° 46' 7"; de d sur M, 125° 15' 52"; et de d sur P, 152° 15' 5". De *Tunaberg*.

3e Sous-Genre.—COBALT ARGENTIN.

Une partie du *cobalt arsénical* de Haüy. Le *cobalt blanc* de Brochant. *Weisser Speis Kobalt*, Werner.

C'est un mélange de cobalt éclatant avec du mispickel, ou de sulfure et d'arséniure de cobalt avec du sulfure et de l'arséniure de fer. Signe chimique de M. Berzélius : Co S² + Co As². Fe S² + Fe As².

ANALYSE DU COBALT ARGENTIN DE BIEBER PAR LAUGIER.

Arsenic.	68,5
Cobalt.	9,6
Fer.	9,7
Soufre.	7,0
Silice.	1
	————
	95,8

Couleur : blanc d'argent. Tissu plus compacte que lamelleux. Éclat extérieur moins vif que celui du cobalt éclatant.

Au chalumeau, dégage beaucoup de fumée d'arsenic avec une forte odeur d'ail ; il laisse pour résidu un globule métallique blanc et cassant.

ESPÈCE UNIQUE.

COBALT ARGENTIN PRIMIT F. Le cube. Signe des faces, P., inclinées entre elles de 90°.

MODE DE GROUPEMENT DES INDIVIDUS MOLÉCULAIRES DE CE GENRE.

En masses amorphes.

5ᵉ Genre.—NICKEL SULFURÉ. (*Disomosis.*)

Forme trois sous-genres de chacun desquels nous donnerons la synonymie et les caractères.

1ᵉʳ Sous-Genre.—NICKEL SULFURÉ.

Anciennement *Nickel natif. Pyrite capillaire*, Kaarkise. *Schwefel Nickel*, de Léonhard. *Harkise*, Beudant.

Sulfure de nickel.
Signe chimique d'après M. Beudant : Ni Su

ANALYSE PAR M. ARFWEDSON.

Nickel.	64,8
Soufre.	35,2
	————
	100,0

Couleur jaune de laiton ou jaune verdâtre passant au gris. La petitesse des cristaux empêche de déterminer la forme primitive, la pesanteur spécifique et jusqu'à un certain point la dureté. Dans l'état aciculaire et capillaire où ils se présentent, ils rayent le mica et sont rayés par la chaux fluatée. Cassure conchoïde très aplatie.

Au chalumeau, fusible par un feu soutenu en une masse malléable et magnétique qui, fondue avec les flux, donne les réactions de l'oxyde de nickel. A la flamme d'oxydation, colore le verre de borax en orangé ou rougeâtre à chaud, et en jaunâtre à froid ; ce qui est l'inverse pour le sel de phosphore. Soluble dans l'acide nitrique et dans l'eau régale.

Les individus qui se présentent sous la forme d'aiguilles fines groupés en houppes, sont trop petits pour permettre de reconnaître leur forme cristalline et par conséquent de décrire les espèces de ce sous-genre.

De Joachimsthal (Bohème), de Johann-Georgenstadt (Saxe).

2ᵉ Sous-Genre. — NICKEL GRIS

Nickel Glaneiz, de Léonhard. *Weisses nickelerz; Arsenik Schwefel Nickel.*

Combinaison de sulfure de nickel et d'arséniure de nickel.

ANALYSE DU NICKEL GRIS.

	de Loos (Suède). Berzélius.	de Hartzgerode. Bley de Berenburg. [1]
Soufre.	19,54	19,581
Arsenic.	45,37	35,635
Nickel.	29,94	23,613
Cobalt.	0,92	0,444
Fer.	4,11	9,282
Silice.	0,90	0,750
Eau.	0,00	7,500
	100,58	99,805

(1) Edimb. Journ. of sciences. New. Ser. T. 4, p. 24.

Signe minéralogique du nickel gris de Loos, d'après M. Beudant :
Ni Su² + Ni Ap²; de celui de Hertzgerode d'après M. Bley de Be-
renburg : 2 $\left\{ \begin{matrix} Fe \\ Ni \end{matrix} \right\}$ S² + 3 Ni As².

Couleur : blanc d'étain passant au gris de plomb ou
d'acier. Forme primitive: le cube. Clivable parallèlement
à ses faces. Pesanteur spécifique, 6,09 à 6,12. Raye
l'apatite; rayé par le feldspath.

Au chalumeau, dans le tube fermé, dégage un sublimé de sulfure
d'arsenic; seul donne une forte odeur d'ail, et après un grillage prolongé, fondu avec les flux, se comporte comme le sous-genre précédent.

Soluble dans les acides nitrique et muriatique. Solution verte.

ESPÈCES.

M. Gustave Rose indique des formes analogues à celles du cobalt
gris.

Les individus se présentent groupés en masses lamelleuses ou
compactes à *Loos* (Suède), et à *Hartzgerode* (Saxe).

3ᵉ Sous-Genre. — ANTIMONICKEL. (Beudant.)

Nickel arsénical antimonifère, *Antimoine sulfuré nickelifère.*
Nickel Spies Glanz erz, Haussman. *Eutomer kobalt Kies*, Mohs.

Sulfo-antimoniure de nickel ou combinaison de nickel, de soufre
et d'antimoine, quelquefois avec de l'arsenic.

Signe minéralogique de M. H. Rose: Ni Su² + Ni Sb².

ANALYSES DE L'ANTIMO-NICKEL DE

	Siegen H. Rose (1)	de Ullman.
Soufre.	15,98	16,40
Antimoine.	55,76	47,56
Nickel.	27,36	26,10
Arsenic.	0,80	9,94
	99,10	100,00

(1) Edimb. Journ. of sciences, New. Ser. T. IV. p. 71.

Couleur : gris d'acier. Forme primitive : le cube. Pesanteur spécifique, 6.45. Raye la chaux fluatée ; rayé par le feldspath.

Au chalumeau, fusible, en dégageant des vapeurs d'antimoine et quelquefois l'odeur d'ail.

Attaquable par l'acide nitrique, et précipitant immédiatement. La solution est verdâtre.

Point d'espèces décrites.

6ᵉ Genre.—PYRITE MAGNÉTIQUE. (Brochant.) (*Leberkisa.*)

Anciennement *Pyrite hépatique. Fer sulfuré magnétique* (Haüy). *Magnet Kies* (Werner et Karsten). *Leber Kies* (de Léonhard). *Rhomboedricher Kisen Kies* (Mohs).

Combinaison de sulfure de fer au minimum avec du sulfure de fer au maximum. Formule chimique de M. Berzélius : $6\ Fe\ S^2 + Fe\ S^4$.

ANALYSES DES PYRITES MAGNÉTIQUES.

	Par Stromeyer.		Par H. Rose.
	d'Uto.	des Pyrénées.	de.....
Fer.	59,85	56,37	60,32
Soufre.	40,15	43,63	38,78
	100,00	100,00	99,10

Couleur: jaune de bronze mélangé de brunâtre et de rougeâtre. Forme primitive : Prisme hexaèdre régulier dont la hauteur est à l'apothème comme 23 : 10. Clivable parallèlement à toutes ses faces. La division parallèle aux bases est d'une grande netteté. Tissu lamelleux. Pes. spéc.. 4,65. Cassante. Raye la chaux carbonatée ; rayée par le feldspath adulaire.

Action très forte et quelquefois polaire sur l'aiguille aimantée.

Soluble dans l'acide sulfurique étendu d'eau, avec dégagement de gaz hydrogène sulfuré.

Au chalumeau, dans le mattras, reste inaltérable. Dans le tube ouvert dégage de l'acide sulfureux sans sublimé. Sur le charbon, devient rouge à la flamme extérieure et se transforme, par le grillage, en

oxyde de fer. Dans la flamme intérieure se résout à une température
élevée en un grain revêtu, après le refroidissement, d'une masse noire,
inégale et cristalline. Sa cassure est cristalline, de couleur jaunâtre et a le brillant métallique. (Berzélius.)

ESPÈCE.

PYRITE MAGNÉTIQUE ANNULAIRE (*Leberkisa annularis*). Le prisme
hexaèdre dont toutes les arêtes des bases sont émarginées par une
seule face. C'est le produit d'une modification incomplète par une
seule face sur toutes les arêtes des bases du prisme hexaèdre primitif.

MM. Beudant et de Léonhard citent encore diverses espèces qui
sont des prismes à six ou à douze pans, modifiés sur leurs angles
ou sur leurs arêtes, ou terminés par une pyramide à six faces.

CRISTAUX IMPARFAITS ET GROUPÉS ENSEMBLE.

Masses laminaires ou lamellaires clivables. De *Bodenmais* (Bavière) d'*Uto* ; (Suède) etc.

MODE DE GROUPEMENT DES INDIVIDUS MOLÉCULAIRES.

En masses amorphes. A *Andreasberg* (Hartz), *Schmolnitz* (Hongrie), *Cornouailles* (Angleterre), et près de *Nantes* (en France).

7ᵉ Genre.—ÉTAIN PYRITEUX. (*Stanno-pyrites.*)

ÉTAIN SULFURÉ (Haüy). *Zinn Kies,* (Wern). *Hexaedrischer Kupfer
Glanz* (Mosh). *Stannine* (Beudant.)

Combinaison de sulfure d'étain et de sulfure de cuivre. Signe
minéralogique de M. Berzélius : Sn S₂ + 2 Cu S mélangé avec
F S⁴.

ANALYSE DE L'ÉTAIN PYRITEUX DE CORNOUAILLES PAR KLAPROTH.

Étain.	34
Cuivre.	36
Soufre.	25
Fer.	2
	97

Couleur : gris d'acier clair plus ou moins mélangé de
jaune de laiton ou de bronze. Forme primitive obtenue
par Haüy au moyen du clivage : un prisme rhomboïdal
droit, divisible dans le sens de sa petite diagonale. Cette

division a moins d'éclat que les autres (1). Pes. spéc.
4,35 à 4,76. Raye la chaux carbonatée; rayé par le
quartz. Facile à entamer et à pulvériser. Fragile.
Structure sublamellaire. Cassure inégale. Poussière
noire sans mélange de rougeâtre.

Produit dans l'acide nitrique une vive effervescence accompagnée
de vapeurs rouges provenant d'un dégagement de gaz nitreux. Elle
n'est soluble qu'en partie et laisse dans la liqueur un dépôt d'oxyde
blanc d'étain. Ce dépôt est soluble dans l'acide muriatique et n'est
pas précipité par l'eau; ce qui le distingue de l'oxyde d'antimoine.

Au chalumeau, seul sur le charbon, fond à une haute température; répand à la flamme extérieure l'odeur de l'acide sulfureux;
devient blanc de neige à sa surface, et recouvre celle du charbon
d'une poussière blanche qui s'étend circulairement autour du
globule auquel elle est contiguë. C'est de l'oxyde d'étain. Cette
poussière n'est sublimable ni à la flamme extérieure, ni à la flamme
intérieure, ce qui la distingue de la poussière produite par d'autres
métaux volatils. Dans le tube ouvert dégage l'odeur d'acide sulfureux et se recouvre, ainsi que les parties voisines du tube, d'une
fumée blanche non volatile. Après un grillage prolongé sur le
charbon, on obtient une boule métallique grise, non malléable.
Exposé au feu d'oxydation dans un mélange de soude et de borax,
l'étain pyriteux donne un grain de cuivre, livide, dur et peu malléable (Berzélius).

Ce genre n'a, jusqu'ici, présenté aucune espèce ou forme cristalline, autre que la forme primitive obtenue par le clivage.

MODE DE GROUPEMENT DES INDIVIDUS MOLÉCULAIRES.

En lames.
En masses amorphes.
Se trouve dans le Cornouailles où il est peu commun.

┼ ┼ ┼　Tendres et compactes.

---

(1) M. Léonhard indique le cube comme forme primitive de ce
genre.

7ᵉ Genre.—CUIVRE PYRITEUX. (*Chalcopyrites.*)

Pyrite cuivreuse, Brochant. *Kupfer Kies*, Werner. *Pyramidaler kupfer Kies*, Mohs.

Combinaison de cuivre et fer sulfurés au minimum. Signe minéralogique de M. Berzélius : $Fe\,S^2 + Cu\,S$.

ANALYSES DU CUIVRE PYRITEUX.

	de St. Bel par Guenyveau.	de Baygory par le même.
Cuivre.	30,2	30,5
Fer.	32,3	33
Soufre.	37	35
Perte.	0,5	1,5
	———	———
	100,0	100,0.

ANALYSES DU CUIVRE PYRITEUX CRISTALLISÉ.

par Rose

Ann. of Philos. N. S. T. VII. p. 355.

	de Ramberg.	de Furstemberg.
Cuivre.	34,40	33,1
Fer.	30,47	30,00
Soufre.	35,87	36,52
Silice.	0,27	0,39
	———	———
	101,01	100,01

Signe chimique de Rose : $Fe\,S + Cu\,S^3$, plus vraisemblablement $Cu\,S + Fe\,S^3$. En effet, le cuivre pyriteux n'étant pas magnétique ne doit pas contenir de proto-sulfure de fer (Léonhard).

Couleur : jaune de laiton foncé. Forme primitive : le tétraèdre symétrique presque régulier ou l'octaèdre à base carrée de 109° 50' à 108° 40' ; très voisin du régulier. M. Beudant indique 110° pour l'inclinaison des faces de l'octaèdre. Haüy prenait pour forme primitive le tétraèdre régulier dont les faces sont inclinées de 78° 31' 44". Cassure raboteuse. Pes. spéc. 4° 31'. Rayant la chaux carbonatée; rayé par la chaux phosphatée. Cédant aisément à la lime; rarement étincelant par le choc du briquet.

Au chalumeau, sur le charbon, noircit dès le premier coup de feu.
Devient rouge par le refroidissement. Fond facilement en un grain
cassant, rouge-gris, et qui devient, par une insufflation prolongée,
attirable à l'aimant. Si, après l'avoir exposé au feu d'oxydation, on
le traite par le borax en petite quantité, il donne un régule de cuivre.
Dans le tube ouvert, dégage une forte odeur d'acide sulfureux, mais
ne donne point de sublimé non plus que dans le matras. Traité avec
la soude, après avoir complétement brûlé le soufre, on obtient sépa-
rément des globules de fer et des globules de cuivre. (Berzélius.)
Colore en vert l'acide nitrique.

ESPÈCES.

1re Espèce. **Cuivre pyriteux primitif** (*Chalcopyrites tetraeaicus*).
Signe des faces, P. Un tétraèdre ou pyramide à quatre faces
triangulaires, équilatérales, inclinées entre elles de 70° 31' 44"
(Haüy), ou plutôt 71° 10' (Beudant). De *Hongrie* et d'*Angleterre*.
(Luc., Coll. du M.)

2e. **Cuivre pyriteux dodécaèdre** (*Chalcopyrites dodecaedricus*).
Signe des faces, *l*. Solide à 12 faces triangulaires. C'est un tétraèdre
dont chaque face supporte une pyramide à trois faces surbaissées.
Modification complète par deux faces sur chaque arête du noyau.
Inclinaison de *l* sur *l*, 109° 28' 16', et 146° 26' 33" (Haüy).

3e. **Cuivre pyriteux épointé** (*Chalcopyrites octaedricus*). Signe
des faces, P*e*. Le tétraèdre primitif dont tous les angles solides sont
épointés ou remplacés chacun par une face triangulaire. Modification incomplète par une seule face sur tous les angles solides du
noyau. Inclinaison de P sur *e*, 109° 28' 16" (Haüy), 109° 50' (Léonh.),
110° (Beudant). De *Cornouailles*. (Luc., Coll. du Mus.)

Var. *a. Symétrique.* Dans laquelle toutes les faces sont des triangles
équilatéraux, et le solide prend la forme d'un octaèdre très voisin
du régulier. De *Bohème.* (Lucas, Coll. du Mus.)

Var. *b. Transposé.* C'est un mode de groupement avec pénétration
réciproque de deux individus de cette espèce qui forment entre
eux un solide à angles rentrans. On peut se figurer ce solide comme
un octaèdre dont une moitié aurait tourné sur l'autre d'une quantité
égale à un sixième de circonférence. *Angleterre.* (Luc., Coll. du Mus.)

4e. **Cuivre-pyriteux cuто-tétraèdre** (*Chalcopyrites emarginatus*).
Signe des faces, P*f*. Le tétraèdre primitif dont toutes les arêtes sont
remplacées par une facette. Modification incomplète par une seule
face sur toutes les arêtes du noyau. Cette modification parvenue à

sa limite, aurait produit un cube. Inclinaison de P sur f, 109° 15'
44" (Haüy).

5e. CUIVRE PYRITEUX UNIBINOSÉNAIRE (*Chalcopyrites compositus*).
Signe des faces, *c o z*. Solide à 28 faces formé par une combinaison
de trois modifications sur tous les angles solides du tétraèdre primitif. Cette combinaison intercepte complétement le noyau. La 1re
modification qui produit les faces *e* a lieu par une seule face sur tous
les angles solides. La 2e d'où proviennent les faces *o* a lieu par trois
faces correspondantes aux faces du noyau; et la troisième qui donne
les faces *z*, par trois faces correspondantes aux arêtes. Inclinaison
de *c* sur *o*, 144° 44' 8" (Haüy), 141° 15' (Beudant); de *o* sur *o*, 120°
(Haüy), 125° 30' (Beudant).

ALTÉRATIONS.

La couleur éprouve une altération partielle qui donne à la surface
des teintes irisées. C'est le *cuivre pyriteux irisé* de Haüy, et la *pyrite
à gorge de pigeon* des anciens minéralogistes.

MODE DE GROUPEMENT DES INDIVIDUS MOLÉCULAIRES DE CE GENRE.

En masses mamelonnées, dont la surface est souvent recouverte
d'un enduit d'un gris bronzé très foncé. En masses amorphes d'un
volume considérable.

MÉLANGES QUI NE CHANGENT RIEN AUX CARACTÈRES ESSENTIELS OU
EXTÉRIEURS DU GENRE.

Cuivre pyriteux aurifère. De la mine de Gondo sur le Simplon
(Valais). M. Berthier a trouvé (1) que ce minerai contient 0,115 de
cuivre et 0,0001 d'or, avec une trace d'argent.

8e Genre.—CUIVRE GRIS. (*Panabasis.*)

Argent gris des anciens minéralogistes, comprend le *Fahlerz*, la
Mine d'argent blanche et la *Mine de cuivre blanche* de Brochant; les
Fahlerz et *Graugültigerz*, enfin quelques *Weissgültigerz* de Wer-
ner et de Karsten; *Tetraedrisches Kupferglanz*, Mohs.

C'est une combinaison de soufre, de cuivre, de fer, d'argent
et d'antimoine ou d'arsenic, dont les proportions et les élémens
essentiels sont encore mal connus. Quelques minéralogistes, en
particulier Toudy et Haüy penchaient à regarder le cuivre gris
comme un cuivre pyriteux mélangé d'arsenic ou d'antimoine qui

---

(1) Annales des Mines, T. X, p. 310.

changeaient sa couleur jaune en gris plus ou moins foncé. Mais les analyses plus récentes ne paraissent pas appuyer cette opinion.

CARACTÈRES COMMUNS AU GENRE EN GÉNÉRAL.

Forme primitive : le tétraèdre régulier. Couleur : grise de diverses nuances. Pes. spéc., de 4,57 à 5,2. Raye la chaux carbonatée; rayé par la chaux fluatée.

Au chalumeau, fume et dégage une odeur d'arsenic ou d'antimoine. Traité par la soude, après un grillage préalable, donne un grain de cuivre métallique, et avec le borax la couleur verte foncée du fer.

Colore en vert l'acide nitrique. Sa poussière mise dans cet acide, y devient grise au bout de quelque temps. Exposé à la flamme d'une bougie, il colore en blanc l'extrémité de la pince qui le supporte.

ESPÈCES DU GENRE CUIVRE GRIS.

1re Espèce. CUIVRE GRIS PRIMITIF (*Panabasis tetraedra*). Signe des faces, P. Un tétraèdre régulier, ou pyramide à quatre faces triangulaires équilatérales, inclinées entre elles de 70° 31' 44".

2e. CUIVRE GRIS DODÉCAÈDRE (*Panabasis dodecaedra*). Signe des faces, *l*. Solide à 12 faces triangulaires. C'est un tétraèdre dont chaque face porte une pyramide à trois faces surbaissées. Modification complète par deux faces sur chaque arête du noyau. Inclinaison de *l* sur *l*; 109° 28' 16" et 146° 26' 33".

3e. CUIVRE GRIS ÉPOINTÉ (*Panabasis truncata*). Signe des faces, P *e*. Le tétraèdre primitif dont tous les angles solides sont épointés ou remplacés chacun par une seule face triangulaire. Modification incomplète par une seule face sur tous les angles solides du noyau. Inclinaison de P sur *e*, 109° 28' 16".

4e. CUIVRE GRIS CUBO-TÉTRAÈDRE (*Panabasis emarginata*). Signe des faces, P*f*. Le tétraèdre primitif dont toutes les arêtes sont remplacées par une facette. Modification incomplète par une seule face sur toutes les arêtes du noyau. Cette modification parvenue à sa limite aurait produit un cube. Inclinaison de P sur *f*, 125° 15' 44".

5e. CUIVRE GRIS TRIÉPOINTÉ (*Panabasis tritruncata*). Signe des faces, P *o*. Le tétraèdre primitif dont chacun des angles solides est remplacé par trois facettes triangulaires (*o*), correspondant aux faces du noyau. Modification incomplète par trois faces correspondantes aux faces du noyau sur tous les angles solides de la forme primitive.

Inclinaison de P sur, o 144o 44' 10"; de o sur o, 120o. De *Servoz*
(Savoie).

6e. **Cuivre gris mixte** (*Panabasis mixta*). Signe des faces, P r. Le
tétraèdre primitif dont chaque angle solide est remplacé par trois
facettes trapézoïdales (r), correspoudant aux arêtes du noyau.
Modification incomplète p r trois faces correspondantes aux
arêtes du noyau, sur tous les angles solides de la forme primitive.
Inclinaison de r sur r, 146o 26' 33". De *Servoz* (Savoie).

7e. **Cuivre gris encadré** (*Panabasis bisellata*). Signe des faces,
P l. Le tétraèdre primitif dont toutes les arêtes sont remplacées par
deux faces en biseau (l). Modification incomplète par deux faces
sur toutes les arêtes du noyau. Si elle atteignait sa limite, elle donnerait le dodécaèdre à 12 faces triangulaires. Inclinaison de P sur l,
160° 31' 44"; de l sur l, 109o 28' 16" et 146o 26' 33".

8e. **Cuivre gris apophane** (*Panabasis apophanes*). Signe des faces,
P l o. L'espèce *encadrée* ayant de plus sous ses angles solides terminaux remplacés par trois facettes rhomboïdales (o) correspondant
aux faces du tétraèdre primitif. Ces trois facettes sont celles du
triépointé; elles sont le produit d'une modification, par trois
faces correspondantes aux faces du noyau sur tous les angles solides
de la forme primitive. Inclinaison de o sur l, 150°; de o sur o, 120o.

9e. **Cuivre gris progressif** (*Panabasis progrediens*). Signe des faces
P e o l. L'*apophane* ayant encore tous ses angles solides terminaux
épointés ou tronqués par une seule face triangulaire (e) perpendiculaire à l'axe. Cette modification est la même qui produit l'espèce
épointée (voyez cette espèce). Inclinaison de e sur o, 144o 44' 8".

10e. **Cuivre gris équivalent** (*Panabasis equipollens*). Signe des
faces, P ƒ o e. Forme analogue à la précédente, excepté que les arêtes
du tétraèdre primitif, au lieu d'être remplacées par un biseau à
deux faces, le sont par une seule face (ƒ) comme dans le cubo-tétraèdre (voyez cette espèce), et pour les quatre facette des sommets
(o et e) voyez les deux espèces précédentes l'*apophane* et la *progressive*. Cette dernière a les mêmes sommets que l'équivalente.

11e. **Cuivre gris bifère** (*Panabasis bifera*). Signe des faces, P ƒ o e.
L'espèce précédente *équivalente* ayant les faces (ƒ) qui remplacent
les arêtes, bordées de chaque côté par une face linéaire l. Voyez les
espèces *équivalente* et *encadrée* dont celle-ci est une combinaison.
Inclinaison de ƒ sur l, 144° 44' 8".

12e. **Cuivre gris identique** (*Panabasis identica*). Signe des faces,
P l r o L'*apophane* (voyez cette espèce) ayant, outre les trois faces
o) qui terminent ses sommets et qui sont toujours des rhombes,

trois autres petites faces hexagonales correspondantes aux arêtes
du tétraèdre primitif. Ce sont les trois facettes (*r*) qui remplacent
les angles solides dans le *mixte* (voyez cette espèce). Inclinaison
de *r* sur *o*, 150° ; de *r* sur l'arête de jonction des deux faces *l*, 144°
44' 14''.

13°. CUIVRE GRIS TRIFORME (*Panabasis triformis*). Signe des faces,
P *l or e*. L'espèce précédente *identique* ayant tous ses sommets
tronqués par la face *e* de l'*épointée* (voyez cette espèce). Cette face
est un hexagone perpendiculaire à l'axe et bordée par les facettes (*o*)
devenues des trapèzes, et les facettes *r* devenues des triangles.

MODE DE GROUPEMENT DES INDIVIDUS MOLÉCULAIRES DE CE GENRE.

En masses amorphes.

MÉLANGES QUI N'INFLUENT NI SUR LES CARACTÈRES EXTÉRIEURS NI SUR
LES CARACTÈRES ESSENTIELS.

Cuivre gris platinifère. Contenant du platine en molécules disséminées. De *Guadalcanal* (Espagne)? On n'en retrouve plus aujour-
d'hui.

Le genre Cuivre gris, encore mal connu relativement à sa composition, doit être divisé en trois sous-genres. Le premier caractérisé
par la présence de l'arsenic et l'absence de l'antimoine ; le second
par la présence de l'antimoine et l'absence de l'arsenic ; le troisième, par la présence simultanée de l'arsenic et de l'antimoine : ces
deux élémens étant isomorphes dans ces diverses combinaisons.

1°ʳ Sous-Genre.—TENANTITE ou CUIVRE GRIS
ARSÉNIFÈRE.

Quelques *mines de cuivre noir*, et *Schwartz Gultigerz* des anciens
minéralogistes français et allemands.

Couleur : gris d'acier clair, ou gris de plomb. Formes
secondaires dans lesquelles les faces *P e* de l'octaèdre
régulier ou les faces *o* du dodécaèdre rhomboïdal dominent en général.

Un fragment exposé à la flamme d'une bougie, répand des vapeurs d'arsenic à odeur d'ail, sans éprouver de fusion.

Au chalumeau, seul sur le charbon, brûle avec une flamme bleue, avec une forte odeur d'ail, mais sans vapeurs antimoniales; laissant une scorie grise; attirable à l'aimant. Après le grillage donnant avec la soude un globule de cuivre.

Soluble dans l'acide nitrique sans aucun précipité immédiat.

LES ANALYSES SUIVANTES SE RAPPORTENT A CE SOUS-GENRE.

	Par Klaproth. de Freyberg. Mine de Yung Hohe Birke.	Par Philippes. de Freyberg. Mine de Krona.	Par Hemming. de Cornouailles.	
Soufre.	10,0	10	28,74	21,8
Arsenic.	24,1	14	11,84	11,5
Cuivre.	41,0	48	45,32	48,4
Fer.	22,5	25,5	9,26	14,2
Argent.	0,4	0,5	0,00	0,0
Silice de la gangue.	0,0	0,0	0,00	5,0
Perte.	2,0	2,0	4,94	0,0
	100,0	100,0	100,10	100,9

Espèces de ce sous-genre citées par Lucas dans la collection du Muséum de Paris,

1. Cuivre gris primitif, de *Kapnick*.
3.   —   épointé, du même lieu.

M. Beudant cite une espèce analogue au cuivre gris progressif, et dans laquelle les faces *o* et par conséquent les formes du dodécaèdre rhomboïdal dominent.

M. de Léonhard mentionne les espèces,
2. Cuivre gris épointé.
     —   progressif (sans les faces *l*).
     —   apophane (sans les faces P).
ou le dodécaèdre rhomboïdal simple.

Dans les deux premières espèces, les faces P et *c* sont égales et dominantes, et par conséquent les formes de l'octaèdre régulier dominent.

2° Sous-Genre. — CUIVRE GRIS ANTIMONIFÈRE.

Graugültigertz, Werner.

ANALYSES QUI SE RAPPORTENT A CE SOUS-GENRE.

	Par H. Rose.		Par Klaproth.	
	mine Zidda près Klaus-thal.	mine Kapnik près Frey-berg.	de Kubacht Transylva-nie.	de Poratch Hongrie.	de S. Wen-zel près Wolfach.
Cuivre.	34,48	14,81	37,75	39	25,05
Soufre.	24,73	21,17	28	26	25,05
Anti-moine.	28,24	24,63	22	19 , 5	27
Zinc.	5,55	0,99	5	»	»
Fer.	2,27	5,98	3,25	7 , 5	7
Argent.	4,97	31,29	0,25	»	13,25
Mercure.	0,00	0,00	»	6,25	»
Perte.	0,00	0,00	3,75	1,75	1,75
	100,24	98,87	100,00	99,10	100,00

Couleur tirant sur le noir de fer. Un fragment exposé à la simple flamme d'une bougie, répand des vapeurs antimoniales et finit par se fondre en un globule métallique éclatant, sans dégager l'odeur d'ail.

En poudre dans l'acide nitrique concentré dégage des vapeurs rouges et se dissout en laissant un résidu ou précipité immédiat d'antimoine.

Les espèces de la collection du Muséum citées par Lucas, comme appartenant à ce genre, sont :

Cuivre gris antimonifère encadré. De *Klausthal* (au Hartz.

3ᵉ Sous-Genre. — CUIVRE GRIS ARSÉNIFÈRE ET ANTIMONIFÈRE.

A CE SOUS-GENRE, SE RAPPORTÉNT LES ANALYSES SUIVANTÉS.

Par H. Rose.

	de Ste Marie aux mines.	de Gersdorff près Freyberg.	de Kap-nik.	de la mine Wenzel près Wolfach (Bade).	de la val-lée de Loanzo (Piemont) par Napione.	de Ste Ma-rie aux Mi-nes par Berthier.
Cuivre.	40,60	38,63	37,98	25,23	29,3	39,2
Soufre.	26,83	26,33	25,77	23,52	12,7	22,8
Anti - moine.	12,46	16,52	23,94	26,63	36,9	4,5
Fer.	4,66	4,89	0,86	3,10	12,1	4,5
Argent.	0,60	2,37	0,62	17,71	0,7	1,0
Arsenic.	10,19	7,21	2,88	3,72	4,0	25,0
Zinc.	3,69	2,76	7,29	0,00	0,0	0,0
Alumine.	0,00	0,00	0,00	0,00	1,1	0,0
Perte.	1,97	1,29	0,66	0,09	3,2	3,0
	101,00	100,00	100,00	100,00	100,0	100,0

Au chalumeau, dégage l'odeur d'ail, et dans l'acide nitrique se dissout avec un précipité immédiat antimonial.

Lescristaux de Sainte-Marie-aux-Mines appartiennent à diverses espèces non désignées. Leur couleur est gris de fer; ils sont très éclatans.

A ce sous-genre se rapportent les espèces suivantes de la collection du Muséum, d'après Lucas.

Cuivre gris antimonifère et arsénifère, apophane de Kapnick.

— dodécaèdre du même lieu.

— progressif, idem.

Voyez plus haut la description de ces espèces.

2ᵉ Famille. — *LES GALÈNES.*

Ils ont en général un tissu plus ou moins lamelleux, une cassure unie ou conchoïde, à grandes cavités aplaties. Elles sont peu dures; celles qui le sont le plus rayent la chaux carbonatée et sont rayées par la chaux fluatée; celles qui le sont le moins (et c'est la plus grande partie) ne rayent que le gypse ou le talc et sont rayées par la chaux carbonatée. Leur pesanteur spécifique est en général plus considérable que celle des pyrites. Deux genres seulement sont au-dessous de 5, les autres entre 8 et 5.

L'éclat intérieur est très vif, l'extérieur est ordinairement faible et quelquefois presque mat, ce qui est dû à l'altération superficielle qu'éprouvent ces minéraux par l'exposition à l'action des élémens atmosphériques.

Aucune ne contient des sulfures au maximum ou quadri-sulfures; ce sont toutes des bisulfures ou des sulfures au minimum.

Un seul genre est malléable, c'est l'argent sulfuré; une autre, le telluro-galène, est flexible, sans élasticité dans les lames minces.

L'appendice à cette famille présente deux minéraux la *Sternbergite* et *l'Argent sulfuré flexible,* qui ont la même propriété.

+Malléables.

S'aplatissant sous le marteau et sucesptibles d'être coupés avec le couteau en lames minces et flexibles.

1ᵉʳ Genre — ARGENT SULFURÉ (Haüy). (*Argyrosa.*)

Argent vitreux des anciens minéralogistes et de Brochant. *Glazerz,* Werner. *Glanzerz,* Karsten. *Silber Glanz,* de Léonhard. *Hexadrisches Silber Glanz,* Mohs.

Combinaison d'argent et de soufre, ou bisulfure d'argent. Signe chimique de M. Berzélius : $Ag\,S^2$.

ANALYSE PAR KLAPROTH.

Argent   85
Soufre.   15
                    ————
                    100.

Couleur : gris de plomb. Forme primitive : le cube. Pes. spéc., 6,9 à 7,2. Raye la chaux sulfatée ; rayé par la chaux carbonatée.

Un petit fragment présenté à la simple flamme d'une bougie se fond en un instant et donne un bouton blanc d'argent malléable.

Au chalumeau, seul sur le charbon, se fond et se boursoufle en formant des bulles vides, puis en prolongeant l'insufflation, se ramasse en grain, répand une odeur d'acide sulfureux et finit par donner un grain d'argent entouré de scories. Ces scories traitées par les flux offrent les réactions du fer et du cuivre. (Berzélius.)

ESPÈCES.

1re Espèce. Argent sulfuré primitif (*Argyrosa cubica*). Signe des faces, *r*. Le cube, six faces carrées, inclinées entre elles de 90°. *Johann-Georgen-Stadt* (Saxe), et *Schemnitz* (Hongrie). (Lucas., Coll. du Mus.)

2e. Argent sulfuré octaèdre (*Argyrosa octaedrica*). Signe des faces, *n*. Huit faces triangulaires équilatérales inclinées entre elles de 109° 28'. Modification complète par une seule facette sur tous les angles solides du noyau. De *Schemnitz* (Hongrie). (Lucas, Coll. du Mus.)

3e. Argent sulfuré cubo-octaèdre (*Argyrosa cubo-octaedrica*). Signe des faces, *r n*. Le cube ayant tous ses angles solides remplacés par une face triangulaire ou l'octaèdre ayant tous les siens remplacés par une face carrée.—Modification incomplète sur tous les angles solides du noyau par une seule face. Inclinaison de *r* sur *n*, 125° 15' 52". De *Joachimsthal* (Bohème), et de *Johann-Georgen-Stadt* (Saxe). (Lucas, Coll. du Mus.)

4°. Argent sulfuré dodécaèdre (*Argyrosa dodecaedra*). Signe des faces, *s*. Douze faces rhomboïdales inclinées entre elles de 120° produites en vertu d'une modification complète par une seule face sur toutes les arêtes du noyau.

5e. Argent sulfuré cubo-dodécaèdre (*Argyrosa cubo-dodecaedra*). Signe des faces, *r s*. Le cube émarginé par une face sur toutes ses arêtes, ou le dodécaèdre rhomboïdal ayant tous ses angles quadru-

ples remplacés chacun par une face carrée. Modification incomplète
par une seule face sur toutes les arêtes du noyau. Inclinaison de *r*
sur *s*, 153° 26' 5".

6e. ARGENT SULFURÉ TRAPÉZOÏDAL (*Argyrosa trapezia*). Signe des
faces, *o*. Solide à 24 faces trapézoïdales inclinées entre elles de 131°
48' 36" et de 146, 26' 33". Produites en vertu d'une modification
complète sur tous les angles solides du noyau par trois faces correspondantes aux faces.

7e. ARGENT SULFURÉ BIFORME (*Argyrosa biformis*). Signe des faces,
o n. Un octaèdre ayant tous ses angles solides remplacés par quatre
facettes (o) correspondantes à ses faces. Combinaison de deux modifications incomplètes dont l'une est celle qui produit l'*octaèdre* et
l'autre le solide *trapézoidal*. (Voyez ces deux espèces.) Cette combinaison intercepte complétement le noyau.

8e. ARGENT SULFURÉ TRIFORME (*Argyrosa triformis*). Signe des
faces, *r n s*. Le cube ayant toutes ses arêtes et ses angles solides remplacés chacun par une facette. Combinaison de deux modifications
incomplétes dont l'une est celle qui produit l'*octaèdre* et l'autre le
dodécaèdre rhomboïdal. (Voyez ces espèces.) Cette combinaison n'intercepte pas les faces du cube primitif. Inclinaison de *r* sur *n*, 125°
15' 52"; de *r* sur *s*, 153° 26' 5".

MODE DE GROUPEMENT DES INDIVIDUS DE CE GENRE.

En rameaux composés en général de cristaux cubiques, et octaèdres adhérens par leurs angles.

En lames.

En aiguilles filiformes.

En masses amorphes.

ALTÉRATION DE LA SUBSTANCE.

Les cristaux et les masses de ce genre sont sujets à une altération
par laquelle les surfaces exposées à l'air se ternissent, perdent leur
éclat et se recouvrent d'une couche noire, d'aspect terreux et mat.

Quelquefois cette altération pénètre jusque dans l'intérieur du
cristal ou de la masse, et l'argent sulfuré se change en une substance de consistance presque friable, d'un noir bleuâtre ou gris
noirâtre, mat, à cassure terreuse, à grains fins, tachant légèrement
les corps sur lesquels on le frotte.

Cette substance est l'*Argent noir* des minéralogistes allemands.
Silberschwartz de Werner.) L'argent noir des Français et celui de.

Wallerius, en partie du moins, appartiennent à l'argent antimonié
sulfuré noir de Haüy.

+-+ Non malléables.

2° Genre. — GALÈNE. (*Galena*).

Plomb sulfuré (Haüy). *Bleiglanz* (Werner et de Léonhard). *Hexaedrisches Bleiglanz* (Mohs).
Bisulfure de plomb. Signe chimique de M. Berzélius : Pb S².

ANALYSES.

	par M. Beudant.	par Westrumb.		par Thomson.
Plomb.	79,6	83		85,13
Soufre.	13,4	16,41		13,02
Argent.	7,0	un atome.		0,00
	Perte.	0,59	Fer.	0,50
	———	———		———
	100,0	100,00		98,65

L'argent se trouve presque toujours mélangé avec la galène, et
dans des proportions très variables. Sa présence qui ne peut se reconnaître que par la coupellation, n'influe en aucune manière sur
les caractères physiques et extérieurs de ce genre.

Couleur : le gris du plomb pur avec un éclat très vif.
Forme primitive : le cube. Les cristaux et les masses
offrent très facilement cette forme par le clivage, et se
divisent par la percussion en petits cubes très distincts.
Les coupes dans tous les sens sont également nettes.
Pes. spéc., 7,58 à 7,6. Raye le gypse ; rayé par la chaux
carbonatée. Souvent réductible à la simple flamme
d'une bougie.

Au chalumeau, sur le charbon, pétille, éclate et dégage des vapeurs sulfureuses ; lorsque le grillage est accompli, on obtient un
grain de plomb malléable. Dans le tube ouvert, dégage du soufre
et donne un sublimé blanc de sulfate de plomb qui, exposé à une
vive chaleur, devient gris, même dans la partie supérieure la plus
voisine de la pièce d'essai. Ce sublimé est fusible au moyen d'un
bon feu, mais il se congèle aussitôt après, et ne dégage aucune
substance volatile. (Berzélius.)

1re Espèce. GALÈNE PRIMITIVE (*Galena cubica*). Le cube. Signe des faces, P, toutes carrées et inclinées entre elles de 90°. D'*Annaberg* (Saxe). Du *Derbyshire*. (Lucas, Coll. du Muséum.)

2e. GALÈNE OCTAÈDRE (*Galena octaedrica*). Signe des faces, c. Huit faces triangulaires équilatérales, inclinées entre elles de 109° 28'. Modification complète par une seule face sur tous les angles solides du noyau. Du *Derbyshire* (Lucas, Coll. du Muséum.)

Var. *a. Cunéiforme.* Les angles solides qui forment les sommets, prolongés en une arête perpendiculaire à l'axe.

Var. *b. Segminiforme.* Fragment comme détaché d'un octaèdre par un plan parallèle à une des faces et passant entre cette face et le centre du cristal.

3e. GALÈNE CUBO-OCTAÈDRE (*Galena cubo-octaedrica*). Signe des faces, Pc. Le cube ayant tous ses angles solides remplacés par une facette triangulaire, ou l'octaèdre ayant tous les siens remplacés par une face carrée. Modification incomplète par une seule face sur tous les angles solides du noyau. Inclinaison de c sur P, 125° 15' 52". De *Clausthal* (Saxe), *Dognatzka* (Bannat), *Allenheads* (Northumberland), etc. (Luc., Coll. du Mus.)

Var. *a.* Cube dominant. Inclinaison de P sur P, 90°.

Var. *b.* Octaèdre dominant. Inclinaison de c sur c, 109° 28'.

Var. *c. Alongée.* Les cristaux sont alongés dans le sens vertical, de manière à altérer la symétrie; car tandis que les faces P qui forment les pans du prisme, sont de grands hexagones, les deux faces P qui forment les sommets, sont de petits carrés. Les faces c sont des pentagones correspondant aux arêtes du prisme. De *Dognatzka* (Bannat).

4e. GALÈNE UNISÉNAIRE (*Galena unisenaris*). Signe des faces, c r. L'octaèdre régulier dont tous les angles solides sont remplacés par quatre facettes triangulaires correspondant aux faces de l'octaèdre. Combinaison de deux modifications incomplètes, dont l'une produit l'octaèdre régulier (Voy. cette espèce), et l'autre sur chaque angle solide du noyau par trois faces correspondantes aux faces du cube primitif produirait un solide à 24 faces trapézoïdales. Cette combinaison intercepte complétement le noyau. Inclinaison de c sur r, 138° 31' 38"; de r sur r, 153° 28' 28" et 161° 19' 42".

5e. GALÈNE BIFORME (*Galena biformis*). Signe des faces, c o. L'octaèdre régulier émarginé ou dont toutes les arêtes sont remplacées chacune par une facette. Combinaison de deux modifications incomplètes, dont l'une produit l'octaèdre régulier et l'autre par une seule face sur toutes les arêtes du cube primitif, produirait un do-décaèdre rhomboïdal. Cette combinaison intercepte complétement le noyau. Inclinaison de *c* sur *o*, 154° 44′ 8″.

6°. GALÈNE UNITERNAIRE (*Galena uniternaris*). Signe des faces, *e z* P. Un octaèdre régulier ayant chacun de ses angles solides rem-placé par une face carrée P, laquelle face est bordée ou encadrée par les facettes *z*. Combinaison de deux modifications incomplètes, dont l'une produit l'octaèdre régulier *e*, et l'autre par trois faces correspondantes aux faces du cube primitif. Cette combinaison n'intercepte pas complétement le noyau dont les faces restent visibles en partie à la place des angles solides de l'octaèdre. Incli-naison de P sur *z*, 154° 45′ 38″; de *c* sur *z*, 150° 30′ 14″.

7°. GALÈNE OCTOTRIGÉSIMALE (*Galena octotrigesima*). Signe des faces, *c l* P. Un octaèdre régulier dont chacun des angles solides est remplacé par une face P, et chaque arête remplacée par deux facettes *l*, en biseau. Combinaison de deux modifications incom-plètes dont l'une donne l'octaèdre (Voy. cette espèce), et l'autre est une modification oblique par trois faces sur chaque angle solide du cube primitif. Cette combinaison n'intercepte pas entièrement le noyau. Inclinaison de *l* sur *l*, 141° 3′ 28″; de *c* sur *l*, 164° 12′ 24″.

8°. GALÈNE TRIFORME (*Galena triformis*). Signe des faces, P c o. L'espèce *biforme*, ayant tous ses angles solides fortement tronqués et remplacés chacun par une large face P octogone appartenant au cube primitif. Combinaison des deux modifications incomplètes qui produisent le *biforme* (Voy. cette espèce). Mais cette combinaison dans ce cas-ci n'intercepte pas complétement le noyau. Inclinaison de P sur *o*, 135°.

9°. GALÈNE PENTACONTAÈDRE (*Galena pentacontaedra*). Signe des faces, *c o l* P. L'espèce *octo-trigésimale* dans laquelle les arêtes de l'oc-taèdre au lieu d'être remplacés par deux faces, le sont par trois, la facette *o* remplaçant l'arête du biseau formé par les deux facettes *l*. Combinaison des deux modifications qui produisent l'*octo-trigésimale* (Voy. cette espèce) avec une troisième modification incomplète par une seule face *o* sur toutes les arêtes du cube primitif. Incli-naison de *o* sur *l*, 160° 31′ 44″; de P sur *o*, 135°.

1er Sous-Genre.—GALÈNE ANTIMONIFÈRE.

Dunkel Weissgultigerz, Klaproth et Werner.

Combinaison ou mélange de galène et d'antimoine sulfuré. Signe chimique de M. Berzélius. Pb S¹, Sb S³.

SON ANALYSE PAR KLAPROTH.

Argent.	9,25
Plomb.	41
Antimoine.	21,50
Fer.	1,75
Soufre.	22
Alumine.	1
Silice.	0,75
Perte.	2,75
	100,00

Diffère de la galène en ce qu'étant exposée en fragmens à la flamme d'une bougie, elle décrépite fortement, et lorsque l'on parvient, en la chauffant graduellement, à maintenir le fragment dans la flamme, il se fond et colore en blanc le bout de la pince de platine avec laquelle on le supporte.

Au chalumeau, dans le tube ouvert, dégage une odeur d'acide sulfureux et une épaisse fumée blanche qui se dépose en grande partie sur la paroi intérieure du tube; cette partie du sublimé n'est ni volatile, ni fusible; mais le dépôt supérieur est volatil. Après le grillage, laisse pour résidu une masse de scories qui, traitée avec le borax, donne un grain de plomb; ce grain, passé à la coupelle, donne lui-même une très petite quantité d'argent. (Berzélius.)

ESPÈCES.

1ʳᵉ Espèce. GALÈNE ANTIMONIFÈRE PRIMITIVE (*Cubique*).

2ᵉ. GALÈNE ANTIMONIFÈRE CUBO-OCTAÈDRE. D'*Angleterre*. (Luc., Coll. du Mus.)

MODE DE GROUPEMENT PARTICULIER AUX INDIVIDUS DE CE SOUS-GENRE.

Une multitude de petits cubes ou cubo-octaèdres, souvent alongés en forme de prismes rectangulaires, sont groupés plusieurs ensemble en laissant entre eux des interstices plus ou moins sensibles. Variété *Lacunaire* de Haüy. De *Cornouailles*. (Luc., Coll. du Mus.)

Les cubes placés bout à bout les uns des autres, forment des espèces de cordons qui ont ordinairement une courbure. C'est la variété *Funiforme* de Haüy.

Il y une galène de Freyberg qui contient 20 pour cent d'argent et seulement 7,88 d'antimoine, et qui a les mêmes caractères que la galène antimonifère. Seulement, au chalumeau, par la coupella-tion, on obtient un grain d'argent considérable. Les flux indiquent une proportion de nickel et quelquefois de cobalt. C'est le *Plomb sulfuré antimonifère* et *argentifère* de Haüy et le *Licht Weissgul-tigerz* des Allemands. Son signe chimique, d'après M. Berzélius, est : Ag S², Sb S₃, Ni As.

2ᵉ Sous-Genre. — GALÈNE SÉLÉNIFÈRE.

Au chalumeau, sur le charbon, donne l'odeur de rave propre au sélénium. Dans le tube ouvert, à la suite d'un grillage long et exé-cuté lentement, on voit se former, à un pouce de distance de la pièce d'essai, un anneau rouge, et en même temps l'odeur de rave se fait sentir dans la partie supérieure du tube (Berzélius). On n'in-dique pas les espèces de ce sous-genre, mais les groupemens en masses amorphes d'individus moléculaires se trouvent à *Fahlun* et *Atvidaberg* (en Suède).

3ᵉ Sous-Genre. — GALÈNE BISMUTHIFÈRE.

Bismuth sulfuré plumbo-argentifère, de Haüy. *Wismuth Silber*, Werner. *Argent bismuthifère*, Brochant. *Argent sulfuré bismuthi-fère*, Brongniart.

ANALYSE DE LA GALÈNE BISMUTHIFÈRE DE SCHAPPACH, VALLÉE DE SCHWARTZWALD (BADE), PAR KLAPROTH.

Plomb.	33,00
Bismuth.	27,00
Argent.	15,00
Fer.	4,50
Cuivre.	0,90
Soufre.	16,30
Perte.	3,50
	———
	100

Signe chimique de M. Berzélius. Ag S² + 2 P b S² + 2 Bi S³

Couleur : gris très clair qui devient foncé par altération à l'air. Tendre et fragile. Cassure irrégulière ou imparfaitement conchoïde et granuleuse à grains fins.

Au chalumeau, fond aisément et donne un globule cassant, irisé à sa surface et d'un blanc éclatant à l'intérieur. (Brongniart, Dictionnaire des sciences naturelles, t. 11, p. 490.) Colore le verre de borax en jaune d'ambre (Klaproth).

Point d'espèces indiquées.

MODE DE GROUPEMENT DES INDIVIDUS MOLÉCULAIRES DU GENRE GALÈNE.

En lames et en lamelles entre-croisées.

En masses granulaires. (C'est ce qu'on nomme vulgairement *Galène à grain d'acier.*)

En masses compactes, le *Bleischweif* des Allemands.

En masses striées, qui lorsque les stries étaient larges et divergentes, se nommaient *Galène palmée.*

En forme d'un vernis très brillant sur la surface des couches d'une baryte sulfatée du Derbyshire. C'est le *Plomb sulfuré spéculaire* de Haüy.

En pseudo-cristaux prismatiques hexaèdres provenant d'une épigénie ou d'une altération des cristaux de *plomb phosphaté.* De Huelgoet (Bretagne.)

5ᵉ Genre.—ARGENT NOIR. (*Psaturosis.*)

Argent antimonié sulfuré noir, Haüy. *Sprödglazerz*, Werner; *Sprod glanzerz*, Karsten. *Argent vitreux aigre*, Brochant. *Schwarz gültigerz*, de Leonhard. *Prismatisches Melanglanz*, Mohs. *Roschgewach* des mineurs Hongrois, et en partie le *Silber schwarz* des mineurs Allemands.

C'est un sulfure d'argent et d'antimoine. Haüy le regardait comme une simple modification de l'argent rouge ; mais sa forme primitive s'accorde avec les autres caractères physiques des minéraux de ce genre, pour les éloigner de l'argent rouge.

	Par Klaproth.	Par H. Rose.
Soufre.	12,0	16,42
Antimoine.	10,0	14,68
Argent.	66,5	68,54
Fer.	5,0	0,00
Cuivre.	0,5	0,64
Gangue.	1,0	00,0
Perte.	5,0	00,0
	100,0	100,28

Couleur : le noir de fer passant souvent au gris d'acier ou au gris de plomb. Poussière noire. Forme primitive : un prisme rhomboïdal droit de 107° 47' et 72° 13'. Pes. spéc., 5,90 à 6,4. Rayant le gypse ; rayé par la chaux carbonatée. Cassure conchoïde à petites cavités, ou inégale à grains fins. Aigre et fragile.

Au chalumeau, seul dans le tube ouvert, fond avec dégagement de fumée blanche antimoniale. Sur le charbon ne forme aucun dépôt, met beaucoup de temps à griller, répand sous un bon feu, une faible odeur d'arsenic ; abandonne difficilement le soufre, et donne un grain métallique d'un gris sombre, malléable presque complétement. Avec un bon feu d'oxydation, on obtient un grain d'argent pur ; la fusion avec la soude accélère ce résultat ainsi que le grillage.

ESPÈCES.

1re Espèce. ARGENT NOIR PRISMATIQUE (*Psaturosis prismatica*). Un prisme hexaèdre produit en vertu d'une modification incomplète par une seule face sur les arêtes latérales aiguës du prisme rhomboëdal primitif.

2e. ARGENT NOIR ANNULAIRE (*Psaturosis annularis*). Un prisme hexaèdre ayant les arêtes de ses bases remplacées chacune par une facette. Combinaison de trois modifications incomplètes dont l'une par une face sur chaque arête latérale aiguë ; la seconde par une face sur chacune des quatre arêtes terminales ; la troisième, par une face sur les angles aigus de la base du noyau.

On indique aussi des lames hexagonales biselées.

MODE DE GROUPEMENT DES INDIVIDUS MOLÉCULAIRES DE CE GENRE.

En lames.

En masses granuliformes.

En masses cellulaires ou caverneuses. De *Schemnitz* (en Hongrie).

4ᵉ Genre.—BOURNONITE. (*Bournonites.*)

Spiesglanz bleierz, Klaproth. *Bleifahlerz*, Haussman. *Swartz Spiesglaserz*, Werner. *Endélione*, Bournon ? *Plomb sulfuré antimonifère* (en partie) Haüy. *Antimoine sulfuré plombo-cuprifère* Haüy (en partie). *Diprismatischer Kupfer glanz*, Mohs.

Combinaison de sulfure de plomb, de sulfure de cuivre et de sulfure d'antimoine.

Signe chimique de M. Berzélius : Pb S² + Cu S + Sb S³.

ANALYSES DES BOURNONITES.

	de Klausthal par Klaproth.	du Hartz par Klaproth.	de Pfaffenberg par Rose.	de Cornouailles par Smithson	par Hatchett
Soufre.	18,00	13,50	20,31	20	17,00
Antimoine.	19,75	16,00	26,28	25	24,23
Plomb.	42,50	34,50	40,84	41	42,62
Cuivre.	11,75	16,25	12,65	13	12,80
Fer.	5,00	13,75	0,00	0	1,20
Argent.	0,00	2,25	0,00	0	0,00
Perte.	3,00	3,75	0,00	1	2,15
	100,00	100,00	100,08	100	100,00

Couleur : gris d'acier ou de plomb. Forme primitive : prisme droit rectangulaire, dont la hauteur et les côtés de la base sont à peu près comme les nombres 210,217 et 220. Pesanteur spécifique : 5,79 à 5,83. Raye le gypse ; rayée par la chaux fluatée.

Au chalumeau, dans le tube ouvert, dégage une odeur d'acide sulfureux et une épaisse fumée blanche qui se dépose en grande partie sur la paroi intérieure du tube : cette partie du sublimé n'est ni volatile ni fusible ; mais le dépôt supérieur est volatil ; sur le charbon fond et dégage de la fumée, puis se congèle en une boule noire. A un feu vif dégage de la fumée de plomb qui forme sur le charbon un dépôt circulaire, laisse une masse scoriacée qui, en colorant le

borax en vert au feu d'oxydation et en émail rouge-brun , opaque
au feu de réduction et la soude sur le fil de platine en beau vert,
annonce une quantité considérable de cuivre. On peut aussi retirer
de ces scories, avec la soude et après le grillage du plomb, un
grain de cuivre. (Berzélius.)

Haüy n'ayant regardé la bournonite que comme une variété de
l'antimoine sulfuré, n'en a pas décrit les espèces. Nous les signalerons ici d'après l'indication de M. Beudant (Traité de minéralogie,
2e édit. , t. 2, p. 434) et l'inspection de quelques espèces de ce
genre qui se trouvent à Servoz (Savoie).

ESPÈCES.

1ʳᵉ Espèce. BOURNONITE PRIMITIVE (*Bournonites pseudo-cubica*).
Un prisme droit rectangulaire fort rapproché du cube. Signe des
faces, P M T.

2ᵉ. BOURNONITE ALTERNE. (*Bournonites alternans*). Signe des faces,
P M T *b*. Le prisme droit rectangulaire dont les longues arêtes
des bases sont seules remplacées par une facette. Modification incomplète par une seule face sur deux arêtes opposées de la base
du prisme primitif. Inclinaison de *b* sur P, 133° 40'.

3ᵉ. BOURNONITE ÉPOINTÉE (*Bournonites truncata*). Signe des faces, P
M T*d*. Le prisme primitif ayant ses huit angles solides remplacés chacun par une facette triangulaire *d*. Modification incomplète par
une seule face sur chacun des angles solides du noyau.

4ᵉ. BOURNONITE BORDÉE (*Bournonites marginata*). Signe des faces, P
M T *b c*. Le prisme primitif dont toutes les arêtes des bases sont remplacées par une facette. Modification incomplète par une seule face
sur toutes les arêtes des bases du noyau. Inclinaison de *c* sur
T , 134°.

Var. *a. Prismatoïde.* Les faces du prisme fort étendues et les facettes modifiantes très étroites.

Var *b. Octaédroïde.* Les facettes modifiantes *b* et *c* très étendues
donnent au solide la forme d'un octaèdre rectangulaire ayant ses
deux sommets remplacés par les bases du prisme devenues deux
petites facettes rectangulaires; et les arêtes de la base commune
des deux pyramides dont se composent l'octaèdre , remplacés par
les faces latérales du prisme. Inclinaison de *b* sur *c*, 119° 22'.

5ᵉ. BOURNONITE OCTAÉDRIFORME (*Bournonites octaedriformis*). Signe
des faces, *b*, et *c*. Un octaèdre rectangulaire sans facettes additionnelles. Mêmes modifications que dans l'espèce précédente, mais

complètes ou interceptant complétement le noyau. Inclinaison de *b* sur *c*, 119° 22'; de *b* sur *b*, 87°20'; de *c* sur *c*, 88°.

6e. Bournonite émarginée (*Bournonites intersecta*). Signe des faces, P M T *c b a*. Le prisme rectangulaire ayant toutes les arêtes remplacées chacune par une facette. Modifications incomplètes par une seule face sur toutes les arêtes du noyau. De *Servoz* (Savoie).

7e. Bournonite surbaissée (*Bournonites complanata*). Signe des faces, P *b c*. Un octaèdre rectangulaire ayant ses sommets profondément tronqués et remplacés par une grande face rectangulaire ; ou une table rectangulaire biselée ou bordée par des biseaux de deux facettes. Modification partiellement complète sur toutes les arêtes des bases du noyau par une face. Les faces modifiantes correspondantes des deux bases se rencontrent de manière à intercepter les faces latérales du prisme en laissant subsister ses bases.

MODE DE GROUPEMENT DES INDIVIDUS MOLÉCULAIRES DE CE GENRE.

En masses compactes.

En masses baccillaires ou formées de pièces séparées cylindroïdes, provenant probablement de cristaux altérés ou imparfaits.

5e Genre. — Telluro-galène. (*Elasmosis.*)

Mine de Nagyag ou *Silvane lamelleux* (Brochant); *Nagyagerz* Werner et Emmerling); *Blattererz* (Karsten); *Blatter-tellur* Hausmann et de Léonhard); *Prismatisches Tellur glanz* (Mohs); *Tellure natif auro-plombifère* (Haüy).

C'est une combinaison de soufre, de tellure, de plomb et d'or.

Signe minéralogique de M. Berzélius : $Au\ Te^3 + Pb\ Te^2 + 2\ Pb\ S^2$.

ANALYSES DES TELLURO-GALÈNES DE NAGYAG.

	par Brandes.	Par Klaproth.	Par Berthier.
Tellure.	26,40	32,2	13,0
Plomb.	46,00	54,0	63,1
Or.	7,50	9,0	6,7
Cuivre.	1,00	1,3	1,0
Argent.	0,00	0,5	0,0
Antimoine.	0,00	0,0	4,5
Soufre.	2,50	3,0	11,7
	83,40	100,0	100,0

M. Berthier (1) considère la substance du minéral qu'il a analysé et qui, du reste, a les mêmes caractères physiques que les autres, comme appartenant à une espèce différente, du moins sous le point de vue chimique. Il la désigne par la formule $Au\ Te^3 + Sb\ S^3 + 9\ Pb\ S$; ou bien il se pourrait, selon lui, que ce fût un mélange de la substance $Au\ Te^3\ Sb\ S^3$ avec de la galène.

Couleur : entre le gris de plomb et le noir de fer. Tendre, flexible, sans élasticité dans les lames minces, un peu ductile ; tache légèrement le papier en noir. Isolé et frotté, acquiert l'électricité résineuse. Forme primitive : prisme droit symétrique ou rectangulaire. Pes. spéc., 7° 1.

Au chalumeau, sur le charbon, fume, et forme sur le support un dépôt jaune qui, en s'évanouissant à la flamme intérieure, développe une couleur bleue. Donne enfin, après une vive insufflation, un grain d'or malléable. Dans le tube ouvert, donne une odeur très sensible d'acide sulfureux, et présente dans le sublimé, produit une fumée blanche, réductible en gouttelettes limpides par la chaleur. La boule métallique, fixée sur la paroi du tube, s'entoure d'une masse oxydée d'un brun sombre, dont la couleur reste à peu près la même durant le refroidissement. (Berzélius.)

ESPÈCES RARES ET PEU CONNUES.

1re Espèce. Telluro-galène périhexaèdre(*Elasmosis hexagonalis*). Le prisme hexaèdre très court ou une simple lame hexagonale; la petitesse des cristaux n'ayant pas permis de déterminer, avec précision, la forme primitive, on ne peut donner ni l'indication des faces et de leurs incidences, ni celle des modifications qui les produisent. En supposant la forme primitive un prisme rectangulaire, cette forme serait produite par une modification d'une seule face sur les arêtes latérales du prisme. De *Nagyag* (Transylvanie). Indiquée par M. Brochant et Haüy.

2e. Telluro-galène bordée (*Elasmosis marginata*). Le prisme rectangulaire dans lequel toutes les arêtes des bases sont rempla-

---

(1) Annales de Chimie et de Physique, t. LI, p. 150 ; octobre 1832.

cées par une facette. Modification incomplète par une seule face sur toutes les arêtes terminales du noyau. (Indiquée par M. Beudant). De *Nagyag* (Transylvanie).

3ᵉ. TELLURO-GALÈNE INTERROMPUE (*Elasmosis interrupta*). Même forme que la *bordée* avec l'addition des facettes du prisme de la *périhexaèdre*, qui empêchent les facettes qui bordent les bases de se toucher réciproquement. De *Nagyag*. (Indiquée par M. Beudant.)

4ᵉ. TELLURO-GALÈNE TRAPÉZIENNE (*Elasmosis trapezialis*). Un octaèdre très surbaissé et largement tronqué aux deux sommets par une grande face carrée qui est la base du prisme primitif. Les faces de l'octaèdre sont formées par les facettes additionnelles de l'espèce *bordée*, prolongées de manière à intercepter entièrement les faces latérales du prisme, et à les remplacer par un biseau perpendiculaire à l'axe du prisme. C'est la même modification qui a produit l'espèce *bordée*, mais plus complète, puisque les faces latérales du prisme ont disparu. Si cette modification avait atteint sa limite, le noyau aurait été changé en un octaèdre. De *Nagyag*. (Indiquée par M. Beudant.)

5ᵉ. TELLURO-GALÈNE DIOCTAÈDRE (*Elasmosis dioctaedrica*). Une double pyramide à huit faces, largement tronquée aux deux sommets par une grande face octogone. C'est la même forme que l'espèce précédente, avec l'addition de huit nouvelles facettes qui interceptent les quatre angles des deux bases et se rejoignent en biseau dans le milieu du prisme. Ces faces sont produites en vertu d'une modification incomplète par une seule face sur tous les angles solides du noyau. Cette modification complétée changerait le noyau en un octaèdre. Ainsi, cette espèce est formée de deux sortes de modifications qui toutes deux tendent à produire des octaèdres, d'où lui vient son nom. De *Nagyag*. (Indiquée par M. Beudant.)

ALTÉRATIONS ET MODE DE GROUPEMENT DES INDIVIDUS DE CE GENRE.

Les formes des diverses espèces étant toujours celles de solides d'une très petite épaisseur comparativement à leurs autres dimensions, ou autrement celles de *tables*, l'oblitération des facettes latérales leur donne l'apparence d'une simple lame. Ces lames sont tantôt droites, tantôt courbes ; elles sont quelquefois empilées les unes sur les autres ; d'autres fois elles sont engagées dans la gangue. Enfin elles sont irrégulièrement groupées ensemble.

Les individus moléculaires de ce genre forment aussi, par leur assemblage, des masses compactes. On n'en a encore trouvé jusqu'ici qu'à *Nagyag* en Transylvanie.

ANNOTATION.

La *Telluro-galène antimonifère* analysée par M. Berthier pourra peut-être former un sous-genre caractérisé par les réactions de l'antimoine au chalumeau dans le tube ouvert.

6ᵉ Genre. — CUIVRE SULFURÉ. (*Chalkosina.*)

Cuivre vitreux (Brochant). *Kupfer glaserz* (Werner). *Kupfer glanz* (Karsten et de Léonhard). *Prismatischer Kupfer glanz* (Mohs).

Combinaison au minimum de soufre et de cuivre. Signe chimique de M. Berzélius : Cu S.

ANALYSE DES CUIVRES SULFURÉS.

	Guényveau (de Sibérie.)	Klaproth. (de Rothenburg.)	Chenevix. du Cornouailles.)
Cuivre.	74, 5	76,5	84
Soufre.	20, 5	22	12
Fer.	1,25	0,5	4
Perte.	0,75	1	»
	————	————	————
	97,00	100,0	100

Couleur : gris de fer plus ou moins sombre, quelquefois nuancé de bleuâtre. Poussière noirâtre. Forme primitive, le prisme héxaèdre régulier, dans lequel le rapport entre l'apothème et la hauteur est à peu près celui de 1 à 2 (1). Les joints naturels se reconnaissent par un chatoiement très vif lorsqu'on les fait mouvoir à la lumière. Pesanteur spécifique, 5,69. Tendre et cassant, s'égrène sous le couteau. Raye la chaux carbonatée ; rayé par la chaux fluatée.

Dissolution bleue par l'ammoniaque. Dans l'acide nitrique sa poussière reste noire.

Au chalumeau, seul sur le charbon dégage l'odeur de l'acide sul-

---

(1) M. Mohs prend un prisme rhomboïdal droit pour forme primitive du cuivre sulfuré.

7.

fureux; fond aisement à la flamme extérieure, bouillonne et projette
des gouttes ignescentes à la flamme intérieure; il se couvre d'une
croûte et dès lors ne peut plus entrer en fusion. Tant qu'il reste du
soufre, aucune portion de cuivre ne se sépare. Dans le tube ouvert,
dégage de l'acide sulfureux, mais point de sublimé. Il y a combustion d'une partie de la matière d'essai. Avec la soude et le borax ,
le minerai grillé donne un grain de cuivre (Berzélius). Il colore le
borax en vert bleuâtre, et le bouton, dans les parties non réduites,
est d'un gris d'acier, attirable à l'aimant. (Haüy.)

ESPÈCES.

1re Espèce. Cuivre sulfuré primitif (*Chalkosina hexaedra*). Signe des faces, M P. Le prisme hexaèdre régulier terminé à chaque
extrémité par une face plane hexagonale. Du *Cornouailles*.

Les individus de cette espèce se groupent quelquefois deux à deux
en forme de croix. Dans le *Cornouailles*.

2e. Cuivre sulfuré dodécaèdre (*Chalkosina dodecaedra*). Signe
des faces, *t*. Solide à douze faces triangulaires isocèles, ou composé
de deux pyramides à six faces accolées base à base. Modification
complète par une seule face sur toutes les arêtes des bases du prisme
primitif. Inclinaison de *t* sur *t*, ou de deux faces adjacentes de la
même pyramide 126° 28' ; de *t* sur *t*, ou d'une face de l'une des deux
pyramides , sur la face adjacente de l'autre pyramide, 128° 38'.

3e. Cuivre sulfuré trapézien (*Chalkosina trapezia*). Signe des faces,
P *t*. Le même dodécaèdre bipyramidal que l'espèce précédente, mais
épointé aux deux sommets, c'est-à-dire ayant ses angles solides terminaux remplacés par une face hexagonale qui correspond à la base
du prisme primitif. Les faces du dodécaèdre , au lieu d'être des triangles isocèles , sont devenues des trapèzes. Même modification que
l'espèce précédente, mais partiellement incomplète. Inclinaison de
P sur *t*, 115° 46'.

4e. Cuivre sulfuré binaire (*Chalkosina binaris*). Signe des
faces, P *t*. Forme analogue au *trapézien*. (Voyez cette espèce). Mais
le dodécaèdre dont les faces sont devenues des trapèzes par l'époin-
tement de ses angles terminaux est plus surbaissé que les précédens,
et ses faces font entre elles et avec les bases du prisme primitif, des
angles différens. C'est aussi une modification incomplète par une
seule face sur toutes les arêtes des bases du noyau. Inclinaison de

P sur *h*, 134° 1'; de *h* sur la face *h*, adjacente de la même pyramide 137° 50', et sur la face *h'* adjacente de l'autre pyramide de 91° 58'.

5e. **Cuivre sulfuré uniannulaire** (*Chalkosina uniannularis*). Signe des faces, P M *t*. Le prisme hexaèdre ayant ses bases bordées par un rang de petites facettes trapézoïdales. C'est la même modification sur les arêtes des bases, qui produit le *dodécaèdre* et le *trapézien*. (Voyez ces espèces.) Mais ici elle est tout-à-fait incomplète puisqu'elle laisse voir les bases et les pans du prisme primitif. Inclinaison de *t* sur M, 154° 14'. Du *Cornouailles*. (Lucas, Coll. du Mus.)

6e. **Cuivre sulfuré terno-annulaire** (*Chalkosina terno-annularis*). Signe des faces, P M *r*. Forme analogue à l'espèce précédente, seulement les facettes qui bordent les bases du prisme sont plus surbaissées que dans l'*uniternaire*, et font avec les faces de ce prisme des angles différens. Elles sont aussi produites par une modification incomplète par une seule face sur toutes les arêtes des bases du noyau. Inclinaison de *r* sur P, 145° 23'.

7e. **Cuivre sulfuré uniternaire** (*Chalkosina uniternaris*). Signe des faces, P M *r t*. Le prisme hexaèdre ayant ses bases bordées par deux rangs parallèles de facettes trapézoïdales. Combinaison de deux modifications incomplètes, dont l'une est celle de l'*uni-annulaire* et l'autre celle du *terno-annulaire*. (Voy. ces espèces.)

8e. **Cuivre sulfuré emarginé** (*Chalkosina emarginata*). Signe des faces, P M *r o*. Le prisme hexaèdre ayant toutes ses arêtes, tant terminales que latérales, remplacées chacune par une facette hexagonale; ou bien l'espèce *terno-annulaire* ayant de plus toutes les arêtes du prisme remplacées chacune par une facette. Combinaison de deux modifications incomplètes, dont l'une produit l'espèce *terno-annulaire* (voy. cette espèce), et l'autre par une seule face sur toutes les arêtes latérales du prisme primitif. Cette combinaison n'intercepte pas les faces du noyau.

9e. **Cuivre sulfuré doublant** (*Chalkosina tricincta*). Signe des faces, P M *r h t o*. Le prisme hexaèdre ayant ses arêtes latérales remplacées par une facette, et les arêtes de ses bases bordées par trois rangs de facettes dont les arêtes d'intersection sont parallèles. Combinaison de toutes les modifications incomplètes décrites dans les espèces *émarginée*, *terno-annulaire*, *uni-annulaire* et *binaire* (voy. ces espèces). Cette combinaison laisse à découvert les pans et les bases de la forme primitive.

Les cristaux perdent leur éclat métallique sur les surfaces extérieures exposées aux élémens. Cette altération, en pénétrant plus profondément dans l'intérieur du cristal ou de la masse, la transforme en *cuivre sulfuré hépatique*.

MODE DE GROUPEMENT DES INDIVIDUS MOLÉCULAIRES DE CE GENRE.

En lames. (De *Norwége*.)

En masses compactes. (De *Sibérie*.)

En masses imitant la forme d'objets du règne organique. Spiciforme ou en petites masses ovales, aplaties, relevées par des saillies en forme d'écailles. On croit que cette pseudomorphose est due à des portions de cônes de pin ou des épis d'un gramen , le *Phalaris pulposa*, pénétrées ou remplacées par le cuivre sulfuré , vulgairement *argent en épi*. De *Frankenberg* (en Hesse.) (Luc.,Coll. du Mus.)

Sous-genre

ou *Appendice au genre du* Cuivre sulfuré.

Cuivre sulfuré argentifère (Bournon). *Silber-Kupferglanz* (Hausman et Stromeyer). *Stroméyérine* (Beudant).

Cuivre sulfuré mêlé d'argent ou double sulfure de cuivre et d'argent. Signe chimique de M. Berzélius : 2 Cu S + Ag S².

ANALYSE DU CUIVRE SULFURÉ ARGENTIFÈRE DE SCHLANGENBERG
(SIBÉRIE) PAR STROMEYER.

Soufre.	15,96
Argent.	52,87
Cuivre.	30,83
Fer.	0,34
	—————
	100,00

Minéral compacte qui n'a encore présenté aucune forme cristalline. Couleur : gris d'acier , très éclatante. Fragile; très fusible. (Beudant.)

Au chalumeau seul, fond aisément avec odeur d'acide sulfureux, sans fumée (même dans le tube ouvert), ne s'oxyde point et ne jette aucune scorie. La boule est grise, a l'éclat métallique; demi-malléable; à cassure grise. Avec les flux, elle donne les réactions du cuivre, et, passée à la coupelle avec du plomb, elle donne un gros grain d'argent et teint la coupelle en vert noirâtre.

Se trouve au *Schlangenberg* (Sibérie).

7° Genre.—BISMUTH SULFURÉ. (*Bismuthina.*)

Wismuth glanz (Werner). *Galène de Bismuth* (Brochant). *Prismatischer Wismuth glanz* (Mohs).

Combinaison de soufre et de bismuth ou bisulfure de bismuth. Signe chimique de M. Berzélius : Bi S².

ANALYSE DU SULFURE DE BISMUTH DE RYDDARHYTTAN (SUÈDE) PAR ROSE
(Ann. of Philos. New Series, t. 7, p. 355.

Bismuth.	80,98
Soufre.	18,72

99,70

Couleur : tenant un milieu entre le gris de plomb et le blanc d'étain, quelquefois avec une légère teinte jaunâtre. Forme primitive obtenue par le clivage : un prisme légèrement rhomboïdal, de 91° 30' et 88° 30', qui se sous-divise dans le sens de la petite diagonale de sa coupe transversale. On aperçoit aussi à une vive lumière des indices d'un joint naturel perpendiculaire à l'axe. Une seule coupe parallèle à l'axe est d'une grande netteté. Pes. spéc., 6,5. Raye le gypse ; rayé par la chaux carbonatée. Cassure lamelleuse ou légèrement conchoïde, quelquefois rayonnée.

Soluble lentement et sans effervescence à froid dans l'acide nitrique, en oxyde blanc.

Fusible à la simple flamme d'une bougie sans dégagement de vapeurs.

Au chalumeau, sur le charbon, se fond aisément, ne se volatilise pas d'abord comme l'antimoine sulfuré, mais s'entoure d'une auréole rousse (Haüy). Dans le tube ouvert, donne d'abord un peu de soufre sublimé, puis une petite quantité d'un autre sublimé qui fond, lorsqu'on le chauffe, en gouttes brunes qui deviennent après le refroidissement jaunâtres et opaques. Après la combustion d'une partie du soufre, la matière d'essai entre en ébullition, éclabousse et projette de petites gouttes incandescentes, puis donne pour résidu un régule de bismuth qui, passé à la coupelle, teint la cendre d'os en jaune orangé pur. (Berzélius.)

On ne connaît pas encore d'espèces déterminables dans ce genre, qui n'a présenté que des cristaux déformés et groupés en masses aciculaires. De *Schneeberg* (Saxe). (Lucas, Coll. du Mus.) De *Rhyddarhyttan* (Suède). (Berzélius). Les individus moléculaires se présentent aussi groupés en forme de lames et de masses amorphes. Une altération superficielle donne quelquefois, aux parties exposées à l'air, des couleurs irisées.

1er Sous-Genre.—BISMUTH SULFURÉ BISMUTHIFÈRE.

C'est le bismuth sulfureux de Haüy, le bismuth sous-sulfureux de M. Berzélius, dont la formule, suivant lui, serait Bi' S.

L'opinion de Haüy qui paraît très probable, est que c'est un mélange de bismuth sulfuré et de bismuth natif. Il a été pris quelquefois pour du bismuth natif.

Au chalumeau, le bismuth sous-sulfuré de Bispberg (Suède), seul dans le tube, donne de l'acide sulfureux et un sublimé blanc. Chauffé au rouge, bouillonne et se rassceoit un instant après; dépose de l'oxyde brun de bismuth sur la paroi du tube et autour de la boule d'essai.

Sur le charbon, fond, bouillonne et projette de petites gouttes incandescentes : après la séparation du bismuth, il reste une petite quantité de scories ferrugineuses. (Berzélius).

2e Sous-Genre.—BISMUTH SULFURÉ CUPRIFÈRE.

Cuivre sulfuré bismuthifère (Berzélius). *Kupfer Wismuth* (Karsten).

C'est un composé de bismuth sulfuré et de cuivre sulfuré.

M. Berzélius le regarde comme une combinaison de ces deux sulfures, et le désigne par la formule : Bi S' + Cu S.

ANALYSE PAR KLAPROTH.

Bismuth.	47,24
Cuivre.	34,66
Soufre.	12,58
	——————
	94,48

Couleur : gris d'acier , qui s'altère promptement par l'exposition à l'air et devient rougeâtre ou bleuâtre. Tendre ; semi-ductile. Cassure inégale et à petits grains.

Il ne présente non plus que des cristaux déformés en aiguilles et groupés confusément. Trouvé dans la mine de cobalt de Neugluck, pays de Furstemberg.

3ᵉ Sous-Genre. — NADELERZ ou BISMUTH SULFURÉ PLUMBO-CUPRIFÈRE.

Composé de bismuth sulfuré , de plomb sulfuré et de cuivre sulfuré, avec une petite quantité de tellure. M. Berzélius regarde aussi ces sulfures comme étant chimiquement combinés , et donne la formule suivante : $Pb\ S' + 2\,Cu\ S + 2\ Bi\ S'$.

ANALYSE DU NADELERZ D'ECATHERIMBOURG (SIBÉRIE), PAR JOHN.

Bismuth.	43,20
Plomb.	24,32
Cuivre.	12,10
Nickel.	1,58
Tellure.	1,32
Soufre.	11,58
Perte.	5,90
	——————
	100,00

Couleur dans la cassure fraîche : le gris d'acier tirant au jaune et quelquefois au rouge de cuivre. Par altération les surfaces prennent une couleur gris foncé et se recouvrent d'un enduit jaunâtre ou verdâtre provenant de l'oxydation du bismuth. La cassure longitudinale est lamelleuse et très brillante , la cassure transversale est inégale.

Soluble avec une vive effervescence et un dégagement de vapeurs rouges dans l'acide nitrique qu'il colore en vert; l'ammoniaque précipite le cuivre de cette solution.

Au chalumeau, seul sur le charbon, entre en fusion, dégage de la fumée et forme sur le charbon un dépôt blanc, un peu jaunâtre sur son bord intérieur; puis donne un grain métallique ressemblant à du bismuth. La fumée se réduit à la flamme intérieure sans la colorer. Dans le tube ouvert, dégage une fumée blanche, dont une partie est fusible et l'autre volatile. La première partie se convertit par la fusion en gouttes limpides, dont quelques-unes deviennent blanches par le refroidissement. Le grain de bismuth s'environne d'un oxyde qui est noir à l'état liquide, mais qui devient transparent et d'un jaune verdâtre en se refroidissant. Ce grain traité par les flux offre, mais faiblement, les réactions du cuivre. (Berzélius.)

Ce sous-genre ne présente pas non plus d'espèce caractérisée. Cependant il se montre souvent sous la forme des prismes hexaèdres non terminés, et qui pourraient être formés, en vertu d'une modification par une seule face, sur les deux arêtes latérales aiguës du prisme rhomboïdal primitif. Il affecte aussi la forme d'aiguilles plus ou moins déliées, droites ou entrelacées, et quelquefois recourbées et articulées, qui, ainsi que les prismes, sont implantées et engagées dans une gangue de quartz. On les trouve dans les mines des environs de Bérésof (Sibérie).

8ᵉ Genre.—ANTIMOINE SULFURÉ. (*Stibigalena.*)

Antimoine gris (Brochant); *Grauspies Glaserz* (Werner); *Grauspies glanzerz* (Karsten); *Antimon glanz* (de Léonhard); *Prismatoïdisches Antimon glanz* (Mohs). *Stilbine* (Beudant).

Combinaison de soufre et d'antimoine, ou trisulfure d'antimoine. Signe chimique de M. Berzélius : $Sb\, S^3$

ANALYSES DES ANTIMOINES SULFURÉS.

	Par Thomson.	Par Proust.	Par Bergman.
Antimoine.	73,77	75	74
Soufre.	26,23	25	26
	100,00	100	100

Couleur : approchant du gris d'acier. Pes. spéc., 4,3 à 4,6. Forme primitive : octaèdre rhomboïdal, dans lequel l'angle formé par deux arêtes de la base est de

87° 52', et dont les incidences des faces adjacentes, l'une sur l'autre, sont 109° 24', 107° 27' et 110° 38'(1). Cet octaèdre se sous-divise naturellement par des plans qui le transforment ou en prisme droit rhomboïdal de 91° 20' et 88° 40' (2) (Beudant), ou en un prisme droit rectangulaire. En sorte que ces trois formes peuvent être prises à volonté pour le noyau des espèces de ce genre. Nous adopterons, comme Haüy, l'octaèdre comme simplifiant l'exposé des rapports entre les formes secondaires et la forme primitive. Fragile ; cédant à la pression de l'ongle ; tachant le papier en noir par le frottement. Émettant par le frottement une odeur sulfureuse. Rayant le talc ; rayé par la chaux carbonatée. Passé avec frottement sur le silex, il y laisse des traits métalliques d'un bleu luisant (3). Fusible à la simple flamme d'une bougie, même en fragmens d'un assez grand volume.

Au chalumeau, seul sur le charbon, fond aisément : le charbon l'absorbe et se recouvre d'une masse noire à éclat vitreux. Après quelques instans d'insufflation, il se forme dans le charbon des globules métalliques qui ne brûlent pas, mais noircissent et deviennent ternes à la surface avant de se refroidir. Dans le tube ouvert, émet l'odeur d'acide sulfureux, et donne un sublimé blanc

----

(1) Ces incidences sont, d'après M. Mohs, 109° 16',108° 10',110° 59'.

(2) De 90° 45' et 89° 15', suivant M. Mohs.

(3) Le manganèse oxydé qui ressemble, par l'aspect extérieur, à l'antimoine sulfuré, laisse dans le même cas des traits mats, d'un gris-brun obscur tirant sur le noir de fer. Haüy a indiqué ce caractère distinctif; et, en effet, il est essentiel, puisqu'il correspond à celui qui fait ranger ces deux genres dans deux classes différentes. L'antimoine sulfuré ayant une râclure à éclat métallique fait partie des minéraux *métallophanes*, tandis que le manganèse oxydé, qui, à un éclat métallique superficiel, joint une râclure terne et terreuse, est rangé dans la classe des minéraux *amphiphanes*.

cristallin qui s'attache au verre, et n'est pas volatile par la chaleur;
c'est de l'acide antimonieux. Après ce premier dépôt, il se sublime
de nouveau de l'acide antimonieux mêlé à de l'oxyde d'antimoine,
qui est également blanc, mais volatile par la chaleur qui peut le
chasser d'une partie du tube à l'autre. (Berzélius.)

ESPÈCES.

1re Espèce. ANTIMOINE SULFURÉ QUADRIOCTONAL (*Stibigalena qua-
drioctona*). Signe des faces, *s* P. Un prisme droit rectangulaire
terminé à ses deux extrémités par une pyramide à quatre faces
appartenant à l'octaèdre primitif. Modification incomplète par une
seule face sur chaque arête de la base commune aux deux pyramides, dont se compose l'octaèdre primitif. Inclinaison de P sur P,
107° 56' et 110° 58'; de P sur *s*, 144° 42' (1).

2e. ANTIMOINE SULFURÉ SEXOCTONAL (*Stibigalena sexoctona*). Signe
des faces, *s n* P. La même forme que l'espèce précédente, ayant de
plus deux des arêtes diagonalement opposées du prisme, remplacées
chacune par une facette. Ce qui fait que le prisme de cette espèce
a six pans au lieu de quatre. Même modification que dans le *quadri-octonal* (voyez cette espèce), et de plus une modification par
une seule face sur les deux angles les plus aigus de la base commune des deux pyramides de l'octaèdre primitif. Inclinaison de
n sur *s*, 133° 57'. De *Transylvanie*; de *Massiac* (Auvergne.) (Lucas,
Coll. du Muséum); et de *Corse*, Romé-de-l'Isle.

3e. ANTIMOINE SULFURÉ PÉRIHEXAÈDRE (*Stibigalena hexaedra*). Signe
des faces, *n s z*. Un prisme hexaèdre terminé par une seule face perpendiculaire à l'axe. Combinaison de trois modifications qui, par
leur ensemble, interceptent entièrement le noyau. Deux modifications, chacune par une seule face, l'une sur toutes les arêtes et
l'autre sur les deux angles aigus de la base commune des deux
pyramides de l'octaèdre, forment le prisme hexaèdre. La troisième
modification, par une seule face sur les angles des deux sommets
de l'octaèdre, forme les bases du prisme. Inclinaison de *s* sur *n*,
133° 57'; de *n* et de *s* sur *z*, 90°.

4e. ANTIMOINE SULFURÉ DIOCTAÈDRE (*Stibigalena dioctaedra*). Signe
des faces, *P t s n*. Un prisme à huit pans, surmonté d'une pyra-

---

(1) D'après M. Beudant :
Incidence de P sur P, 108° 30'.
—— de P sur *s*, 145° 30'.

mide à quatre faces. Mêmes modifications que dans le *sexoctonal*
(voyez cette espèce), et de plus une modification par une seule face
sur les deux angles obtus de la base commune des pyramides de
l'octaèdre. Ici, tous les angles et toutes les arêtes de cette base sont
modifiés à la fois chacun par une seule face. Inclinaison de *t* sur *s*,
136° 3'.

5e. **Antimoine sulfuré bino-triunitaire** (*Stibigalena analoga*).
Signe des faces, *t s n u*. Forme analogue au *dioctaèdre*. Le prisme
est le même dans les deux, mais la pyramide n'est plus ici formée
par les faces primitives, elle est plus surbaissée. Combinaison des
trois modifications qui produisent le prisme du *dioctaèdre* (voyez
cette espèce), et d'une modification par quatre faces sur les angles
solides des sommets de l'octaèdre primitif. Cette combinaison intercepte complétement le noyau.

6e. **Antimoine sulfuré péri-octogone** (*Stibigalena peri-octogona*).
Signe des faces, *t n s z*. Un prisme à huit pans terminé par une
face perpendiculaire à l'axe. Combinaison des modifications qui
forment le prisme de la *dioctaèdre* (voy. cette espèce), et d'une modification par une seule face sur les angles des sommets de l'octaèdre
primitif. Cette combinaison intercepte entièrement le noyau. Inclinaison de *s* sur *n*, 133° 57'; de *s* sur *t*, 136° 3'; et de *z* sur *s*, sur *n*
et sur *t*, 90°.

7e. **Antimoine sulfuré sexbisoctonal** (*Stibigalena sexbisoctona*).
Signe des faces, *s n r o*. Prisme hexaèdre terminé par des sommets à
huit faces, dont quatre se réunissent en pyramides très obtuses, et
les quatre autres remplacent les arêtes à la jonction des précédentes et des pans du prisme. Le prisme est formé par les mêmes
modifications qui produisent celui de l'espèce *peri-hexaèdre* (voy.
cette espèce), la pyramide surbaissée par une modification par quatre faces sur les angles aigus de la base commune des pyramides de
l'octaèdre primitif; et les quatre autres faces par une modification
par quatre faces obliques sur l'angle solide du sommet de ce même
octaèdre.

8e. **Antimoine sulfuré octo-duodécimal** (*Stibigalena peri-deca-
gona*). Prisme à dix pans; sommets à quatre faces. De *Strollberg-
Roslar* (Thuringe). (Luc., Tableau méthodique, 2e partie, p. 466.)

ALTÉRATION DANS LA FORME DES CRISTAUX.

Les prismes s'alongent considérablement et sont sillonnés par de
profondes cannelures longitudinales. C'est la variété *aciculaire* de
Haüy.

Les angles des prismes s'arrondissent, et le cristal prend la forme d'un cylindre alongé. C'est la variété *cylindroïde* de Haüy.

MODE DE GROUPEMENT DES INDIVIDUS DE CE GENRE AINSI ALTÉRÉS.

En aiguilles divergentes plus ou moins épaisses. *Antimoine gris rayonné* de Brochant.

En filamens serrés, soyeux et élastiques, ordinairement d'un gris sombre. *Federerz*, Werner. *Haarformiges Grauspies glanzerz*, Karsten. C'est la variété *capillaire* de Haüy. De *Freyberg* et *Braunsdorf* (en Saxe), et de *Stolberg* (Hartz).

Les individus moléculaires se groupent aussi irrégulièrement en masses compactes et granulaires.

ALTÉRATION SUPERFICIELLE DE LA SUBSTANCE DU CRISTAL.

La surface des cristaux aciculaires et capillaires se revêt souvent des couleurs de l'iris.

ALTÉRATION COMPLÈTE DE LA SUBSTANCE.

L'antimoine sulfuré ayant perdu son soufre et acquis de l'oxygène s'est changé en oxyde jaune d'antimoine. C'est l'*antimoine oxydé épigène* de Haüy. A *Cervantes* (Galice); en *France*; en *Hongrie*.

Quelquefois l'antimoine sulfuré s'est oxydé sans perdre son soufre, et a pris une couleur rouge de cochenille, souvent métallique. C'est alors l'*antimoine oxydé sulfuré épigène* de Haüy. Minéral non cristallin qui a pris la forme aciculaire de l'antimoine sulfuré. Il a une poussière rouge mordoré. Dans l'acide nitrique, il se couvre d'un enduit blanchâtre. On le trouve avec l'*antimoine sulfuré* à *Braunsdorf* (Saxe), à *Felso-Bania* (Hongrie), à *Kapnick*, et en Toscane.

MÉLANGES QUI N'ALTÈRENT PAS LES CARACTÈRES ESSENTIELS DE CE GENRE.

L'*antimoine sulfuré argentifère* ou *antimoine noir*; *Schwarz-spies glaserz* (Werner.) Sa couleur est d'un gris plus foncé que l'*antimoine sulfuré* pur. De *Himmelsfürst* près Freyberg.

9ᵉ Genre.—MOLYBDÈNE SULFURÉ. (*Molybdenites*.)

Wasserbley (Werner). *Molybdan-glanz* (Karsten et de Léonhard). *Rhomboedrischer Molybdan-glanz* (Mohs). *Molybdénite* (Beudant).

Combinaison de soufre et de molybdène ou bisulfure de molybdène. Signe chimique de M. Berzélius : Mo S².

Molybdène.	60
Soufre.	40
	100

Couleur : gris de plomb clair. Forme primitive : le
prisme hexaèdre régulier. Pes. spéc., 4,4 à 4,75. Composé de lames séparables, flexibles, mais non élastiques.
Cassure lamelleuse, à lames courbes. Surface onctueuse
facile à gratter avec le couteau. Rayant le gypse; rayé
par la chaux carbonatée. Tachant les doigts et le papier
en gris métallique, et formant sur la porcelaine ou la
faïence des traits verdâtres. Communiquant à la cire
d'Espagne ou à la résine l'électricité vitrée par le frottement, en même temps qu'il y laisse son empreinte
métallique.

Mis dans l'acide nitrique, il y dépose un oxyde blanc.

Au chalumeau, seul sur le charbon, dégage une odeur d'acide
sulfureux, fume et laisse un dépôt pulvérulent sur la surface du
support, sur-tout au commencement. Il est extrêmement difficile à
brûler; les parties centrales résistent à une très longue insufflation.
Avec le salpêtre, il fulmine et détone dans la cuillère, se dissout
dans le sel fondu, et donne pour résidu quelques flocons jaunes.
Dans le tube ouvert, ne donne point de sublimé; mais le verre
s'obscurcit dans le voisinage de la pièce d'essai (Berzélius).

1re Espèce. MOLYBDÈNE SULFURÉ PRIMITIF (*Molybdenites hexaedra*).
En prisme hexaèdre très court et semblable à une lame hexagonale. Signe des faces, P M.

2e. MOLYBDÈNE SULFURÉ TRIHEXAÈDRE (*Molybdenites trihexaedra*).
Signe des faces, M *s*. Un prisme à six pans terminé par deux pyramides à six faces. Modification partiellement complète par une
seule face sur toutes les arêtes des bases du prisme primitif. Cette
modification intercepte entièrement les bases du noyau, mais en
laisse à découvert les pans. M. Brochant et Haüy n'ont cité cette
espèce que sur la description de Schmeisser qui dit l'avoir vue
dans la collection de M. Raspe.

En lames droites ou courbes, qui se groupent elles-mêmes en
forme de nids ou de rognons , ou qui restent quelquefois isolées.
De *Talèfre*, près du Mont-Blanc.

En masses lamellaires composées de petites lames qui se croisent
dans tous les sens. De *Suède.*

NOTE.

Le molybdène sulfuré est quelquefois accompagné et comme enduit d'une substance amorphe, terreuse, jaune, qui est l'*acide molybdique*, et qui provient probablement d'une altération du sulfure.

Appendice à la famille des Galènes.

Nous plaçons ici des minéraux, ou qui ne se sont pas encore présentés avec des formes cristallines, ou qui ne sont pas encore suffisamment connus. Des observations ultérieures fixeront leur place
dans la méthode, ou comme sous-genres de genres déjà connus, si
les espèces ont une forme primitive connue; ou comme des genres
nouveaux, si leur forme ne se rapporte pas à celle des genres ci-dessus décrits.

1° L'*Antimoine sulfuré cuprifère* de Haüy. Double sulfure de
cuivre et d'antimoine de Bournon. M. Berzélius le réunit avec le
Graugultigerz, avec l'*Endellione* ou *Bournonite* de Saint-Harey,
près de Grenoble, et avec le *Schwarzerz* de Kapnick. Ces trois substances offrent au chalumeau les mêmes caractères pyrognostiques.

Couleur : d'un gris métallique tirant sur celui du fer. Cassure
vitreuse, lisse et brillante. Fragile et s'éclatant par la pression de
l'ongle. Se fond avec une grande facilité à la flamme d'une bougie,
en répandant une vapeur sulfureuse, et colorant en blanc le bout
de la pince. Mis dans l'acide nitrique, il se couvre d'un enduit de
couleur blanche, et l'acide prend une couleur bleue par l'addition
de quelques gouttes d'ammoniaque. Ces caractères se rapprochent
tout-à-fait de ceux du cuivre gris antimonifère.

Au chalumeau, seul dans le tube ouvert, il fond et dégage de la
fumée d'antimoine qui est toute volatile et ne cristallise point sur
les parois du tube. Blanchit le papier de Fernambouc, et répand ,

sur-tout après quelques instans d'insufflation , une odeur d'acide sulfureux. Le minerai grillé se congèle en une masse noire.

Sur le charbon , donne un dépôt blanc d'antimoine, mais point de fumée de plomb. Le grain diminue de masse dans le borax; il conserve quelque temps la couleur grise, puis se transforme en un verre qui est d'un beau vert au feu d'oxydation et qui, au feu de réduction, devient incolore, mais qui, en se solidifiant, devient opaque et rouge, ou brun foncé. Avec la soude, il donne un grain de cuivre.

2° *Jamesonite* (de Léonhard). *Axotomer Antimon glanz* (Mohs).

Couleur : d'un gris d'acier. Forme primitive : prisme rhomboïdal droit dont les faces latérales sont inclinées entre elles de $101°$ 20' et 78° 40'. Les clivages parallèles aux bases sont les plus nets. Raye le talc ; rayé par la chaux carbonatée. Pes. spéc., 5,56.

ANALYSE DES JAMESONITES DU CORNOUAILLES PAR M. H. ROSE.

Soufre.	22,15
Antimoine.	34,40
Plomb.	40,75
Cuivre.	0,13
Fer.	2,30
	99,73

Formule : $4\, Sb\, S^3 + S\, Pb\, Su^2$.

Se trouve avec la bournonite dans le *Cornouailles* et disséminé dans du spath calcaire, en *Hongrie*.

3° *Berthiérite* (Haïdinger). *Haïdingérite* (Berthier) (Annales de Chimie et de Physique, t. 35, p. 351, août 1827.) Non cristallisée, mais trouvée en masses confusément lamellaires ou formées de rudimens de cristaux prismatiques. Couleur : gris de fer qui ne tire pas sur le bleu. Surface souvent irisée. Éclat moins vif que celui de l'antimoine sulfuré. Ne donne aucun mouvement à l'aiguille aimantée. Pes. spéc., 4,32.

Au chalumeau, aisément fusible. Soluble dans l'acide muriatique avec dégagement d'hydrogène sulfuré.

ANALYSE DES BERTHIÉRITES PAR M. BERTHIER.

Soufre.	30,3
Antimoine.	52,0
Fer.	16,0
Zinc.	0,3
	98,6

II.

8

Signe chimique : 3 (S + 4 Sb S).

Se trouve à *Chazelle*, en Auvergne.

Ce minéral donne par la fusion un régule d'antimoine terne, qui ne peut être employé dans les arts.

4° *Argent sulfuré flexible* (Bournon). *Biegsamer Silberglanz* (Mohs et de Léonhard).

Noir. Flexible en lames minces. Forme primitive : prisme rectangulaire oblique, dont la base est inclinée de 125° sur un des pans. Rayé par l'acier.

Les cristaux sont très petits. Bournon décrit dans le catalogue de la collection particulière du roi de France, quelques variétés de forme de ce minéral, qui devront former autant d'espèces lorsqu'il sera mieux connu.

Wollaston y a reconnu de l'argent, du soufre et un peu de fer.

Vient probablement de *Hongrie* et de la mine *Himmelsfurst* près de *Freyberg*.

5° *Cuivre sulfuré prismatoïde. Prismatoidischer Kupferglanz.* (Mohs).

Couleur d'un gris de plomb noirâtre. Forme primitive : prisme rhomboïdal droit, clivable parallèlement à l'axe dans la direction de la petite diagonale de la base. Raye le gypse ; rayé par la chaux fluatée Pes. spéc., 5,7 à 5,8.

ANALYSE PAR M. A SCHROTTER.

Soufre.	8,602
Antimoine.	16,647
Arsenic.	6,036
Cuivre.	17,352
Plomb.	29,902
Fer.	1,404
	99,943

Trouvé dans des couches de fer carbonaté à *St. Gertrand* près *Wolfsberg dans la vallée de Lavan en Carinthie*.

6° *Sternbergite*, Haïdinger, Edim. Journ. of sciences, t. VII, p. 242. Forme primitive (1) : prisme rhomboïdal droit de 119° 30' et 60°

---

(1) M. Haïdinger et d'après lui M. de Léonhard adoptent pour la forme primitive de la sternbergite un octaèdre rhomboïdal dont les faces sont inclinées entre elles de 118°, 84° 28', et 128° 49'.

3o'. La forme secondaire la plus ordinaire est un prisme très surbaissé, ou table rhomboïdale biselée; les arêtes verticales du prisme étant remplacées chacune par une facette hexagonale. Clivage très facile et parfait parallèlement à la base du prisme. Surface fortement rayée par des stries parallèles à la grande diagonale de la table. Éclat métallique. Couleur : brun de tombac obscur. Râclure noire. Les parties superficiellement altérées prennent une couleur d'un bleu-violet. Parfaitement flexible en lames minces. Dureté du talc. Pes. spéc., 4,215.

MODE DE GROUPEMENT DES CRISTAUX.

1° En cristaux géminés.

2° Le plus communément en cristaux rassemblés en grand nombre, adhérens par leurs faces latérales et se pénétrant réciproquement, de manière à former des groupes en roses, en boules et en druses.

3° En masses lamellaires qui ressemblent à du mica à gros grains.

Au chalumeau, dans le tube ouvert, donne une forte odeur d'acide sulfureux, perd son éclat, devient d'un gris foncé et tombe en petites particules.—Sur le charbon, brûle avec flammes et avec une odeur sulfureuse, et se fond en boule ordinairement creuse, et à surface cristalline, qui est couverte d'argent métallique. Cette boule attire fortement l'aiguille aimantée, et donne les réactions du fer sulfuré.

D'après cela on peut présumer jusqu'à ce qu'il existe une analyse de ce minéral, que la sternbergite est une combinaison de sulfure d'argent et de sulfure de fer.—Se trouve à Joachimsthal en Bohème accompagnée d'argent rouge, d'argent noir et d'autres mines d'argent.

7° *Polybasite*, G. Rose. Minéral confondu jusqu'ici avec l'argent noir ou argent sulfuré aigre et avec la bournonite. Se présente sous la forme de prismes hexaèdres réguliers bas et tabulaires terminés par des faces perpendiculaires à l'axe. Les pans du prisme sont striés parallèlement aux arêtes des bases; et les faces terminales sont striées parallèlement aux côtés d'un triangle équilatéral inscrit ; ce qui indique un rhomboïde comme la forme primitive de ce genre. Couleur : noir de fer. Point de clivages. Cassure inégale. Susceptible d'être coupé avec un couteau. Éclat et râclure métalliques. Raye le talc ; rayé par la chaux carbonatée. Pesanteur spécifique, 6,21.

8.

ANALYSES DES POLYBASITES

	par M. H. Rose. De Guarisamay (Mexique.)	par M. Brandes. du Neu Morgenstern (Freyberg.)
Soufre.	17,04	19,40
Antimoine.	5,09	0,00
Arsenic.	3,74	3,30
Argent.	64,29	65,50
Cuivre.	9,93	3,75
Fer.	0,06	5,46
Gangue.	0,00	1,00
	100,15	98,41

M. Beudant cite des cristaux de polybasites en prismes hexaèdres, modifiés par 3 ou par 6 faces sur les arêtes des bases, et des groupes de cristaux et de plaques. De *Guarisamay* (au Mexique).

8° *Zinkenite*, G. Rose. Combinaison de sulfure de plomb et de sulfure d'antimoine.

Formule de M. Beudant : Sb Su³ +Pb Su.

ANALYSE DE LA ZINKENIE DE WOLFSBERG (AU HARTZ), PAR M. H. ROSE.

Soufre.	22,58
Antimoine.	44,11
Plomb.	31,97
Cuivre.	0,42
	99,08.

Couleur : gris d'acier. Forme primitive : prisme hexaèdre régulier? Point de clivages. Pesanteur spécif., 5,31. Raye la chaux carbonatée; rayée par la chaux fluatée. Cassure inégale.

Au chalumeau, sur le charbon, décrépite fortement et se fond très facilement en dégageant des vapeurs blanches laissant pour résidu une petite boule métallique et un dépôt jaune sur le charbon. Avec la soude, sur le charbon, on obtient la réduction du plomb en petits globules.

Soluble dans l'acide nitrique avec un précipité immédiat antimonial blanc.

Les cristaux indiqués sont des prismes hexaèdres alongés terminés par des pyramides à six faces surbaissées, correspondant aux arêtes latérales du prisme. Inclinaison des faces de la pyramide entre elles, 165° 26' et 150° 36', des faces de la pyramide sur celles du prisme, 102° 42'. Ces cristaux se groupent ensemble. De *Wolfsberg* près de *Stolberg* (au Hartz).

N. B. M. G. Rose regarde les cristaux en apparence simples de la zinkenite, comme des cristaux composés produits par le groupement de plus petits cristaux ayant la forme de prismes rhomboïdaux de 120° 39' et 59° 21', à sommets dièdres.

9° *Federerz* de Wolfsberg au *Hartz*, confondu avec l'antimoine sulfuré capillaire auquel il ressemble. Ce sont de même des groupes de cristaux aciculaires ou de petites fibres capillaires d'un gris bleuâtre métallique. M. H. Rose qui les a analysés, les a trouvés composés de

Soufre.	19 72
Antimoine.	31,04
Plomb.	46,87
Fer.	1,30
Zinc.	0,08
	69,01

Paraît se rapprocher de la zinkenite ou de la jamesonite.

10° *Plagionite*, G. Rose. Autre minerai d'antimoine de *Wolfsberg* (au Hartz). (Voyez Poggendorff. Annales, t. 122, p. 422, et t. 28, p. 421.) Ce minéral cristallise en prisme rectangulaire oblique.

Appendice à l'ordre des Pyrites.

1° *Cuivre pyriteux hépatique* (Haüy) et *Bunt-Kupfererz* (Werner, Karsten et de Léonhard). *Mine de cuivre panachée ou violette* (Brochant). *Octaedrisches Kupferkies* (Mohs). *Phillippsite* (Beudant.)

Ce minéral qui était autrefois considéré comme provenant d'une altération ou décomposition partielle du cuivre pyriteux (*Chalcopyrites*), ou du cuivre sulfuré (*Chalkosina*), est maintenant regardé comme formant un genre particulier de cristaux, quoique par ses caractères physiques, la variété de couleurs qu'il affecte dans le même cristal, le peu d'éclat de sa râclure et la couleur de sa poussière, il paraisse différer des autres minéraux métallophanes à l'état sain.

Une analyse de M. R. Phillips du cuivre hépatique de Rodhe-Island, a conduit M. Beudant à la formule suivante : Fe Su $+$ 2 Cu² Su.

Voici cette analyse.

Soufre.	23,75
Cuivre.	61,07
Fer.	14,00
Silie.	0,50
Perte.	0,68
	100,00

Couleur : rougeâtre ou d'un rouge-brun de diverses nuances, passant au violet, au bleu et même au verdâtre. Éclat métallique; râclure presque mate. Poussière d'un noir grisâtre clair. Forme primitive : octaèdre régulier ? avec traces de clivages parallèles à ses faces. Raye le gypse; rayé par la chaux fluatée. Pesanteur spécifique, 5. Cassure imparfaitement conchoïde ou grenue.

Au chalumeau, seul sur le charbon, fusible en globules attirables à l'aimant ; avec la soude donnant des globules de cuivre.

Soluble dans l'acide nitrique.

On indique comme espèce un octaèdre épointé ou dont chaque angle solide est remplacé par une face.

Les octaèdres se groupent de diverses manières plus ou moins régulières.

GROUPEMENT DES INDIVIDUS MOLÉCULAIRES.

En masses réniformes.

En masses compactes.

En feuillets ou longues lames.

Lorsque le cuivre hépatique recouvre des cristaux de cuivre sulfuré (*Chalkosina*), il paraît cristalliser en prismes, hexaèdres ou en pyramides tronquées.

Si le cuivre hépatique doit décidément former un genre, il devra être classé dans la famille des galènes à cause de son peu de dureté jointe à sa forte pesanteur spécifique.

2°. *Weich-Eisenkies* (Breithaupt). En rognons, en grappes, ou compacte. Tissu fibreux. Couleur jaunâtre. Raye le mica ; rayé par la chaux fluatée. Pes. spéc., 3,3 à 3,5. Au chalumeau, brûlant avec une flamme bleue et une forte odeur de soufre, et décrépitant en partie. De *Freyberg* (Saxe).

3o *Weiss Kupfererz* (de Léonhard, Grundzüge, 1833, appendix, p. 348.) En masse ou ayant la structure baccillaire. Couleur : jaunâtre. Éclat métallique faible. Cassure inégale ou conchoïde. Raye l'apatite, rayée par le quartz. Donnant une forte odeur de soufre par la percussion. Pes. spéc., 4,4 à 5,0. Contient du cuivre, de l'argent, etc. Au chalumeau, se réduit très difficilement. De *Freyberg*.

ORDRE IVᵉ.

LES GRAPHITES.

Combinaison du carbone avec un métal en très petite quantité ; ou carbures métalliques.

Détonent avec le salpêtre ; ont encore un aspect métallique bien décidé ; leur râclure est aussi métallique. Ces corps sont encore conducteurs de l'électricité. Isolés et frottés, ils acquièrent l'électricité résineuse. Ils sont combustibles sans dégagement de fumée ni de flamme, et sans odeur lorsqu'ils ne sont mêlés d'aucune substance étrangère. Ils sont légers, leur pesanteur spécifique n'excédant pas 2,24 ; et très tendres, ne rayant que le talc et tout au plus le gypse.

On ne connaît encore que deux genres dans cet ordre, savoir : le *graphite* et l'*anthracite*.

1ᵉʳ Genre.—GRAPHITE. Brochant. (*Plumbago*) Kirwan.

Plombagine. (Romé-de-l'Isle). *Fer carburé* (Haüy). *Graphit* (Werner). *Rhomboedrischer Graphit-Glimmer* (Mohs). Vulgairement crayon noir ou mine de plomb.

Combinaison d'une quantité considérable de carbone avec une très petite quantité de fer. Signe chimique de M. Berzélius : Fe Cx.

M. Beudant regarde le contenu très variable de fer, comme tout-à-fait accidentel, et considère la matière des graphites comme du carbone pur.

ANALYSE DU GRAPHITE

	par Bertholet, Monge et Vandermonde.	de Cornouailles par de Saussure.
Carbone.	91,9	96
Fer.	9,1	4
	101,0	100

Couleur : gris sombre avec le brillant métallique. Forme primitive : le prisme hexaèdre régulier. Très aisément clivable perpendiculairement à l'axe. Pesanteur spécifique, 2,08 à 2,45. Facile à gratter avec un couteau. Rayant le talc ; rayé par la chaux carbonatée. Surface grasse et onctueuse. Il tache le papier ou d'autres corps blancs, en gris métallique plombé. Passé avec frottement sur la résine ou la cire d'Espagne jusqu'à y laisser son empreinte métallique, il ne lui communique aucune électricité (1).

Au chalumeau, il devient jaune ou brun après avoir été long-temps exposé à la flamme intérieure; il est infusible et inattaquable par les flux. (Berzélius.)

ESPÈCE UNIQUE.

GRAPHITE PRIMITIF (*Plumbago hexaedra*). Signe des faces, P M. Le prisme hexaèdre régulier. Se trouve au Groënland et aux États-Unis. On le trouve aussi dans la mine de houille de Olo-Cumnock Ayrshire en Écosse. Là, les prismes hexaèdres de graphite plantés

---

(1) Ce qui le distingue du molybdène sulfuré auquel il ressemble beaucoup par l'aspect extérieur. Un autre caractère empyrique qui le fait reconnaître , c'est que les traits faits avec le graphite sur la porcelaine ou la faïence , sont gris, tandis que ceux du molybdène sulfuré sont verdâtres.

verticalement sur leur gangue sont groupés plusieurs ensemble en se touchant par les pans des prismes, de manière à imiter en très petit, mais d'une manière frappante, la disposition des prismes basaltiques de la chaussée des géans et de Staffa.

MODE DE GROUPEMENT DES INDIVIDUS MOLÉCULAIRES DE CE GENRE.

En lames plus ou moins grandes et plus ou moins distinctes. En *Norwége* et en *Calabre*.

En masses schistoïdes, à *Passau*.

En masses granulaires, à *Borrowdale*, comté de Cumberland. (Angleterre.)

2ᵉ Genre.—ANTHRACITE. Dolomieu. (*Anthracites*.)

Glanz Kohle (Werner). *Anthracit* (Karsten). *Blende charbonneuse* ou *Kohlenblende* (Brochant.) *Harzlose Stein-Kohle* (Mohs).

Comprend une partie des houilles sèches du vulgaire.

Combinaison de carbone en proportion très considérable avec une petite quantité de silicium. Cette composition est présumée d'après les analyses, et on pourrait l'exprimer par le signe Si Cx.

M. Beudant regarde l'anthracite comme composée de carbone, avec quelques traces d'hydrogène et mélangée de quelques centièmes de matière terreuse.

ANALYSES DES ANTHRACITES PAR VAUQUELIN. DOLOMIEU , (de la Tarantaise).

Carbone.	68	72,05
Silice.	30	13,19
Oxyde de fer.	2	3,47
Alumine.	0	3,29
Perte.	0	8,00
	100	100,00

Couleur : noire avec un éclat métallique. Forme primitive : prisme rhomboïdal de 120° et 60°. Pesanteur spécifique, 1,8. Friable. Cassure longitudinale, schisteuse, à feuillets épais et un peu courbes. Cassure transversale, conchoïde, aplatie. Opaque. Poussière noire, tachant souvent les doigts, et laissant sur le papier des marques noires. Exposée à un feu violent, elle s'incinère et se consume lentement sans odeur sulfureuse ou bitumineuse : elle ne donne ni flamme ni fumée et par la distillation on n'en retire ni soufre ni bitume ; ce qui la distingue des houilles sèches avec lesquelles on pourrait la confondre.

Les espèces sont encore peu connues et mal déterminées : nous ne ferons qu'indiquer celles qui ont été signalées par Haüy.

1re Espèce. ANTHRACITE PRIMITIVE (*Anthracites rhombo-prismatica*). Le prisme rhomboïdal de 120° et 60° , obtenu par clivage.

2°. ANTHRACITE HEXAÈDRE (*Anthracites hexaedra*).Le prisme hexaèdre régulier provenant probablement d'une modification par une seule face sur les deux arêtes aiguës du prisme primitif. Obtenue également par la division mécanique de masses formées par le groupement d'individus de cette espèce.

3°. ANTHRACITE OCTAÈDRE (*Anthracites octaedrica*). Un octaèdre aigu. Haüy cite des ébauches de cristaux de cette espèce trouvés dans les mines de houille du pays de Berg. J'en ai trouvé également dans les anthracites en masse de Taninge (Savoie).

MODE DE GROUPEMENT DES INDIVIDUS MOLÉCULAIRES DE CE GENRE.

En masses schistoïdes ou divisibles par feuillets dont la surface est inégale et ondulée. De *Philadelphie*.

En masses stratiformes ou formées de couches épaisses superposées. Des *Chalances d'Allemont* (Dauphiné).

En masses compactes globuleuses, de *Kongsberg* (Norwège) ; ou amorphes, de *Pissevache* (Valais).

En masses caverneuses. De *Troumouse* (Pyrénées).

IIe CLASSE.

LES CRISTAUX AMPHIPHANES.

Sans l'existence des minéraux peu nombreux qui composent cette classe et dans lesquels on remarque à la fois l'aspect et l'éclat métallique et l'aspect terreux ou vitreux , les minéraux n'auraient offert, d'après leurs caractères phy-

siques, que deux grandes divisions coïncidant
avec deux divisions également importantes dans
leur nature chimique. L'une de ces divisions
caractérisée par l'aspect métallique et une opacité complète, se serait formée de tous les métaux et de leurs combinaisons avec des corps
non combureurs. L'autre se serait composée des
corps non métalliques et de toutes les combinaisons dans lesquelles entre l'oxygène, le fluor
ou le chlore; et l'absence de l'éclat métallique,
jointe à une transparence plus ou moins complète l'aurait caractérisé suffisamment. Ces
rapports entre l'état chimique et les propriétés
des minéraux, qui sont frappans dans une majorité très considérable de familles, souffrent
pourtant une exception notable. Il est, en effet,
un certain nombre de genres qui présentent
à la fois, dans un seul groupe d'individus et souvent dans le même individu, la réunion de deux
états qui, dans tous les autres genres de ce règne,
semblent incompatibles : l'état métallique et l'état
vitreux ou pierreux, la complète réflexion des
rayons de lumière par des surfaces miroitantes,
dans des corps dont l'intérieur est disposé d'ailleurs de manière à transmettre, par transparence,
une plus ou moins grande portion de ces rayons.
Les minéraux dont il est ici question appartiennent, en supposant leur composition chimique

bien connue, à deux genres de combinaisons. Les uns sont des métaux simplement oxydés, et en général au minimum d'oxydation; les autres sont des sulfures de substances métalliques, tellement différens cependant par leurs caractères physiques des sulfures que nous avons placés dans la classe précédente, que quelques chimistes ont douté et doutent peut-être encore s'il n'existe pas une différence chimique inaperçue entre ces corps, que les résultats des analyses placent dans un même genre de combinaisons, tandis que des caractères physiques de la première valeur établissent entre eux une notable différence.

Fidèle au plan que nous nous sommes tracé et que nous regardons comme le plus naturel, celui de ne rassembler dans un même groupe que des espèces analogues à la fois par la composition et par les caractères physiques, nous devrons, dans tous les cas, séparer les sulfures essentiellement opaques et constamment métallophanes, de ces sulfures transparens dont la plupart ne conservent plus que de faibles indices de l'éclat métallique, et distinguer des corps oxydés toujours doués de l'éclat, de la transparence et de l'aspect du verre, ces oxydes et oxydules plus ou moins opaques et à éclat métallique qui ont tant d'analogie entre eux et si peu avec les autres.

Une fois la séparation décidée, il s'agissait de savoir comment classer ces nouveaux groupes. Fallait-il prendre pour base de classification la composition chimique, et placer les sulfures transparens dans la même classe que les sulfures métallophanes quoique dans une division distincte ? Fallait-il placer les oxydes à éclat métallique avec ceux qui ont constamment l'aspect lithoïde? Ou bien, suivant l'analogie offerte par les caractères physiques et considérant ces caractères comme plus certains, plus fixes que ceux tirés de l'analyse chimique dont on peut toujours en appeler, fallait-il séparer ces sulfures et ces oxydes anomaux tout à la fois des autres sulfures et des autres oxydes et en créer une classe à part, en attendant que la chimie eût prononcé définitivement sur les causes de leur différence?

Nous avons préféré ce dernier parti comme nous paraissant suivre de plus près la nature, comme établissant une sorte d'appendice à la fois aux deux grandes divisions si bien tranchées des minéraux qui ont l'aspect métallique et de ceux qui en sont privés, appendice destiné, en recevant des corps d'une nature intermédiaire aux deux grandes classes, et sans rien décider sur leur composition chimique, à établir entre ces classes cette liaison, ces gradations que la nature nous présente si souvent dans les autres règnes entre des êtres placés aux deux extrémités d'une échelle.

Ainsi, nous voyons le caractère de l'éclat, si important par la quantité d'êtres qu'il embrasse dans ses deux principales modifications, et par ses rapports avec l'état chimique des minéraux, passer graduellement et par nuances de l'état parfait d'éclat et d'aspect métalliques à l'aspect qui en est le plus éloigné, celui du verre. Nous voyons les divers caractères plus ou moins essentiels dont les uns sont subordonnés à l'un de ces états principaux et les autres à l'état inverse, se succéder entre eux et se remplacer insensiblement suivant que l'un ou l'autre de ces états domine.

Fixons maintenant les caractères qui sont communs aux cristaux de cette classe intermédiaire, et qui les distinguent en même temps de ceux des deux autres classes.

Les cristaux amphiphanes ont à la fois l'aspect métallique et l'aspect lithoïde, et dans une même espèce l'aspect varie suivant le plus ou moins de pureté, ou suivant l'état de décomposition plus ou moins avancé. Ceux qui se rapprochent le plus de l'état complétement métallique et qui sont opaques, ne conservent pas l'éclat métallique par la râclure, qui est terne et terreuse, et donne une poussière également terne et terreuse, même à la loupe, toujours sombre (1) et diversement colorée suivant les espèces; ce qui les distingue des *métallophanes*. Ceux qui, au contraire, sont plus ou moins transparens, offrent, soit naturellement et par altération spontanée, soit à l'aide du poli, des surfaces à éclat métallique; même ceux qui sont le plus rapprochés de l'aspect vitreux, ont des faces spéculaires et miroitantes, d'un éclat très vif qui conserve encore quelque chose de métallique et qui est tout-à-fait indépendant de la dureté du corps : ce qui les distingue des cristaux lithophanes dans lesquels la vivacité de l'éclat sur des surfaces également polies, est en quelque sorte proportionnelle à la dureté du minéral.

L'aspect complétement métallique de quelques-uns de ces cristaux pourrait faire illusion sur leur nature; mais l'épreuve de la râclure, qui est constamment terne et terreuse, sert

---

(1) Quelques minéraux lithophanes ont quelquefois à la surface une fausse apparence métallique qui provient ou d'une altération superficielle, ou d'un mélange avec un minéral amphiphane ; mais on les distinguera toujours de ces derniers, parce que la poussière et la râclure des lithophanes est toujours grise, blanchâtre, ou d'une couleur très claire, même lorsque, par altération ou mélange, le minéral serait opaque ou d'une couleur très obscure. Ainsi l'amphibole, le mica, l'hypersthène, le diallage, quoique ayant quelquefois un éclat presque métallique, ont une poussière d'un gris clair. La liévrite et le fer carbonaté ont une poussière d'un jaune clair.

à lever tout de suite les doutes, comme dans l'*aimant* (fer oxydulé). le *wolfram* (scheellin ferruginé), le *fer oligiste*, et le *cuivre* ou l'*argent rouge*. Il y a dans ces genres des passages par nuances insensibles entre l'état métallique parfait et l'état entièrement lithoïde et terreux, comme dans les *fers hydratés* et *oligistes hématites*, dans le *cuivre* et l'*argent rouge*. Mais ce mélange intime des deux états si différens est déjà un caractère qui ne convient qu'aux minéraux de cette classe. Enfin, lorsque l'état lithoïde domine tout-à-fait, un poli artificiel ou l'action de la lime (comme dans l'arsenic sulfuré rouge) peut restaurer de l'éclat métallique aux surfaces ; et le vif miroitement des facettes naturelles des cristaux tendres et transparens, est encore une indication qu'ils appartiennent à cette classe.

Les cristaux de cette classe, lorsqu'ils sont transparens, sont idio-électriques ou isolans, et lorsqu'ils ont l'opacité et l'éclat métallique, ils deviennent conducteurs de l'électricité. La plupart rayent la chaux fluatée et même l'apatite. Un petit nombre seulement ne rayent que la chaux carbonatée. Aucun n'est malléable, ni ductile, ni flexible.

Les cristaux amphiphanes se divisent en deux ordres caractérisés spécialement par la composition chimique des corps qui les forment. Ce sont, 1° les *hématites*, 2° les *sulfuridiens*. Si nous suivions les analogies de composition, nous placerions les sulfuridiens à la tête de cette classe, de manière à ne pas les séparer des sulfures métallophanes, et les oxydes amphiphanes qui suivraient se trouveraient rapprochés des oxydes lithophanes. Mais cette classe intermédiaire et paradoxale offre ici une grande anomalie avec les rapports observés ailleurs entre les caractères physiques et la composition chimique. Car ce sont ici les oxydes métalliques qui se rapprochent le plus des minéraux métallophanes par leur éclat, leur opacité et leur propriété conductrice de l'électricité; tandis que les sulfures métalliques, par leur transparence et leur faculté isolante, prennent des rapports physiques manifestes avec les corps oxydés auxquels appartient l'aspect vitreux et lithoïde.

D'après le plan que nous nous sommes tracé, nous suivrons encore ici, dans ce conflit entre les caractères physiques et la composition, les indications que nous donnent les propriétés physiques, et sans y attacher trop d'importance, nous assignerons la première place à l'ordre des *hématites*.

PREMIER ORDRE.

LES HÉMATITES.

Ne donnant, par la chaleur et dans le tube
ouvert, aucune vapeur, aucune odeur, ni aucun
sublimé, et ne blanchissant pas le papier de
Fernambouc introduit dans le tube ; la plupart
infusibles et irréductibles seuls au chalumeau. Ce
sontdes métaux proprement dits, oxydés en général au minimum d'oxydation. L'analyse chimique n'y découvre que de l'oxygène combiné avec
une ou plusieurs bases vraiment métalliques (1).
Quelques substances que l'analogie nous a engagé
à placer dans cette famille, sont regardées par
M. Berzélius comme formées de la combinaison
d'un oxyde métallique faisant fonction d'acide,
avec un oxyde métallique faisant fonction de
base, comme le wolfram qu'il regarde comme
un tungstate de fer et de manganèse, et le tantalite qu'il appelle un tantalate de manganèse
et de fer. Néanmoins leurs caractères physiques

---

(1) Nous n'entendons ici par métaux proprement dits ou bases
vraiment métalliques, que les métaux anciennement connus sous
ce nom, pour les distinguer des métalloïdes bases des terres et des
alcalis.

les éloignant des vrais sels neutres ou combinaisons d'un acide et d'une base, pour les rapprocher des oxydes de fer et de manganèse, nous nous conformerons à ces indications de la nature, qui ne contredisent en rien le résultat des analyses, mais seulement l'hypothèse par laquelle on a essayé d'arriver à une connaissance plus intime de la nature de ces corps.

Premier sous-ordre.

Géométalloïdes.

Opaques dans tous les états. Poussière en général de couleur foncée, mais jamais rouge.

1ᵉʳᵉ Famille. — *GÉOMÉTALLOÏDES ANHYDRES.*

Ne donnant d'eau, ni par calcination, ni dans le matras.

1ᵉʳ Genre. — Sidérite. (*Siderites.*)

Forme primitive : octaèdre régulier. Couleur : gris de fer, noir, noir verdâtre ou brunâtre. Poussière noire, brune ou noire grisâtre. Pes. spéc., 4,5 à 5,3. Rayant l'apatite ou seulement la chaux fluatée; rayée par le quartz ou au moins par le feldspath.

Insoluble dans l'acide nitrique et dans l'acide hydro-chlorique à froid.

Au chalumeau, sans addition, infusible ou très difficilement fusible en scorie noire.

La plupart attirent naturellement, plus ou moins vivement, l'aiguille aimantée; quelques-uns ont besoin d'avoir été chauffés au chalumeau pour manifester cette action; plusieurs ont le magnétisme polaire.

9.

Ce grand genre, qui se divise en quatre sous-genres, comprend des combinaisons binaires d'oxydes métalliques, dont les uns, exprimés par r dans la formule générale, sont au minimum d'oxydation comme $\dot{F}$, $\dot{Z}n$, $\dot{M}n$ et $\dot{C}r$ (l'oxyde vert de chrome, degré d'oxydation inférieur à celui de l'acide chromique). Et les autres désignés par R sont des oxydes au maximum, ou du moins à un degré supérieur d'oxydation, comme : $\ddot{F}$, $\ddot{A}$, et $\ddot{T}i$. (L'oxyde de titane à deux atomes d'oxygène pour un de base, pouvant faire supposer la possibilité d'un oxydule de titane à un seul atome d'oxygène.) D'après ce point de vue, la formule générale, sous laquelle viennent se ranger tous les cristaux du grand genre Sidérite, sera $r + R^x$.

1er Sous-Genre.—SIDÉRITE AIMANT.

Fer oxydulé (Haüy). *Fer magnétique* (Brochant). *Magnet Eisenstein* (Werner et Karsten). *Magnet Eisen* (de Léonhard). *Oktaedrisches Eisenerz* (Mohs).

Ce minéral, considéré autrefois comme un simple oxydule de fer, est maintenant regardé, d'après M. Berzélius, comme une combinaison du protoxyde avec le peroxyde de fer; combinaison exprimée par la formule $\dot{f}\ddot{F}^3$; ce qui indiquerait :

Fer.	71,79	ou	Peroxyde de fer.	69
Oxygène.	28,21		Protoxyde de fer.	31
	100,00			100

Couleur de la masse : le gris de fer plus ou moins sombre. Éclat métallique. Couleur de la poussière : noire. Attirable à l'aimant et ayant souvent le magnétisme polaire. Non ductile et facile à casser. Forme primitive : l'octaèdre régulier. Pes. spéc., 4,95 à 5,2. Cassure conchoïde ou inégale, à grains fins. Rayant la chaux fluatée : rayé par le quartz.

Insoluble dans l'acide nitrique, mais soluble en poudre dans l'acide nitro-muriatique à froid, et dans l'acide muriatique chauffé. Infusible sans addition au chalumeau. Colore le verre de borax, au feu d'oxydation, en rouge sombre qui devient jaune sombre et impur par le refroidissement ; et au feu de réduction, en vert de bouteille. La soude le réduit en une poussière métallique noirâtre (Berzélius).

ESPÈCES.

1 ^{re} Espèce. Sidérite primitif (*Siderites octaedricus*). Signe des faces, P. L'octaèdre régulier dont les faces, toutes des triangles équilatéraux, sont inclinées entre elles de 109° 28' 16". De *Suède*, du *Brésil*, de *Katschtananski* (Sibérie). (Lucas, Coll. du Muséum.) Ceux du Brésil sont de couleur brune, les autres noirâtres et disséminés dans la chlorite schisteuse. On en trouve en abondance et en cristaux assez volumineux gris de fer, dans la chlorite de la *Vallée de Zermatt* (en Valais). Le Puy de Dôme en fournit des cristaux très nets, d'un blanc presque argentin ; et j'en ai trouvé dans une serpentine des galets des environs de Genève, de très petits cristaux d'un beau bleu d'acier poli.

Var. *a. Cunéiforme.* Les deux angles des sommets remplacés par une arête, et chaque pyramide changée en un solide en forme de coin ou de toit, composé de deux grands trapèzes et de deux petits triangles. De *Suède*, du *Brésil.* (Lucas, Coll. du Muséum.)

Var. *b. Segminiforme.* Fragment comme détaché d'un octaèdre par un plan parallèle à une des faces et passant par le centre du cristal.

MODE DE GROUPEMENT DE DEUX INDIVIDUS DE LA VARIÉTÉ *b*, OU CRISTAL *transposé.*

Présentant la forme d'un octaèdre dont une moitié est censée avoir tourné sur l'autre d'un sixième de circonférence, et offrant des angles rentrans, 8 triangles et 6 trapèzes. D'*Allemagne* (Haüy). C'est un mode de groupement avec pénétration réciproque de deux individus de cette espèce.

2e. Sidérite émarginé (*Siderites emarginatus*). Signe des faces, P *l*. L'octaèdre primitif ayant toutes ses arêtes remplacées chacune par une facette. Modification incomplète par une seule face sur toutes les arêtes du noyau. Inclinaison de P sur *l*, 154° 44' 8". De *Traver selle* (Piémont), et *des environs de Brunswick* (District du Maine, Amérique septentrionale). (Lucas, Coll. du Muséum.)

3e. Sidérite dodécaèdre (*Siderites dodecaedron*). Signe des faces, *l*. Solide à douze faces rhomboïdales semblables, inclinées entre elles de 120°. Même modification que dans l'espèce précédente, mais complète. De *Suède*, de *Traverselle* (Piémont).

Cette espèce varie pour la couleur du brun noirâtre au gris de fer, et quelques individus ont leurs surfaces lisses, tandis que d'autres les ont marquées de profondes stries parallèles dirigées dans le sens des grandes diagonales des rhombes; tels sont les cristaux de Traverselle.

4e. SIDÉRITE QUADRIÉPOINTÉ (*Siderites quadripunctatus*). Signe des faces, P *r*. L'octaèdre régulier dont chaque angle solide est remplacé par une petite pyramide à quatre faces. Modification incomplète sur chaque angle solide par quatre faces correspondant aux faces du noyau. Inclinaison de *r* sur *r*, 146° 26'. Dans un basalte d'*Eisenach* (Thuringe). (Lucas, Coll. de Haüy.)

MODE DE GROUPEMENT DES INDIVIDUS MOLÉCULAIRES DE CE GENRE.

En lamelles. De *Taberg* (Suède). (Luc., Coll. du Mus.)

En lames miroitantes. *Fer oxydulé spéculaire* (Haüy).

En masses granulaires, anciennement nommée *Pierre d'aimant* parce que ces masses remarquables par leur polarité magnétique, sont taillées et armées pour être employées comme aimant. Ces masses sont tantôt compactes, tantôt terreuses et légèrement caverneuses, et d'une couleur brun noirâtre. On les trouve en *Suède*, en *Sibérie* et à l'*Ile d'Elbe*.

ALTÉRATION.

On a trouvé dans les mines de Nassau-Siegen en Franconie, du fer oxydulé changé en une masse très friable, noir bleuâtre, tachant les doigts, et semblable à une suie dont les grains auraient été agglutinés. C'est le *Fer oxydulé fuligineux* de Haüy, l'*Eisen schwarze* de Reuss.

2ᵉ Sous-Genre.—SIDÉRITE TITANIFÈRE.

Fer titané (Cordier). *Titaneisen* (Léonhard).

Combinaison de protoxyde de fer avec de l'oxyde de titane. Cette combinaison ou ce mélange a lieu dans des proportions fort diverses. Nous réunissons dans ce sous-genre les *fers titanés* de Cordier, qui ont l'aspect vitreux et une dureté plus considérable que l'aimant, et les *Titanes oxydés, ferrifères, Menakanites* ou *Isérines* qui n'ayant point la couleur plus ou moins rouge du titane, ni sa demi-transparence , ni sa forme, ont la forme , l'opacité et la vertu magnétique des fers oxydulés.

Les analyses de divers sables magnétiques et de diverses mines de fer par MM. Robiquet et Berthier montrent que l'oxyde de titane se mêle en toute proportion avec le fer oxydulé. Le premier a trouvé 6 pour cent de titane dans le fer oxydulé octaèdre, contenu dans les stéatites de la Corse ; et le second a trouvé que le titane entre pour moitié environ dans une mine de fer oxydulé en masse du Brésil.

ANALYSE DU SIDÉRITE TITANIQUE DU PUY EN VELAY.

Par M. Cordier, *Journ. des Mine, n.* 124.

Oxyde de fer.	82
Oxyde de titane.	12,6
Oxyde de manganèse.	4,5
Alumine.	0,6
Acide chromique.	un atome
Perte.	0,3
	100,0

Formule minéralogique de M. Berzélius : $f \, Ti^2$.

Des isérines de l'Iserwière et d'Egerrund, analysées par M. H. Rose, l'ont conduit à la formule $f^2 \, Ti^3$, à laquelle M. Beudant pense qu'on devrait substituer celle de $f \, Ti^2 + f \, Ti^3$, comme plus conforme aux lois générales de composition.

La couleur de la masse et de la poussière est noire. Il est parfaitement opaque. Raye l'apatite ; rayé par le quartz. Il se brise facilement. Son éclat est plus vitreux que métallique. Sa pesanteur spécifique est de 4,69 à 4,89.

Au chalumeau, il est infusible sans addition, et forme avec le borax un émail noir dont les très petits fragmens sont d'un vert noirâtre et demi-transparent. Avec le sel de phosphore, et après la complète réduction du verre, on voit succéder à la couleur verte due à l'oxydule de fer, une couleur rouge, plus ou moins foncée, et d'autant plus intense que le titane y est en proportion plus considérable. En fondant le minéral avec de l'étain, on obtient les réactions propres au titane ; si cette substance est abondante , alors le verre devient rouge ou violet bleuâtre au feu de réduction, et incolore au feu d'oxydation. (Berzélius.)

Les espèces qui appartiennent à ce sous-genre et dont on trouvera ci-dessus la description à l'article sidérite aimant, sont :

1°. Le PRIMITIF (octaèdre). D'*Expailly* près du Puy en Velay.

2°. L'ÉMARGINÉ.

3°. Le DODÉCAÈDRE d'Expailly.

Ils se trouvent dans le sable des ruisseaux, ou isolés ou enclavés ans les laves et les basaltes, dont ce minéral forme une partie constituante. C'est à ces cristaux, souvent seulement ébauchés en grains arrondis, que sont dues les propriétés magnétiques que possèdent les roches basaltiques et volcaniques. Les sables ferrugineux et magnétiques proviennent du détritus de roches semblables. Ce sont les *fers oxydulés titanifères arénacés* de Haüy, le *Eisensand* de Werner, et le *Sandiger Magnet Eisensein* de Karsten.

Lorsqu'ils renferment une proportion plus considérable de titane, ils deviennent le *titane oxydé ferrifère* (Haüy). *Ménakanite* (Brochant). *Iserin* (Karsten). *Sidero-titanium* et *titano-siderum* (Klaproth). L'analyse de l'isérine non magnétique des bords de la Dee en Ecosse, a donné à Thompson,

Oxyde de titane.	41,1
Oxyde de fer.	39,4
Oxyde d'urane.	5,4
Silice et alumine.	20,0
	105,9.

Ce minéral est noir brunâtre ; sa pesanteur spécifique est 4,49.

ANALYSES DE DIVERSES VARIÉTÉS DE FERS TITANÉS OU TITANES FERRIFÈRES, PAR KLAPROTH (BROCHANT, t. 2, p. 469).

	de Ménakan (Cornouailles.) Ménakanite.	d'Ohlapian (Transylvanie.) Eisentitan.	de Spessart (Franconie.) Titaneisen.
Oxyde de titane.	45,25	84	78
Oxyde de fer.	51	14	12
Oxyde de manganèse.	0,25	a	»
Silice.	3,50	»	..
	100,00	100	90

On trouve la ménakanite en sable à Ménakan (Cornouailles), près de Pesli aux environs de Gênes en Franconie, en Transylvanie, en Norwége , à Botanibay , en Écosse et en Bohème , dans le lit de l'Iser.

3e Sous-Genre.—Sidérite chromifère.

Fer chromaté (Haüy). *Eisen Chrom* (Karsten). *Fer chromé et fer chromifère* (Berzélius). *Oktaedrisches Chromerz* (Mohs).

Combinaison de peroxyde de fer et d'oxyde de chrôme avec alumine combinée ou mélangée. On l'avait regardée comme une combinaison d'acide chromique et d'oxyde de fer ; mais M. Berzélius croit que dans cette combinaison le chrôme est à l'état d'oxyde et non d'acide, et que ce n'est peut-être qu'un mélange des deux oxydes en proportions variables ; ce qui est parfaitement d'accord avec les caractères physiques de ce minéral (1).

ANALYSES DES SIDÉRITES CHRÔMIFÈRES.

	(de France) Vauquelin.	(de Sibérie) Laugier.	(de Krieglach) Klaproth.
Oxyde de fer.	54,7	34	33,0
Oxyde de chrôme.	43	53	55,5
Alumine.	20,3	11	6,0
Silice.	2	1	2
Oxyde de manganèse.	1	0	0
	101,0	99	96,5

AUTRES ANALYSES.

	de Chester. Seyberg.	de St. Domingue. Berthier.
Peroxyde de fer.	35,14	37
Oxyde de chrôme.	51,36	36
Alumine.	9,72	21,5
Silice.	2	5
	98,22	99,5

De ces analyses, celles de M. Laugier , de Klaproth et de M. Seybert, offrent à M. Beudant la formule $(F, A,) Cr$, ou peut-être $2 F Cr + A, Cr$. Tandis qu'il trouve dans les analyses de Vauquelin et de M. Berthier la formule $F^2 Cr + A^2 Cr$, ou $(F, A^2) Cr$.

---

(1) Nouveau système de Minéralogie , p. 268.

Il a, comme l'aimant (fer oxydulé), l'octaèdre régulier pour forme primitive, et comme lui, il est insoluble dans l'acide nitrique, et infusible sans addition. Il est un peu plus dur, puisqu'il raye l'apatite. Un peu moins pesant, sa pesanteur spécifique n'étant que de 4,3 à 4,6. Sa couleur est d'un brun noirâtre. Son éclat seulement à demi-métallique. Sa poussière est d'un gris cendré. Son action sur l'aiguille aimantée qui est très faible dans certains morceaux, est nulle dans d'autres. Sa cassure est très raboteuse.

Au chalumeau seul, n'éprouve aucune altération ; seulement au feu de réduction les fragmens qui n'étaient pas magnétiques le deviennent. Avec le borax et le sel de phosphore, la dissolution est lente mais complète, et par le refroidissement, le beau vert de l'oxyde de chrôme se développe et devient plus intense par l'addition de l'étain (Berzélius).

On ne connaît de ce sous-genre que l'espèce *primitive* qui se trouve à *Baltimore* (Amérique).

MODE DE GROUPEMENT DES INDIVIDUS MOLÉCULAIRES DE CE SOUS-GENRE.

En lames plus ou moins grandes.
En lamelles entre-croisées.
En masses amorphes.

4e Sous-Genre.—SIDÉRITE ZINCIFÈRE.

Franklinite (W. Phillips). *Zinc oxydé ferrifère* (Haüy). *Noir de fer, Dodekaedrisches Eisenerz* (Mohs).

Combinaison de peroxyde de fer avec de l'oxyde de zinc et de l'oxyde rouge de manganèse.

ANALYSE DE LA SIDÉRITE ZINCIFÈRE DE NEW-JERSEY.

PAR M. BERTHIER.

Peroxyde de fer.	66
Oxyde rouge de manganèse.	16
Oxyde de zinc.	17
	———
	99

Signe minéralogique de M. Berzélius : $\left.\begin{array}{l} Zn \\ Mn \end{array}\right\}$ Fe

Éclat métallique. Couleur : noir verdâtre. Poussière : brun foncé. Même forme primitive que l'aimant : octaèdre régulier. Raye l'apatite ; rayé par le quartz. Pes. spéc., 5,09. Attire l'aiguille aimantée. Cassure conchoïde. Tissu imparfaitement feuilleté.

Au chalumeau, se convertit avec difficulté en une scorie d'un noir de fer. Avec le borax, donne un verre vert qui, par une saturation complète, devient rouge, et par le refroidissement, prend une couleur d'un brun verdâtre et reste transparent. Avec le sel de phosphore, donne un verre d'un gris jaunâtre. Insoluble avec la soude.

Soluble sans effervescence dans l'acide muriatique chauffé.

On connaît de ce sous-genre, suivant M. de Léonhard (1), les espèces *émarginée* et *cubo-dodécaèdre*. Des *Mines de Franklin* dans le *New-Jersey* (Amérique du Nord).

MODE DE GROUPEMENT DES INDIVIDUS PLUS OU MOINS ALTÉRÉS PAR L'ARRONDISSEMENT DES ANGLES ET DES ARÊTES.

En masses grenues.

2ᵉ Genre.—ILMÉNITE. (de Léonhard.) (*Ilmenites.*)

Axotomes Eisenerz (Mohs). *Titaneisenaus Gastein. Kibdelophan.* Combinaison d'oxydes de titane et de fer.

ANALYSES DES ILMÉNITES.

	de Minsk.	de Gastein.
	(par Morander.)	(par Kobell).
Acide titanique ou oxyde de titane.	46,67	59,00
Peroxyde de fer.	11,71	4,25
Protoxyde de fer.	35,87	36,00
Protoxyde de manganèse.	2,39	1,65
Magnésie.	0,60	0,00
Chaux.	0,25	0,00
Oxyde de chrôme.	0,38	0,00
Silice.	2,80	0,00
	100,67	100,90

(1) *Handbuch der Oryktognosie.* 2ᵉ édit., p. 551.

Couleur : noir foncé, noir de fer ou noir brunâtre.
Poussière : noire. Opaque. Éclat métallique imparfait.
Forme primitive : rhomboèdre aigu de 85° 59' et 94° 1'.
Clivage le plus net, perpendiculaire à l'axe. Traces de
clivages parallèles aux faces du noyau. Raye la chaux
fluatée ; rayé par le feldspath. Pesanteur spécifique,
4,729 d'après M. Breithaupt ; d'après d'autres, varie de
5,0 à 6,0. Faiblement magnétique.

Au chalumeau, seul sur le charbon, infusible. Avec les flux,
offrant les réactions de l'oxyde de fer.

ESPÈCES.

1re Espèce. ILMÉNITE QUADRIDÉCIMALE (*Ilmenites quadridecimalis*).
Dodécaèdre bipyramidal irrégulier formé par une combinaison
d'une modification dissymétrique par une face (au lieu de deux),
correspondante aux arêtes, sur chacun des angles latéraux, avec
les faces du rhomboïde primitif. Ce dodécaèdre est fortement tronqué
et réduit à une table mince par une face perpendiculaire à l'axe
qui remplace chaque sommet et qui provient d'une modification
par une seule face sur chaque angle solide terminal. De *Gastein*,
dans le Salzbourg (voyez Mohs, *Grundriss*, etc., t. 2, pl. IX, fig.
138 et 139).

2e. ILMÉNITE SEXVIGÉSIMALE (*Ilmenites sexvigesimalis*. La même
forme que l'espèce précédente augmentée de douze facettes correspondantes aux faces de deux rhomboïdes différens, produits tous
deux en vertu de modifications incompletes par une face sur chacune des arêtes terminales du noyau.

MODE DE GROUPEMENT DES INDIVIDUS MOLÉCULAIRES DE CE GENRE.

En petites masses granuliformes.

5e Genre. — CRICHTONITE. (Bournon.) (*Craitonia*.)

Fer oxydulé titané (Hauy).
Ce minéral se rapproche beaucoup, dans sa composition et dans
ses réactions au chalumeau, de l'aimant titanifère ou ménakanite ;
aussi M. Berzélius le classe-t-il avec cette substance. Il en diffère
cependant complétement par sa forme. On n'en connaît pas encore
d'analyse exacte et complète.

Couleur : noir violâtre ou bleuâtre. Éclat métallique très vif. Poussière d'un noir foncé. Non attirable à l'aimant, si ce n'est à l'aide du double magnétisme. Forme primitive : rhomboïde aigu de 61° et 118°, et divisible parallèlement à un plan perpendiculaire à l'axe. Rayant la chaux phosphatée ; rayé par le quartz.

Infusible au chalumeau sans addition.

ESPÈCES.

1re Espèce. CRICHTONITE PRIMITIVE (*Craitonia rhomboidea*). Signe des faces, P, Rhomboïde très aigu, dont les faces sont inclinées entre elles de 119° 10' 32" et 60° 49' 48", selon Haüy; et de 118° 40' et de 61° 20', suivant M. Beudant. Du *Dauphiné.*

2e. CRICHTONITE BASÉE (*Craitonia truncata*). Signe des faces, Pu. Le rhomboïde primitif, terminé par deux plans perpendiculaires à l'axe et produits en vertu d'une modification par une seule face sur les angles des sommets. La troncature produite par ces deux faces est si profonde, que le cristal n'est plus qu'une lame hexagonale, mince, chargée de six facettes alternes sur ses bords. Du *Dauphiné.*

3e. CRICHTONITE UNITAIRE (*Craitonia unitaris*). Signe des faces , P. g. Le rhomboïde primitif, ayant toutes ses arêtes terminales remplacées chacune par une facette. Modification incomplète par une seule face, sur toutes les arêtes terminales du rhomboïde primitif. Du *Dauphiné.*

4e. CRICHTONITE DIVERGENTE (*Craitonia divergens*). Signe des faces, u s. Rhomboïde un peu obtus, dont les sommets sont remplacés par deux faces perpendiculaires à l'axe. Combinaison de deux modifications dont l'une par trois faces sur les angles solides terminaux , et l'autre par une seule face sur ces mêmes sommets. Cette combinaison intercepte entièrement le noyau. Du *Dauphiné.*

ALTÉRATION ET MODE DE GROUPEMENT.

Les lames hexagonales par l'oblitération de leurs bords, prennent la forme de lames irrégulières et se groupent en roses.

4e Genre.—WOLFRAM. (*Spuma lupi.*) Wallerius et Werner.

Scheelin ferruginé (Haüy). *Prismatisches Scheelerz* (Mohs).
Composé d'oxydes de tungstène, de fer et de manganèse. L'oxyde de tungstène est regardé par les chimistes comme étant à l'état

d'acide tungstique et neutralisant les bases oxydes de fer et de manganèse. Signe minéralogique de M. Berzélius, $\ddot{M}n\ddot{W}_2 + 3\ddot{F}e\ddot{W}^2$.

Les caractères physiques indiquent plutôt une association d'oxydes qu'une substance réellement acidifère, en conséquence, nous plaçons le wolfram avec les oxydes géométalloïdes avec lesquels il a les plus grands rapports.

ANALYSES DU WOLFRAM PAR MM. VAUQUELIN, BERZÉLIUS, DELHUYAR.

Acide tungstique.	65	67	78,775
Oxyde de manganèse.	22	6,25	6,220
Oxyde de fer.	13,5	18	18,320
Silice.	»	1,50	1,250
Perte.	»	7,25	00,000
	100,5	100,00	104,565

Couleur : noirâtre ou noir brunâtre, avec un éclat qui, sous certains aspects, est presque métallique. Poussière d'un violet sombre ou d'un brun rougeâtre. Forme primitive : prisme droit rectangulaire, dans lequel les arêtes du prisme et celles des bases sont entre elles à peu près comme 12, 6 et 7. Les coupes parallèles à la face étroite du prisme sont très nettes; les autres le sont moins et s'obtiennent plus difficilement (1).

---

(1) Nous avons conservé la forme primitive de Haüy, comme d'accord avec la forme adoptée par M. Mohs, en ayant toutefois égard à la dissymétrie de plusieurs des modifications que Haüy n'a pas indiquées, ou dont il a rétabli mentalement la symétrie pour se conformer à la loi qu'il avait lui-même découverte. Ces modification dissymétriques ont fait regarder par plusieurs minéralogistes le noyau du wolfram, comme un prisme rectangulaire oblique dont une des facettes s de Haüy serait la base. L'inclinaison de cette base sur l'axe du solide primitif étant de 117° 22', ne différerait que de quelques minutes de celles indiquées par Haüy comme l'incidence de la face s, sur la face M parallèle à ce même axe... La forme adoptée par M. de Léonhard est un prisme rhomboïdal oblique le 101° 5' et 78°55' avec une base dont l'inclinaison sur les pans diffère à peine de 90°. C'est donc sensiblement le prisme droit rhomboïdal Pr de Haüy, dérivé du prisme rectangulaire droit qu'il prend pour forme primitive.

Cassure longitudinale lamelleuse, transversale, raboteuse. Cédant aisément à la lime. Rayant la chaux fluatée ; rayé par le feldspath. Pesanteur spécifique, 7,11 à 7,53.

Au chalumeau, dans le matras, décrépite et donne un peu d'eau. Seul, sur le charbon, peut, au moyen d'un bon feu, se résoudre en une boule dont la surface offre un amas de cristaux assez grands, lamelleux, gris de fer, ayant l'éclat métallique. Avec le borax, donne la couleur vert de bouteille foncé. Avec le sel de phosphore, au feu de réduction, donne un verre rouge sombre. Avec la soude se décompose et tombe en poudre sur la feuille de platine. La soude offre sur les bords la couleur verte du manganèse. Sur le charbon, se réduit aisément en un alliage de tungstène et de fer qu'on retire du charbon par le lavage.

Quelquefois le wolfram décrépite fortement et se divise en feuilles minces ; il est alors accompagné d'une couche terreuse jaune, qui est de l'arséniate de fer : aussi donne-t-il, au feu de réduction, une forte odeur d'ail. (Berzélius.)

ESPÈCES.

1re Espèce. WOLFRAM PRIMITIF (*Spuma lupi prismatica*). Signe des faces, PMT. Prisme rectangulaire. Inclinaison de T sur M, 90° ; de P sur M et sur T, 90° ?

2e. WOLFRAM PROGRESSIF (*Spuma lupi progrediens*). Signe des faces, r s u. Un prisme rhomboïdal avec des sommets à quatre faces irrégulièrement ou dissymétriquement disposées entre elles, formé par une combinaison de trois modifications, dont l'une par une face (r) sur chacune des arètes latérales du prisme primitif, produit le prisme rhomboïdal ; la seconde, par une face sur les plus courtes arètes des bases produit les facettes u; et la troisième dissymétrique, par une face sur la moitié seulement des angles solides du noyau, produit les faces s. Cette combinaison intercepte complétement le noyau. Inclinaison de r sur r, 101° 5' environ ; de r sur s, 147° 42' ; de r sur u, 115° 23' ; de u sur u, 98° 12'.

3e. WOLFRAM ÉPOINTÉ (*Spuma lupi truncata*). Signe des faces, PMT s. Le prisme primitif ayant la moitié de ses angles solides tronqués chacun par une facette. Modification incomplète et dissymétrique par une seule face sur la moitié seulement des angles solides du noyau. Inclinaison de M sur *s*, 116° 54' ; de T sur *s*, 140° 45'. De *Bohême*. (Lucas, Collec. du Mus.)

4°. WOLFRAM UNIBINAIRE (*Spuma lupi unibinars*). Signe des faces, MrTsP. Même forme que l'*épointé* (voyez cette espèce), avec quatre pans de plus au prisme, remplaçant les arêtes latérales et produits en vertu d'une modification par une face sur les quatre arêtes latérales du noyau. Inclinaison de *r* sur T; 130° 54'; de *r* sur M, 139° 6'. De *Bohême*. (Lucas, Coll. du Mus.), et de *Saint-Léonhard* (Limousin) (Haüy.)

ALTÉRATION DES FORMES.

Quelques-unes des faces des cristaux sont sujettes à s'arrondir, et d'autres sont souvent déformées par des stries.

MODES DE GROUPEMENT DES INDIVIDUS MOLÉCULAIRES DE CE GENRE.

En lames quelquefois tellement serrées les unes contre le autres, que leur ensemble, vu de côté, présente l'aspect d'un tissu strié.

En lamelles entre-croisées.

En pièces séparées, testacées, courbes, concentriques, droites ou en zigzag.

Les surfaces des cristaux et des lames présentent souvent les coueurs bigarrées de l'acier trempé.

5e Genre.—PYROLUSITE. (Haïdinger.) (*Pyrolusia*.)

Manganèse oxydé métalloïde (Haüy). *Peroxyde de manganèse* (Beudant, 1re édit.). *Manganèse gris* (Brochant). *Graubraunstein* (Werner). *Grau Manganerz*. (Karsten.) *Glanz Manganerz*, *Prismatisches Manganerz* (Mohs).

C'est le peroxyde de manganèse des chimistes. Signe minéralogique : *Mn*.

ANALYSES DES PYROLUSITES.

	de... ... par Gmélin.	de........ par Turner.	de Crettnich. par Berthier.
Oxyd rouge de manganèse.	83,44	86,055	82,3
Oxygène.	11,43	11,780	11,5
Carbonate de baryte.	2,31	0,532	»
Oxyde de cuivre.	0.14	»	»
Peroxyde de fer.	0,14	»	1,0
Alumine.	0,91	»	»
Eau.	0,75	1,120	1,2
Matière pierreuse.	0,88	0,513	4,0
	100,00	100,000	100,0

Couleur : noir de fer ou gris d'acier.

Poussière noire ; éclat métallique imparfait ; tachant le papier en noir.

Forme primitive : prisme rhomboïdal droit. Clivable parallèlement à ses faces latérales et à la petite diagonale. Les incidences des faces ne sont pas encore bien déterminées.

Raye la chaux sulfatée gypse ; rayé par la chaux fluatée. Pesanteur spécifique, 4,94:

Au chalumeau, infusible sans addition, mais devenant d'un brunrouge à un bon feu de réduction. Soluble avec une vive effervescence dans le borax qu'elle colore en un bleu-violet foncé.

ESPÈCE.

PYROLUSITE QUADRI-DÉCIMALE (*Pyrolusia quadri-decimalis*).

Prisme à huit pans, terminé par un sommet à trois faces. Combinaison de modifications incomplètes : l'une par une face sur chaque angle aigu de la base ; les autres par une face sur chacune des quatre arêtes latérales du prisme.

D'*Illmenau en Thuringe*.

MODE DE GROUPEMENT DES INDIVIDUS DE CE GENRE.

En masses à fibres divergentes et à fibres entrelacées.
En masses mamelonnées radiées.
En masses grenues.

MODE DE GROUPEMENT DES INDIVIDUS MOLÉCULAIRES DE CE GENRE.

En masses compactes.
En masses terreuses.

6ᵉ Genre. — BRAUNITE. (Haïdinger.) (*Braunites.*)

Brachytipes Manganerz (Haïdinger et Mohs).
Deutoxyde de manganèse.

ANALYSE DES BRAUNITES PAR TURNER.

Oxyde rouge de manganèse.	93,484
Oxygène.	3,307
Baryte.	2,260
Eau.	0,949
Silice.	traces.
	100,000

Couleur : noire brunâtre foncée. Éclat métallique imparfait. Poussière d'un brun noir foncé. Forme primitive : octaèdre à base carrée dont les faces sont inclinées de 109° 58' et de 108° 59'. Clivage parallèle aux faces.

Raye le feldspath; rayé par le quartz. Pesanteur spécifique, 4,818. Cassure inégale.

Au chalumeau, seule sur le charbon, infusible; prend une teinte rougeâtre au feu de réduction. Fusible dans le borax avec une légère effervescence.

ESPÈCES.

1re Espèce. BRAUNITE ÉPOINTÉE. (*Braunites spuntata*). L'octaèdre primitif dont les angles terminaux sont remplacés par une facette perpendiculaire à l'axe. Modification par une seule face sur les angles solides terminaux.

2e. BRAUNITE DIOCTAÈDRE (*Braunites dioctaedra*). L'octaèdre primitif ayant les arêtes de la base commune des deux pyramides remplacées par deux faces en biseau, ou un octaèdre plus aigu que le primitif, ayant chacun de ses angles solides terminaux remplacés par un pointement à quatre faces. Modification incomplète par deux faces sur chacune des arêtes latérales du noyau.

3e. BRAUNITE BASÉE (*Braunites apici-truncata*). L'espèce dioctaèdre terminée par une face perpendiculaire à l'axe, produite en vertu d'une modification incomplète par une face sur chacun des angles terminaux.

4e. BRAUNITE SEXDÉCIMALE (*Braunites sexdecimalis*). L'octaèdre primitif ayant ses angles solides latéraux, remplacés chacun par un pointement à quatre faces. Ou double pyramide à huit faces, terminée par des sommets à quatre faces. Modification incomplète par quatre faces sur chacun des angles solides latéraux du noyau.

MODE DE GROUPEMENT DES INDIVIDUS DE CE GENRE.

En masses fibreuses divergentes.

MODE DE GROUPEMENT DES INDIVIDUS MOLÉCULAIRES DE CE GENRE.

En masses compactes et terreuses.

On trouve les diverses espèces de braunite et les groupemens, à Oehrenstock, près d'Illmenau (en Thuringe); à Laimback (dans le Mansfeld), et à Saint-Marcel (Piémont).

7ᵉ Genre. — HAUSMANITE. (Haïdinger.) (*Hausmania.*)

Manganèse oxydé hydraté (en partie) (Haüy); *Schwarz Manganerz*; *Schwartzer Braunstein* (Werner). *Pyramidales Manganerz* (Mohs).

Oxyde rouge de manganèse , mélangé d'une très petite quantité de peroxyde. Signe minéralogique : *mn*, M*n*.

ANALYSE DES HAUSMANITES PAR TURNER.

Oxyde rouge de manganèse.	98,098
Oxygène.	0,215
Eau.	0,435
Baryte.	0,111
Silice.	0,337
	99,196

Couleur: noire brunâtre. Poussière d'un brun rougeâtre sombre, ou d'un châtain foncé. Éclat métallique imparfait. Forme primitive : octaèdre à base carrée de 105° 25' et 117° 54'. Clivable parallèlement à ses faces et perpendiculairement à l'axe.

Raye la chaux fluatée ; rayée par le feldspath. Pes. spéc 4,72.

Au chalumeau, infusible sans addition ; colorant le verre de borax en un bleu-violet très foncé presque noir, et s'y dissolvant sans effervescence. Formant avec la soude une scorie de couleur verte.

Insoluble dans l'acide hydrochlorique ; communiquant une couleur rouge à un mélange d'une partie d'acide sulfurique et d'une partie d'eau.

ESPÈCES.

1re Espèce. HAUSMANITE PRIMITIVE (*Hausmania octaedrica*). Octaèdre à base carrée de 105° 25' et de 117° 54'. D'*Ilefeld* (au Hartz).

2e. HAUSMANITE DIOCTAÈDRE (*Hausmania dioctaedra*). L'octaèdre primitif ayant les angles solides du sommet remplacés par une pyramide à quatre faces correspondantes aux faces du noyau. Modification incomplète par quatre faces sur chacun des angles terminaux. D'*Ilefeld* (au Hartz).

MODE DE GROUPEMENT DES INDIVIDUS MOLÉCULAIRES DE CE GENRE.

En groupes aciculaires.
En masses lamellaires.

MODE DE GROUPEMENT DES INDIVIDUS MOLÉCULAIRES DE CE GENRE.

En masses terreuses.

8e Genre. — TANTALITE. (Ekeberg et Karsten.)
(*Tantalites.*)

Tantale oxydé ferro-manganésifère (Haüy). *Columbite Prismatisches Tantalerz* (Mohs).

Suivant M. Berzélius, ce minéral serait une combinaison de l'acide tantalique avec des oxydes de fer et de manganèse, combinaison exprimée par le signe minéralogique $mn\,Ta^3 + F\,Ta^3$, comme pour le wolfram dont la composition présente une analogie remarquable. Nous devons observer que les caractères physiques semblent plutôt indiquer une réunion d'oxydes qu'une substance acidifère.

ANALYSE DE LA TANTALITE DE KIMITO (FINLANDE) PAR M. BERZÉLIUS.

Oxyde de tantale.	85,2
Oxyde de fer.	7,2
Oxyde de manganèse.	7,4
Oxyde d'étain.	0,6
Chaux.	trace.
	98,4

Cette tantalite paraît la plus pure et c'est à celle-ci que s'applique le signe minéralogique cité plus haut.

ANALYSE DE LA TANTALITE DE BRODDBO PAR M. BERZÉLIUS.

Oxyde de tantale.	68,22
Oxyde de fer.	9,58
Oxyde de manganèse.	7,15
Oxyde d'étain.	8,26
Acide tungstique	6,19
Chaux.	1,19
	100,59

M. Berzélius trouve dans cette analyse une combinaison très compliquée de tantalates de chaux, de fer et de manganèse, mélangés de wolfram et d'oxyde d'étain. Cette composition s'exprimerait, suivant M. Beudant :

$$Mn\,Ta^3 + f\,Ta^3, (Ca, f, mn)\,St^2, (F, mn, Ca)\,W^3.$$

Une tantalite de Fimbo donne le même résultat, seulement avec une proportion d'étain un peu plus considérable.

Enfin la tantalite de Bodenmais en Bavière, analysée par le comte Dunin-Borkowski, présente encore des résultats assez différens ;

	savoir : de Bodenmais		d'Amérique
	par Vogel.		par Wollaston.
Oxyde de tantale.	75,0	75	80
Oxyde de fer.	20,0	17	15
Oxyde de manganèse.	4,0	5	0
Oxyde d'étain.	0,5	1	0
Chaux.	0,0	0	5
	99,5	98	100

M. Berzélius en déduit la formule suivante : $mn\,T^2 + 4\,f\,T^2, \ddot{S}n$, c'est-à-dire une combinaison de quatre atomes de sous-tantalate de fer et d'un atome de sous-tantalate de manganèse, mêlés d'un peu d'oxyde d'étain et sans mélange de wolfram.

La tantalite de Haddaw dans le Connecticut aux États-Unis d'Amérique, serait aussi un tantalate avec excès de base, mais contenant un mélange de wolfram.

De cette diversité dans les analyses de substances dans lesquelles l'oxyde de tantale forme l'élément de beaucoup prédominant, et qui se ressemblent par leurs caractères physiques, nous sommes porté à croire que l'oxyde de tantale, ou seul, ou combiné en proportion définie aux oxydes de fer et de manganèse, formerait la vraie composition chimique des individus de ce genre dans l'état de pureté, tandis que les autres oxydes, ou le surplus des oxydes de fer et de manganèse, ne seraient ici que des mélanges accidentels.

Couleur : brun noirâtre ou gris métallique, présentant l'éclat métallique à une vive lumière. Poussière d'un gris brunâtre. Cassure inégale offrant des indices de lames, et brillant d'un éclat vitreux. Raye l'apatite : rayé par le quartz. Étincelant par le choc du briquet. Pesanteur spécifique, 6,0 à 7,95. Sa forme primitive n'est pas encore bien connue : elle paraît être un prisme droit rectangulaire.

Soluble en partie dans l'acide sulfurique concentré à l'aide de la chaleur.

Au chalumeau, toutes les tantalites des diverses localités et de diverses compositions que nous avons ci-dessus mentionnées, seules, sur le charbon, n'éprouvent aucune altération. — Avec les flux, elles offrent chacune des réactions différentes, suivant la proportion plus ou moins considérable d'oxyde de tantales et d'autres oxydes qu'elles renferment. — Ainsi, avec le borax, les tantalites de Kimito, de Broddbo et de Fimbo qui renferment une forte proportion d'oxydes de tantale, se dissolvent lentement, mais complétement en un verre vert-bouteille pâle, qui prend, à un certain degré de saturation, une couleur gris-blanc et l'aspect d'un émail au flamber, et qui, à un degré de saturation encore plus élevé, devient de lui-même opaque par le refroidissement. Les tantalites, au contraire, qui contiennent moins d'oxyde de tantale, comme celles de Bedenmais et de Haddaw, se dissolvent aisément dans le borax en un verre noir ou vert de bouteille très sombre et presque opaque. Ce verre ne devient point opaque au flamber, avant d'avoir acquis une teinture de fer tellement intense qu'il ne puisse plus transmettre la lumière. — Avec le sel de phosphore toutes se dissolvent lentement et donnent au feu d'oxydation la couleur rouge ou jaune sombre caractéristique du fer, couleur qui diminue par le refroidissement. Les tantalites qui renferment du wolfram, comme celles de Broddbo et d'Haddaw, prennent au feu de réduction une couleur rouge qui augmente par le refroidissement, tandis que les autres qui ne contiennent point de tungstène, ne donnent que la couleur verdâtre indicative du fer. —Avec la soude toutes les tantalites donnent sur la feuille de platine la couleur verte du manganèse. Et toutes aussi donnent sur le charbon, si on a mêlé un peu de borax avec la soude, de l'étain réduit en plus ou moins grande proportion. (Berzélius.)

Comme on ne connaît encore dans ce genre que des cristaux altérés ou incomplets, on ne peut décrire aucune espèce. Haüy se contente de signaler vaguement deux formes, dont l'une semble indiquer un prisme oblique rhomboïdal modifié par des facettes additionnelles, et l'autre de Bodenmais en Bavière semble un parallélipipède rectangle.

MM. de Léonhard et Beudant donnent pour forme primitive aux tantalites de Bavière (*Baiérines*, Beudant), les seules qui soient cristallisées distinctement, un prisme droit rectangulaire dont les dimensions ne sont pas signalées. M. Beudant assigne avec doute aux tantalites de Suède qu'il nomme *Columbites*, un prisme oblique rhomboïdal pour forme primitive.

Quelques espèces du genre Tantalite proprement dit (ou *Baiérine* de M. Beudant), sont citées par ce minéralogiste et par M. de Léonhard. Ce sont des prismes rectangulaires modifiés diversement sur leurs arêtes latérales et terminales et sur leurs angles solides.

MODE DE GROUPEMENT DES INDIVIDUS MOLÉCULAIRES.

En masses amorphes.

En tout, ce genre encore mal connu a besoin d'être mieux étudié; ce n'est qu'alors qu'on pourra savoir si les tantalites tungsténifères et stannifères, ou celles qui ne contiennent qu'une faible proportion d'oxyde de tantale relativement à ceux de fer et de manganèse, offrent, dans leurs caractères physiques et extérieurs, des différences assez constantes et assez importantes pour mériter d'être séparées des autres en sous-genres distincts. Quoi qu'il en soit, il paraît nécessaire d'en séparer déjà le *Tantaljern* de M. Berzélius, ou *Tantalite à poudre cannelle* d'Ekeberg, que M. Berzélius a regardée d'abord comme une tantalite mêlée de tantalure de fer, ou dans laquelle une partie du tantale et du fer seraient à l'état métallique. Sa composition était exprimée par la formule $Fe\,Ta$, $Mn\,Ta^3 + F\,Ta$.

Des recherches subséquentes ont prouvé au même chimiste que dans cette tantalite, le fer et le manganèse étaient à l'état d'oxydule.

Acide tantalique.	0,8585
Oxydule de fer.	0,0441
Oxydule de manganèse.	0,1179
Oxyde d'étain.	0,0080
Chaux.	0,0056
Silice.	0,0072
	1,0413

En conséquence, M. Berzélius adopte la formule suivante pour la composition de la Tantalite à poudre cannelle de Kimito :

$$\left.\begin{array}{c} f \\ mn \end{array}\right\} \ Ta^5$$

(Ann. des mines. T. 12. p. 314.)

Ce minéral diffère de la tantalite par sa poussière couleur de cannelle et par la grande difficulté qu'on éprouve à le dissoudre au chalumeau dans le borax. Après que la totalité de la masse est dissoute, il présente, soit avec le borax, soit avec les autres flux, les mêmes phénomènes que la tantalite qui ne contient point de tungstène. Seul, il est également inaltérable au chalumeau (Berzélius). Pes. spéc., 7,96.

Appendice à la famille des Géométalloïdes anhydres.

1° L'*Urane oxydulé* (Haüy). *Pechblende* ou *Pecherz* (Werner et Karsten). *Urane noir* (Brochant). *Untheilbares Uranerz* (Mohs). *Uranpecherz* (de Léonhard).

C'est de l'urane au minimum d'oxydation. N'ayant encore présenté ni forme, ni structure cristalline, cette substance ne peut être classée dans la méthode ; et nous la plaçons en appendice à la suite de la famille dont elle se rapproche le plus par sa composition en même temps que par ses caractères physiques.

Couleur : brun noirâtre ou noir parfait. La poussière a la même couleur que la masse. Éclat demi-métallique, complétement opaque. Structure quelquefois un peu feuilletée dans un sens ; feuillets à surface inégale, un peu ondulée. Raye l'apatite ; rayé par le feldspath. Pesanteur spécifique, 6,53 à 7,5. Conducteur de l'élec-

tricité. Cassure imparfaitement conchoïde, à petites cavités, ou inégale , à gros ou petits grains.

Soluble dans l'acide nitrique avec effervescence et dégagement
de gaz nitreux. — Il colore l'acide en jaune verdâtre, et laisse un
résidu d'oxyde jaune.

Au chalumeau, seul, ne se fond ni ne s'altère; mais entre les pincettes il colore en vert la flamme extérieure. — Avec le borax, au
feu d'oxydation , donne un verre jaune sombre, qui devient d'un
vert sale au feu de réduction, et qui , lorsqu'il est saturé à un certain point, peut devenir noir par le flamber.—Avec le sel de phosphore , sur le fil de platine, donne au feu d'oxydation un verre
jaune transparent qui, par le refroidissement, devient d'un jaune
paille avec une légère teinte verdâtre. Au feu de réduction donne
un verre vert dont la couleur s'embellit encore par le refroidissement. Sur le charbon, on ne peut obtenir d'autre couleur que le
vert, qui diminue d'intensité au feu d'oxydation (Berzélius).

L'urane oxydulé se présente , en Saxe, à Johann-Georgenstadt ,
en masses sublaminaires ou compactes, mélangées de plomb sulfuré , d'oxyde de fer et d'un peu de quartz. Au chalumeau , avec la
soude , on obtient le plomb et le fer réduits en petits grains métalliques blancs. On le trouve aussi à Schneeberg, en Saxe et à Joachimsthal, en Bohême.

Par une altération provenant d'un commencement de décomposition , l'urane oxydulé prend des couleurs superficielles irisées, et
son éclat métallique disparaissant, sa surface devient matte.

2.° Le *Cobalt oxydé noir* (Haüy). *Cobalt terreux noir, endurci ou
friable* (Brochant). *Schwarzer Erd Kobolt* (Werner). *Erd Kobolt*
(Karsten). Oxyde de cobalt des chimistes.

Couleur : noir ou noir bleuâtre. Se présente seulement en masses
amorphes , concrétionnées ou terreuses , tantôt friables et pulvérulentes , tantôt endurcies. Frottés avec un corps dur et uni, la plupart des morceaux prennent un vif éclat métalloïde. Tendre.
Quelquefois un peu tachant. A l'extérieur , mat ou très peu brillant. Pesanteur spécifique : 2,01 à 2,42. Cassure terreuse , à grains
fins ou un peu conchoïdes.—Au chalumeau, dans le matras, donne
de l'eau sentant l'empyreume (cette eau paraît purement hygrométrique). Seul sur le charbon ne fond pas, mais dégage une faible
odeur d'ail ou d'arsenic. Colore en bleu foncé le verre de borax et
le sel de phosphore.—Lorsqu'il contient de l'oyde de fer, il devient
altérable à l'aimant, à la flamme d'une bougie ; et lorsqu'il est

mêlé d'oxyde de manganèse, il colore en vert la soude sur le fil de platine au chalumeau.

On trouve le cobalt oxydé noir à *Kits buchel* (Tyrol); *Saulfeld* (Thuringe); *Freydenstadt* (Wurtemberg), et *Schneeberg* (Saxe).

3₀ *Mohsite* (Lévy). Opaque ; noir de fer ; éclat métallique vif. Formes dérivées d'un rhomboïde de 73° 45' et 106° 15'. Fragile. Rayant aisément le verre. Non magnétique. Ressemble à la crichtonite, et vient probablement du Dauphiné.

FAMILLE DES *GÉOMÉTALLOÏDES HYDRATÉS.*

Au chalumeau, dans le matras, dégageant de l'eau et en même temps changeant de couleur. Ils ont à peine l'éclat métallique, mais sont susceptibles de l'acquérir par le poli.

1ᵉʳ Genre. — FER HYDRATÉ. (D'Aubuisson.) (*Limonites.*)

Fer noir vitreux et fer oxydé (Haüy). *Hématite brune et Mine de fer brune* (Brochant). *Brauner Glaskopf* et *Brauneisenstein* (Werner et Karsten). *Prismatisches Eisenerz* (Mohs).

C'est le peroxyde de fer combiné avec de l'eau. Signe minéralogique de M. Berzélius : $Fe^2 Aq^3$.

ANALYSES DES FERS HYDRATÉS.

	Hématite des Pyrénées. par d'Aubuisson.	Noir vitreux du Bas-Rhin. par Vauquelin.
Oxyde de fer.	79	80,25
Eau.	15	15
Silice.	3	3,75
Oxyde de manganèse.	2	
Perte.	1	1
	100	100,00

Couleur de la masse : le brun, le jaunâtre, le jaune brunâtre et quelquefois le jaune. Couleur de la poussière : dans tous les cas, jaunâtre ou brun jaunâtre, quelle que soit celle de la masse. Éclat ordinairement lithoïde ou vitreux, quelquefois demi-métallique, mais acquérant souvent l'éclat métallique par la lime ou à l'aide du poli. Forme primitive : le cube. Pesanteur spécifique, 3,50. Raye l'apatite; rayé par le quartz.

Le fer hydraté passé avec frottement sur le papier, n'y laisse pas de marque noire comme le manganèse hydraté avec lequel on pourrait le confondre.

Il attire quelquefois immédiatement l'aiguille aimantée, et dans tous les cas devient magnétique par l'action de la chaleur, souvent à la simple flamme d'une bougie.

Au chalumeau, dans le matras, donne de l'eau, et, pour résidu, de l'oxyde rouge de fer. — Avec le borax, donne un verre vert jaunâtre.

ESPÈCES.

1 re Espèce. FER HYDRATÉ PRIMITIF (*Limonites cubicus*). Signe des faces, P. Le cube parfait. On avait cru que cette forme était empruntée au fer sulfuré qui se serait changé par épigénie en fer hydraté, ou qu'elle pouvait être due à une pseudomorphose. Mais Haüy dit avoir vu des cristaux cubiques de fer hydraté brun foncé, qui devaient être produits immédiatement par la nature.

2e. FER HYDRATÉ OCTAÈDRE (*Limonites octaedricus*). L'octaèdre régulier. Signe des faces, *r*. Modification complète par une seule face sur tous les angles solides du cube primitif. Inclinaison de *r* sur *r*, 109° 28'. Du *Brésil* (Haüy). De la *Carniole à Kropp et à Vochein*. De *Beachyhead* (comté de Sussex, Angleterre). Musée de Genève.

MODE DE GROUPEMENT DES INDIVIDUS DE CETTE ESPÈCE.

En boules hérissées par les angles des sommets des octaèdres. Souvent la surface de ces boules présente des arêtes pyramidales ou

en crête de coq, toutes hérissées de pointes d'octaèdres qui se pé
nètrent réciproquement.

ALTÉRATION DE LA FORME.

Les cristaux octaèdres ont souffert une dépression dans le centre
de leurs faces, tandis que les arêtes sont demeurées aiguës et
saillantes.

3e. FER HYDRATÉ DODÉCAÈDRE (*Limonites dodecaedricus*). Signe
des faces, *e*. Douze faces pentagonales, symétriques, inclinées entre
elles de 126° 1/2 et de 113° 1/2. Produites en vertu d'une modification complète par une facette sur toutes les arêtes du noyau. De
l'*île de Volkostroff* (Russie).

4e. FER HYDRATÉ TRIFORME (*Limonites triformis*). Signe des
faces, *Prs*. Solide à 26 faces, dont six appartiennent au cube primitif, 8 à l'octaèdre régulier, et 12 au dodécaèdre rhomboïdal.
C'est le cube ou l'octaèdre régulier ayant tous leurs angles solides,
et toutes leurs arêtes remplacées chacune par une facette. —
Combinaison de deux modifications incomplètes, dont l'une par
une seule face sur tous les angles solides, et l'autre également par
une seule face sur toutes les arêtes du cube primitif. Cette combinaison n'intercepte pas complétement le noyau. De l'*île de Volkostroff*
(Russie).

ALTÉRATIONS DANS LA SUBSTANCE.

Les surfaces, exposées à l'action de l'air prennent parfois les
couleurs de l'iris.

Une altération plus fréquente et plus considérable, réduit en
tout ou en partie certains morceaux de fer hydraté brun, luisant
et compacte, à l'état d'une poudre jaune terreuse qui prend le nom
d'*ocre jaune*. Il est peu de fragmens de ce minéral qui ne soient
accompagnés d'une semblable terre jaune, qui peut ainsi, en
quelque sorte, servir de caractère empirique, pour reconnaître la
présence du fer hydraté.

MODE DE GROUPEMENT DES INDIVIDUS MOLÉCULAIRES DE CE GENRE.

En petites houpes chatoyantes dans l'intérieur de cristaux de
quartz. Variété *apiciforme* de Haüy. De l'*île de Volkostroff*
(Russie.)

En masses mamelonnées, dont la surface est, ou hérissée de pointes qui sont les sommets de cristaux octaèdres dont elles sont formées, ou lisse et éclatante, ou veloutée.

Lorsque ces masses, extérieurement mamelonnées, sont fibreuses à l'intérieur, à fibres rayonnant du centre à la circonférence, c'est l'*hématite brune*; *Brauner Glaskopf*, de Werner; et *Faseriger Brauneisenstein* de Karsten.

En masses coniques ou cylindriques.

En géodes d'un brun jaunâtre, altérées à la surface, mais ayant encore l'aspect métallique dans l'intérieur, formées de couches concentriques, tantôt pleines, tantôt vides au centre, et contenant quelquefois un noyau mobile, et quelquefois des grains de sable ou de poussière de même nature. Ce mode de groupement était connu des anciens sous le nom d'*ætites* ou pierre d'aigle, *Eisenniere*, de Werner.

En masses arrondies et souvent parfaitement sphériques, dont le diamètre varie depuis un pouce à une demi-ligne : ces grains ronds sont ordinairement d'un égal diamètre dans le même lieu. Ils ressemblent par leur assemblage à la grenaille qu'on emploie pour la chasse. On les trouve, ou libres et épars à la surface du sol, ou engagés dans une terre ou une argile ferrugineuse. C'est le *Bohnerz* des Allemands, la *mine de fer en grains* des anciens minéralogistes, le *fer oxydé globuliforme* de Haüy.

On exploite cette mine avec succès en Bourgogne, en Franche-Comté et en Alsace. Elle se trouve aussi en Suisse, près de la chaîne du Jura.

En masses amorphes, compactes ou terreuses et même pulvérulentes. On exploite ces masses dans plusieurs localités de la Carniole, du Jura, des Pyrénées, etc., etc., et on en retire, en général, du fer de bonne qualité.

Le fer hydraté se mêlant à des sédimens terreux et argileux de diverses natures, constitue de grandes masses ou roches, comme le *fer argileux* (*Thon Eisenstein*), les mines de fer des marais, des lacs et des prairies, de Brochant; (*Morasterz, Sumpferz* et *Wiesenerz*, de Werner.

Ces agrégats ou mélanges mécaniques sont des roches et doivent être décrits avec les minéraux mélangés.

Deuxième sous-ordre.

HYALOMÉTALLOÏDES.

Quelquefois translucides, ou entièrement, ou seulement sur les bords et dans les lames minces. Couleur de la poussière : tirant plus ou moins sur le rouge ou brun rougeâtre. Ce dernier caractère peut suppléer en quelque sorte à celui de la trans-lucidité, dans le cas où le cristal est tout-à-fait opaque, comme il arrive souvent au fer oligiste. Cette division comprend deux familles, dont l'une est formée de minéraux qui ne peuvent se réduire immédiatement au chalumeau, et sur lesquels le feu n'a aucune action. Ce sont les *hyalo-métalloïdes apyres*. L'autre famille, celle des *hyalométalloïdes pyridés*, se compose jusqu'à présent d'un seul genre caractérisé par sa facile réduction au chalumeau.

1ʳᵉ FAMILLE. — *HYALOMÉTALLOÏDES APYRES*.

Irréductibles et inaltérables au chalumeau sans addition. Les genres qui composent cette famille, rayent l'apatite ou le verre, et sont rayés par le quartz, à l'exception des Manganites et des Zincs rouges, qui ne rayent que la chaux carbonatée et sont rayés par l'apatite.

1er Genre. — FER OLIGISTE. (*Speculites.*)

Fer spéculaire. (Brochant). *Eisenglanz* (Werner et Karsten).
Fer oxydé (Berzélius). *Eisenoxyd* (Léonhard).

Ce genre comprend aussi le *Fer micacé*, l'*Eisenrahm rouge* et
l'*Hématite rouge* de M. Brochant. *Eisenglimmer*, *Rother Eisenrahm*,
Rother Glaskopf, et *Roth Eisenstein* (Werner). *Rhomboedrisches
Eisenerz* (Mohs).

L'analyse chimique n'y a reconnu que du peroxyde de fer.

ANALYSE DES FERS OLIGISTES PAR M. BEUDANT.

Fer.	69,34
Oxygène.	30,66
	100,00

Couleur dans l'état parfait : le gris d'acier avec un
vif éclat métallique. Cette couleur, par un commencement d'altération, passe au bleu d'acier poli, prend quelquefois les teintes belles et variées de l'iris, le rouge,
le pourpre, le verdâtre et le jaunâtre toujours en conservant l'aspect métallique. Une altération plus complète change la couleur en rouge brunâtre ou en rouge
de sang, et l'éclat cesse d'être métallique, le corps prend
alors la structure lithoïde ou terreuse. On peut cependant, même dans cet état d'altération, lui rendre l'éclat
métallique et la couleur gris d'acier, par le poli des
surfaces.

Poussière brune rougeâtre ou rouge sombre. Forme
primitive: rhomboïde un peu aigu, dans lequel l'incidence d'une face d'un des sommets à la face adjacente
sur le même sommet, est de 87° 9', et à la face adjacente
de l'autre sommet, 92° 51 (1). Pesanteur spécifique,

____

(1) M. Mohs admet pour les mêmes incidences les nombres
85° 58' et 94° 2'. M. Beudant indique 86° 10' et 93° 50'. Nous

5,01, à 5,21. — Cassure raboteuse et presque terne dans quelques individus, conchoïde et éclatante dans d'autres. Rayant le verre et l'apatite; rayé par le quartz. Opaque, excepté dans des lames extrêmement minces, qui offrent par transparence une couleur d'un beau rouge vif. Magnétisme peu sensible.

Au chalumeau, inaltérable sans addition ; colore le verre de borax et le sel de phosphore en vert sombre.

* ESPÈCES A FORME SIMPLE.

1ʳᵉ Espèce. FER OLIGISTE PRIMITIF (*Speculites rhomboïdeus*). Un rhomboïde un peu aigu approchant du cube. Signe des faces, P. Inclinaison de P sur P, 87° 9' et 92° 51'.

2ᵉ. FER OLIGISTE BINAIRE (*Speculites binaris*). Signe des faces , *s*. Un rhomboïde obtus. Modification complète par trois faces sur les angles terminaux du rhomboïde primitif. Cette espèce est souvent marquée de stries parallèles aux grandes diagonales des rhombes. Inclinaison de *s* sur *s*, 144° et 36°. De l'*île d'Elbe*.

ALTÉRATION PROPRE AUX INDIVIDUS DE CETTE ESPÈCE.

Les angles et les arêtes s'émoussent et les faces s'arrondissent, de manière à donner au cristal la forme lenticulaire.

** ESPÈCES A FORME COMPLIQUÉE.

A. Terminées par une face perpendiculaire à l'axe qui leur donne l'apparence d'une table ou d'une lame.

a. Faces du biseau toutes obliques à l'axe et au plan de la lame.

3ᵉ. FER OLIGISTE BASÉ (*Speculites truncatus*). Signe des faces, P *o*.

Un octaèdre irrégulier ou le rhomboïde primitif ayant ses sommets tronqués ou remplacés par une face triangulaire perpendiculaire à l'axe. Modification incomplète par une face sur les angles terminaux du noyau. Inclinaison de *o* sur P, 123° 14'. Du *volcan de Strombobi*. Lucas coll. du Mus.

---

continuons à adopter provisoirement pour la description des espèces figurées par Haüy les incidences dérivées de la forme primitive qu'il a admise.

Var. *a. Octaédriforme,* ayant l'apparence d'un octaèdre à deux triangles équilatéraux et six isocèles.

Var. *b. Segminiforme,* en lames minces dont les bases sont des hexagones et les facettes latérales des trapèzes.

4ᵉ. FER OLIGISTE IMITATIF (*Speculites imitans*). Signe des faces, P *l o.* C'est l'espèce précédente ayant de plus tous les angles latéraux remplacés chacun par une facette trapézoïdale. Sa forme est ordinairement celle d'une lame hexagonale, dans laquelle trois des côtés sont plus grands que les trois autres, et qui est bordée par un biseau à facettes trapézoïdales alternativement grandes et petites, alternation qui a lieu également dans le sens parallèle à l'axe et dans le sens qui lui est perpendiculaire. Ramenée à la symétrie par l'égalité des 12 facettes trapézoïdales du biseau, elle présenterait la forme d'un dodécaèdre bipyramidal à sommets tronqués. Combinaison des modifications qui produisent l'espèce *basée* (voyez ci-dessus) et d'une modification également incomplète par une seule face sous tous les angles latéraux du rhomboïde primitif. Inclinaison de P sur *l,* 113° 32'; de *o* sur P, 123° 14'.

Du *Mont-Dore* (Auvergne.) (Lucas, Coll. du Mus.)

Var. *a. Octaédriforme.* C'est la plus commune; elle ressemble à l'octaèdre du fer oligiste basé, dont les angles seraient tronqués par des facettes presque imperceptibles.

Var. *b. Segminiforme.* En lame hexagonale biselée.

5ᵉ. FER OLIGISTE UNISÉNAIRE (*Speculites unisenaris*). Signe des faces, P *o g.* Le fer ol. *basé* (*voyez* cette espèce), dont les six angles solides latéraux portent chacun deux facettes triangulaires scalènes, produites par une modification par deux faces sur les angles latéraux du rhomboïde primitif. Inclinaison de P sur *g,* 166° 25'; de *g* sur *g,* 108° 6. De *Langbanshylta* (Suède). (Lucas, Table méthodique.)

6ᵉ FER OLIGISTE TRAPÉZIEN (*Speculites trapezius*). Signe des faces, *n o.* Un dodécaèdre bipyramidal dont les arêtes de la base commune aux deux pyramides, sont parallèles aux bords de la troncature du sommet. Ou une lame hexagonale bordée par un biseau à douze faces trapézoïdales. Combinaison de deux modifications, dont l'une par une seule face (*o*) sur chacun des deux angles solides terminaux ou sommets du rhomboïde primitif, et l'autre par une face sur chacun des six angles latéraux du noyau. Cette combinaison intercepte entièrement le noyau. Inclinaison de *n* sur *n,* 128° 26', sur la même pyramide; et sur la pyramide opposée de 120° 52'. De *Framont* (Vosges). (Haüy.)

II.   11

7°. Fer oligiste divergent *Speculites divergens*. Signe des faces, *t o*. Forme semblable à celle de l'espèce précédente, mais où les faces du biseau forment entre elles un angle plus obtus. — Combinaison de deux modifications analogues à celles qui produisent l'espèce précédente. Les facettes du biseau sont produites par une modification, par une seule face oblique (*t*), sur chacun des six angles latéraux du rhomboïde primitif. Inclinaison de *t* sur *t* sur la même pyramide, 121° 8', sur la pyramide opposée, 158° 36'; de *o* sur *t*, 100° 42'. De *Framont* (Vosges). (Haüy.)

8°. Fer oligiste uniternaire (*Speculites uniternaris*). Signe des faces, *n* P *o*. Une double pyramide à neuf faces, dont les sommets sont fortement tronqués, ou une lame ennéagone biselée sur ses bords par un biseau de dix-huit faces. C'est l'espèce *trapézienne* (voy. cette espèce), ayant de plus six faces qui sont celles du rhomboïde primitif. Ces faces, qui sont des pentagones, changent en faces pentagonales les trapèzes du biseau de la forme trapézienne. Cette espèce est produite par la même combinaison de modifications qui produit l'espèce trapézienne ; seulement cette combinaison n'intercepte pas complétement le rhomboïde primitif. Inclinaison de P sur *n*, 154° 13'. De *Framont* (Vosges). (Haüy, et Lucas, Coll. du Mus.)

b. Ayant des facettes parallèles à l'axe et perpendiculaires à la grande face terminale.

9°. Fer oligiste progressif (*Speculites progrediens*). Signe des faces, *n o r*. L'espèce *trapézienne* (voyez cette espèce) ayant tous les angles solides de la base commune des deux pyramides, remplacés chacun par une facette rhomboïdale parallèle à l'axe et produite par une modification par une seule face sur les angles latéraux du rhomboïde primitif. Cette modification, en se combinant avec celles qui produisent l'espèce trapézienne, intercepte entièrement le noyau. Du *Dauphiné*.

10°. Fer oligiste équivalent (*Speculites æqualis*). Signe des faces, *o* P *z l*. L'espèce *imitative* (voyez cette espèce) ayant tous les angles solides formés à la jonction des facettes latérales entre elles, ou les angles solides de la base commune des deux pyramides, remplacés chacun par une facette rhomboïdale parallèle à l'axe et produite par une modification par une seule face sur les arêtes inférieures du rhomboïde primitif. Cette modification, combinée avec celles qui produisent l'espèce *imitative*, n'intercepte pas entièrement le noyau. De l'île d'*Elbe*. (Lucas, Coll. du Mus.)

B. N'ayant aucune face perpendiculaire à l'axe, mais terminées par des sommets de rhomboïdes.

a. Sans facettes parallèles à l'axe.

11e. Fer oligiste birhomboïdal (*Speculites birhomboïdeus*). Signe des faces, P *s*. Le rhomboïde primitif terminé à chaque sommet par le sommet d'un rhomboïde plus obtus, dont les faces correspondent aux faces du noyau. Modification incomplète par trois faces sur les angles terminaux. Inclinaison de *s* sur *s*, 144°; de P sur *s*, 144° 8'. De l'*Ile d'Elbe*. (Haüy.)

12e. Fer oligiste binoternaire (*Speculites binoternaris*). Signe des faces, P *s n*. L'espèce précédente ayant de plus deux facettes triangulaires à la place de chacun des angles latéraux du rhomboïde primitif. Les faces primitives ont pris la forme d'un pentagone. Combinaison de deux modifications, dont l'une par trois faces sur les angles terminaux, et l'autre par deux faces sur tous les angles latéraux du rhomboïde primitif: cette modification n'intercepte pas entièrement le noyau. Inclinaison de *n* sur *n*, 138° 26'; de P sur *n*, 154° 13'. De l'*Ile d'Elbe*. (Haüy.)

ALTÉRATION DE FORME PROPRE A CETTE ESPÈCE.

Les faces terminales ; deviennent convexes.

13e. Fer oligiste trigésimal (*Speculites triacontaedron*) Signes des faces, P *n s y*. Solide à trente faces. L'espèce précédente, terminée par un sommet à six faces ou ayant ses trois arêtes terminales tronquées ou remplacées chacune par une facette hexagonale linéaire. Combinaison des mêmes modifications qui produisent l'espèce précédente, avec une modification par trois faces obliques sur les angles terminaux du rhomboïde primitif. Cette combinaison n'intercepte pas complètement le noyau. Inclinaison de *n* sur *y*, 138° 53'.

14e. Fer oligiste additif (*Speculites additivus*). Signe des faces, P *g n s*. Le fer ol. *bino-ternaire* (*voy.* cette espèce) ayant un second rang de facettes parallèles à celles qui remplacent les angles latéraux du noyau. Ces facettes sont produites par une modification par deux faces plus surbaissées sur tous les angles latéraux du rhomboïde primitif, et en se combinant avec les autres modifications, celle-ci n'intercepte pas non plus le noyau. Inclinaison de *g* sur *g*, 108° 6'; de P sur *h*, 166° 25'; de *g* sur *n*, 167° 48'.

11.

15ᵉ. **Fer oligiste èquipollent** (*Speculites æquipollens*). Signe des faces, P *g n s y* . Le fer ol. *additif*, avec le sommet à six faces du fer ol. *trigésimal*. (Pour les modifications au noyau , qui produisont cette espèce, *voy.* les espèces précédentes).

b. Ayant des faces parallèles à l'axe.

16ᵉ. **Fer oligiste soustractif** (*Speculites substractivus*). Signe des faces, P *k n u s.*

Le fer oligiste *binoternaire* (*voy.* cette espèce) ayant de plus six faces parallèles à l'axe, qui occupent le milieu du solide et sont produites en vertu d'une modification par une seule face sur les arêtes latérales du noyau , et de plus six petites facettes rhomboïdales correspondantes aux angles latéraux de la forme primitive et disposées trois par trois autour de chaque sommet. Ces facettes sont produites en vertu d'une modification par une seule face sur tous les angles solides latéraux du rhomboïde primitif. Inclinaison de P sur *u*, 128° 39'; de *k* sur *k*, 120°; de *k* sur *n*, 150° 26'.

ALTÉRATIONS DANS LA FORME.

Les cristaux qui ont leurs sommets remplacés par une face perpendiculaire à l'axe, prennent, par l'oblitération de leurs bords, la forme d'une lame irrégulière plus ou moins épaisse.

ALTÉRATIONS DANS LA SUBSTANCE.

Les surfaces prennent quelquefois les plus vives couleurs de l'arc-en-ciel. A l'*Ile d'Elbe* et à *Framont*.

Une autre altération plus commune , est celle qui fait passer le fer oligiste à l'état de fer oxydé rouge , soit luisant , soit terreux et mat. Cette altération a lieu souvent par nuances insensibles , de manière qu'une portion du minéral est encore à l'état de fer oligiste métalloïde , tandis que le reste est du fer oxydé rouge terreux. Mais, même dans ce dernier état, il suffit de polir les surfaces pour lui rendre l'état métallique et le gris d'acier.

MODE DE GROUPEMENT DES INDIVIDUS MOLÉCULAIRES DE CE GENRE.

En masses formées de petites lamelles souvent droites et adhé-rentes entre elles ou à leur gangue. *Dans les laves du Vésuve, de l'Etna , de Stromboli , de l'Auvergne ,* etc. Quelquefois ces lamelles

sont courbes, comme écailleuses, et si peu adhérentes qu'elles s'attachent au doigt. C'est l'*Eisen Glimmer* de Werner ou le fer oligiste
micacé. Dans cet état, il est ordinairement d'un gris d'acier ; ses
minces lamelles sont translucides et transmettent une couleur
d'un rouge vif. Ou bien il est rouge de cuivre, comme au *Vésuve*, dans le *Derbyshire*, au *Puy-chopine* (Auvergne). Dans ce
dernier endroit , ces lames grises ou rouges sont disséminées, sous
forme de dendrites, dans une lave altérée.

En masses granulaires, compactes, ou concrétionnées et fibreuses. *Hématite rouge* (Brochant). *Rothe Glas-kopf* (Werner). *Fasriger roth-eisenstein* (Karsten).

En masses compactes ou terreuses revêtant des formes empruntées à d'autres substances, comme à la chaux carbonatée métastatique. *Aux environs de Dusseldorf.*

2ᵉ Genre. — RUTHILE. (Brochant.) (*Rutile.*)

Titane oxydé (Haüy). *Sagenite* ou *Schorl rouge* (Saussure). *Ruthil*
(Werner). *Peritomes Titanerz* (Mohs).

L'oxyde de titane, quelquefois mêlé d'oxyde de fer ou de chrome,
est la seule substance que l'analyse ait reconnue dans ce minéral.

Couleur : le rouge foncé ou brunâtre passant à l'o-
rangé et au jaune. Poussière : brun clair ou jaunâtre.
Éclat demi-métallique, tenant, dans les cristaux les plus
purs, de l'éclat adamantin. Forme primitive : prisme
droit symétrique, dans lequel le côté de la base est à la
hauteur à peu près comme 11 à 5 (1). Les joints parallèles à l'axe sont très nets. Le prisme se sous-divise dans
le sens des deux diagonales de sa coupe transversale.
Pesanteur spécifique, 4,24 à 4,4. Rayant le feldspath;
rayé par le quartz. En général opaques, les cristaux
aciculaires et les fragmens minces sont quelquefois
translucides. Électrique résineusement par le frottement. Cassure longitudinale lamelleuse , transversale,
raboteuse.

____

(1) D'après M. Beudant, comme 46 à 21.

Au chalumeau, seul sur le charbon, ne se fond pas et n'éprouve aucun changement. Avec le borax fond aisément sur le fil de platine et produit un verre incolore qui tourne au blanc de lait par le *flamber*. Si la proportion d'oxyde est forte, ce verre prend au feu de réduction, sur le charbon, une couleur jaune sombre, qui devient d'un bleu presque noir par le refroidissement, et par le *flamber* bleu clair, opaque, et semblable à l'émail. Avec le sel de phosphore, se dissout difficilement ; la partie non fondue devient blanche. Le verre est incolore au feu d'oxydation, mais au feu de réduction, il est jaunâtre pendant qu'il est chaud, puis en se refroidissant devient d'abord rouge, puis d'un violet bleuâtre. Avec la soude se dissout avec effervescence en un verre jaune sombre qui devient blanc par le refroidissement. Dès que l'ignition cesse, le verre cristallise en rougissant de nouveau jusqu'au blanc. — Le ruthile, traité avec la soude sur la feuille de platine, colore quelquefois en vert les bords du fondant, ce qui atteste la présence du manganèse. (Berzélius.)

ESPÈCES.

1ʳᵉ Espèce. RUTHILE OCTAÈDRE (*Rutile octaedricum*). Signe des faces, *r*. Un octaèdre symétrique. Modification complète par une seule face sur chacune des arêtes de la base. Inclinaison de *r* sur *r*, 125° 4' (1). De *Suède*.

2ᵉ. RUTHILE DIOCTAÈDRE (*Rutile dioctaedricum*). Signe des faces, *of*. Prisme à huit pans terminé par des sommets à quatre faces trapézoïdales. Combinaison de deux modifications dont l'une par une seule face *o* sur chacune des arêtes de la base, et l'autre par deux faces *f* sur chacune des arêtes latérales du prisme primitif. Cette combinaison intercepte entièrement le noyau. Du *Saint-Gothard*.

3ᵉ. RUTHILE BISSEX-DÉCIMAL (*Rutile icosi-tetraedron*). Signe des faces, M *s l r n*. Solide à 24 faces. C'est un prisme à seize pans terminé par des pyramides à huit faces. Combinaison de quatre modifications qui n'interceptent pas entièrement le prisme primitif. Ces quatre faces primitives, avec celles produites en vertu d'une modification par une face sur les arêtes latérales du noyau, et par deux faces sur les mêmes arêtes, forment le prisme ; et les pyramides terminales sont formées par deux modifications chacune d'une

---

(1) De 125° 15', d'après M. Beudant.

seule face , l'une sur les arêtes , l'autre sur les angles de la base du noyau. Inclinaison de *r* sur *u* , 151° 3o'; de *l* sur *u*, 122° 51' (1); de *l* sur *s* , 153° 26'; de M sur *s* , 161° 34' (2); de M sur *l*, 135°.

AUTRES ESPÈCES DU MÊME GENRE DONT ON N'A ENCORE TROUVÉ QUE DES INDIVIDUS INCOMPLETS ET GROUPÉS DEUX A DEUX OU TROIS A TROIS.

Ces cristaux incomplets sont des prismes manquant de sommets : ils sont accolés deux à deux par un plan de jonction oblique à l'axe et produits en vertu d'une modification par une face sur un des angles du noyau. Leur réunion se fait de manière qu'ils paraissent engagés l'un dans l'autre par leurs sommets et que leurs axes font entre eux un angle obtus de 114° 18'. Lorsqu'il n'y a que deux prismes accolés l'un à l'autre, le ruthile est *géniculé*; lorsqu'il y en a trois , il est *bigéniculé*.

a. Ruthile ternaire. Signe des faces du prisme, *s*. Les prismes accolés n'ont que quatre faces produites par une modification complète par deux faces sur chacune des arêtes latérales du noyau. Par une anomalie remarquable, quatre des faces qui devraient être produites par cette modification n'existent pas (3).

b. Ruthile soustractif. Signe des faces du prisme, *l s*. Les prismes accolés ont huit faces et devraient en avoir douze sans une anomalie analogue à celle que présente l'espèce précédente; ce sont les mêmes faces *s* qui sont réduites à quatre. Les quatre autres faces *l* sont produites en vertu d'une modification par une seule face sur toutes les arêtes latérales du noyau. Inclinaison de *s* sur *l*, 253° 26'.

c. Ruthile unitaire. Les prismes accolés ont aussi huit pans, mais avec des inclinaisons autres que le précédent. Quatre de ces faces M appartiennent au prisme primitif, les quatre autres *l* sont dues à une modification par une seule face sur toutes les arêtes latérales de ce prisme. Inclinaison de M sur *l*, 135°.

Les cristaux géniculés et bigéniculés de ruthile se trouvent à *Buitrago* en *Castille* , et dans la vallée de *Binn* (Valais).

ALTÉRATION DANS LA FORME DES CRISTAUX.

Les angles et les arêtes s'émoussent et le prisme s'arrondit en forme de cylindre. C'est le *titane oxydé cylindroïde* de Haüy. De *Hongrie ;* du *Brésil ;* de *Buitrago* (Castille).

---

(1) De 122° 45', d'après M. Beudant.
(2) 161° 40', d'après M. Beudant.
(3) Incidence de *s* sur *s* , 126° 52'.

Les cristaux s'alongent considérablement et prennent la forme d'aiguilles. C'est le *titane aciculaire* de Haüy. Ces aiguilles sont souvent engagées dans le quartz, souvent elles se groupent en s'entre-croisant de manière à imiter un réseau, alors c'est le *titane réticulé* de Haüy, la *sagénite* de De Saussure. (Du *Saint-Gothard.*)

MODE DE GROUPEMENT DES INDIVIDUS MOLÉCULAIRES.

En masses laminaires. En *Norwége* et à *Buitrago* (Castille).

En masses grano-lamellaires. A *New Jersey* (Amérique).

En petites parcelles pulvérulentes, dorées à la surface de la chaux carbonatée. A *Moutiers* (Tarentaise).

ALTÉRATIONS ACCIDENTELLES DE LA SUBSTANCE PAR DES MÉLANGES
EN QUANTITÉS VARIABLES.

Ruthile chromifère. De *Karigbricka* (Suède). D'un gris noirâtre demi-métallique. La présence du chrôme s'y reconnaît quelquefois au chalumeau, en ce qu'il colore les flux eu vert au feu d'oxydation ; et par la soude sur la feuille de platine au feu d'oxydation, il prend une couleur jaunâtre.

Ruthile ferrifère. D'un gris de fer. Se reconnaît à son action plus ou moins marquée sur l'aiguille aimantée. Il est difficile, lorsqu'il n'est pas cristallisé, de le distinguer de l'aimant titanifère ou ménakanite, si tant est qu'il y ait d'autres différences dans ces mélanges accidentels de deux oxydes, que la plus ou moins grande abondance de l'un ou de l'autre dans le composé.

3ᵉ Genre. — ANATASE. (*Anatasium.*)

Schorl bleu (Romé-de-l'Isle). *Octaédrite* (de Saussure et Werner), *Oisanite* (de La Méthrie). *Pyramidales Titanerz* (Mohs).

L'analyse chimique n'a pu encore découvrir aucune différence entre les cristaux de ce genre et ceux du genre ruthile. L'anatase n'a présenté jusqu'à ce jour que de l'oxyde de titane.

Couleur vue par réflexion : le gris d'acier ou le bleu avec un éclat métallique très vif; par transparence, le brun noirâtre ou le jaune brunâtre. Forme primitive : octaèdre symétrique dont les faces adjacentes des deux pyramides quadrangulaires opposées sont inclinées l'une sur l'autre de 137° 10' (1). Cet octaèdre est divisible dans le sens de la base commune de ses deux pyramides. Ces divisions, ainsi que celles qui ont lieu parallèlement aux faces, sont nettes et assez éclatantes. Pesanteur spécifique : 3,85. Poussière blanchâtre. Conducteur de l'électricité, et acquérant par le frottement l'électricité résineuse. Raye l'apatite ; rayé par le quartz.

Au chalumeau est infusible sans addition, et se comporte avec les flux précisément comme le rhutile (voyez le genre précédent); seulement la couleur hyacinthe qu'il donne au feu d'oxydatiou est toujours plus pure. (Berzélius.)

ESPÈCES.

1ᵉʳᵉ Espèce. ANATASE PRIMITIF (*Anatasium octaedricum*). Signe des faces, P. Un octaèdre aigu dans lequel l'inclinaison d'une des faces sur la face adjacente de la même pyramide est de 97° 38', et sur la face adjacente de la pyramide opposée, de 137° 10' (2). De *Saint-Christophe en Oisans* (Dauphiné) et du *Saint-Gothard*.

2ᵉ. ANATASE BASÉ (*Anatasium truncatum*). Signe des faces, P o. L'octaèdre primitif tronqué aux sommets par une face carrée o, produite par une modification incomplète par une seule face sur les deux angles terminaux. Inclinaison de P sur o, 111° 25'. De *Saint-Christophe en Oisans* (Dauphiné) et du *Saint-Gothard*.

3ᵉ. ANATASE DIOCTAÈDRE (*Anatasium dioctaedricum*). Signe des faces, P r. L'octaèdre primitif, terminé par des sommets à quatre faces triangulaires surbaissées, r. Les faces sont produites par une modification incomplète, par quatre faces sur chacun des angles terminaux du noyau. Inclinaison de P sur r, 138° 26' (3). De *Saint-Christophe en Oisans.*

---

(1) 135° 22', d'après M. Mohs.

(2) Les mêmes incidences sont 97° 56', et 136° 22', d'après M. Mohs, et de 98° 5' et 136° 47', d'après M. Beudant.

(3) 136° 47', suivant M. Beudant.

4°. **Anatase prominule** (*Anatasium obtusum*). Signe des faces, P *s*. L'octaèdre primitif, terminé à chaque sommet par huit petits triangles scalènes très surbaissés et très inclinés entre eux. Modification incomplète par huit faces obliques sur chaque angle terminal. Inclinaison de *s* sur *s*, 169° 50'; de P sur *s*, 121° 4', et 129° 11' (1).

4° Genre. — ZINC ROUGE. (*Zincites.*)

Zinc oxydé rouge (Bruce). *Zinc oxydé ferrifère brun rougeâtre* (Haüy). *Zinc oxydé manganésifère* (Berthier). *Zink oxyd* (de Léonhard). *Prismatisches Zink-Erz* (Mohs).

C'est un oxyde de zinc presque toujours mélangé d'oxyde rouge de manganèse.

Signe minéralogique de M. Berzélius : Zn, Nn.

ANALYSE DU ZINC ROUGE DE NEW JERSEY.

	par Bruce.	par Berthier.
Oxyde de zinc.	92	88
Oxyde de fer et de manganèse.	8	12
	100	100

Couleur : rouge aurore ou vermillon. Poussière d'un jaune orangé. Éclat adamantin métalloïde. Forme primitive : prisme droit rhomboïdal d'environ 125° et 55°. Raye la chaux carbonatée; rayé par l'apatite. Tissu lamelleux. Cassure conchoïde. Translucide sur les bords ou opaque. Pes. spéc., 5,4 à ,5.

Au chalumeau, seul sur le charbon, il n'éprouve d'autre changement qu'un obscurcissement de teinte lorsqu'il est chaud. Au feu de réduction, il couvre le charbon de fumée de zinc. Avec le borax, donne un verre jaune transparent ; avec le sel de phosphore un verre incolore. Insoluble et irréductible avec la soude. Mis sur une feuille de platine avec ce fondant, il produit un vert pâle. (Berzélius.)

---

(1) 132 5', d'après M. Beudant.

Soluble sans effervescence dans les acides.
Les espèces n'ont pas été décrites.

MODE DE GROUPEMENT DES INDIVIDUS MOLÉCULAIRES.

En petits grains.
En masses lamellaires.
C'est ainsi qu'on le trouve dans l'Amérique septentrionale, com-
tés de Sussex et de New Jersey.

5° Genre. — FERGUSONITE. (Haïdinger.)
(Fergusonia.)

Combinaison d'oxydes de tantale, d'yttrium, de cérium, de zirconium, d'étain, d'urane et de fer.

ANALYSE PAR HARTWALL.

Oxyde de tantale.	47,75
Yttria.	41,91
Oxyde de cérium.	4,68
Zircone.	3,02
Oxyde d'étain.	1,00
Oxyde d'urane.	0,95
Oxyde de fer.	0,34
	99,65

Couleur : d'un noir brunâtre foncé. Poussière : d'un
brun pâle. Translucide, seulement en fragmens minces.
Éclat intermédiaire entre l'éclat métallique et l'éclat
gras. Forme primitive : octaèdre à base carrée de 100°
28' et 128° 27'. Traces de clivages parallèles aux faces.
Raye l'apatite ; rayée par le quartz. Pes. spéc. 5,83.
Cassure parfaitement conchoïde.

Au chalumeau, seule sur le charbon, infusible. Difficilement soluble dans le borax en un verre jaune. Soluble dans le sel de phosphore : avant la complète solution, le verre prend à la flamme de
réduction une légère couleur de rose. Avec la soude se décompose
sans se fondre et laisse pour résidu une scorie rougeâtre.

Fergusonite plagièdre (*Fergusonia plagiedra*). L'octaèdre primitif ayant les quatre arêtes de la base commune des deux pyramides, remplacées chacune par une face parallèle à l'axe, et chaque sommet remplacé par cinq facettes dont l'une carrée perpendiculaire à l'axe, et les quatre autres non symétriques ou disposées en biais. Combinaison de modifications incomplètes : 1º par une seule face sur chaque arête latérale, 2º par une seule face sur chaque angle solide terminal, 3º modification dissymétrique par quatre faces (au lieu de huit) correspondantes aux arêtes, sur chaque angle solide terminal. De *Kikertaursak* près du cap Farewell, dans le Groënland.

6ᵉ Genre. — POLYMIGNITE. (Berzélius.)
(*Polymignium.*)

Combinaison d'oxyde de titane ou d'acide titanique, de zircone, d'yttria, d'oxydes de cérium, de fer et de manganèse, de chaux, etc.

ANALYSE DU POLYMIGNITE DE FRIEDRICHSWARN EN NORWÈGE, PAR
M. BERZÉLIUS.

Oxyde de titane ou acide titanique.	46,30
Zircone.	14,14
Oxyde de fer.	12,20
Oxyde de cérium.	5,00
Yttria.	11,50
Chaux.	4,20
Oxyde de manganèse.	2,70
Magnésie, potasse, silice et oxyde d'étain	traces.
	96,04

Couleur : noire. Poussière brune, opaque. Éclat métallique vif. Forme primitive : prisme droit rhomboïdal, ou d'après M. G. Rose, octaèdre rhomboïdal dont les angles dièdres sont de 136º 28', 116º 22' et 80º 16'.

Cassure conchoïde. Raye le feldspath; rayé par le quartz.
Pesanteur spécifique, 4.80.

Infusible et inaltérable au chalumeau sans addition. Avec le
borax, aisément soluble en verre coloré en jaunâtre par le fer. Avec
le sel de phosphore, soluble en verre rougeâtre. Avec la soude, infusible ; mais se réduisant en une masse d'un gris rougeâtre.

ESPÈCE.

On trouve l'indication de quelques espèces de ce genre , mais
sans description bien précise. Ce sont des prismes rhomboïdaux
plus ou moins modifiés sur leurs arêtes latérales et terminales ,
avec des sommets pyramidaux de quatre faces. De *Friedrichswarn*
en Norwége.

L'*ilménite* de M. Kupfer de Kasan paraît se rapprocher davantage du polymignite que de l'ilménite de M. de Léonhard décrite
ci-dessus, et nommée par M. Mohs *Axotomes Eisenerz.*

Celle de M. Kupfer est noire, à poussière brune , à cassure conchoïde cireuse; elle n'offre aucun clivage; elle est faiblement translucide sur les bords. Sa pesanteur spécifique est de 4,75 à 4,78.
Infusible au chalumeau sans addition, fond en verre brun
noirâtre et translucide avec le borax et le sel de phosphore. Sa
forme est celle d'un prisme rhomboïdal, oblique, légèrement tronqué
sur les angles supérieur et inférieur de chaque base. Elle se trouve
à une lieue de Miask dans l'Oural, au pied de l'Ilmen. M. Beudant
croit ce minéral plus rapproché encore, par sa composition et ses
caractères , de l'Æschinite , genre de l'ordre des Titanidiens et que
l'on trouve dans la même localité.

7ᵉ Genre.—MANGANITE. (Haïdinger.) (*Manganites.*)

Manganèse oxydé hydraté (en partie) Haüy. *Manganèse oxydé
argentin* (Haüy). *Acerdèse* (Beudant). *Grau-Manganerz* (en partie),
et *Grau-Braunsteinerz* (en partie) (Werner). *Prismatoïdisches
Manganerz* (Mohs.)

Deutoxyde de manganèse hydraté.

Signe minéralogique : 3 *Mn* + *Aq*, suivant M. Beudant.

ANALYSE DES MANGANITES.

| | de Ilefeld | d'Undnaes |
	par Turner.	par L. Gmelin.	par Arfwedson.
Oxyde rouge de manganèse.	86,850	87,1	86,41
Oxygène.	3,050	3,4	3,51
Eau.	10,100	9,5	10,08
	100,000	100,0	100,00

Couleur : noir brunâtre foncé, ou noir de fer. Poussière d'un brun rougeâtre. Opaque , excepté dans les fragmens minces où se manifeste une faible translucidité. Éclat métallique imparfait. Forme primitive : prisme droit rhomboïdal de 99° 41' et 80° 19'. Clivages les plus nets parallèles aux pans du prisme; les moins nets parallèles aux deux diagonales des bases. Cassure inégale. Raye la chaux carbonatée ; rayée par la chaux phosphatée ou apatite. Pes. spéc., 4,512.

Au chalumeau donnant de l'eau dans le matras. Infusible sans addition, mais prenant une teinte rougeâtre au feu d'oxydation. Colore le verre de borax en bleu violâtre, en opérant une légère effervescence après la calcination.

ESPÈCES.

1ere Espèce. MANGANITE PRIMITIVE (*Manganites prismatica*). Signe des faces, P M. Prisme rhomboïdal droit. Incidence de M sur M, 99° 41' et 80° 19'; de M sur P, 90°. De *Ilefeld* (au Hartz).

2e. MANGANITE PÉRIOCTAÈDRE (*Manganites perioctaedra*). Prisme droit à huit pans. Modification incomplète par deux faces sur chaque arête latérale aiguë.

3e. MANGANITE DODÉCAÉDRIQUE (*Manganites dodecaedrica*). Prisme à huit pans à sommets dièdres. Combinaison de la modification de l'espèce précédente , avec une modification par une face sur chacun des angles obtus de la base , qui intercepte entièrement cette base. D'*Ilefeld* (au Hartz).

4e. MANGANITE TÉTRACONTAÈDRE (*Manganites tetracontaedra*).

Solide à 40 faces, ou prisme à douze pans terminé par des sommets ayant chacun quatorze faces. Combinaison de plusieurs modifications, savoir : 1° modifications incomplètes pour le prisme, par deux faces sur les quatre arêtes latérales ; 2° modifications complètes pour les bases, par deux faces sur chacun des angles obtus, et par cinq faces sur chacun des angles aigus de la base.

ALTÉRATION DES INDIVIDUS CRISTALLINS ET LEUR GROUPEMENT.

En prismes cylindroïdes ou baccillaires, isolés ou groupés, divergens ou entrelacés. En amas fibreux, capillaires, mamelonnés, dendritiques ou écailleux.

MODE DE GROUPEMENT DES INDIVIDUS MOLÉCULAIRES DE CE GENRE.

En masses terreuses : celles-ci et les masses écailleuses portent le nom de *wad*.

Appendice à ce genre.

Manganèse hydraté cuprifère de Schlackenwald, indiquée par Berzélius, sous le nom de *Kupfer mangan*; devra probablement constituer un sous-genre, lorsque ses caractères physiques seront mieux connus.

Au chalumeau, seul dans le matras, donne d'abord beaucoup d'eau non acide, puis éclate et se divise avec décrépitation. Sur le charbon, brunit mais ne se fond pas au feu de réduction. Avec le borax, se dissout aisément et prend la couleur améthyste du manganèse. Au feu de réduction donne un verre transparent et incolore qui devient rouge et opaque par le refroidissement. Avec le sel de phosphore, se dissout aisément en offrant les mêmes nuances qu'avec le borax. Le verre incolore, obtenu au feu de réduction, exposé un instant au feu d'oxydation, prend la belle teinte verte du cuivre, et conserve sa transparence après le refroidissement. Une oxydation plus prolongée lui donne une couleur d'améthyste bleuâtre. Avec un mélange de soude et de borax, on obtient des grains de cuivre fondu. (Berzélius.)

Appendice à la famille des Hyalométalloïdes apyres.

Génre BROOKITE. (Lévy.)

Minéral cristallisé; brun rougeâtre ou jaunâtre; plus ou moins translucide. Poussière : blanc jaunâtre. Forme primitive : prisme rhomboïdal droit de 100° et 80°, dans lequel le côté de la base est à la hauteur comme 30 à 11. Clivable dans la direction des petites diagonales des bases. Éclat très vif, adamantin métalloïde. Raye l'apatite ou le feldspath du Labrador ; rayé par le quartz. La Brookite de la Tête-Noire (près de Chamouni) que j'ai essayée, est insoluble et indécomposable, même en poudre, dans l'acide hydrochlorique bouillant. M. Beudant qui dit avoir trouvé plusieurs échantillons de ce minéral, insolubles dans les acides, assure que dans certains cas il a réussi à en dissoudre quelques parcelles après plusieurs jours d'exposition dans l'acide hydrochlorique.

Seule au chalumeau, elle est infusible et inaltérable, et elle se dissout entièrement dans le sel de phosphore et forme un verre jaune brunâtre.

Il n'existe pas encore d'analyse de ce minéral, mais les essais chimiques n'y ont montré que de l'oxyde de titane avec quelques traces de fer et de manganèse, d'où il devient probable que ce genre, lorsqu'il sera complétement connu, devra prendre place dans la méthode à côté du Ruthile et de l'Anatase.

Les cristaux qui en font partie et qui offriront diverses espèces affectent toujours la forme de prismes rhomboïdaux très comprimés et diversement modifiés sur leurs angles et sur leurs arêtes latérales, prenant ainsi l'aspect de lames hexagonales, bisclées sur leurs bords.

Les cristaux de brookite se trouvent dans le Dauphiné près du Bourg d'Oisans ; à la Tête-Noire près de Chamouni ; et au mont Snowdon dans le pays de Galles.

Genre GOÉTHITE. (Lenz.)

Synonymes : *Rubinglimmer* (Hausmann). [*Lépidokrokite* (Ullmann).

Ces minéraux, qui ont été désignés comme espèces particulières par les minéralogistes allemands, avaient été confondus avec les fers hydratés par les autres minéralogistes. M. Beudant a montré, par une analyse dont il est l'auteur, ainsi qu'en discutant une analyse de M. Brandes, que leur composition chimique différait de celle des fers hydratés et qu'ils doivent en être séparés. Leurs caractères physiques, tels que leur couleur et celle de leur poussière, ainsi que leur translucidité plus ou moins évidente, viennent appuyer cette séparation. Ce dernier caractère nous oblige même à placer le genre Goéthite dans une autre famille et même dans un autre sous-ordre que les Fers hydratés.

C'est toujours une combinaison d'oxyde de fer et d'eau, mais, tandis que la formule minéralogique des Fers hydratés est $F^2 Aq$, celle des Goéthites serait, d'après M. Beudant, $F^3 Aq$.

ANALYSES DES GOÉTHITES ET LÉPIDO-KROKITES.

	D'Angleterre. Par M. Beudant.	De Hollerterzug. Par M. Brandes.
Peroxyde de fer.	89,2	88,00
Oxyde de manganèse.	traces	0,50
Eau.	10,8	10,75
Silice.	0,0	0,50
	100,0	99,75

Couleur : rouge brunâtre ou jaunâtre par réflexion, et rouge vif par transparence à une vive lumière. Poussière : rouge orangé. Éclat adamantin métalloïde. Forme primitive : prisme droit, rectangulaire ou rhomboïdal.

Les cristaux ou individus se présentent sous la forme de petites lames ou tables biselées ou modifiées sur leurs bords par des facettes obliques.

Les groupemens des individus moléculaires ont lieu en masses arrondies, en rognons et en grapes.

On les trouve dans le *Westerwald*.

Genre. — ITTROTANTALITE D'EKEBERG.

Tantale oxydé yttrifère (Haüy). *Yttrotantale* (Berzélius).

Ce minéral, évidemment impur et mélangé de diverses espèces minérales, ne s'est pas encore présenté sous une forme cristalline, en sorte que sa nature aussi bien que sa composition, ne sont encore que fort imparfaitement connues. M. Berzélius le regarde comme un mélange mécanique de tantalates d'ittria, d'urane et de chaux, et quelquefois de tantalite et de tungstène.

ANALYSE DE L'ITTROTANTALITE BRUN FONCÉ, PAR BERZÉLIUS.

Oxyde de tantale.	51,815
Ittria.	38,515
Chaux.	3,260
Acide tungstique.	2,592
Oxyde de fer.	0,555
Oxyde d'urane.	1,111
	97,848

Ce minéral varie, pour la couleur, du noir brunâtre au jaune. Sa poussière est d'un gris cendré. Il est un peu translucide sur les bords. Pesanteur spéc., environ 5. Il se laisse, quoique difficilement, râcler avec un couteau et raye l'apatite. Sa cassure est grenue, et offre une couleur d'un gris foncé et un éclat métallique.

Au chalumeau, seul dans le matras, dégage de l'eau et devient jaune, s'il était noir; quelques-uns deviennent mouchetés, parce qu'ils renferment des parties noires inaltérables. Chauffé au rouge, il blanchit, et la substance du matras est attaquée au-dessus de la pièce d'essai. L'eau qui se dégage alors jaunit d'abord, puis blanchit ensuite le papier de Fernambouc (1). — Avec le borax, se dissout en un verre presque incolore, qui, à un certain degré de saturation, peut devenir opaque par le flamber, et, à un degré plus élevé, devient opaque de lui-même. — Avec le sel de phosphore, se décompose d'abord; l'oxyde de tantale reste solide sous la forme d'un squelette blanc, susceptible de se dissoudre au moyen d'une insufflation soutenue. — Au feu de réduction, l'ittrotantalite noir d'Ytterby acquiert, par le refroidissement, une faible couleur rose indicative de la présence du tungstène. La variété d'un brun sombre et la jaune d'Ytterby prennent, par le refroidissement, un beau vert pâle indicatif de l'urane. Celles de Finbo et du Korarf n'offrent qu'une très intense couleur de fer. — Avec la

____

(1) L'acide fluorique, indiqué par ces réactions, est probablement combiné avec l'ittria et le fluate d'ittria, accidentellement et mécaniquement mélangés avec l'ittrotantalite.

soude, sur la feuille de platine, on obtient la couleur verte caractéristique du manganèse. Et par la réduction avec un mélange de borax, on obtient, de quelques variétés, des particules d'étain. (Berzélius.)

L'ittrotantalite ne s'est encore présentée que sous forme de petites masses arrondies enclavées dans du feldspath, en Suède, à Ytterby, Finbo et Korarf, et dans le Groënland.

2ᵉ FAMILLE. — *HYALOMÉTALLOÏDES PYRIDÉS.*

Fusibles et réductibles immédiatement au chalumeau. Solubles dans les acides. Ne rayant que la chaux carbonatée; rayés par l'apatite.

Genre unique. — CUIVRE ROUGE. (*Ziguelina.*)

Cuivre oxydulé (Haüy). *Cuivre oxydulé rouge* (Brochant), anciennement *Cuivre vitreux. Roth Kupfererz* (Werner et Karsten). *Oktaedrisches Kupfererz* (Mohs). *Ziguéline (Beudant).*
Cuivre oxydé au minimum ou protoxyde de cuivre.

ANALYSES DES CUIVRES ROUGES.

	D'Angleterre. Par Chenevix.	De Sibérie. Par Klaproth.
Cuivre.	88,5	91
Oxygène.	11,5	9
	100,0	100

Couleur : le rouge plus ou moins vif, qui passe souvent au gris de plomb, avec un éclat métallique plus ou moins vif. Poussière et râclure : d'un rouge un peu obscur. Tantôt opaque, tantôt translucide. Dans le premier cas, il a ordinairement la couleur gris de plomb et l'éclat métallique; dans le second, il a la couleur rouge et un éclat adamantin. Forme primitive : l'oc-

taèdre régulier. Pesanteur spécifique , 5,6 à 6,1. Raye
la chaux carbonatée ; rayé par l'apatite. Facile à pulvériser.

Soluble avec effervescence et dégagement de gaz nitreux dans
l'acide nitrique qu'il colore en vert ; et sans effervescence dans l'a-
cide muriatique.

Au chalumeau, seul sur le charbon, au feu d'oxydation, se fond
en une boule noire qui s'étend sur le charbon et se réduit en des-
sous. Au feu de réduction et à une température élevée, il donne un
grain de cuivre par la fusion. — Avec le borax et le sel de phosphore, au feu d'oxydation, se transforme en un verre d'un beau
vert qui devient incolore au feu de réduction ; mais qui devient
rouge cinabre et opaque par le refroidissement. Une portion se réduit en grains fondus. — Avec la soude, il se résout sur le fil de
platine en un beau verre vert, qui perd sa couleur et devient opaque par le refroidissement. (Berzélius.)

ESPÈCES.

1re Espèce. Cuivre rouge primitif (*Ziguelina octaedrica*). Signe
des faces, P. L'octaèdre régulier à huit faces, qui sont des triangles
équilatéraux, inclinées entre elles de 109° 28' 16''. De *Chessy* près
de *Lyon*, du *Cornouailles*, de *Sibérie*.

Var. *a. Cunéiforme.* Les deux angles des sommets remplacés
par une arête, et chaque pyramide changée en un solide, en forme
de coin ou de toit, formé de deux grands trapèzes et de deux petits
triangles.

2e. Cuivre rouge cubique (*Ziguelina cubica*). Signe des faces, *i.*
Le cube. Modification complète par une face sur tous les angles
solides de l'octaèdre primitif. Inclinaison des faces , 90°. De
Moldava dans le *Bannat*; de *Hongrie*.

3e. Cuivre rouge dodécaèdre (*Ziguelina dodecaedra*). Signe
des faces , *r.* Le dodécaèdre régulier solide à douze faces rhombes,
égales et semblables. Modification complète par une seule face sur
toutes les arêtes de l'octaèdre primitif. Inclinaison de *r* sur *r*, 120°.
De *Chessy* près de *Lyon*.

4e. Cuivre rouge cubo-octaèdre (*Ziguelina cubo-octaedrica*).
Signe des faces , P *i.* L'octaèdre régulier ayant tous les angles
solides remplacés par une facette carrée , ou le cube ayant tous

les siens remplacés par une facette triangulaire équilatérale. Modification incomplète par une face sur tous les angles solides du noyau. Inclinaison de P sur *i*, 125° 15' 52".

Var. *a*. Cube dominant.

Var. *b*. Octaèdre dominant.

De *Chessy* près de *Lyon*.

5°. CUIVRE ROUGE ÉMARGINÉ (*Ziguelina emarginata*). Signe des faces , P *r*. L'octaèdre primitif, dont toutes les arêtes sont remplacées chacune par une face, ou le dodécaèdre rhomboïdal dont tous les angles solides triples sont remplacés chacun par une facette triangulaire. Modification incomplète par une seule face sur toutes les arêtes du noyau. Inclinaison de P sur *r*, 144° 44' 8".

Var. *a*. Octaèdre dominant.

Var. *b*. Dodécaèdre dominant.

De *Chessy* près de *Lyon*.

6°. CUIVRE ROUGE CUBO-DODÉCAÈDRE (*Ziguelina cubo-dodecaedra*). Signe des faces, *r i*. Le dodécaèdre rhomboïdal ayant tous ses angles quadruples remplacés chacun par une facette carrée, ou le cube dont toutes les arêtes sont remplacées par une facette. Combinaison de deux modifications dont l'une par une face sur tous les angles solides, et l'autre également par une face sur toutes les arêtes de l'octaèdre primitif. Cette combinaison intercepte entièrement le noyau. Inclinaison de *r* sur *i*, 153° 26' 5".

Var. *a* Cube dominant.

Var. *b* Dodécaèdre dominant.

De *Chessy* près de *Lyon*.

7°. CUIVRE ROUGE TRIFORME (*Ziguelina triformis*). L'octaèdre régulier ayant tous ses angles solides et ses arêtes remplacés chacun par une face. Ou le cube ayant également ses arêtes et ses angles tronqués, ou le dodécaèdre rhomboïdal ayant tous ses angles solides tronqués. Combinaison de deux modifications, dont l'une par une seule face sur tous les angles solides, et l'autre également par une seule face sur toutes les arêtes du noyau. Cette modification n'intercepte pas entièrement le noyau.

Var. *a*. Octaèdre dominant.

Var. *b*. Cube dominant.

Var. *c*. Dodécaèdre dominant.

Du *comté de Cornouailles*.

MODE DE GROUPEMENT DES INDIVIDUS DE CE GENRE.

En petites druses à *Ecatherinbourg* (Sibérie). *Drusillaire* (Haüy).

En filamens tortueux composés de petits cristaux rangés à la file. *Filiforme* (Haüy).

En aiguilles très fines et fort alongées. C'est le *cuivre oxydulé capillaire* de Haüy. *Haarförmiges Roth Kupfererz* de Werner. Ces aiguilles sont d'un beau rouge, translucides et d'un éclat soyeux ou adamantin.

Lorsque ces aiguilles se croisent de manière à former une espèce de réseau , c'est le *cuivre-oxydulé sub-réticulé* de Haüy.

En grandes lames et en petites lames irrégulièrement entremêlées.

En masses compactes. De *Pensylvanie*.

En masses terreuses. C'est le *Ziegelerz* de Werner et le *cuivre tuilé* des mineurs français. Dans cet état, il est toujours mêlé de fer qu'on reconnaît à ce qu'il colore en vert sale le verre de borax et à ce que des fragmens chauffés à la flamme d'une bougie deviennent attirables à l'aimant. De *Sibérie* et de *Moldava*. (Lucas, Coll. du Muséum.)

ALTÉRATION DE LA SUBSTANCE.

Les cristaux de cuivre rouge se recouvrent quelquefois d'une croûte de cuivre carbonaté vert, ou malachite terreuse produite par épigénie. On trouve des cristaux de diverses espèces ainsi altérés à *Chessy* près de Lyon, et à *Nikolewski* en Sibérie.

MÉLANGES ACCIDENTELS.

Cuivre rouge ferrifère; c'est le *Cuivre rouge terreux* ou *Ziegelerz* dont il vient d'être question ci-dessus.

Cuivre rouge arsénifère. M. Lelièvre a reconnu que le cuivre rouge qui accompagne les cristaux de *Cuivre* arséniaté, est quelquefois mélangé d'acide arsénique. On reconnaît la présence de cet acide par un dépôt jaunàtre que laisse le cuivre rouge, qui en contient lorsqu'il a été mis en dissolution dans l'acide nitrique.

Au chalumeau , sur le charbon , il dégage l'odeur d'ail avec des vapeurs arsénicales, tandis que sur tout autre support, il se fond en bouillonnant , devient d'un brun rougeâtre et ne donne ni vapeur ni odeur (Haüy).

1°. La *Varvicite* de Philipps , regardée par lui comme un manganèse lamelleux ressemblant extérieurement au Manganite, et ayant la dureté et la râclure du Pyrolusite. Pes. spéc., 4,53. Donne par le grillage 5,725 pour cent d'eau et 7,285 d'oxygène. M. Berzélius regarde ce minéral comme un mélange de divers oxydes de manganèse. M. Turner en rapproche un minerai de manganèse d'Ilefeld au Hártz, qui se présente en pseudo-cristaux sous les formes de la chaux carbonatée. Sa pesanteur spécifique est de 4,623. La varvicite se trouve dans le *Warwickshire* en Angleterre.

2°. Le *Pelokonit?* de M. Richter. Noir bleuâtre opaque. Éclat vitreux , faible. Cassure conchoïde. Raye le gypse ; rayé par la chaux fluatée. Poussière d'un brun de foie. Pesanteur spécifique, 2,50 à 2,56. Composé, d'après les essais de M. Karsten, de manganèse oxydé hydraté et d'oydes de fer et de cuivre, avec mélange de silice. Ce minéral se rapprocherait ainsi de la Varvicite et du Manganèse hydraté cuprifère ou *Kupfer Manganerz*. Il vient de *Tierra Amarilla* et de *Remolinos* au Chili.

3°. La *Psilomélane* de M. Haïdinger. Minéral non cristallin ou seulement pseudo-morphique, c'est à dire , que les groupes d'individus moléculaires se présentent sous des formes appartenant à un autre minéral, comme par ex. à la chaux fluatée. Couleur : le noir bleuâtre passant au gris d'acier. Éclat métallique imparfait. Râclure métallique ; ce qui est une anomalie unique dans les minéraux oxydés, et ce qui pourrait provenir de ce que les individus moléculaires de ce minéral sont en lames très minces et ont un clivage facile dans un seul sens comme le Fer oligiste. Raye la chaux fluatée; rayée par l'apatite. Pesanteur spécifique, 4,145.

ANALYSES DES PSILOMÉLANES.

	d'Angleterre par M. Turner.	de la Romanèche par M. Berthier.
Oxyde rouge de manganèse.	69,795	70,3
Oxygène.	7,364	7,2
Baryte.	16,365	16,5
Eau.	6,216	4,0
Silice ou matière insoluble.	0,260	2,0
	100,000	100,0

M. Beudant, d'après ces analyses, regarde la psilomélane comme un manganite ou manganate de baryte, dont la formule serait *Ba Mn₄ + 2 Aq.* Mais il faudrait trouver ce minéral avec des formes propres et une composition toujours la même pour en conclure définitivement que la baryte est réellement combinée et non accidentellement mélangée avec un ou plusieurs oxydes de manganèse.

M. Haïdinger cite comme localités de la psilomélane : *Knorrenberg* (Prusse), *Schwartzenberg* (Bohème), *Avzberg* (pays de Bayreuth), *Annaberg* (Saxe), *Conradswaldau* (Silésie), le Hanau, *Exeter* (Devonshire) et le Cornouailles.

DEUXIÈME ORDRE.

LES SULFURIDIENS OU BLENDES. (Mohs.)

Dégageant au chalumeau, dans le tube ouvert, l'odeur d'acide sulfureux, et blanchissant le papier de Fernambouc introduit dans le tube.

La véritable nature chimique des minéraux de cet ordre n'est peut-être pas encore complétement connue : ce sont des sulfures métalliques. Mais il a été long-temps douteux, si dans ces combinaisons le soufre était uni à un oxyde métallique ou à un métal pur. Les anciens chimistes regardaient la Blende comme un sulfure d'oxyde de zinc. Vauquelin regardait l'antimoine et l'argent comme étant l'un et l'autre à l'état d'oxyde dans l'Argent rouge. Les caractères physiques de ces diverses substances, si différens de ceux des vrais sulfures métallophanes, paraissent favoriser beaucoup cette opinion. Cependant, Proust pense s'être assuré par des expériences directes, que dans aucun de ces sulfures colorés et translucides, il ne se trouve de l'oxygène, et toutes les analyses plus récentes ont confirmé son avis. C'est donc des progrès ultérieurs qu'on doit attendre l'explication de la remarquable anomalie que présentent les minéraux dont nous nous occupons , comparativement avec les nombreux sulfures ayant tous l'éclat et l'aspect métalliques que nous avons décrits ci-dessus.

Il n'est aucun des minéraux de cet ordre qui présente cette anomalie d'une manière plus frappante que l'Argent rouge, puisque les sulfures d'argent et d'antimoine qui, par leur réunion dans ce minéral, forment des cristaux d'un rouge vif, transparens, ont, chacun à part, une couleur grise métallique et une complète opacité.

Les caractères communs aux minéraux de cet ordre, sont de dégager par la combustion l'odeur d'acide sulfureux, d'offrir par réflexion un éclat très vif et plus ou moins métallique, et par réflexion et réfraction à la fois une couleur plus ou moins vive. Ils sont tous électriques résineusement par le frottement, et jouissent d'autant plus de la faculté isolante, qu'ils sont plus transparens. Même alors que la transparence est la plus complète , les surfaces planes et naturellement polies des lames cristallines ont un miroitement remarquable, et dans tous les cas, il suffit de polir le minéral pour lui rendre l'éclat métallique. Tous sont tendres; la plupart ne rayent que le talc ou le gypse; un seul raye la baryte sulfatée. Leur pesanteur spécifique varie de 6,9 à 3,3.

Tous sont attaquables par les acides; les uns se recouvrent d'un enduit blanc par l'acide nitrique (l'*Antimoine rouge*). La plupart sont solubles dans l'acide hydrochlorique, soit concentré, soit étendu. Quelques *Blendes* ne se dissolvent que dans l'eau régale.

1ᵉʳ Genre.—ARGENT ROUGE. (*Argyroblenda.*)

Argent antimonié sulfuré rouge (Haüy). *Rothgültigerz* (Werner et Karsten). *Argent rouge* (Brochant et Brongniart). *Silber-Blende* (Breithaupt). *Rhomboedrische Rubinblende* (Mohs).

Regardé jadis comme un sulfure d'oxyde d'antimoine et d'argent, et, plus tard, comme un sulfure d'argent et d'antimoine, M. Berzélius avait soupçonné que ce double sulfure contenait, en combinaison, de l'oxyde d'antimoine, et il exprimait cette combinaison, d'après la discussion d'une analyse de Klaproth, par la formule $\ddot{S}b + 2\,Sb^3 + 6\,Ag\,S^2$ (Nouveau système minéralogique, p. 197). Plus tard, il s'est rangé à l'idée des chimistes qui regardent l'oxygène comme n'entrant pas dans la composition de l'argent rouge, et il a adopté définitivement la formule suivante, d'après l'analyse de M. Bonsdorff : $2\,SbS^3 + 3\,Ag\,S^2$. (De l'*Emploi du chalumeau*, p. 180).

Proust avait déjà depuis long-temps remarqué qu'il y avait dans les minéraux connus sous le nom d'Argent rouge, deux sortes de substances différentes; l'une, un double sulfure d'antimoine et d'argent; l'autre, un double sulfure d'arsenic et d'argent. M. Fuchs d'abord, puis M. H. Rose, ont confirmé, par leurs analyses, les observations de Proust. M. Breithaupt a montré que des caractères physiques, chimiques et extérieurs, se réunissaient à l'analyse pour distinguer deux sortes d'Argent rouge, et que les différences auciennement signalées par les minéralogistes entre l'argent rouge clair et l'argent rouge foncé, correspondaient aux différences de composition ci-dessus énoncées. La classification chimique adoptée par M. Beudant, l'a conduit, non-seulement à séparer, comme espèces distinctes de substances, les deux sortes d'argent rouge, mais encore à les placer dans deux divisions différentes de la famille dans laquelle il les a classés.

Mais, comme ces deux sortes de minéraux ont une forme cristalline de même nature et de même nom, des couleurs de même genre, et d'ailleurs une analogie presque complète dans leurs autres caractères physiques; comme, d'ailleurs, ils ne diffèrent dans leur composition que par la substitution d'élémens isomorphes, nous les laisserons dans le même grand genre, que nous diviserons en deux sous-genres caractérisés par la prédominence de l'un ou de l'autre des élémens isomorphes, et par les propriétés physiques ou chimiques qui en sont la conséquence.

Caractères communs aux deux sous-genres.

Couleur: rouge plus ou moins vif et quelquefois gris de fer métallique. Poussière rouge. Éclat demi-métallique ou adamantin. Plus ou moins translucides, particulièrement dans les fragmens minces. Forme primitive : rhomboïde obtus de 108° 50' et 71° 30' à 107° 30' et 72° 30' (1). Clivable parallèlement à ses faces et quelquefois à celles d'un rhomboïde plus obtus. Pesanteur spécifique, 5,51 à 5,91. Raye le gypse; rayé par la chaux fluatée.

Au chalumeau, sur le charbon, fusible avec dégagement de vapeurs, et réductible à la flamme extérieure en un culot d'argent pur. Dans le tube ouvert, la pièce d'essai exposée au contact immédiat de la flamme, dégage de la fumée et laisse un dépôt blanc ou jaune.

----

(1) Haüy avait adopté un rhomboïde de 109° 28' et 70° 52'. Comme cette différence influe très peu sur les inclinaisons des faces secondaires, nous avons conservé dans la désignation des espèces, les incidences de Haüy, en indiquant en note les données plus récentes et plus exactes.

Soluble sans effervescence dans l'acide nitrique et dans l'acide hydrochlorique étendu.

ESPÈCES DU GENRE.

*Espèces n'ayant que des faces obliques à l'axe.

1ère Espèce. ARGENT ROUGE SEXDUODÉCIMAL (*Argyroblenda sexduodecimalis*). Signe des faces, *f z*. Un dodécaèdre bipyramidal à 12 faces triangulaires scalènes, terminé par le sommet à trois faces rhombes, d'un rhomboïde obtus. Combinaison de deux modifications, dont l'une, par deux faces sur toutes les arêtes latérales du rhomboïde primitif, produit le dodécaèdre (*f*), et l'autre, par une seule face sur toutes les arêtes terminales du noyau, produit le rhomboïde (*z*). Cette combinaison intercepte complétement le noyau. Inclinaison de *f* sur *f*, 130° 18' et 111° 52' (1); de *z* sur *z*, 138° 35' (2). Du *Hartz*. (Luc., Coll. du Mus.)

2e. ARGENT ROUGE APOPHANE (*Argyroblenda pyramidata*). Signe des faces, *f l*. Le même dodécaèdre bipyramidal (*f*) que celui de l'espèce précédente (voy. le *sexduodécimal* pour le mode de formation de ce dodécaèdre) terminé par une pyramide à six faces triangulaires isocèles (*l*), très surbaissée, produite par une modification par deux faces sur les arêtes terminales du rhomboïde primitif : la combinaison de ces deux modifications intercepte complétement le noyau. Inclinaison de *l* sur *l*, 160° 48' et 141° 2' (3). Du *Hartz*. (Lucas, Coll. du Muséum.)

3e. ARGENT ROUGE UNIBINAIRE (*Argyroblenda unibinaris*). Signe des faces, *h i*. Un dodécaèdre bipyramidal à 12 faces triangulaires scalènes (*h*), peu aigu, dont les trois arêtes aiguës sont tronquées ou remplacées chacune par une facette linéaire (*i*). Combinaison de deux modifications; dont l'une, par deux faces très surbaissées sur chaque arête latérale du noyau, produit le dodécaèdre, *h*; et l'autre, par une seule face sur les angles latéraux du rhomboïde primitif, produit les facettes linéaires, *i*. Cette combinaison intercepte complétement le noyau. Inclinaison de *h* sur *h*, 144° 54' et 105° 48' (4); de *h* sur *i*, 143° 59'.

---

(1) Environ 130° et 112° (Beudant).

(2) 137° 39' (Mohs).

(3) Environ 141° et 160° (Beudant).

(4) Environ 145° et 106° (Beudant).

**. Des faces perpendiculaires à l'axe, sans faces parallèles à ce même axe. Dodécaèdre bipyramidal dominant.

4*. ARGENT ROUGE DISTIQUE (*Argyroblenda distica*). Signe des faces, *m r o*. Un dodécaèdre bipyramidal à 12 triangles isocèles (*r*) ayant pour sommet un second dodécaèdre semblable, mais plus obtus (*m*) et dont l'angle solide terminal est tronqué ou remplacé par une face hexagonale perpendiculaire à l'axe (*o*). Combinaison de trois modifications, dont deux par deux faces sur les six angles latéraux du rhomboïde, produisent les dodécaèdres *r* et *m*, et la troisième par une seule face *o* sur chacun des deux angles solides terminaux. Cette combinaison intercepte entièrement le noyau. Inclinaison de *r* sur *r*, 126° 30' (1), 128°, 20'; de *r* sur *m*, 161° 45'; de *m* sur *m*, 137° 52' (2).

***. Des faces perpendiculaires et des faces parallèles à l'axe.
Prismes dominans.

A. Prismes à six pans.

5e. ARGENT ROUGE PRISMATIQUE (*Argyroblenda prismatica*). Signe des faces, *n o*. Un prisme hexaèdre régulier. Combinaison de deux modifications, dont l'une par une seule face (*n*) sur toutes les arêtes latérales, et l'autre également par une seule face, sur les angles terminaux du rhomboïde primitif. Cette combinaison intercepte entièrement le noyau. Inclinaison de *n* sur *n*, 120°; de *n* sur *o*, 90°. De *Bohème* (Lucas, Coll. du Mus.), et de *Schemnitz* (Hongrie). *Idem* 1re part., p. 295.

6e. ARGENT ROUGE TRIUNITAIRE (*Argyroblenda triunitaris*). Signe des faces, *n o z*. L'espèce *prismatique*, dont six des douze angles solides du prisme hexaèdre sont tronqués chacun par une face oblique de rhomboïde *z*, ce qui réduit la face terminale *o* à un triangle équilatéral. Ces nouvelles faces *z* sont produites en vertu d'une modification par une seule face sur les six angles latéraux du rhomboïde primitif. Inclinaison de *z* sur *z*, 137° 39' (Mohs).

**** Des faces parallèles, mais point de faces perpendiculaires à l'axe. Prismes à 6 et à 12 pans dominans.

A. Prismes à six pans.

7e. ARGENT ROUGE PRISMÉ (*Argyroblenda prismata*). Signe des faces, P *n*. Un prisme hexaèdre terminé par le sommet du rhomboïde primitif à trois faces rhomboïdales. Modification incomplète par une

____

(1) Environ 127°. Beudant.
(2) Environ 138°. Beudant.

seule face sur chacune des arêtes latérales du noyau. Inclinaison de P sur P, 109° 28' (1); de P sur *u*, 125° 16' (2); de *n* sur *n*, 120°.

8ᵉ. ARGENT ROUGE BISUNITAIRE (*Argyroblenda bisunitaris*). Signe des faces , P *z n*. L'espèce précédente dont les trois arêtes qui se réunissent à l'angle terminal, sont remplacées chacune par une facette (*z*), produite en vertu d'une modification par une seule face sur les arêtes terminales du rhomboïde primitif. Inclinaison de P sur *z*, 144° 44'.

9ᵉ. ARGENT ROUGE DISJOINT (*Argyroblenda disjuncta*). Signe des faces, P *n z c*. L'espèce *prismée* ayant les trois arêtes qui se réunissent à l'angle terminal, remplacées chacune par trois facettes parallèles entre elles, *c z*. C'est l'espèce précédente avec les deux facettes *c*, parallèle à la facette *z* qu'elles bordent des deux côtés. Ces facettes *c* sont produites en vertu d'une modification par deux faces sur les arêtes terminales du noyau. Inclinaison de *c* sur *z*, 157°.

10ᵉ. ARGENT ROUGE SOUSTRACTIF (*Argyroblenda substractiva*). Signe des faces, P *n z h g*. L'espèce *bisunitaire* ayant de plus les arêtes de jonction des faces culminantes avec celles du prisme, remplacées chacune par une facette *h* (produite en vertu d'une modification par deux faces sur chacune des arêtes latérales du noyau) ; et trois des angles latéraux de chaque sommet remplacés chacun par une face *g* à sept côtés, produite en vertu d'une modification par une face sur chacun des angles latéraux du rhomboïde primitif. Inclinaison de P sur *g*, 130° 54'; de P sur *h* , 150° 30'; de *h* sur *h* 144° 54'. D'*Andreasberg* (au Hartz.) (Luc., Coll. du Mus.)

11ᵉ. ARGENT ROUGE PENTAHEXAÈDRE (*Argyroblenda pentahexaedra*). Signe des faces, *l f n*. L'espèce *apophane* avec les faces *n* du prisme hexaèdre. (Voyez pour les modifications qui produisent cette espèce les espèces *apophane* et *prismatique*.) Ici le noyau est entièrement intercepté.

12ᵉ. ARGENT ROUGE SEXOCTODÉCIMAL (*Argyroblenda sexoctodecimalis*). Signe des faces, *n x z*. Le prisme hexaèdre *n* surmonté par une pyramide à six faces triangulaires isocèles *x*, terminée par les trois faces du sommet d'un rhomboïde très obtus, *z*. Combinaison de trois modifications qui interceptent entièrement le noyau. La 1ʳᵉ, par une seule face sur chaque arête latérale du noyau, produit le prisme *n*, la seconde, par deux faces obliques sur chacun des an-

---

(1) 108° 30'. Beudant.
    108° 18'. Mohs.
(2) 126° 18'. Beudant.

gles latéraux du noyau, produit le dodécaèdre bipyramidal *x*, la troisième, par une face sur chacune des arêtes terminales du rhomboïde primitif, produit le sommet rhomboïdal *z*. De *Sainte-Marie aux mines*. (Lucas, Coll. du Mus.) *B* prismes à 12 pans.

13ᵉ. **Argent rouge bino-bisunitaire** (*Argyroblenda bino-bisunitaris*). Signe des faces, *n k z*. Un prisme à douze faces, *n* et *k*, terminé par le sommet à trois faces d'un rhomboïde très obtus *z*. Combinaison de trois modifications, dont l'une, par une seule face sur toutes les arêtes latérales du noyau, produit six des faces du prisme (*n*), la seconde, par une seule face sur tous les angles latéraux du noyau, produit les six autres pans du prisme (*k*); la troisième, par une face sur chacune des arêtes terminales du noyau, produit le sommet à trois faces *z*. Cette combinaison intercepte entièrement le noyau. Inclinaison de k sur n, 156°.

14ᵉ. **Argent rouge didodécaèdre** (*Argyroblenda didodecaedra*). Signe des faces, P *z k n*. Un prisme à douze pans, terminé par le sommet du rhomboïde primitif, dont les trois arêtes culminantes sont remplacées chacune par une face. C'est l'espèce *bisunitaire*, dont le prisme a douze pans au lieu de six. Même combinaison de modifications que dans l'espèce précédente, seulement elle n'intercepte pas complétement le noyau.

15ᵉ. **Argent rouge tridodécaèdre** (*Argyroblenda tridodecaedra*). Signe des faces, P *z h n k*. L'espèce *prismée* (voyez cette espèce) dont toutes les arêtes sont tronquées et remplacées chacune par une facette; c'est aussi l'espèce précédente ayant encore les arêtes de jonction des faces culminantes avec celles du prisme, remplacées chacune par une facette, *h*, produite en vertu d'une modification, par deux faces, sur chacune des arêtes latérales du noyau. Les autres modifications qui produisent cette espèce, sont les mêmes que dans l'espèce *bisunitaire* (voyez cette espèce); seulement elles n'interceptent pas complétement le noyau. D'*Andreusberg* (au Hartz). (Lucas, Coll. du Muséum).

MODE DE GROUPEMENT DES INDIVIDUS MOLÉCULAIRES DE CE GENRE.

En petites masses granuliformes.

En masses compactes.

En formes de grappes.

En lames ramuleuses et dendritiques. (Lucas, Coll. du Muséum.)

1ᵉʳ Sous-Genre. ARGENT ROUGE ANTIMONIÉ.

Argyrythrose (Beudant). *Antimon-Silberblende* (Breithaupt). *Dunkel Rothgültigerz*, en partie.

L'antimoine domine dans la combinaison. Signe chimique : 2 Sb Su³ + 3 Ag Su.

ANALYSE DE M. BONSDORFF.

ARGENT ROUGE d'Andreasberg (Hartz).

Soufre.	16,61
Antimoine.	22,84
Argent.	58,94
Substance terreuse.	0,30
Perte.	1,31
	100,00

Couleur : variant du cramoisi au gris de plomb noirâtre. Râclure cramoisi passant au rouge de cochenille. Éclat demi-métallique passant à l'adamantin. Forme primitive : rhomboïde obtus de 108° 20'. Pes. spéc., 5,728 à 5,841.

Au chalumeau, sur le charbon, fusible avec dégagement de vapeurs antimoniales qui couvrent en partie le charbon, et sans odeur d'ail. Dans le tube ouvert, avec le contact immédiat de la flamme, fume beaucoup et laisse un dépôt blanc. La fumée s'attache sur le tube, et, en la chauffant, on la transporte d'une partie du tube à l'autre. Il ne se dégage pas non plus d'odeur d'ail.

La plupart des espèces décrites ci-dessus et les modes de groupement signalés plus haut, appartiennent à ce sous-genre. M. Breithaupt (*Schweiggers* Jour. 1827 , Sck. II, p. 348) cite particulièrement comme localités des minéraux de ce sous-genre : *Braunsdorff*, *Andreasberg*, et *Beschertglück* (en Saxe); la *Hongrie* et la *Norwége*.

2ᵉ Sous-Genre. ARGENT ROUGE ARSÉNIÉ.

Proustite (Beudant). *Arsen Silber blende* (Breithaupt). *Lichtes Rothgültigerz.*

L'arsenic domine dans la combinaison. Signe chimique : 2 Ar Su⁵ + 3 Ag Su.

ANALYSES DES AGENTS ROUGES ARSÉNIÉS.

de . . . . .
par Proust.

Sulfure d'arsenic.	25
Sulfure d'argent.	74,35
Sable, oxyde de fer.	0,65
	100,00

de Joachimsthal.
par H. Rose.

Soufre.	19,51
Antimoine.	0,69
Arsenic.	15,09
Argent.	64,67
	99,96

Couleur : rouge de cochenille ou cramoisi. Râclure : rouge aurore. Éclat adamantin. Forme primitive : rhomboïde obtus de 107° 56'. Pesanteur spécifique, 5,517 à 5,592.

Au chalumeau, sur le charbon, fusible avec un fort dégagement de vapeurs arsénicales à odeur d'ail. Dans le tube ouvert, avec le contact immédiat de la flamme, fume, émet l'odeur d'ail et laisse un dépôt jaune de citron.

M. Beudant indique, comme espèce de ce sous-genre :

1°. Des prismes hexaèdres réguliers terminés par des rhomboïdes très surbaissés.

2°. Des dodécaèdres bipyramidaux à triangles isocèles.

Les localités assignées par M. Breithaupt aux cristaux de ce sous-genre, sont : *Joachimsthal* en Bohême ; *Annaberg, Himmelsfürst* près de Freyberg, et *Schneeberg* en Saxe ; enfin *Sainte-Marie-aux-mines* en Alsace.

2ᵉ Genre. — MIARGYRITE. (Rose.) (*Miargyrum.*)

Argent rouge en partie ; *Argent antimonié sulfuré rouge et noir* (Haüy) en partie. *Rothgültigers* en partie. *Hemiprismatische Rubinblende* (Mohs.)

Combinaison de soufre, d'antimoine et d'argent en proportions différentes de celles de l'argent rouge. Signe chimique de M. Beudant : Sb Su₃ + Ag Su.

ANALYSE DES MIARGYRITES DE BRAUNSDORFF EN SAXE,
PAR M. H. ROSE.

Soufre.	21,95
Antimoine.	39,14
Argent.	36,40
Cuivre.	1,06
Fer.	0,62
	———
	99,17

Couleur : noir de fer ; les lames minces vues par transparence ont une couleur rouge sombre. Éclat métallique ou adamantin métalloïde. Opaque ou seulement translucide dans les fragmens minces. Râclure et poussière rouge sombre. Forme primitive : prisme rhomboïdal oblique de 95° 56' et 86° 4', et dont la base est inclinée de 101° 6' sur l'axe. Imparfaitement clivable dans le sens de la grande diagonale de la base. Pesanteur spécifique, 5,2 à 5,4. Raye le talc; rayée par la chaux carbonatée. Cassure imparfaitement conchoïde.

Au chalumeau, seule sur le charbon, fusible avec d'abondantes vapeurs blanches qui ne sont accompagnées d'aucune odeur d'ail, ou qui n'en donnent qu'une très faible, en laissant pour résidu un globule d'argent.—Soluble dans l'acide nitrique avec un précipité immédiat blanc antimonial.

ESPÈCE UNIQUE.

MIARGYRITE TRONQUÉE (*Miargyrum truncatum*). Le prisme rhomboïdal oblique primitif ayant l'angle solide supérieur, le plus aigu remplacé par une facette triangulaire. De *Braunsdorff* en Saxe (Mohs).

5ᵉ Genre. CINABRE. (*Cinnabaris.*)

Mercure sulfuré (Haüy). *Zinnober* (Werner, Karsten et de Léonhard). *Cinabre* (Brochant et Beudant). *Peritome Rubinblende* (Mohs).

Combinaison de mercure et de soufre. Signe chimique de M. Berzélius : $Hg S^2$.

ANALYSES DES CINABRES, PAR KLAPROTH.

	Du Japon.	De Carniole.
Soufre.	14,75	14,25
Mercure.	84,50	85,
Perte.	0,75	0,75
	100,00	100,00

Couleur : le rouge de carmin passant au gris de plomb métallique. Dans ce dernier cas, il est opaque et a un éclat métallique ; lorsqu'il est rouge, il est plus ou moins translucide et a un éclat adamantin. Râclure et poussière d'un rouge écarlate. Forme primitive : rhomboïde aigu de 108° 12' et 71° 48'. Les joints naturels parallèles aux faces sont sensibles à une vive lumière dans les fractures. Il existe aussi des divisions très nettes parallèles à l'axe, qui conduisent au prisme hexaèdre régulier ; mais ces clivages accidentels sont plutôt des faces de jonction de différens individus groupés ensemble. Pesanteur spécifique, 10,21 dans les cristaux purs ; elle s'abaisse jusqu'à 6,9 dans les masses altérées par des mélanges. Raye le gypse ; rayé par la chaux carbonatée. Cassure lamelleuse quelquefois inégale. Il laisse des taches rouges sur le papier contre lequel on le frotte.

Passé avec frottement sur le cuivre, il laisse un enduit d'un blanc métallique. Il communique la même couleur à une pièce de cuivre, lorsqu'on le place sur un charbon ardent et qu'on expose au-dessus de lui la pièce de cuivre. Totalement soluble dans l'acide hydro-chlorique.

Au chalumeau, seul sur le charbon, se volatilise sans résidu, en répandant une odeur d'acide sulfureux.—Dans le matras, seul, se sublime; le sublimé est noirâtre, à râclure rouge. Avec la soude on obtient des globules de mercure.—Dans le tube ouvert, le grillage donne du mercure et un sublimé de cinabre. Le mercure se dépose plus loin du foyer que le cinabre. (Berzélius.)

ESPÈCES.

1re Espèce. CINABRE PRISMATIQUE (*Cinnabaris prismaticus*). Signe des faces, *l o.* Le prisme hexaèdre régulier. Combinaison de deux modifications, l'une par une seule face sur chacun des deux angles solides terminaux du rhomboïde primitif ; l'autre également par une seule face sur les angles latéraux du rhomboïde primitif. Cette combinaison intercepte entièrement le noyau. Inclinaison de *l* sur *l*, 120°; de *l* sur *o*, 90°. Du *Japon.* (Haüy.)

2°. CINABRE OCTODUODÉCIMAL (*Cinnabaris octoduodecimalis*). Signe des faces, P *o u z.* Le rhomboïde primitif terminé par une pyramide à trois faces tronquée. Les faces de cette pyramide (*u*) sont des triangles isocèles et sont séparées de celles du rhomboïde P, par deux faces *z*, parallèles à la ligne de jonction des faces de la pyramide et de celles du rhomboïde , et aussi à la petite diagonale des faces du rhomboïde primitif. La face culminante *o*, perpendiculaire à l'axe , est un triangle équilatéral. Combinaison de trois modifications dont l'une par une seule face *o*, les deux autres *u* et *z* par trois faces chacune , sur l'angle terminal du rhomboïde primitif. Cette combinaison n'intercepte pas entièrement le noyau. Inclinaison de P sur *z*, 152° 8'; de *z* sur *z*, 110° 6'; de *u* sur *z*, 12° 3'; de *u* sur *o*, 146° 31'. D'*Almaden* (Espagne).

172°. CINABRE PROGRESSIF (*Cinnabaris progrediens*). Signe des faces, P *o k l.* Une table épaisse à six faces et à sommet horizontal triangulaire. A chaque côté du triangle correspondent deux faces trapézoïdales obliques à l'axe , formant un biseau P *k* , et à chacun des trois angles du triangle correspond également de chaque côté de la table une face pentagonale *l* parallèle à l'axe du solide. Ces faces latérales sont disposées de manière que les deux faces en biseau d'un côté de la table , correspondent aux faces pentagonales et parallèles à l'axe placées de l'autre côté, *et vice versá.* Cette forme

peut aussi être représentée comme le prisme hexaèdre dont trois
des arêtes de la base alternativement sont remplacées par un
biseau , et la face terminale réduite ainsi à un triangle. Les arêtes
ainsi modifiées sur un des sommets correspondent aux arêtes intactes
du sommet opposé , *et vice versâ.* Combinaison de trois modifications, dont l'une par une seule face sur les deux angles terminaux
du rhomboïde primitif forme les bases triangulaires o ; la seconde
par une seule face sur chaque angle latéral du noyau, forme les six
faces *l* parallèles à l'axe et aux pans du prisme hexaèdre ; la troisième forme le biseau conjointement avec les faces primitives P ,
et par trois faces sur les angles terminaux du noyau produit la
face *k*. Inclinaison de P sur *k*, 157° 20' ; de P sur *l*, 159° 18' ; de *k*
sur *o* , 133° 22' ; de *o* sur *l*, 90°. D'*Almaden* (Espagne).

4°. Cinabre mixti-unibinaire (*Cinnabaris mixti-unibinaris*). Signe
des faces , P *o l z.* C'est la même forme que l'espèce précédente ,
mais où à la place de la face *k* du biseau latéral se trouve substituée une face semblable *z*, mais plus surbaissée et également produite en vertu d'une modification par trois faces sur chacun des
angles terminaux du noyau. Inclinaison de *z* sur *o*, 138° 34' ; de *l*
sur *z*, 131° 26' ; de P sur *z*, 152° 8'. D'*Almaden* (Espagne).

5°. Cinabre bibisalterne (*Cinnabaris bibisalternus*). Signe des
faces , *l r z o.* Même forme que celle du *progressif* avec la substitution , comme dans l'espèce précédente, de la face *z* à la face *k* du
biseau , et de plus avec la substitution aux faces primitives P d'une
face *r* semblable,et semblablement placée. Inclinaison de *l* sur *r*,
142° 55' ; de *r* sur *z*, 168° 31'. D'*Almaden* (Espagne) et des *mines
du Palatinat.* (Lucas, Coll. du Muséum.)

Les faces de cette espèce subissent quelquefois des arrondissemens accidentels , ce qui constitue alors la variété *curviligne* de
Haüy. D'*Idria*, en Carniole. (Lucas, Coll. du Mus.)

MODES DE GROUPEMENT DES INDIVIDUS MOLÉCULAIRES DE CE GENRE.

En lames superposées. D'*Idria*, du *Japon.*

En mamelons. Du *Val d'Azogue* près *Almaden.*

En masses granulaires. De *Dombrava* (Transylvanie); d'*Almaden* ,
de *Stahlberg,* etc.

En masses compactes. Dans toutes les mines de mercure.

En poudre ou poussière rouge vif, appelée vulgairement *vermillon natif* ou *cinabre pulvérulent.* Cette poussière n'est pas toujours

du cinabre pur. Celui de Deux-Ponts, éprouvé par M. Berzélius au chalumeau, dans le matras, a laissé un résidu considérable qui, essayé par les fondans, a manifesté les réactions du fer, du plomb et du cuivre.

MÉLANGES QUI N'ALTÈRENT PAS LA STRUCTURE CRISTALLINE.

Cinabre ferrifère. Chauffé à une bougie devient attirable à l'aimant. Gris d'acier éclatant, en petits cristaux. A Moschellandsberg.

ANNOTATION.

Nous devons mentionner ici, en quelque sorte historiquement, des espèces de minerais de mercure qui, étant évidemment des mélanges dépourvus de la structure cristalline, ne rentrent pas dans la division dont nous nous occupons, mais font partie de celle des minéraux non cristallins, ou des roches. Ce sont : 1° le *Mercure hépathique* (de Brochant), le *Lebererz* (de Werner), qui est un mélange de cinabre et d'argile endurcie, plus ou moins carburée. Sa couleur est d'un brun rougeâtre, plus ou moins sombre qui, sur les surfaces polies ou unies, passe à un gris de plomb métallique. Il est toujours opaque et présente l'aspect métallique dans les cassures fraîches. Il est très pesant, sa pesanteur spécifique étant de 7,9. On le trouve tantôt en masses compactes, tantôt en masses schistoïdes. Il est le minerai le plus abondamment exploité à Idria en Carniole.

2° Le *Mercure sulfuré bituminifère.* (*Branderz* des mineurs d'*Idria*). Sa couleur est d'un brun-noir; il se présente en masses compactes et légères. Exposé au feu, il brûle avec flamme, ce qui est dû à la grande proportion de bitume mélangé avec l'argile qui l'accompagne, le mercure se volatilise. M. Payssé l'a décrit sous le nom de *Mercure oxydé bitumineux* ou *Mercure inflammable*, dans le Tableau méthodique des espèces minérales de Lucas, seconde partie, p. 515.

Le *Mercure inflammable (Branderz)* affecte quelquefois la forme de segments de sphères, disposés concentriquement dans une pâte de mercure hépatique. C'est le *Mercure sulfuré bitumineux testacé* de Haüy, le *Korallenerz* des mineurs d'*Idria*. Cette structure testacée ne paraît pas due à des coquillages fossiles pénétrés de cinabre, comme le croyaient les anciens minéralogistes allemands. Ayant examiné, à Idria même, un grand nombre d'échantillons

de *Korallenerz*, je n'ai pu y reconnaître aucune coquille déterminable.

Cependant le mercure hépatique a pris quelquefois, par pseudomorphose, la place de certains corps organisés. C'est ainsi qu'on
trouve un schiste bitumineux contenant des empreintes de plantes
et du Mercure hépatique modelé en poissons à *Spreit* près *Munster
Appel*, dans le Palatinat. (Lucas, Coll. du Muséum, et Beurard,
Journ. des Mines, t. 14, p. 409.)

4ᵉ Genre. — MANGANÈSE SULFURÉ.
(*Alabandina*.) (1)

Mangan glanz (Karsten et de Léonhard). *Schwarzerz* des mineurs
Transylvains. *Braunsteinblende* (Blumenback). *Hexædrische
Glanzblende* (Mohs). *Alabandine* (Beudant).

Combinaison de soufre et de manganèse ou bisulfure de manganèse. D'après MM. Berzélius et Beudant : Mn S².

Vauquelin et Klaproth indiquent dans leurs analyses le manganèse à l'état de protoxyde.

ANALYSES DES MANGANÈSES SULFURÉS DE NAGYAG.

	Par Vauquelin.	Par Klaproth.
Oxydule de manganèse.	85	82
Soufre.	15	11
Acide carbonique.	00	05
	100	98

Couleur : gris d'acier foncé qui, sur les surfaces extérieures, devient noirâtre ou noir par altération. La lime,
en mettant au jour l'intérieur non altéré, découvre la
vraie couleur du minéral. Râclure : jaune de laiton foncé

---

(1) La nature de la râclure et de la poussière, qui semblent indiquer un minéral translucide, quoique celui-ci n'ait jamais encore
été trouvé qu'entièrement opaque, a engagé M. Mohs à le placer
dans son ordre des *Blendes*, et nous, à le ranger avec les *Amphiphanes sulfuridiens*. Il est probable qu'il s'en présentera une fois
des cristaux plus ou moins translucides.

ou jaune verdâtre presque mate. Poussière d'un vert obscur.

Forme primitive : le cube ou un prisme droit qui s'en rapproche beaucoup. Clivage parallèle aux faces assez net ; moins net parallèlement aux faces d'un octaèdre. Pesanteur spécifique, 3,95 à 4,0. Facile à entamer avec un couteau en s'égrenant. Raye la chaux carbonatée ; rayé par l'apatite. Cassure inégale à grains fins, ou subconchoïde, ou très peu lamelleuse.

Réduit en poudre, soluble avec effervescence dans les acides affaiblis, en répandant des vapeurs d'hydrogène sulfuré. La dissolution reste troublée par un nuage blanchâtre.

Un petit tas de la poussière mis sur une lame de fer, que l'on fait ensuite rougir sur un charbon ardent, devient incandescent et prend une couleur d'un brun-violet.

Ce genre n'a présenté encore aucune espèce déterminable, excepté la primitive qui s'obtient par le clivage des masses laminaires.

MODES DE GROUPEMENT DES INDIVIDUS MOLÉCULAIRES DE CE GENRE.

En lames. De *Nagyag* (Transylvanie).
En masses sublamellaires. Même lieu.
En masses amorphes. Du *Mexique*.

Au chalumeau, seul dans le matras, n'éprouve aucune altération. Dans le tube ouvert grille très lentement sans sublimé ; la surface grillée prend une couleur vert-gris clair, et l'intérieur demeure long-temps sans altération. Sur le charbon on peut, après un certain point du grillage, fondre, à l'aide d'un très bon feu de réduction, les parties minces de la pièce d'essai et les convertir en une scorie brunâtre. Avec le borax se dissout très difficilement en un verre qui prend, en se refroidissant, une légère teinte jaunâtre, tant qu'une partie de la pièce d'essai est encore intacte. Lorsqu'elle est dissoute, le verre prend une couleur d'améthyste au feu d'oxydation et devient incolore au feu de réduction. Dans le sel de phosphore se dissout avec une vive effervescence et un abondant dégagement de gaz. Si après que l'insufflation a cessé , on approche la perle d'essai de la flamme de la lampe, on entend de petites détonations causées par l'inflammation du gaz combustible qui se dégage. Enfin une grosse bulle de cet air en s'enflammant produit une lumière d'un vert pâle. Le verre produit est d'abord transparent et incolore , puis il devient jaune clair , puis il brunit, et au moment de sa congélation il devient noir. On voit alors au microscope dans ce verre dont la couleur propre est le noir, de petites particules noires. Quand tout le sulfure de manganèse est dissous, et que toute effervescence cesse , le verre devient clair et incolore et acquiert au feu d'oxydation une belle couleur d'améthyste. Avec la soude, dissolution imparfaite qui ne produit que des scories grises à demi-fondues. (Berzélius.)

5° Genre. — BLENDE. (*Blenda.*)

Zinc sulfuré (Haüy). *Pseudo-galena* (Wallérius). *Blende* (Werner, Karsten et Brochant). *Dodekaedrische Granat Blende* (Mohs).

Sulfure de zinc des chimistes. On regardait autrefois la Blende comme un sulfure d'oxyde de zinc; mais Proust n'ayant pas obtenu de changement en chauffant au rouge un mélange de *Blende* et de charbon, a conclu que le zinc devait être à l'état métallique dans cette combinaison. Et cette opinion a prévalu chez les chimistes, malgré l'absence presque totale, dans les Blendes , de l'aspect et de l'éclat métalliques qui caractérisent la plus grande partie des sulfures métalliques. Signe chimique de M. Berzélius: Zi S^e.

ANALYSES DE DIVERSES BLENDES, PAR M. BERTHIER.

	d'Angleterre.	De Luchon. (Pyrénées).	De Cogolin. (Var).
Soufre.	33,0	33,6	30,2
Zinc.	61,5	63,0	50,2
Fer.	4,0	3,4	10,8
Gangue.	0,0	0,0	6,8
	98,5	100,0	98,0

On voit, d'après ces analyses, qu'il existé dans ces diverses Blendes, un mélange en proportions variables de protosulfure de fer. Dans quelques autres, on trouve au plus 2 à 3 pour cent de protosulfure de cadmium.

Dans l'état de pureté, la couleur est d'un jaune-citron ou d'un rouge-brun. La poussière d'un gris jaunâtre ou verdâtre, translucide, et quelquefois même diaphane. Forme primitive : le dodécaèdre rhomboïdal. Sa structure très lamelleuse rend le clivage facile dans six directions différentes et par des plans inclinés entre eux de 120°. Éclat très vif et miroitant à la surface des lames, n'ayant plus qu'une légère tendance vers l'éclat métallique et tenant également de l'éclat vitreux et de l'éclat adamantin. Rayant la baryte sulfatée; rayée par l'apatite. Pesanteur spécifique, 4,0 à 4,2. Phosphorescente par le frottement dans l'obscurité. Sa poussière mise dans l'acide sulfurique dégage une odeur de soufre: quelques Blendes se dissolvent dans l'acide nitrique ou hydrochlorique, d'autres ne le font qu'à l'aide de l'acide hydro-chloro-nitrique (eau régale.)

Au chalumeau, seule, décrépite quelquefois fortement, ne fait que s'arrondir sur les bords minces sans se fondre , ne développe qu'une faible odeur d'acide sulfureux et se grille difficilement. Chauffée vivement, à la flamme extérieure , sur le charbon, forme un dépôt jaune annulaire , de fumée de zinc. Dans le tube ouvert, ne dégage pas de fumée et s'altère peu. La soude l'attaque faiblement, mais le zinc se réduit, brûle et dépose des fleurs de zinc sur le charbon. (Berzélius.)

ESPÈCES.

1ere Espèce. BLENDE PRIMITIVE (*Blenda dodecaedra*). Signe des faces , P. Douze faces rhomboïdales égales et semblables inclinées entre elles de 120°. De *Kapnick* (Transylvanie). Couleur brune et jaune verdâtre. (Lucas, Coll. du Mus.)

2°. BLENDE TÉTRAÈDRE (*Blenda tetraedra*). Signe des faces ; g. Le tétraèdre régulier a quatre faces triangulaires équilatérales. Modification dissymétrique complète par une seule face , sur quatre des huit angles solides triples du noyau. Inclinaison de *g* sur *g*, 70° 31' 44". De *Alston-Moor* (Cumberland). Couleur : noir grisâtre. (Lucas, Coll. du Mus.)

3e. BLENDE OCTAÈDRE (*Blenda octaedrica*). Signe des faces, *g m*. Un tétraèdre régulier dont tous les angles solides sont remplacés par une facette triangulaire ou un octaèdre régulier. Combinaison de deux modifications, dont l'une par une seule face sur quatre des angles solides triples, et l'autre également par une seule face sur quatre des autres angles solides triples du dodécaèdre primitif. Cette combinaison intercepte entièrement le noyau. Inclinaison de *m* sur *g*, 109° 28' 16".

4°. BLENDE CUBO-OCTAÈDRE (*Blenda cubo-octaedrica*). Signe des faces, *g m s*. Le tétraèdre régulier *g* ayant toutes ses arêtes remplacées par une face *s* et tous les angles solides remplacés par une facette hexagonale. Combinaison des modifications qui produisent l'*octaèdre* (*voyez cette espèce*), avec une modification par une seule face sur tous les angles solides du noyau, par laquelle les faces *s* sont produites. Cette combinaison intercepte entièrement le noyau. Inclinaison de *m* sur *g*, 109° 28' 16"; de *s* sur *g*, 125° 15' 52".

5e. BLENDE BIFORME (*Blenda biformis*). Signe des faces, P *g m*. L'octaèdre régulier ayant toutes ses arêtes remplacées chacune par une seule face P. Combinaison des mêmes modifications qui produisent l'*octaèdre* (*voyez cette espèce*); seulement ici elles n'interceptent pas entièrement le noyau dont les douze faces forment des facettes qui remplacent les douze arêtes de l'octaèdre. Inclinaison de P sur *g* et sur *m*, 144° 44' 8".

6e. BLENDE TRIFORME (*Blenda triformis*). Signe des faces, P *g m s*. L'espèce précédente ayant de plus tous ses angles solides remplacés chacun par une facette octogonale. C'est un octaèdre régulier dont tous les angles solides et toutes les arêtes sont tronqués. Combinaison des modifications qui produisent l'espèce *cubo-octaèdre* (*voyez cette espèce*); seulement ici elles n'interceptent pas complètement le dodécaèdre primitif. Inclinaison de P sur *s*, 135°. De *Transylvanie*. Couleur : brun jaunâtre. (Lucas, Coll. du Mus.)

7e. BLENDE DIDODÉCAÈDRE (*Blenda didodecaedra*). Le dodécaèdre primitif ayant douze triangles isocèles alongés, réunis trois à trois par les sommets autour de quatre de ses angles triples. Ce qui forme un solide à 24 faces, dont 12 trapézoïdes répondant aux faces primitives et 12 triangles isocèles. Cette espèce ne s'est jamais encore présentée en cristaux simples complets, mais bien en cristaux *transposés* ou composés de deux individus qui se pénètrent réciproquement et sont tellement disposés l'un relativement à l'autre, que leur assemblage offre l'apparence d'un cristal simple , dont une portion aurait fait une révolution égale à un sixième de circonférence. De *Kapnick* en *Transylvanie*. Blanc jaunâtre et jaune verdâtre. De *Alston-Moor* (*Cumberland*). Noir grisâtre. (Lucas, Collection du Muséum.)

8ᵉ. BLENDE APOPHANE (*Blenda partialis*). Même forme que la *di-dodecaèdre*, ayant de plus les quatre autres de ses angles triples, remplacés chacun par une face triangulaire équilatérale répondant à une face du tétraèdre. Cette espèce , comme la précédente, ne s'est encore présentée qu'en cristaux *transposés* , composés de deux individus qui se pénètrent , et dont un paraît avoir subi une révolution partielle. De *Kapnik* (Transylvanie). Métalloïde jaunâtre, bronzé. De *Felsobanya* (Hongrie). Brun. (Lucas, Collection du Muséum.)

MODES DE GROUPEMENT DES INDIVIDUS MOLÉCULAIRES DE CE GENRE.

En lames.

En lames ramuleuses. Des environs de *Metz*.

En lames entre-croisées, ce sont souvent des fragmens de cristaux qui sont encore susceptibles de donner, par le clivage, le dodécaèdre primitif.

En masses fibreuses rayonnées. (*Strahl* et *Faser Blende* des Allemands.)

En masses concrétionnées , mamelonnées ou globuliformes , ordinairement striées du centre à la circonférence. Quelquefois ces mamelons sont formés de couches ou enveloppes testacées , concentriques, sans aucunes stries apparentes. C'est ainsi qu'on trouve, à *Raibl* (*Carinthie*), des Blendes d'un brun rougeâtre en mamelons formés d'enveloppes testacées.

MÉLANGES.

M. Boussingault a nommé *Marmatites* des Blendes ferrifères dont l'analyse lui a fourni des proportions définies.

	Blende du Candado.	Blende du Salto.
Sulfure de zinc.	77,5	76,8
Proto-sulfure de fer.	22,5	23,2
	100,0	100,0

Ces Blendes viennent des environs de *Marmato* dans le *Popayan*. Elles sont plus complétement solubles dans l'acide muriatique chauffé que les Blendes noires communes , dont elles ont d'ailleurs tous les caractères. L'analyse ci-dessus des Blendes de *Cogolin* (Var) se rapproche beaucoup de celles des Marmatites.

ANNOTATIONS.

La couleur propre des Blendes pures , paraît être le jaune , et ce sont des mélanges qui altèrent leur transparence et leur donnent des couleurs brunes, rougeâtres et noires. Ces diverses couleurs ne peuvent donc caractériser que de simples variétés des espèces qui en sont revêtues. Nous avons, en donnant les localités des diverses espèces de blendes, signalé en même temps la couleur sous laquelle elles se présentent. M. Lecanu ayant analysé les Blendes d'un brun-rouge, à éclat légèrement métallique de *Chéronie*, département de la Charente , et M. Berthier diverses autres blendes brunes, ces chimistes ont trouvé que le sulfure de zinc y était allié avec un proto-sulfure de fer , qui s'y montre en proportions très variables et qui produit l'altération dans la couleur de ces Blendes.

M. Berthier a reconnu en même temps que les blendes brunes , soumises à son examen , étaient attaquables par l'acide muriatique concentré avec dégagement de gaz hydrogène sulfuré , mais qu'elles n'étaient pas solubles en totalité. (*Annales des Mines* , t. 9 , p. 418.)

6ᵉ Genre. — RÉALGAR. (*Risigallum.*)

Anciennement *Rubine d'arsenic. Arsenic sulfuré rouge* (Haüy). *Rother Rauschgelb* (Werner). *Réalgar rouge* (Brochant). *Hemiprismaticher Schwefel* (Mohs).

Bi-sulfure d'arsenic des chimistes ou combinaison d'un atome d'arsenic avec deux atomes de soufre. Signe chimique de M. Berzélius : As S².

ANALYSES DES RÉALGARS , PAR :

	Laugier.	Klaproth.	(Du Commerce). Thénard.
Arsenic.	69,57	69	75
Soufre.	30,43	31	25
	100,00	100	100

Couleur : rouge aurore. Poussière d'un jaune un peu orangé. Forme primitive : prisme rhomboïdal oblique, de 107° 42' et 72° 18', suivant Haüy; ou de 105° 30' et 74° 30', suivant MM. Mohs et Beudant. La base est inclinée de 114° 6' sur l'arête aigüe du prisme, suivant Haüy, et de 85° 59' sur l'axe, suivant MM. Mohs et Beudant. Les joints naturels sont très nets parallèlement à toutes les faces du prisme primitif, et particulièrement ceux qui répondent aux bases. Pesanteur spécifique, 3,53 à 3,6. Raye le talc; rayé par le gypse. Fragile. Acquérant par le poli un éclat demi-métallique, et l'éclat métallique par l'action de la lime. Le frottement lui communique l'électricité résineuse sans qu'il soit nécessaire d'isoler le minéral. Il perd sa couleur dans l'acide nitrique et se dissout dans l'acide hydro-chlorique.

Au chalumeau , seul sur le charbon, brûle avec une flamme d'un jaune pâle. Dans le tube ouvert brûle et dépose de l'arsenic blanc dans la partie supérieure du tube ; il s'évapore sans résidu.

Dans le matras il fond , bouillonne et se sublime. Le sublimé est transparent et d'un jaune sombre , quelquefois d'un beau rouge (Berzélius).

ESPÈCES.

1re Espèce. Réalgar rouge primitif (*Risigallum prismaticum*). Signe des faces, MP. Le prisme rhomboïdal oblique décrit ci-dessus. De *Kapnick*. (Collection de M. Brunn Neergard.)

2e. Réalgar octodécimal (*Risigallum octodecimale*). Signe des faces, M P *l n s*. Le prisme primitif ayant les arêtes aigües biselées ou remplacées par deux faces *l* , provenant d'une modification par deux faces sur ces mêmes arêtes; ayant de plus , deux arêtes de chaque base contiguës sur l'un des angles aigus de la même base, remplacées chacune par une seule face *s*, produite en vertu d'une modification d'une seule face sur ces mêmes arêtes, et enfin ayant tous les angles obtus de la base remplacés par une face triangulaire produite , en vertu d'une modification, par une seule face sur ces mêmes angles. Inclinaison de M sur *l*, 160° 32'; de M sur *n*, 120° 30' et 93°

14'; de P sur M, 103° 56'; de P sur *n*, 159° 33'; de P sur *s* , 116° 24';
de *l* sur *l*, 111° 14' (1); de M sur *s*, 193° 40'.

3e. Réalgar bisdécimal (*Risigallum bisdecimale*). Signe des faces,
M P *l n s r*. Même forme que l'*octodécimal,* ayant de plus les deux
arêtes obtuses du prisme primitif remplacées par une face *r*, produite,
en vertu d'une modification par une seule face sur ces mêmes arêtes.
Inclinaison de M sur *r*, 145° 51. (Voyez pour les autres inclinaisons
les espèces précédentes.)

4e. Réalgar octoduodécimal. (*Risigallum octoduodecimale*).
Signe des faces , P M *l n t r o z.* Forme analogue à celle de l'espèce
précédente, mais où les faces *s* qui modifient deux arêtes de chaque
base du noyau sont remplacées par des faces *t* semblablement placées mais plus surbaissées. Cette espèce a de plus un des deux angles aigus de chaque base, remplacé par une seule face *z*, et une troisième face *o* remplaçant l'arête de jonction du biseau formé par les
faces *l* sur les arêtes aigües du prisme primitif. Ces nouvelles faces
sont produites chacune en vertu d'une modification par une seule
face, l'une sur les arêtes, et l'autre sur les angles qu'elles remplacent. Inclinaison de P sur *t*, 130° 58'; de P sur *z*, 114° 5'; de *l* sur *o*,
145° 37'; de *o* sur *z*, 131° 49'.

MODES DE GROUPEMENT DES INDIVIDUS MOLÉCULAIRES DE CE GENRE.

En aiguilles (aciculaire); ce sont quelquefois des cristaux prismatiques incomplets et altérés.

En forme de baguettes (bacillaire) ; ce sont aussi des cristaux al-
trés dans leur forme.

En lames au *Saint-Gothard.* Dans la dolomie.

En masses compactes. *Hongrie.*

7e Genre. — Orpiment. (*Auripigmentum.*)

Vulgairement *Orpin. Arsenic sulfuré jaune* (Haüy). *Réalgar
jaune* (Brochant). *Gelbes Rauschgelb* (Werner). *Blattriges Rauschgelb*
(Karsten). *Prismatoidischer Schwefel* (Mohs).

Werner ne regardait l'Orpiment que comme une sous-espèce du
Réalgar rouge, et Haüy également comme une simple sous-espèce de

---

(1) 113° 20' (Mohs). Toutes les incidences signalées ici d'après
Haüy, doivent être revues et corrigées lorsque l'on sera entièrement fixé sur la forme primitive du Réalgar. Jusques alors elles
sont suffisantes, comme approximation, dans un ouvrage comme celui-ci qui, n'est pas un *species.*

l'arsenic sulfuré. Cependant comme l'analyse chimique et les caractères physiques s'accordent à offrir des différences considérables entre l'Orpiment et les Réalgars, nous les placerons dans deux genres distincts.

L'Orpiment est un sulfure d'arsenic contenant trois atomes de soufre pour un d'arsenic : c'est un tri-sulfure; tandis que le Réalgar n'est qu'un bi-sulfure. Signe chimique de M. Berzélius : AsS^3.

ANALYSES DES ORPIMENS PAR

	Klaproth.	Laugier.	(du Commerce.) Thénard.
Arsenic.	62	61,86	57
Soufre.	38	38,14	43
	100	100,00	100

Couleur : jaune orange ou jaune d'or. Poussière de la même couleur, qui est seulement plus claire. Un peu flexible dans les lames minces. Pesanteur spécifique, 3,45. Forme primitive : analogue à celle des Réalgars dont elle ne diffère que par la mesure des angles. M. Beudant regarde ceux du prisme rhomboïdal comme étant 100° 40' et 79° 20' (1). Les autres caractères des Orpimens sont d'ailleurs semblables à ceux des Réalgars.

On a souvent cité des cristaux d'Orpiment. Haüy dit en avoir observé, et M. Brochant signale quelques formes. Mais comme ces cristaux sont très rares et en général incomplets et altérés, on ne peut décrire des espèces avec quelque exactitude. Il suffit pour le présent que l'existence en soit constatée, pour que l'Orpiment doive être introduit comme genre dans la méthode. Lorsque les espèces seront bien connues et bien caractérisées, elles devront trouver leur place ici.

MODES DE GROUPEMENT DES INDIVIDUS MOLÉCULAIRES DE CE GENRE.

En masses composées de grandes lames séparables, striées et transparentes. De *Transylvanie* et de *Moldava* dans le *Bannat*. (Luc., Coll. du Mus.)

En masses composées de petites lames entre-croisées.

____

(1) M. Mohs donne pour forme primitive aux Orpimens un prisme rhomboïdal droit de 117° 49' et 62° 11'.

En masses concrétionnées globuliformes. [De *Moldava* dans le
Bannat. (Luc., Coll. du Mus.) Dans ces concrétions, on trouve
l'orpiment associé au réalgar.

En masses compactes ou subschistoïdes. De *Moldava*. (Luc., Coll.
du Mus.)

Appendice à l'ordre des Sulfuridiens ou Blendes.

L'*Antimoine oxydé sulfuré*, anciennement *Antimoine hydrosulfuré*
(Haüy). *Antimoine rouge* (Brochant). *Rothes Spiesglaserz* (Werner).
Kermès natif (Romé-de-l'Isle). *Antimoine oxysulfuré* (Berzélius).
Kermès (Beudant). *Antimon-blende* (Léonhard). *Prismatische-pur-
purblende* (Mohs), qui se présente sous la forme d'aiguilles fines
d'un rouge sombre, ayant quelquefois l'aspect métallique, prendrait sa place dans cet ordre, si l'on acquérait la certitude qu'il
a des formes qui lui sont propres, et qu'il n'est pas toujours produit
simplement par une altération de l'antimoine sulfuré. Il brûle et
s'évapore, au chalumeau, en vapeur d'antimoine. Dans le matras,
donne de l'oxyde d'antimoine.

ANALYSES DE L'ANTIMOINE OXYDÉ SULFURÉ DE BRAUNSDORFF PRÈS
FREYBERG (SAXE), PAR M. H. ROSE.

Antimoine.	0,7445
Oxygène.	0,0427
Soufre.	0,2047
	0,9919

C'est du protoxyde d'antimoine combiné avec du sulfure d'antimoine. Sa formule est $\ddot{S}b + 2\ Sb\ S^3$ (*Ann. des Mines*, tome 12,
p. 316).

Dans l'acide nitrique se recouvre d'un enduit blanc.

M. Mohs regarde la forme primitive de ce minéral comme un
prisme oblique rhomboïdal, dont la base est inclinée sur l'axe, de
101° 19'. Il décrit trois formes différentes, qui sont des prismes
rhomboïdaux obliques, modifiés sur quelques-uns des angles ou sur
quelques-unes des arêtes terminales. Les clivages les plus distincts
ont lieu dans la direction des deux diagonales des bases. Ceux qui
sont parallèles aux pans du prisme, sont très peu apparens. (Mohs,
Grundriss der Mineralogie, tome 2, p. 598.)

Raye le talc; rayé par le gypse: poussière d'un rouge foncé brunâtre. Pes. spéc., 4,5 à 4,6.

MODES DE GROUPEMENT DES INDIVIDUS ALTÉRÉS OU DES PRISMES
NON TERMINÉS.

En masses fibreuses ou radiées de *Braunsdorff* (Saxe); *Malczka*
(Hongrie.)

En pellicules d'un tissu fin et serré, formées par l'entrecroisement
de très fines aiguilles. C'est le *Zundererz* ou *mine d'antimoine, semblable à de l'amadou.* De *Klausthal* (au Hartz).

IIIᵉ CLASSE.

CRISTAUX INFLAMMABLES.

Cette petite classe très artificielle est fondée
plutôt sur des considérations chimiques que sur des
rapports de caractères physiques entre les deux
seuls genres qui la composent. Les êtres qui s'y
trouvent réunis ont ceci de commun, qu'ils sont,
chimiquement parlant, des corps simples ou élémens combustibles, non métalliques, qui, considérés comme substances, jouent dans leurs combinaisons avec les métaux le rôle d'élémens électro-négatifs; de même que leurs oxydes qui sont
des acides, jouent, relativement aux oxydes métalliques, aux terres et aux alcalis, un rôle semblable.

Les deux groupes distincts dans lesquels ces
êtres sont distribués, présentent des dissemblan-
ces frappantes dans leurs propriétés physiques ;
de telle sorte que l'un de ces groupes (*Diamant*)
tient de très près, par sa dureté, son éclat et sa pesanteur spécifique, aux Gemmes ou Aluminidiens

anhydres, tandis que l'autre (*Soufre*) se rapproche
des sulfures métalliques *Blendes*, et par son peu de
dureté et sa légère saveur, ressemble en même
temps aux genres les plus tendres des cristaux lithophanes, et particulièrement aux sels solubles
dans l'eau.

Placer le diamant avec les gemmes, comme l'ont
fait quelques minéralogistes préoccupés uniquement des caractères physiques, eût été rompre
toute relation fondée sur la nature chimique.
Placer le soufre avec les sulfures, ou plus encore
avec les sulfates, eût été, d'autre part , faire une
égale violence aux rapports physiques naturels.
Nous avons cru en conséquence devoir séparer
de tous les autres, des minéraux aussi anomaux,
et plutôt que d'enfreindre pour eux les principes
généraux de classification qui nous ont toujours
dirigés, devoir les mettre en quelque sorte hors
de la méthode en les reléguant dans une classe
spéciale établie pour eux seuls.

Le nom que nous avons donné à cette classe
pourra prêter à l'objection qu'il pourrait s'appli-
quer également à d'autres minéraux susceptibles
aussi de brûler avec flamme. Mais, comme ceux-
ci brûlent en entier sans décomposition et sans
résidu ni sublimé étranger à leur propre substance, ils sont les minéraux inflammables par
excellence. Il en est de même en zoologie : tous
les oiseaux qui vivent de proie ne sont pas com-

pris dans la classe des *oiseaux de proie* de Cuvier, et tous ceux qui ont les pieds palmés ne sont pas dans la classe des *palmipèdes*.

On verra d'ailleurs que les caractères suivans ne s'appliquent réellement qu'aux deux genres qui composent la classe.

Aspect lithoïde avec un éclat très vif, tenant parfois encore un peu de l'éclat métallique ; brûlant à un degré de chaleur plus ou moins élevé, et toujours sans résidu et sans odeur d'ail. Non conducteurs de l'électricité ou idio-électriques. Insolubles dans l'alcohol.

1er ORDRE ET FAMILLE.

LES SOUFRES.

Tendres, fragiles, combustibles à une chaleur modérée à la flamme d'une bougie.

Genre unique.—SOUFRE. (*Sulphur.*)

Prismatischer Schwefel (Mohs).
Substance non décomposée ou elément chimique, quelquefois plus ou moins altérée par des mélanges accidentels. Signe chimique de M. Berzélius : S.

S'enflammant à la simple flamme d'une bougie, brûlant avec une flamme bleue ou blanchâtre. Couleur propre : le jaune citron qui, par des mélanges accidentels, passe quelquefois au rougeâtre, au brunâtre, au gris jaunâtre et même au verdâtre. Forme primitive : octaèdre rhomboïdal dans lequel l'incidence d'une des faces de l'une des deux pyramides sur la face adjacente de la pyramide opposée, est de 143° 7' (1) ; celle de deux arêtes continues de la base commune, de 102° 40' et 77° 20' (2). Très fragile et très tendre. Rayant le talc; rayée par la chaux carbonatée. Pesanteur spécifique, 1,9 à 2. Réfraction double au plus haut degré, même à travers deux faces parallèles. Electrique résineusement par le frottement. Acquérant l'électricité polaire par la chaleur, d'après M. Brewster. Éclat vif et gras. Cassure conchoïde ou grenue.

ESPÈCES.

1ere Espèce. Soufre primitif (*Sulphur octaedricus*). Octaèdre aigu à base rhomboïdale. Signe des faces, P. Incidence d'une des faces triangulaires sur les trois faces adjacentes à chaque côté du triangle, 107° 18' 40"; 84° 24' 4"; 143° 7' 48" (3). De *Bevieux*, près Bex (Suisse). De la *Solfatare de Pouzzole*. (Lucas, Coll. du Muséum.)

Var. *a. Cunéiforme.* Les angles terminaux prolongés en une arête et deux des faces de chaque pyramide changées, par là, en trapèzes. De la *Solfatare*, idem.

2°. Soufre basé (*Sulphur apice truncatum*). Signe des faces, P r. Les angles terminaux de l'octaèdre primitif remplacés chacun par une facette rhomboïdale (*r*), perpendiculaire à l'axe et produite en vertu d'une modification par une seule face sur chacun des angles terminaux du noyau. Incidence de P sur *r*, 108° 26'. De *Conilla* près Cadix et de *Californie*. (Lucas, Coll. du Mus.)

3e. Soufre unitaire (*Sulphur latere truncatum*). Signe des faces, P o. L'octaèdre rhomboïdal primitif ayant les angles solides obtus de la base commune des deux pyramides, remplacés chacun par une face rhomboïdale (*o*) parallèle à l'axe et produite en vertu d'une modification par une seule face sur les angles latéraux obtus du noyau.

4°. Soufre prismé (*Sulphur prismatum*). Signe des faces, P m. L'octaèdre primitif ayant les 4 arêtes de la base commune des deux pyramides remplacées chacune par une face rectangulaire (*m*)

---

(1) 143° 17, suivant M. Mohs.

(2) 101° 59' et 78° 1', d'après M. Mohs.

(3) 106° 38'; 84° 58'; 143° 17', Suivant MM. Mohs et Beudant.

parallèle à l'axe. **Ou un prisme droit rhomboïdal,** terminé par deux pyramides quadrangulaires très aiguës. Modification par une seule face sur les arêtes latérales de l'octaèdre primitif. De la *Solfatare de Pouzzole*. (Lucas, Coll. du Mus.) Incidence de P sur m, 161° 33' (161° 38', d'après M. Beudant); de m sur m, 102° 40' et 77° 20' (1).

5e. Soufre émoussé (*Sulphur obtusatum*). Signe des faces, P n. Une double pyramide cunéiforme à 6 faces, ou l'octaèdre primitif émarginé de part et d'autre, aux endroits des arêtes aiguës. Modification par une seule face (n), sur les arêtes terminales aiguës du noyau. Incidence de P sur n, 132° 12' (132° 29', Beudant).

6e. Soufre dioctaèdre (*Sulphur dioctaedricum*). Signe des faces, P s. L'octaèdre primitif, surmonté de part et d'autre d'une pyramide quadrangulaire surbaissée. Modification incomplète sur les angles terminaux du noyau, par quatre faces (s) correspondantes aux faces. Incidence de P sur s, 153° 26', de s sur s, 135°.

7e. Soufre octodécimal (*Sulphur octodecimale*). Signe des faces, P r s. L'espèce précédente (voyez cette espèce pour la loi de modification qui la produit), épointée à chaque sommet par une face (r) perpendiculaire à l'axe et produite en vertu d'une modification par une seule face sur les angles terminaux. De *Conilla* près Cadix, de *Bévieux* et de *Californie*. (Lucas, Coll. du Mus.)

8e. Soufre unibinaire (*Sulphur unibinare*). Signe des faces, P n s. Une double pyramide à six faces terminée par des sommets à quatre faces, ou l'espèce *émoussée* augmentée, de part et d'autre, d'une pyramide quadrangulaire, semblable à celle qui termine l'espèce *dioctaèdre* (voy. les lois de modification qui produisent ces deux espèces).

9e. Soufre équivalent (*Sulphur æquipollens*). Signe des faces, P n s r. Double pyramide à 6 faces, terminée par des sommets à cinq faces, dont l'une perpendiculaire à l'axe, ou l'espèce *unibinaire* terminée par la face r de l'espèce *basée* (voyez ces deux espèces). De *Conilla* près Cadix (Espagne). (Lucas, Coll. du Mus.)

MODES DE GROUPEMENT DES INDIVIDUS MOLÉCULAIRES.

En masses concrétionnées.
En masses globuliformes.
En masses compactes.
En amas pulvérulens.

(1) 101° 59' et 78° 1', suivant M. Mohs.

2ᶜ ORDRE ET FAMILLE.

LES DIAMANS.

Le splus durs de tous les minéraux, ne brùlant
qu'au 14ᵉ degré du pyromètre de Wedgwood.

Genre unique. — DIAMANT. (*Adamas.*)

Oktaedrisches Demant (Mohs).

Substance élémentaire, non décomposée, regardée par les chimistes comme le carbone pur. Signe chimique de M. Berzélius : C.

Incolore dans l'état de pureté. Éclat très vif et sous
certains aspects se rapprochant de l'éclat metallique.
Poussière blanche ou quelquefois d'un gris noirâtre.
Forme primitive : l'octaèdre régulier divisible très nettement par des coupes parallèles à ses faces. Rayant le
corindon et par conséquent tous les corps. Pesanteur
spécifique, 3,55. Manifestant par le frottement l'électricité vitrée, et par la chaleur (suivant M. Brewster) l'é-
lectricité polaire. Exposés aux rayons du soleil, puis
transportés dans l'obscurité, quelques diamans manifestent une phosphorescence très prolongée.

Brûlant sans résidu à une chaleur égale au 14ᵉ. Wedg.
Insoluble dans les acides.

Lorsque des mélanges étrangers altèrent la pureté
des diamans, ils prennent quelquefois des couleurs grises, jaunes, bleuâtres, rougeâtres et vertes.

ESPÈCES.

1ʳᵉ Espèce. DIAMANT PRIMITIF (*Adamas octaedricus*, Wall.). Signe des faces, P. Du *Brésil.* L'octaèdre régulier. Incidence mutuelle
des faces, 109° 28′ 16″.

Les individus de cette espèce se groupent quelquefois deux à deux, avec pénétration réciproque dans le sens d'un plan oblique à l'axe, et parallèle à deux faces diamétralement opposées de l'octaèdre. Haüy appelle cet accident *transposition*, en supposant qu'une des moitiés de l'octaèdre partagé par une coupe passant par le susdit plan, aurait tourné sur elle-même d'un sixième de circonférence.

2ᵉ. DIAMANT CUBIQUE (*Adamas cubicus*). Signe des faces, *r*. Un cube produit, en vertu d'une modification complète, par une seule face sur tous les angles solides de l'octaèdre primitif. Incidence mutuelle des faces, 90°.

3ᵉ. DIAMANT CUBO-OCTAÈDRE (*Adamas cubo-octaedricus*). Signe des faces, P *r*. Un cube ou un octaèdre ayant tous leurs angles solides remplacés chacun par une face. Modification incomplète par une seule face sur tous les angles solides du noyau. Incidence de P sur *r*, 125° 15'.

4ᵉ. DIAMANT BINAIRE (*Adamas binaris*). Signe des faces, *n*. Solide à 24 faces triangulaires isocèles. Modification complète par deux faces sur toutes les arêtes du noyau. Incidence de *n* sur *n*, 142° 8' et 153° 28'.

5ᵉ. DIAMANT CUBO-DODÉCAÈDRE (*Adamas cubo-dodecaedricus*). Signe des faces, *r o*. Le cube ayant chacune de ses arêtes remplacée par une face. Combinaison de deux modifications, dont l'une par une face sur tous les angles solides, et l'autre également par une face sur toutes les arêtes du noyau. Cette combinaison intercepte entièrement le noyau. Inclinaison de *r* sur *o*, 135°.

6ᵉ. DIAMANT SPHÉROÏDAL (*Adamas spheroideus*). Solide à 48 faces triangulaires, produites en vertu d'une modification complète par huit faces sur chacun des angles solides du noyau et correspondant aux faces.

Var. *a*. A arêtes curvilignes et à faces convexes, ce qui lui a fait donner le nom de *sphéroïdal*.

Var. *b*. Par altération et suppression de quelques-unes des arêtes, quatre faces triangulaires adjacentes se réunissent pour ne former qu'une seule face rhomboïdale convexe.

C'est la variété *sphéroïdale conjointe* de Haüy, et le *diamant dodécaèdre* de Romé-de-l'Isle.

Les diamans en grains arrondis paraissent plutôt être le produit d'une altération dans la forme des individus, causée par une cristallisation gênée, que d'être formés par le groupement d'individus moléculaires.

IVe CLASSE.

LES CRISTAUX LITHOPHANES.

Essentiellement transparens ou translucides, sur-tout dans l'état de pureté ; ceux qui le sont le moins dans les masses , manifestent cependant cette propriété, dans les fragmens très minces et sur les bords. Éclat vitreux, nacré ou résineux, mais jamais métallique. Râclure terne et terreuse.

Poussière plus ou moins claire, même lorsqu'elle est colorée. Ce caractère sert à distinguer certains cristaux lithophanes de couleur noire, brune ou foncée, des cristaux amphiphanes dont la surface a une couleur et un aspect semblables, mais dont la poussière est toujours sombre et foncée.

Tous les cristaux de cette classe sont idio-électriques ou jouissent de la faculté isolante, sur-tout dans l'état de transparence parfaite. Les uns acquièrent par le frottement l'électricité résineuse ; les autres, qui forment la portion la plus considérable, manifestent l'électricité vitrée.

La plus grande partie des cristaux lithophanes sont sans couleur dans l'état de pureté complète. Quelques genres ont des couleurs propres de diverses nuances presque toujours claires et pures.

Dans cette classe, l'intensité de l'éclat paraît proportionnelle à la dureté du minéral.

Cette classe présente tous les différens degrés de l'échelle de dureté.

Considérée chimiquement, la classe des minéraux lithophanes ne comprend que des corps combinés avec un élément combureur, tel que l'oxygène, le fluor ou le chlore. Ce sont ou des oxydes à un haut degré d'oxydation, des acides, des sels métalliques, terreux et alcalins, anhydres ou hydratés, ou des fluorures, des chlorures ou des hydrochlorates.

Deux divisions principales composent cette classe.

1o Les *Alysimiens*, qui ne sont pas sensiblement solubles dans l'eau.

2o Les *Hydrolysimiens*, qui se dissolvent sensiblement dans l'eau.

PREMIÈRE DIVISION.

LES ALYSIMIENS.

Sensiblement insolubles dans l'eau ; sans saveur; en général plus durs et moins fragiles que le sel gemme ou l'alun.

Cette division comprend des oxydes et des sels, ou combinaisons d'acides et d'oxydes ou d'oxydes entre eux, sans eau, ou avec une quantité d'eau qui ne surpasse pas un quart du poids du composé.

PREMIER ORDRE.

LES ALUMINIDIENS.

Insolubles dans les acides; inaltérables et infusibles sans addition au chalumeau; fusibles avec
le borax, et complétement solubles dans le sel de
phosphore en verre transparent (1), qui ne renferme pas de squelette translucide et qui ne devient pas opalin par le refroidissement. Infusibles
avec la soude; donnant une couleur bleue avec la
solution de cobalt.

Cet ordre contient l'alumine et les composés
où cet oxyde joue le rôle d'acide.

1er Sous-ordre.

ALUMINIDIENS ANHYDRES.

Au chalumeau , dans le matras, ne dégageant
point d'eau et ne perdant pas leur transparence
sans eau de composition.

FAMILLE DES *GEMMES*.

Rayant le quartz. Éclat vitreux très vif dans les cristaux qui ont des faces planes et lisses, soit naturelles, soit

____

(1) Si l'on mettait à l'essai plus que le sel de phosphore ne peut
dissoudre, la partie non dissoute ne deviendrait pas transparente; ce
qui distingue les aluminidiens des silicidiens. L'essai de fusion
avec le sel de phosphore doit être fait avec le minéral réduit en
poudre.

produite par le clivage ou par le poli. Cet éclat devient laiteux lorsque la surface du cristal est arrondie et dépolie. Cassure plus ou moins parfaitement conchoïde. Pes. spéc., au-dessus de 3.

1ᵉʳ Genre.— CORINDON. (*Corundum.*)

Comprend le *Saphir* et le *Spath adamantin* de Werner, la *Télésie* et le *Corindon hyalin* et *harmophane* de Haüy, et les pierres fines ou gemmes orientales des lapidaires.

Rhomboedrischer Corund (Mohs).

C'est l'alumine pure ou oxyde d'aluminium ordinairement coloré par un mélange de un ou deux centièmes d'oxyde de fer.

Signe minéralogique de M. Berzélius : **Al.**

ANALYSES DE DIVERS CORINDONS, PAR KLAPROTH.

	Du Corindon bleu ou Saphir. De la Chine.		Du Spath adamantin. Du Bengale.
Alumine.	98,5	84,0	89,50
Chaux.	0,5	0,0	0
Silice.	0,0	6,5	5,50
Oxyde de fer.	1,0	7,5	1,25
Perte.	0,0	2,0	3,75
	100,0	100,0	100,0

Forme primitive : rhomboïde aigu de 86° 25' et 93° 35' pour les angles plans, et de 86° 38' et 93° 22' (1) pour l'incidence mutuelle des faces. La réfraction double se voit à un degré médiocre à travers deux faces inclinées entre elles et à l'axe du rhomboïde. Pesanteur spécifique, 3,9 à 4,1. Les cristaux et les fragmens transparens et polis conservent quelquefois pendant une heure ou deux l'électricité acquise par frottement. Rayant tous les minéraux, excepté les diamans ; rayé par le diamant.

---

(1) 86° 4' et 93° 56' (Beudant), 86 6' et 98° 54' (Mohs).

Au chalumeau, la dissolution par le borax et le sel de phosphore n'a lieu que lentement et seulement lorsque le corps a été pulvérisé; les verres qu'on obtient avec ces deux réactifs ne deviennent opalins en aucun cas, ni opaques s'il n'y a pas eu supersaturation. Avec la solution de cobalt on n'obtient qu'un bleu sombre.

Dans l'état de pureté complète, les espèces de ce genre sont transparentes et incolores.

Les différences dans la couleur, qui sont dues à des mélanges accidentels de fer à divers degrés d'oxydation, et les différences dans le tissu et dans la transparence, qui paraissent dépendre de quelque altération, établissent, pour certaines espèces, autant de sous-variétés. Il en est de même des accidens de lumière et des reflets particuliers qui, vu le haut prix que les lapidaires attachent aux minéraux de ce genre, ont été soigneusement observés et distingués par eux.

Ils ont appelé les corindons :

Incolores.	Saphirs blancs.
Rouges.	Rubis d'Orient.
Bleus.	Saphirs *Id.*
Jaunes.	Topazes *Id.*
Verts.	Émeraudes *Id.*
Violets.	Améthystes *Id.*

Un même cristal offre, parfois, l'assemblage de deux ou trois de ces diverses couleurs. Haüy cite aussi des corindons dichroïtes qui, étant bleus lorsqu'ils sont vus par réflexion, et aussi par réflection dans le sens de l'axe du rhomboïde, lorsqu'ils sont vus par réfraction perpendiculairement à cet axe, paraissent verts.

Quant aux reflets, ceux qui présentent des reflets laiteux avec une couleur rouge ou bleue, sont les saphirs ou rubis calcédonieux des lapidaires.

Ceux qui offrent par réflection ou par réfraction, lorsqu'ils sont coupés perpendiculairement à l'axe, une étoile blanchâtre à six rayons, sont connus sous le nom d'*astéries*.

Quelques saphirs bleu foncé offrent un chatoyement blanchâtre très vif.

Relativement au tissu, Haüy a distingué trois variétés principales :

1° Les *Corindons hyalins*, qui ont l'aspect vitreux et un tissu sensiblement lamelleux, perpendiculairement à l'axe. Dans les autres directions la cassure est conchoïde ou inégale, à petits grains, et possède un vif éclat.

Ceux-ci sont les plus purs, et ce sont eux qui doivent fournir les types des espèces.

2° Les *Corindons harmophanes* ont le tissu très lamelleux parallèlement aux faces du rhomboïde primitif, et non point perpendiculairement à l'axe. C'est le *spath adamantin* des anciens minéralogistes.

3° Les *Corindons compactes* ont la cassure terne et n'ont pas de joints naturels sensibles.

ESPÈCES.

1re Espèce. CORINDON PRIMITIF (*Corundum rhomboïdeum*). Signe des faces, P. Le rhomboïde aigu dont les angles et les incidences ont été données plus haut.—Harmophane du *Bengale*.

2e. CORINDON ASSORTI (*Corundum acutum*). Signe des faces, *h*. Dodécaèdre bipyramidal très alongé, ou double pyramide à six faces triangulaires isocèles, produites en vertu d'une modification complète par deux faces, sur les six angles latéraux du rhomboïde primitif. Inclinaison d'une des faces d'une pyramide sur la face adjacente de la même pyramide, 124° 6'; sur la face adjacente de l'autre pyramide, 139° 6'; sur la face opposée de la même pyramide, 40° 54'.—Hyalin blanchâtre. Du *Pégu*. (Lucas, Collection du Muséum.)

3e. CORINDON BIFORME (*Corundum biforme*). Signe des faces, *h s o*. Le dodécaèdre bipyramidal de l'espèce précédente ayant les angles terminaux remplacés par une face *o* perpendiculaire à l'axe, et les six arêtes de la base commune des deux pyramides remplacées chacune par une face *s* parallèle à l'axe. Combinaison de trois modifications dont l'une est celle qui produit l'espèce *assortie* (*Voyez cette espèce*); la seconde par une seule face *o* sur les angles terminaux du noyau, et la troisième par une seule face *s* sur chacune des arêtes latérales du rhomboïde primitif. Cette combinaison intercepte entièrement le noyau. Inclinaison de *h* sur *o*, 110° 27'; de *h* sur *s*, 159° 33'; de *s* sur *s*, 120°.

4e. CORINDON OCTODUODÉCIMAL (*Corundum octoduodecimale*). Signe des faces, *h o* P. Le dodécaèdre bipyramidal de l'*assorti* (*Voyez cette espèce*) ayant les angles terminaux remplacés par une face *o* perpendiculaire à l'axe, et trois des six angles solides formés à la jonction de cette face terminale et des faces du dodécaèdre, remplacé chacun par une facette triangulaire qui appartient aux faces du noyau. Combinaison de la modification qui produit l'*assorti*, avec une modification par une seule face sur les angles terminaux du rhomboïde primitif. Cette combinaison n'intercepte pas entièrement le noyau. Inclinaison de P sur *o*, 122° 50'; de *o* sur *h*, 110° 27'. Du *Pégu*. (Lucas, Coll. du Muséum.)

5e. CORINDON TERNAIRE (*Corundum obtusum*). Signe des faces, *r*. Dodécaèdre bipyramidal moins alongé que l'*assorti*, ou double pyramide à six faces triangulaires isocèles, produites en vertu d'une modification complète par deux faces sur chacun des six angles latéraux du rhomboïde primitif. Inclinaison d'une des faces d'une pyramide sur la face adjacente de la même pyramide, 128° 14'; sur la face adjacente de l'autre pyramide 121° 34'; sur la face opposée de la même pyramide 58° 26'. Hyalin blanchâtre du *Pégu*. (Lucas, Coll. du Muséum.)

6e. CORINDON UNITERNAIRE (*Corundum truncatum*). Signe des faces, *r o*. L'espèce précédente dont les sommets sont remplacés chacun par une face hexagonale *o* perpendiculaire à l'axe, et produite en vertu d'une modification par une seule face sur les angles terminaux du noyau. Inclinaison de *o* sur *r*, 119° 13'. Harmophane rouge de *Ceylan*, du *Saint-Gothard*. Cette espèce prend souvent l'aspect d'une lame hexagonale mince.

7e. CORINDON TERNO-BISUNITAIRE (*Corundum icosaedron*). Signe des faces, *o r s*. L'espèce précédente ayant les arêtes de la base commune des deux pyramides remplacées chacune par une face parallèle à l'axe. Combinaison des deux modifications qui produisent l'*unitaire* avec une modification par une seule face sur les arêtes latérales du noyau. Inclinaison de *r* sur *s*, 150° 47' (1); de *s* sur *s* 120°.

8e. CORINDON DIVERGENT (*Corundum divergens*). Signe des faces, *l o*. Dodécaèdre bipyramidal plus alongé qu'aucun des deux autres décrits ci-dessus ; ressemblant presque à un prisme hexaèdre légèrement renflé dans le milieu et terminé par une face *o* perpendiculaire à l'axe. Combinaison de deux modifications dont l'une par deux faces sur chacun des angles latéraux du noyau, et l'autre par une seule face *o* sur les angles terminaux : cette combinaison intercepte entièrement le noyau. Inclinaison d'une des faces d'une pyramide sur la face adjacente de la même pyramide, 121° 6'; sur la face adjacente de l'autre pyramide, 158° 52'; de *l* sur *o*, 100° 34'.

---

(1) 131° 22'; Beudant.

9e. **Corindon didodécaèdre** (*Corundum didodecaedron*). Signe des faces, *l r*. Le même dodécaèdre bipyramidal que l'espèce précédente, terminé à chaque extrémité par une pyramide à six faces triangulaires isocèles, la même que dans l'espèce *ternaire*. Combinaison de deux modifications par deux faces sur les angles latéraux du rhomboïde primitif. Cette combinaison intercepte entièrement le noyau. Inclinaison de *l* sur *r*, 161° 21'. Hyalin. Du *Pégu*.

10e. **Corindon prismatique** (*Corundum prismaticum*). Signe des faces, *s o*. Un prisme hexaèdre régulier, produit par une combinaison de deux modifications, dont l'une par une face *o* perpendiculaire à l'axe sur les angles terminaux du rhomboïde primitif, et l'autre par une face *s* parallèle à l'axe sur ses arêtes latérales. Cette combinaison intercepte entièrement le noyau. Inclinaison de *s* sur *s*, 120°; de *s* sur *o*, 90°.

Var. *a*. Hyalin. Du *Pégu*.

Var. *b*. Harmophane. De la *Chine*, du *Bengale* et du *Thibet*.

Var. *c*. Compacte. Du *Piémont*.

Var. *d*. *Astérie*. Offrant sur ses bases ou sur des plans qui leur sont parallèles, des reflets blanchâtres en forme d'étoile à six rayons qui tombent perpendiculairement sur le milieu des côtes de l'hexagone.

Sous-variétés de l'astérie.

α. Blanche.

β. Rouge.

γ. Bleue.

11e. **Corindon bisalterne** (*Corundum alternans*). Signe des faces, *s o* P. Le même prisme hexaèdrique dans l'espèce précédente, mais ayant trois des six angles solides de chaque base, remplacés chacun par une facette triangulaire qui appartient aux faces du noyau. Combinaison des mêmes modifications qui produisent l'espèce *prismatique*; mais qui, ici, n'interceptent pas complétement le rhomboïde primitif. Inclinaison de P sur *s*, 136° 41' (1); de P sur *o*, 122° 50'. Harmophane de *Ceylan* et du *Thibet*.

12e. **Corindon additif** (*Corundum additivum*). Signe des faces, *s o* P *r*. L'espèce *bisalterne*, ayant de plus les arêtes terminales du prisme hexaèdre, tronquées ou remplacées chacune par une face, *r*, qui, prolongée, donnerait le dodécaèdre *ternaire*, et produite comme lui, en vertu d'une modification par deux faces sur chacun des

---

(1) 137° 30', Beudant.

angles solides latéraux du noyau. Inclinaison de *o* sur *r*, 119° 15';
de *r* sur *s*, 150° 47'.—Harmophane. De *Ceylan* et de la *Chine*.

13ᵉ. Corindon basé (*Corundum apice truncatum*). Signe des
faces, P *o*. Le rhomboïde primitif ayant ses deux angles terminaux
remplacés chacun par une face triangulaire équilatérale, perpendiculaire à l'axe, produite en vertu d'une modification incomplète
par une seule face, *o*, sur les angles terminaux du noyau. Lorsque
cette face correspond à un plan qui passerait par les plus petites
diagonales des rhombes, elle transforme le cristal en un octaèdre à
huit faces triangulaires, dont deux équilatérales et six isocèles.
Inclinaison de *o* sur P, 122° 50'.— Harmophane. A *Ceylan* et en
Suède. Dans quelques cristaux de Ceylan, les faces triangulaires des
deux bases sont marquées de stries parallèles à leurs côtés.

MODE DE GROUPEMENT DES INDIVIDUS MOLÉCULAIRES DE CE GENRE.

En masses laminaires. Du *Bengale*.

En masses granulaires, brunes, grisâtres ou noirâtres, associées
au fer oxydulé magnétique (Aimant), et formant ensemble la
roche appelée *Emeril*.

2ᵉ Genre. — CYMOPHANE. (*Cymophanes*.)

Chrysobéril (Werner, Brochant, Karsten et Léonhard). *Chrysolite
orientale* (de Romé-de-l'Isle et des lapidaires). Aussi *Chrysolyte
opalisante* et *chatoyante*. *Prismatischer Corund* (Mohs).

La nature chimique de la cymophane n'est pas encore bien
connue; et les chimistes ne sont pas encore d'accord sur sa véritable
composition.

D'après l'analyse suivante de Klaproth, M. Berzélius, quoique
avec doute, avait assigné à ce minéral, dans ses nouveaux élémens de minéralogie, la formule suivante : $C^4 S + 18 A^4 S$; ce qui
la classait parmi les silicates, comme une combinaison de sous-
silicate d'alumine avec un sous-silicate de chaux.

ANALYSE DE KLAPROTH.

Alumine.	71,5
Chaux.	6,0
Silice.	18,0
Oxyde de fer.	1,5
Perte.	3,0
	100,0

Plus tard, M. Berzélius, dans son *Traité sur le Chalumeau*, quoi-que continuant à placer la Cymophane dans la famille *Calcium*, énonce ses doutes sur l'exactitude de l'analyse de Klaproth, et sur le rôle que joue la chaux dans sa formule. Il penche à croire que la chaux ne fait pas partie essentielle de ce fossile, qui, selon lui, a tous les caractères chimiques d'un sous-silicate d'alumine, et doit trouver sa place à côté du disthène. L'analyse suivante de M. Arfwedson, faite sur une cymophane du Brésil, semble s'accorder entièrement avec cette manière de voir.

ANALYSE DE M. ARFWEDSON.

Silice.	18,73
Alumine.	81,43
	100,16

Ce qui donne la formule minéralogique : $A_4 S$.

Cependant M. Seybert, en Amérique, analysait les cymophanes du Connecticut et du Brésil, et arrivait à des résultats nouveaux.

ANALYSES PAR M. SEYBERT DES CYMOPHANES D'HADDAM.

	(Connecticut).	(Du Brésil).
Alumine.	73,60	68,666
Glucine.	15,80	16,000
Silice.	4,00	5,999
Protoxyde de fer.	3,58	4,733
Oxyde de titane.	1,00	2,666
Eau.	0,40	0,666
Perte.	1,82	1,270
	100,00	100,000

M. Seybert en déduit la formule minéralogique : $A_4 S + 2 GA_4$, formule adoptée, quoique avec quelque doute, par M. Berzélius dans sa nouvelle classification, insérée, en 1826, dans les Annales de Chimie et dans les Annales des Mines, tome 13, p. 262.

Dans cette classification, fondée sur l'élément électro-négatif de la combinaison, la cymophane est rangée, dans la famille des sili-cates, comme un silicate de glucine et d'alumine avec l'émeraude et l'euclase.

Nous observerons que dans la formule de M. Seybert, il n'y a pas de silicate de glucine, que la glucine y est combinée avec l'alumine,

etque cet aluminate forme l'élément dominant de la combinaison;
la silice même y est en si petite quantité, qu'on pourrait la regarder comme accidentelle, car elle ne manifeste point ses réactions pyrognostiques avec les flux, comme elle le fait dans le disthène, la
staurotide et d'autres véritables silicates d'alumine. Considérant
donc que tous ces caractères, tant physiques que pyrognostiques,
rapprochent la cymophane du corindon et des aluminates, et l'é-
loignent des silicates, nous croyons la mettre à sa vraie place dans
la famille des gemmes ou aluminidiens anhydres. En effet, la petite
fraction d'eau que donne l'analyse peut être considérée comme
formant, avec le protoxyde de fer, un hydrate de fer d'un jaune
verdâtre qui est le principe colorant de ce minéral et nullement
comme de l'eau de composition.

Les observations ci-dessus se trouvent confirmées par l'analyse
suivante du docteur Thomson, qui est la plus récente. Cette analyse de la cymophane du Brésil n'ayant point offert de silice,
M. Thomson suppose que la silice trouvée par M. Seybert, provenait du mortier d'agate dans lequel le minéral avait été pulvérisé.

Alumine.	76,75
Glucine.	17,79
Protoxyde de fer.	4,49
Eau.	0,48
	——
	99,51

Ce qui donnerait la formule minéralogique : $9\,G\,A^3 + f\,A^3$.

Forme primitive : prisme droit rectangulaire dont
les trois dimensions sont entre elles :: $\sqrt{6}$, $\sqrt{3}$ et $\sqrt{2}$.
Les joints parallèles à une des faces latérales du prisme
sont les plus nets. Pesanteur spécifique, 3,79. Raye la
topaze ; rayée par le corindon. Cassure transversale
parfaitement conchoïde. Éclat entre l'éclat vitreux et
l'éclat gras. Quelques cristaux ont des reflets d'un blanc
laiteux, mêlé de bleuâtre. On ne l'a encore trouvée que
colorée en jaune verdâtre, en vert olive, en vert blanchâtre, ou en gris. Elle acquiert très aisément par le
frottement l'électricité positive.

Au chalumeau, infusible sans addition.

Avec le borax, se résout lentement en un verre diaphane qui reste

15.

tel à tous les degrés de saturation. Soluble lentement et sans résidu dans le sel de phosphore en un verre qui ne devient pas opalin par le refroidissement. La soude ne l'attaque ni ne la tuméfie, pas même en poudre. La solution de cobalt développe, dans le gâteau formé par le pétrissage de la poudre, une belle couleur bleue. (Berzélius.)

ESPÈCES.

1re Espèce. CYMOPHANE ANAMORPHIQUE (*Cymophanes anamorphos*). Signe des faces, M *t i*. Un prisme à quatre faces rectangulaires terminé par un biseau de deux faces rectangulaires *i*, qui remplacent les bases et correspondent aux faces les plus étroites du prisme. Cette forme présente l'apparence d'un prisme hexaèdre régulier, dont les faces larges du prisme primitif seraient les bases. Modification incomplète par une seule face sur les arêtes les plus courtes des bases du noyau. Incidence de *i* sur *i*, 120°; de T sur *i*, 120°; de M sur *i*, 90°; de M sur T, 90°. De *Ceylan* et du *Pégu*.

2°. CYMOPHANE DIOCTAÈDRE (*Cymophanes dioctaedron*). Signe des faces, M T *s f*. Prisme à huit pans, terminé par une pyramide à quatre faces pentagonales. Combinaison de deux modifications, dont l'une par une seule face sur les arêtes latérales du noyau produit les quatre faces additionnelles (*s*) du prisme, et l'autre, par une seule face sur tous les angles solides du noyau, produit les pyramides terminales (*f*). Cette combinaison n'intercepte pas entièrement le prisme primitif. Incidence de *s* sur M, 125° 16'; de *s* sur T, 144° 44'; de *f* sur T, 116° 12'; de *f* sur M, 117° 56. De *Haddam* dans le *Connecticut* (Amérique septentrionale). (Lucas.)

3°. CYMOPHANE ANNULAIRE (*Cymophanes annulare*). Signe des faces, M T *s o i*. Prisme à huit pans, dont deux opposés (M) sont des hexagones, deux autres (T) aussi opposés sont des rectangles, et les quatre autres (*s*) alternant avec les quatre premiers sont des trapèzes. Sommets composés chacun de six faces dont deux sont des rectangles (*i*) formant le biseau terminal, et les quatre autres sont des trapèzes (*o*). Vue dans un sens différent, cette forme offre l'aspect d'un prisme hexaèdre régulier, dont les arêtes des bases hexagonales M, sont remplacées chacune par une face oblique à l'axe. Combinaison des modifications qui produisent l'*anamorphique* (*voyez* cette espèce) avec deux autres modifications, l'une par une seule face sur chacune des arêtes latérales du noyau, produit les faces *s*; l'autre par une seule face sur tous les angles solides du noyau, produit les faces *o*. Cette combinaison n'intercepte pas entièrement le prisme primitif. Inclinaison de M sur *o*, 136° 41'; de M sur *s*, 125° 16'; de T sur *s*, 144° 44'; de T sur *o*, 110° 3'; de *i* sur *o*, 133° 19'. Du *Pégu* et de *Ceylan*. (Lucas, Coll. du Mus.) (1)

Le Musée de Genève possède un groupement remarquable de deux cristaux de cymophane annulaire, qui se pénètrent sous un angle de 60°, laissant sur une des faces latérales du prisme hexaèdre formé par ce groupement, un léger angle rentrant. M. Soret, qui a décrit et figuré ce cristal double trouvé au Brésil (*voyez* la note ci-dessous), cite un autre mode de groupement observé dans la cymophane, par M. Biot, au moyen de la lumière polarisée : ici, un des cristaux est entièrement encaissé dans l'autre et le coupe à angle droit.

4e. CYMOPHANE ISOGONE (*Cymophanes isogonum*). Signe des faces, M T *s z o i*. L'espèce précédente avec l'addition de quatre faces *z* au prisme, ce qui donne douze faces à ce prisme. Combinaison des modifications qui produisent l'espèce *annulaire* (*voyez* cette espèce) avec une nouvelle modification par une seule face sur chacune des arêtes latérales de la forme primitive. Inclinaison de M sur *z*, 136° 41'; de T sur *z*, 133° 19'. Du *Pégu* et de *Ceylan*. (Lucas, Coll. du Mus.)

5e. CYMOPHANE OCTO-VIGÉSIMALE (*Cymophanes octo-vigesimale*). Signe des faces, M T *s i o n*. Prisme à huit pans, dont quatre opposés hexagonaux alternant avec quatre rectangulaires. Sommets à dix faces dont deux terminales, pentagonales en biseau (*i*), quatre parallélogrammes obliquangles (*o*) et quatre trapèzes (*n*). C'est l'espèce *annulaire* (*voyez* cette espèce pour les modifications) avec deux nouvelles faces *n* produites en vertu d'une modification par une seule face oblique sur tous les angles solides du noyau. Inclinaison de M sur *n*, 128° 43'; de T sur *n*, 126° 8'; de *n* sur *o*, 165° 53'. Du *Pégu* et de *Ceylan*. (Lucas, Coll. du Mus.)

---

(1) M. Soret a décrit dans le premier volume, p .478, des *Mémoires de la Société de physique et d'histoire naturelle de Genève*, trois nouvelles espèces de cymophanes, possédées par le Musée de cette ville. L'une, du Brésil, qu'il nomme *quadri-duodécimale*, est l'*annulaire* moins les faces *s* du prisme ; la seconde, du Pégu, appelée *quadri-octonale*, est l'*annulaire* moins les faces *o* du sommet; la troisième, du Brésil, nommée *périoctaèdre*, est la forme primitive comprimée et tronquée sur les arêtes du prisme par les faces *s*.

Dans les diverses espèces du genre cymophane , les faces correspondantes à celles du prisme primitif sont ordinairement chargées de stries longitudinales : les autres sont lisses.

ALTÉRATION DANS LA FORME.

Les cristaux roulés et arrondis prennent la forme de grains ronds ou ovoïdes.

MODE DE GROUPEMENT DES INDIVIDUS MOLÉCULAIRES DE CE GENRE.

En masses compactes.

3ᵉ Genre. — SPINELLE. (Haüy.) (*Spinellus.*)

Alumine magnésiée (Haüy). *Rubis* (de Romé-de-l'Isle et des lapidaires.) *Dodecaedrischer Corund* (Mohs).

Combinaison de l'alumine et de la magnésie ou aluminate de magnésie. Celle-ci est parfois remplacée, en tout ou en partie, par les oxydes de fer ou de zinc , qui sont isomorphes; ce qui donne lieu à diviser ce genre en trois sous-genres.

Forme primitive : octaèdre regulier. Rayant le quartz; rayé par le corindon. Infusible et inaltérable au chalumeau sans addition. Insoluble dans les acides. Cassure conchoïde.

1ᵉʳ Sous-Genre. — SPINELLE proprement dit.

Rubis spinelle et *Rubis balais* (de Romé-de-l'Isle et des lapidaires), le *Spinelle bleu* d'Aker (en Suède); *Rother* et *Blauer Spinell* (Léonhard).

Aluminate de magnésie, coloré en rouge par une petite quantité d'acide chromique, ou en bleu par du protoxyde de fer. Signe minéralogique de M. Berzélius : $M\ A^6$.

ANALYSES DES SPINELLES.

	Rouges.		Bleus.
	Klaproth.	Vauquelin.	Berzélius.
Alumine.	74,50	82,47	72,25
Silice.	15,50	0,00	5,45
Magnésie.	8,25	8,78	14,63
Chaux.	0,75	0,00	0,00
Protoxyde de fer.	1,50	0,00	4,26
Acide chromique.	0,00	6,18	0,00
	100,50	97,43	96,59

Rayant le quartz ; rayé par le corindon. Pesanteur spécifique, 3,48 à 3,8. Transparent. Couleur : le rouge ponceau ou le rouge de rose plus ou moins pur, ou passant au pourpre, au brunâtre, au jaune ou au bleu ; le bleu pur ou grisâtre. Éclat vitreux très vif.

Au chalumeau, le spinelle rouge de Ceylan noircit et devient opaque ; mais, en se refroidissant, il reprend sa couleur en devenant d'abord d'un beau vert, puis incolore, puis enfin rouge. Les autres spinelles n'éprouvent aucune altération ; ils se dissolvent tous facilement et sans résidu dans le sel de phosphore, lorsqu'ils sont en poudre, mais difficilement en grains. Avec la soude, se tuméfie sans se dissoudre, et sur la feuille de platine, colore faiblement la soude en vert ; ce qui indique une petite quantité de manganèse. (Berzélius.)

ESPÈCES.

1ere Espèce. SPINELLE PRIMITIF (*Spinellus octaedricus*). Signe des faces, P. L'octaèdre régulier. Inclinaison mutuelle des faces, 109° 28' 16". Rouge vif et rouge pâle. De *Ceylan*. Bleu. D'*Aker* en *Sudermanie*, (Suède).

Var. *a. Cunéiforme.* Les deux angles des sommets remplacés par une arête, et chaque pyramide changée en un solide, en forme de coin ou de toit, composé de deux grands trapèzes et de deux petits triangles.

Var. *b. Segminiforme.* Fragment comme détaché d'un octaèdre par un plan parallèle à deux de ses faces opposées.

Var. *c. Trapézien.* La variété précédente dans laquelle le centre de l'octaèdre est censé avoir été intercepté par deux plans. Les faces latérales sont toutes des trapèzes.

Var. *d. Transposé.* Un octaèdre, dont l'une des moitiés est censée avoir tourné sur l'autre d'un sixième de circonférence. Présentant des angles rentrans, et un solide à 8 triangles et 6 trapèzes.

C'est un mode de groupement avec pénétration réciproque de deux individus appartenant à l'espèce primitive.

2e. SPINELLE ÉMARGINÉ (*Spinellus emarginatus*). Signe des faces, P o. L'octaèdre primitif ayant toutes ses arêtes remplacées chacune par une facette. Modification incomplète par une seule face sur toutes les arêtes du noyau. Inclinaison de P sur o, 144° 44' 8". Rouge pâle. De *Ceylan.* (Lucas, Coll. du Mus).—Les cristaux de cette espèce ont quelquefois à leur surface, des stries parallèles aux côtés des faces triangulaires.

3e. SPINELLE DODÉCAÈDRE (*Spinellus dodecaedron*). Signe des faces, *o*. Solide à douze faces rhomboïdales semblables, inclinées entre elles de 120°. Même modification que dans l'espèce précédente, mais complète. Purpurin. De *Ceylan* (Haüy).

4e. SPINELLE UNIBINAIRE (*Spinellus tetra-tetracontaedron*). Signe des faces, P *o r*. Solide à 44 faces. Le *Spinelle émarginé*, ayant tous ses angles solides remplacés chacun par quatre petites facettes trapézoïdales (*r*), ou le *dodécaèdre* ayant ses six angles quadruples remplacés par quatre facettes trapézoïdales (*r*), et chacun de ses huit angles triples, par une face triangulaire (P). Combinaison de deux modifications, dont l'une, par une face sur chacune des arêtes de l'octaèdre primitif; et l'autre, par quatre faces correspondantes aux arêtes sur chacun des angles solides de ce noyau. Cette combinaison n'intercepte pas entièrement le noyau. Inclinaison de P sur *o*, 144° 44' 8"; de *o* sur *o*, 120°; de *o* sur *r*, 148° 31' 5"; de *r* sur *r*, 129° 31' 16", et 144° 54' 10". Rouge ponceau et rouge de rose intense. A *Ceylan*. (Haüy.)

CRISTAUX INCOMPLETS ET ALTÉRÉS, OU MODE DE GROUPEMENT DES INDIVIDUS MOLÉCULAIRES DE CE GENRE.

Les grains arrondis roulés sur les bords des rivières de *Ceylan*, ou renfermés dans une gangue de chaux carbonatée. A *Aker* (en Suède).

2e Sous-genre. — PLÉONASTE ou SPINELLE FERRIFÈRE.

Spinelle noir. Schwarzer Spinell (Léonhard). *Ceylanite* (La Méthrie). *Zeylanit* (Werner et Karsten).

Aluminate de protoxyde de fer et de magnésie, dont le signe minéralogique est, suivant M. Berzélius : $M \atop f \} A$, ou, suivant M. Beudant : $MA^3 + FA^3$ ou $MA^2 + FA^2$?

ANALYSES DES PLÉONASTES.

	Par ColletDescotils.	Laugier.	C. G. Gmelin.
Alumine.	68	65,0	57,200
Silice.	2	2,0	3,154
Magnésie.	12	13,0	18,240
Chaux.	0	2,0	0,000
Oxyde de fer.	16	16,5	20,504
Protoxyde de manganèse.	0	trace.	trace.
	98	98,5	99,098

Opaque ou faiblement translucide sur les bords des fragmens minces. Éclat vitreux très vif. Couleur : d'un noir de jais, quelquefois tirant sur le brun ou le verdâtre. Dureté égale à celle du spinelle proprement dit. Pes. spéc., 3,64.

Au chalumeau, seul, inaltérable, même en poudre ; seulement à un feu très ardent, il prend une couleur bleue. Avec le borax, se dissout en verre transparent d'un vert sombre. Ne se dissout dans le sel de phosphore qu'en poudre ; la dissolution est facile sans résidu, et donne un verre transparent coloré par le fer. Avec la soude se tuméfie et donne une scorie noire qui reste infusible. (Berzélius.)

Les espèces de ce sous-genre, sont :

1. Le PRIMITIF. *Environs de Montpellier* et *Vésuve*, idem.

2. L'ÉMARGINÉ, idem.

3. Le DODÉCAÈDRE. *Vésuve* et *Ceylan*.

4. L'UNIBINAIRE. *Vésuve. Voy.* la description de ces espèces, au sous-genre précédent.

ALTÉRATION DES CRISTAUX ET MODE DE GROUPEMENT DES INDIVIDUS MOLÉCULAIRES DE CE SOUS-GENRE.

En grains arrondis qui sont des cristaux incomplets ou usés.
En masses amorphes.

NOTE.

Si la *Candite* de Bournon, qui a tous les caractères du sous-genre Pléonaste, en différait assez chimiquement pour pouvoir être considérée comme des masses amorphes provenant du groupement d'individus moléculaires d'un autre genre, il faudrait la placer momentanément avec les minéraux non cristallins, jusqu'à ce que des cristaux bien déterminés de ce minéral permissent de la classer dans la méthode. Son signe minéralogique serait, d'après **M.** Berzélius, $MA^2 + FA^2$.

3ᵉ Sous-genre.—GAHNITE ou SPINELLE ZINCIFÈRE.
(Haüy.)

Automalite (Eckeberg). *Zinc gahnite* (Brongniart). *Oktaedrischer Corund* (Mohs).

Aluminate de zinc et de fer. Signe minéralogique de M. Berzélius, ZnA^6.

ANALYSES DES GAHNITES.

	Par Eckeberg.	Par Vauquelin.
Alumine.	60,00	42
Silice.	4,75	4
Chaux.	trace.	c
Oxyde de zinc.	24,25	28
Oxyde de fer.	9,25	5
Oxyde de manganèse.	trace.	o
Soufre?	o	17
	98,25	96

Opaque ou seulement translucide sur les bords (1).
Couleur : noirâtre foncé, ou bleuâtre et quelquefois
verdâtre. Les fragmens minces vus par transparence
sont verdâtres. Pesanteur spécifique, 4,23 à 4,7. Dureté
égale à celle du spinelle proprement dit. Cassure conchoïde.

Au chalumeau, seule, elle est inaltérable. Dans le borax et le sel
de phosphore, même réduite en poudre, elle ne se dissout qu'avec
beaucoup de peine. Avec la soude elle produit, sans se fondre, une
scorie de couleur sombre. Réduite en poudre fine et mêlée intime-

---

(1) C'est cette opacité et cette apparence d'un minéral impur et
mélangé, qui m'a décidé à ne pas faire de la gahnite un genre à
part, mais à la joindre, comme a fait Haüy, au spinelle dont elle se
rapproche par tous ses caractères importans et par sa ressemblance
avec le pléonaste. Sa base, qui est l'oxyde de zinc, est isomorphe
avec la magnésie et le fer, et il peut ainsi y avoir des mélanges en
proportions non déterminées qui établissent des passages insensibles entre la gahnite, le spinelle proprement dit et le pléonaste,
comme il en existe déjà entre ces deux derniers sous-genres.

D'ailleurs si l'on voulait constituer la gahnite en un genre particulier, cela ne changerait rien à sa place dans la méthode qui lui
est assignée par ses nombreuses et importantes analogies avec le
spinelle. C'est là, ce me semble, un des principaux avantages de la
méthode naturelle, c'est qu'elle réduit en quelque sorte les dis-
cussions sur l'établissement de nouveaux genres ou de nouvelles
variétés, à de simples disputes de mots.

ment avec la soude, elle donne, au feu de réduction autour de la pièce d'essai, une aréole de fumée de zinc. Avec un mélange de soude et de borax elle se dissout en un verre transparent coloré par le fer. (Berzélius.)

ESPÈCE UNIQUE.

La CAHNITE PRIMITIVE.

Var. *a. Transposée* (*voyez* pour la description de cette espèce et de cette variété, le sous-genre du spinelle proprement dit) des mines d'*Erics-Matt* et de *Brodabo* près *Fahlun*, en Suède. Disséminée dans un talc schisteux.

ALTÉRATION DANS LA FORME DES CRISTAUX.

En grains arrondis.

Deuxième sous-ordre.

ALUMINIDIENS HYDRATÉS OU HYDRO-ALUMINIDIENS.

Au chalumeau, dans le matras donnent de l'eau et perdent leur transparence. Contenant de l'eau de composition. Sensiblement moins durs et moins éclatans que les aluminidiens anhydres.

FAMILLE DES *DIASPORIDÉS*.

Décrépitant au feu du chalumeau. Rayant à peine le verre. Dans cette famille on n'a pas encore trouvé d'espèces caractérisées. Mais s'il ne s'est pas présenté encore de cristaux parfaits, on a des masses à structure lamellaire et clivable, ou à tissu plus ou moins fibreux, qui sont formées par le groupement de cristaux altérés, incomplets ou moléculaires, mais offrant dans leurs caractères physiques et chimiques, et dans leur composition, des données suffisantes pour établir trois genres.

1ᵉʳ Genre. — DIASPORE. (*Diasporus.*)

Aluminée hydratée (Haüy). *Blatteriger Hydrargilite* (Hausmann).
C'est un hydrate d'alumine, ou combinaison d'alumine et d'eau
souvent mélangée d'hydrate de fer.

Signe minéralogique de M. Berzélius :

$$\left.\begin{array}{l} A^3 \\ F^3 \end{array}\right\} A\mathrm{q}.$$

ANALYSES DES DIASPORES.

De l'Oural (1).

	Par M. Hess.	Par Vauquelin.	Par M. Children.
Alumine.	85,14	80	76,06
Eau.	14,56	17	14,70
Oxyde de fer.	0,00	3	7,78
	99,70	100.	98,54

Forme primitive obtenue par le clivage : prisme
rhomboïdal d'environ 130° et 50°, sous-divisible dans le
sens des petites diagonales de sa coupe transversale.
Ces derniers joints sont les plus nets et ont un éclat
nacré. Les parties aiguës rayent le verre ou l'apatite.
Pesanteur spécifique, 3,43. Couleur : d'un gris verdâtre
clair. Éclat extérieur vitreux. Cassure inégale. A la
flamme d'une bougie, un fragment pétille et se dissipe
en parcelles, qui, lancées de toutes parts, produisent par
leurs reflets nacrés une sorte de scintillation dans l'air.

Au chalumeau, dans le matras, décrépite avec violence et se divise en petites écailles blanches et brillantes qui, vers la chaleur
rouge, donnent beaucoup d'eau. Si l'on pose ces écailles, après une
légère ignition, sur du papier de tournesol rougi ou sur du papier
de Fernambouc imprégnés d'eau, elles forment sur le papier des
taches bleues, ce qui indique un contenu alcalin.

Avec les flux, se comporte comme tous les aluminidiens. Avec la
solution de cobalt, prend une belle couleur bleue. (Berzélius.)

Point d'espèces connues dans ce genre.

----

(1) Pris long-temps pour de l'anthophyllite ; Berzélius, Jahrs-
Ber. 1831.

MODES DE GROUPEMENT DES INDIVIDUS MOLÉCULAIRES DE CE GENRE.

En masses cristallines et clivables , en lames légèrement curvilignes, enfermées dans une argile ferrugineuse. Des *monts Ourals*
(Sibérie).

2ᵉ Genre. — PLOMB GOMME. (*Gummi plumbum.*)

Plomb rougeâtre en stalactites (Gilet de Laumont). *Plomb hydro-*
alumineux (Haüy).

C'est une combinaison d'oxyde de plomb , d'alumine et d'eau.
Suivant Berzélius un hydro-aluminate de plomb mêlé d'une très
petite quantité de sulfite de plomb et de silicate d'alumine , dont
le signe minéralogique est $Pb\,A^6+{}_6A^q, Pb^2\,S^4, Al^3\,S^6$.

ANALYSE DU PLOMB GOMME DE HUELGOET EN BRETAGNE,
PAR M. BERZÉLIUS.

Oxyde de plomb.	40,14
Alumine.	37,00
Eau.	18,00
Acide sulfureux.	0,20
Chaux, oxydes de fer et de manganèse.	1,80
Silice.	0,60
	98,54

Translucide. Raye la chaux fluatée ; rayé par le feldspath. Pes. spéc., 6,425 (Breithaupt). Tissu fibreux.
Cassure conchoïde. Couleur : jaunâtre et rougeâtre
disposées par rayes. Isolé et frotté acquiert l'électricité résineuse. Un fragment placé dans l'acide sulfurique échauffé, se résout en une matière pâteuse sans se
dissoudre. A la flamme d'une bougie, il décrépite;
mais approché avec précaution, il ne fait que blanchir.

Au chalumeau, dans le matras, dégage de l'eau et éclate quelquefois avec violence ; seul, sur le charbon, devient opaque, blanchit, se boursouffle en forme de choufleur , et sous le feu le plus
ardent ne manifeste qu'un commencement de liquéfaction. Avec
le borax et le sel de phosphore se dissout en un verre transparent.

Insoluble, mais réductible en globules de plomb avec la soude.
Avec le nitrate de cobalt on obtient une belle couleur bleue pure.
(Berzélius.)

Point d'espèces connues.

MODE DE GROUPEMENT DES INDIVIDUS INCOMPLETS OU MOLÉCULAIRES
DE CE GENRE.

En masses concrétionnées en forme de grappes ou de stalactites,
à tissu partiellement fibreux et ayant l'aspect de la gomme arabique.
D'*Huelgoët* (Bretagne).

Appendice.

Genre. GIBSITE.

D'après l'analyse de M. Torrey, ce serait une combinaison d'alumine et d'eau, différente de celle du diaspore par les proportions;
ce qui, joint à une grande différence de pesanteur spécifique et de
dureté, ne permet de placer ces deux genres de minéraux dans la
même famille qu'avec quelque doute. C'est pourquoi nous plaçons
provisoirement ici la gibsite, comme appendice aux hydro-alumi-
nidiens.

ANALYSE PAR M. TORREY.

Alumine.   64,6 }
                              } 99,3
Eau.   34,7 }

Signe minéralogique de M. Berzélius : *A A٦*.

Raye la chaux carbonatée. Pesant. spéc., 2,4. Faiblement translucide. Éclat peu considérable. Couleur : d'un blanc grisâtre ou
verdâtre. Au chalumeau, blanchit sans se fondre. Attaquable par
l'acide nitrique.

Point d'espèces connues.

MODE DE GROUPEMENT DES INDIVIDUS IMPARFAITS ALTÉRÉS OU MOLÉ-
CULAIRES DE CE GENRE.

En masses stalactitiformes, à structure fibreuse, rayées. De *Rich-*
mond (*Massachusets*.)

DEUXIÈME ORDRE.

LES STANNIDIENS.

Difficilement attaquables par l'acide hydro-chlorique. Insolubles dans les autres acides. Au chalumeau, seuls sur le charbon, infusibles; mais réductibles, quoique difficilement, à l'aide d'une forte chaleur et d'une longue insufflation au feu de réduction. Le métal réduit est de l'étain blanc et malléable. Avec la soude et sur-tout avec un mélange de soude et de borax sur le charbon, la réduction en un grain d'étain métallique s'opère aisément. Sur le fil de platine avec la soude, il se fait avec effervescence une combinaison qui a pour résultat une masse boursoufflée infusible. Avec le borax et le sel de phosphore fondent très difficilement, et en petite quantité, en verre transparent et incolore.

Famille des *STANNOLITES*.

Au chalumeau, dans le matras ne donnant pas d'eau. Rayant l'apatite ou le verre. Pesanteur spécifique au-dessus de 6.

Genre unique.—Stannolite. (*Stannolites.*)

Étain oxydé (Haüy).*Zinnstein* (Werner et Karsten.)*Tinstone* (Kirwan). *Pierre d'étain* ou *mine d'étain commune* (Brochant). *Zinn-Erz* (Mohs). *Cassitérite* (Beudant).

C'est un oxyde d'étain quelquefois accidentellement mélangé de petites quantités d'oxyde de fer, d'oxyde de manganèse et de tantale. Signe minéralogique de M. Berzélius, *Sn.*

ANALYSES DES STANNOLITES OU ÉTAINS OXYDÉS.

	par Klaproth. du Cornouailles.	par Berzélius. de Fimbo.	
Étain.	77,50	Oxyde d'étain.	93,6
Oxygène.	21,50		
Oxyde de fer.	0,25		1,4
Oxyde de manganèse.	0		0,8
Oxyde du tantale.	0		2,4
Silice.	0,75		0,0
	100,00		98,2

Forme primitive : octaèdre à base carrée dans lequel l'incidence d'une des faces sur la face adjacente de l'autre pyramide est de 67° 42' 52'' (1), et celle de cette même face sur la face adjacente de la même pyramide est de 133° 56' 18'' (2). L'arête terminale est à la hauteur de chaque pyramide comme 7 : 5. On aperçoit aisément dans les fractures exposées à une vive lumière les joints parallèles aux faces de l'octaèdre primitif. Pesanteur spécifique, 6,4 à 6,9. Raye le feldspath ; rayé par la topaze. Étincelle par le choc du briquet. Cassure inégale, grenue, passant à la cassure conchoïde ou écailleuse. Couleur : d'un brun plus ou moins noir, quelquefois cependant grisâtre, blanchâtre ou jaunâtre. Faiblement translucide et souvent opaque. Poussière d'un brun ou d'un gris blanchâtre. Éclat vitreux très vif, passant parfois à l'éclat gras.

ESPÈCES.

1re Espèce. STANNOLITE DODÉCAÈDRE (*Stannolites dodecaedra*. Signe des faces, *g* P. Prisme à quatre pans *g*, surmonté de sommets à quatre faces rhomboïdales P correspondantes aux arêtes. Modi-

---

(1) 67° 59'. Mohs.
(2) 133° 26'.

fication par une face parallèle à l'axe de l'octaèdre primitif sur chacun des quatre angles latéraux de cet octaèdre. Incidence de P sur
P, 133° 36'; de *g* sur *g*, 90°; de P sur *g*, 156° 48'.

2ᵉ. STANNOLITE RÉCURRENTE (*Stannolites recurrens*). Signe des faces, *g z* P. L'espèce précédente dans laquelle les arêtes de jonction
des faces terminales avec celles du prisme sont remplacées chacune
par une facette rhomboïdale z. Ces nouvelles faces obliques sont
produites, en vertu d'une modification, par quatre faces sur chacun
des angles solides latéraux de l'octaèdre primitif. Inclinaison de P
sur z, 137° 52'; de *g* sur z, 154° 59'.

3ᵉ. STANNOLITE QUADRIOCTONALE (*Stannolites quadrioctonalis*).
Signe des faces, *g s*. Un prisme à quatre pans *g*, terminé par des
sommets à quatre faces triangulaires *s*, correspondant aux faces du
prisme. Combinaison de deux modifications, l'une par une seule
face *g* sur chacun des angles solides latéraux de l'octaèdre primitif
produit le prisme, l'autre, par une face oblique *s* sur ces mêmes
angles, produit les sommets. Cette combinaison intercepte entièrement le noyau. Inclinaison de *s* sur *s*, 121° 46'; de *s* sur *g*, 135° 29';
de *g* sur *g*, 90°. De *Schlackenwald* (Bohème) et de *Cornouailles*.
(Lucas, Coll. du Muséum.)

MODE DE GROUPEMENT AVEC PÉNÉTRATION, PARTICULIER AUX INDIVIDUS
DE CETTE ESPÈCE.

Un cristal unique supposé formé par la demi-révolution de la
moitié d'un cristal *quadrioctonal* tournant sur un plan diagonal
pris dans l'intérieur du prisme, tandis que l'autre moitié serait de-
meurée fixe. C'est l'*étain oxydé hémitrope* de Haüy, commun en
Cornouailles et en Bohème. Ces assemblages offrent un angle rentrant d'autant plus marqué que les faces *g* du prisme y sont moins
apparentes.

4ᵉ. STANNOLITE DIOCTAÈDRE (*Stannolites dioctaedra*). Signe des
faces, *g l s*. L'espèce précédente ayant huit faces au prisme au lieu
de quatre. Ces nouvelles faces *l* sont produites, en vertu d'une modification, par une seule face sur chacune des arêtes latérales de
l'octaèdre primitif. Inclinaison de *l* sur *g*, 136°. Du *Cornouailles*.
(Lucas, Coll. du Muséum.)

Cette espèce présente aussi des groupemens d'individus avec pénétration réciproque (hémitropies de Haüy), mais qui n'offrent pas
d'angles rentrans.

5ᵉ. STANNOLITE OCTOSEXDÉCIMALE (*Stannolites octosexdecimalis*).
Signe des faces, *g l s* P. Prisme à huit pans terminé par des som-

II.   16

mets pyramidaux à huit faces correspondantes aux faces du prisme. C'est la *Stannolite dioctaèdre* (voyez cette espèce), dont les arêtes qui séparent les faces du sommet sont remplacées chacune par une facette qui correspond aux faces P de l'octaèdre primitif. Combinaison des mêmes modifications qui produisent la *dioctaèdre*, mais qui n'interceptent pas entièrement le noyau. Inclinaison de P sur *l*, 123° 51'; de P sur *s*, 150° 52'. Du *Cornouailles*. (Lucas, Coll. du Muséum.)

6e. STANNOLITE BISEXDÉCIMALE (*Stannolites bisexdecimalis*). Signe des faces, *g r l s* P. L'espèce précédente ayant seize pans au prisme, les huit nouvelles faces *r* du prisme sont produites en vertu d'une modification oblique sur chacun des angles latéraux de l'octaèdre primitif, qui donne naissance sur chacun de ces quatre angles à deux facettes parallèles à l'axe. Inclinaison de *r* sur *l*, 161° 33'; de *r* sur *g*, 153° 26'. De *Bohème*. (Lucas, Coll. du Muséum.)

7e. STANNOLITE ANNULAIRE (*Stannolites annularis*). Signe des faces, *g l s* P *i*. L'espèce *octosexdécimale* (voyez plus haut) ayant l'angle terminal de son sommet tronqué par une face *i* perpendiculaire à l'axe, ce qui, lorsque la troncature est profonde, change le solide en un prisme octogonal droit dont la base est bordée par un rang de petites facettes obliques à l'axe. La face terminale *i* est produite, en vertu d'une modification, par une seule face sur l'angle solide terminal de l'octaèdre primitif.

8e. STANNOLITE OPPOSITE (*Stannolites opposita*). Signe des faces, *g z s*. Un prisme à quatre pans surmonté d'une pyramide alongée à huit faces, qui se termine par un sommet plus obtus à quatre faces. Combinaison des modifications qui produisent la *quadrioctonale* (voyez cette espèce) avec une modification par quatre faces sur chacun des angles solides latéraux de l'octaèdre primitif, qui produit les faces *z* de la pyramide alongée. Cette combinaison intercepte entièrement le noyau. Inclinaison de *g* sur *s*, 133° 29'.

9e. STANNOLITE DISTIQUE (*Stannolites disticha*). Signe des faces, *g z s* P. L'espèce précédente dont la petite pyramide surbaissée qui forme le sommet a 8 faces au lieu de 4 par l'apparition des quatre faces P de l'octaèdre primitif. Combinaison des mêmes modifications qui produisent l'*opposite* (voyez cette espèce), mais qui seulement n'interceptent pas entièrement le noyau. De *Cornouailles*. (Lucas, Coll. du Muséum.)

MODE DE GROUPEMENT DES INDIVIDUS MOLÉCULAIRES DE CE GENRE.

En masses compactes et pseudomorphiques, c'est-à-dire qui ont pris la forme d'un corps étranger. Tels sont, par exemple, ces cristaux, dont la forme est celle du feldspath, et dont la matière est de la stannolite, trouvés à Sainte-Agnès en Cornouailles, et des cristaux dont la matière est la même, mais dont la forme est celle du quartz et qu'on a trouvés dans la même localité.

ALTÉRATION DANS LA SUBSTANCE PRODUITE PAR DES MÉLANGES ACCIDENTELS.

Stannolite tantalifère. A Fimbo près Fahlun (Suède). La présence du tantale dans l'oxyde d'étain se reconnaît au chalumeau, d'après M. Berzélius; 1° à une réduction plus difficile et moins complète; 2° à la propriété de devenir opaque par le flamber ou par le refroidissement lorsqu'on le dissout dans le borax.

Stannolite manganésifère. Les variétés de couleur foncée offrent souvent, dit M. Berzélius, au chalumeau avec la soude sur la feuille de platine, la couleur verte qui indique le manganèse.

Stannolite ferrifère. Vulgairement *Étain de bois*; *Woodtin* des Anglais; *Holzzinn* des Allemands; *Étain oxydé concrétionné* de Haüy. Ce mélange d'oxyde d'étain avec une petite quantité d'oxyde de fer (9 suivant Vauquelin, 5 suivant Collet-Descostils) se présente sous la forme de concrétions arrondies ou mamelonnées, intérieurement formées de fibres serrées rayonnant du centre à la circonférence, et imitant par ce tissu, ainsi que par des zones concentriques de diverses nuances de brun, l'apparence du bois. C'est un assemblage de cristaux aciculaires imparfaits. Du *Cornouailles* et du *Mexique*.

TROISIÈME ORDRE.

LES SILICIDIENS.

Au chalumeau, avec le sel de phosphore, inattaquables en tout ou en partie, ou décomposables en verre qui devient opalin, ou dans un seul cas (Lazulite) tout-à-fait opaque par refroidissement et en laissant pour résidu un squelette de silice. En général, insolubles ou seulement partiellement solubles dans quelques acides en y formant gelée, ou en laissant un résidu.

16.

Cet ordre comprend la silice et les combinaisons dans lesquelles la silice joue le rôle d'acide, ou les *silicates*.

Premier sous-ordre.

SILICIDIENS ANHYDRES.

Au chalumeau, dans le matras, ne dégageant point d'eau, ou s'ils en dégagent, c'est en petite quantité et sans perdre leur transparence ou leur couleur.

Ce sous-ordre se compose des *silicates anhydres* des chimistes.

FAMILLE DES *GEMMOÏDES*.

Très généralement insolubles et inaltérables, même en poudre, dans les acides, du moins à froid. Tissu compacte. Cassure, ailleurs que dans les clivages, conchoïde, passant quelquefois à l'inégale et à l'écailleuse. Les plus durs rayent le quartz, et ne sont rayés que par le corindon ou la topaze; les plus tendres ne rayent que le feldspath et sont rayés par le quartz. Pesanteur spécifique, entre 2,58 et 4,73. Éclat vif et vitreux, tenant un peu de l'éclat gras, rarement de l'éclat adamantin. Susceptibles, à cause de leur dureté, d'un brillant poli, et la plupart employés dans la joaillerie.

1er Genre. — QUARTZ. (*Quartzum.*)

Quartz hyalin (Haüy). *Cristal de roche* des anciens minéralogistes. *Rhomboedrischer Quartz* (Mohs).

C'est la silice pure ou oxyde de silicium des chimistes : en effet, les analyses les plus exactes n'ont fourni que cette substance acciden-

tellement mélangée d'une très petite proportion d'autres oxydes
métalliques qui colorent différemment les cristaux de quartz suivant
leur nature diverse.

Signe minéralogique de **M.** Berzélius : *Si*.

ANALYSES DE DIVERSES VARIÉTÉS DE QUARTZ :

Cristal de roche, par Bucholz.

Silice 96,375, et trace d'alumine ferrifère.

Améthyste ou quartz violet, par Rose.

Silice.	97,50
Oxydes de fer et de manganèse.	0,75
Alumine.	0,25
	98,50

Forme primitive : rhomboïde légèrement obtus dont
les faces sont inclinées entre elles de 94° 24' et 85° 36'
(1). Pesanteur spécifique, 2,69. Raye le feldspath; rayé
par la topaze. Tissu compacte. Phosphorescent par le
frottement de deux fragmens l'un contre l'autre et faiblement par la chaleur.

Au chalumeau, seul sur le charbon, infusible et inaltérable.
Avec le sel de phosphore ne se dissout qu'en très faible quantité,
en verre demi-transparent. Avec le borax fond lentement en un
verre transparent qui ne devient pas opaque par le flamber. Avec
la soude, soluble avec une vive effervescence en verre limpide.
(Berzélius.) Insoluble dans tous les acides excepté l'acide fluorique.

1er Sous-Genre. — QUARTZ proprement dit.

Aspect vitreux, cassure conchoïde, complétement
diaphane dans l'état de pureté parfaite et toujours plus
ou moins translucide. Éclat vif, vitreux, quelquefois un
peu gras.

Les variétés pures et limpides portent le nom vulgaire de *cristal
de roche*, de *diamans de Bristol*, de *Bohéme*, etc.; les violettes, d'*a-
méthyste*; les brunes, de *cristal enfumé* et de *diamans d'Alençon*; les
jaunes, de *fausses topazes* ou *topazes de Bohéme*, *Cairngorum stones*

---

(1) 94° 15' et 85° 45'. Beudant.

des Écossais; les vertes sont la *prase* de Werner. Il y en a de bleu de ciel, dont la couleur provient d'un mélange d'hydrate de cuivre, et que j'ai signalés dans une note sur le cuivre hydro-siliceux. (*Mémoires de la Soc. de phys. et d'hist. nat. de Genève.*)

ESPÈCES.

1re Espèce. Quartz primitif (*Quartzum rhomboideum*). Signe des faces, P. Le rhomboïde ci-dessus désigné. De *Chauffontaine* près Liége. (Lucas, Coll. du Muséum.)

2e. Quartz dodécaèdre (*Quartzum dodecaedron*). Signe des faces, Pz. Un dodécaèdre bipyramidal à douze faces triangulaires isocèles, dont six sont produites, en vertu d'une modification incomplète, par une seule face oblique à l'axe sur chacun des six angles solides latéraux du rhomboïde primitif, et les six autres sont les portions des faces du noyau non interceptées par cette modification. Inclinaison de P sur z, 133° 48′ pour l'inclinaison réciproque des faces d'un même sommet; de 103° 20′ pour l'inclinaison des faces d'un sommet sur celles de l'autre. De *Ténériffe*. (Lucas, Coll. du Mus.) (1), et de l'île de *Wolkostroff* en Russie. Cité par Haüy.

3e. Quartz prismé (*Quartzum prismaticum*). Signe des faces, r P z. Un prisme hexaèdre régulier terminé aux deux extrémités par une pyramide à six faces triangulaires isocèles. Même modification que pour l'espèce précédente, avec une modification par une seule face parallèle à l'axe sur chacun des angles latéraux du noyau, qui produit le prisme r. Inclinaison de r sur r, 120°; de P et de z sur r, 141° 40′.

Var. *a*. Dodécaèdre bipyramidal dominant : le prisme n'existe que par une facette très étroite, qui remplace l'arête de jonction de chaque face des deux pyramides réunies par leur base. De *Campi-doglio* en Toscane.

Var. *b*. Rhomboïde primitif dominant : un rhomboïde un peu obtus, ayant ses angles solides latéraux remplacés chacun par deux petites facettes; l'une triangulaire *z*, oblique à l'axe; l'autre trapézoïdale *r*, qui est parallèle à cet axe.

Var. *c*. La variété *b* dans laquelle les faces *r* du prisme sont très développées. C'est la variété *prismée bisalterne* de Haüy.

---

(1) Suivant M. Mohs, ces mêmes incidences sont 133° 44′ et 103° 35′.

Var. *d.* En prisme aplati, de manière que deux de ses pans opposés sont beaucoup plus larges que les autres, et que les faces terminales adjacentes sont devenues des trapèzes, ce qui rend le sommet cunéiforme. C'est la variété *prismée comprimée* de Haüy. De *Sibérie* et de l'*Armentière* (Dauphiné.) (Lucas, Collection du Muséum.)

Var. *e.* Quelques faces ont pris une extension si considérable, en comparaison des autres, que l'apparence du cristal devient très irrégulière : les sommets paraissent très inclinés à l'axe du cristal, et les faces qui constituent le prisme de cette variété anomale ne sont point les faces *r* du prisme de l'espèce. (*Voyez* la figure et la description qu'en donne Haüy, sous le nom de variété *prismée sphalloïde* ou *pseudo-prismatique.*) Du *Dauphiné.*

Var. *f.* Une des faces de la pyramide terminale a pris une extension tellement supérieure aux autres, que le cristal paraît un prisme hexaèdre terminé par une base oblique. C'est la variété *prismée basoïde* de Haüy. Du *Dauphiné.*

L'espèce *prismée* est la plus commune de toutes celles du genre quartz : elle se rencontre dans presque toutes les contrées du monde.

4e. QUARTZ UNIBINAIRE (*Quartzum annulare*). Signe des faces, *r* P *z o*. L'espèce *prismée* ayant l'angle solide terminal de la pyramide remplacé par une facette hexagonale perpendiculaire à l'axe, et formée, en vertu d'une modification, par une seule face, sur l'angle terminal du rhomboïde primitif. Inclinaison de *o* sur P et sur *z*, 128° 20'.

5e. QUARTZ RHOMBIFÈRE (*Quartzum rhombifer*). Signe des faces, *r* P *z s*. L'espèce *prismée* ayant trois des six angles solides, formés à la rencontre des faces du prisme et de celles de la pyramide terminale, remplacés chacun par une facette rhomboïdale *s*, également inclinée sur les faces adjacentes du prisme, et formée, en vertu d'une modification oblique, par une seule face sur chacun des angles solides latéraux du rhomboïde primitif. Inclinaison de *s* sur *r*, 142°; de *s* sur *r* et sur P, 151° 71'. Du *Dauphiné.*

6e. QUARTZ ÉMARGINÉ (*Quartzum emarginatum*). Signe des faces, *r* P *z f*. L'espèce *prismée* ayant les arêtes de jonction des faces des pyramides terminales, remplacées chacune par une facette linéaire *f*, produite, en vertu d'une modification oblique, sur les angles latéraux du rhomboïde primitif. Inclinaison de *f* sur P et sur *z*, 141° 40'. D'*Oberstein* dans le Palatinat. (Haüy.)

7e. QUARTZ PLAGIÈDRE (*Quartzum plagiedron*). Signe des faces, *r* P *z x*. L'espèce *prismée*, ayant les angles solides formés à la jonction des faces du prisme et de celles de la pyramide remplacés chacun par une facette trapézoïdale *x*, produite, en vertu d'une modification dissymétrique, par une face au lieu de deux, sur les angles solides latéraux du rhomboïde primitif. Inclinaison de *x* sur P et sur *z*, 125° 11' et 148° 42'. Du *Dauphiné*.

Sir John Herschell a observé que l'inclinaison des faces *x* de l'espèce *plagièdre* avait lieu quelquefois dans un sens et quelquefois dans un autre, et que ce phénomène correspondait à une variation analogue dans la propriété optique, nommée par M. Biot *polarisation rotatoire*. Ceci amène nécessairement à distinguer deux variétés dans cette espèce.

Var. *a. Gauche*. L'inclinaison de la face *x* ayant lieu sur la face située à gauche de l'angle qu'elle intercepte.

Var. *b. Droite*. L'inclinaison de la face *x* ayant lieu sur la face située à droite de l'angle qu'elle intercepte.

8e. QUARTZ PLAGIO-RHOMBIFÈRE (*Quartzum plagio-rhombifer*). Signe des faces, *r* P *z s x*. L'espèce *prismée*, ayant les angles solides formés à la jonction des faces du prisme et de la pyramide, remplacés chacun par deux petites facettes à arêtes parallèles qui sont les faces *s* et *x* des espèces *plagièdre* et *rhombifère*. Inclinaison de *s* sur *x*, 152° 13'. Du *Dauphiné*.

9e. QUARTZ CO-ORDONNÉ (*Quartzum co-ordinatum*). Signe des faces, *r* P *z s x u*. L'espèce précédente dans laquelle les deux petites facettes *s* et *x*, sont séparées par une troisième facette *u*, dont les arêtes sont aussi parallèles à celles des deux premières, et qui est produite, par une modification analogue, sur les angles solides latéraux du noyau. Inclinaison de *u* sur *x*, 173° 33'; de *u* sur *s*, 160° 32'. Du *Dauphiné*.

10e. QUARTZ PENTA-HEXAÈDRE (*Quartzum penta-hexaedron*). Signe des faces, *r* P *z m*. L'espèce *prismée*, ayant les arêtes de jonction des faces de la pyramide et de celles du prisme remplacées chacune par une facette *m*, produite, en vertu d'une modification oblique, par deux faces inclinées en sens contraire, sur chacun des six angles latéraux du rhomboïde primitif. Inclinaison de *m* sur P et sur *z*, 152° 51'; de *m* sur *r*, 168° 49'. Du *Dauphiné*. (Lucas.)

11e. QUARTZ NUMÉRIQUE (*Quartzum duo tetracontaedron*). Signe des faces, *r l* P *z x*. L'espèce *prismée*, ayant les arêtes de jonction des faces de la pyramide avec celles du prisme remplacées chacune par une facette *l*, comme dans l'espèce précédente, mais différemment inclinée, et produite de même, en vertu d'une modification oblique , par deux faces sur chacun des angles latéraux du rhomboïde primitif. De plus, ayant ses angles solides formés à la jonction de ces nouvelles faces *l*, et de celles du prisme , remplacés chacun par une facette rhomboïdale *x* de l'espèce *plagièdre* (*voyez* cette espèce). Inclinaison de *l* sur P et sur z, 156° 26'; de *l* sur *r*, 165° 14'.

12°. QUARTZ QUADRIDODÉCAÈDRE (*Quartzum quadridodecaedron*). Signe des faces,*r* P *z m s u x*.L'espèce *co-ordonnée*(*voyez* cette espèce), ayant les arêtes de jonction des faces de la pyramide, et de celles du prisme, remplacées chacune par la face *m* de l'espèce *penta-hexaèdre*.

13ₑ. QUARTZ HYPEROXYDE (*Quartzum acutissimum*). Signe des faces, *r* P *z* γ. L'espèce *prismée*, ayant alternativement trois des six arêtes de jonction des faces de la pyramide avec celles du prisme remplacées chacune par une facette γ presque parallèle à l'axe , et produite, en vertu d'une modification , par une seule face sur chacun des angles solides latéraux du rhomboïde primitif. Suffisamment prolongées, ces faces γ forment avec les faces *r* du prisme , un dodécaèdre bipyramidal irrégulier , terminé par les sommets pyramidaux de l'espèce *prismée*. Prolongées jusqu'à intercepter entièrement toutes les autres faces, ces faces γ formeraient un rhomboïde extrêmement aigu, d'où vient le nom que Haüy a donné à l'espèce. Inclinaison de γ sur *r*, 119° 59' 21'' et 178° 32'; de y sur P, 143° 32'.

MODES DE GROUPEMENT DES INDIVIDUS ALTÉRÉS DE CE SOUS-GENRE.

En masses fibreuses conjointes. De *Schemnitz* (Hongrie).

En aiguilles rayonnant autour du même centre. De *Chavaigne* , département de Maine-et-Loire. (Lucas, Coll. du Mus.)

MODES DE GROUPEMENT DES INDIVIDUS MOLÉCULAIRES DE CE SOUS-GENRE.

En masses laminaires de diverses couleurs.

En masses concrétionnées, ou mamelonnées, ou fistulaires. *Hyalite* ou *Fiorite*. De *Bohème*; des *environs de Francfort*; de *Santa Fiora* en Toscane, etc., etc.

En masses tubulaires creuses. *Fulgurite, Blitzsinte, Tubes fulminaires*. Dans les amas de sable, en Saxe et en Cumberland.

En masses compactes et amorphes. *Quartz commun*.

ANNOTATIONS.

Les quartz granulaires ou grès, les grès flexibles (*Itacolumite* d'Eschwegge), l'aventurine , le schiste siliceux et la pierre de Lydie

(*Phtanite* de Haüy) et autres roches en masse, dont la substance se rapporte au quartz hyalin, ainsi que les résinites et opales, sont, en histoire naturelle, des minéraux composés, quoique d'un aspect et même d'une composition chimique homogène, du moins en apparence. Ils présentent des différences assez marquantes dans leurs caractères physiques, avec le quartz hyalin pur; et ne cristallisant pas, ils ne peuvent pas être compris dans la classification naturelle. On en traitera avec les roches d'apparence homogène.

2e Sous-Genre.—CALCÉDOINE.

Quartz agate calcédoine (Haüy).

Jamais entièrement diaphane, seulement plus ou moins translucide. Cassure conchoïde aplatie, ou égale et parfois écailleuse. Éclat peu vif.

L'analyse chimique n'a pas encore trouvé la cause de la différence qui existe entre le quartz hyalin et la calcédoine dans leur aspect et dans certains caractères physiques, à moins qu'on ne veuille l'attribuer au mélange en proportions peu considérables de diverses terres ou oxydes métalliques.

ANALYSES DE DIVERSES VARIÉTÉS DE CALCÉDOINE.

	Calcédoine prop.t dite. Par Guyton Morveau.	Cornaline. Par Bindheim.	Héliotrope. Par Brandes.	Chrysoprase. Par Klaproth.
Silice.	86,08	94,00	96,25	288,50
Alumine.	4,11	3,50	0,83	0,25
Chaux.	1,16	0,00	0,00	2,50
Oxyde de fer.	7,63	0,75	1,25	0,25
Oxyde de nickel.	0.00	0,00	0,00	3,00
Eau.	0,00	0,00	1,05	0,00
	98,98	98,25	99,38	294,50

ESPÈCES.

1re Espèce. PRIMITIVE. Bleu clair. De *Madgyar Lapos* près de *Kapnick*. (Transylvanie.)(Lucas.)

2e. PRISMÉE. Bleuâtre, en cristaux altérés, groupés en masses rayonnées, accompagnant le bitume. De *Pont-Gibaud* en Auvergne.

Haüy cite encore un rhomboïde semblable au primitif, ayant toutes ses arêtes remplacées chacune par une seule face.

En masses concrétionnées, tuberculeuses, mamelonnées, cylindriques, géodiques, creuses ou pleines.

En masses incrustantes et stratiformes.

En masses compactes et pseudomorphiques, c'est-à-dire, ayant pris la figure extérieure d'un corps étranger.

1° D'individus minéralogiques appartenant à des genres étrangers (1), comme :

A. De cristaux de *chaux carbonatée.*

    a. Primitive. Dans le Dauphiné.

    b. Métastatique. De Montbrison, département de la Loire.

    c. Dodécaèdre. Du même endroit et de Schneeberg (Saxe).

    d. Équiaxe lenticulaire. Chamouni.

    e. Prismatique alternante. De Schneeberg (Saxe). (Lucas, Coll. du Mus.)

B. De cristaux de *chaux fluatée.*

    a. Primitive. } Du département de Saône-et-Loire.(France.)
    b. Cubique. } (Lucas), et de Beer-Alston. (Devonshire.) (Bournon.)

C. De cristaux de *baryte sulfatée.*

    a. Primitive. } Du département de Saône-et-Loire et du
    b. Trapézienne. } département de la Nièvre. (Lucas, Coll.
    c. Épointée. } des Mines de France.)

D. De cristaux de *fer oligiste.*

    a. Primitif. De Saxe. (Lucas.)

2° De corps appartenant au règne organique, comme :

Fragmens de bois de diverses espèces. (*Quartz agate xyloïde.* (Haüy). Bois pétrifié ou agatisé.)

---

(1) Ce sont à de pareilles pseudomorphoses où le quartz hyalin et la calcédoine ont pris la place de cristaux de chaux carbonatée, et peut-être de datolite, et se sont moulés sur leur forme extérieure, que les Anglais ont donné le nom de *Hightorite*, du nom de la montagne High-Tor en Devonshire, où elles se trouvent. Quelques-uns de ces cristaux pseudomorphiques sont creux dans leur intérieur et tapissés, comme des géodes, de petites pointes de cristaux de quartz.

Coquilles univalves et bivalves, et oursins de diverses espèces.
Dents de poissons. (*Glossopètres*, etc.)

Les lapidaires donnent des noms différens aux calcédoines, selon leurs couleurs diverses. Ils appellent *cornaline*, la calcédoine rouge; *sardoine*, la jaune; *chrysoprase*, celle qui est colorée en vert de pomme par l'oxyde de nickel (de *Kosemutz* en Silésie). Werner nomme *plasme* une calcédoine d'un vert obscur. (Des îles *Féroé*, etc.)

Le *cuivre hydro-siliceux* de Haüy, *Kiesel malachit* des Allemands (de *Sibérie* et du *Chili*), n'est qu'une calcédoine colorée en bleu de ciel par l'hydrate de cuivre. On en trouve à Remolinos, au Chili, des morceaux dans lesquels ce principe colorant est fort inégalement répandu, et colore même quelques-uns des cristaux de quartz hyalin qui accompagnent cette calcédoine. Je propose, pour cette nouvelle variété de couleur, le nom de *cyanoprase*.

L'*œil de chat* ou la *chatoyante* des lapidaires, est une calcédoine traversée par des filets d'amiante. (Cordier.)

ANNOTATIONS.

Les diverses *agates* colorées, zônées et mêlées ensemble de tant de manières différentes, la *pierre à fusil* ou *silex* (*Feuerstein* des Allemands), le *petrosilex neopètre* de Saussure, ou *silex corné* de Brongniart (*Hornstein* des Allemands), sont des minéraux composés et mélangés, quoique d'un aspect homogène, et doivent par conséquent être considérés comme des roches.

3ᵉ Sous-Genre.—QUARTZ RUBIGINEUX. (Brongniart.)

Le ROUGE. *Quartz hyalin hématoïde* (Haüy). *Quartz rubigineux Sinople* (Brongniart). *Hyacinthe de Compostelle* ou *fausse hyacinthe. Sinople. Eisen-Kiesel* (Werner).

Le JAUNE. *Quartz rubigineux jaune* (Brongniart).

C'est un mélange de silice et d'oxyde rouge ou d'hydrate de fer.

ANALYSES DES QUARTZ RUBIGINEUX.

	Par Beudant.		Par Bucholz.	
	Rouge de Schemnitz.	Jaune.	Rouge.	Jaune.
Silice.	85,15	88,31	76,80	93,5
Alumine.	0,55	0,00	0,25	0,0
Peroxyde de fer.	14,14	9,77	21,66	5,0
Eau.	0,00	2,92	0,00	0,0
Substance volatile.	0,00	0,00	1,00	1,0
Oxyde rouge de manganèse.	0,17	trace.	0,00	0,0
	100,01	101,00	99,71	99,5

Opaque, seulement translucide sur les bords, coloré
ou en rouge de sang ou en jaune d'ocre. Éclat peu vif.
Cassure inégale, vitreuse, conchoïde, luisante.

ESPÈCES.

2e. Dodécaèdre. ⎫ Rouge. En Espagne, et sur-tout à *Saint-Jacques*
3e. Prismé.   ⎬   *de Compostelle.*
                         ⎭ Jaune. En *Saxe.*

MODES DE GROUPEMENT DES INDIVIDUS MOLÉCULAIRES DE CE
SOUS-GENRE.

En masses compactes. (*Eisen-Kiesel*, Werner.)
En masses radiées.
Les Jaspes, qui sont des roches quartzeuses rendues opaques par
des mélanges d'oxyde de fer et d'alumine, paraissent, dans la classification des roches, correspondre à ce sous-genre.

2e Genre.—ZIRCON. (*Circonius.*)

Hyacinthe et *jargon de Ceylan* (Romé-de-l'Isle). *Zircon et hyacinthe* (Werner et Brochant). *Zirkonit* (Schumascher). *Pyramidaler
Zirkon* (Mohs).
Combinaison de zircone (oxyde de zirconium) et de silice (oxyde
de silicium), silicate de zircone des chimistes. Signe minéralogique de M. Berzélius, *Zr S.*

ANALYSES.

	Par Klaproth.		Par Vauquelin.	
	Hyacinthe de Ceylan.	Zircon de Ceylan.	Zircon de Norwége.	Zircon d'Expailly.
Zircone.	70,0	69,0	65	66
Silice.	25,0	26,5	33	31
Oxyde de fer.	0,5	0 5	1	2
	95,5	96,0	99	99

Forme primitive : octaèdre symétrique surbaissé, à
triangles isocèles égaux et semblables, dans lequel l'inclinaison d'une des faces d'une des pyramides sur la
face adjacente de l'autre pyramide est de 85° 58', et

sur la face adjacente de la même pyramide de 124° 12'
(1). Sous-divisible par un plan oblique à l'axe qui par-
tage en deux moitiés égales deux arêtes latérales. Pes.
spéc., 4,41 à 4.7. Raye difficilement le quartz; rayé par
la topaze. Cassure conchoïde, aplatie , ondulée et brillante. Éclat un peu gras passant à l'adamantin. Incolore
ou d'un rouge-brun ou orangé violet.

N. B. La double réfraction est sensible à un très haut degré dans
ce genre.

Inaltérable dans les acides.

Au chalumeau, seul sur le charbon, infusible; mais les variétés
colorées perdent leur couleur (2) ou blanchissent. — Avec le sel de
phosphore, infusible et inaltérable, même en poudre. — Avec le borax, fond difficilement en verre diaphane, qui devient opaque par le
flamber et par le refroidissement. — Avec la soude, sur le charbon,
attaquable seulement sur les bords. Sur la feuille de platine , les
zircons colorés donnent la couleur verte indicative du manganèse.
(Berzélius.)

ESPÈCES.

1re Espèce. ZIRCON PRIMITIF (*Circonius octaedricus*). Signe des
faces. P. L'octaèdre surbaissé décrit ci-dessus. Inclinaison de P sur
P , 85° 38' et 124° 12'. Couleur orangée du *Rion-Pezzouliou* près
Expailly (département de la Haute-Loire). (Lucas, Coll. du Mus.)
Couleur violette. Des *bases de la Somma* près de *Naples*.

2e. ZIRCON DODÉCAÈDRE (*Circonius dodecaedricus*). Signe des faces,
P s. Un prisme à quatre pans *s* disposés à angles droits , terminé
par une pyramide à quatre faces rhomboïdales P, correspondantes
aux arêtes du prisme. Les faces P sont celles de l'octaèdre primitif.
Les faces *s* du prisme sont produites , en vertu d'une modification,
par une seule face parallèle à l'axe sur chacun des angles solides
latéraux du noyau. Inclinaison de *s* sur *s*, 90°; de P sur *s*, 117° 48'.
(118° 12' Beudant.)

Var. *a. Alongé* Les faces du prisme sont des hexagones plus

____

(1) Les inclinaisons sont : 84° 20' et 123° 19', suivant M. Mohs.

(2) Cette décoloration a lieu également lorsque les zircons colorés sont rougis sur les charbons, ou à la simple flamme d'une bougie, et sert à les distinguer des grenats et des essonites.

ou moins alongés. Du *Riou-Pezzouliou* près *Expailly* et du *Pays des Circars*. (Lucas, Coll. du Mus.)

Var. *b. Symétrique.* Les faces du prisme sont des rhombes et le cristal est devenu un dodécaèdre rhomboïdal, mais non régulier ; car, dans ce dernier, toutes les faces sont inclinées entre elles de 120°. Des mêmes localités que la variété précédente.

3e. ZIRCON PRISMÉ (*Circonius prismatus*). Signe des faces, P *l*. Un prisme à quatre pans *l*, disposés à angles droits et terminés par une pyramide à quatre faces triangulaires isocèles P correspondantes aux faces du prisme. Les faces P sont celles de l'octaèdre primitif ; les faces *l* du prisme sont produites, en vertu d'une modification, par une seule face parallèle à l'axe, sur chacune des arêtes latérales du noyau. Inclinaison de *l* sur *l*, 90° ; de P sur *l*, 131° 49' (1). Du *Riou-Pezzouliou* près *Expailly*. (Lucas, Coll. du Mus.)

4e. ZIRCON UNITERNAIRE (*Circonius obtusus*). Signe des faces, *l n*. Forme semblable à la précédente, seulement la pyramide triangulaire terminale est plus surbaissée, et ses faces *u* sont formées, par une modification, par quatre faces correspondantes aux faces du noyau sur l'angle solide terminal de l'octaèdre primitif. Inclinaison de *l* sur *n*, 159° 17' (2). De *Frederichswarn* (Norwége.) (Léonhard.)

5e. ZIRCON DIOCTAÈDRE (*Circonius dioctaedricus*). Signe des faces, P *l s*. L'espèce *dodécaèdre*, dont les arêtes latérales du prisme sont remplacées chacune par une face *l*, produite, en vertu d'une modification, par une seule face sur chacun des angles latéraux du noyau. Inclinaison de *l* sur *s*, 135° ; de P sur *l*, 131° 49'. Du *Riou-Pezzouliou.* (Lucas, Coll. du Mus.)

6e. ZIRCON UNIBINAIRE (*Circonius cingdulatus*). Signe des faces, P *s x*. L'espèce *dodécaèdre* dont les arêtes de jonction des faces de la pyramide terminale avec celles du prisme, sont remplacées chacune par une facette *x* produite, en vertu d'une modification, par quatre faces correspondantes aux faces du noyau, sur chacun des angles solides latéraux de l'octaèdre primitif. Inclinaison de *s* sur *x*, 147° 43' ; de P sur *x*, 150° 5'. Du *Riou-Pezzouliou.* (Lucas, Coll. du Mus.)

7e. ZIRCON ÉQUIVALENT (*Circonius emarginatus*). Signe des faces, P *s l x*. L'espèce *dodécaèdre* ayant les arêtes latérales du prisme ainsi que celles qui joignent les faces de la pyramide, et celles du prisme

---

(1) 132° 10'. (Beudant.)

(2) 159° 35'. (Beudant.)

remplacées chacune par une face. Les modifications qui produisent ces faces sont celles des deux espèces précédentes, 4 et 5.

8°. Zircon quadri-sex-décimal (*Circonius quadri-sex-decimalis*). Signe des faces, P *l u*. L'espèce *prismée* ayant les arêtes de jonction entre les faces du prisme et celles de la pyramide remplacées chacune par une face *u*. Même modification que pour l'espèce *prismée ternaire* (voyez cette espèce), et de plus, modification incomplète par deux faces *u* sur chacune des arêtes latérales du noyau. Inclinaison de P sur *u*, 152° 8'. de *l* sur *u* 159° 17'.

9°. Zircon plagièdre (*Circonius plagiedros*). Signe des faces, P *l x*. L'espèce *prismée*, ayant ses huit angles solides latéraux remplacés chacun par deux facettes triangulaires *x* produites, en vertu d'une modification, par quatre faces correspondantes aux faces du noyau sur chacun des angles solides latéraux de l'octaèdre primitif. Inclinaison de *x* sur P, 150° 5', sur *l*, 142° 55'. De *Ceylan* (Haüy). Du *Riou-Pezzouliou*. (Lucas, Coll. du Mus.)

10°. Zircon soustractif (*Circonius plagio-quadri-sexdecimalis*). Signe des faces, *l u x*. L'espèce *quadri-sex-décimale* ayant les arêtes qui séparent entre elles les facettes *u*, remplacées chacune par deux facettes trapézoïdales *x* de l'espèce *plagièdre* (Voyez ces deux espèces). Brun jaunâtre de *Frederichswarn* en Norwège. (Lucas, Coll. du Mus.)

11°. Zircon bino-triunitaire (*Circonius plagio-cinctus*). Signe des faces. P *l s t x*. L'espèce *plagièdre* ayant les arêtes latérales du prisme et les arêtes terminales de la pyramide remplacées chacune par une facette ; les faces *s* du prisme produites, en vertu d'une modification, par une face parallèle à l'axe sur chacun des angles solides latéraux du noyau ; les faces *t* de la pyramide produites, en vertu d'une modification, par une seule face sur chacune des arêtes terminales de l'octaèdre primitif. Inclinaison de P sur *t*, 152° 6'. De *Frenton* aux *États-Unis*. (Haüy.)

Les cristaux de ce genre altérés ou roulés se présentent sous forme de grains arrondis dans le sable des rivières de Ceylan et dans celui du *Riou-Pezzouliou* près d'Expailly en Velay.

3° Genre.—Grenat. (*Granatus.*)

Dodekaedrischer Granat (Mohs).

Ce grand genre devrait presque être considéré comme une tribu ou groupe de genres, et nous l'aurions traité comme tel s'il eût été possible d'établir des limites fixes entre ses subdivisions ; mais ici, avec une parfaite conformité dans la forme et dans les autres carac-

tères physiques importans et avec une grande analogie générale dan
le mode de composition chimique, qui se font remarquer dans tous
les grenats, il existe cependant aussi une si grande variété, non-
seulement dans la proportion, mais aussi dans la nature des bases
qui, combinées avec la silice, entrent dans la composition de ces minéraux, qu'on pourrait presque dire que chaque localité différente
offre des grenats particuliers, de couleur et de composition différentes.
Cependant M. le comte Troll Wachmeister qui a soumis dernièrement à l'analyse la plus exacte les divers grenats, a trouvé une formule générale qui est commune à tous. Cette formule minéralogique
dans laquelle il appelle R un oxyde à trois atomes et r un oxyde
à un atome d'oxygène, est $r\,Si + R\,Si$.

Maintenant, les oxydes désignés par r sont la chaux, la magnésie, les protoxydes de fer, et de manganèse, l'oxyde de chrome, et
ceux désignés par R sont l'alumine et le peroxyde de fer. Or, les
bases comprises dans chacune de ces divisions sont *isomorphes* entre
elles ; c'est-à-dire qu'elles peuvent se substituer l'une à l'autre en
toute proportion, sans que la forme primitive du minéral en soit
changée.

Il est clair, d'après cet aperçu, que, vu le nombre des oxydes qui
peuvent entrer dans la composition d'un grenat, les combinaisons
peuvent être extrêmement nombreuses; mais parmi ces combinaisons il en est de plus simples que les autres : la nature nous en offre de
fréquens exemples; et comme ces combinaisons les plus simples présentent dans leur état physique des caractères distinctifs qui semblent correspondre aux différences de composition, nous les pren-
drons comme types de divers sous-genres. Nous trouverons encore
quelques autres types dans des combinaisons plus composées, mais
offrant des caractères physiques saillans et constans qui leur sont
particuliers. Après ce triage nous placerons dans un dernier sous-
genre, sous le titre de *grenats mélangés* ou *grenats communs*, cette
foule de grenats, plus ou moins impurs, qui, diversement colorés,
n'offrent pas de couleur dominante bien nette, et qui paraissent
être formés d'un mélange ou d'une combinaison des grenats plus
simples décrits dans les sous-genres précédens. Il est clair que ces
grenats mélangés se rapprocheront d'autant plus, par leurs caractères
physiques, de l'un ou de l'autre des sous-genres simples, qu'ils s'en
rapprocheront également par la proportion de leurs parties consti-
tuantes. De là, des passages et des transitions graduées et insensibles
entre les grenats qui sembleraient d'abord les mieux caractérisés,
passages qui, comme nous l'avons dit plus haut, empêchent que

II.   17

nous n'élevions les sous-genres au rang de genres, et que nous ne
fassions du grand genre Grenat un groupe de genres, ou tribu.

Caractères communs à tous les Grenats.

Formule générale de composition : $r\,Si + R\,Si$.

Forme primitive : le dodécaèdre rhomboïdal. Rayant
le quartz. Pes. spéc., entre 4,3 et 3,5. Acquérant par
la chaleur l'électricité polaire. (*Brewster.*)

Au chalumeau, seuls sur le charbon, fusibles plus ou moins aisément, sans bouillonnement, ni spumescence (1), en verre, dont
la surface est quelquefois matte et quelquefois brillante. Les grenats ferrugineux donnent un verre noir à éclat métallique plus ou
moins distinct, suivant la plus ou moins grande proportion d'oxyde
de fer qu'ils contiennent. Avec le sel de phosphore, se décomposent
en laissant un squelette de silice, et en donnant un verre qui
devient opalin par le refroidissement. Avec le borax, plus ou moins
lentement et difficilement solubles en verre vert. Avec la soude,
forment, plus ou moins aisément, une boule de verre noir ou vert
(quelquefois ayant l'éclat métallique, ce qui provient de la réduction de l'oxyde de fer qu'ils contiennent). Les grenats qui contiennent de l'oxyde de manganèse, colorent en vert les bords de la
soude lorsqu'on les essaie sur la feuille de platine. (Berzélius.)

N. B. Tous les grenats (suivant Haüy) agissent par attraction sur
l'aiguille aimantée, soit immédiatement, soit à l'aide du double
magnétisme.

ESPÈCES.

1re Espèce. GRENAT PRIMITIF (*Granatus dodecaedricus*). Signe
des faces, P. Solide à douze faces rhomboïdales égales et semblables. Inclinaison de P sur P, 120°.

Var. *a. Alongé.* S'alonge dans le sens d'un axe qui passerait par
deux angles solides triples opposés, forme alors un prisme à six

---

(1) Cette circonstance, suivant M. Von Kobell (*Kastners Archiv.*
XIV, p. 340) et M. Berzélius (*Jahres Bericht*, 9ter Jahrg., p. 204),
distingue les grenats, même ceux qui contiennent le plus de chaux,
des idocrases. Celles-ci se boursoufflent toujours en fondant.

pans, qui sont des parallélogrammes obliquangles, terminé par des sommets à trois faces rhomboïdales.

2ᵉ. GRENAT TRAPÉZOÏDAL (*Granatus trapezoideus*). Signe des faces, *n*. Solide à 24 faces trapézoïdales égales et semblables, produites, en vertu d'une modification complète, par une seule face sur chacune des arêtes du dodécaèdre primitif. Inclinaison de *n* sur *n*, 131° 48' 36" et 146° 26' 33". Les faces sont souvent striées parallèlement aux grandes diagonales des trapézoïdes.

3ᵉ. GRENAT ÉMARGINÉ (*Granatus emarginatus*). Signe des faces, P *n*. Le dodécaèdre primitif dont chacune des 24 arêtes est remplacée par une facette *n*, présentant la forme d'un hexagone alongé. Même modification que celle qui produit le *trapézoïdal* (voyez cette espèce), mais qui seulement n'atteint pas sa limite. Inclinaison de *n* sur P, 150°.

4ᵉ. GRENAT TRIÉMARGINÉ (*Granatus triemarginatus*). Signe des faces, P *s n*. Le dodécaèdre primitif dont chacune des arêtes est remplacée par trois facettes *s n*, parallèles entre elles ; c'est l'*émarginé*, augmenté de 48 facettes *s* comprises entre les rhombes primitifs P, et les hexagones *n*. Les facettes *s* sont produites, en vertu d'une modification incomplète, par deux faces sur chacune des arêtes du dodécaèdre primitif. Inclinaison de *s* sur P, 160° 53' 36"; de *s* sur *n*, 169° 6' 24".

5ᵉ. GRENAT UNITERNAIRE (*Granatus hexacontaedros*). Signe des faces, P *n c*. L'*émarginé* dans lequel les arêtes adjacentes aux angles aigus des faces rhomboïdales P, sont remplacées par des facettes étroites *c*. On peut aussi concevoir cette forme comme étant le *trapézoïdal*, dont douze des 18 angles solides quadruples sont remplacés chacun par une face hexagonale P qui répond à la partie non interceptée de chaque face primitive, tandis que les six autres angles solides quadruples ont leurs quatre arêtes remplacées chacune par une face *c* produite, en vertu d'une modification, par quatre faces correspondantes aux arêtes, sur chacun des angles solides quadruples du dodécaèdre primitif. Inclinaison de *c* sur P, 161° 32' 55"; de *c* sur *n*, 155° 54' 48".

1ᵉʳ Sous-Genre. — ALMANDIN. (Karsten.)

Grenat noble (Brochant et Brongniart). *Edler Granat* (Werner). *Grenat syrien* (Romé-de-l'Isle).

Combinaison d'un silicate de protoxyde de fer avec un silicate d'alumine. Signe minéralogique de M. Berzélius : $\dot{f}S + \ddot{a}S$.

Quelquefois une petite quantité de chaux ou de protoxyde de manganèse remplace une portion du protoxyde de fer.

ANALYSES DE DIVERS GRENATS ALMANDINS.

	Par Klaproth. Grenat noble.	Par Vauquelin. Trapézoïdal de Bohème.	Par Wachmeister. De l'île de Engso.	De New-Yorck.
Silice.	35,75	36	40,60	42,51
Alumine.	27,25	22	19,95	19,15
Oxyde de fer.	36,00	41	33,93	33,57
Oxyde de manganèse.	0,25	0	6,69	5,49
Chaux.	0,00	3	0,00	1,07
Perte.	0,75	0	0,00	0,00
	100,00	102	101,17	101,79

Couleur : le rouge foncé plus ou moins violet et bleuâtre, transparent ou tout au moins translucide sur les bords. Éclat vitreux très vif. Pes. spéc., 3,9 à 4,23.

Insoluble dans les acides.

Au chalumeau, avec le sel de phosphore, gonfle et se décompose : le squelette de silice est d'abord blanc, moucheté de noir, mais devient incolore par une insufflation soutenue. Tant que le squelette existe, le verre est transparent après le refroidissement ; mais si l'on continue à souffler jusqu'à ce que le squelette se dissolve, le globule devient opalin par le refroidissement. Avec la soude, donne une boule de verre noir à éclat métallique. Sur la feuille de platine, colore les bords de la soude en vert. (Berzélius.)

ESPÈCES DE CE SOUS-GENRE.

1re. PRIMITIF.
2e. EMARGINÉ.
3e. TRAPÉZOIDAL.
4e. UNITERNAIRE.

Indiquées par Brochant, sans désignation de localités.

Les cristaux imparfaits ou roulés par les eaux, prennent la forme de grains arrondis.

2e Sous-Genre. — GROSSULAIRE. (Berzélius.)

Grossular (Werner). Une partie des grenats communs de Brochant. *Succinite* et *Topazolite* (Bonvoisin). *Wilnite*.

Combinaison de silicate de chaux et de silicate d'alumine. Signe minéralogique de M. Berzélius : $CS+AS$.

Quelquefois une petite quantité de protoxyde de fer et de manganèse remplace une portion de la chaux.

ANALYSES DES GROSSULAIRES DE SIBÉRIE.

	Par Klaproth.	Par Wachmeister.
Silice.	44,0	40,55
Alumine.	8,5	20,10
Chaux.	33,5	34,86
Oxyde de fer.	12,0	5,00
Oxyde de manganèse.	2,0	0,48
	100,0	100,99

Couleur : le vert olive clair, ou le jaune de vin, de miel, ou verdâtre, plus ou moins translucide, quelquefois même transparent. Pes. spéc., 3,351 à 3,372.

Poussière soluble par digestion dans l'acide hydrochlorique.

Se comporte, au chalumeau, comme les almandins ; seulement le verre produit n'a pas une surface métallique, et sa couleur est d'un brun jaunâtre.

ESPÈCES DE CE SOUS-GENRE.

1re. PRIMITIF (jaune). De la *vallée d'Ala*, en *Piémont*.

2e. TRAPÉZOÏDAL (vert). De *Sibérie*. (Lucas, Coll. du Mus.)

3e Sous-Genre. — APLOME.

Idem. Brochant, Brongniart, Haüy et Berzélius.

Combinaison de silicate de chaux et de silicate de peroxyde de fer. Signe minéralogique de M. Berzélius : $CS+FS$.

Quelquefois une portion du peroxyde de fer est remplacée par de l'alumine.

ANALYSES DES APLOMES.

	Par Laugier.	Par Wachmeister. (l'*Allenau.*)
Silice.	40,0	35,64
Alumine.	20,0	0,00
Chaux.	14,5	29,22
Oxyde de fer.	14,5	30,00
Oxyde de manganèse.	2,0	3,01
Silice ferruginée.	2,0	0,00
Perte.	7,0	0,00
Potasse.	0,0	2,35
	100,0	100,22

Couleur : le brun, le brun jaunâtre et le noir. Se distinguent des autres grenats par les stries parallèles à la petite diagonale des rhombes dont les cristaux dodécaèdres rhomboïdaux sont chargés; ce qui les avait fait considérer par Haüy comme appartenant à un minéral différent du grenat par sa forme primitive, qu'il regardait comme étant le cube. Il avait fait de l'aplome une espèce particulière. Mais comme sa forme appartient au même système cristallin que les autres grenats; comme ses caractères physiques, sa dureté et la formule générale de sa composition chimique, s'accordent aussi avec celles des autres grenats, nous réunirons ce minéral au grand genre de ce nom.

Au chalumeau, les aplomes se comportent comme les almandins et les grossulaires.

ESPÈCES DE CE SOUS-GENRE.

1re Espèce. PRIMIT F. *Aplome dodécaèdre* (Haüy). Ayant les faces marquées de stries parallèles aux petites diagonales des rhombes.

Vert jaunâtre : de *Schwartzemberg* en Saxe; et brun jaunâtre : du *Bannat*. (Lucas, Coll. du Mus.)

3. ÉMARGINÉ. *Aplome unibinaire* (Haüy).

Suit une espèce particulière aux aplomes. Savoir :

6. GRENAT APLOME CUBO–DODÉCAÈDRE (*Granatus cubo - dodecaedricus*). Signe des faces, P r. Le dodécaèdre primitif, dont tous les angles solides quadruples sont remplacés chacun par une face carrée r, produite, en vertu d'une modification, par une seule face sur tous les angles solides quadruples du noyau. D'*Angleterre*; dans un manganèse oxydé pulvérulent. (Haüy.)

4e Sous-Genre. — ESSONITE. (Haüy.)

Kanelstein (Werner). Une partie des *hyacinthes* des lapidaires.

Combinaison de silicate d'alumine, de silicate de chaux et de silicate de peroxyde de fer.

ANALYSES DES ESSONITES.

	De Ceylan.		De Malsjo.
	Klaproth.	C. G. Gmelin.	Arfwedson.
Silice.	38,80	40,006	41,87
Alumine.	21,20	22,996	20,57
Chaux.	31,25	30,573	33,94
Oxyde de fer.	6,50	3,666	3,93
Potasse.	0,00	0,589	0,00
Magnésie.	0,00	0,000	0,39
Parties volatiles.	0,00	3,326	0,00
	97,75	101,156	100,70

Couleur : entre le rouge hyacinthe et le jaune orangé. Translucide ou demi-transparent. Pes. spéc., 3,5 à 3,6.

Au chalumeau, fond très aisément en verre verdâtre ou en verre noir à surface métallique. Avec le borax, se dissout très aisément en verre transparent, plus ou moins faiblement coloré par le fer. Avec peu de soude, donne un verre vert ou noir; avec une plus grande quantité de soude, forme une scorie de difficile fusion. (Berzélius.)

Haüy avait distingué les Essonites des Grenats, et leur avait assigné, pour forme primitive, un prisme rhomboïdal droit; mais, depuis qu'on s'est assuré qu'elles ont la réfraction simple, et par conséquent qu'elles appartiennent au système cristallin tétraédrique, elles ont dû n'être considérées que comme des grenats, dont d'ailleurs elles possèdent tous les caractères physiques et chimiques.

On ne connaît pas encore d'individus parfaits de ce sous-genre, et par conséquent on n'a pu déterminer des espèces. — On trouve des individus altérés dans leur forme, arrondis et roulés, susceptibles de clivage, dans le sable des rivières de *Ceylan.*

MODE DE GROUPEMENT DES INDIVIDUS MOLÉCULAIRES DE CE SOUS-GENRE.

En masses amorphes, dans le gneiss, à *Ceylan* et en *Écosse.* Dans la chaux carbonatée, à *Malsjo* en *Suède.*

5e Sous-Genre. — SPESSARTINE. (Beudant.)

Grenats manganésiens, ou du moins dans lesquels le protoxyde de manganèse est en proportion considérable, de 35 à 19 pour cent. Signe miné. de M. Beudant $ASi + mn\,Si$.

ANALYSES DES SPESSARTINES.

	De Spessart par Klaproth.	De Brodbo par d'Ohson.	De Fimbo par Arrhenius.	De.... par Seybert.
Silice.	35 00	39,00	42,08	35,83
Alumine	14,25	14,30	17,75	18,06
Peroxyde de fer.	14,00	0,00	0,00	0,00
Prot. de mang.	35,00	27,90	19,66	30,96
Protox. de fer.	0,00	15,44	19,26	14,93
Chaux.	0,00	0,00	1,24	0,00
Eau.	0,66	0,00	0,00	0,00
	98,91	96,64	99,99	99,78

Couleur : le rouge ou le brun. En général, translucide, du moins en fragmens minces.

Au chalumeau, donnant avec la soude, sur la feuille de platine, par une couleur verte bien décidée, une réaction très marquée de l'oxyde de manganèse.

Les espèces de ce sous-genre n'ont pas encore été désignées.

6e Sous-Genre. — MÉLANITE. (Werner.)

Schlackiger Granat (Karsten).

Mélange de grenats calcaires, alumineux, ferrugineux et magnésiens.

ANALYSES DES MÉLANITES.

	De Frascati. Par Vauquelin.	d'Arendal. Par Wachmeister.
Silice.	35,50	42,450
Alumine.	6,00	22,475
Chaux.	32,50	6,525
Oxyde de fer.	25,25	9,292
Oxyde de manganèse.	0,40	6,273
Magnésie.	0,00	13,430
Perte.	0,35	0,000
	100,00	100,445

Couleur : le noir foncé. Complétement opaque.
Cette réunion de caractères distingue les mélanites de
tous les autres grenats.

Au chalumeau, seule, fond sans spumescence en une boule noire
et brillante. Avec le borax, se dissout lentement et difficilement
en verre; colorée en vert sale par le fer. Avec le sel de phosphore, se
décompose lentement : la teinture ferrugineuse du verre s'efface
par le refroidissement. Avec la soude, donne une boule de verre
noire : une augmentation de dose la rend plus difficile à fondre.
Sur la feuille de platine, offre des traces de manganèse par la coloration de la soude en vert.

Soluble en tout ou en partie dans l'acide hydrochlorique.

ESPÈCES DE CE SOUS-GENRE.

1. PRIMITIVE. De *Roraas* et *Arendal* en Norwége (de Léonhard).
3. ÉMARGINÉE. De *Frascati*, près Rome. (Lucas, Coll. du Mus.)

7ᵉ Sous-Genre. — GRENATS COMMUNS ou MÉLANGÉS.

Une partie des *Grenats communs* (de Werner et de Brochant). Les
Grenats ferrifère et *manganésifère* (Haüy). La *Colophonite* ou *Grenat résinite*, l'*Allochroïte*, la *Rothoffite*, la *Romanzovite*, etc., etc.

Nous comprenons dans ce dernier sous-genre, tous les grenats
impurs ou mélangés, qui paraissent formés de la réunion intime
des grenats appartenans aux sous-genres précédens. Souvent ils se
rapprochent plus ou moins de l'un ou de l'autre de ces sous-genres,
suivant la proportion de leurs principes constituans. On trouve
aussi dans les grenats mélangés, outre les silicates de fer, de chaux
et d'alumine qui constituent les principes essentiels des grenats
simples, des silicates de magnésie qu'on n'a pas encore trouvés
constituant des grenats purs ou simples.

M. Berzélius donne aux grenats mélangés, le signe minéralogique
suivant :

$$\left.\begin{array}{c} C \\ M \\ f \\ mn \end{array}\right\} \; S \; + \; \left.\begin{array}{c} A \\ F \end{array}\right\} \; S.$$

On doit comprendre, à l'aspect de cette formule, que les analyses
des divers grenats mélangés ont dû offrir de grandes différences
entre elles. Il serait donc inutile d'en présenter ici le long tableau.

Le signe ci-dessus suffit amplement pour donner une idée de la composition des grenats de ce sous-genre, qui est de beaucoup le plus commun.

Les couleurs des grenats communs sont très variées, mais les nuances ne sont jamais pures : ce sont des rouges plus ou moins sombres, quelquefois blanchâtres, des jaunes sales ou orangés, différens verts, et des bruns plus ou moins foncés. — Ils sont quelquefois translucides, mais le plus souvent presque totalement opaques, et leur cassure devient d'autant plus écailleuse qu'ils paraissent moins purs.

Au chalumeau, ils n'offrent aucuns caractères autres que ceux que nous avons assignés aux grenats en général ; les variétés d'action qu'ils présentent avec les flux, sont trop peu sensibles ou trop individuelles pour être indiquées ici comme caractères distinctifs.

La *Colophonite* d'Arendal (Norwége), qui est un grenat commun, de couleur brune jaunâtre ou rougeâtre, ayant un éclat assez vif et tirant sur le brillant de la poix (d'où lui est venu le nom de *colopho- nite*, de *grenat résinite* et de *pech-grenat*) offre au chalumeau, suivant Turner, la réaction de l'acide borique. Lorsque l'on mêle la poudre de ce minéral avec une poudre formée d'une partie de fluate de chaux et de 4 1/2 parties de bisulfate de potasse, et qu'on expose ce mélange au feu du chalumeau sur le fil de platine, la flamme se colore un instant en vert pur au moment de la fusion.

Les espèces de ce sous-genre sont toutes celles qui sont décrites au genre grenat.

MODES DE GROUPEMENT DES INDIVIDUS MOLÉCULAIRES DE CE SOUS-GENRE.

En petites masses arrondies, disséminées dans diverses espèces de roches primitives, et sur-tout dans les gneiss et les micaschistes ; ou bien isolées au milieu des sables des rivières.

En masses amorphes, d'un volume assez considérable pour pouvoir être regardées comme des roches. C'est le *grenat en masse* des environs du Mont-Rose, en Piémont et en Valais.

ANNOTATIONS.

Le *pyrope*, minéral d'un rouge de sang mêlé d'orangé, ou rouge de feu, translucide et ayant tous les caractères essentiels du genre grenat, n'a pas été encore trouvé sous une forme régulière, mais seulement en grains arrondis, disséminés dans une argile endurcie, en Bohème; en Saxe, dans les serpentines; et à Ceylan, en grains isolés. S'il avait offert des cristaux semblables à ceux des grenats, il aurait dû former un sous-genre particulier voisin des almandins auxquels il ressemble, et dont il se rapproche aussi chimiquement, quoique sa formule soit plus compliquée. En effet, une portion du protoxyde de fer est remplacée dans le pyrope par de la magnésie, de la chaux et de l'oxyde de chrome. Son signe minéralogique est, suivant M. Berzélius :

$$\left. \begin{array}{c} C \\ m \\ f \\ chr \end{array} \right\} S + AS.$$

ANALYSE DES PYROPES, PAR KLAPROTH,

Silice.	40,00
Alumine.	28,50
Chaux.	3,50
Magnésie.	10,00
Oxyde de fer.	16,50
Oxyde de manganèse.	0,25
Perte.	1,25
	100,00

Il est très éclatant, d'un éclat vitreux, translucide. Sa cassure est parfaitement conchoïde.

Au chalumeau, seuls sur le charbon, les pyropes sont plus ou moins difficilement fusibles. Ceux de Ceylan se rembrunissent, puis deviennent noirs et opaques. En se refroidissant, ils passent au vert sombre, puis au vert de chrome, deviennent ensuite incolores et finissent par reprendre leur belle couleur rouge. Ils fondent enfin difficilement et sans boursoufflement en verre noir brillant. Ceux de Bohème éprouvent moins de changement de couleur avant de fondre : ils deviennent d'abord noirs et opaques, et passent, par le refroidissement, d'abord au jaune, puis au rouge.

Avec le sel de phosphore, avant la décomposition, le verre prend la couleur verte, et la pièce d'essai reste rouge jusqu'au moment où elle se transforme en squelette de silice. Le globule devient d'un vert de chrome pour les pyropes de Ceylan, et d'un vert moins

foncé pour ceux de Bohème ; il devient opalin par le refroidissement. Avec le borax, ils se dissolvent en verre vert de chrome pour
les pyropes de Ceylan, et vert de fer pour ceux de Bohème. Avec la
soude, ils ne sont solubles ni les uns ni les autres, mais se décomposent en boule d'un rouge-brun formé de scories. (Berzélius.)

4ᵉ Genre. — STAUROTIDE. (*Staurotides.*)

Schorl cruciforme ou *Pierre de croix* (Romé-de-l'Isle). *Croisette*
(Daubenton). *Staurolithe* (De la Méthrie, Werner et Karsten).
Grenatite (de Saussure, Brochant et Reuss). *Prismatoidischer Granat*
(Mohs).

Combinaison d'alumine, de silice et d'oxyde de fer. Signe minéralogique de M. Berzélius : $\left.\begin{array}{c}A^4 \\ F^3\end{array}\right\} S.$

ANALYSES DES STAUROTIDES.

	Par Vauquelin. De Bretagne.	Par Klaproth. Du St-Gothard.	
		Brun rougeâtre.	Brun noirâtre.
Alumine.	44,00	52,25	41,00
Silice.	35,00	27,00	37,50
Oxyde de fer.	13,00	18,50	18,25
Oxyde de manganèse.	1,00	0,25	0,50
Chaux.	3,84	0,00	0,00
Magnésie.	0,00	0,00	0,50
	94,84	98,00	97,75

Forme primitive : prisme droit rhomboïdal, dont les
pans sont inclinés entre eux de 129° 50' et 50° 30'(1).
La hauteur est au côté de la base à peu près :: 4 : 5.
Sous-divisible dans le sens des petites diagonales des
bases. Cette dernière coupe est plus nette que celles
qui sont parallèles aux pans. Pes. spéc., 3,28 à 3,72.
Tissu compacte. Rayant le feldspath ; rayée par la topaze. Cassure inégale à petits grains, quelquefois con-

---

(1) 129° 20' et 50° 40'. (Beudant.)

choïde, sur-tout dans les cristaux les plus purs. Éclat entre le vitreux et le gras. Couleur : en général, le brun rougeâtre dans les cristaux qui paraissent les plus purs; dans les autres, la couleur tire au noir ou au gris. L'éclat est peu vif; la cassure est terne, terreuse, et les surfaces mattes et raboteuses, ce qui indique un minéral impur et souillé par des mélanges mécaniques.

Au chalumeau, seule sur le charbon, infusible et inaltérable en grains, seulement sa couleur devient plus noire. En poudre, fond sur les bords en scorie grise. Avec le sel de phosphore, en grains, la fusion est très lente, mais en poudre elle l'est moins; la silice est presque toute dissoute. Le verre à chaud est transparent et d'un jaune verdâtre; il devient opalin et incolore en se refroidissant. Avec le borax, se dissout lentement en verre transparent, coloré en vert sombre par le fer. Avec la soude, insoluble, mais réductible avec effervescence en scorie jaune. Avec la solution de cobalt, elle prend, dans les parties fondues, une couleur sombre qui tire sur le bleu sale. (Berzélius.)

ESPÈCES.

1re Espèce. STAUROTIDE PRIMITIVE (*Staurotides prismaticus*). Signe des faces, P M. Le prisme rhomboïdal droit. Inclinaison de M sur M, 129° 30' et 50° 30'; de M sur P, 90°. De *Bretagne*. (Lucas, Collect. du Mus.)

2.. STAUROTIDE PÉRIHEXAÈDRE (*Staurotides perihexaedros*). Signe des faces, P M o. Un prisme hexaèdre terminé par une base hexagonale perpendiculaire à l'axe. C'est le prisme primitif modifié par une seule face sur ses deux arêtes aiguës. Inclinaison de M sur o, 115° 5'; de P sur o, 90°. De *Bretagne* (Lucas, Coll. du Mus.), et du *Saint-Gothard*.

MODES DE GROUPEMENT RÉGULIERS DES INDIVIDUS DE CETTE ESPÈCE.

1° Deux cristaux croisés à angles droits, en se pénétrant réciproquement dans leur milieu. Les axes des deux cristaux, dans ce croisement, sont perpendiculaires entre eux. (*Staurotide géminée rectangulaire* de Haüy.)

2° Deux cristaux croisés obliquement, en se pénétrant récipro-

quement dans leur milieu , de manière que les axes des deux cristaux font entre eux des angles de 60° et 120°. (*Staurotide géminée
obliquangle* de Haüy.)

3° Trois cristaux croisés obliquement, en se pénétrant réciproquement dans leur milieu , de manière que les axes des trois cristaux s'entre-coupent comme les trois diamètres d'un hexagone régulier sous des angles de 60°. (*Staurotide ternée obliquangle* de
Haüy.)

4° Trois cristaux croisés , en se pénétrant réciproquement dans
leur milieu , de manière que les axes de deux de ces cristaux sont
perpendiculaires entre eux, tandis que l'axe du troisième cristal fait,
avec celui d'un des deux autres , des angles de 60° et 120°. (*Staurotide ternée mixte* de Haüy.)

Ces divers groupemens de cristaux se trouvent en Bretagne et à
Saint-Jacques de Compostelle en Espagne.

Il est bien remarquable qu'on n'ait encore jamais observé d'autres croisemens entre les cristaux de staurotide que ceux qui ont
lieu sous des angles de 60°, 90° et 120°.

3e. STAUROTIDE UNIBINAIRE (*Staurotides truncatus*). Signe des
faces, P M *o r*. L'espèce *périhexaèdre* ayant deux angles opposés sur
chaque base, remplacés chacun par une facette *r* triangulaire, produite, en vertu d'une modification, par une seule face sur chacun
des angles solides obtus du prisme rhomboïdal primitif. Inclinaison
de *r* sur P, 125° 16'; de *r* sur M , 137° 37' (1). D'*Aschaffembourg*
(Haüy). Du *Saint-Gothard* et de *Bretagne*. (Lucas , Collection du
Muséum.)

Les modes de groupemens réguliers ont lieu dans les cristaux de
cette espèce, de même que dans ceux de la précédente. Lucas en
cite, dans la Collection du Muséum, qui viennent de Bretagne.

5° Genre. — IDOCRASE. (*Idocrasia.*)

Hyacinthe brune des volcans et *du Vésuve* (Romé-de-l'Isle). *Hyacinthine* (de la Méthrie). *Vesuvian* (Werner et Karsten). *Vésuvienne* (Brochant). *Peridot-Idocrase* (la variété vert jaunâtre du
Piémont) (Bonvoisin). *Égeran* (Werner). *Loboïte* (Berzélius). *Pyramidaler Granat* (Mohs).

Combinaison de silice , d'alumine et de chaux , quelquefois avec
un mélange de magnésie, d'oxyde de fer ou d'oxyde de cuivre.

---

(1) 137° 37'. (Beudant.)

Signe minéralogique de M. Beudant : $2AS + 3CS$, ou bien $AS + 2$ $(Ca, M, mn, J)S$.

ANALYSES DES IDOCRASES.

| | Par Klaproth. | | Par le comte Bor- kowsky (Égeran.) |
	Du Vésuve.	De Sibérie.	De Bohême.
Alumine.	33,00	16,25	22
Silice.	35,50	42,00	41
Chaux.	22,25	34,00	22
Oxyde de fer.	7,50	5,50	6
Oxyde de manganèse.	0,25	trace.	2
Potasse.	0,00	0,00	1
	98,50	97,75	94

Forme primitive : prisme droit à base carrée , dans lequel le côté de la base est à la hauteur :: 13 : 14. Sous-divisible ou seulement ayant des indices de joints naturels parallèlement aux diagonales des bases. Pes. spéc., 3,08 à 3,4. Rayant le feldspath ; rayée par la topaze. Tissu compacte. Cassure conchoïde imparfaite ou à petites cavités passant à l'inégale. Éclat très vif et vitreux sur les faces polies, seulement luisant et passant au gras dans l'intérieur des variétés pures, ainsi que dans toutes les parties des individus impurs et mé- langés.

Souvent soluble par digestion dans les acides.

Au chalumeau, seule sur le charbon, fond très aisément et avec boursoufflement en verre. Avec le sel de phosphore, se décompose en laissant un squelette de silice et donnant un verre qui devient opalin par le refroidissement. Avec le borax , se dissout aisément. Avec peu de soude, se vitrifie ; avec davantage de soude, le verre se transforme en scorie infusible. (Berzélius.)

ESPÈCES.

1re Espèce. IDOCRASE PRIMITIVE (*Idocrasia prismatica*). Signe des faces , P M. Le prisme droit à base carrée décrit ci-dessus. Inclinai- son de P sur M, 90° ; de M sur M , 90°. De *Frugard* en *Finlande*. (De Léonhard.)

2°. IDOCRASE PÉRIOCTAÈDRE (*Idocrasia perioctaedra*). Signe des faces, P M *d*. Prisme à huit pans terminé par une face perpendiculaire à l'axe. Modification incomplète par une face sur chacune des arêtes latérales du noyau. Inclinaison de M sur *d*, 135°; de P sur *d*, 90°.

3°. IDOCRASE UNIBINAIRE (*Idocrasia octo-decimalis*). Signe des faces, M P *d c*. Prisme à huit pans dont quatre sont des rectangles et quatre des hexagones alongés, terminé par une pyramide à quatre faces hexagonales, tronquée au sommet par une face carrée perpendiculaire à l'axe. C'est l'espèce *périoctaèdre* dont quatre arêtes alternes de la base sont remplacées chacune par une face produite, en vertu d'une modification incomplète, par une face sur chacun des angles solides du noyau. Inclinaison de *c* sur *c*, 129° 30'; de *c* sur P, 142° 54'; de *c* sur M, 115° 15'; de *c* sur *d*, 127° 6'. Du *Vésuve* et des bords du fleuve *Wilui* en Sibérie. (Lucas, Coll. du Muséum.)

4°. IDOCRASE OCTO-SEX-VIGÉSIMALE (*Idocrasia octo-sex-vigesimalis*). Signe des faces, P M *d c s*. L'espèce *unibinaire* dans laquelle les arêtes les plus courtes des faces hexagonales du prisme, correspondantes aux angles solides formés à la rencontre du prisme et de la pyramide terminale, sont remplacées chacune par une facette oblique, produite, en vertu d'une modification oblique, par deux faces sur chacun des angles solides du noyau. Inclinaison de *s* sur *s*, 148° 24'; de *s* sur M, 144° 44'; de *s* sur *c*, 150° 31'.

5°. IDOCRASE SOUSTRACTIVE (1) (*Idocrasia sedecimdecimalis*). Signe des faces, P M *e d h*. L'*unibinaire* ayant seize faces au prisme au lieu de huit. Les huit nouvelles faces sont produites, en vertu d'une modification, par deux faces sur chacune des arêtes latérales du noyau. Inclinaison de M sur *h*, 133° 27'; de *d* sur *h*, 161° 33'. Du *Vésuve*. (Lucas, Coll. du Muséum.)

6°. IDOCRASE ISOMÉRIDE (*Idocrasia isomeris*). Signe des faces, P M *c d h s*. L'*octo-sex-vigésimale* ayant seize faces au prisme, au lieu de huit. (*Voyez*, pour la modification par laquelle les huit nouvelles faces sont produites, l'espèce précédente.) De la *Vallée d'Ala* en Piémont. (Lucas, Collection du Muséum.)

7°. IDOCRASE SOUS-SEXTUPLE (*Idocrasia apice marginata*). Signe des faces, M P *c d h o*. La *soustractive*, dont les arêtes qui séparent les quatre faces de la pyramide terminale sont remplacées chacune

---

(1) La *Sommervillite* de M. Brooke paraît devoir se rapporter à cette espèce.

par une facette produite, en vertu d'une modification, par une seule face sur chacune des arêtes terminales du noyau. Inclinaison de *o* sur M, 118$_0$ 8'; de *o* sur P, 151° 52'; de *o* sur *c*, 154° 45'. Du *Vésuve.* (Lucas, Coll. du Mus.)

8e. IDOCRASE ENCADRÉE (*Idocrasia cincta*). Signe des faces, M P *h d r c n s o.* La *soustractive*, dont les cinq faces terminales sont bordées par un rang de facettes.

9e. IDOCRASE ENNÉACONTAÈDRE (*Idocrasia enneacontaedra*). Signe des faces, M P *h d r c x s z o.* Solide à quatre-vingt-dix faces, dont seize au prisme et trente-sept à chaque sommet, disposées symétriquement autour de la facette terminale perpendiculaire à l'axe qui, ici, a une forme octogonale (1).

ANNOTATIONS.

Les cristaux incomplets ou altérés dans leur forme offrent, dans ce genre, des masses cylindriques striées longitudinalement, qui se groupent en faisceaux de baguettes droites et parallèles.

MODE DE GROUPEMENT DES INDIVIDUS MOLÉCULAIRES DE CE GENRE.

En masses compactes.

1er Sous-Genre. — IDOCRASE PROPREMENT DITE, OU VÉSUVIENNE.

Comprenant la *vésuvienne* de Werner; l'*égeran* du même et de M. Berzélius; et la *loboïte* de M. Berzélius.

Couleur : le brun, l'orangé brunâtre, le vert obscur ou le vert jaunâtre.

Au chalumeau, le verre produit est jaunâtre ou verdâtre. Avec les flux, il donne la couleur verte indicative du fer.

Toutes les espèces décrites ci-dessus et les indications de leurs localités appartiennent à ce sous-genre.

2e Sous-Genre. — CYPRINE. (Berzélius.)

Idocrase cuprifère. (Haüy.)

Couleur : le bleu de smalt.

---

(1) MM. Monticelli et Covelli ont décrit, dans leur *Orictografia vesuviana* plusieurs espèces nouvelles d'idocrases.

Au chalumeau, seule sur le charbon, conserve sa couleur bleue à un feu modéré. Elle fond aisément et avec boursoufflement en perle bulleuse, noire au feu d'oxydation, et rouge au feu de réduction. Avec le borax, se dissout aisément et donne un verre diaphane qui verdit au feu d'oxydation et devient incolore au feu de réduction. Avec le sel de phosphore, se décompose sur-le-champ, et la matière d'essai forme, en se tuméfiant, une masse glaceuse qui est verte après le refroidissement, et qui, à la flamme intérieure, devient rouge à la surface. Il faut employer une petite quantité de sel de phosphore pour que cette dernière réaction se manifeste. Avec la soude, donne un verre noir, et à l'essai de réduction donne beaucoup de cuivre. (Berzélius.)

On n'a pas encore décrit les espèces de ce sous-genre trouvé à *Tellemarken* en Norwége.

ANNOTATION.

Peut-être pourrait-on faire un troisième sous-genre sous le nom d'*Idocrase manganésifère* pour l'idocrase violette du Piémont, décrite par M. Ange Sismonda (Institut, du 24 août 1833). Couleur rouge-violet, quelquefois si intense qu'il paraît noir. Contient silice, 39,54 ; alumine, 11,00; oxyde de manganèse, 7,10; chaux, 34,06 ; oxyde de fer, 8,00. D'où se déduit sa formule de composition :

$$2\,\genfrac{}{}{0pt}{}{\overset{}{A}}{Mn}\left\}\,S+3\,\genfrac{}{}{0pt}{}{\ddot{C}}{F}\right\}\,S.$$

Vient de la *Mussa*, vallée d'*Ala* en Piémont.

6ᵉ Genre. — ANDALOUSITE. (*Andalusites.*)

Spath adamantin rouge-violet (de Bournon). *Feldspath apyre* (Haüy et Brochant). *Andalusit* (Werner et Karsten).*Stanzaït* (Flürl). *Micaphyllit* (Brunner). *Prismatischer Andalusit* (Mohs).

Combinaison d'alumine et de silice avec de la chaux, de la potasse, et des oxydes de fer et de manganèse.

Signe minéralogique de M. Beudant: $9\,A^2Si+(K,Ca)\,Si^3$.

ANALYSES DES ANDALOUSITES.

	D'Espagne. Vauquelin.	De Herzogau. Bucholz.
Alumine.	52	60,5
Silice.	32	36,5
Oxyde de fer.	2	4,0
Potasse.	8	0,0
	94	101,0

DU TYROL, PAR BRANDES.

Alumine.	55.750
Silice.	34
Oxyde de fer.	3,375
Potasse.	2
Chaux.	2,125
Magnésie.	0,375
Oxyde de manganèse.	3,625
Eau.	1
	102,250

Forme primitive: prisme droit rhomboïdal dont les pans sont inclinés entre eux de 91° 32′ 55″ et 88° 27′ 4″ (1). Les clivages les plus nets sont parallèles aux pans du prisme. Raye le quartz; rayée par la topaze. Pes. spéc., 3,10 à 3,16. Éclat vitreux. Cassure inégale à petits grains passant à l'écailleuse. Tissu compacte. Couleur blanche, grise, violette ou rosée.

Au chalumeau, seule sur le charbon, se couvre en partie de taches blanches, et ne fond ni en lames minces, ni même en poudre. Avec le sel de phosphore, se décompose difficilement et presque unique- ment sur les bords; la partie transparente du verre n'est pas opa- line. Avec le borax, se dissout difficilement, même en poudre, en verre transparent et incolore. Avec la soude, se gonfle et se décom- pose, mais ne fond pas; la soude passe dans le charbon et laisse une

---

(1) 91° 33′ et 88° 28′ (Mohs). M. Beudant donne, pour forme primitive à l'Andalousite, un prisme droit à base carrée.

masse blanche à la surface du charbon. Avec la solution de cobalt prend un assez beau bleu sans entrer en fusion. (Berzélius.)

Insoluble dans les acides.

ESPÈCES.

1re Espèce. ANDALOUSITE PRIMITIVE (*Andalusites prismatica*). Signe des faces, P M. Le prisme rhomboïdal décrit ci-dessus. Inclinaison de P sur M, 90o; de M sur M, 91° 32' 56'' et 88° 27' 4''. Du *Tyrol* et du *Forez*. (Lucas, Coll. du Mus.)

2e. ANDALOUSITE QUADRI-HEXAGONALE (*Andalusites quadri-hexagonalis*). Signe des faces, P M r. Le prisme rhomboïdal primitif modifié sur chacun de ses angles solides obtus, par une facette triangulaire. Du *Tyrol*.

M. de Léonhard indique, dans la seconde édition de son *Manuel de Minéralogie*, plusieurs autres espèces de ce genre qui présentent des modifications sur les angles aigus et sur les arêtes obtuses du prisme ; modifications tantôt isolées, tantôt réunies plusieurs ensemble sur le même cristal.

MODE DE GROUPEMENT DES INDIVIDUS MOLÉCULAIRES DE CE GENRE.

En masses compactes, amorphes.

La surface des cristaux d'Andalousite est souvent recouverte d'un enduit micacé.

ANNOTATIONS.

Presque tous les minéralogistes regardent aujourd'hui la *macle*, (*Chiastolith Hohl Spath*) comme devant appartenir au genre *Andalousite*, malgré des différences assez marquées, sur-tout dans la dureté; mais les rapports de forme de composition, et l'action du chalumeau et des flux, qui est la même dans les deux minéraux, décident en faveur de la réunion. Les macles sont donc des andalousites altérées par leur mélange avec la matière de la gangue qui est noire. Mais ce mélange n'est pas uniformément dispersé dans la masse du cristal de macle ou d'andalousite. Dans la section transversale, il en occupe le centre sous la forme d'un rhombe noir, dont les angles sont joints avec ceux du cristal par les deux diagonales devenues également noires, et souvent aussi quatre autres rhombes noirs sont disposés symétriquement vers les 4 angles de la section.

7ᵉ Genre.—TOPAZE. (*Topazius.*)

Idem (Werner , Karsten , Brochant et Brongniart). *Alumine fluatée siliceuse* et *Silice fluatée alumineuse* (Haüy). *Prismatischer Topas* (Mohs).

Comprend aussi la *Pycnite* ou *Topaze cylindroïde* (Haüy). *Schorl blanc prismatique* (Romé-de-l'Isle). *Leucolythe* (De la Méthrie). *Schorl artiger Beryll* (Werner). *Béril schorliforme* (Brochant). *Schorlit* (Klaproth). *Pycnite* (Karsten et Brongniart).

Et la *Pyrophysalite* (Hisinger et Berzélius). *Topaze prismatoïde* (Haüy).

Combinaison de silice et d'acide fluorique avec de l'alumine. Signe minéralogique de M. Berzélius : $A^2 Fl +^3 AS$.

ANALYSES DES TOPAZES DU BRÉSIL.

Par Klaproth. Vauquelin. Berzélius.

	Klaproth	Vauquelin	Berzélius
Alumine.	47,5	5o	58,38
Silice.	44,5	29	34,01
Acide fluorique.	7,0	19	7,79
Oxyde de fer.	0,5	0	0,00
	99,5	98	100,18

ANALYSES DE LA TOPAZE DE SAXE.

Par Klaproth. Vauquelin. Berzélius.

	Klaproth	Vauquelin	Berzélius
Alumine.	59	49	57,45
Silice.	35	29	34,24
Acide fluorique.	5	20	7,75
Oxyde de fer.	trace	0	0,00
	99	98	99,44

Forme primitive : prisme droit rhomboïdal dont les pans sont inclinés entre eux de 124° 26' et 55° 34' (124° 19' et 55° 41', Mohs.) Les joints les plus nets sont ceux qui sont parallèles à la base, c'est-à-dire perpendiculaires à l'axe. Ce prisme est encore sous-divisible parallèlement aux faces d'un octaèdre rectangulaire, qui peut aussi être pris à volonté pour forme primitive, ainsi que l'a fait Haüy dans sa seconde édition. Pes. spéc., 3,49 à 3,56. Raye le quartz; rayée par le corindon. Cassure conchoïde à petites cavités, et inégal, à petits grains, excepté dans le sens perpendiculaire à l'axe des cristaux où s'offrent des faces planes et polies du clivage. Couleur: incolore, jaune, verdâtre, bleuâtre ou rouge de rose.

Acquérant, dans plusieurs cas, par la chaleur l'électricité polaire; alors les sommets inférieur et supérieur sont dissemblables. Ceux qui ont le plus grand nombre de faces sont ordinairement le siége de l'électricité positive. — Les fragmens soumis à l'action de la chaleur brillent d'une lumière phosphorique, bleue, verte ou jaunâtre.

Insoluble dans les acides.

Au chalumeau, dans le matras, ne change pas et ne donne aucune trace d'acide fluorique. Seule, sur le charbon, infusible. La topaze jaune du Brésil, soumise à une ignition douce, devient rose pâle; celle de Saxe, dans le même cas, blanchit. A un feu très ardent, les faces longitudinales du cristal se recouvrent d'une multitude de bulles microscopiques blanches. Avec le sel de 'phosphore, se dissout lentement, laissant pour résidu un squelette de silice; la perle de verre est transparente et devient opaline par le refroidissement. Avec le borax, se dissout lentement en verre diaphane. Avec peu de soude, se convertit lentement et difficilement en scorie bulleuse, incolore, demi-transparente. Avec davantage de soude, elle s'enfle et devient infusible. Avec la solution de cobalt, donne un bleu impur. (Berzélius.)

ESPÈCES.

1re Espèce. Topaze dihexaèdre (*Topazius dihexaedros*). Signe des faces, *u f n d*. Prisme à six faces, *u* et *f*. Sommet inférieur à deux grandes faces *n*, correspondantes aux arêtes aiguës du prisme et se joignant en une arête culminante. Le sommet supérieur, outre les deux faces *n*, en contient deux autres *o* qui, par leur rencontre, forment l'arête culminante; l'arête de jonction de ces deux faces *n* et *o* est parallèle à l'arête culminante. Cette espèce est produite par une combinaison de modifications qui interceptent entièrement le noyau. Les faces *u* du prisme, en vertu d'une modification, par deux faces sur les arêtes aiguës du noyau ; les faces *f* par une seule face sur chaque arête obtuse; les faces *n* des deux sommets, en vertu d'une modification, par une seule face sur chacun des angles solides aigus du noyau, et les faces *θ* propres au sommet supérieur, en vertu d'une modification analogue, mais plus obtuses sur deux seulement des mêmes angles. Inclinaison de *u* sur *c*, 122° 17'; de *n* sur *n*, 91° 58'; de *n* sur *θ*, 161° 56'; de *θ* sur *θ*, 128° 26'. Du *Brésil.* (Haüy). (Tabl. comp., p. 17.)

2°. Topaze sexbisoctonale (*Topazius sexbisoctonalis*). Signe des faces, M *l n o i*. Prisme à huit faces, dont quatre sont les faces primitives M, et font entre elles, deux à deux, un angle de 124° 1/2. Les quatre autres faces *l* font entre elles, deux à deux, un angle de 93° 6'. Elles sont produites, en vertu d'une modification, par deux faces sur chacune des arêtes aiguës du noyau. Inclinaison de M sur *l*, 161° 16'. Sommet inférieur à six faces, dont deux grandes, *n*, correspondent aux arêtes les plus aiguës du prisme et fo ment, par leur rencontre, une arête culminante : là, elles font entre elles un angle de 91° 58'. Les quatre petites faces *o* de ce même sommet, sont triangulaires et correspondent deux à deux à l'arête obtuse du prisme, celle qui réunit les deux faces primitives. Ces faces *o* sont produites, en vertu d'une modification, par une face sur chacune des arêtes terminales du noyau. Leur inclinaison entre elles (de *o* sur *o*) est de 140° 46'; celle de *o* sur M est de 135° 59'. Le sommet supérieur a les mêmes faces *n* et *o*, et de plus une facette rhomboïdale *i* qui intercepte l'angle solide à quatre faces formé à la rencontre des faces M du prisme et *o* du sommet : les faces *o* sont devenues des facettes linéaires trapézoïdales. La face *i* est produite, en vertu d'une modification, par une seule face sur chacun des angles solides obtus du noyau.

3°. Topaze équidifférente (*Topazius sexdecim octonalis*). Signe des faces, M *l n o x*. Semblable à la précédente pour le prisme et le sommet inférieur. Le sommet supérieur a, de plus que l'intérieur, quatre facettes linéaires *x* qui remplacent les arêtes de jonction des faces *n* et *o*. Ces facettes *x* sont produites, en vertu d'une modification, par deux faces sur chacun des angles solides aigus du noyau. Inclinaison de *x* sur *l*, 131° 34'.

Telles sont les seules espèces décrites par Haüy, d'après des cristaux complets; les autres ne présentant que des individus imparfaits et privés d'un de leurs sommets, nous ne les décrirons pas ici, renvoyant à les étudier sur l'ouvrage et les planches de Haüy.

nous nous contenterons de signaler ici quelques divisions qui pourront être employées utilement lorsque l'on décrira méthodiquement les espèces de ce genre.

1re DIVISION. Espèces ayant au sommet une face P perpendiculaire à l'axe.

* Prisme à six faces.

Topaze sept'hexagonale. Haüy. Fig. 137.

** Prisme à huit faces.

Topaze septioctonale. Haüy. Fig. 138.
— *ondécioctonale.* Haüy. Fig. 140.
— *trédécioctonale.* Haüy. Fig. 145.
— *quindécioctonale.* Haüy. Fig. 146.
— *hétéronome.* Haüy. Fig. 144.

*** Prisme à dix faces.

Topaze déciseptimale. Haüy. Fig. 139.

**** Prisme à douze faces.

Topaze duodéciternale. Haüy. Fig. 141.
— *septiduodécimale.* Haüy. Fig. 142.
— *nonovigésimale.* Haüy. Fig. 150.

2me DIVISION. Espèces n'ayant point de faces perpendiculaires à l'axe.

* Sommet terminé par un angle solide de pyramide.

Topaze quadrioctonale. Haüy. Fig. 135.

** Sommet terminé par une arête culminante.

A. Prisme à huit faces.

Topaze sexoctonale. Haüy. Fig. 136.
Topaze quadridécioctonale. Haüy. Fig. 143.
— *sexdécioctonale.* Haüy. Fig. 147.

B. Prisme à douze faces.

Topaze déciduodécimale. Haüy. Fig. 148.

N. B. Ceux qui entreprendraient une monographie du genre Topaze, trouveraient de nouvelles espèces décrites par M. de Léonhard (*Handbuch der Oryktognosie*, seconde édition, Heidelberg,

1826, par Monteiro, *Denk. der Akad. der Wissenschaften, zu Mün-chen*, 1811 et 12, et par M. Soret, *Mémoires de la Société de phys. et d'hist. nat. de Genève*, tome 1ᵉʳ.)

ALTÉRATIONS DANS LA FORME ET DANS LA SUBSTANCE, PROPRES A CERTAINS INDIVIDUS DE CE GENRE.

Des prismes prolongés, et dont les faces latérales sont oblitérées et remplacées par des cannelures longitudinales, nommés par Haüy *Pycnite*, appartiennent au genre topaze. Ils sont d'un blanc jaunâtre ou violâtre, opaques, à cassure mate et inégale; les moins éloignés de l'état de pureté ou de perfection présentent des joints perpendiculaires à l'axe; les autres ont une cassure mate et inégale. Pes-spéc., 3,51. Au chalumeau, elle ne présente d'autre différence avec la topaze que de se couvrir de bulles plus nombreuses lorsqu'elle est chauffée seule sur le charbon. Cependant la composition chimique de la Pycnite présente quelque différence avec celle des autres topazes. Son signe minéralogique est, suivant M. Berzélius : $A \, F \, l + 3 \, A \, S$.

ANALYSES DE LA PYCNITÉ D'ALTEMBERG EN SAXE, PAR

	M. Berzélius.	Bucholz.	Vauquelin.	Klaproth.
Alumine.	51,00	48,0	60	49,5
Silice.	38,43	35,0	30	43,0
Acide fluorique.	8,84	16,5	6	4,0
Oxyde de fer.	0,00	0,5	0	1,0
Chaux;	0,00	0,0	2	0,0
Eau.	0,00	1,0	1	1,0
	98,27	101,0	99	98,5

La *Pyrophysalite* de Suède (*topaze prismatoïde*, Haüy) est aussi une topaze dont les individus ne présentent pas une cristallisation parfaite, dont les surfaces sont raboteuses, l'éclat peu vif, la couleur blanc verdâtre ou jaunâtre; elle est translucide seulement sur les bords. Son analyse a donné à M. Berzélius :

Alumine.	57,74
Silice.	34,36
Acide fluorique.	7,77
	99,87

Les cristaux de topaze incolore du Brésil, roulés par les torrens, présentent la forme de masses arrondies, à surfaces raboteuses, mais dans lesquelles on remarque encore les joints naturels perpendiculaires à l'axe du noyau : ce qui suffit au premier coup d'œil pour les distinguer des cailloux roulés de quartz limpide.

8ᵉ Genre. — TOURMALINE. (*Turmalinus.*)

Rhomboedrischer Turmalin. (Mohs).

Combinaison de silice, d'alumine, d'oxyde de fer et de chaux, remplacée quelquefois par de la magnésie, de la potasse, de la soude ou de la lithine. On trouve aussi, dans toutes les tourmalines, une petite quantité d'acide boracique.

Ce genre se divise en trois sous-genres d'après certains caractères particuliers, qui correspondent à une différence dans la nature des bases, combinées avec la silice et l'alumine.

Nous donnerons d'abord les caractères communs à toutes les tourmalines, et l'énumération des espèces avec leurs caractères spécifiques ; puis nous essaierons d'établir, du moins provisoirement, quelques sous-genres naturels, et nous consignerons les analyses qui ont été faites d'un individu de chacun de ces sous-genres.

Caractères communs à tous les individus du genre.

Forme primitive : rhomboïde obtus dans lequel l'inclinaison mutuelle des faces est de 133° 26' et 46° 54' (1). Divisibles par des plans parallèles à l'axe et passant par les arêtes terminales. Pes. spéc., 3,0 à 3,4. Rayant le quartz ; rayés par la topaze. Tissu compacte. Cassure conchoïde à petites cavités ou imparfaitement conchoïde. Acquérant par la chaleur l'électricité polaire. Les cristaux dérogent à la loi de symétrie en ayant leurs deux sommets dissemblables, et plusieurs espèces en ayant, au prisme, trois faces de moins que ne l'exigerait cette loi. Les sommets les plus simples acquièrent l'électricité négative. Éclat vitreux.

---

(1) 133° 50' et 40° 10', ou 134° 47' et 45° 13'. (Beudant.)

Insolubles dans les acides; mais réduites en poudre, sont imparfaitement décomposables par l'acide sulfurique.

Au chalumeau, seules sur le charbon, les unes sont inaltérables, d'autres se scorifient et quelques-unes se fondent. Avec le sel de phosphore, toutes se décomposent avec effervescence et en laissant un squelette siliceux et donnant un verre qui devient opalin par le refroidissement. Avec le borax, se dissolvent avec effervescence en verre transparent ou seulement terni par la présence de quelques flocons. Avec la soude, difficilement fusibles en verre opaque ou sombre (Berzélius). Toutes les tourmalines réduites en poudre et mêlées avec une égale portion d'un mélange de 1 partie de fluate de chaux, et de 4 parties 1/2 de bisulfate de potasse, puis exposées sur le fil de platine à la flamme du chalumeau, en colorent, pendant un instant, la pointe en vert. (Turner.)

* Espèces ayant une face k perpendiculaire à l'axe.

A. Au sommet inférieur.

(Cette face est produite, en vertu d'une modification, par une seule face, sur l'angle terminal inférieur du rhomboïde primitif.)

a. Prisme à six faces s.

(Produites, en vertu d'une modification, par une seule face parallèle à l'axe, sur chacune des six arêtes latérales du rhomboïde primitif.)

ESPÈCES.

1re Espèce. TOURMALINE SEXDÉCIMALE (*Turmalinus sexdecimalis*). Signe des faces, *s* P *k o.* Sommet inférieur formé par les trois faces P du sommet du noyau, dont l'angle solide terminal est remplacé par la face *k.* Prisme à six faces *s.* Sommet supérieur à six faces, dont trois appartiennent au noyau P, et les trois autres *o* sont produites, en vertu d'une modification non symétrique, par une face oblique à l'axe, sur trois seulement des six angles solides latéraux du noyau. Inclinaison de *s* sur *s,* 120º; de P sur *s,* 113º 13'; de *o* sur *P,* 141º 40'; de P sur *k,* 152º 51'.

b. Prisme à neuf faces s l.

(Les six faces *s,* plus trois faces *l,* produites, en vertu d'une modification non symétrique, par une face parallèle à l'axe sur trois des six angles solides latéraux du noyau. Inclinaison de *l* sur *s,* 150º.)

2ᵉ. **Tourmaline trédécimale** (*Turmalinus tredecimalis*). Signe des faces, *s l* P *k*. Sommet inférieur n'ayant que la seule face *k* perpendiculaire à l'axe. Prisme à neuf faces , *s l*. Sommet supérieur formé par les trois faces P du sommet du noyau. Inclinaison de *k* sur *l*, 90°; de *k* sur *s*, 90°; de P sur *s*, 113° 13'; de P sur *l*, 117° 9'.

3ₑ. **Tourmaline nonodécimale** (*Turmalinus nonodecimalis*). Signe des faces, *s l k* P *t*. Sommet inférieur à une seule face *k*. Prisme à neuf faces *s l*. Sommet supérieur formé par les trois faces P du noyau , et par six autres faces *t* qui les séparent du prisme et qui sont formées, en vertu d'une modification non symétrique, par une seule face sur chacune des arêtes latérales du noyau (la symétrie exigerait que la modification eût lieu par deux faces sur chaque. arête). Inclinaison de *t* sur P, 151° 5'; de *t* sur *s*, 142° 8'.

B. Au sommet supérieur.

a. Prisme à neuf faces *s l.*

4ᵉ. **Tourmaline nono-septimale** (*Turmalinus nono-septimalis*). Signe des faces, *s l* P *k*. Sommet inférieur : les trois faces P du sommet du noyau. Prisme à neuf faces *s l*. Sommet supérieur semblable au sommet inférieur de la *sexdécimale*. (*Voyez* cette espèce et la *trédécimale* pour les inclinaisons des faces.)

5ᵉ. **Tourmaline bino-triunitaire** (*Turmalinus nono-triseptimalis*). Signe des faces , *s l* P *k n*. Sommet inférieur , les trois faces *n* du sommet d'un rhomboïde plus obtus que le noyau, produites, en vertu d'une modification complète , par une face, sur chacune des arêtes terminales du rhomboïde primitif. Prisme à neuf faces, *s l*. Sommet supérieur à sept faces , dont trois sont celles du noyau ; trois, celles du rhomboïde *n* qui modifient incomplétement le noyau sur ses arêtes terminales ; le tout terminé par la face *k* perpendiculaire à l'axe. Inclinaison de P sur *n*, 156° 43'; de *n* sur *n*, 155° 9'; de *k* sur *n*, 165° 36'.

6ᵉ. **Tourmaline impaire** (*Turmalinus imparis*). Signe des faces, *s l* P *k n*. Quoique produite par les mêmes lois que la précédente, cette espèce en diffère par le sommet inférieur qui , dans l'*impaire*, est formé par les trois faces P du sommet du rhomboïde primitif. (*Voyez*, pour le reste, la *bino-triunitaire*.)

7ᵉ. **Tourmaline soustractive** (*Turmalinus nono-sexseptimalis*). Signe des faces , *s l* P *n k*. Sommet inférieur à six faces *n* et P. (*Voyez* la *bino-triunitaire*.) Prisme à neuf faces, *s* et *l*. Sommet supérieur semblable à celui de la *bino-triunitaire*.

b. Prisme à douze faces *s l.*

(Ici le prisme est symétrique, et les six faces *l* s'y trouvent conformément à la loi de symétrie.)

8e. TOURMALINE QUINQUÉVIGÉSIMALE (*Turmalinus quinquevigesimalis*). Signe des faces, *s l* P *o n g k.* Sommet inférieur formé des six mêmes faces P *o* que le sommet supérieur de la *sexdécimale.* (*Voyez* cette espèce.) Prisme à douze faces, *s l.* Sommet supérieur à sept faces, dont six *n* et *g* entourent la face terminale *k* perpendiculaire à l'axe.(*Voyez,* pour les faces *n,* la *binotriunitaire.*) Les faces *g* sont formées, en vertu d'une modification, par trois faces sur l'angle terminal supérieur du noyau. Inclinaison de *g* sur *k* , 165o 36'; de *g* sur *l,* 104o 24'.

9e. TOURMALINE SURCOMPOSÉE (*Turmalinus tetratriacontaedros*). Signe des faces, *s l o r* P *x z k.* Sommet inférieur à trois faces P du sommet du rhomboïde primitif. Prisme à douze faces, *s l.* Sommet supérieur à dix-neuf faces, dont dix-huit sont symétriquement disposées autour de la face terminale *k* perpendiculaire à l'axe.

** Espèces n'ayant point de face perpendiculaire à l'axe.

A. Prisme à neuf faces *s l.*

10e. TOURMALINE ISOGONE (*Turmalinus isogonus*). Signe des faces, *s l* P *o.* Sommet inférieur, les trois faces P du sommet du noyau. Prisme à neuf faces *s l.* Sommet supérieur à six faces P *o.* semblable au sommet supérieur de la *sexdécimale.* (*Voyez* cette espèce.)

11e. TOURMALINE ÉQUIDIFFÉRENTE (*Turmalinus nonotriseximalis*). Signe des faces, *s l* P *n.* Sommet inférieur, les trois faces P du sommet du noyau. Prisme à neuf faces, *s l.* Sommet supérieur à six faces, dont trois sont les faces primitives P, et les trois autres *n* celles d'un rhomboïde plus obtus, formé, en vertu d'une modification, par une seule face , sur chacune des arêtes terminales du noyau. Inclinaison de P sur *n,* 156° 43'; de *n* sur *n,* 155o 9'.

Var. *a. Raccourcie.* Le prisme est très court. C'est la *Tourmaline lenticulaire* de quelques auteurs.

12e. TOURMALINE ÉQUIVALENTE (*Turmalinus subsimilis*). Signe des faces, *s l* P *o.* Sommet inférieur, les trois faces P du noyau. Prisme à neuf faces, *s l.* Sommet supérieur à six faces P o , semblable au sommet supérieur de la *sex-décimale.* (*Voy.* cette espèce.)

13e. TOURMALINE NONO-DUODÉCIMALE (*Turmalinus nono-duodecimalis*). Signe des faces, *s l* P *n o.* Sommet inférieur à six faces P *n*

comme le sommet supérieur de l'*équidifférente* (*voyez* cette espèce).
Prisme à neuf faces *s l*. Sommet supérieur à six faces P *o*, semblable au sommet supérieur de la *sexdécimale*. (*Voyez* cette espèce.)

14ᵉ. TOURMALINE PROGRESSIVE (*Turmalinus nono-trinovemalis*).
Signe des faces, *s l* P *u*. Sommet inférieur, les trois faces P du
sommet du noyau. Prisme à neuf faces *s l*. Sommet supérieur à
neuf faces P *u*; ce sont les trois faces primitives dont les arêtes de
jonction avec les faces du prisme sont remplacées par les six faces *u*
produites, en vertu d'une modification non symétrique, par une
seule face sur chacune des arêtes latérales du noyau. (La symétrie
exigerait que la modification fût par deux faces sur chaque arête.)
Inclinaison de *u* sur P, 138° 12'; de *u* sur *s*, 155° 1'.

15ᵉ. TOURMALINE BISQUINDÉCIMALE (*Turmalinus bisquindecima-
lis*). Signe des faces, *s l* P *n u o*. Sommet inférieur, les trois faces P
du noyau. Prisme à neuf faces *s l*. Sommet supérieur à quinze
faces; savoir : des faces *u* de l'espèce précédente, des faces P du
noyau, et de celles des sommets des deux rhomboïdes *n* et *o*. (*Voyez*
les espèces *équidifférente* et *sexdécimale*.)

B. Prisme à douze faces *s l*.

19ᵉ. TOURMALINE ANTIENNÉAÈDRE (*Turmalinus antienneaedros*). Signe
des faces, *s l* P *u o r*. Sommet inférieur à neuf faces, P *n o*. C'est le
sommet supérieur de l'espèce précédente, moins les faces *u*. Prisme
à douze faces *s l*. Sommet supérieur à neuf faces P *o r*. C'est le
sommet supérieur de la *sexdécimale*, plus trois faces *r* produites, en
vertu d'une modification non symétrique, par une seule face sur
trois seulement des angles latéraux du rhomboïde primitif. Inclinaison de *r* sur P, 143° 8'; de *r* sur *l*, 154° 1'.

Haüy a signalé encore deux espèces, mais dont les individus
étaient incomplets. On trouve aussi quelques espèces nouvelles de
ce genre, décrites par M. Soret, dans les *Mémoires de la Société de
phys. et d'hist nat. de Genève*, tom. 2.

Division du genre TOURMALINE *en sous-genres.*

La grande variété de composition chimique et de
couleur que présentent les nombreux individus de ce
genre, a depuis long-temps fait sentir la nécessité
d'adopter à son égard quelques sous-divisions. Mais le
manque d'accord entre les chimistes, quant à la com-

position atomique des Tourmalines, les mélanges presque innombrables qui existent dans la nature entre des tourmalines de compositions différentes ; d'un autre côté, la difficulté de faire coïncider des différences caractéristiques dans les caractères physiques, avec des différences également caractéristiques dans la composition, rendent une pareille entreprise extrêmement hasardeuse, et peut-être même impossible à exécuter avec quelque précision dans le moment actuel.

M. C. G. Gmelin a bien indiqué (*Annales de Phys. et de Chimie*, t. 36, p. 274) une division chimique assez précise des substances composant les minéraux connus sous le nom de tourmalines, en trois classes. La première formée des tourmalines qui contiennent de la lithine; la seconde, de celles qui ne contiennent ni lithine ni magnésie en quantité notable, mais de la soude ou de la potasse ; la troisième, de celles qui contiennent une quantité considérable de magnésie, point de lithine et une très petite quantité de potasse ou de soude. Chimiquement parlant, une pareille division est très logique, puisque dans la théorie électro-chimique, la lithine, la soude, la potasse et la magnésie sont les véritables bases ou les principes les plus électro-positifs de la combinaison. Mais malheureusement on ne peut trouver aucun caractère minéralogique qui corresponde à ces divisions, ou, en d'autres termes, la substitution d'une de ces bases à l'autre, n'a aucune influence sur les caractères du minéral. Aussi, de pareilles divisions ne sauraient être adoptées en histoire naturelle.

Nous essaierons provisoirement d'y substituer des divisions fondées sur la nature de l'oxyde métallique qui sert de principe colorant, et dont, par conséquent, le changement en entraîne de corespondans dans quel-

ques-unes des qualités physiques du minéral. Ainsi, nous
formerons un sous-genre des tourmalines auxquelles une
prédominence de l'oxyde de manganèse sur l'oxyde de
fer donne une couleur rouge ou violette ; un second, de
celles auxquelles une quantité d'oxyde de fer, supérieure
à celle de l'oxyde de manganèse, quoique peu considérable elle-même, donne une couleur bleue ; enfin une
troisième à laquelle une quantité plus ou moins considérable d'oxyde de fer donne une couleur verte ou noire.

1ᵉʳ Sous-Genre. RUBELLITE.

Schorl rouge de Sibérie (Hermann). *Sibérite* (Lhermina). *Daou-
rite* (De la Méthrie). *Rubellit* (Karsten et Kirwan). Variété du
Schorl électrique (Werner et Brochant). *Tourmaline apyre* (Haüy).
Une partie des *Natron Turmalin* ou *Tourmalines à base de soude*
de M. Berzélius, et des *Tourmalines à base de Lithine* (*Lithion Turmalin* du même et de **M. C. G. Gmelin.**)

Tourmalines rouges, et même incolores et violettes, contenant
plus d'oxyde de manganèse, que d'oxyde de fer.

ANALYSES DES RUBELLITES PAR M. C. G. GMELIN.

	de Rosena (Moravie).	de Perm (Sibérie).
Silice.	42,13	39,3₇
Alumine.	36,43	44,00
Acide borique.	5,74	4,18
Oxyde de manganèse.	6,32	5,02
Chaux.	1,20	0,00
Potasse.	2,41	1,29
Lithine.	2,04	2,52
Substances volatiles.	1,31	1,58
	97,58	97,96

Au chalumeau, seules sur le charbon , les Rubellites de Sibérie
et d'Amérique sont infusibles, mais tournent au blanc de lait, se
gonflent beaucoup, se fendillent et se vitrifient seulement dans les
parties extrêmes. Plus facilement solubles avec les flux, que les Indicolites. Sur la feuille de platine avec la soude, donnent à un

degré très intense, la couleur verte indicative du manganèse. La Rubellite diaphane et incolore d'Amérique se fait remarquer plus particulièrement sous ce rapport. (Berzélius.)

Les rubellites offrent des couleurs très variées; il y en a d'incolores, de rouges, de violettes plus ou moins foncées. Quelquefois un même cristal offre deux couleurs différentes à ses deux extrémités, ou présente dans son milieu une teinte différente de celle de ses sommets. Quelquefois les cristaux sont dichroïtes et paraissent bleus lorsqu'on les regarde longitudinalement, tandis qu'ils sont rouges dans toutes les autres directions.

ESPÈCES DE CE SOUS-GENRE.

TOURMALINE NONO-DÉCIMALE. De *Sibérie*.
— NONO-DUO-DÉCIMALE. Idem. (Lucas, Coll. du Mus.)

MODES DE GROUPEMENT DES INDIVIDUS IMPARFAITS OU ALTÉRÉS DE CE SOUS-GENRE.

En masses formées de prismes sans sommets, et arrondies en cylindres. *Tourmaline cylindroïde*. De *Rosena* (Moravie).

En masses formées d'aiguilles plus ou moins fines. *Tourmaline aciculaire* de *Sibérie* et de *Rosena*. Quelquefois ces aiguilles divergent autour d'un centre commun. (*Tourmaline aciculaire radiée*), et sont terminées par des facettes cristallines. De *Sibérie*.

2e Sous-Genre.—INDICOLITE. (*Dandrada*.)

Tourmaline d'Uto (Berzélius et Arfwedson); une partie des *Tourmalines à base de Lithine*, ou *Lithion-Turmalin* de M. Berzélius.

Tourmalines bleues, vertes et même rouges, contenant plus d'oxyde de fer que d'oxyde de manganèse.

ANALYSES DES INDICOLITES.

	D'Uto en Suède. par M. Arfwedson.	Vert clair du Brésil. par M. C. G. Gmelin.
Alumine.	40,50	39,16
Silice.	40,30	40,00
Acide borique.	1,10	4,59
Oxyde de fer.	4,85	5,96
Oxyde de manga- nèse.	1,50	2,14
Lithine	4,30	3,59 (1)
Eau et parties vo- latiles.	3,60	1,58
	96,15	97,02

Au chalumeau, seules sur le charbon, les indicolites d'Uto blanchissent, se gonflent plus ou moins, quelquefois au point de se recourber et de se rouler sur elles-mêmes; ne fondent pas, mais deviennent scoriacées ou bulleuses à la surface.

Solubles dans les flux avec effervescence, mais plus difficilement que les rubellites; elles donnent avec la soude, sur la feuille de platine, quelques traces d'une couleur vert sombre produite par le manganèse. (Berzélius.)

Il y a des indicolites de diverses nuances de bleu; il y en a aussi de vertes claires et transparentes.

On n'a pas encore décrit d'espèce de ce sous-genre.

MODE DE GROUPEMENT DES INDIVIDUS INCOMPLETS OU ALTÉRÉS
DE CE SOUS-GENRE.

En masses formées d'aiguilles divergentes autour d'un centre commun, et de couleur bleue claire. A *Uto* en *Suède.*

5ᵉ Sous-Genre.—SCHORL.

Schorl noir électrique et *Schorl commun* (Werner et Brochant). *Aphrizite* (Dandrada). La plus grande partie des *Kali Turmalin* ou *Tourmalines à base de potasse* de M. Berzélius.

Tourmalines vertes foncées, presque opaques, brunes et noires, ne

---

(1) Avec potasse.

contenant pas ou presque pas de manganèse, mais beaucoup d'oxyde de fer. Aucune de celles qui ont été analysées jusqu'ici ne contiennent de lithine, mais plusieurs renferment une quantité considérable de magnésie.

ANALYSES DES SCHORLS PAR M. C. G. GMELIN.

	De Bovey, (Devonshire).	D'Eibenstock, (Saxe.)	De Karingbricka, (Suède.)	De Bahrnstein, (Bavière.)	Du Groënland.	Du St. Gothard.
	noir.	noir.	noir.	noir.	noir.	brun.
Acide borique.	4,11	1,89	3,83	4,02	3,63	4,18
Silice.	35,20	33,05	37,65	35,48	38,79	37,81
Alumine.	35,50	38,23	33,46	34,75	37,19	31,61
Oxyde de fer magnétique.	17,86	0,00	9,38	17,44	5,81	7,77
Protoxyde de fer.	0,00	23,86	0,00	0,00	0,00	0,00
Oxyde de manganèse.	0,43	0,00	0,00	1,89	traces	1,11
Magnésie.	0,70	0,00	10,93	4,68	5,86	5,99
Chaux.	0,55	0,86	0,25	traces	0,00	0,98
Potasse.	0,00	0,00	} 2.53	{ 0,48	0,22	1,20
Soude.	2,09	3,17		1,75	3,13	0,00
Perte au feu.	0,00	0,45	0,03	0.00	1,86	0,24
	96,44	101,51	98,11	100,49	96,49	90,89

Au chalumeau, seuls sur le charbon, se boursoufflent, puis blanchissent (les noirs de Karingbricka), ou noircissent (les verts du Brésil). Les uns fondent en boules demi-transparentes, les autres donnent une scorie noire ou jaunâtre et bulleuse. Se dissolvent facilement dans le borax avec effervescence, et donnent un verre légèrement coloré par le fer. — Avec la soude, se résolvent avec beaucoup de peine en un verre de difficile fusion. Sur la feuille de platine, ne donnent point de traces de manganèse ou n'en donnent que d'extrêmement faibles. (Berzélius.)

Les couleurs des schorls sont ordinairement sombres et varient du vert foncé, au brun et au noir parfait. Les noirs sont opaques, les verts et les bruns sont plus ou moins translucides, plusieurs paraissent transparens lorsque les rayons lumineux les traversent dans un sens perpendiculaire à l'axe du cristal, et opaques lorsque les rayons les traversent parallèlement à ce même axe.

ESPÈCES DE CE SOUS-GENRE.

Isogone. Noire. De *Madagascar*; du *Groënland*.

Équivalente
Équidifférente
Impaire
Soustractive
} Noires. De *Madagascar*.

Nonoduodécimale. Noire. De *Langsoe* (Norwége).
Antiennéaèdre Noire. De *Salzbourg*.
Équidifférente raccourcie. Jaune verdâtre. De *Ceylan*.
Les sept premières sont dans le Muséum de Paris. (Lucas, Coll. du Mus.)
La huitième est citée par Haüy.

ALTÉRATIONS DANS LA FORME DES CRISTAUX DE CE SOUS-GENRE.

Les arètes du prisme étant émoussées, sa surface cannelée, et ses faces, aussi bien que celles des sommets, s'étant arrondies, le cristal a pris la forme d'un cylindre. C'est la *tourmaline cylindroïde* de Haüy.

MODES DE GROUPEMENT DES INDIVIDUS IMPARFAITS OU ALTÉRÉS DE CE SOUS-GENRE.

En aiguilles plus ou moins fines.
En masses globuliformes, composées d'aiguilles rayonnant autour d'un centre. *Dans le granit de Menat* (Département du Puy-de-Dôme.) (Lucas, Coll. du Mus.)

9ᵉ Genre. — CORDIÉRITE (Haüy). (*Cordieria*.)

Jolith (Werner et Karsten). *Dichroïte* (Cordier et De la Méthrie). *Peliom* (Werner). *Steinheilit* (Stromeyer). *Fahlunite dure* (Berzélius). *Luchs saphir* des Allemands , et *Saphir d'eau* des lapidaires. Plusieurs des *Quartz bleus* des anciens minéralogistes. *Prismatischer Quartz* (Mohs).

Combinaison de silice , d'alumine, de magnésie, d'oxyde de fer et de manganèse , ou combinaison de silicate d'alumine, dominant avec des bisilicates de magnésie , de protoxyde de fer ou de protoxyde de manganèse. Signe minéralogique de M. Berzélius.

$$\left. \begin{matrix} M \\ \int \\ mn \end{matrix} \right\} \dot{S}^2 + \dot{A}S.$$

ANALYSES DES CORDIÉRITES BLEUES.

	De Simitok. (Groënland.)	Par Stromeyer. De Bodenmais. (Bavière.)	d'Orijerfwi. (Finlande.)	Bonsdorff. d'Orijerfwi. (Finlande.)
Alumine.	33,10	31,706	31,73	32,88
Silice.	49,17	48,352	48,53	49,95
Magnésie.	11,48	10,157	11,30	10,45
Protoxyde de manganèse.	0,00	0,333	0,70	0,03
Protoxyde de fer.	0,00	8,316	5,68	5,00
Oxyde de fer.	4,33	0,000	0,00	0,00
Eau (hygrométrique).	1,20	0.595	1,68	1,75
	99,28	99,459	99,62	100,06

Forme primitive : prisme hexaèdre régulier, dans lequel la hauteur est du côté de la base : : V 16 à V 13, ou : : 10 : 9 environ. Sous-divisibles par des plans perpendiculaires aux arêtes des bases et passant par l'axe. Pes. spéc. , 2,56 à 2.6. Raye le feldspath ; rayées par la topaze. Cassure conchoïde passant à l'inégale. Tissu compacte. Éclat vitreux. Couleur : bleu violâtre extérieurement ou par réflexion. Par transparence, la couleur est aussi bleue lorsque le rayon visuel est dirigé parallèlement à l'axe du cristal ; elle est d'un jaune brunâtre, lorsque ce rayon est dirigé perpendiculairement à l'axe. Les cordiérites sont quelquefois opaques et d'un bleu presque noir.

Inaltérable dans les acides.

Au chalumeau, seule sur le charbon, fond sur les bords en verre non bulleux, qui a la couleur et la transparence du minéral

---

(1) Suivant M. Mohs , la forme primitive des cordiérites est un prisme droit rhomboïdal d'environ 120° et 60°; 119° 24'; et 60° 36', suivant M. de Léonhard.

même. Avec le sel de phosphore, se décompose, laisse un squelette
de silice, et donne un verre diaphane qui devient opalin par le
refroidissement. Avec le borax, soluble lentement en un verre
transparent. Avec la soude, point de dissolution. Avec une petite
quantité de ce fondant, donne une scorie vitreuse d'un gris sombre.
Avec plus de soude, la matière se gonfle et devient infusible. Avec
la solution de cobalt, la masse devient noire et les bords fondus
d'un gris-bleu. (Berzélius.)

ESPÈCES.

1re Espèce. CORDIÉRITE PRIMITIVE (*Cordieria hexaedra*). Signe
des faces, M P. Le prisme hexaèdre décrit ci-dessus. Inclinaison de
M sur M, 120°; de M sur P, 90°.

2e. CORDIÉRITE PÉRIDODÉCAÈDRE (*Cordieria peridodecaedra*). Signe
des faces, M *e* P. Prisme à douze pans, terminé par une face perpendiculaire à l'axe. Modification incomplète par une seule face
sur chacune des arêtes latérales du noyau. Inclinaison de *e* sur M,
150°; de *e* sur P, 90°.

3e. CORDIÉRITE ÉMARGINÉE (*Cordieria emarginata*). Signe des faces,
M *e* P *c*. Un prisme hexaèdre ayant toutes ses arêtes, tant latérales
que terminales, remplacées chacune par une facette hexagonale.
Combinaison de la modification incomplète qui produit l'espèce
précédente, avec une modification également incomplète par une
seule face sur chacune des arêtes terminales du noyau. Inclinaison
de *c* sur P, 133° 51'; de *c* sur M, 136° 9'; de *c* sur *c*, 137° 44'. De
Bodenmais (Bavière.)

MODE DE GROUPEMENT DES INDIVIDUS MOLÉCULAIRES DE CE GENRE.

En petites masses engagées dans diverses roches. Dans le mica-
schiste au *Saint-Gothard*; découverte par M. S. Moricand. Dans
une roche volcanique au *Cap de Gates* (Espagne).

ANNOTATION.

La *Fahlunite dure* de M. Berzélius, qui se trouve à Fahlun, en
Suède, n'est qu'une cordiérite altérée par des mélanges accidentels
qui lui ont ôté sa transparence et donné une couleur d'un brun
jaunâtre clair et rougeâtre. C'est à ces mélanges, et probablement
à ce que le fer et le manganèse ont passé à l'état d'hydrate, qu'est
due l'eau qu'elle dégage dans le matras et son changement d'aspect.

ANALYSE DE LA FAHLUNITE DE FAHLUN, PAR STROMEYER.

Alumine.	33,42
Silice.	50,24
Magnésie.	10,84
Protoxyde de fer.	4,00
Protoxyde de manganèse.	0,68
Eau.	1,66
	100,84

Au chalumeau, dans le matras, donne de l'eau, se décolore, et devient blanche, mais demi-transparente. Seule sur le charbon, se résout en verre incolore demi-transparent. Avec le borax et le sel de phosphore, se comporte comme la cordiérite. Avec peu de soude, se dissout en un verre incolore demi-translucide et de très difficile fusion, qu'une plus forte quantité de soude fait gonfler et rend infusible. Avec la solution de cobalt, ce n'est qu'au moment de la fusion que l'on obtient un verre bleu. (Berzélius.)

10° Genre.—ÉMERAUDE. (*Smaragdus.*)

Rhomboedrischer Smaragd (Mohs).

Combinaison de silice, d'alumine et de glucine, ou bisilicate d'alumine dominant, combiné avec quadrisilicate de glucine. Signe minéralogique de M. Berzélius, $G\,S4 + 2\,A\,S^2$; de M. Beudant $2\,A\,S^3 + G\,S^3$ ou peut-être $(A,G)\,S^3$. Divisé en deux sous-genres suivant la nature du principe colorant qui est, dans un cas, l'oxyde de chrome, dans l'autre, l'oxyde de fer.

Voyez plus bas les analyses de chaque sous-genre.

Caractères communs aux deux sous-genres.

Forme primitive : prisme hexaèdre régulier, dans lequel le côté de la base est égal à la hauteur. Pes. spéc., 2,72 à 2,67. Rayant faiblement le quartz ; rayée par la topaze. Cassure conchoïde à petites cavités et imparfaite, passant à l'inégale. Tissu compacte. Éclat vitreux, quelquefois un peu gras.

Au chalumeau, seule sur le charbon, inaltérable à un feu doux.

Soumise en paillettes à une longue et forte insufflation, s'arrondit au bord et forme une scorie bulleuse et incolore. Avec le borax, se dissout en verre transparent. Avec le sel de phosphore, se dissout lentement et sans résidu siliceux : la pièce d'essai ne change pas d'aspect, mais diminue de volume et finit par se résoudre en un globule qui devient opalin par le refroidissement. Avec la soude, soluble en verre transparent et incolore. Avec la solution de cobalt, donne une couleur impure très légèrement bleuâtre. (Berzélius.)

ESPÈCES.

1re Espèce. Emeraude primitive (*Smaragdus hexaedricus*). Signe des faces, M P. Inclinaison de M sur M, 120°; de M sur P, 90°.

2e. Emeraude péridodécaèdre (*Smaragdus peridodecaedricus*). Signe des faces, M *n* P. Prisme à douze pans terminé par une face perpendiculaire à l'axe. Modification incomplète par une seule face sur chacune des arêtes latérales du noyau. Inclinaison de M sur *n*, 150°; de *n* sur P, 90°.

3e. Emeraude épointée (*Smaragdus spuntatus*). Signe des faces, M P *s*. Le prisme hexaèdre ayant tous ses angles solides remplacés chacun par une facette trianguiaire, produite, en vertu d'une modification, par une face sur chacun des angles solides du noyau. Inclinaison de *s* sur P, 135° (1); de *s* sur M, 127° 45' 40".

4e. Emeraude bino-annulaire (*Smaragdus obtuso-annularis*). Signe des faces, M P *t*. Le prisme hexaèdre ayant chacune des arêtes au contour des bases, remplacée par une facette produite, en vertu d'une modification incomplète, par une seule face sur chacune des arêtes terminales du noyau. Inclinaison de *t* sur M, 120°; de *t* sur P, 150° (150° 10' Beudant).

5e. Emeraude rhombifère (*Smaragdus rhombifer.*) Signe des faces, M P *t s*. La *bino-annulaire* ayant les angles solides placés à la jonction des faces obliques *t* et de celles du prisme M, remplacés chacun par une face rhombe. Combinaison des deux modifications qui produisent l'*épointée* et la *bino-annulaire*. (*Voyez* ces espèces.) Inclinaison de *s* sur *t*, 156° 42' 59".

6e. Emeraude unibinaire (*Smaragdus subsimilis*). Signe des faces, M P *u s*. Forme analogue à la précédente, seulement les faces *u* qui bordent les bases font avec les faces du prisme un angle plus aigu que les faces *t* qui leur correspondent dans la *rhombifère*. E n

---

(1) 135° 14'. (Beudant.)

même temps les faces *s* qui remplacent les angles solides du noyau, au lieu d'être des rhombes, sont des pentagones. Inclinaison de M sur *u*, 139° 76'23"; de P sur *u*, 130° 53' 37" (1); de *u* sur *s*, 157° 47' 32".

7°. Emeraude soustractive (*Smaragdus biannulatus*). Signe des faces, M P *t u s*. Le prisme hexaèdre ayant un double rang de facettes autour de chaque base et chacun de ses angles solides remplacé par une facette hexagonale *s*. Combinaison des modifications qui produisent la *rhombifère* et l'*unibinaire* (*Voyez* ces espèces). Inclinaison de *t* sur *u*, 160° 53' 37".

8°. Emeraude isogone (*Smaragdus isogonus*). Signe des faces, M P *n s t*. La *rhombifère* dans laquelle le prisme est à douze pans au lieu de six et la facette *s* qui remplace les angles solides du prisme hexaèdre a pris la forme d'un pentagone. Combinaison des modifications qui produisent la *rhombifère* et la *péridodécaèdre*. (*Voyez* ces espèces.) Inclinaison de *s* sur *n*, 135°.

1ᵉʳ Sous-Genre.—ÉMÉRAUDE PROPREMENT DITE.

Emeraude du Pérou (Romé-de-l'Isle). *Smaragd* (Werner). *Glatter Smaragd* (Karsten). *Emeraude* (Brochant). *Béril émeraude* (Brongniart).

Émeraude colorée par le chrome.

ANALYSES DES ÉMERAUDES DU PÉROU.

	Par Klaproth.	Par Vauquelin.
Silice.	68,50	64,50
Alumine.	15,75	16,00
Glucine.	12,50	13,00
Oxyde de chrome.	0,30	3,25
Chaux.	0,25	1,60
Oxyde de fer.	1,00	0,00
Matières volatiles.	0,00	1,65
	98,30	100,00

Couleur : le vert d'émeraude, le vert d'herbe et le blanc verdâtre. Les faces du prisme sont ordinairement lisses.

---

(1) 130° 40'. (Beudant.)

Au chalumeau, le verre formé par le borax prend, en se refroidissant, une teinte verte légère, mais pure. Avec le sel de phosphore, le verre est vert.

ESPÈCES DE CE SOUS-GENRE.

PRIMITIVE. |
PÉRIDODÉCAÈDRE. } Du *Pérou*. (Lucas, Coll. du Muséum.)
ÉPOINTÉE. |

UNIBINAIRE. |
RHOMBIFÈRE. } Du *Pérou*. (Citée par Haüy.)
SOUSTRACTIVE. |

2ᵉ Sous-Genre.—BÉRIL.

Aigue marine ou *Béril* et *Chrysolite du Brésil* (Romé-de-l'Isle). *Beryll* (Werner). *Gestreifter Smaragd* (Karsten). *Béril* (Brochant). *Béril aiguemarine* (Brongniart). *Agustit.*
Émeraude colorée par le fer.

ANALYSES DES BÉRILS.

	(De Sibérie.)			De Broddbo. (Suède.)
	Vauquelin.	Duménil.	Klaproth.	Berzélius.
Silice.	68	67	66,45	68,35
Alumine.	15	16,5	16,75	17,60
Chaux.	2	0,5	0,00	0,00
Glucine.	14	14,5	15,50	13,13
Oxyde de fer.	1	1,0	0,60	0,72
Oxyde de tantale.	0	0,0	0,00	0,27
	100	99,5	99,30	100,07

Couleur : verdâtre, bleu souvent très pur, jaune de miel ou de cire, ou blanc grisâtre. Les faces du prisme sont striées longitudinalement.

Au chalumeau, les verres produits par le borax et le sel de phosphore sont incolores.

ESPÈCES DE CE SOUS-GENRE.

PRIMITIVE. { Blanc verdâtre. *Sibérie*. / *Id.* Pays de *Salzbourg*. / Blanchâtre. Près de *Nantes*. } Lucas, Collection du Muséum.
PÉRIDODÉCAÈDRE. Bleue. } *Sibérie*.
RHOMBIFÈRE. Vert jaunâtre. {

Bino-annulaire, } *Sibérie.* (Citées par Haüy.)
Isogone.

Les pans arrondis et chargés de stries, et les arêtes émoussées donnent à certains cristaux de Béril une forme à peu près cylindrique. *Émeraude cylindroïde.* (Haüy.)

11 Genre.—EUCLASE (*Euclasia.*)

Euklas (Werner). *Prismatischer Smaragd.* (Mohs.)

Combinaison de silice, d'alumine et de glucine, ou silicate d'alumine dominant, combiné avec du silicate de glucine. Signe minéralogique de M. Berzélius, $G\,S+2\,A\,S$.

ANALYSE DE L'EUCLASE, PAR M. BERZÉLIUS.

Silice.	43,22
Alumine.	30,56
Glucine.	21,78
Oxyde de fer.	22,2
Oxyde d'étain.	0,70
	98,48

Forme primitive : prisme rectangulaire oblique, dont la base est inclinée sur les pans de 130° 8' (1). Se sous-divise par un plan perpendiculaire à l'axe. Les clivages parallèles aux deux pans larges du prisme, sont les plus nets et s'obtiennent très facilement (2). Pes. spéc., 3,09.

---

(1) 131° 49'. (Beudant.)

(2) J'ai suivi, dans cette occasion, comme je l'ai fait jusqu'à présent, à cause des figures relatives aux espèces, la détermination de Haüy; mais je dois avertir que la forme primitive de l'euclase a été jugée différente par de savans minéralogistes. D'abord M. de Léonhard prend pour noyau de ce rare minéral un prisme rhomboïdal oblique de 114° 18' et 65° 42', ayant sa base inclinée de 130° 8' sur l'arête du prisme. On voit que cette forme n'est qu'un dérivé de la forme primitive de Haüy. Mais M. W. Phillips a adopté une forme primitive appartenant à un système tout différent ; savoir : un prisme rhomboïdal droit de 130° 52' et 49° 8'. M. Lévy ayant

Raye le quartz ; rayée par la topaze. Fragile et facilement clivable. Cassure conchoïde à petites cavités.
Éclat vitreux très vif. Double réfraction très apparente.
Très électrique par la pression. Elle conserve son électricité pendant 24 heures. Couleur : vert bleuâtre ou
blanchâtre, et incolore.—Inaltérable dans les acides.

Au chalumeau, seule sur le charbon, inaltérable à une légère
ignition; à un feu plus ardent se boursoufle, blanchit et se ramifie;
et à une très forte chaleur, fond sur les bords et donne un émail
blanc. Dans le borax, se gonfle avec une légère effervescence et
blanchit, puis se convertit lentement en verre transparent et incolore, qui ne devient pas opaque par le flamber. Dans le sel de phosphore, se décompose avec une très courte effervescence, laissant
un squelette très blanc, et donnant un verre transparent et incolore, qui devient opalin par le refroidissement. Avec peu de
soude, donne une perle opaque; avec plus de soude, un verre transparent qui devient opaque par le refroidissement. A l'essai de réduction, donne des traces d'étain métallique. (Berzélius.)

ESPÈCES.

1re Espèce. Euclase tétraeptaèdre (*Euclasia tetraeptaedra*).
Signe des faces, T *s l h* P *f y r*. Prisme à quatorze pans, dont deux
primitifs T, et douze, *s l h*, formés par une combinaison de trois
modifications, chacune par une face correspondante aux faces
étroites du noyau sur chaque arête latérale du prisme primitif. Som-

---

en en sa possession des cristaux d'Euclase très nets, a de nouveau
admis pour noyau un prisme rhomboïdal oblique , de 114° 5o' et
65° 1o', ayant sa base inclinée de 118° 46' sur le prisme. Le clivage le plus net a lieu par des plans parallèles à l'axe et en même
temps parallèles à l'arête aiguë du prisme rhomboïdal. Un autre
clivage moins net a lieu dans une direction perpendiculaire au premier. Il est aisé de voir que ces deux clivages correspondent aux
faces du prisme rectangulaire adopté par Haüy, et coïncident par
conséquent avec les clivages signalés par cet auteur. M. Lévy a
déterminé et décrit trois nouvelles espèces ou formes de l'euclase,
dans l'*Edinburgh philosophical journal* (tom. 14, p. 13o); il en a
donné les figures à la planche VI du même volume.

met à sept faces, dont cinq sur la partie antérieure et deux sur la partie postérieure du sommet. Des cinq faces de la partie antérieure du sommet, l'une est primitive P, deux (*f*) sont formées, en vertu d'une modification, par une face correspondante à la base du noyau, sur chacune des deux arêtes terminales longues. Les deux autres *y* sont le produit d'une modification oblique par une face sur deux des angles de la base. Les deux faces *r* de la partie postérieure du sommet sont produites, en vertu d'une modification oblique, par une face sur deux des angles du pan étroit antérieur du prisme primitif. Inclinaison de T sur *s*, 122° 51' (1); de T sur *f*, 126° 51' (2); de *f* sur *y*, 142° 3'; de *h* sur *h*, 149° 59'. De *Villarica* au *Brésil*. (Haüy.)

2*e*. EUCLASE SUR-COMPOSÉE (*Euclasia compositissima*). Signe des faces, T *s l h c f d i u r o n*. Prisme à quatorze faces, semblable à celui de la *tétraeptaèdre* (*voyez* cette espèce). Sommets à seize faces, dont six sur la partie antérieure, et dix, rangées sur deux rangs et correspondant aux facettes du prisme sur la partie postérieure du sommet. Toutes les faces *i u r o n* de la partie postérieure du sommet sont produites, en vertu de diverses modifications obliques, sur deux des angles du pan étroit antérieur du noyau. Les faces *f* et *d* de la partie antérieure du sommet proviennent de deux modifications différentes sur les arêtes longues de la base, et les facettes obliques *c*, d'une modification oblique par une face sur deux des angles de la base du prisme primitif. Inclinaison de *d* sur *d*, 151° 56'; de *n* sur *n*, 143° 10'; de *r* sur *r*, 156° 10'. Du *Pérou*. (Haüy.)

12ᵉ Genre.—PÉRIDOT. (*Piradotus*.)

Péridot (Daubenton et Haüy). *Chrysolithe* (Werner, Karsten, Brochant et de Léonhard). *Péridot chrysolithe* (Brongniart). *Prismatischer Chrysolith* (Mohs).

Ce sont les *péridots* et une grande partie des *chrysolithes ordinaires* des lapidaires.

Combinaison de silice, de magnésie et de protoxyde de fer, ou silicate de magnésie et de protoxyde de fer.

Signe minéralogique de M. Berzélius.

$$\left.\begin{array}{c}M\\f\end{array}\right\}S.$$

____

(1) 122° 28'. (Beudant.)
(2) 124°. (Beudant.)

ANALYSES DES PÉRIDOTS.

	Par Klaproth.	Par Vauquelin.
Silice.	39,0	38,0
Magnésie.	43,5	50,5
Oxyde de fer.	19,0	9,5
Perte.	0,0	2,0
	101,5	100,0

ANALYSES DES PÉRIDOTS PAR

	M. Stromeyer.	M. Walmstedt de Bohême.	de la Somma.	de Silésie.
Silice.	39,73	41,42	40,08	41,54
Magnésie.	50,13	49,61	44,24	50,04
Protoxyde de fer.	9,19	9,14	15,26	8,66
Protoxyde de manganèse.	0,09	0,15	0,48	0,25
Oxyde de nickel.	0,32	0,00	0,00	0,00
Alumine.	0,22	0,15	0,18	0,06
	99,68	100,47	100,24	100,55

Forme primitive : prisme droit rectangulaire, dans lequel la hauteur et les côtés de la base sont entre eux à peu près : : 14, 11 et 25. Les divisions parallèles aux pans étroits du prisme sont les plus nettes. Pes. spéc., 3,44 à 3,33. Raye faiblement le feldspath ; rayé par la topaze. La double réfraction se manifeste à un haut degré. Éclat vitreux passant au gras. Tissu compacte. Cassure conchoïde aplatie , à petites cavités et un peu écailleuse. Couleur : jaune verdâtre ou vert jaunâtre.

Insoluble, dans les acides, quelques-uns perdent leur couleur dans l'acide muriatique chauffé.

Au chalumeau, seul sur le charbon se rembrunit un peu, principalement sur les bords, mais ne fond pas et conserve sa transparence et sa couleur. Avec le sel de phosphore, se décompose, laisse un squelette de silice et donne un verre diaphane et coloré par le fer, qui devient opalin par le refroidissement. Avec le borax, soluble lentement en verre transparent, coloré par le fer. Avec la soude, se transforme par une fusion laborieuse en une scorie brune. (Berzélius.)

ESPÈCES.

1re Espèce. Péridot triunitaire (*Piradotus octo - quadridecimalis*). Signe des faces, T M *n e d* P. Prisme à huit faces, dont quatre primitives M T, et quatre *n* formées, en vertu d'une modification par une seule face sur chacune des arêtes latérales du noyau. Sommet à sept faces, dont l'une P terminale est perpendiculaire à l'axe et appartient au noyau, deux *d* proviennent d'une modification par une seule face sur chacune des deux longues arêtes des bases, et les quatre autres *e* d'une modification par une face sur chacun des angles de la base. Inclinaison de M sur *n*, 155° 54'; de T sur *n* 114° 6' (1); de *d* sur P, 128° 20' (2); de *d* sur M, 141° 40'; de *e* sur *n*, 144° 10'.

2e. Péridot monostique (*Piradotus monosticus*). Signe des faces, M T *n k e d* P. Prisme octogone. Sommet à neuf faces dont une P terminale perpendiculaire à l'axe et huit obliques *k e d* répondant aux pans du prisme. C'est le *triunitaire* (Voyez cette espèce) augmenté au sommet de deux facettes *k* produites par une modification sur les courtes arêtes de la base. Inclinaison de P sur *k*, 131° 29'; de T sur *k*, 138° 31'. Du *Pégu*. (Luc., Coll. du Muséum.)

3e. Péridot subdistique (*Piradotus subdisticus*). Signe des faces, M T *n k e d h* P. Prisme à huit pans. Sommets à onze faces dont l'une terminale perpendiculaire à l'axe. C'est le *monostique* augmenté à chaque sommet de deux petites facettes *h*, correspondant aux courtes arêtes de la face terminale P perpendiculaire à l'axe. Ces facettes sont formées, en vertu d'une modification par une face surbaissée, sur chacune des courtes arêtes terminales du noyau. Inclinaison de P sur *h*, 150° 31'. Des *Indes Orientales*. (Lucas., Coll. du Muséum.)

4e. Péridot quadruplant (*Piradotus tetratriacontaedros*). Signe des faces, M T *n s k e h* P. Prisme à douze pans. Sommet à onze faces dont l'une terminale perpendiculaire à l'axe. C'est le *subdistique* (*Voyez* cette espèce) augmenté de quatre faces *s* au prisme, produites, en vertu d'une modification, par une face sur les arêtes latérales du noyau. Inclinaison de *s* sur T, 131° 49'; de *s* sur *n* 162° 17'.

5e. Péridot continu (*Piradotus decemdecimalis*). Signe des faces, T *s n k d* P. Prisme à dix pans. Sommet à cinq faces, dont l'une

____

(1) 115°. (Beudant.)

(2) 10°. (Beudant.)

terminale perpendiculaire à l'axe et quadrangulaire. De l'*Ile de Bourbon*. (Lucas, Coll. du Muséum.)

Var. *a. Aplati.*

Le cristal est aminci dans le sens parallèle aux faces étroites du noyau, de manière à présenter l'apparence d'une lame rectangulaire émarginée.

6e. Péridot DOUBLANT (*Piredotus duodecim-octodecimalis*). Signe des faces, T M *z s k e d* P. Prisme à douze pans. Sommet à neuf faces dont l'une octogonale perpendiculaire à l'axe.

MODES DE GROUPEMENT DES INDIVIDUS MOLÉCULAIRES DE CE GENRE.

En masses granuliformes, ou en agrégats plus ou moins volumineux de grains anguleux. Ces grains et ces agrégats sont en général renfermés dans les basaltes, en *Écosse*, en *Allemagne*, en *France* (*Auvergne*, *Velay*, *Vivarais*, etc.), ou dans les aérolites. On a nommé ces masses granuliformes. *Olivine* (Werner et Brochant.) *Péridot Olivine* (Brongniart.) *Chrysolite des Volcans.* (Faujas Saint-Fond.) *Péridot granuliforme* (Haüy.)

ALTÉRATION DES MASSES GRANULIFORMES.

Les grains de Péridot qui les composent sont devenus plus tendres, se sont désagrégés et ont pris des couleurs jaunâtres, brunâtres et rougeâtres, quelquefois irisées. On rapporte à la décomposition du Péridot les petites masses non cristallines, jaunâtres, jaunes de cire ou de miel brunâtre, dont les unes sont difficilement, les autres plus aisément fusibles au chalumeau, que de Saussure a trouvées dans le basalte de la colline de Limbourg et qu'il a nommées *Limbilite*, *Chusite* et *Sidéro-clepte*.

ANNOTATIONS.

Le *Hyalo Sidérite* de M. Walchner, n'est, suivant M. de Léonhard, qu'un Péridot mêlé de beaucoup d'oxyde de fer.

La *Humite* de Bournon et de Phillips a les plus grands rapports avec les Péridots et les Condrodites. Sa cristallisation est celle du Péridot, quoique ces minéralogistes aient pris pour sa forme primitive le prisme rhomboïdal dérivé du prisme rectangulaire. Son clivage est également celui du Péridot parallèle aux deux faces étroites d'un prisme rectangulaire, ou, ce qui revient au même, à l'arête aiguë du prisme rhomboïdal qui a été adopté pour noyau de l'*Humite* (*Voyez* l'appendice à la famille des Gemmeides.)

15ᵉ Genre. — CONDRODITE. (*Condrodia.*)

Hemiprismatischer Chrysolith (Mohs). *Brucite* (Cleveland). *Macl025réite* (Seybert).

Ce genre est très voisin du genre Péridot. Les minéraux qui en font partie, présentent aussi une combinaison de silice et de magnésie ou silicate de magnésie avec une petite quantité d'acide fluorique et de potasse, du moins d'après l'analyse suivante, faite par M. Seybert, de la condrodite du New Jersey, Amérique septentrionale.

Silice.	32,666
Magnésie.	54,000
Oxyde de fer.	2,333
Potasse.	2,108
Acide fluorique.	4,086
Eau.	1,000
	96,193

Signe minéralogique de M. Seybert, $M^2 Fl + 3 M S$. De M. Berzélius, $M Fl + 3 M S$.

Suivant M. Berzélius la condrodite est un fluo-silicate de magnésie.

Forme primitive : prisme rectangulaire oblique dans lequel la ligne de plus grande pente de la base correspond à une des faces du prisme. L'inclinaison de la base sur cette face et sur son opposée est de 112° 12' et de 67° 48'. Divisible assez nettement, parallèlement aux faces du noyau et sur-tout à la base. Pes. spéc., 3,14 à 5,19. Raye faiblement le feldspath ; rayée par le quartz. Tissu compacte. Cassure conchoïde à petites cavités, et imparfaite, passant à l'inégale. Éclat vitreux passant à l'éclat gras. Couleur jaune avec des nuances, tantôt de rougeâtre, tantôt de brunâtre. Inaltérable dans les acides.

Au chalumeau, dans le matras, noircit sans donner une quantité notable d'eau ; la couleur disparaît par le grillage à l'air libre. Seule sur le charbon est infusible ; quelques-unes brunissent, d'autres blanchissent. Avec le sel de phosphore, se décompose facilement,

laisse un résidu siliceux demi-transparent et donne un verre clair
et incolore, qui devient opalin par le refroidissement. Avec le borax,
fond lentement, mais complétement, en verre diaphane légèrement
coloré par le fer. Ce verre, lorsqu'il est saturé de borax, perd sa
transparence sans devenir d'un blanc laiteux, mais il devient translucide et opalin. — Avec la soude en petite quantité, se change en
scorie grise de difficile fusion. Avec une plus forte dose, gonfle et
devient infusible. — Avec la solution de cobalt à un feu ardent,
les unes donnent une couleur rouge pâle, les autres (celles qui contiennent de l'oxyde de fer) deviennent d'un brun-gris. (Berzélius.)

ESPÈCES.

CONDRODITE QUADRI-HEXAGONALE (*Condrodia quadri-hexagonalis*).
Signe des faces, **T** *n r*. Prisme à six faces dont deux opposées **T** sont
primitives, et les quatre autres *n* sont produites, en vertu d'une
modification complète, par une face sur chacune des deux arêtes
verticales, droite et gauche, du pan large du noyau. Sommet à deux
faces trapézoïdales *r* produites, en vertu d'une modification complète,
par une face sur chacun des deux angles de la base inférieure.
Inclinaison de T sur *n*, 106° 6'; de T sur *r*, 101° 30'; de *n* sur *n*, 147°
48'; de *n* sur *r*, 161° 44': de *r* sur *r*, 157°. Des *États-Unis de l'Amérique*. (Haüy) (1).

MODE DE GROUPEMENT DES INDIVIDUS MOLÉCULAIRES DE CE GENRE.

En masses composées de lames. Des *environs de New-Yorck* (Amérique.)

En petites masses granuliformes disséminées dans du calcaire primitif à *Pargas* (Finlande). A *Acker* (Suède). A *Sparta dans le New
Jersey* (États-Unis d'Amérique.)

14ᵉ Genre. — AXINITE. (*Ascianites.*)

Schorl transparent lenticulaire (Romé-de-l'Isle). *Schorl violet*
(Mongez). *Yanolithe* (De la Métherie). *Thumerstein* (Æmerling et
Werner). *Glass Schorl* ou *Glass Stein* (Widenman). *Axinit* (Kars-
ten). *Pierre de Thum* (Brochant). *Prismatischer Axinit* (Mohs).

Combinaison de silice, d'alumine, de chaux, d'oxyde de fer et
de manganèse, avec une petite quantité d'acide borique. Sa composition atomique n'est pas encore bien connue.

____

(1) M. Beudant indique trois autres formes plus compliquées
que celle-ci. T. II, p. 530, et pl. XII, fig. 33, 34 et 60.

ANALYSES DES AXINITES.

	du Dauphiné.		de Treseburg.
	par Klaproth.	par Vauquelin.	par Wiegmann.
Silice.	5o,5o	44	45,00
Alumine.	16,00	18	19,00
Chaux.	17,00	19	12,5o
Magnésie.	0,00	0	2,25
Oxyde de fer.	9,5o	14	12,25
Oxyde de manganèse.	5,25	4	9,00
Potasse.	0,25	0	0,00
Acide borique.	0,00	0	2,00
	98,5o	99	102,00

Forme primitive (d'après Haüy) : prisme droit irrégulier, dont les bases sont des parallélogrammes obliquangles de 101° 32' et 78° 28'. Le rapport de la hauteur aux deux côtés de la base est :: 10 : à 4 et à 5. Il n'y pas de clivages bien distincts (1). Pes. spéc., 3,27. Rayant le feldspath ; rayée par la topaze. Tissu compacte. Cassure conchoïde à petites cavités, souvent inégale, à grains fins, passant à la cassure écailleuse. Éclat vitreux passant à l'éclat gras. Couleur : le plus souvent d'un brun-violet, brun de foie, gris, verdâtre, jaune clair ou blanchâtre. Frappée avec le briquet, étincelle et émet une odeur semblable à celle de la

____

(1) Nous avons adopté provisoirement la forme décrite par Haüy, pour faciliter l'étude des figures, malgré que la forme dominante dans les espèces, qui est celle d'un prisme rhomboïdal oblique, rendît l'adoption de ce système cristallin plus naturel. Aussi, M. de Léonhard a-t-il pris pour noyau hypothétique un prisme rhomboïdal oblique dont les pans sont inclinés entre eux de 116° 54' et 63° 6', et la base sur l'un des pans, de 135° et sur l'autre de 140° 11'. M. Beudant adopte un prisme oblique à base parallélogramme obliquangle, dont les pans inclinés entre eux de 135° 10', et 44° 5o', sont les faces P et r de Haüy.

pierre à fusil. Quelques cristaux acquièrent par la chaleur l'électricité polaire.

Inaltérable dans les acides.

Au chalumeau, seule sur le charbon, facilement fusible avec boursoufflement en verre d'un vert sombre qui noircit à la flamme extérieure. — Avec le borax, se dissout en verre verdâtre qui, à la flamme extérieure, prend une teinte d'améthyste impure. — Avec le sel de phosphore, se décompose en laissant un squelette de silice, et donnant un verre transparent qui devient opalin par le refroidissement. — Avec la soude, verdit d'abord, puis fond ensuite en un verre noir dont l'éclat est presque métallique (Berzélius). — Avec le mélange de fluate de chaux et de bisulfate de potasse, colore un instant la flamme en vert, ce qui indique la présence de l'acide borique. (Turner.)

ESPÈCES.

1re Espèc. AXINITE ÉQUIVALENTE (*Ascianites hexaedroides*). Signe des faces, P *r u s*. Prisme quadrangulaire oblique, dans lequel l'arête obtuse du prisme est remplacée par une face *s* produite, en vertu d'une modification, par une seule face sur l'angle inférieur de la base du noyau. Les faces *r u* du prisme, proviennent d'une modification par une face, l'une (*r*) sur l'arête gauche inférieure, et l'autre (*n*) sur l'arête droite inférieure de la base du noyau. Inclinaison de P sur *r*, 135°; de P sur *s*, 150° 7; de P sur *u*, 140° 11'; de *r* sur *u*, 116° 4'. De l'*Armentières* (Dauphiné). (Lucas, Collection du Muséum).

2e. AXINITE AMPHIHEXAÈDRE. (*Ascianites amphihexaedra*). Signe des faces, P *r u s x*. L'*équivalente* ayant l'une des deux arêtes qui sépare la base P de la face *s*, remplacée par une petite facette trapézoïdale *x* produite, en vertu d'une modification, par une face sur l'angle inférieur de la base du noyau. Inclinaison de P sur *x*, 136° 14'; de *x* sur *s*, 166° 7'. Des *Pyrénées* et de *Barbarie*. (Lucas, Collection du Muséum.)

Var. *a. Comprimée.* Amincie entre deux faces opposées du prisme; ce qui rétrécit sensiblement la base, et les deux autres faces du prisme.

3e. AXINITE SOUS - DOUBLE (*Ascianites semi - marginata*). Signe des faces, P *r u s l*. L'*équivalente* ayant l'arête inférieure droite de la base remplacée par une face *l*, provenant d'une modification, par une seule face sur l'arête analogue du noyau. Inclinaison de P sur *l*, 153° 26'. Du bourg d'Oisans (Dauphiné). (Lucas, Collection du Muséum.)

4e. AXINITE SOUSTRACTIVE (*Ascianites inversa*). Signe des faces, P *r u s z*. L'*équivalente* ayant l'arête supérieure droite de la base remplacée par une face *z*, produite en vertu d'une modification par une face sur l'arête analogue du noyau. Inclinaison de P sur *z*, 116° 34'; de *r* sur *z*, 161° 34'.

5e. AXINITE ÉMOUSSÉE (*Ascianites obtusata*). Signe des faces, P *r u s x o*. L'*amphihexaèdre* ayant, entre la facette *x* et la base, une petite facette triangulaire *o*, provenant d'une modification par une seule face sur l'angle supérieur de la base du noyau. Inclinaison de P sur *o*, 105° 57'. De l'*Armentières* (Dauphiné). (Lucas, Coll. du Mus.)

ANNOTATION.

Pour une monographie de ce genre, il faudrait consulter l'indication des dix espèces représentées dans la pl. XIII, fig. 1 à 10 du 2e vol. du Traité de M. Beudant, et les mesures d'angles correspondantes, *Ibid.*, p. 163.

MODE DE GROUPEMENT DES INDIVIDUS MOLÉCULAIRES DE CE GENRE.

En masses composées de lames superposées. De *Thum* (en Saxe).

ALTÉRATION DES CRISTAUX PRODUITE PAR UN MÉLANGE ACCIDENTEL.

Les cristaux d'axinite sont quelquefois pénétrés de chlorite, au point d'avoir perdu leur translucidité, et d'avoir pris une couleur verte. Ce mélange a quelquefois influé sur leur forme en changeant l'étendue relative de leurs faces.

Appendice à la famille des Gemmoïdes.
SAPHIRIN. (Giesecke et Stromeyer.)

ANALYSE PAR STROMEYER.

Silice.	14,507
Alumine.	63,106
Magnésie.	16,848
Chaux.	0,379
Protoxyde de fer.	3,924
Oxyde de manganèse.	0,528
Eau et perte.	0,492
	——————
	99,784

Signe minéralogique de M. Berzélius : $\left.\begin{array}{c}M\\f\end{array}\right\}$ $S+SA$;
de M. Beudant : $AS+ (M, C, f)\, A^3$.

Ne s'est encore présenté qu'en groupemens d'individus moléculaires, sous ferme de lames cristallines. Ces masses ont le tissu
feuilleté. Raye le quartz; rayé par la topaze. Pes. spéc., 3,42. Éclat
vitreux. Transparent. Couleur : bleu de saphir passant au gris verdâtre et au vert noirâtre.

Au chalumeau, infusible, tant seul qu'avec le borax.

Trouvé par M. Giesecke, au *Groënland*.

FIBROLITE. (Bournon.)

ANALYSES PAR CHENEVIX.

	Du Carnate.	De la Chine.
Silice.	38,00	33
Alumine.	58,25	46
Oxyde de fer.	0,75	13
	97,00	92

Forme primitive : prisme rhomboïdal de 120° et 60°, suivant
Haüy, de 100°, et de 80°, suivant M. Beudant. Raye le quartz.
Pes. spéc., 3,21. Cassure conchoïde. Phosphorescent, avec une
lueur d'un rouge sombre, par le frottement. Couleur blanche ou
verdâtre.

Infusible au chalumeau.

On ne connaît de ce genre, que des individus plus ou moins altérés dans leur forme, et groupés en masses fibreuses. Au *Carnate*
(Indes orientales), et à la *Chine*. Accompagnant le corindon et
quelquefois le molybdène sulfuré.

UWAROWITE. (Hess.)

Cristaux en dodécaèdres rhomboïdaux très petits ; d'un vert
d'émeraude ; transparent. Rayant le quartz. Plus durs que les
grenats.

Dans le matras, ne donnent pas d'eau et ne changent pas de couleur. Infusibles et inaltérables au chalumeau sans addition. Donnant avec le borax, un verre d'un vert de chrôme; avec la soude faisant effervescence et produisant une frite verte. Accompagne le Fer chromé ou Sidérite chromifère. A *Wissersk* dans les monts Ourals. C'est peut-être un grenat chromifère?

SOMMERVILLITE de M. Brooke.

A les plus grands rapports de forme avec l'idocrase; et la figure qu'en a donnée ce minéralogiste, se rapporte complétement à celle de l'*Idocrase soustractive*. Les caractères qui la distinguent, suivant M. Brooke, de l'Idocrase, sont : 1° d'être divisible parallèlement aux bases, et point, ou seulement imparfaitement, parallèlement aux pans du prisme; 2° d'être moins dure; 3° de décrépiter au chalumeau et de fondre plus difficilement en verre grisâtre; 4° de donner avec le borax, au feu de réduction, un verre incolore; 5$_0$ une couleur d'un jaune très pâle. Elle se trouve au Vésuve, mélangée avec du mica noir. (Voy. *Annals of philosophy*, N. S., T. VII, p. 316, et *Quarterly Journal of Sciences*, T. XVI, p. 276.

N. B. Aucun des caractères distinctifs énoncés ci-dessus, ne nous semble suffisant pour établir un nouveau genre; puisque des mélanges accidentels et des altérations fortuites peuvent faire varier ainsi des Idocrases.

FORSTÉRITE. (Lévy.)

Minéral ayant pour forme primitive un prisme rhomboïdal droit, dont les pans sont inclinés entre eux de 128° 54' et 51° 6'; dans lequel le côté de la base est à la hauteur à peu près : : 4 : 7. Clivable aisément parallèlement à la base. Brillant, translucide, incolore. Rayant le quartz. Composé, d'après l'essai qualitatif de M. Children, de silice et de magnésie.

Ce minéral s'est présenté en petits cristaux associés avec des pléonastes et des pyroxènes vert-olives, au Vésuve. La seule forme qu'ils aient offerte est indiquée par le signe des faces, P M g b. P étant la base, l'arête aiguë du prisme étant modifiée par une face g parallèle à l'axe, et les quatre arêtes du contour des bases modifiées chacune par une face b oblique à l'axe, les faces M du prisme primitif complètent cet ensemble de faces. Inclinaison de *b* sur P, 126° 6'; de *b* sur *g*, 110° 23'; de *b* sur M, 107" 48'. (Lévy. V. *Annals of philosophy*, N. S. T. 7, p. 61.)

SILLIMANITE. (Bowen.)

(*Jour. of Nat. Sc. of Philadelphia*, avril 1824). Silicate d'alumine mêlé d'oxyde de fer.

ANALYSE.

Silice.	42,666
Alumine.	54,111
Oxyde de fer.	1,999
Eau.	0,510
	99,286

Forme primitive : prisme oblique rhomboïdal d'environ 106° 30" et 73° 30'; la base est inclinée sur l'axe de 113°. Divisible seulement dans un sens parallèle à la grande diagonale. Raye le quartz. Pes. spéc., 3,410.

Infusible au chalumeau, même avec le borax. Trouvé aux *États-Unis de l'Amérique* à Saybrook (Connecticut) dans un filon de quartz traversant le gneiss. La couleur de la Sillimanite est d'un gris mêlé de brun. Ce minéral paraît ressembler beaucoup à l'Anthophyllite, mais il s'en distinguerait par sa dureté. Un nouvel examen est nécessaire pour savoir si ce caractère a été bien observé. Si cet examen et les nouvelles analyses confirmaient les rapports observés avec l'Anthophyllite , la Sillimanite prendrait sa place dans la famille des Amphiboles dont elle paraît avoir la structure.

HUMITE. (Bournon et Phillips.)

Condrodite de Monticelli et Covelli. (*Mineralogia vesuviana.*)

Ce minéral a été décrit comme ayant pour forme primitive un prisme rhomboïdal droit de 120° et 60°. Divisible parallèlement à la petite diagonale de la base. Rayant le feldspath ; rayé par la topaze. Éclat vif et vitreux. Cassure imparfaitement conchoïde. Transparent ou translucide. Couleur jaunâtre ou brun rougeâtre foncé.

Au chalumeau seule, perd sa transparence sans fondre. Avec le borax, donne un verre diaphane. Phillips, dans son *Traité de minéralogie*, signale un grand nombre de variétés de formes, et la figure qui les comprend toutes est répétée dans le *Quarterly, Jour. of Sciences*, T. 1, p. 314.

L'aspect de cette figure, concurremment avec les caractères cités plus haut, doit porter à croire que la *Humite* doit être placée à côté des Péridots; si même elle ne doit pas rentrer dans ce genre. Il est clair que la disparité de forme primitive n'est qu'apparente, puisque le prisme rhomboïdal n'est qu'un dérivé du prisme rectangulaire, noyau du Péridot, et que le clivage parallèle à la petite diagonale de la base dans la Humite est identique avec celui qui est parallèle au pan étroit du prisme dans le Péridot.

Famille des *GADOLINITES*.

Solubles en gelée dans les acides. Rayant le feldspath et même le quartz; rayées par la topaze. Cassure conchoïde. Éclat gras, approchant du vitreux. Tissu compacte ou imparfaitement feuilleté. Pes. spéc., de 3,28 à 4,25. La plupart se boursoufflent et se fondent au chalumeau en bouillonnant.

1ᵉʳ Genre.—GADOLINITE. (*Gadolinites*).

Yttrite, Itterbite, Prismatischer Gadolinit (Mohs).

Combinaison de silice, d'yttria, et d'oxydes de cérium et de fer, ou silicate d'yttria dominant, avec sous-silicates d'oxydes de cérium et de fer; quelquefois mélangé de silicates de chaux, de glucine et de manganèse.

Signe minéralogique de M. Berzélius pour la Gadolinite d'Ytterby : $c\,e^2\,S + f^2\,S + 4\,YS$.

Pour la Gadolinite du Korarfoet.

$$\begin{cases} YS, CS^2, mnS, \\ fS,\ GS,\ ceS. \end{cases}$$

ANALYSES DES GADOLINITES.

	D'Ytterby.		De Fimbo.	Du Korarfoet.
	Klaproth.	Ekeberg.	Berzélius.	Berzélius.
Silice.	21,25	23,0	25,80	29,18
Yttria.	59,75	55,5	45,00	47,30
Oxyde de fer.	17,50	16,5	11,43	8,00
Oxyde de manganèse.	0,00	0,0	0,00	1,30
Glucine.	0,00	4,5	0,00	2,00
Chaux.	2,00	0,0	0,00	0,00
Oxydule de cérium.	0,00	0,0	17,92	3,40
Potasse.	0,00	0,0	0,00	3,15
Eau.	0,50	0,0	0,00	5,20
	101,00	99,5	100,15	99,53

Forme primitive : prisme oblique rhomboïdal, dont les pans sont inclinés entre eux de 109° 28" et 70° 32', selon Haüy (d'environ 115° et 65°, suivant Phillips). Pes. spéc., 4,23. Raye le feldspath, quelquefois même faiblement le quartz ; rayées par la topaze. Cassure granuleuse, ou écailleuse, ou conchoïde. Tissu compacte. Éclat gras passant à l'éclat vitreux. Couleur : noire plus ou moins foncée, quelquefois jaunâtre, rougeâtre ou verdâtre. Translucide seulement sur les bords minces. Quelques échantillons attirent l'aiguille aimantée.

La poussière perd sa couleur dans l'acide muriatique chauffé et s'y réduit en gelée.

N. B. D'après ce qui précède, on voit que nous ne connaissons pas encore des individus de ce genre approchant de l'état de pureté. Les masses formées par le groupement d'individus moléculaires qui ont été soumises à l'analyse, ont présenté d'assez notables différences dans la proportion de leurs élémens. La même diversité se retrouve dans l'action du chalumeau. Il en existe aussi dans la cassure. Il est donc possible que l'on ait réuni, sous le nom de Gadolinite, des minéraux appartenant à des genres différens ; ou du moins qu'il devienne un jour nécessaire de sous-diviser ce genre en sous-genres distincts, comme nous l'avons fait pour les Grenats et les Tourmalines.

Au chalumeau , dans le matras, la *gadolinite du Korarf* à cassure granuleuse et jaune, donne un peu d'eau. La *gadolinite vitreuse*, d'*Ytterby*, *Broddbo* et *Fimbo* ne donne point d'humidité. La *gad. écailleuse* des mêmes localités en dégage un peu. Seule sur le charbon, la *gad. du Korarf* blanchit, et à un feu vif fond sans boursoufflement en verre opaque, gris de perle, sombre ou rougeâtre ; la *gad. vitreuse* d'*Ytterby*, etc., brille comme si elle prenait feu, se dilate, se feudille, devient d'un gris clair et ne fond pas, mais noircit dans ses parties les plus minces. La *gad. écailleuse* des mêmes lieux, se boursouffle, se ramifie en choufleur et blanchit ; rarement elle brille comme la précédente. — Avec le sel de phosphore, la *gad. du Korarf* se dissout, sauf un squelette de silice, et donne un verre presque incolore, qui devient opalin par le refroidissement. Toutes les *gadolinites* d'*Ytterby*, *Broddbo* et *Fimbo* se dissolvent avec une extrême difficulté ; le verre prend une teinture de fer et le fragment s'arrondit sur les bords, mais reste blanc et opaque, en sorte que la silice n'est point séparée. — Avec le borax, la *gad. du Korarf* se dissout aisément en verre diaphane, très faiblement coloré par le fer. La perle vitreuse, lorsqu'elle est saturée, devient opaque et cristallise en refroidissant, et prend une couleur grise, rougeâtre ou verdâtre. Toutes les *gadolinites* de *Broddbo*, *Fimbo* et *Ytterby* se dissolvent aisément en verre sombre fortement coloré par le fer, lequel devient, au feu de réduction, d'un vert-bouteille foncé. — Avec la soude, la *gad. du Korarf* fond lentement en scorie d'un rouge-gris. Sur la feuille de platine donne la couleur verte du manganèse. Les *gad.* d'*Ytterby*, etc., ne donnent pas la couleur verte sur la feuille de platine. Sur le charbon, la *gad. vitreuse* se convertit en scorie demi-fondue, d'un brun-rouge. La *gad. écailleuse* se résout en boule si la dose de soude n'est pas trop forte. (Berzélius.)

ESPÈCE UNIQUE.

GADOLINITE SEXDÉCIMALE (*Gadolinites sexdecimalis*). Signe des faces, M *u r l s*.

Un prisme à dix pans, dont quatre primitifs M et les six autres *u r* sont produits sur l'arête aiguë du prisme primitif, les uns (*r*) en vertu d'une modification par une face, les autres (*u*) par deux faces. Sommet à trois faces parallèles *l s*. Les deux latérales *l* sont le produit d'une modification par une face sur les deux arêtes supérieures de la base. La facette du milieu provient d'une modification par une face sur l'angle inférieur de la base. Inclinaison de M sur M, 109° 28'; de M sur *u*, 160° 32'; de M sur *l*, 143° 12'; de *l* sur *s*, 161° 4'; de *r* sur *u*, 144° 44'. D'*Ytterby* en *Suède*. (Haüy.)

MODE DE GROUPEMENT DES INDIVIDUS MOLÉCULAIRES DE CE GENRE.

En masses amorphes. A *Ytterby*, *Broddbo*, *Fimbo* et *Korarfvet* en Suède.

2° Genre.— ORTHITE. (*Orthites*.) Berzélius.

Combinaison et mélanges de silice, d'alumine, de protoxydes de cérium et de fer, de chaux, d'yttria, d'oxyde de manganèse et d'une petite quantité d'eau, probablement hygrométrique, ou faisant partie d'un hydrate accidentellement et mécaniquement mélangé. La composition atomique de ce minéral, qu'on n'a pas encore trouvé dans un état de pureté, est encore indéterminée.

ANALYSES DES ORTHITES, PAR BERZÉLIUS.

	de Fimbo.	de Gottliebsgang.
Silice.	36,25	52,00
Chaux.	4,89	7,84
Alumine.	14,00	14,80
Protoxyde de cérium.	17,39	19,44
Protoxyde de fer.	11,42	12,44
Oxyde de manganèse.	1,36	3,40
Yttria.	3,80	3,44
Eau.	8,70	5,36
	97,81	98,72

Forme primitive non déterminée : les cristaux incomplets qui se sont seuls présentés jusqu'à présent, offrent la forme de très longs prismes rectangulaires ou rhomboïdaux, très étroits et non terminés, sans clivages appréciables. Raye le quartz faiblement. Poussière d'un gris brunâtre. Pes. spéc., 3,28. Tissu compacte. Cassure conchoïde à petites cavités. Couleur d'un gris de cendre. La décomposition change cette couleur en brun et rend les surfaces mattes.

Dans les acides chauffés, se résout en gelée.

Au chalumeau, seule dans le matras, dégage de l'eau (probablement hygrométrique) et prend à une température élevée une couleur plus claire. Sur le charbon, se boursoufle, devient jaune-brun
et se fond avec un vif bouillonnement en verre noir bulleux. Avec
le borax, se dissout aisément en verre, qui est rouge sanguin quand
il est chaud et jaune après le refroidissement. Au feu de réduction
prend une teinture vert sombre. Dans le sel de phosphore, se décompose, laisse un squelette de silice et donne un vert incolore
qui devient opalin par le refroidissement. Avec la soude, se tuméfie;
avec une très petite dose de soude fond ; avec une plus grande, se
gonfle et se change en scorie d'un jaune grisâtre. Sur la feuille de
platine donne quelques traces de la couleur verte due au manganèse.
(Berzélius.)

Point d'espèce connue dans ce genre.

CRISTAUX IMPARFAITS , OU MODE DE GROUPEMENT DES INDIVIDUS
MOLÉCULAIRES DE CE GENRE.

En masses prismatiques, alongées et minces, dans un granit de
Suède et de Norwége.

En grains arrondis dans la même roche.

FAMILLE DES *HAUYNES*.

Réductibles en gelée dans les acides à froid ou à chaud
(il est quelquefois nécessaire que le minéral soit réduit
en poudre pour éprouver cette action des acides , et
quelques-uns même ont besoin d'être calcinés préala-
blement), ou solubles en laissant un résidu siliceux.
Rayant l'apatite ; rayées par le quartz ou même par le
feldspath. Tissu compacte. Cassure conchoïde , passant à l'inégale , et quelquefois inégale. Éclat entre le
vitreux et le gras. Rarement approchant de l'adamantin (dans le *sphène*). Pes. spéc., 2,28 à 3,6. Rarement
de couleur foncée ou noire.

1ᵉʳ Genre. AMPHIGÈNE. (*Amphigenes*.)

Grenats blancs. (Ferber, Faujas, etc.) *Leucite* (de la Méthrie ,
Werner, Karsten et Brochant.) *Petro selce argiloso* (Petrini.) *Tra-
pezoidaler Kuphon Spath* (Mohs).

Combinaison de silice, d'alumine et de potasse ; ou bisilicate d'alumine dominant, combiné avec du bisilicate de potasse. Signe minéralogique de M. Berzélius, $K\,S^2 + 3\,A\,S^2$.

ANALYSES DES AMPHIGÈNES.

	par Klaproth. du Vésuve.	par Arfwedson. d'Albano.	du Vésuve.
Silice.	53,750	54	56,10
Alumine.	24,625	23	23,10
Potasse.	21,350	22	21,15
Oxyde de fer.	0,000	0	0,95
	99,725	99	101,30

Forme primitive : le cube, divisible parallèlement à ses faces et aussi parallèlement à des plans qui interceptent les arêtes, ce qui conduit à une seconde forme primitive, qui est le dodécaèdre rhomboïdal ; mais ces derniers joints sont moins sensibles que les premiers. Pes. spéc., 2,48 à 2,5. Rayant l'apatite ; rayé par le feldspath. Tissu compacte. Cassure conchoïde passant à l'inégale. Éclat vitreux passant à l'éclat gras. Incolore et diaphane dans l'état de pureté, elle est souvent opaque, et devient alors blanche ou d'un gris clair.

Au chalumeau, seul sur le charbon, infusible et inaltérable, même en poudre. (M. Covelli en employant, au lieu du chalumeau mis en jeu par les poumons, un chalumeau activé par de l'air atmosphérique pur, réussit à fondre l'amphigène en verre bulleux). Avec le sel de phosphore, difficilement altérable, même en poudre, soluble cependant en verre diaphane où l'on ne peut apercevoir la partie non dissoute qu'en comprimant la perle liquide entre deux corps froids. Avec le borax, lentement mais abondamment soluble en verre diaphane. Avec la soude, lentement soluble avec effervescence en verre transparent quoique bulleux. Avec la solution de cobalt, donne un beau bleu, mais ne fond pas.

Sa poussière digérée long-temps dans l'acide muriatique, se dissout en laissant un résidu siliceux. Elle colore en vert le sirop de violettes.

AMPHIGÈNE TRAPÉZOIDAL (*Amphigenes trapezoideus*). Signe des faces, *g*. Solide à 24 faces trapézoïdales égales et semblables, produites en vertu d'une modification complète par trois faces correspondantes aux arêtes sur chacun des angles solides du cube primitif. Inclinaison de *g* sur *g*, 131° 48' 36" et 146° 26' 33". De la *Somma* ; du *Vesuve*, etc.

M. Beudant cite encore des dodécaèdres et aussi des trapézoèdres modifiés sur les angles et sur les arêtes , comme des cristaux rares. T. 2, p. 95, et pl. II, fig. 94 et 95.

ALTÉRATIONS DANS LA FORME DES CRISTAUX DE CE GENRE.

Les arêtes et les angles solides étant émoussés, ils prennent la forme de petites masses arrondies.

2ᵉ Genre.—HAUYNE. (*Haüyna*). Neergaard.

Latialite (Gismondi). *Lazulite de la Somma* (Breislak). *Haüyn* (Karsten). *Saphirin* (Nose). *Dodekaedrischer Kuphon Spath* (Mohs).

Combinaison de silice, d'alumine , de chaux , de soude ou de potasse et d'acide sulfurique.

Sa composition atomique n'est pas encore bien connue.

ANALYSES DES HAUYNES.

	Par Vauquelin.	De Marino. L. Gmelin.	Du lac de Laach. Bergemann.
Silice.	30,0	35,48	37,00
Alumine.	15,0	18,87	27,50
Chaux.	5,0	12,00	8,14
Potasse.	11,0	15,45	0,00
Soude.	0,0	0,00	12,24
Oxyde de fer.	1,0	1,16	1,15
Oxyde de manganèse.	0,0	0,00	0,50
Acide sulfurique.	0,0	12;39	11,56
Sulfate de chaux.	20,5	0,00	0,00
Hydrogène sulfuré.	trace	0,00	trace
Eau et perte.	17,5?	1,20	1,50
	100,0	96,55	99,59

Forme primitive : le dodécaèdre rhomboïdal. Pesanteur spécifique, 3,53 d'après Haüy, 2,47 d'après Bergemann. Raye l'apatite ; rayée par le quartz. Poussière blanche. Fragile. Tissu compacte. Cassure conchoïde aplatie, passant à l'inégale. Éclat vitreux vif. Couleur bleue, quelquefois verdâtre. Dans l'état de parfaite pureté, incolore, et dans le cas contraire, noire et opaque.

Réductible en gelée blanche et transparente dans les acides chauffés.

Au chalumeau, dans le matras, ne donne point d'eau. Seule sur le charbon, perd sa couleur et fond en un verre bulleux. Dans le sel de phosphore, se décompose avec effervescence, laisse un squelette de silice et donne un verre qui devient opalin par le refroidissement. Avec le borax, soluble avec effervescence en verre diaphane qui jaunit en refroidissant. Le verre saturé devient opaque par le refroidissement. Avec la soude, difficilement attaquée, se transforme en scorie qui n'est vitreuse que dans l'endroit le plus mince et qui, en refroidissant, offre 'a couleur rouge de l'hépar. (Berzélius.)

ESPÈCE UNIQUE.

1re Espèce. HAUYNE PRIMITIVE (*Hauyna dodecaedra*). Signe des faces, P. Le dodécaèdre rhomboïdal. Du *Latium* et d'*Andernach* (Haüy).

MODES DE GROUPEMENT DES INDIVIDUS MOLÉCULAIRES DE CE GENRE.

En petites masses composées de grains arrondis, comme agglutinés. Dans les basaltes des bords du lac de Laach, de l'Auvergne, et dans les roches adventives au pied du Vésuve.

En masses compactes. En Italie, à Albano, Frascati et au Vésuve.

ANNOTATION.

Le minéral trouvé près du lac de Laach, et décrit par M. Rose sous le nom de *Spinellane*, minéral qui a été depuis appelé *Nosian* ou *Nosin*, a été joint par M. de Léonhard, à la Haüyne, dont il ne diffère en effet que par des caractères tout-à-fait peu importans, comme de pouvoir se résoudre en gelée dans les acides, même à froid, d'avoir quelquefois un éclat gras, une pesanteur spécifique seulement de 2,28 et une couleur qui varie du brun au gris cendré et au noir grisâtre. Haüy qui a eu occasion de déterminer un cristal de *Spinellane*, y a reconnu, pour forme dominante, un dodécaèdre rhomboïdal. Mais ce dodécaèdre diffère de celui qui appartient au système tétraédrique : 1° par la mesure de ses angles ; 2° par l'existence de facettes modifiantes interceptant seulement les trois arêtes de deux angles solides triples diamétralement opposés (1), ce qui prouve que ce dodécaèdre est une forme secondaire dérivée d'un rhomboïde qui serait, suivant Haüy, de 117° 23' et 62° 37'. Cette différence dans le système cristallin de la Haüyne et de la Nosine, qui semblerait devoir exclure toute réunion entre ces deux minéraux, s'évanouirait si, comme le pense le célèbre professeur Weiss de Berlin, le dodécaèdre de la Haüyne appartenait aussi au système rhomboédrique. Cette opinion reçoit un haut degré de probabilité par les observations qu'a faites récemment M. Haïdinger sur les formes cristallines de la *Sodalite*, et M. Lévy sur celles de l'*Eudialite*. Ces deux minéraux, qui tiennent de très près à la Haüyne par l'ensemble de leurs caractères, avaient été décrits par Haüy, comme ayant pour noyau le dodécaèdre rhomboïdal du système régulier ; mais les cristaux qu'ont décrits MM. Lévy et Haïdinger, ont démontré que le dodécaèdre dont quelques-uns portent l'empreinte, dérive d'un rhomboïde.

ANALYSES DE LA NOSINE DU LAC DE LAACH.

	Par Klaproth.	Par Bergemann.
Silice.	43,0	38,50
Alumine.	29,5	29,25
Soude.	19,0	16,26
Chaux.	1,5	1,14
Oxydule de fer.	2,0	1,50
Oxyde de manganèse.	0,0	1,00
Acide sulfurique.	1,0	8,16
Eau.	2,5	3,00
	98,5	99,11

(1) Cette forme, que Haüy nomme *sexduodécimale*, est un prisme à 6 pans terminé par des pyramides à 6 faces, dont trois sont des rhombes et 3 des hexagones alongés ; ces 6 faces correspondent aux arêtes du prisme.

3ᵉ Genre.—LAZULITE. (*Lazulus.*) (Scopoli.) [1]

Lapis-lazuli (Romé-de-l'Isle). *Zéolite bleue* et *pierre d'azur* (de Born). *Lazurstein* (Werner et Karsten). *Pierre d'azur* (Brochant). *Lazulite outremer* (Brongniart). *Prismatischer Lazur Spath* (Mohs).

Combinaison de silice, d'alumine, de chaux , de soude, d'oxyde de fer, de magnésie et d'acide sulfurique.

La composition atomique des Lazulites n'est pas encore bien connue. D'après M. Berzélius , ce serait une combinaison de silicates de diverses bases avec des sulfates, de même que la Haüyne et la Nosine.

ANALYSES DES LAZULITES.

	Par Klaproth.	Par Clément et Desormes.	Par L. Gmelin.
Silice.	46,0	35,8	49
Alumine.	14,5	34,8	11
Chaux.	0,0	0,0	16
Chaux carbonatée.	28,0	3,1	0
Chaux sulfatée.	6,5	0,0	0
Acide sulfurique.	0,0	0,0	2
Soufre.	0,0	3,1	0
Soude.	0,0	23,2	8
Oxyde de fer.	3,0	0,0	4
Eau.	2,0	0,0	trace.
	100,0	100,0	90

Forme primitive : le dodécaèdre rhomboïdal, d'après

---

(1) M. de Léonhard a réuni la Lazulite avec la Haüyne, dont elle est en effet très voisine par sa composition et par plusieurs caractères. Mais il n'est pas encore prouvé que ces deux minéraux aient la même forme primitive, puisque , tandis qu'il est probable que la Haüyne appartient au système cristallin rhomboédrique, ainsi que nous l'avons vu plus haut, il paraîtrait, d'après M. Mohs, qu'un prisme droit serait le noyau de la Lazulite. D'ailleurs, ces deux minéraux offrent des différences assez sensibles dans leurs réactions avec les flux au chalumeau. C'est ce qui nous a engagé à suivre l'exemple de Haüy et à maintenir provisoirement la Lazulite dans un genre distinct de la Haüyne.

Haüy (prisme droit non déterminé, d'après M. Mohs).
Pes. spéc., 2,7 à 2,9. Raye l'apatite; rayée par le quartz.
Poussière bleue. Cassure inégale à grains fins passant à
la conchoïde et à l'écailleuse. Tissu compacte. Éclat vitreux faible, opaque ou faiblement translucide sur les
bords minces. Couleur : le bleu d'azur plus ou moins
foncé.

Réductible en gelée dans l'acide muriatique chauffé, mais seulement après une calcination préalable.

Au chalumeau, dans le matras, dégage de l'eau (hygrométrique),
sans changer de couleur ni d'aspect. Sur le charbon, fond difficilement en verre blanc qui d'abord est mêlé de bleu qu'il perd par
une plus longue exposition à la flamme. La partie non fondue devient d'un vert sombre dans le voisinage de la fonte. Quelques
Lazulites se boursoufflent un peu. Avec le sel de phosphore, soluble
avec effervescence : la partie fondue brille d'un éclat plus vif. La
dissolution est complète et sans résidu siliceux. Le verre devient
opaque en se refroidissant. Avec le borax, soluble avec une effervescence soutenue ; la partie qui n'est pas encore fondue brille
d'un éclat plus vif que le verre qui l'environne. Avec la soude,
partiellement soluble en verre opaque, gris verdâtre, qui prend la
couleur rouge de l'hépar en se refroidissant. (Berzélius.)

ESPÈCES.

1re Espèce. Lazulite primitif (*Lazulus dodecaedros*). Signe des
faces, P. Le dodécaèdre rhomboïdal primitif. Inclinaison de P sur
P, 120°. De *Sibérie*. (Haüy.)

2e. Lazulite émarginé (*Lazulus emarginatus*). Signe des faces,
P r. Le dodécaèdre primitif ayant chacune de ses arètes remplacée
par une face r produite, en vertu d'une modification incomplète, par
une seule face sur chacune des arètes du noyau.

MODES DE GROUPEMENT DES INDIVIDUS MOLÉCULAIRES DE CE GENRE.

En masses composées de lamelles entre-croisées. *Aux bords du*
lac Baïkal.

En masses compactes et amorphes. *Du même endroit.*

21.

4ᵉ Genre. — SODALITE. (*Sodalites.*) Thomson.

Dodekaedrischer Kuphon Spath (Mohs).

Combinaison de silice, d'alumine et de soude, avec une petite quantité d'acide muriatique. Suivant M. Berzélius, c'est un silicate d'alumine dominant, combiné avec un bisilicate de soude, dont le signe minéralogique est $NS^2 + 2AS$.

ANALYSES DES SODALITES.

	Du Groënland.		Du Vésuve.	
	Par Thomson.	Eckeberg.	Dunin Borkowski.	Arfwedson.
Silice.	38,52	36,00	44,87	35,99
Alumine.	27,48	32,00	23,75	32,59
Soude.	23,50	25,00	27,50	26,55
Potasse.	trace.	0,00	trace.	0,00
Oxyde de fer.	1,00	0,15	0,12	0,00
Acide muriatique.	3,00	6,75	0,00	5,30
Chaux.	2,10	0,00	0,00	0,00
	95,60	99,90	96,24	100,43

Forme primitive : suivant Haüy, le dodécaèdre rhomboïdal ; suivant les figures données par M. Haïdinger (dans le *Edinb. Phil. Journ.*, t. 13, p. 222 et pl. VI, fig. 3 à 7), ce serait un rhomboïde très rapproché du cube par ses angles et les incidences de ses faces. Les clivages ont lieu parallèlement aux faces du dodécaèdre rhomboïdal. Pes. spéc., 2,37. Raye l'apatite ; rayée par le quartz. Cassure conchoïde passant à l'inégale. Tissu compacte. Éclat vitreux. Couleur : le blanc, blanc grisâtre ou verdâtre, le vert de diverses nuances, et quelquefois le bleu de ciel.

Sa poussière forme gelée dans les acides.

Au chalumeau, dans le matras, la Sodalite du Vésuve ne dégage point d'eau : celle du Groënland en donne sans changer d'aspect, ni perdre sa transparence. Seule, sur le charbon, la Sodalite du Vésuve n'éprouve aucune altération , ou bien , à l'aide d'un feu très vif, elle s'arrondit sur les bords sans boursoufllement et sans perdre sa transparence. Celle du Groënland fond avec un boursoufllement et une ébullition très actifs, en un verre anfractueux et incolore. Avec le sel de phosphore, la S. du Vésuve se dissout difficilement en petite quantité sans se décomposer. Le verre devient opalin par le refroidissement. La Sodalite du Groënland se décompose avec la plus grande difficulté ; les bords de la pièce d'essai deviennent siliceux , et le verre devient opalin en se refroidissant. Avec le borax, toutes les Sodalites se dissolvent très difficilement et en petite quantité , en un verre incolore et transparent. Avec un peu de soude , la Sodalite du Vésuve donne un verre transparent autour d'un noyau intact. Avec plus de soude, le minéral se décompose, se gonfle et devient infusible. Une plus grande quantité de soude fond la masse boursoufllée et produit un verre trouble ou opaque , mais incolore. La Sodalite du Groënland se vitrifie plus difficilement et le verre est opaque. Avec la solution de cobalt, toutes les Sodalites fondent sur les bords où elles se colorent en bleu. (Berzélius.)

ESPÈCES.

Haüy ne décrit qu'une seule espèce qu'il nomme *primitive* , et dont la forme est le dodécaèdre rhomboïdal. Du *Vésuve* et du *Groënland*.

M. Haïdinger, dans le Mémoire cité plus haut , en fait connaître deux autres, dont la première peut être représentée comme un dodécaèdre rhomboïdal, dans lequel les six angles quadruples seraient remplacés chacun par une face rhomboïdale. La seconde aurait en outre toutes les arêtes du dodécaèdre remplacées chacune par une face.

Les cristaux décrits viennent du Vésuve et font partie de la Collection du Muséum d'Édimbourg.

Les deux espèces décrites par M. Haïdinger présentent chacune des groupemens avec pénétration réciproque de deux individus.

MODE DE GROUPEMENT DES INDIVIDUS MOLÉCULAIRES DE CE GENRE.

En masses compactes.

N. B. Voyez aussi les espèces de Sodalite du Vésuve , décrites dans la *Mineralogia vesuviana* de MM. Monticelli et Covelli.

5ᵉ Genre. — EUDIALITE. (*Eudialites.*)

Composé de silice, de soude, de zircone, de chaux d'oxyde de fer
et de manganèse, d'acide muriatique et d'eau hygrométrique. Suivant M. Berzélius , ce serait un silicate des différentes bases ci-
dessus désignées qui sont isomorphes, et il en exprime la composition

par la formule suivante :
$$\left.\begin{array}{c} N \\ f \\ Zr \\ c \\ m\,n \end{array}\right\} S$$

Haüy regardait l'Eudialite comme une Sodalite souillée par un mélange de Zircone. Ce qui donnerait quelque probabilité à cette
opinion , c'est l'état évidemment impur où se trouve ce minéral ,
comme il est aisé de le reconnaître à son défaut de transparence , à
sa cassure écailleuse et à sa couleur : c'est aussi la circonstance que
la Sodalite et le Zircon accompagnent l'Eudialite dans son gisement.

ANALYSE DE L'EUDIALITE DU GROENLAND PAR STROMEYER.

Silice.	53,325
Zircone.	11,102
Chaux.	9,785
Soude.	13,822
Oxyde de fer.	6,754
Oxyde de manganèse.	2,062
Acide muriatique.	1,034
Eau.	1,801
	99,685

Forme primitive : rhomboïde aigu , dans lequel les
faces sont inclinées entre elles de 73° 40' et 108° 20' (1).
Divisible perpendiculairement à l'axe. Pes. spéc., 2,89.

____

(1) D'après M. Lévy (*Edinb. Phil. Journ.*, T. XII, p. 81), Haüy
avait indiqué le dodécaèdre rhomboïdal comme la forme primitive
de l'Eudialite.

Raye l'apatite; rayée par le feldspath. Poussière d'un blanc rougeâtre. Cassure inégale passant à l'écailleuse. Tissu compacte. Éclat faible, intermédiaire entre l'éclat gras et l'éclat vitreux. Translucide seulement sur les bords minces. Couleur: d'un violet rougeâtre ou d'un rouge brunâtre.

La poussière jetée dans les acides se décolore et se réduit en gelée.

De petits fragmens se fondent à la flamme d'une lampe à l'alcool.

Au chalumeau, seule sur le charbon, fusible en perle de verre verte.

ESPÈCES.

M. Lévy décrit, dans l'ouvrage cité plus haut, une forme très compliquée, dans laquelle se trouvent douze faces parallèles à l'axe, une face perpendiculaire à l'axe à chaque sommet, et les faces obliques de quatre rhomboïdes différens. Cette espèce vient du *Groënland*.

MODES DE GROUPEMENT DES INDIVIDUS MOLÉCULAIRES DE CE GENRE.

En masses lamelleuses.
En masses compactes.

6ᵉ Genre. — HELVINE. (*Helvina.*)

Tetraedrischer Granat (Mohs).

Composée de silice, de glucine, d'alumine, de protoxydes de manganèse et de fer, et de sulfure de manganèse?

Sa composition atomique n'est pas encore bien connue.

ANALYSE DE L'HELVINE DE SCHWARTZEMBERG EN SAXE,
PAR C. G. GMELIN.

Silice.	35,271
Glucine.	8,026
Alumine contenant de la glucine.	1,445
Protoxyde de manganèse.	29,344
Protoxyde de fer.	7,990
Sulfure de manganèse.	14,000
	96,076

Forme primitive : tétraèdre régulier. Les clivages conduisent, selon Haüy, au dodécaèdre rhomboïdal qu'il admet comme la forme primitive. Pes. spéc., 3,1. Raye l'apatite; rayée par le quartz. Cassure inégale à petits grains. Tissu compacte. Éclat intermédiaire entre le gras et le vitreux. Opaque ou faiblement translucide. Couleur : jaune passant au vert et au brun.

Digérée dans l'acide muriatique, dégage de l'hydrogène sulfuré et se résout en gelée.

Au chalumeau, dans le matras, donne de l'eau hygrométrique, sans altération dans sa couleur et dans sa transparence. Seule sur le charbon, à la flamme intérieure, fond en bouillonnant et donne une perle opaque jaune. A la flamme extérieure, fond plus difficilement et le minéral se rembrunit. — Avec le sel de phosphore, se décompose et donne avec un résidu siliceux, un verre qui est incolore à froid et à chaud, mais qui devient opalin par refroidissement.—Avec le borax, se dissout lentement en un verre diaphane qui reste jaune même à froid, quand la dissolution n'est pas complète, et, quand elle l'est, qui devient incolore à la flamme intérieure, et améthyste foncé à la flamme extérieure. — Avec la soude, se tuméfie, puis fond aisément en boule de verre noir, qui, au feu de réduction, devient brun châtain. Sur la feuille de platine, se gonfle, se brise et devient brun châtain sans que la soude se colore ; mais à l'aide d'une insufflation prolongée, la masse entière prend une teinture verte de manganèse. (Berzélius.)

ESPÈCES.

1re Espèce. HELVINE PRIMITIVE (*Helvina tetraedra*). Signe des faces, P. Le tétraèdre régulier. De *Schwartzemberg* (en Saxe).

2e. HELVINE ÉPOINTÉE (*Helvina spuntata*). Signe des faces, P *r*. Le tétraèdre régulier ayant tous ses angles solides, remplacés chacun par une face triangulaire. De *Schwartzemberg* (en Saxe).

7e Genre. — NÉPHÉLINE. (*Nephelinus.*)

Schorl blanc du Vésuve (Ferber). *Sommit* (Karsten). *Nephelin.* (Werner). *Rhomboedrischer Feldspath* (Mohs).

Combinaison de silice, d'alumine et de soude, ou silicate d'alumine dominant, combiné avec un silicate de soude. Signe minéralogique de M. Berzélius : $AS + 3AS$.

ANALYSES DES NÉPHÉLINES.

	par M. L. Gmelin. Du Kazzenbuckel.	par M. Arfwedson. Du Vésuve.
Silice.	43,36	44,11
Alumine.	33,49	33,73
Soude.	13,36	20,46
Potasse.	7,13	0,00
Oxydes de manganèse et de fer.	1,50	0,00
Chaux.	0,90	0,00
Eau.	1,39	0,00
	101,13	98,30

Forme primitive : prisme hexaèdre régulier : les joints naturels parallèles aux pans du prisme, ne s'aperçoivent qu'à l'aide d'une vive lumière. Pes. spéc., 3,27 (Haüy), 2,76 (Gmelin). Raye l'apatite; rayée par le quartz. Tissu compacte. Cassure conchoïde. Éclat vitreux passant à l'éclat gras. Incolore ou blanchâtre.

Sa poussière forme gelée dans l'acide muriatique chauffé ; un cristal ou fragment transparent devient nébuleux dans l'acide nitrique à froid.

Au chalumeau, seule sur le charbon, s'arrondit sur les bords sans boursoufflement, et sans se changer en boule, donne un verre bulleux et incolore. Avec le sel de phosphore, soluble sans effervescence et en laissant un squeletté de silice , en verre qui devient opalin par le refroidissement. Avec le borax, soluble lentement et sans effervescence en verre transparent et incolore. Avec la soude se gonfle puis se dissout en verre bulleux et incolore. Avec la solution de cobalt, les bords fondus sont d'un bleu-gris et la partie non fondue d'un gris verdâtre. (Berzélius).

ESPÈCES.

1re Espèce. NÉPHÉLINE PRIMITIVE (*Nephelinus hexaedros*). Signe des faces , M P. Le prisme hexaèdre régulier. Inclinaison de M sur M, 120°; de P sur M, 90°. Du *Vésuve*.

2e. NÉPHÉLINE ANNULAIRE (*Nephelinus annularis*). Signe des faces, P r M. Le prisme hexaèdre régulier dont les arêtes au contour de chaque base, sont remplacées par un rang de facettes obliques à l'axe, produites, en vertu d'une modification incomplète par une face, sur chacune des arrêtes terminales du noyau. Inclinaison de *r* sur P, 151° 53'; de *r* sur M, 118° 7' (1). Du *Vésuve*.

MODE DE GROUPEMENT DES INDIVIDUS MOLÉCULAIRES DE CE GENRE.

En masses grano-lamellaires.

En aiguilles. (*Néphéline aciculaire* de Haüy. *Pseudo-sommite* de M. Fleuriau de Bellevue)?

ANNOTATIONS.

La plupart des minéralogistes sont maintenant d'accord pour réunir aux Néphélines, le minéral nommé *Éléolite*, *Fettstein* ou *Lythrode*, et par Haüy, *Pierre grasse*. Ce minéral, qui ne s'est pas encore présenté sous des formes cristallines, se trouve cependant en groupes d'individus moléculaires, susceptibles de clivage. Haüy lui assignait, pour noyau, un prisme rhomboïdal droit, sous-divisible dans le sens des petites diagonales de ces bases. Ce dernier clivage et ceux qui sont parallèles aux bases étant plus nets que les autres, sembleraient indiquer une impossibilité dans le rapprochement de cette forme avec le prisme hexaèdre de la Néphéline.

Mais la composition de l'Eléolite se rapproche beaucoup de celle de la Néphéline. Elle n'en diffère que par la substitution d'une petite quantité de potasse à une quantité proportionelle de la soude que contient ce dernier minéral. Formule minéralogique de l'Eléolite d'après M. Berzélius : $\left.{N \atop K}\right\} S + {}^3AS.$

ANALYSES DES ÉLÉOLITES.

	Par John.	Par C. G. Gmelin.
Silice.	44,62	44,29
Alumine.	37,36	34,42
Soude.	8,00	16,88
Potasse.	0,00	4,73
Chaux.	2,75	0,52
Oxyde de fer.	1,00 et de manganèse	1,34
Eau.	6,00	0,00
	99,73	102,18

(1) 118°. (Beudant.)

Au chalumeau, seule dans le matras, donne un peu d'eau sans changement dans son aspect ou dans sa transparence; sur le charbon, soluble aisément avec intumescence, en verre bulleux et incolore. Avec le sel de phosphore, se décompose très difficilement, laisse un squelette siliceux, et donne un verre qui devient opalin par le refroidissement. Avec le borax, soluble aisément, hors une portion demi-transparente qui ne se dissout qu'après une insufflation prolongée. Avec la soude, très difficilement et lentement vitrifiable en verre difficile à fondre et à obtenir clair. Avec la solution de cobalt, les bords fondus se colorent en bleu. (Berzélius.)

Sa poussière se résout en gelée verdâtre dans l'acide muriatique à chaud.

Les masses amorphes ou sublamellaires formées par groupement d'individus moléculaires de ce minéral, ont un éclat gras et une couleur, tantôt bleue ou bleue verdâtre, tantôt rouge aurore ou fleur de pêcher, tantôt enfin brunâtre. Elles se trouvent à *Fridrichswarn* et à *Laurwig* en Norwége, ainsi qu'à *Degero* près *Helsingfort* en Finlande.

8e Genre. — MÉIONITE. (*Meionia*.)

Hyacinthe de la Somma (Romé-de-l'Isle). *Hyacinthine de la Somma* (De la Méthrie). *Meionit* (Werner et Karsten). *Pyramidaler Feldspath* en partie (Mohs).

Combinaison de silice, d'alumine et de chaux, ou silicate d'alumine dominant, combiné avec du silicate de chaux, suivant M. Beudant, d'après les analyses de MM. Stromeyer et L. Gmelin. Signe minéralogique de M. Beudant, $2\,A\,S + C\,S$. Ce qui rapprocherait la composition de ce minéral, de celle de l'Épidote Zoïsite.

ANALYSES DES MÉIONITES.

	Du Vésuve.		de Sterzing.
	par M. L. Gmelin.	par M. Stromeyer.	par M. Stromeyer.
Silice.	40,8	40,53	39,92
Alumine.	30,6	32,73	31,97
Chaux.	22,1	24,24	23,86
Soude et potasse.	2,4	1,81	0,89
Oxyde de fer.	1,0	0,18	2,24
Oxyde de manganèse.	0,0	0,00	0,17
Eau.	0,0	0,00	0,95
	96,9	99,49	100,00

Il existe une autre analyse par M. Arfwedson d'un minéral appelé
par lui Méionite dioctaèdre du Vésuve, et qui présente une composition assez différente pour faire supposer que la Méionite de
M. Arfwedson est un minéral *sui generis*. C'est de cette Méionite
que M. Berzélius a donné les caractères pyrognostiques, et dont
il a représenté la composition par le signe $K S^3 + 3 A S^2$. Nous
en reparlerons à la fin de cet article.

Forme primitive : prisme droit à base carrée, dont
la hauteur est au côté de la base, environ comme 4 à 9.
Assez nettement clivable parallèlement aux pans du
prisme. Cassure transversale ondulée ou conchoïde.
Rayant la chaux fluatée et même quelquefois l'apatite;
rayée par le feldspath. Pes. spéc., 2,6. Éclat vitreux assez fort. Transparent ou translucide. Couleur blanche,
d'un gris-blanc, ou incolore.

Réductible en gelée dans les acides.

Au chalumeau, dans le matras, ne donnant pas d'eau. Seule sur
le charbon, fusible avec un bouillonnement considérable en verre
spongieux.

ESPÈCES.

1re Espèce. Méionite dioctaèdre (*Meionia dioctaedra*). Signe des
faces, M *s l*. Un prisme droit symétrique à huit faces, terminé à
chaque sommet par une pyramide à quatre faces, correspondant
aux arêtes latérales du noyau. Combinaison de deux modifications
incomplètes, l'une par une face *s* sur les quatre arêtes latérales
du prisme fondamental produit quatre des pans du prisme (les
quatre autres sont du noyau) ; l'autre par une face *l* sur chacun
des angles plans des bases, produit les sommets. Inclinaison de M sur
s, 135°; de M sur *l*, 111° 49'; de *l* sur *s*, 121° 45; de *l* sur *l*, 136°
22'. Du *Vésuve*. (Lucas, Coll. du Mus.)

2e. Méionite soustractive) *Meionia sedecidodecaedra*). Signe des
faces, M *sxlz*. Prisme à seize pans terminé par des sommets à douze
faces. C'est l'espèce *dioctaèdre* ayant de plus huit faces *x* au prisme,
produites en vertu d'une modification incomplète par deux faces sur
chaque arête latérale du noyau ; et huit facettes *z* obliques au
sommet remplacent les huit arêtes de jonction des faces terminales
l, avec les quatre pans primitifs M, du prisme. Ces facettes *z* pro-

viennent d'une modification incomplète par deux faces, sur chacun des angles solides du noyau. Inclinaison de M sur x, 153° 26'; de x sur s, 161° 34'; de M sur z, 140° 11'; de l sur z, 151° 38'; de x sur z, 150° 18'.

3°. Méionite triplante (*Meionia triplex*). Signe des faces, M s x l z t. L'espèce précédente ayant les arêtes terminales de son sommet pyramidal remplacés chacun par une facette t, provenant d'une modification par une face sur chacune des arêtes terminales du prisme fondamental. Inclinaison de M sur t, 113° 34'; de l sur t, 158° 11'.

M. Beudant indique encore d'autres formes, comme la *primitive*, et des prismes à huit et à douze pans terminés par une face perpendiculaire à l'axe et par conséquent sans sommets pyramidaux. (*Voyez Traité élém. de Minér.* T. 2, p. 73 et Pl. III, Fig. 1 à 3.)

MODE DE GROUPEMENT DES INDIVIDUS ALTÉRÉS OU DÉFORMÉS.

En masses baccillaires où les prismes adhèrent par leurs faces latérales.

MODE DE GROUPEMENT DES INDIVIDUS MOLÉCULAIRES DE CE GENRE.

En masses compactes, fendillées ou granuliformes.

ANNOTATION.

Plusieurs minéralogistes, entre autres MM. Mohs et de Léonhard, ont réuni les Méionites avec les Wernerites à cause des ressemblances de forme et de composition qui existent entre ces minéraux. Cependant, comme l'identité de forme et celle de composition ne sont pourtant pas complètes, et comme les Méionites forment gelée avec les acides, tandis que les Wernerites sont très difficilement attaquables par eux, nous continuerons aussi à les regarder comme deux genres différens. Ce dernier caractère indique la place des Méionites dans la famille des Haüynes.

Quant à la *Méionite dioctaèdre* du Vésuve de M. Arfwedson et de M. Berzélius, nous rappellerons ici l'analyse et les caractères pyrognostiques de ce minéral, les seuls qui nous soient connus. Il contient, d'après M. Arfwedson,

Silice.	58,70
Alumine.	19,95
Potasse.	21,40
Chaux.	1,35
Oxyde de fer.	0,40
	01,80

Signe minéralogique de M. Berzélius, $KS^3 + 3AS^?$.

Au chalumeau, seule, fond avec bouillonnement en verre bulleux et incolore. Dans le borax, se dissout lentement et avec effervescence en verre transparent. Dans le sel de phosphore, fait effervescence et donne un résidu siliceux et un verre qui devient opalin par le refroidissement. Avec une forte dose de soude, se dissout lentement et avec fort boursoufflement, et donne un verre transparent. Avec la solution de cobalt, ne fond qu'au bord où elle se colore en bleu. (Berzélius.)

9ᵉ Genre. — MELLILITE. (*Melilithus*.)

Combinaison de silice, de chaux, de magnésie, d'oxydes de fer, de manganèse et de titane, et d'alumine, d'après l'analyse suivante de Carpi.

Sa composition atomique n'est pas encore connue.

ANALYSES DE LA MELLILITE DE CAPO DI BOVE, PRÈS ROME, PAR CARPI.

Silice.	38,0
Chaux.	19,6
Magnésie.	19,4
Alumine.	2,9
Oxyde de fer.	12,1
Oxyde de manganèse.	2,0
Oxyde de titane.	4,0
	————
	98,0

Forme primitive : octaèdre rectangulaire. Raye l'apatite. Tissu compacte. Opaque. Couleur d'un jaune pâle ou orangé.

Au chalumeau, seule sur le charbon, se fond avec boursoufflement en verre transparent. Sa poussière mise dans l'acide nitrique forme une gelée transparente; les fragmens y perdent leur couleur, deviennent poreux et plus difficiles à fondre.

N. B. La petitesse des cristaux a jusques à présent empêché d'étudier plus complétement les caractères de ce minéral, ainsi que de déterminer avec assez d'exactitude les dimensions du noyau et les inclinaisons des faces primitives et secondaires.

ESPÈCES.

1re Espèce. Mellilite primitive (*Melilithus octaedroides*). Signe des faces, M P. L'octaèdre rectangulaire. De *Capo di Bove près de Rome.*

2e. Mellilite rectangulaire (*Melilithus pseudo-cubicus*). Signe des faces, *r d t.* Un prisme droit à base rectangulaire, produit par une combinaison de trois modifications, chacune par une face, sur les arêtes de la base commune des deux pyramides et sur les angles solides terminaux de la forme primitive. Cette combinaison intercepte entièrement le noyau. De *Capo di Bove près de Rome.*

10e Genre. — GEHLÉNITE. (*Gelenites.*)

Stylobat.

Combinaison de silice, de chaux, d'alumine et d'oxyde de fer; ou silicate de chaux dominant, combiné avec des sous-silicates d'alumine et d'oxyde de fer. Signe minéralogique de M. Berzélius :

$$2\, CS + \left.\begin{array}{c} A^2 \\ F^2 \end{array}\right\} S.$$

Ce minéral étant toujours presque entièrement opaque, de couleurs foncées, paraît être éloigné de l'état de pureté et doit être évidemment souillé par des mélanges accidentels, par conséquent sa composition chimique ne peut pas être regardée comme définitivement déterminée.

ANALYSES DE LA GEHLÉNITE DU TYROL.

	Par Fuchs.	Par Clarke.
Silice.	29,64	29,50
Chaux.	35,30	27,55
Alumine.	24,80	14,50
Oxyde de fer.	6,56	12,20
Magnésie.	0,00	0,25
Soude et perte.	0,00	10,00
Eau.	3,30	6,00
	99,60	100,00

Forme primitive : prisme droit rectangulaire dont les côtés de la base sont entre eux à peu près : : 4 : 5. Les joints naturels sont parallèles aux faces, et les plus apparens sont ceux qui sont parallèles aux bases. Sous-divisible parallèlement aux diagonales des bases par des plans inclinés de 129° et de 141° sur les pans du prisme. Pes. spéc., 2,98 à 3,02. Raye l'apatite ; rayée par le quartz. Poussière blanche. Tissu compacte. Cassure conchoïde passant à l'inégale et à l'écailleuse. Éclat faible, intermédiaire entre l'éclat vitreux et l'éclat gras. Opaque ou seulement faiblement translucide sur les bords. Couleur d'un gris foncé presque noir passant au brun et au blanchâtre.

Au chalumeau, seule sur le charbon, inaltérable. Avec le borax, très difficilement soluble en verre faiblement coloré par le fer. Avec le sel de phosphore, devient peu à peu transparente sur les bords, et se dissout en totalité, sans tuméfaction préalable. Avec la soude se gonfle, mais ne fond pas. Avec la solution de cobalt, donne un bleu sombre et impur. (Berzélius.)

ESPÈCE UNIQUE.

GEHLÉNITE PRIMITIVE (*Gelenites prismaticus*). Signe des faces, P M T. Le prisme droit rectangulaire décrit plus haut. De la *vallée de Fassa* (*Tyrol*). Quelquefois les cristaux sont isolés, et alors un commencement de décomposition donne à leur surface un aspect terreux et une couleur jaune. Le plus souvent ils sont entièrement enveloppés dans la chaux carbonatée.

11ᵉ Genre. — SPHÈNE. (*Sphenis.*)

Titane calcaréo-siliceux ou *silicéo-calcaire* (Haüy). *Titanit* (Klaproth et Reuss). *Menak* et *Menakerz* (Werner). *Semeline* (Fleuriau de Bellevue). *Nigrine* (Brochant). *Spinelline* (Nose). *Pictite* (De la Méthrie et Soret). *Prismatisches Titan Erz* (Mohs).

Combinaison de silice, d'oxyde de titane et de chaux, ou titanate de chaux combiné avec un silicate de chaux. Signe minéralogique de M. Berzélius, $CT^6 + CS^6$.

ANALYSES DES SPHÈNES.

	De Passau. Par Klaproth.	De Felberthal. Par Klaproth.	Du St.-Gothard. Par Cordier.
Silice.	35	36	28,0
Oxyde de titane.	33	46	33,3
Chaux.	33	16	32,2
Eau.	0	1	0,0
	101	99	93,5

Forme primitive : prisme oblique rhomboïdal, dont les pans sont inclinés entre eux de 133° 48' et 46° 12', et la base est inclinée de 94° 58' sur une des faces du prisme (1). Les clivages parallèles aux pans du prisme sont les plus nets. Ce prisme est aussi sous-divisible parallèlement aux faces d'un octaèdre rhomboïdal oblique inscrit. (Haüy avait adopté un octaèdre rhomboïdal droit, comme forme primitive ; M. G. Rose y a substitué le prisme oblique.) Pes. spéc., 3,49 à 3,6. Raye l'apatite; rayé par le feldspath. Cassure imparfaitement conchoïde passant à l'inégale à grain fin. Tissu sublamellaire ou compacte. Éclat vif intermédiaire entre l'éclat adamantin et l'éclat gras. Couleur : le brun, le rouge hyacinthe, le jaune ou le vert. Quelquefois plusieurs de ces nuances se trouvent à la fois sur le même cristal.

Les fragmens exposés à la chaleur émettent une vive phosphorescence de couleur blanche. Plusieurs cristaux sont électriques par la chaleur et dérogent à la loi de symétrie dans la disposition de leurs faces. Soluble dans l'acide muriatique chauffé, en laissant un résidu siliceux.

Au chalumeau, seul dans le matras, donne un peu d'eau hygrométrique, sans perdre sa transparence ; le sphène brun devient jaune. Sur le charbon, fond sur les bords, avec une légère tuméfaction, en verre sombre. La portion non fondue reste jaune et demi-transparente. Avec le borax, soluble en verre diaphane et jaune clair. Avec le sel de phosphore, difficilement soluble en verre qui, après une longue insufflation, devient opalin par le refroidissement. Au feu de réduction, ce verre prend la couleur améthyste caractéristique du titane. La partie non fondue devient blanc de lait. Avec la soude, soluble en verre opaque. (Berzélius.)

---

(1) M. Beudant adopte, pour forme primitive, un prisme rhomboïdal droit de 133° 30' et de 46° 30', dont la base est inclinée sur les pans, d'environ 121° 55'.

II. 22

Nous indiquerons ici briévement quelques espèces de sphènes qui
peuvent être regardées comme des types entre les diverses variétés de
forme que présente ce genre très nombreux en espèces, renvoyant
pour une connaissance plus approfondie de ces espèces, ainsi que
pour toutes celles que nous ne décrirons pas, au Mémoire de M. Soret
sur le *Pictite* (*Bibl. univers. Scienc. et Arts*, février 1822), et au beau
et grand travail cristallographique de M. Gustave Rose (*de Sphenis
atque Titanitæ systemate cristallino*, Berlin 1820). Comme on doit à
ce savant la rectification des descriptions de Haüy et la découverte de la véritable forme primitive du sphène, nous donnerons
ses signes des faces et ses déterminations d'angles, tout en conservant les noms de Haüy.

ESPÈCES.

1re Espèce. SPHÈNE DITÉTRAÈDRE (*Sphenis ditetraedra*). Signe des
faces, P *n* y (G. Rose, fig. 30). Un prisme rhomboïdal *n* terminé par
des sommets dièdres formés de deux faces triangulaires P et γ, différentes et différemment inclinées sur chacune des arêtes obtuses
du prisme. Cette forme peut être considérée aussi comme un octaèdre rectangulaire, cunéiforme, irrégulier. Inclinaison de *n* sur *n*,
136° 6' et 43° 54'; de P sur γ, 60° 27'; de P sur l'arête obtuse du
prisme, 151° 53'; de γ sur l'arête obtuse du prisme, 147° 40'; de P
sur *n*, 144° 53'; de γ sur *n*, 141° 35'. Cette espèce, qui se trouve à
Arendal en Norwége et à *Passau*, est le type des espèces diverses de
ces deux localités.

2e. SPHÈNE QUADRI-OCTONAL (*Sphenis quadri-octonalis*). Signe des
faces, *n* P *r* y. (*Voyez* G. Rose, fig. 34.) Prisme rhomboïdal *n*,
ayant trois faces *r* et P à la partie antérieure du sommet supérieur
et une y à la partie postérieure de ce même sommet. Inclinaison
de *r* sur P, 146° 45'; de *r* sur y, 114° 22'; de *r* sur *n*, 152° 47'.

Cette espèce est le type de celles qui se trouvent au lac de Laach,
en Misnie et en Bohême.

3e. SPHÈNE PSEUDO-PRISMATIQUE (*Sphenis pseudo-prismatica*).
Signe des faces, P y *x s*. (*Voyez* G. Rose, fig. 28.) Un prisme oblique très surbaissé à six pans fort inégaux *s* et γ, terminé par un
sommet à deux faces *x* P, également très inégales.

Var. *a*. *Fusiforme*. Alongé dans un sens perpendiculaire à l'axe.

Var. *b*. *tabulaire*. Aplati de manière à paraître une table rectangulaire très mince. Inclinaison de *s* sur *s*, 112° 14'; de *s* sur y,
125° 53'. Cette espèce est le type de celles qui sont le plus fré-
quentes au Saint-Gothard.

4ᵉ. Sphène quadri-duodécimal (*Sphenis quadri-duodecimalis*). (*Voyez* Soret sur le *Pictite,* fig. 5.) Prisme rhomboïdal de 115° 42' et 64° 18'. Sommets à six faces, dont quatre sur la partie antérieure et deux sur la partie postérieure du sommet supérieur.

Cette espèce peut être regardée comme le type des espèces qui se trouvent au glacier du Taléfre, vallée de Chamouni, et dans la vallée de Binden en Valais. Espèces décrites par M. Soret sous le nom de *Pictite* : ce sont les *Rayonnantes en burin* de de Saussure.

MODES DE GROUPEMENT DES INDIVIDUS DE CE GENRE.

Deux cristaux accolés ensemble et se pénétrant réciproquement dans le sens parallèle à l'axe, laissent entre eux un angle rentrant semblable à une gouttière. C'est la *rayonnante en gouttière* de de Saussure, et le *titane silicéo-calcaire canaliculé* de Haüy.

Un assemblage de trois cristaux, se pénétrant réciproquement dans un sens parallèle à l'axe de chacun, forme une espèce de croix. C'est le *titane silicéo-calcaire cruciforme* de Haüy. Ces deux modes de groupemens sont fréquens dans les cristaux de Sphène du Saint-Gothard.

12ᵉ Genre. — ANORTHITE. (*Anorthites.*) G. Rose.

Anorthotomer Feldspath (Mohs). *Christianite* de MM. Monticell et Covelli?

Combinaison de silice, d'alumine, de chaux, de magnésie et d'oxyde de fer, ou silicate d'alumine dominant, combiné avec du silicate de chaux et du silicate de magnésie. Une petite portion du silicate d'alumine est remplacée par du silicate de fer.

Formule minéralogique de M. Gustave Rose :

$$M S + 2 C S + 8 \left\{ \begin{matrix} A \\ F \end{matrix} \right\} S$$

ANALYSE DE L'ANORTHITE DU VÉSUVE, PAR G. ROSE.

Silice.	44,49
Alumine.	34,46
Chaux.	15,68
Magnésie.	5,26
Oxyde de fer.	0,74
	100,63

(1) *Voyez* Gilbert, *Annalen der Physik,* tom. 73, p. 173, et *Annals of philosophy. New series* tom. 7, p. 57.

22.

M. Gust. Rose ne garantit pas la parfaite exactitude de cette analyse , non plus que celle de la formule minéralogique qu'il en déduit, à cause de la petite quantité de minéral employé à cet objet.

Forme primitive : prisme rhomboïdal oblique, dont les pans du prisme forment entre eux des angles de 117° $28'$ et de 62° $32'$, et dont la base est inclinée sur les pans du prisme, de 85° $48'$ sur l'un et de 110° $57'$ sur le pan adjacent. Clivable avec une égale facilité parallèlement à la base et à un des pans du prisme. Ces clivages sont inclinés entre eux de 94° $12'$ et 85° $48'$. Pes. spéc., 2,763. Raye l'apatite; rayée par le quartz. Tissu compacte. Cassure conchoïde. Éclat vitreux; celui des faces de clivage est nacré. Incolore ou blanche.

Se décompose entièrement dans l'acide muriatique concentré.

Au chalumeau , seule sur le charbon , prend d'abord un aspect vitreux et demi-transparent , puis fond difficilement sur les bords en verre bulleux et demi-transparent. Avec le sel de phosphore, se décompose en laissant pour résidu un squelette de silice , et en donnant un verre qui devient opalin par le refroidissement. Avec le borax , soluble très lentement et sans effervescence en verre diaphane. Avec la soude en petite dose, donne une perle d'émail blanc qui , par une augmentation de soude, se boursoufle et écume.)

ESPÈCES.

M. Rose a figuré trois espèces d'Anorthite, dont l'une a un prisme a six pans et les deux autres un prisme à quatre pans : ceux-ci offrent des modifications sur tous leurs angles terminaux et sur quelques-unes des arêtes des bases : le premier sur un des angles seulement et sur deux arêtes opposées de chaque base. (*Voyez* les figures et les inclinaisons des faces dans le Mémoire cité, et dans le *Traité de minéralogie* de M. Beudant, tom. 2 , p. 87 , et pl. XIII, fig. 18 à 20.

Les individus de ce genre se groupent ensemble deux à deux parallèlement à leur axe, avec inversion et pénétration réciproque, de manière à former des cristaux qui présentent à un de leurs sommets un angle rentrant.

Appendice à la famille des Haüynes.

1. ITTNÉRITE. (C. G. Gmelin et de Léonhard.)

SON ANALYSE PAR M. C. G. GMELIN.

Silice.	30,016
Alumine.	28,400
Soude.	11,288
Potasse.	1,565
Chaux.	5,235
Oxyde de fer.	0,616
Chaux sulfatée.	4,891
Soude muriatée.	1,618
Eau et hydrogène sulfuré.	10,759
	94,388

Formule minéralogique de M. Berzélius : $CS + 2 NS + 9 AS$.

Forme primitive : le dodécaèdre rhomboïdal. Raye l'apatite ; rayée par l'adulaire. Pes. spéc., 2,3. Cassure imparfaitement conchoïde passant à l'inégale. Tissu compacte. Éclat gras passant à l'éclat vitreux. Couleur : d'un gris bleuâtre foncé, ou gris de fumée ou de cendre.

Au chalumeau, seule sur le charbon, fond aisément avec un fort boursoufflement et un dégagement d'acide sulfureux, en verre bulleux opaque, que la solution de cobalt colore en bleu. Avec le sel de phosphore, imparfaitement soluble; avec le borax, soluble aisément en verre transparent et incolore. Avec la soude, se change en un verre opaque (de Léonhard.) Dans les acides se dissout aisément en formant gelée.

Ce minéral qui a de très grands rapports avec la Haüyne et la Sodalite, se trouve dans une dolérite et mélangé avec des pyrites à *Kaisersthul dans le Brisgau.*

M. Beudant, en considérant l'eau que donne l'analyse comme essentielle à la composition de ce minéral, regarderait l'Ittnérite comme une Néphéline hydratée, et dans ce cas elle appartiendrait à la famille des Zéolites. Si au contraire l'eau, comme le pense M. Berzélius, à en juger d'après sa formule, n'était qu'hy-

grométrique, sa composition ainsi que ses caractères , à l'exception
de sa cristallisation, la rapprocheraient de la Néphéline.

2. Indianite. (Bournon.)

SON ANALYSE PAR CHENEVIX.

Silice.	42,5
Alumine.	37,5
Chaux.	15,0
Oxyde de fer.	3,0
Oxyde de manganèse	trace.
	98,0

ANALYSES DES INDIANITES BLANCHES ET ROSES QUI ACCOMPAGNENT
LE SPINELLE DE COROMANDEL, PAR LAUGIER.

Ann. des Mines. 2e Série, t. 3, p. 232.

	Blanches.	Roses.
Silice.	0,430	0,420
Alumine.	0,345	0,340
Chaux.	0,156	0,150
Soude.	0,026	0,033
Oxyde de fer.	0,010	0,032
Eau.	0,010	0,010
	0,977	0,985

Forme primitive : un rhomboïde ? d'après Bournon ; un prisme
rhomboïdal de 95° 15', et 84° 45' d'après Brooke. Raye le verre ;
rayée par le feldspath. Pes. spéc., 2,74. Translucide et incolore ou
d'un blanc grisâtre.

Infusible au chalumeau. Digérée dans les acides, s'y résout en gelée. Du *Carnate aux Indes orientales.*

3. Berzéline. (*Mihi.*)

Cristaux de forme octaèdre rectangulaire , blancs , a surface
mate. Cassure vitreuse , inégale ou subconchoïde. Rayant l'apatite
ou le verre. Très fragile, mais sans clivages nets. Éclat intérieur
vitreux ; mais faible. Réductible en gelée verdâtre dans l'acide

hydro-chlorique chauffé. Cette solution, étendue d'eau, ne donne
pas de précipité par l'acide sulfurique. Au chalumeau, sur la
pince, fond difficilement en verre bulleux. Dans le matras, ne donne
pas d'eau et conserve sa translucidité. Sa poussière ne verdit pas le
sirop de violettes. Groupemens cruciformes, de Galloro, près de l a
Riccia (environs de Rome.) (*Bibl. univ.* Janvier 1831.)

4. HUMBOLDTILITE. (Monticelli et Covelli.)

Minéral en cristaux dérivans d'un prisme droit à base carrée,
clivables parallèlement aux bases. Raye la chaux fluatée ; rayée
par le feldspath. Facile à casser. Pes. spéc., 3,10. Couleur jaune
grisâtre ou gris. Éclat vitreux passant au gras. Cassure conchoïde
ou inégale. Transparente ou faiblement translucide.

Au chalumeau, fond aisément sans addition, avec un faible
boursoufflement en verre diaphane, bulleux et coloré comme le minéral même, seulement un peu plus grisâtre et verdâtre. Dans le
borax, soluble lentement en verre incolore.

Réduite en poudre après avoir été calcinée, se dissout facilement
dans les acides, en formant une gelée bien caractérisée.

SON ANALYSE PAR M. KOBELL.

(*V.* Schweigger-Seidel. Neu Jahrb. der Chemie, IV, p. 293)

Silice.	43,96
Alumine.	11,20
Chaux.	31,96
Magnésie.	6,10
Protoxyde de fer.	2,32
Soude.	4,28
Potasse.	0,38
	———
	100,20

M. Beudant déduit de cette analyse la formule $3\,MS^2 + CS^3$,
ce qui, pour la composition chimique, rapprocherait ce minéral
des amphiboles. Mais sa forme et sa propriété de faire une gelée avec
les acides, le distinguent des minéraux de ce genre. L'Humboldtilite
se trouve à la *Somma* et au pied du *Vésuve.*

5. DAVYNE.

Découverte par MM. Monticelli et Covelli au Vésuve, et décrite par eux dans leur *Prodromo della Mineralogia Vesuviana*, devra peut-être prendre sa place dans cette famille, lorsqu'elle sera mieux connue.

On a considéré les cristaux de ce genre comme ayant pour forme primitive un prisme hexaèdre irrégulier. Effectivement ils offrent ce prisme comme forme dominante, diversement modifié sur ses angles solides et sur ses arêtes latérales et terminales. Mais des cristaux fort beaux et nets appartenant au genre Davyne, que j'ai vus dans la collection de M. S. Moricand à Genève, m'ont prouvé que la forme primitive doit être un rhomboïde. En effet, des six facettes qui remplacent les arêtes terminales du prisme, il y en a trois plus grandes et moins inclinées qui alternent avec trois autres plus petites et plus inclinées. Les clivages sont très nets parallèlement aux pans du prisme. Pes. spéc., 2,3 à 2,4. Raye la chaux fluatée ; rayée par le feldspath. Couleur blanche ou gris blanchâtre. Éclat vitreux vif, sur-tout dans les cassures et sur les faces de clivage : les faces naturelles sont souvent mates. Cassure conchoïde. Transparente ou opaque, faisant gelée avec les acides.

ANALYSE DES DAVYNES DU VÉSUVE, PAR M. COVELLI.

Silice.	42,91
Alumine.	33,28
Chaux.	12,02
Oxyde de fer.	1,25
Eau.	7,43
Perte.	3,11
	100,00

D'où M. Beudant tire la formule $5\,A\,S + C\,S^2 + 2\,Aq$. Comme on ne connaît pas les réactions de ce minéral au chalumeau, dans le matras, on ne peut savoir si cette eau est essentielle ; car dans un cas pareil ce serait une Zéolite.

FAMILLE DES *LABRADORITES*.

Poussière soluble en gelée dans l'acide muriatique chauffé. Rayant l'apatite; rayées par le quartz. Tissu lamellaire ou feuilleté à feuillets épais. Cassure inégale passant à la conchoïde. Éclat vitreux dans l'intérieur, nacré sur les faces de clivage. Pes. spéc., 2,7.

Genre unique. LABRADORITE. (*Labradorites*.) (De la Méthrie.)

Labrador (Gustave Rose). *Feldspath opalin* (Haüy). *Polychromatischer Feldspath* (Mohs).

Combinaison de silice, d'alumine, de chaux, de soude et d'oxyde de fer; ou silicate d'alumine dominant, combiné avec des trisilicates de chaux et de soude. Signe minéralogique de M. Berzélius, $N S^3 + C S^3 + 12\ A S$.

ANALYSES DES LABRADORITES.

	Par Klaproth.	
	du Labrador.	de l'Ingrie.
Silice.	55,75	55,00
Alumine.	26,50	24,00
Chaux.	11,00	10,25
Soude.	4,00	3,50
Oxyde de fer.	1,25	5,25
Eau	0,50	0,50
	99,00	98,50

Ces analyses ont été vérifiées récemment par M. Henri Rose, qui les a trouvées conformes, à cela près qu'il a obtenu une plus grande proportion d'alumine.

Forme primitive: prisme rhomboïdal oblique de 119° et 61°, dont la base est inclinée sur l'un des pans, de 85° 50', et sur l'autre de 115°. Les clivages parallèles à la base sont les plus nets. Pes. spéc., 2,7. Raye l'apatite; rayée par le quartz. Tissu feuilleté. Cassure inégale passant à la conchoïde. Éclat vitreux intérieurement, nacré sur les faces de clivage. Translucide dans les lames minces. Couleur grise avec des reflets opalins d'un bleu, d'un jaune ou d'un rouge brillant.

Sa poussière se décompose en gelée dans l'acide muriatique con-centré et chauffé.

Au chalumeau, seule sur le charbon, fond en un verre compacte à cassure lisse et très brillante. Avec le sel de phosphore, très difficilement attaquable; en poudre, elle se décompose en un squelette de silice et en un verre qui devient opalin par le refroidissement. Avec le borax, soluble très lentement et sans effervescence, en un verre diaphane. Avec la soude, soluble lentement avec effervescence, en verre bulleux.

ESPÈCE.

Il n'existe encore qu'un seul individu connu avec une forme cristalline déterminable. Cet individu, trop petit pour que ses angles aient pu être mesurés, est dans le Musée de Berlin. M. G. Rose qui l'a signalé, n'en a pas décrit la forme, qui paraît se rapprocher de celle de l'Albite.

MODE DE GROUPEMENT DES INDIVIDUS MOLÉCULAIRES DE CE GENRE.

En masses lamellaires et clivables. Du *Labrador*, de l'*Ingrie* et de la *Finlande*.

M. Hessel, M. Beudant et M. de Léonhard, regardent comme appartenant à la *Labradorite*, les prétendus feldspaths qui entrent dans la composition des Syénites de *Weinheim*, du *Triebischthal* près Meissen, de *Plauen* près Dresde, des Dolérites du *Meisner*, des Diorites de *Siebenlehn*; du *Grrbbro* de *Baste* au Hartz. Ces minéralogistes paraissent aussi portés à croire que c'est ce minéral qui forme la base du basalte, ainsi que de plusieurs aérolites, en particulier de celui de Juvenas.

ANNOTATIONS.

. Il ne faut pas confondre avec la Labradorite, le Feldspath opalin à reflets bleus de Frederichswarn en Norwége, qui est un vrai Feldspath, dont les deux clivages sont perpendiculaires l'un à l'autre.

FAMILLE DES *FELDSPATHS*.

Inaltérables dans les acides. Rayant l'apatite; rayés par le quartz. Tissu lamellaire ou feuilleté à feuillets épais. Cassure imparfaitement conchoïde passant à l'i-

négale. Éclat vitreux dans l'intérieur , nacré et chatoyant sur les faces de clivage. Pes. spéc., 2,39 à 2,56.
Formes primitives : prismes rhomboïdaux obliques. Au
chalumeau, seuls sur le charbon à un feu vif, deviennent
vitreux, demi-transparens et blancs, fondent difficilement sur les bords en verre bulleux demi-transparent.
Avec le sel de phosphore très difficilement attaquables.
Réduits en poudre ils se décomposent en laissant un squelette de silice et donnant un verre qui devient opalin
par refroidissement. — Avec le borax, solubles très lentement sans effervescence en un verre diaphane. — Avec
la soude, solubles lentement et avec effervescence en
verre transparent très difficile à fondre et à obtenir sans
bulles. — Avec la solution de cobalt il n'y a que les
bords fondus qui se colorent en bleu. (Berzélius.)

Ces caractères pyrognostiques sont communs à tous
les genres de cette famille.

N. B. Les feldspaths opaques et fendillés donnent,
dans le matras, de l'eau hygrométrique; ceux qui sont
purs et transparens n'en donnent point.

1ᵉʳ Genre. — ALBITE. (*Albites.*)

Schorl blanc du Dauphiné (Romé-de-l'Isle). *Feldspath quadridécimal* (Haüy). *Kieselspath* (*Spath siliceux*) (Hausmann). *Cleave-
landite* (Brooke.) *Tetartin* (Breithaupt). *Tetartoprismatischer* et
Heterotomer Feldspath (Mohs). *Periklin* (Breithaupt).

Combinaison de silice, d'alumine et de soude, ou trisilicate d'a-
lumine dominant, combiné avec un trisilicate de soude. Formule
minéralogique de M. Berzélius : $NS^3 + 3AS^3$.

ANALYSES DES ALBITES.

	De Chesterfield Amérique.) Par Stromeyer.	D'Arendal. Par Gustave Rose.
Silice.	70,676	68,85
Alumine.	19,801	19,91
Chaux.	0,235	0,68
Soude.	9,056	9,12
Magnésie.	0,000	trace
Oxyde de fer et de manganèse.	0,111	0,28
	99,879	98,84

Forme primitive : prisme rhomboïdal oblique, dont les pans sont inclinés entre eux de 117° 53' et 62° 7', et la base P est inclinée sur deux pans opposés du prisme, T, de 115° 5' et 64° 55', et sur les deux autres pans M, de 86° 24' et 93° 56'. Les clivages parallèles à la base P sont les plus nets, puis ceux parallèles aux pans M offrent peu de différence de netteté. Ceux qui sont parallèles aux pans T, sont les moins nets. Pes. spéc., 2,53 à 2,63. Rayant l'apatite ; rayée par le quartz. Tissu lamellaire à feuillets épais. Cassure imparfaitement conchoïde passant à l'inégale. Éclat vitreux dans l'intérieur, et nacré sur les faces de clivage. Incolore , ou blanche quelquefois jaunâtre, bleuâtre ou rougeâtre, ou bien rouge.

ESPÈCES.

1re Espèce. ALBITE DIHEXAÈDRE (*Albites dihexaedra*). Signe des faces, d'après M. G. Rose (Voy. *Annals of philosophy*, t. 7, p. 51, et *Gilberts Annalen*, t. 73, p. 173), P o *x* M *l* T. Prisme à six pans P *l* M. Sommets à trois faces, dont une P à la partie antérieure, et deux o *x*, à la partie postérieure du sommet supérieur. Les faces *l* du prisme sont formées, en vertu d'une modification incomplète par une face, sur l'arête latérale obtuse de la face M. Les faces *o* et *x* du sommet proviennent d'une modification par une face sur chacun des angles supérieurs de la base. Inclinaison de M sur *l*, 119° 52'; de P sur *l*, 110° 51'; de T sur *l*, 122° 15'; de P sur *o*, 122° 23'; de P sur *x*, 127° 23'.

2ᵉ. ALBITE QUADRIDÉCIMALE (*Albites quadridecimalis*). Feldspath quadridécimal, Haüy. Prisme à dix pans; sommets à deux faces. Du *Dauphiné*. Anciennement nommé *schorl blanc*.

MODE DE GROUPEMENT AVEC PÉNÉTRATION RÉCIPROQUE DE DEUX INDIVIDUS DES ESPÈCES DE CE GENRE. (HÉMITROPIE. HAUY.)

Deux individus de la même espèce, se groupent parallèlement aux faces M du prisme, et se pénètrent réciproquement, de manière à ce que le sommet supérieur du cristal double présente un angle rentrant formé à la rencontre des deux faces P, bases des deux individus.

Cet angle rentrant est un caractère qui sert à distinguer les cristaux doubles des Albites des cristaux analogues des Feldspaths. Dans cette dernière espèce, les bases étant perpendiculaires aux deux pans opposés du prisme, l'angle rentrant ne peut pas exister à leur rencontre.

MODE DE GROUPEMENT DES INDIVIDUS MOLÉCULAIRES DE CE GENRE.

En masses lamellaires presque toujours à lames courbes et souvent ayant une apparence de structure rayonnée. A *Broddbo* et à *Fimbo*, Suède; à *Arendal*, Norwége; à *Penig*, Saxe; à *Chesterfield*, Amérique du Nord, etc.

Le *Periklin*, de M. Breithaupt, *Heterotomer Feldspath* de M. Mohs, ne nous paraît pas pouvoir être distingué de l'Albite par aucun caractère qui ait une valeur appréciable. Nous l'avons donc incorporé dans ce genre.

2ᵉ Genre. — FELDSPATH. (*Feldspathum.*)

Une partie des *Feldspaths* et des *Adulaires* de divers minéralogistes. Orthoklas (Breithaupt). Orthose (Beudant). Orthotomer Feldspath (Mohs).

Combinaison de silice, d'alumine et de potasse, ou trisilicate d'alumine dominant, combiné avec un trisilicate de potasse. Signe minéralogique de M. Berzélius : $KS3 + 3AS^3$.

ANALYSES DES FELDSPATHS.

	Adulaires. Par Vauquelin.	Irisés de Friederschiwarn. Klaproth.	Vert de Sibérie. Vauquelin.	Couleur de chair de Lomnits. Rose.
Silice.	64	65,00	62,83	66,75
Alumine.	20	20,00	17,02	17,50
Potasse.	14	12,25	13,00	12,00
Chaux.	2	trace	3,00	1,25
Oxyde de fer.	0	1,25	1,00	0,75
Eau.	0	0,50	0,00	0,00
	100	99,00	96,85	98,25

Forme primitive : prisme rhomboïdal oblique, dont les pans sont inclinés entre eux de 120° et 60°; et la base P est inclinée sur deux pans opposés du prisme T de 90°; et sur les deux autres pans M, de 112° 15' et 67° 45'. Les clivages parallèles à la base P sont les plus nets. Ceux qui correspondent à la face T du prisme sont presque d'une égale netteté. Le clivage parallèle aux pans M est à peine perceptible. Pes. spéc., 2,39 à 2,59. Raye l'apatite ; rayée par le quartz. Tissu lamellaire à feuillets épais. Cassure inégale, ou imparfaitement conchoïde à petites cavités. Éclat vitreux dans l'intérieur, nacré sur les faces de clivage; chatoyant. Incolore, blanc, gris, rouge, vert, à reflets d'un beau bleu, ou iridescent.

Des fragmens de feldspath deviennent phosphorescens lorsqu'ils sont frottés l'un contre l'autre dans l'obscurité.

ESPÈCES.

1re Espèce. FELDSPATH PRIMITIF (*Feldspathum prismaticum*). Signe des faces, P M T. C'est la variété *binaire* de Haüy (1). Prisme rhom-

---

(1) On voit ainsi que nos faces M sont les faces *l* de Haüy, et nos faces T et P les mêmes que les siennes. Notre face *l* est la face M de Haüy.

boïdal oblique dont les incidences sont de : P sur M, 112° 15' et
67° 45'; de P sur T, 90°; de M sur T, 120° et 60°· De l'*Oisans* en
Dauphiné. (Lucas, Coll. du Mus.)

2°. FELDSPATH PRISMATIQUE (*Feldspathum hexa-prismaticum*). Signe
des faces, P M T *l*. Prisme à six pans et à base oblique. Le noyau
modifié par une face *l* sur chacune des deux arêtes latérales
aiguës du prisme. Inclinaison de *l* sur T, 120°; de *l* sur M, 60°; de
P sur *l*, 111° 40'.

3°. FELDSPATH DITÉTRAÈDRE (*Feldspathum ditetraedrum*). Signe
des faces, P M T *x*. Le prisme primitif à sommets dièdres, produits
par l'addition d'une face *x* provenant d'une modification par une
face sur un des angles obtus de la base. Inclinaison de P sur *x*, environ 129°. Du *St-Gothard* et du *Tyrol*. (Haüy.)

4°. FELDSPATH BIBINAIRE (*Feldspathum hexatetraedrum*). Signe des
faces, P M T *l x*. Prisme à six pans et à sommets dièdres obliques.
Combinaison des modifications qui produisent les deux espèces précédentes. De *Sibérie*. (Lucas, Coll. du Mus.)

N. B. Cette espèce peut servir de type pour un grand nombre
d'espèces qui sont la répétition de la même forme, ayant tantôt
les unes, tantôt les autres, des arêtes de jonction des faces, tant du
prisme que des sommets, remplacées par des facettes additionnelles.
Voyez les planches de Haüy ; mais sur-tout, pour l'étude et la description exacte de ces espèces, consultez la planche XI, fig. 41 à
50 du tome deuxième du *Traité* de M. Beudant.

MODE DE GROUPEMENT AVEC COMPÉNÉTRATION DE DEUX OU PLUSIEURS
   INDIVIDUS DES ESPÈCES DE CE GENRE. (HÉMITROPIES DE HAÜY.)

Les groupemens sont très variés et très communs dans ce genre :
ils présentent une foule d'angles rentrans qui alternent de toute
manière avec les angles saillans. Les plans d'hémitropie sont aussi
très divers. Quelques-uns sont parallèles aux bases P du prisme,
d'autres à ses faces latérales, d'autres à ses diagonales.

Il est à remarquer que lorsque le plan de pénétration ou d'hémitropie est parallèle à la face T, il n'y a point d'angle rentrant de
formé à la rencontre des deux bases P, ce qui distingue ces groupes
de ceux de l'Albite, ainsi que nous l'avons fait remarquer dans ce
dernier genre.

MODES DE GROUPEMENT DES INDIVIDUS MOLÉCULAIRES DE CE GENRE.

En masses laminaires, ou lamellaires, ou compactes.

Plusieurs de ces groupes d'individus moléculaires en masses compactes sont évidemment mélangés d'individus également moléculaires appartenant à d'autres genres. De là, provient sans doute la grande diversité qu'offrent les analyses de ces minéraux en masse, qui ont la plupart des caractères physiques des feldspaths ; mais l'étude de pareils groupemens et de leurs variétés appartient à la géologie et à la chimie, et n'est pas du ressort immédiat de l'histoire naturelle. Nous ferons cependant remarquer que, parmi les roches simples ou en apparence homogènes, il en est un grand nombre dans lesquelles les caractères des Feldspaths se retrouvent visiblement. Tels sont les *pétrosilex* ou feldspaths compactes, les *argilolites*, les *rétinites*, les *ponces*, les *perlites*, les *obsidiennes* même, quoique leur homogénéité ne soit qu'apparente, ainsi que l'a démontré M. Cordier, à l'aide de l'analyse mécanique.

Les *jades tenaces* ou *saussurites* contenant de la soude, paraîtraient être des amas d'individus moléculaires du genre Albite, plutôt que de ceux du genre Feldspath.

Les individus visibles du genre feldspath, atteignant même quelquefois une taille considérable, forment une partie intégrante essentielle de plusieurs roches composées, telles que les granites, les syénites, les gneiss, les protogines, les porphyres, les leptinites, etc.

3ᵉ Genre. — PÉTALITE. (*Petalites.*)

Prismatischer Petalin Spath (Mohs). Aussi *Berzélite*.
Combinaison de silice, alumine et lithine, ou trisilicate d'alumine dominant combiné avec trisilicate de lithine.
Signe minéralogique de M. Beudant : $3\,AS + LS^3$.

ANALYSES DES PÉTALITES.

	Par M. Arfwedson.	Par M. C.-G. Gmelin.
Silice.	79,21	74,17
Alumine.	17,22	17,41
Lithine.	5,76	5,16
Chaux.	0,00	0,32
	102,19	97,06

Forme primitive : prisme rhomboïdal (droit?) de 137°

10' et 42° 50' (1). Clivable nettement parallèlement aux pans du prisme, et moins nettement parallèlement aux petites diagonales des bases. Pes. spéc., 2,44. Raye l'apatite; rayée par le quartz. Éclat entre le vitreux et le nacré. Cassure conchoïde à petites cavités passant à l'esquilleuse. Couleur: blanc de lait ou rougeâtre. Translucide.

Inattaquable par les acides.

Au chalumeau, avec la soude, sur une feuille de platine, donne une tache brune.

Point d'espèces connues de ce genre.

MODES DE GROUPEMENT DES INDIVIDUS MOLÉCULAIRES DE CE GENRE.

En masses lamellaires et laminaires. D'*Uto* en *Sudermanie.*

FAMILLE DES *WERNÉRITES.*

Inaltérables dans les acides, ou du moins difficilement attaquables par eux. Pes. spéc., 2,5 à 2,8. Rayant la chaux fluatée ou l'apatite; rayées par le feldspath. Tissu compacte ou imparfaitement feuilleté. Fusibles aisément au chalumeau, avec boursoufflement. Formes primitives: prismes droits à base carrée.

Genre unique. WERNÉRITE. (*Werneria.*)

Wernérite (d'Andrada, Haüy, etc.). *Arktizit* (Werner). *Paranthine* (Haüy). *Scapolite* (d'Andrada, de la Méthrie, Karsten et Brochant). *Rapidolith* (Abilgaard). *Pyramidaler Feldspath* en partie (Mohs).

Combinaison de silice, d'alumine, de chaux et de soude, ou si-

---

(1) M. de Léonhard adopte, pour forme primitive, un prisme rhomboïdal oblique, clivable facilement dans deux directions qui font entre elles un angle de 141° 30', et moins aisément dans une troisième, qui fait avec les deux autres un angle de 117° 30'. Suivant M. Mohs, les pans du prisme sont inclinés de 95° et 85°, et les clivages parallèles à ces pans, sont moins nets que ceux qui sont parallèles à la petite diagonale.

licate d'alumine dominant, combiné avec du silicate de chaux ou de soude.

Formule de M. Berzélius : $\left.{\begin{matrix}N\\C\end{matrix}}\right\}S^{,}+2AS$; de M. Beudant $3AS+CS$.

ANALYSES DES WERNÉRITES.

	De Pargas. Par Nordenskiold.	Wernérite verte. Par John.	D'Arendal. Par Laugier.	De Pargas. Par Hartwall.
Silice.	43,83	40,0	45,0	49,42
Alumine.	35,43	34,0	33,0	25,41
Chaux.	18,96	16,6	17,0	15,59
Eau.	1,03	0,0	0,0	0,00
Protox. de fer.	0,00	8,0	1,0	1,40
Oxyde de mang.	0,00	1,5		0,07
Soude.	0,00	0,0	1,5	6,05
Potasse.	0,00	0,0	0,5	0,00
Magnésie.	0,00	0,0	0,0	0,68
Perte.	0,75	0,0	1,4	1,45
	100,00	100,1	99,4	100,07

Pour cette dernière analyse de M. Hartwall, M. Beudant donne la formule : $2AS+(C,N)S^{,}$.

Forme primitive : prisme droit à base carrée dans lequel le côté de la base est à la hauteur environ comme 5 à 3 (Haüy). Clivages plus ou moins nets parallèlement aux faces et aux diagonales du noyau, peu apparens dans la direction parallèle aux bases. Pes. spéc., 2,5 à 2,7. Raye la chaux fluatée, quelquefois même l'apatite; rayées par le feldspath. Couleur: blanche, grise, verte ou rouge. Éclat vitreux passant au nacré et au gras. Transparente, ou translucide, ou opaque. Poussière blanchâtre. Cassure conchoïde passant à l'inégale et à l'esquilleuse.

Difficilement attaquable par les acides.

Au chalumeau, dans le matras, donnent quelquefois un peu d'eau sans perdre leur transparence. Sans addition sur le charbon, fusibles avec boursoufflement en verre incolore plus ou moins bulleux. Dans le borax, solubles plus ou moins facilement avec effervescence.

Se décomposant de même dans le sel de phosphore. Fusibles plus ou moins aisément avec la soude en verre transparent. (Berzélius.)

ESPÈCES.

1ʳᵉ Espèce. WERNÉRITE DIOCTAÈDRE (*Werneria dioctaedra*). Signe des faces, M *o s*. Un prisme à huit pans terminé à chaque sommet par une pyramide à quatre faces *o*, correspondantes aux faces latérales du prisme primitif. Combinaison incomplète de deux modifications, l'une par une face *s*, sur chaque arête latérale, l'autre également par une face *o*, sur chaque arête terminale du noyau. Inclinaison de M sur *s*, 135°; de M sur *o*, 121° 28′; de *o* sur *o*, 136° 38′. De *Buoen* près d'*Arendal* (Norwége). (Lucas, Coll. du Mus.)

2ᵉ. WERNÉRITE PÉRIOCTAÈDRE (*Werneria perioctaedra*). C'est la *Parenthine perioctaèdre* de Haüy. Signe des faces, P M *s*. Prisme octogone, terminé par une face perpendiculaire à l'axe, ou le prisme primitif modifié seulement et incomplètement par une face sur chacune de ses arêtes latérales. Inclinaison de M sur *s*, 135°; de P sur M et sur *s*, 90°. De *Langsoégrube* près d'*Arendal* (Norwége) (Lucas, Coll. du Mus.).

ALTÉRATION DES INDIVIDUS DE CE GENRE.

Les cristaux sont devenus cylindroïdes, aciculaires et baccillaires, et en même temps privés de leurs sommets.

MODE DE GROUPEMENT DES INDIVIDUS MOLÉCULAIRES DE CE GENRE.

En masses sublaminaires ou compactes.

Appendice à la famille des Wernérites.

1. *Dipyre* ou *Leucolithe de Mauléon* (De la Méthrie). *Dipyre* (Haüy). *Schmelzstein* (Werner).

Cristaux en prismes à huit pans (*dipyre périoctogone* (Haüy), divisibles en prismes rectangulaires, qui se sous-divisent dans le sens des diagonales des bases. Pes. spéc., 2,63. Rayant l'apatite. Cassure conchoïde. Couleur blanchâtre ou rougeâtre.

ANALYSE DU DIPYRE PAR VAUQUELIN.

Silice.	60
Alumine.	24
Chaux.	10
Eau.	2
Perte.	4
	100

D'où M. Beudant tire la formule $4AS + CS^1$.

Au chalumeau, sans addition, fusible avec effervescence, en verre incolore et bulleux. Avec les flux, se comporte de même que certaines Wernérites, et donne aussi, dans le matras, une petite quantité d'eau sans perdre sa transparence. (Berzélius.)

MODE DE GROUPEMENT DES CRISTAUX IMPARFAITS OU ALTÉRÉS.

En masses aciculaires, fasciculées, ou en faisceaux d'aiguilles fines. Du *Gave de Mauléon*, etc., dans les *Pyrénées*. Disséminés dans des roches argileuses.

2ᵉ. *Nutalite* de M. Brooke.

Cristaux en prismes droits, à bases carrées, modifiés sur leurs angles et sur leurs arêtes. Clivables parallèlement aux pans du prisme. Couleur grise et verte. Éclat gras sur les faces, et vitreux dans la cassure. Translucide sur les bords. Cassure conchoïde. Raye l'apatite; rayée par le feldspath. Poussière d'un gris-blanc.

Au chalumeau, sans addition, fusible en verre incolore, et, avec le borax, en verre blanc bulleux.

Point d'analyse. Composition inconnue. Ressemble beaucoup aux Wernérites. De *Boston*, *Massachusets* dans les États-Unis d'Amérique.

3ᵉ. *Ekebergite* (Berzélius). *Natrolite d'Hesselkula* (Ekeberg). *Sodaïte.*

Minéral verdâtre, grisâtre ou brunâtre, formant des masses compactes ou finement fibreuses, ou formées de lames minces. Éclat gras ou nacré. Pes. spéc., 2,74. Difficilement attaquable par les acides.

Au chalumeau, seul dans le matras, donne un peu d'eau sans changer d'aspect. Sur le charbon, blanchit, perd sa transparence, se boursouffle un peu, et fond en un verre bulleux et incolore. Dans le borax et le sel de phosphore, comme les Wernérites, se dissout avec effervescence. Avec la soude, fond très difficilement en verre verdâtre. Transparent. Son analyse par Ekeberg a donné : Silice, 46,0; Alumine, 28,75; Chaux, 13,50; Protoxyde de fer, 0,75; Soude, 5,25 ; Eau, 2,25 ; Perte, 3,50. M. Berzélius en déduit la formule $NS^2 + 3CS + 8AS^2$. M. Beudant y trouve 10 $AS + 3SC^2S + NS^1$.

FAMILLE DES *ALLANITES*.

Solubles dans l'acide hydro-chlorique chauffé, en

laissant un résidu siliceux, ou en se réduisant en gelée. Rayant l'apatite; rayées par le quartz. Cassure conchoïde ou inégale. Tissu quelquefois feuilleté. Pes. spéc., 3,50 à 4,00. Fusibles au chalumeau avec ou sans boursoufflement en globule de verre ou d'émail. Couleur: noir ou brun foncé.

1er Genre. — ALLANITE. (*Allanites.*) Thomson.

Cérium oxydé siliceux noir (Haüy). *Cerine* (Hisinger et Berzélius). *Zererit* des Allemands, et *Untheilbares Cerer-Erz* (Mohs).

Combinaison de silice, de chaux et d'alumine avec un mélange d protoxydes de cérium et de fer, ou silicate d'alumine dominant, combiné avec du silicate de chaux et mélangé de silicates de protoxydes de cérium et de fer. Signe minéralogique de M. Berzélius : $C\,S + 2A\,S, ceS, fS$.

Cette formule analogue à celle des Epidotes Zoïzites, semblerait rapprocher l'Allanite de ce minéral : les formes cristallines observées dans l'Allanite ne paraîtraient pas contraires à cette réunion. Cependant, sa solubilité dans l'acide muriatique, et ses caractères pyrognostiques, sont des différences assez grandes pour devoir, dans l'état actuel de nos connaissances, lui assigner une place à part.

ANALYSES DES ALLANITES.

	Du Groënland. Thomson.	De Riddarhytta. Hisinger.
Silice.	35,4	30,17
Protoxyde de cérium.	39,9	28,19
Oxyde de fer.	25,4	20,72
Alumine.	4,1	11,31
Chaux.	9,2	9,12
Oxyde de cuivre.	0,0	0,87
	114,0	100,38

Forme primitive non encore déterminée (1). Raye l'apatite; rayée par le quartz. Pes. spéc., 4,0 à 3,62.

---

(1) M. de Léonhard prend pour forme primitive un prisme rhomboïdal d'environ 116° et 64°, et M. Beudant un prisme à bases carrées.

Tissu un peu feuilleté. Cassure conchoïde à petites cavités. Éclat gras passant à l'éclat vitreux. Opaque. Couleur : brun noirâtre et noir. Poussière d'un gris jaunâtre.

Au chalumeau, dans le matras, dégage un peu d'eau (hygrométrique) sans changer d'aspect. Seule sur le charbon, fond aisément avec boursoufflement en une boule de verre, noire et éclatante. Dans le borax ; facilement soluble en verre noir et opaque qui, à la flamme extérieure, est rouge-sanguin tant qu'il est chaud, et devient jaune sombre par le refroidissement. Au feu de réduction, prend un beau vert de fer. Avec le sel de phosphore, se décompose en laissant un squelette opaque de silice et un verre qui a la couleur verte du fer, tant qu'il est chaud, mais devient incolore et opalin par le refroidissement. Avec la soude, se dissout en verre noir, qu'une plus grande quantité de soude ne rend pas plus difficile à fondre. (Berzélius.)

Aisément soluble en gelée dans l'acide hydrochlorique.

On n'a encore décrit aucune espèce de ce genre, quoiqu'on ait mentionné des cristaux déterminables d'Allanite. M. Thomson en cite plusieurs (1), entre autres un prisme rhomboïdal droit de 117° et 63°. M. Hisinger (2) a vu un prisme rectangulaire; M. Haïdinger un prisme hexaèdre irrégulier. Bournon, Phillips et M. Beudant mentionnent aussi des formes qui rapporteraient les Allanites au système cristallin prismatique rectangulaire auquel, appartiennent les prismes rhomboïdaux. M. R. Allan a représenté, fig. 133 de son *Manual of Minera*, un cristal de ce genre, dont la forme primitive est un prisme doublement oblique. Ce cristal présente un prisme à six pans terminé par un sommet à six faces, dont quatre situées antérieurement et deux latéralement; point postérieurement.

MODE DE GROUPEMENT DES INDIVIDUS MOLÉCULAIRES DE CE GENRE.

En masses compactes disséminées dans une syénite au *Groënland*, et dans une amphibolite à *Riddarhytta* (Suède).

---

(1) Transactions of the Royal Soc. of Edinb. T. 6, p. 371.

(2) Afhandl. i Physik. T. 4, p. 327.

2ᵉ Genre. — LIÉVRITE. (*Ilvaites.*)

Fer silicéo calcaire ou *calcaréo siliceux* (Haüy.) *Ilvaït* et *Liévrit*, (Werner). *Diprismatisches Eisen-Erz* (Mohs).

Combinaison de silice, de protoxyde de fer et de chaux, ou silicate de protoxyde de fer dominant, combiné avec du silicate de chaux. Signe minéralogique de M. Berzélius, $CS + 4 FS$. Peut-être, suivant M. Beudant, (F,C).

ANALYSES DES LIÉVRITES.

	Par Collet-Descotils.	Par Stromeyer.
Silice.	28,0	29,278
Potoxyde de fer.	55,0	52,542
Chaux.	12,0	13,777
Oxydule de manganèse.	3,0	1,587
Alumine.	0,6	0,614
Eau.	0,0	1,268
	98,6	99,066

Forme primitive : octaèdre rectangulaire à base verticale, dans lequel les faces larges P des deux pyramides opposées font entre elles un angle de 66° 58', et les faces étroites M de ces deux mêmes pyramides, un angle de 112° 56' (1). Divisible parallèlement aux faces de cet octaèdre, et sous-divisible parallèlement à un plan passant par l'axe et par le milieu des longues arêtes de la base commune des deux pyramides. Le prisme rhomboïdal droit de 113° 2' et 66° 58' (2), qui dérive du noyau ci-dessus et dont presque toutes les espèces portent l'empreinte, doit être adopté comme plus commode pour la description de ces espèces. Raye l'apatite; rayée par le feldspath. Poussière noire foncée tirant sur le brun. Pes. spéc., 3,82 à 4,06. Cassure imparfaitement conchoïde, passant à l'inégale. Tissu compacte.

---

(1) Ces angles sont, suivant M. de Léonhard, de 67° 24' et 113° 2'.
(2) Suivant M. Beudant, de 111° 30' et 68° 30'.

Éclat vif et vitreux, quelquefois un peu gras, et quelquefois aussi approchant de l'éclat métalloïde. Couleur d'un noir foncé et pur, ou seulement légèrement bleuâtre dans l'état de pureté parfaite, se change par altération en brunâtre.

Exposé à la flamme d'une bougie, devient magnétique.
Soluble en gelée dans les acides chauffés.

Au chalumeau, dans le matras, dégage un peu d'eau (hygrométrique) non acide, sans que le minéral change d'aspect. Seule sur le charbon, fond aisément sans boursoufflement, en boule qui devient vitreuse à la flamme extérieure, et matte à la flamme intérieure; elle est attirable par l'aimant quand elle n'a pas été chauffée jusqu'au rouge. Avec le borax, facilement soluble en verre vert sombre. Avec le sel de phosphore, se décompose en laissant un squelette de silice et donnant un verre fortement coloré par le fer. Avec la soude, ond en verre noir et sur la feuille de platine donne des traces de couleur verte caractéristique de la présence du manganèse. (Berzélius.)

ESPÈCES.

1re Espèce. LIÉVRITE DITÉTRAÈDRE (*Ilvaites ditetraedra*). (*Primitif cunéiforme*, Haüy). Signe des faces M r. Le prisme rhomboïdal primitif (1) ayant sa base remplacée par un sommet dièdre, composé de deux faces triangulaires *r* correspondantes aux arêtes obtuses du prisme, et provenant d'une modification par une seule face sur chacun des angles solides obtus du noyau. Inclinaison de M sur M, 113° 2' et 66° 58'; de M sur *r* 117° 20'. De l'*Ile d'Elbe*.

2°. LIÉVRITE ANALOGUE (*Ilvaïtes similis*). Signe des faces, *s r*. (*Quaternaire*, Haüy.) Analogue à l'espèce précédente, étant également un prisme rhomboïdal, mais dont les faces sont différemment inclinées, terminé par un sommet dièdre à faces triangulaires *r*, correspondantes aux arêtes aiguës du prisme. Ce prisme est produit, en

---

(1) Nous prenons ici pour noyau le prisme rhomboïdal droit, au lieu de l'octaèdre à base rectangulaire, comme plus naturel et plus commode pour la description des espèces. Cela ne change rien à la notation des faces, excepté que nous substituons la lettre *r* à la face P de Haüy, et la lettre P à la face *r*. D'ailleurs, toutes les autres faces sont désignées par les mêmes lettres qu'elles portent dans l'ouvrage et sur les planches de Haüy.

vertu d'une modification, par deux faces sur chacune des arêtes aiguës du noyau. Le sommet est le même que celui de l'espèce précédente. Inclinaison de *s* sur *s*, 83° 58'; et 96° 2'. De l'*Ile d'Elbe*.

3° LIÉVRITE QUADRIOCTONALE (*Ilvaïtes quadrioctonalis*). Signe des faces, M *o*. Le prisme rhomboïdal primitif, terminé par une pyramide à quatre faces triangulaires *o*, provenant d'une modification par une face sur chacune des quatre arêtes de la base du noyau. Inclinaison de *o* sur *o*, 139° 36' et 117° 38'. De M sur *o*, 128° 29' (1). De l'*Ile d'Elbe*.

4°. LIÉVRITE QUADRIDUODÉCIMALE (*Ilvaïtes quadriduodecimalis*). Signe des faces, *s r o*. Prisme rhomboïdal terminé par des sommets à six faces dont deux pentagonales *r* situées au milieu et formant un angle dièdre, et quatre facettes triangulaires *o*, correspondantes deux à deux aux arêtes obtuses du prisme. C'est l'*analogue* (voyez cette espèce), ayant de plus les faces *o* du sommet de la *quadrioctonale*. Inclinaison de *o* sur *r*, 159° 48'. De l'*Ile d'Elbe*.

5°. LIÉVRITE TRIOCTAÈDRE (*Ilvaïtes trioctaedra*). Signe des faces, *s* M *o r x*. Prisme à huit pans ; sommet à huit faces. Combinaison des modifications qui produisent les espèces *analogue* et *quadrioctonale*, avec une modification par une face sur les angles solides aigus du noyau, qui produit les facettes *x* des sommets. Cette combinaison intercepte entièrement la base du noyau. Inclinaison de M sur *s*, 165° 41'; de *x* sur *o*, 144° 38'; de *x* sur l'arête adjacente du prisme, 131° 24'. De l'*Ile d'Elbe*.

6°. LIÉVRITE MONOSTIQUE (*Ilvaïtes monostica*). Signe des faces, *s* M *o r x* P. Prisme à huit pans ; sommet à neuf faces. C'est la *trioctaèdre* dont le sommet est terminé par une facette P perpendiculaire à l'axe, et dans laquelle la base du noyau n'est pas entièrement interceptée. Inclinaison de P sur *r*, 146° 31'; de P sur *o*, 141° 31'; de P sur *x*, 138° 36'. De l'*Ile d'Elbe*.

N. B. Plusieurs autres formes sont représentées dans le Traité de M. Beudant, T. II, planche VIII, fig. 63 et 66 à 71.

ALTÉRATION DE FORME ET MODES DE GROUPEMENT DES INDIVIDUS DE CE GENRE.

En prismes cylindroïdes, cannelés ou baccillaires.

En prismes très fins ou aciculaires, groupés en masses fibreuses ou radiées.

____

(1) De 128° 50'. (Beudant.)

La surface des cristaux ou des prismes est souvent recouverte d'un enduit brun qui est du fer oxydé hydraté.

MODES DE GROUPEMENT DES INDIVIDUS MOLÉCULAIRES DE CE GENRE.

En masses sublaminaires.
En masses sublamellaires.
En masses compactes.

FAMILLE DES *AMPHIBOLES*.

Inaltérables, ou du moins très difficilement altérables par les acides. Rayant l'apatite; rayées par le quartz. Pes. spéc., de 2,3 à 3,9. Formes primitives et solides de clivage appartenant au système rectangulaire et rhomboïdal oblique, excepté un seul genre (*Hyperstène*), qui a un prisme rhomboïdal droit pour forme primitive. Éclat vitreux passant au gras ou au nacré et souvent à un éclat pseudo-métalloïde. Tissu distinctement feuilleté ou fibro-laminaire. Cette dernière structure si évidente et si commune dans la presque totalité des cristaux de cette famille, montre que ces cristaux ne sont pas des individus uniques, mais bien des individus composés, ou des groupes formés par une agglomération régulière et symétrique de cristaux simples alongés dans le sens de l'axe. La même structure se retrouve dans les masses formées par le groupement d'individus moléculaires ou altérés.

A l'exception d'un seul genre (*Anthophyllite*), tous sont fusibles au chalumeau sans addition.

Cette famille est une des plus naturelles qui existent dans les minéraux, car d'abord il est difficile d'assigner des limites précises aux différens genres qui la composent, ce qui fait qu'on les confond encore souvent les uns avec les autres, ou qu'on tend à étendre un genre aux dépens d'un autre. Ainsi, la réunion des genres *Pyroxène* et *Amphibole* a été soutenue, pour des raisons

fort plausibles, par M. Gustave Rose. L'*Épidote manganésifère* de Saint-Marcel a été alternativement ba-
lottée entre les genres Épidote et Amphibole. Le *Diallage bronzite* du Tyrol et de la Styrie a été souvent
confondue avec l'*anthophyllite*, qui pourtant en diffère par des caractères essentiels.

De plus, il est très probable que la propriété qu'ont
les cristaux de cette famille de se grouper en cristaux
composés, peut favoriser un mélange d'individus de
genres différens, mais de formes fort analogues, dans un
même groupe régulier ou cristal composé. En sorte qu'un
tel cristal n'est souvent pas, non-seulement un individu
physiquement simple, mais même un cristal chimiquement homogène. C'est ce que semblent prouver les importans calculs auxquels M. Beudant a soumis les analyses des minéraux de cette famille, pour y reconnaître
les mélanges mécaniques qui pouvaient en altérer la
pureté.

Ceci explique comment MM. Mohs et Haïdinger ont
fort bien pu ne voir dans certains *Diallages* qu'un mélange de *Pyroxènes* et d'*Amphiboles*.

Quant à nous, tout en ne niant pas la possibilité de réduire beaucoup le nombre des genres de cette famille,
nous les conserverons encore tels qu'ils ont été reconnus
jusqu'ici, tant que la nécessité de cette réduction ne
sera pas complétement démontrée.

1er Genre. — ÉPIDOTE. (*Epidosia.*)

Prismatoïdischer Augit Spath (Mohs).

Ce grand genre se divise en trois sous-genres caractérisés par la
couleur des cristaux et la nature des terres et oxydes métalliques
qui entrent dans leur composition comme bases.

Caractères communs à tous les individus du genre.

Inattaquables dans les acides. Formes primitives : prismes rectangulaires obliques dont les bases sont inclinées à l'axe de 115° 30' à 116° 40' (1). Clivables parallèlement aux pans d'un prisme rectangulaire ou d'un prisme à base de parallélogramme obliquangle. Rayent l'apatite ; rayés par le quartz. Pes. spéc. , 3,2 à 3,4. Éclat gras nacré.

Au chalumeau, se boursoufflent, s'exfolient dans le sens des clivages, et fondent seulement sur les bords , ou fondent aisément en émail noir.

Formule générale de composition pour les Épidotes, 2 $R S + r S$, R étant un oxyde à trois atomes d'oxygène, comme l'alumine , les peroxydes de fer et de manganèse, et r un oxyde à un atome d'oxygène , comme la chaux et les protoxydes de fer et de manganèse.

ESPÈCES.

1,e Espèce. Épidote prismatique (*Epidosia prismatica*). Signe des faces, d'après M. Beudant (pl. XI, fig. 5), B P L c, correspondant à T M P r de Haüy. C'est un prisme hexaèdre irrégulier terminé par une face perpendiculaire à l'axe , mais placé de manière que cet axe soit horizontal. Le prisme oblique primitif modifié par une face sur l'arête aiguë de la base , qui est perpendiculaire à la ligne de plus grande pente de cette base. Inclinaison de P sur c , 116° 40'; de P sur B, 115° 30'. (Beudant.)

---

(1) Haüy avait pris pour forme primitive un prisme irrégulier droit de 114° 37' et 65° 23', sous-divisible dans le sens de la petite diagonale des bases, et dans lequel les arêtes terminales longues, les courtes et les arêtes latérales sont entre elles comme 9,8 à 5.

M. Beudant, dont nous suivons ici les déterminations , place le cristal dans une position rectangulaire relativement à celle qu'avait adoptée Haüy, de manière que ses faces P B L d d' c correspondent respectivement aux faces M T P u z r de Haüy; et pour lui, l'incidence de P sur B qui correspond à celle de M sur T de Haüy, est de 115° 30' au lieu de 114° 37', comme nous venons de l'indiquer.

2ᵉ. Épidote octaédrique (*Epidosia octaedrica*). Signe des faces, P *c d* (Beudant, pl. XII, fig. 51), M *r u* ou *z* (Haüy). Un octaèdre rectangulaire cunéiforme à axe vertical, ou, dans un autre sens, un prisme rhomboïdal terminé par des sommets dièdres *d*, formés par une modification d'une face sur chacune des deux arêtes latérales opposées des bases, combinaison qui intercepte entièrement les bases du noyau. Inclinaison de P sur *c*, 116° 40'. (Beudant.)

3ᵉ. Épidote hexatétraèdre (*Epidosia hexatetraedra*). *Épidote bisunitaire* (Haüy) ? Signe des faces, P *c d* B (Beudant, pl. XII, fig. 52), M *r* T *z* (Haüy) ? L'espèce précédente ayant l'arête culminante, celle par laquelle l'octaèdre est rendu cunéiforme, remplacée par une face B, ou, dans un autre sens, un prisme à six pans terminé par des sommets dièdres. Assemblage des mêmes modifications qui produisent l'*octaédrique*, excepté que celle qui fait naître les faces *d* n'intercepte pas entièrement les bases du noyau. Inclinaison de B sur *d*, 124° 57' ou 144° 25'. (Beudant.)

4ᵉ. Épidote entourée (*Epidosia cincta*). Signe des faces, P *c' c d* L (Beudant, pl. XII, fig. 53). L'espèce *octaédrique* ayant les arêtes de la base commune des deux pyramides remplacées chacune par une facette, ou, dans un autre sens, un prisme à six faces terminé par des sommets à trois faces, dont l'une, perpendiculaire à l'axe, est rectangulaire, et les deux autres, obliques à l'axe, sont des triangles.

5ᵉ. Épidote hexa-octaèdre (*Epidosia hexa-octaedra*). Signe des faces, P B *c d a* (Beudant, pl. XII, fig. 5, 4). Prisme à six pans, sommets à quatre faces; sa position normale est d'avoir son axe horizontal.

6ᵉ. Épidote trihexaèdre (*Epidosia trihexaedra*). Signe des faces, P B *c d i n* (Beudant, pl. XII, fig. 59). Prisme à six faces terminé par des sommets à six faces aussi.

Voyez pour d'autres espèces qui, vues dans une position perpendiculaire à leur position normale, paraissent des prismes à quatre, six, huit ou dix pans, terminés par des sommets à trois, cinq, sept faces ou plus, diversement inclinées à l'axe et de formes variées, les figures 55 à 58 de M. Beudant, pl. XII. Voyez aussi les planches de Haüy.

1ᵉʳ Sous-genre. — ÉPIDOTE ZOÏSITE.

Épidote blanc et gris du Valais; *Zoïzit* (Werner).
Combinaison de silice, d'alumine et de chaux avec un mélange

d'un peu de protoxyde de fer ou silicate d'alumine dominant, combiné avec du silicate de chaux.

Signe minéralogique de M. Berzélius : $CS + 2AS$.

ANALYSES DES ACISITES.

	De Carinthie. Par Klaproth.	De Bareuth. Par Bucholz.	Du Valais. Par Laugier.
Silice.	43	40,25	37,0
Alumine.	29	30,25	26,6
Chaux.	21	22,50	20,0
Protoxyde de fer.	3	4,50	13,0
Oxyde de manganèse.	0	0,00	0,6
	96	97,50	97,2

Forme primitive : prisme oblique rectangulaire. Clivable parallèlement à ses pans étroits; la base est inclinée à l'axe de 116° 40'. Pes. spéc., 3,2 à 3,3. Couleur : blanchâtre ou grisâtre.

Au chalumeau, seule, se boursoufle et se dilate, forme, au premier coup de feu, une multitude de petites bulles qui s'affaissent à un feu plus fort. Fond sur les bords en verre transparent un peu jaunâtre et forme ensuite une scorie vitreuse. Dans le borax, se gonfle et se dissout en un verre diaphane. Avec le sel de phosphore, se gonfle et donne avec effervescence un squelette siliceux. Avec très peu de soude, se dissout en verre légèrement verdâtre avec une plus grande quantité; forme une masse boursoufflée, blanche et infusible. Sur la feuille de platine, donne des traces de couleur verte indicatives du manganèse. Avec la solution de cobalt, donne un verre bleu. (Berzélius.)

Point d'espèces connues de ce sous-genre. On n'a encore trouvé, jusqu'à présent, que des cristaux incomplets et déformés en masses cylindroïdes et bacillaires. De *Carinthie*, de *Bareuth* et de la vallée de *St-Nicolas* en *Valais*.

2ᵉ Sous-genre. — ÉPIDOTE THALLITE.

Schorl vert du Dauphiné (Romé-de-l'Isle). *Delphinite* (De Saussure). *Thallite* (De la Méthrie et Karsten). *Pistazit* (Werner). *Glasiger straalstein* (Emmerling). *Rayonnante vitreuse* (Brochant).

Glassy actinolite (Kirwan). *Epidote stralite* (Brongniart). *Akanti-cone* (D'Andrada). *Arendalit* (Reuss). *Cummingtonit* (Dewen).

Combinaison de silice, d'alumine, de protoxyde de fer et de chaux, ou silicate d'alumine dominant, combiné avec du sili-cate de protoxyde de fer, quelquefois remplacé par du silicate de chaux.

Formule minéralogique de M. Berzélius :

$$\left.\begin{array}{c} c \\ f \end{array}\right\} S + 2AS.$$

ANALYSES DES THALLITES.

	Du Dauphiné. Par Descotils.	De l'île de St. Jean. Par M. Beudant.
Silice.	37,0	40,9
Alumine.	27,0	28,9
Chaux.	14,0	16,2
Protoxyde de fer.	17,0	14,0
Oxyde de manganèse.	1,5	0,0
	96,5	100,0

Forme primitive : prisme rectangulaire oblique, dont la base est inclinée à l'axe de 115° 30'. Pes. spéc., 5,42. Couleur verte plus ou moins foncée, quelquefois pres-que noire, rarement brune ou rougeâtre.

Au chalumeau, seule, se boursoufle après avoir d'abord fondu sur les bords, et se transforme en masse d'un brun foncé, ramifiée comme un choufleur. Dans le borax, se boursoufle d'abord et se dissout ensuite en verre coloré par le fer. Avec le sel de phosphore, se décompose aisément avec boursoufflement et donne un squelette de silice. Avec peu de soude, se couvertit lentement en un verre sombre, qu'une plus forte dose de soude transforme en scorie infu-sible. (Berzélius.)

ESPÈCES DE CE SOUS-GENRE.

Toutes celles qui ont été décrites et indiquées ci-dessus, venant du *Dauphiné* ou d'*Arendal* en *Norwége*.

DÉFORMATION DES CRISTAUX PRIVÉS DE SOMMETS.

En masses cylindroïdes ou baccillaires.
En aiguilles fines.

MODES DE GROUPEMENT DES INDIVIDUS, INCOMPLETS, DÉFORMÉS, OU
MOLÉCULAIRES DE CE SOUS-GENRE.

En masses fibreuses ou fibro-soyeuses.
En masses granulaires, souvent friables.
En sable. (C'est le *Scorza de Transylvanie*, d'après Klaproth.)
En masses compactes.

3ᵉ Sous-Genre. ÉPIDOTE MANGANÉSIFÈRE.

Manganèse violet du Piémont (Napione et Brochant). *Epidote violet* (Brongniart). *Piemontesischer Braunstein* (Werner).
Amphibole manganésifère de divers minéralogistes.

Combinaison de silice, d'alumine , de magnésie, de chaux et de
peroxydes de manganèse et de fer, ou silicates d'alumine et de peroxydes de manganèse et de fer dominant , combinés avec des silicates de chaux et de magnésie.

Signe minéralogique de M. Berzélius, d'après l'analyse ci-dessous

de M. Hartwall $\left.\begin{matrix}C\\M\end{matrix}\right\}\ S+2\ \left\{\begin{matrix}A\\Mn\\F\end{matrix}\right\}\ S$ (1).

ANALYSES DES ÉPIDOTES MANGANÉSIFÈRES DU PIÉMONT.

	Par M. Hartwall. (2)	Par M. Cordier.
Silice.	38,47	33,5
Alumine.	17,65	15,0
Chaux.	21,65	14,5
Peroxyde de manganèse.	14,08	12,0
Peroxyde de fer.	6,60	19,5
Magnésie.	1,82	0,0
	100,27	94,5

Forme primitive semblable à celle des thallites.
Couleur violette.

Au chalumeau, seule sur le charbon, fusible très aisément avec
bouillonnement, en verre noir. Dans le borax, soluble avec effervescence en verre transparent, couleur d'améthyste à la flamme exté-

---

(1) Berzélius, Jahres-Bericht 9ter Jahrg, p. 203.
(2) K. Vet. Acad. Hand. 1828, p. 171.

rieure, mais qui, à la flamme intérieure, offre, à chaud, une teinture
de fer, mais devient incolore par le refroidissement. Dans le sel de
phosphore, se boursouffle et donne un squelette de silice, le verre
à chaud offre la couleur indicative du fer, mais non du manganèse.
Avec la soude, comme les Zoïsites et les Thallites. (Berzélius.)

Point d'espèces connues dans ce sous-genre : les cristaux se présentent privés de sommets, déformés et agrégés ensemble en masses
cylindroïdes, baccillaires et fibreuses. De *Saint-Marcel dans le
Val d'Aoste* (Piémont).

ANNOTATION.

Le minéral nommé *Withamite* par M. Brewster, et trouvé à
Glenco en *Écosse*, se présente en cristaux déformés et incomplets,
prismatiques à six pans, groupés, en masses radiées, et d'un beau
rouge.

Au chalumeau, il se comporte comme la Thallite d'Arendal et a
beaucoup d'analogie avec l'Épidote de Chamouni. Il paraît composé de silice, d'oxyde de fer et de manganèse, et d'un peu de chaux.
Serait-ce encore une Épidote où l'alumine serait totalement remplacée par des peroxydes de fer et de manganèse ?

2ᵉ Genre. — AMPHIBOLE. (*Amphibolus.*)

Hemiprismatischer Augit Spath (Mohs). *Hornblende* (de Léonhard)
en partie.

Ce grand genre se divise en trois sous-genres caractérisés par la
couleur des cristaux et la nature des terres ou oxydes métalliques
qui entrent dans leur composition, soit comme base, soit comme
principe électro-négatif.

Caractères communs à tous les individus de ce genre.

Très difficilement attaquables par les acides. Formes
primitives appartenant au système des prismes rectangulaires obliques. Clivables parallèlement aux pans d'un
prisme rhomboïdal de 124° 30' à 127°, et de 55° 30' à
55°, dont la base est inclinée à l'axe de 105° à 106°.
Rayant la chaux fluatée, au plus l'apatite ; rayés par le
quartz. Pes. spéc., 2,9 à 3,5. Éclat vitreux passant au
soyeux ou au nacré.

II.   24

Au chalumeau, seuls sur le charbon, fusibles avec ou sans boursoufflement en verre blanc, brunâtre ou noir.

Formule générale de composition des amphiboles : $3rS + {}^2rS^3$.

r et r' étant des oxydes à un atome d'oxygène, comme la chaux, la magnésie, les protoxydes de fer et le manganèse. Dans quelques cas, la silice S peut être partiellement remplacée par l'alumine qui joue alors le rôle de principe électro-négatif.

* Espèces ayant des angles dièdres aigus au prisme.

1ere Espèce. AMPHIBOLE DITÉTRAÈDRE (*Amphibolus ditetraedros*). Signe des faces, M *l*. Prisme rhomboïdal à sommets dièdres obliques, dont les faces correspondent aux arêtes aiguës du prisme. Le prisme primitif ayant ses bases interceptées chacune par deux faces *l* correspondantes aux arêtes aiguës du prisme, et produites en vertu d'une modification, par une face sur les angles aigus des bases. Inclinaison de M sur M, 124° 34' et 55° 26'; de M sur *l*, 110° 2'; de *l* sur *l*, 149° 38' (1).

2e. AMPHIBOLE DIHEXAÈDRE (*Amphibolus dihexaedros*). Signe des faces, M *l s* P. Prisme hexaèdre à sommets trièdres ou à trois faces. C'est l'espèce *ditétraèdre* augmentée de deux faces *s* au prisme, produites en vertu d'une modification par une face sur chacune des arêtes latérales obtuses du noyau, et dans laquelle les faces *l* n'interceptent pas entièrement la base qui paraît comme une facette P entre elles deux. Inclinaison de P sur *l*, 164° 49'; de M sur *s*, 153° 17'; de P sur *s*, 104° 57'.

* * Espèces n'ayant pas d'angles dièdres aigus au prisme.

3e. AMPHIBOLE BISUNITAIRE (*Amphibolus hexatetraedros*). Signe des faces, M *l x*. Prisme à six pans terminé par des sommets dièdres. L'espèce *ditétraèdre* augmentée d'une face *x* au prisme produite en vertu d'une modification par une face sur les arêtes latérales aiguës du noyau. Inclinaison de M sur *x*, 117° 43'.

4e. AMPHIBOLE DODÉCAÈDRE (*Amphibolus dodecaedros*). Signe des faces, M *x* P *r*. Prisme à six pans terminé par des sommets à trois

---

(1) Suivant M. Beudant, l'inclinaison de *l* sur *l* et de *r* sur *r*, qui est la même, varie de 147° 55' à 148° 23'. En général, les incidences de Haüy, que nous donnons ici, ne peuvent être regardées que comme des approximations suffisantes pour la distinction des espèces, plutôt que comme des mesures exactes.

faces, dont l'une P, qui correspond à l'arête obtuse du noyau et en est la base, est différemment inclinée sur l'axe que les deux autres. Celles-ci *r*, sont produites en vertu d'une modification par une face sur chacune des deux arêtes supérieures et contiguës de la base du noyau. La modification qui produit la face *x* du prisme a été exposée dans l'espèce précédente. Inclinaison de M sur *r*, 110° 2'; de *r* sur *r*, 149° 38'; de *r* sur *x*, 105° 11'.

N. B. Modes de groupemens avec pénétration réciproque et inversion de deux ou plusieurs individus de l'espèce *dodécaèdre*, ou hémitropies propres à cette espèce.

Le plan d'hémitropie passant par l'axe et par une ligne parallèle à cet axe sur chacune des faces *x*, le cristal produit par ce mode de groupement ou par l'inversion supposée d'une des moitiés du cristal *dodécaèdre*, a ses deux sommets dissemblables, l'un, le sommet supérieur, est formé par quatre faces *r*, l'autre, l'inférieur, par deux faces P.

Un autre mode de groupement plus compliqué produit un cristal à onze faces que Haüy a nommé *ondécimal*, et qui, avec le prisme à six pans et le sommet supérieur à trois faces de *l'amphibole dodécaèdre* simple, a son sommet inférieur formé de deux faces P seulement, comme le sommet inférieur de l'amphibole dodécaèdre hémitrope.

5ᵉ. **Amphibole imitatif** (*Amphibolus similis*). Signe des faces, M *x l y*. Prisme à six pans terminé par des sommets à trois faces ; solide, complétement semblable extérieurement, et par le nombre, et par la forme, et par les inclinaisons réciproques de ses faces à *l'amphibole dodécaèdre*; seulement les faces du sommet sont situées en sens contraire par rapport au noyau, puisque dans *l'imitatif* les faces *r* du *dodécaèdre* sont remplacées par les faces *l*, produites en vertu d'une modification par une face sur les angles aigus de la base du noyau, et la face P est remplacée par une face *y*, produite en vertu d'une modification par une face sur l'angle obtus supérieur de la même base. Les faces *l* sont chargées de stries parallèles à leur arête de jonction. Les faces correspondantes *r* du *dodécaèdre* sont lisses. Inclinaison de M sur *l*, 110° 2'; de *l* sur *l*, 149° 38'; de *l* sur *x*, 105° 11.

6ᵉ. **Amphibole triunitaire** (*Amphibolus quadrioctonalis*). Signe des faces, M *s x l*. Prisme à huit pans; sommet dièdre. L'espèce *bisunitaire* ayant de plus au prisme deux faces *s*, formées en vertu d'une modification par une face sur les arêtes latérales obtuses du noyau. Inclinaison de M sur *s*, 152° 17'.

7ᵉ. **Amphibole sexoctonal** (*Amphibolus sexoctonalis*). Signe des

24.

faces, M s *x l* P. Prisme à huit pans; sommet à trois faces : l'espèce *dihexaèdre* ayant les arêtes aiguës du prisme remplacées par la face *x*, ou la *triunitaire* augmentée au sommet de la face P , remplaçant l'arête culminante du sommet dièdre.

8e. AMPHIBOLE ACCÉLÉRÉ (*Amphibolus icosaedros*). Signe des faces, M *x* P *r z i*. Solide à vingt faces. Prisme hexaèdre à sommets formés de sept faces chacun.

9e. AMPHIBOLE OCTODUODÉCIMAL (*Amphibolus octoduodecimalis*). Signe des faces, M *s x* P *r k t*. Prisme à huit pans; sommets à six faces.

10e. AMPHIBOLE TRIOCTONAL. (*Amphibolus trioctonalis*). Signe des faces, M *x* P *r k i z*. Solide à vingt-quatre faces, dont six au prisme et neuf à chaque sommet.

Cette espèce offre des groupemens, avec pénétration et inversion de deux individus (hémitropie), qui produisent un cristal composé et dissymétrique, dont le prisme a six pans, le sommet supérieur huit faces et le sommet inférieur dix.

1er Sous-genre. — TRÉMOLITE.

Grammatite (Haüy, 1re Édition). *Trémolite* (Werner et Karsten). *Trémolite* (Brochant et Beudant).

Combinaison de silice , de magnésie et de chaux, ou silicate de magnésie dominant, combiné avec du trisilicate de chaux.

Signe minéralogique de M. Berzélius , $C S^3 — 3 M S^2$.

ANALYSES DES TRÉMOLITES.

	De Gullsjo. par Bonsdorff.	De Fhalun. par Bonsdorff.	D'Aker. par Bonsdorff.	De Cziklova. par Beudant.
Silice.	59,75	60,10	47,21	59,5
Magnésie.	25,00	24,31	21,86	26,8
Chaux.	14,11	12,73	12,73	12,3
Alumine.	0,50 (1)	0,42	13,94	1,4
Protoxyde de fer.	0,00	1,00	2,28	0,0
Peroxyde de fer.	0,00	0,00	0,00	traces.
Peroxyde de manganèse.	0,00	0,47	0,57	0,0
Acide fluorique	0,94	0,83	0,90	00
Eau.	0,10	0,15	0,44	0,0
	100,40	100,01	99,93	100,0

(1) Avec oxyde de fer.

M. Beudant considère la trémolite d'Aker analysée par M. Bons-dorff, et celle de Cziklova analysée par lui, comme souillée par un mélange avec les minéraux qui composent leur gangue.

Forme primitive : prisme rhomboïdal oblique de 126° à 127°. Pes. spéc., 3,9 à 3,1. Couleur : blanche, grise ou légèrement verdâtre.

Au chalumeau, fondent plus ou moins facilement et avec plus ou moins de bouillonnement, en verre demi-transparent, ou en masse presque opaque et grise. Avec le borax, solubles en verre transparent et incolore. Avec le sel de phosphore, indécomposables et ne donnant qu'après une longue insufflation, un verre qui devient opalin par le refroidissement. Avec la soude, donnent un verre opaque ou transparent. Avec la solution de cobalt, la plupart ont leurs bords fondus rouges ou roses. La trémolite d'Aker qui contient une quantité notable d'alumine, donne sur les bords un verre d'un bleu sombre. (Berzélius.)

ESPÈCES DE CE SOUS-GENRE.

AMPHIBOLE BISUNITAIRE. Du *St-Gothard*. Lucas.
— DITÉTRAÈDRE. Idem.
— DIHEXAÈDRE. Idem.

CRISTAUX ALTÉRÉS OU DÉFORMÉS.

En prismes rhomboïdaux très comprimés, sans sommets et à faces arrondies. Du *St-Gothard*.

MODES DE GROUPEMENT DE CES CRISTAUX ALTÉRÉS.

En masses radiées ou fibreuses ; ces dernières sont quelquefois appelées *Asbestes* ou *Trémolites asbestiformes*.

En masses lamellaires semblables aux *amphibolites* ordinaires , mais incolores. A *Gullsjo* en *Suède*.

2ᵉ Sous-Genre.—ACTINOTE.

Actinote (Haüy, première édition). *Rayonnante* (de Saussure). *Schorl vert du Zillerthal* ou *Zillerthite* (De la Méthrie). *Strahlstein* (Werner et Karsten). *Rayonnante commune* (Brochant). *Gemeine Hornblende* (Werner et Karsten). *Schorl lamelleux* et *Schorl spathique* (Romé-de-l'Isle). *Gabbro* (Desmarets). *Amphibole horn-*

blende lamellaire (Brongniart). *Pargasite* (Bonsdorff). *Actinotes* de M. Beudant en partie.

Combinaison de silice, de protoxyde de fer, et de chaux, ou bisilicate de protoxyde de fer dominant, combiné avec du trisilicate de chaux.

Signe minéralogique de M. Berzélius, $C\,S^3 + 3f\,S^2$.

ANALYSES DES ACTINOTES.

	De Taberg. par Arfwedson.	Du Zillerthal. par Beudant.	Autre du Zillerthal. par Beudant.
Silice.	59,75	53,1	53,1
Chaux.	14,25	11,4	10,6
Protoxyde de fer.	3,95	25,6	21,8
Magnésie.	21,10	7,8	10,4
Protoxyde de manganèse.	0,31	0,2 ?	0,0
Alumine.	0,00	1,7	4,1
Potasse.	0,00	traces.	0,0
Acide fluorique.	0,76	traces.	0,0
Perte.	0,00	0,2	0,0
	100,12	100,0	100,0

D'après M. Beudant, les actinotes du Zillerthal qu'il a analysées, seraient mélangées de Trémolite et de Zoïsite, ou de grenats.

Forme primitive : prisme oblique rhomboïdal de 124° 30' à 125° 40'. Pes. spéc., 3,0. Couleur verte plus ou moins foncée, quelquefois presque noire, plus ou moins translucide et toujours verte par réfraction.

Au chalumeau, seules, fusibles plus ou moins aisément, après avoir blanchi, en un verre opaque et jaunâtre ou brunâtre. Avec la solution de cobalt, fondent et rougissent sur les bords. (Berzélius.)

Les espèces de ce sous-genre ne sont pas encore assez bien déterminées pour pouvoir être citées.

Les cristaux qui en font partie sont généralement privés de leurs sommets, et se présentent en prismes rhomboïdaux ou en prismes hexaèdres très alongés. Souvent ils sont déformés et deviennent baccillaires ou cylindroïdes. Ils se réunissent souvent alors en masses fibreuses ou aciculaires très fines ; on nomme parfois de pareilles masses *Asbestes* ou *Actinotes asbestiformes*. La *Bissolite* du Dauphiné paraît, par son analyse et ses principaux caractères, appartenir à ce sous-genre.

MODE DE GROUPEMENT DES INDIVIDUS MOLÉCULAIRES DE CE SOUS-GENRE.

En masses lamellaires, fformant la roche nommée *Amphibolite*.

5ᵉ Sous-Genre. — HORNBLENDE.

Schorl opaque rhomboïdal (Romé-de-l'Isle). *Schorl cristallisé opaque* (De Born). *Hornblende* (De la Méthrie). *Basaltische Hornblend* (Werner et Karsten). *Amphibole schorlique* (Brongniart). Les *Amphiboles alumineux noirs*, de M. Berzélius eu partie. Les *Actinotes*, de M. Beudant en partie.

Combinaison de silice (en partie remplacée par de l'alumine), de protoxyde de fer, de magnésie et de chaux, ou bisilicates et aluminates de magnésie et de protoxydes de fer dominant, combinés avec un trisilicate de chaux.

Signe minéralogique de MM. Bonsdorf et Berzélius :

$$C S^3 + 3 \begin{Bmatrix} M \\ f \end{Bmatrix} \begin{Bmatrix} S^2 \\ A x \end{Bmatrix}$$

ANALYSES DES HORNBLENDES PAR M. BONSDORF.

	De Pargas.	Du Vogelsberg.
Silice.	45,69	42,24
Chaux.	13,85	12,24
Magnésie.	18,79	13,74
Protoxyde de fer.	7,32	14,59
Protoxyde de manganèse.	0,22	0,37
Alumine.	12,18	13,92
Acide fluorique.	1,50	traces.
	99,53	97,10

M. Beudant croit que l'alumine dans les Amphiboles noirs est étrangère à leur composition et qu'elle provient de silicates alumineux mélangés; il ne distingue en conséquence pas les Hornblendes des Actinotes. Il existe en effet des intermédiaires entre ces deux sousgenres, qu'on ne sait dans lequel des deux on doit placer. Telle est l'Amphibole lamellaire noire, à poussière verte, de Nora , analysée par Klaproth, qui se rapproche beaucoup par sa composition de la Pargasite verte (veritable Actinote) de Pargas , sauf qu'elle contient 3o pour cent de protoxyde de fer, tandis que la Pargasite n'en contient que 5 1/2. Toutes deux renferment près de douze pour

cent d'alumine. Mais il existe aussi des passages entre les Trémolites
et les Actinotes qui n'empêchent pas de les considérer conme distinctes, vu la différence des nuances extrêmes : il doit, ce nous
semble, en être de même pour les Hornblendes. Celles-ci, lorsqu'elles sont bien caractérisées, sont tout-à-fait noires ou brunes
en apparence, sans aucune nuance de vert. On verra même bientôt qu'il est fort probable que leur véritable couleur est le rouge.

Forme primitive : prisme rhomboïdal oblique fort
rapproché des mesures de celui des Actinotes. Pes. spéc.,
3,0 à 3,1. Couleur noire, ou brune foncée. Opaques,
excepté dans des écailles excessivement minces qui se
détachent en partie des surfaces des cristaux de Bohême
et du Puy de Corrent en Auvergne, et qui, examinées à
la loupe et éclairées par une vive lumière, font voir par
transparence une couleur d'un beau rouge. Ce qui prouve
que leur opacité provient de la teinte foncée de leur
principe colorant, et que ce principe n'est pas noir ni
vert, mais rouge.

Au chalumeau, fondent en boule noire très brillante, les unes
avec, et les autres sans boursoufflement. Quelques-unes se décomposent facilement dans le sel de phosphore; pour d'autres la décomposition est nulle. Toutes colorent plus ou moins le verre de borax
en verdâtre. Avec la soude, fondent en verre noir, brun ou gris-
brun. (Berzélius.)

ESPÈCES DE CE SOUS-GENRE.

Amphibole dccécaèdre. De *Carboneira* (Espagne). (Luc., Coll. du
Muséum.)

Amphibole dodécaèdre ondécimale. Du même lieu.

La plupart des espèces un peu compliquées, décrites ci-dessus,
appartiennent à ce sous-genre.

M. Soret a décrit quelques espèces de ce sous-genre rapportées
de Bohème par feu Göthe, et renfermées dans la collection de ce
littérateur célèbre, à Weymar.

MODE DE GROUPEMENT DES INDIVIDUS MOLÉCULAIRES DE CE
SOUS-GENRE, OU FRAGMENS DE CRISTAUX INCOMPLETS ET MUTILÉS.

En masses lamellaires qui portent souvent des traces superficielles de fusion. Dans les terrains volcaniques de la *Bohéme*, de
l'*Auvergne*, du *Languedoc*, et en particulier à *Billin*, au *Puy-
Corrent* et à *Val Margues* près de *Montpellier*.

3ᵉ Genre. — PYROXÈNE. (*Pyroxenus.*)

Paratomer Augit-Spath (Mohs). *Augit* (de Léonhard) en partie.
Ce grand genre se divise en deux sous-genres, caractérisés par la
couleur des cristaux et la nature des terres ou oxydes métalliques
qui entrent dans leur composition, soit comme base, soit comme
principe électro-négatif.

Caractères communs à tous les individus de ce genre.

Inattaquables ou très difficilement attaquables par les
acides. Formes primitives appartenant au système prismatique rectangulaire oblique. Clivables parallèlement
aux pans et aux bases d'un prisme rectangulaire oblique,
ou d'un prisme rhomboïdal oblique de 92° 55' et 87°
5'. Les bases sont inclinées à l'axe de 106° 6' à 106° 30',
et aux pans du prisme rhomboïdal de 100° 10' à 100°
40' (1). Rayant la chaux fluatée; rayés par le quartz.
Pes. spéc., 3,1 à 3,4. Éclat vitreux passant au nacré et
au gras.

Au chalumeau, seuls sur le charbon, fusibles en verre, quelquefois incolores ou presque tels, quelquefois vert sombre ou noir.

Formule générale de composition des pyroxènes.

$$r\,S^2 + r'S^2.$$

r et r' étant des oxydes à un atome d'oxygène, comme la chaux :

----

(1) Les mesures données ici sont celles qui sont indiquées par
M. Beudant; elles diffèrent très peu de celles de Haüy, dont les
nombres correspondans sont 92° 18', 87° 42', 106° 6' et 101° 5'.

la magnésie, les protoxydes de fer et de manganèse. Dans quelques cas, la silice S peut être partiellement remplacée par l'alumine, qui joue alors le rôle de principe électro-négatif.

M. G. Rose a été frappé des grandes analogies qui existent entre les Amphiboles et les Pyroxènes, tant pour le genre de forme que pour la composition, ainsi que d'une même sorte de correspondance qui existe dans ces deux genres, entre les formules générales qui expriment abstraitement la composition du genre entier et les formules particulières à chaque sous-genre, dans lesquelles les mêmes terres et oxydes métalliques jouent des rôles analogues, en même temps que les cristaux, dans les deux genres, présentent les mêmes variétés de coloration. Il a trouvé, en outre, dans les monts Ourals, des groupes réguliers de cristaux ou cristaux composés qui, avec les formes des Pyroxènes, avaient les clivages des Amphiboles, et de semblables phénomènes se sont aussi offerts à lui dans des Pyroxènes de Norwége. La conséquence de ces observations a été, pour lui, que les Pyroxènes et les Amphiboles ne devaient pas être séparés, mais qu'ils appartenaient à une même espèce, ce qui, pour nous, signifie à un même genre. M. Rose a cherché, à cet effet, à montrer non-seulement que les formes des deux genres étaient compatibles ensemble et pouvaient se rapporter à la même forme primitive, mais encore que leur composition était réellement la même; d'où il conclut que les différences apparentes qui existent entre ces minéraux, ne proviennent que de la différence qui a existé dans les circonstances de leur cristallisation. Il pense que, dans une même matière passant de l'état de fusion igné à l'état solide, un refroidissement prompt a produit les formes propres aux Pyroxènes, tandis qu'un refroidissement lent a donné à cette matière les formes des Amphiboles (1).

Nous avons déjà remarqué que les individus simples des divers genres de la famille des Amphiboles ont une tendance fréquente à se grouper ensemble en forme de cristaux composés, et que, dans de pareils groupes, on peut voir réunis des individus appartenant à des genres différens de la même famille. Il ne serait donc pas impossible qu'il y eût des cristaux composés, formés d'un mélange d'Amphiboles et de Pyroxènes, disposés de telle manière que les Amphiboles occuperaient en majorité le milieu du cristal, tandis que les Pyroxènes domineraient dans les parties extérieures, ou *vice versá*. Une pareille disposition expliquerait la dissemblance entre

____

(1) Poggendorff. *Annalen der Physik*, tom. XXII, p. 521.

les formes extérieures et les clivages. Pour que l'idée de M. G. Rose fût complétement démontrée, il faudrait prouver que de pareils phénomènes ont lieu non-seulement dans des cristaux composés, mais encore dans des individus simples et parfaitement homogènes, tant chimiquement que physiquement.

A. Espèces où les formes prismatiques dominent.

* Sommets à une seule face.

1re Espèce. PYROXÈNE PRIMITIF (*Pyroxenus rhomboïdeus*). Signe des faces, M P. Prisme rhomboïdal oblique. Inclinaison de M sur M, 92° 18', et 87° 42'; de P sur M, 101° 5' (1).

2e. PYROXÈNE PÉRIORTHOGONE (*Pyroxenus periorthogonus*). Signe des faces, r l P. Prisme rectangulaire oblique produit en vertu d'une combinaison de deux modifications chacune par une seule face, l'une sur les arêtes latérales aiguës, l'autre sur les arêtes latérales obtuses du prisme primitif; combinaison qui masque entièrement les pans de ce prisme. Inclinaison de r sur l, 90°; de P sur r, 106° 6'; de P sur l, 90°.

3e. PYROXÈNE PÉRIHEXAÈDRE (*Pyroxenus perihexaedros*). Signe des faces, M r P. Prisme oblique à six pans, produit en vertu d'une modification incomplète par une face, sur les arêtes latérales aiguës du noyau. Inclinaison de M sur M, 92° 18'; de M sur r, 133° 51' (2).

4e. PYROXÈNE PÉRIOCTAÈDRE (*Pyroxenus perioctaedros*). Signe des faces, M r l P. Prisme oblique à huit pans. L'espèce précédente ayant de plus les arêtes latérales obtuses du noyau modifiées chacune par une face. Cette modification est aussi incomplète. Inclinaison de M sur l, 136° 9' (3).

** Sommets dièdres.

5e. PYROXÈNE BISUNITAIRE (*Pyroxenus hexatetraedros*). Signe des faces, M r s. Prisme hexaèdre terminé par deux faces culminantes obliques, correspondant aux arêtes latérales obtuses du prisme. Ces deux faces sont produites, en vertu d'une modification (interceptant complétement la base), par une face s sur les angles aigus

---

(1) Nous continuons ici à suivre les incidences données par Haüy, qui ne doivent être regardées que comme approximatives.

(2) 133° 33'. (Beudant.)

(3) 136° 15'. (Beudant.)

des bases du noyau. Inclinaison de *s* sur *s*, 120° (1) ; de M sur *s*, 121° 43' ; de *r* sur *s*, 103° 54'.

6°. Pyroxène triunitaire (*Pyroxenus dodecaedros*). Signe des faces, M *l r s*. Prisme à huit pans terminé par des sommets dièdres. Le prisme de l'espèce *périoctaèdre* avec les sommets du *bisunitaire* (voyez ces espèces pour la nature des modifications). Inclinaison de *l* sur *s*, 120°.

Var. *a*. *Anamorphique*. Cristaux raccourcis dans le sens de l'axe du prisme et alongés transversalement. Si les arêtes culminantes formées à la jonction des faces *s* sont placées verticalement, le cristal paraîtra un prisme hexaèdre terminé par des sommets trièdres.

*** Sommets à trois faces.

7°. Pyroxène dihexaèdre, (*Pyroxenus dihexaedros*). Signe des faces, M *r* P *s*. L'espèce *bisunitaire* dont l'arête culminante est remplacée par une facette P, qui est la base du noyau ; même combinaison de modifications que dans cette espèce, seulement celle qui produit les faces *s* du sommet est incomplète. Inclinaison de P sur *s*, 150° (2) ; de P sur *r*, 106° 6'.

8°. Pyroxène sexoctonal (*Pyroxenus sexoctonalis*). Signe des faces, M *r l s* P. L'espèce triunitaire dont le sommet est à trois faces. (*Voyez* pour la modification qui produit ce sommet l'espèce précédente.)

**** Sommets à quatre faces.

9°. Pyroxène analogique (*Pyroxenus analogicus*). Signe des faces, *a r i n* (3). Prisme à six pans. Sommets à quatre faces répondant aux faces latérales du prisme. Inclinaison de *a* sur *r*, 115° 39' ; de *a* sur *a*, 128° 42' ; de *i* sur *a*, 143° 7' ; de *i* sur *i*, 87° 2' ; de *n* sur *n*, 87° 42'.

10°. Pyroxène dioctaèdre (*Pyroxenus dioctaedros*). Signe des faces, M *r l s o*. Prisme à huit pans ; sommets à quatre faces. L'espèce triunitaire ayant les arêtes de jonction des faces culminantes avec les quatre pans primitifs du prisme, remplacées par une facette *o*, produite en vertu d'une modification par une face,

---

(1) 120° 58'. (Beudant.)

(2) 150° 2'. (Beudant.)

(3) Les lettres *a i n* de M. Beudant ont été substituées aux lettres grecques de Haüy. L'inclinaison de *i* sur *i* est de 87° 18' suivant M. Beudant, et celle de *n* sur *n* de 88° 16' environ.

sur les angles obtus des bases du noyau. Inclinaison de M sur *o*, 145° 9'; de *o* sur *s*, 156° 39'.

***** Sommets à plus de quatre faces.

11e. **Pyroxène sténonome** (*Pyroxenus stenonomus*). Signe des faces, M *r l o* P *s t u*. Prisme à huit pans ; sommets à huit faces, dont cinq devant (desquelles , quatre sont produites en vertu de deux modifications , chacune par une face sur chacun des angles obtus des bases, et la cinquième est le reste de la base du noyau, remarquable par sa forme de pentagone alongé, ayant deux côtés parallèles et un troisième perpendiculaire à ceux-ci), et trois faces derrière produites en vertu de deux modifications, l'une par une face, l'autre par deux faces, sur l'angle aigu supérieur de la base. Inclinaison de P sur *t*, 147° 48'; de M sur *t*, 101° 5; de *u* sur *u*, 131° 8'.

B. Espèces où la forme d'un octaèdre domine.

12. **Pyroxène sénoquaternaire** (*Pyroxenus octaedriformis*). Signe des faces, M *v n'* (1). Un octaèdre oblique irrégulier à triangles scalènes, très aigu, formé par la combinaison des pans du prisme primitif, avec une modification par une face *v*, sur chacune des deux arêtes terminales supérieures du noyau. Les arêtes de la base commune des deux pyramides dont se compose cet octaèdre, sont remplacées chacune par une facette *n'* formée, en vertu d'une autre modification, par une face sur les mêmes arêtes terminales supérieures. Inclinaison de M sur *v*, 145° 9'; de M sur *n'* 156° 3'; de *n'* sur *n'*, 88° 28'; de *v* sur *n'*, 169° 6'.

13e. **Pyroxène duovigésimal** (*Pyroxenus duovigesimalis*). Signe des faces, M *v n' r* P *t z*. Solide à vingt-deux faces. Le même octaèdre que l'espèce précédente, modifié par une face sur deux arêtes aiguës diamétralement opposées, et ayant des sommets à trois facettes obliques.

MODES DE GROUPEMENT AVEC PÉNÉTRATION RÉCIPROQUE ET INVERSION DES INDIVIDUS DE CE GENRE, OU HÉMITROPIES.

Le genre Pyroxène abonde en groupemens de cette nature ; ils ont sur-tout lieu dans les espèces où la forme prismatique domine, et les plans de groupement ou d'hémitropie sont dans des positions

---

(1) Nous substituons encore ici la lettre *n'* de M. Beudant à la lettre grecque de Haüy.

très variées. Les cristaux composés hémitropes les plus communs sont ceux où le plan d'hémitropie est parallèle à un des pans du prisme; le sommet inférieur offre alors un angle rentrant très prononcé. Souvent deux cristaux composés de cette nature se groupent ensemble, de manière à former une croix rectangulaire dont deux des branches offrent à leurs sommets des angles rentrans. Voyez la figure 98 de la Pl. 67 et la figure 119 de la Pl. 69 de l'Atlas de Haüy.

1ᵉʳ Sous-genre. — DIOPSIDE.

Alalite (Bonvoisin). *Mussite* (Idem). *Sahlite* (d'Andrada, Werner et Karsten). *Malacolithe* (Abilgaard) en grande partie, et particulièrement les *Malacolithes blanches* ou *Pyroxènes blancs* (de M. Berzélius). Une partie des *Pyroxènes verts* du même auteur. *Fassait* (Werner). *Pyrgom* (Breithaupt). *Omphazit* (Werner)? *Baïkalite* (Karsten)?

Combinaison de silice, de chaux, de magnésie et d'un peu de protoxyde de fer; ou bisilicate de chaux, combiné avec un bisilicate de magnésie, quelquefois remplacée par une petite proportion de protoxyde de fer.

Signe minéralogique de M. Berzélius : $CS^2 + MS$ et $CS^2 + \left. \begin{matrix} M \\ f \end{matrix} \right\} S^2$.

ANALYSES DES DIOPSIDES.

	Blanches.			Jaunâtres.	Vert bl.
	De	De		De	De
	De Orijerfvi. Tamaro.		Tioten.	Langbanshytta.	Pargas.
	Par H. Rose.	Bonsdorff.	Wachmeister.	H. Rose.	Nordenski.
Silice	54,64	54,85	57,21	55,32	55 40
Chaux.	24,94	24,76	24,94	23,01	15,70
Oxyde de fer.	1,08	0,99	0,20	2,16	2,53
Magnésie.	18,00	18,55	16,75	16,99	22,57
Oxyde de manganèse.	2,00	0,00	0,00	1,59	0,43
Alumine.	0,00	0,28	0,43	0,00	2,83
Perte au feu.	0,00	0,32	0,00	0,00	0,00
	100,66	99,75	99,53	99,07	99,46

Forme primitive: prisme rhomboïdal oblique de 92°

55' et 87° 5'; la base est inclinée à l'axe de 106° 25' à
106° 30', et aux pans de 100° 25' à 100° 40' (Beudant).
Clivable parallèlement aux faces primitives ou à celles
d'un prisme oblique rectangulaire, c'est-à-dire dans la
direction des deux diagonales du noyau. Couleur : blanche ou vert-clair. Transparent ou plus ou moins translucide. Pes. spéc., 3,2 à 3,5.

Au chalumeau , seul sur le charbon , fond avec ébullition en
verre incolore demi-transparent. Avec le sel de phosphore , donne
par une décomposition lente, un verre transparent qui devient
opalin par le refroidissement, et un squelette de silice. Avec la
soude, se gonfle et se dissout en verre diaphane. (Berzélius.)

ESPÈCES DE CE SOUS-GENRE.

PYROXÈNE PRIMITIF. De *la vallée de Fassa*. Haüy.
—   SÉNOQUATERNAIRE. Idem.
—   PÉRIOCTOGONE. Haüy.
—   STÉNONOME. Haüy. *Piémont.*
—   PÉRIOCTAÈDRE. De *Buoen*, près *Arendal*. (Lucas, Coll.
du Mus.)

MODES DE GROUPEMENT ET D'ALTÉRATION DES CRISTAUX DE CE
SOUS-GENRE.

En prismes cylindroïdes accolés longitudinalement et quelquefois
fortement comprimés. Dans la *vallée de Saint-Nicolas* (Valais).
En masses à structure baccillaire.
En masses fibreuses, capillaires et qui prennent l'apparence de
l'asbeste. Bien des cristaux composés de la vallée de Brosso, présentent, par l'écartement des individus cristallins qui les composent,
l'apparence d'un passage à l'asbeste.

MODES DE GROUPEMENT DES INDIVIDUS MOLÉCULAIRES DE CE SOUS-GENRE.

En masses laminaires.
En masses compactes.

ANNOTATIONS.

Les diopsides vertes de Sahla en Suède, et d'Alta en Piémont,
analysées par MM. Henri Rose et Beudant, ont été reconnues par ce
dernier chimiste, comme mélangées de Trémolites et de Grenats.

Il existe aussi à Sahla des Diopsides vertes qui contiennent de trente à soixante pour cent de Stéatite mécaniquement mélangée, suivant les calculs de M. Beudant.

2ᵉ Sous-genre. — PYROXÈNE PROPREMENT DIT.

Schorl noir en prisme octaèdre (De Born). *Schorl volcanique* (Faujas). *Volcanite* et *Virescite* (De la Méthrie). *Augite* (Werner et Brochant). Une partie des *Malacolithes* (Abilgaard); et particulièrement les *malacolithes* vert foncé et rouge sombre. *Coccolithes* (Werner et d'Andrada). Probablement une grande partie des *Hédenbergites* de M. Beudant; l'*Hédenbergite* proprement dite de M. Berzélius, son *Augite* et ses *Pyroxènes alumineux*.

Jeffersonite ? Kaating.

Combinaison de silice, de chaux, de protoxyde de fer et quelquefois d'alumine; ou bisilicate de chaux combiné avec un bisilicate de fer, dans lequel une partie de la silice est quelquefois remplacée par de l'alumine.

Signes minéralogiques de M. Berzélius :

$$\text{pour l'Hédenbergite } CS^2 + fS^2$$

$$\text{pour l'augite } CS^2 - \left.\frac{M}{f}\right\} \quad \left\{\frac{A^2}{S^2}\right.$$

ANALYSES DES PYROXÈNES.

	Hédenbergite de Tunaberg. par H. Rose.	Noir de Taberg. par H. Rose.	Rouge de Degere. par Berzélius.	Noir de Frascati. par Klaproth.	Noir de l'Etna par Vauquelin.
Silice.	49,01	53,36	50,0	48,00	52,00
Chaux.	20,87	22,19	20,0	24,00	13,20
Protoxyde de fer.	26,08	17,38	21,0	12,00	14,66
Magnésie.		4,99	4,5	8,75	10,00
Protoxyde de manganèse.	2,98	0,09	0,3	1,00	2,00
Alumine.	0,00	0,00	0,0	5,00	3,34
Matière volatile.	0,00	0,00	0,9	0,00	0,00
Perte.	1,06	1,99	0,6	1,25	4,80
	100,00	100,00	97,3	100,00	100,00

Forme primitive : prisme oblique rhomboïdal de 92°
55' et 87° 5', dont les bases sont inclinées sur les pans
de 100° 10' à 100° 12', et à l'axe de 106° 12' à 106° 15'
(Beudant). Pes. spéc., 3,10 à 5,15. Couleur : vert
foncé, ou noir, ou rouge sombre. Opaque, ou seulement
faiblement translucide sur les bords minces.

Au chalumeau, dans le matras, donne un peu d'eau hygrométrique
qui rougit le papier de tournesol. Seul entre les pinces se résout
avec une faible effervescence en verre noir brillant. Avec le borax,
donne un verre fortement coloré par le fer. Lentement, et souvent
partiellement, décomposable par le sel de phosphore. Aisément soluble avec la soude, en verre noir. (Berzélius.)

ESPÈCES DE CE SOUS-GENRE.

Pyroxène périhexaèdre. D'*Arendal* (Haüy).
—   bisunitaire. Du *Vésuve*, d'*Auvergne*, de l'*Etna* (Haüy).
—   triunitaire. Du *Vivarais*, du *Vésuve*, d'*Auvergne* et
                         d'*Arendal* (Haüy).
Quelquefois les cristaux sont plus ou moins déformés et arrondis.

MODE DE GROUPEMENT DES INDIVIDUS MOLÉCULAIRES DE CE SOUS-GENRE.

En masses formées de grains arrondis, *cockolith* (Werner).

MODE DE DÉCOMPOSITION DES CRISTAUX DE PYROXÈNE.

Quelques cristaux altérés par les vapeurs volcaniques se changent en matière jaune tendre; d'autres sont transformés en une
sorte de stéatite verte.

REMARQUES SUR LE GRAND GENRE PYROXÈNE.

Peut-être conviendrait-il un jour de former deux nouveaux sous-
genres, dont l'un comprendrait les Pyroxènes blancs ou *Malacoli-*
thes blanches, qui ne contiennent point d'oxyde de fer, et l'autre les
Augites, qui sont toujours noires et complètement opaques, et dans
lesquelles une portion de la silice est remplacée par de l'alumine,
suivant M. Berzélius. M. Beudant regarde l'alumine qui entre dans
la composition des Pyroxènes alumineux, non comme faisant partie
essentielle de leur substance, mais comme provenant d'un mélange
de minéraux étrangers aux Pyroxènes.

4ᵉ Genre. ACHMITE. (*Achmites.*) (Berzélius.)

Combinaison de silice, de peroxyde de fer et de soude , ou bisilicate de fer dominant, combiné avec du trisilicate de soude.
Signe minéralogique de M. Berzélius, 3 $FS^2 + NS^3$.

ANALYSE DE L'ACHMITE, PAR BERZÉLIUS.

Silice.	55,25
Peroxyde de fer.	31,25
Soude.	10,40
Chaux.	0,72
Protoxyde de manganèse.	1,08
	98,70

Forme primitive: prisme oblique rhomboïdal de 86º
57' et 93º 3'. Clivable parallèlement aux pans du prisme
et dans la direction des diagonales. Raye la chaux fluatée ; rayé par le quartz. Pes. spéc., 3,5. Couleur : noir
brunâtre ou brun rougeâtre passant au verdâtre. Éclat
vitreux. Translucide seulement sur les bords très minces.
Poussière d'un gris jaunâtre clair. Cassure inégale à petits grains, ou conchoïde.

Au chalumeau, dans le matras, donne de l'eau hygrométrique
sans changer d'aspect. Seul sur le charbon, fond aisément en une
boule de verre noir brillant. Avec le borax, fond en verre coloré par
le fer. Il en est de même dans le sel de phosphore où il reste un
squelette de silice. Avec la soude, fond en verre noir, et sur la
feuille de platine, donne la couleur verte indicative du manganèse.

Réduit en poudre, devient attaquable par les acides sulfurique et
hydrochlorique.

ESPÈCE UNIQUE.

ACHMITE AIGU (*Achmites acutus*). Le prisme rhomboïdal primitif incomplétement modifié sur toutes les arêtes latérales, et terminé par une pyramide très aiguë à quatre faces, produite en vertu
d'une modification par deux faces, sur les angles solides obtus.

Cette pyramide elle-même a son angle solide culminant remplacé
par un sommet dièdre oblique. D'*Eger* près de *Kongsberg* (Norwége).

5e Genre. — COUZÉRANITE. (Charpentier.)
(*Couserania.*)

Combinaison de silice, d'alumine, de chaux, de magnésie, de potasse et de soude ou silicate d'alumine dominant, combiné avec un trisilicate de chaux et un bisilicate de soude et de potasse.

Signe minéralogique de M. Dufrénoy (1) :

$$\left.\begin{array}{c}N\\K\end{array}\right\} S^2 + 2C\,S^3 + 6A\,S.$$

ANALYSE DE LA COUZÉRANITE DES PYRÉNÉES, PAR M. DUFRÉNOY.

Silice.	0,5237
Alumine.	0,2402
Chaux.	0,1185
Magnésie.	0,0140
Potasse.	0,0552
Soude.	0,0396
	0,9912

Forme primitive : prisme rhomboïdal oblique de 84° et 96°; la base est inclinée sur l'arête de 92° à 93°. Sous-divisible parallèlement à la petite diagonale. Pes. spéc., 2,69. Rayant le verre et non le quartz. Cassure légèrement lamelleuse dans le sens de la petite diagonale, conchoïde et inégale en travers. Éclat vitreux et résineux. Couleur : le noir parfait, le gris très clair? le bleu indigo foncé?

Inattaquable par les acides.

Au chalumeau, se fond en émail blanc, et avec le sel de phosphore donne un bouton laiteux.

ESPÈCES.

1re Espèce. COUZÉRANITE PRIMITIVE (*Couserania prismatica*). Signe des faces, P M. Le prisme rhomboïdal oblique décrit ci-dessus. De la *Vallée de Seix.* (Pyrénées.)

---

(1) *Voyez* la description et l'analyse de la Couzéranite, par M. Dufrénoy. (*Ann. des Scienc. nat.,* tom. 14, p. 72.)

2e. COUZÉRANITE PÉRIHEXAÈDRE (*Conserania perihexaedra*). Signe des faces, P M *r*. Prisme à six pans, terminé par une face oblique. L'espèce précédente modifiée par une seule face sur les arêtes obtuses du prisme. Inclinaison de *r* sur M, 138°. De la *Vallée de Seix.* (Pyrénées.)

6ᵉ Genre. — RHODONITE. (Beudant.) (*Rhodonites.*)

Manganèse oxydé silicifère (Haüy). *Manganspath* (Werner). *Kiesel mangan* (Léonhard). *Mangankiesel* (Breithaupt). *Rubin spath* (Berzélius). *Rothstein* (Haussman) en partie.

Combinaison d'oxyde de manganèse et de silice, ou bisilicate de protoxyde de manganèse.

Signe minéralogique de M. Berzélius : *MgS.*

ANALYSE DES RHODONITES LAMELLAIRES DE LANGBANSHYTTA (SUÈDE), PAR M. BERZÉLIUS.

Silice.	48,00
Protoxyde de manganèse.	49,04
Chaux.	3,12
Magnésie.	0,22
Oxyde de fer.	traces.
	100,38

Clivable en prismes rectangulaires, et moins nettement en prismes rhomboïdaux, de 87° 5' et 92° 55'. Raye la chaux fluatée; rayée par le feldspath. Pes. spéc., 3,6. Couleur: rouge de rose, passant au bleu violet et au brun. Éclat intermédiaire entre le vitreux et le nacré. Opaque, ou seulement translucide sur les bords. Cassure conchoïde ou écailleuse. Poussière d'un blanc rougeâtre clair.

Au chalumeau, dans le matras, inaltérable. Seule, sur le charbon, fond au feu de réduction en verre rose demi-transparent; au feu d'oxydation, forme une boule noire à aspect métallique et dont la couleur se détruit au feu de réduction. Avec le borax, aisément soluble en verre incolore au feu de réduction, et améthyste au feu d'oxydation. Difficilement attaquable par le sel de phosphore, et décomposable en un squelette de silice et en un verre qui, à la flamme extérieure, est améthyste. Avec la soude, se dissout en verre noir ou en scorie noire. (Berzélius.)

Point d'espèces connues dans ce genre. On n'a encore rencontré que des cristaux groupés en masses cristallines et clivables, et des groupes d'individus moléculaires, en masses compactes, à cassure inégale, conchoïde ou écailleuse. A *Langbanshytta* en Suède, à *Kapnik* en Transylvanie et près de *Lockard'sfarm* dans le Massachusetts, Amérique-Septentrionale.

La rhodonite est souvent mélangée de manganèse carbonatée, ainsi que le montrent les analyses de M. Brandes calculées par M. Beudant, tom. 2, p. 182.

7e Genre. — DIALLAGE. (*Diallaga.*)

Il y a peu de genres qui aient autant divisé les minéralogistes, sur-tout depuis un petit nombre d'années, que celui-ci. Les uns, comme MM. Mohs et de Léonhard, ont réuni aux Pyroxènes et aux Amphiboles, une partie des Diallages de Haüy et des minéralogistes français. M. Mohs a divisé en deux genres distincts le reste des Diallages. M. Haïdinger a soutenu que la plupart des Diallages n'étaient que des mélanges d'Amphibole et de Pyroxène. M. Berzélius paraît, d'après les analyses de M. Köhler, pencher vers un rapprochement des Diallages et des Pyroxènes (1). Enfin M. Beudant, sur des considérations dépendantes uniquement de la composition chimique, sépare d'abord les *Smaragdites* de Saussure des Diallages, et annonce que probablement on pourrait encore diviser celles-ci en cinq genres distincts. D'après de pareilles divergences d'opinion, il est difficile d'établir une synonymie exacte. Nous nous contenterons donc, pour le présent, de signaler les diverses dénominations données aux minéraux que nous continuons à comprendre provisoirement dans notre genre Diallage.

Ce sont les *Schorl lamelleux chatoyans* (De la Méthrie). *Smaragdita* (de Saussure). *Feldspath vert* (Romé-de-l'Isle). *Schorl feuilleté* (De Born). *Emeraudite* (Daubenton). *Lotalalite* (Sewerguine). *Diallage verte* (Haüy) en partie. *Diallage métalloïde* (Haüy) en partie. *Blattriger Anthophyllit* (Werner). *Bronzit* (Karsten). *Hemiprismatischer Schillerspath* (Mohs).

Combinaison de silice, de magnésie, de chaux, de protoxydes de fer et de manganèse, d'alumine et peut-être d'une petite quantité

____

(1) *Jahres Bericht* 9ter *Jahrg.* p. 201 et suiv. Tubingen, 1830.

d'eau, ou bisilicate de magnésie, combiné avec un bisilicate de chaux, ou de protoxydes de manganèse et de fer; suivant M. Berzé-

lius, dont la formule minéralogique est : $MS^2 + \begin{matrix} C \\ f \\ mn \end{matrix} \Big\} S^2$

une petite proportion d'alumine remplace parfois de la silice.

D'après M. Beudant, la Smaragdite aurait pour formule :

$$2 \left\{ \begin{matrix} A \\ ch \end{matrix} \right\} S + \begin{matrix} C \\ M \\ f \end{matrix} \Big\} S^2.$$

Les diallages proprement dites auraient, les unes, $4\ MS^2 + MAq$, AS. D'autres, $MS^3 + MAq$, $ASAq$, ou $MS^2 + \begin{matrix} f \\ C \end{matrix} \Big\} S^2$, AS; ou enfin $4\ MS^3 + fS$.

ANALYSES.

	De la Smaragdite.	De la Diallage de la Spezia.	De la Bronzite de Styrie.
	Par Vauquelin.	Par Berthier.	Par Klaproth.
Silice.	50,0	47,2	60,0
Alumine.	21,0	3,7	0,0
Oxyde de chrome.	7,5	0,0	0,0
Chaux.	13,0	13,1	0,0
Magnésie.	6,0	24,4	27,5
Oxyde de fer.	5,5	7,4	10,5
Oxyde de cuivre.	1,5	0,0	0,0
Perte.	4,5 Eau.	5,2	0,5
	109,0	99,0	98,0

AUTRES ANALYSES.

	De la Bronzite du Tyrol.	D'une Diallage métalloïde.	De la Bronzite de Stempel.
	Par Köhler.	Par Drapier.	Par Köhler.
Silice.	56,81	41	57,19
Magnésie.	29,67	29	32,66
Chaux.	2,19	1	1,29
Protoxyde de fer.	8,46	14	7,46
Protoxyde de manganèse.	6,61	0	0,34
Alumine.	2,06	3	0,69
Eau.	0,21	10	0,63
	106,01	98	100,26

Forme primitive : prisme oblique rectangulaire dont la base est inclinée sur un des pans, de 109° 18', et perpendiculaire sur deux autres pans opposés du même prisme (1). Clivages très nets et très brillans parallèlement à deux pans opposés du prisme; peu apparens dans la direction des autres pans et des deux diagonales de la base. Pes. spéc., 3,0 à 3,3. Rayant la chaux carbonatée ou la chaux fluatée; rayée par la chaux fluatée ou par l'apatite. Éclat vitreux ou nacré très vif et quelquefois pseudo-métalloïde. Tissu très lamelleux ou fibrolaminaire. Couleur d'un vert très vif ou verdâtre, souvent argenté, quelquefois d'un brun violâtre.

Au chalumeau, seule dans le matras, donne de l'eau, pétille et prend une couleur plus claire. Sur le charbon, fond lentement sur les bords, en une scorie grisâtre ou en verre verdâtre ou blanchâtre. Soluble dans le borax, en verre diaphane légèrement coloré par le fer, et dans une certaine quantité de soude, en boule opaque, gris verdâtre. (Berzélius.)

Les espèces de ce genre sont douteuses. Haüy en indique une qu'il nomme *Diallage périoctaèdre*, qui est un prisme à huit pans et à base oblique, formé en vertu d'une modification par une face sur chacune des arêtes latérales du noyau.

Les individus de ce genre tendent à s'alonger et à se réunir en masses laminaires, ou lamellaires, ou aciculaires, ou fibro-laminaires. C'est ainsi qu'on les voit à la *Spezzia*, au *Mont Rose*, dans l'*Ustenthal* au Tyrol.

MODE DE GROUPEMENT DES INDIVIDUS MOLÉCULAIRES DE CE GENRE.

En masses compactes.

8e Genre. — HYPERSTÈNE. (*Hyperstenum.*)

Labradorische Hornblende (Werner). *Hornblende du Labrador* (Brochant). *Paulit* (Werner). *Prismatoïdischer Schillerspath* (Mohs).

---

(1) Suivant M. Mohs, ce serait un prisme rhomboïdal oblique de 86° et 94°.

Combinaison de silice, de magnésie et de protoxyde de fer, ou bisilicate de magnésie, combiné avec du bisilicate de protoxyde de fer.

Signe minéralogique de M. Berzélius : $f\,S^2 + M\,S^2$; ce qui lui donnerait la même composition qu'à un Pyroxène. Dans sa première classification, M. Berzélius avait adopté la formule $f\,S^2 + {}^3M\,S^3$, et si elle était exacte, cette différence dans la composition, jointe à la différence dans la forme, éloignerait entièrement l'Hyperstène des Pyroxènes.

ANALYSE DES HYPERSTÈNES DU LABRADOR, PAR KLAPROTH.

Silice.	54,25
Magnésie.	14,00
Oxyde de fer.	24,50
Chaux.	1,50
Alumine.	2,25
Eau,	1,00
	97,50

Forme primitive : prisme droit rhomboïdal de 98° 12' et 81° 48'. Divisible parallèlement à ses faces et dans le sens des deux diagonales. Le clivage parallèle à la petite diagonale est le plus net de tous et le plus éclatant. Il offre souvent un éclat pseudo-métallique d'un rouge cuivreux. Les clivages parallèles aux pans du prisme viennent ensuite dans l'ordre de netteté, et leur éclat est plus vitreux et d'une couleur blanche. Pes. spéc., 3,3 à 3,4. Rayant l'apatite; rayée par le quartz. Couleur : noir ou noir grisâtre et verdâtre, quelquefois brun. Les reflets sont colorés en rouge de cuivre, ou jaune d'or, ou brun, ou bleu. Cassure inégale à petits grains.

Au chalumeau, seule dans le matras, donne de l'eau hygrométrique sans changer d'aspect. Sur le charbon, aisément fusible en verre vert grisâtre opaque. Avec le borax, soluble aisément en verre verdâtre. Avec le sel de phosphore, ne se décompose pas. s'arrondit sur les bords et se dissout très lentement. Avec la soude, en petite quantité, donne une boule opaque d'un gris verdâtre. (Berzélius.)

ESPÈCES.

1re Espèce. HYPERSTÈNE PRIMITIF (*Hyperstenum prismaticum*). Signe des faces, M. P. Prisme rhomboïdal droit. Inclinaison de M sur M, 98° 12' et 81° 48'; de M sur P. 90°. Indiquée par Haüy, sans désignation de localité.

2e. HYPERSTÈNE TRIUNITAIRE (*Hyperstenum dodecaedricum*). Signe des faces, M r x g. Un prisme à huit pans à sommets dièdres très surbaissés, formé par une combinaison de modifications, les unes par une seule face sur chacune des arètes latérales, les autres par une face g sur chacun des angles aigus des bases. Cette modification n'intercepte pas en entier les pans du prisme primitif. Inclinaison de M sur r, 130° 54'; de M sur x, 139° 6'; de g sur g, 133° 12'; de g sur r, 113° 24'. Indiquée par Haüy, comme provenant du *Cornouailles*.

J'ai trouvé à la Prese entre Tirano et Bormio, dans la Valtelline, un grand cristal d'Hyperstène, qui, s'il eût été complet, eût formé une troisième espèce. Ce cristal, enchâssé dans sa gangue et naturellement clivé parallèlement à la petite diagonale de la base du noyau, présente pourtant deux faces distinctes, l'une la face x, et l'autre une face culminante produite en vertu d'une modification par une face, sur l'angle obtus de la base, l'arète d'intersection de cette face avec la face x est perpendiculaire à l'axe, de même que celle qui existe entre les faces g et r, ce qui démontre que la forme primitive de l'Hyperstène est bien un prisme droit.

MODE DE GROUPEMENT DES INDIVIDUS MOLÉCULAIRES DE CE GENRE.

En masses laminaires, lamellaires et fibro-laminaires. Du *Labrador* et de la *Prese* (Valtelline); aussi des *monts Cuchullin* (Ile de Sky), et du *Cornouailles*, etc.

9e Genre. — ANTHOPHYLLITE. (*Anthophyllites.*)

Anthophyllit (Schumacher et Karsten). *Strahliger Anthophyllit* (Werner). *Antholith* (Breithaupt). *Prismatiches Schiller spath* (Mohs).

M. Rose réunit l'Anthophyllite avec l'Amphibole. (Poggendorff, *Ann. der Physik*, t. XXIII, p. 359).

Combinaison de silice, d'alumine, de magnésie et de protoxyde de fer, ou trisilicate d'alumine, combiné avec un bisilicate de m . . gnésie et de protoxyde de fer.

Signe minéralogique de M. Beudant :

$$A\,s^3 + \left.\begin{array}{c} M \\ f \end{array}\right\} S.$$

ANALYSE DES ANTHOPHYLLITES, PAR JOHN.

Silice.	62,66
Alumine.	13,33
Magnésie.	4,00
Chaux.	3,33
Oxyde de fer.	12,00
Oxyde de manganèse.	3,25
Eau.	1,43
	100,00

Forme primitive : prisme rhomboïdal droit de 73°
44' et 106° 16' (1). Clivable parallèlement aux pans,
difficilement dans la direction parallèle aux bases. Il se
divise aussi très nettement dans le sens des deux diagonales; les faces de clivage qui répondent à la plus
grande diagonale sont plus éclatantes que les autres.
Pes. spéc., 3,0 à 3,3. Rayant fortement la chaux fluatée et même légèrement l'apatite ; rayée par le quartz.
Éclat nacré passant à l'éclat vitreux et à l'éclat pseudo-
métalloïde sur les faces de clivage les plus nettes. Couleur : gris jaunâtre et brunâtre, quelquefois avec des
reflets bleus. Translucide sur les bords et même transparente.

Au chalumeau, seule sur le charbon, inaltérable et infusible.
Avec le borax, se dissout difficilement en verre coloré par le fer.
Avec le sel de phosphore, se décompose lentement et donne un
squelette de silice. Avec la soude, fond difficilement en scorie.
(Berzélius.)

ESPÈCE UNIQUE.

ANTHOPHYLLITE QUADRIHEXAGONALE (*Anthophyllites quadrihexagonalis*). Signe des faces, M *s o*. Prisme hexaèdre terminé par des
sommets dièdres. Combinaison de deux modifications, l'une incomplète par une seule face *s*, sur les arêtes latérales du prisme, l'autre

---

(1) De 124° 30' et 55° 30', suivant M. Mohs.

par une face *o*, sur chacun des angles aigus des bases. Inclinaison de M sur *s*, 126° 52'; de M. sur *o*, 107° 2'; de *o* sur *o*, 121° 36'; de *o* sur *s*, 119° 52'. Citée par Haüy sans désignation de localité.

Les cristaux altérés et privés de sommets se trouvent groupés en masses laminaires et aciculaires. A *Kongsberg* (Norwége), et dans le *Groënland*.

Il ne faut pas confondre avec l'Anthophyllite, les prétendues Anthophyllites du Tyrol et de la Styrie, qui sont des Diallages Bronzites.

Appendice à la famille des Amphiboles.

1. *Schillerspath* (Léonhard). *Diallage métalloïde* (Haüy) en partie. *Schillerstein* (Werner). *Diatomer Schillerspath* (Mohs).

C'est la Diallage de Baste, au Hartz, qui diffère, soit par sa composition, soit par des caractères physiques importans, des autres Diallages.

D'après l'analyse de M. Köhler, ce serait un bisilicate de magnésie, protoxyde de fer et de chaux dominant, combiné avec un hydrate de magnésie.

Signe minéralogique de M. Beudant : $4 \left.\begin{matrix} M \\ f \\ C \end{matrix}\right\} S^2 + M Aq^4.$

ANALYSE DU SCHILLERSPATH DE BASTE, PAR KÖHLER.

Silice.	43,90
Magnésie.	25,85
Protoxyde de fer et un peu de chrome.	13,02
Protoxyde de manganèse.	0,53
Chaux.	2,64
Alumine.	1,28
Eau.	12,42
	99,64

Forme primitive : prisme oblique rhomboïdal ? divisible en deux directions qui font entre elles un angle d'environ 135°. L'un de ces clivages est très net, l'autre peu distinct. Pes. spéc., 2,69. Raye la chaux carbonatée; rayé par la chaux fluatée. Poussière : blanc grisâtre ou jaunâtre. Couleur verte ou brune. Sur les faces de clivage plus nettes, l'éclat est nacré et pseudo-métalloïde. Cassure inégale, esquilleuse.

Au chalumeau, dans le matras donne de l'eau. Seul dans la pince de platine, brunit et prend un aspect métallique. De minces fragmens s'arrondissent sur les bords. Dans le borax, très difficilement soluble en donnant la réaction du fer. Soluble dans le sel de phosphore en laissant, pour résidu, un squelette de silice, et dans la soude, en scorie impure d'un gris jaunâtre.

Réduit en poudre fine, facilement décomposé par les acides sulfurique et hydro-chlorique.

On ne connaît de ce genre aucun cristal complet, mais seulement des masses lamellaires, laminaires ou fibro-laminaires. A *Baste* (au *Hartz*).

2. *Babingtonite* (Lévy). *Axotomer Augit spath* (Mohs).

Composition inconnue. Point d'analyse. M. Children y a reconnu de la silice, des oxydes de fer, de manganèse, de la chaux et une trace de titane.

Forme primitive : Prisme oblique rhomboïdal de 155° 25' dont la base est inclinée à l'axe de 92° 34'. Clivage le plus net parallèle à la base, peu net parallèlement à la grande diagonale du prisme. Raye l'apatite ; rayée par le quartz. Couleur noire ou verdâtre. Éclat vitreux. Les fragmens minces sont seuls translucides. Cassure imparfaitement conchoïde.

Au chalumeau, fond aisément en émail noir. Avec le borax, au feu d'oxydation, donne un verre translucide, couleur améthyste foncé qui devient d'un vert bleuâtre au feu de réduction. Avec le sel de phosphore, réduite en poudre, se dissout en laissant un squelette de silice. Avec la soude, donne une boule opaque d'un vert foncé.

La forme la plus ordinaire de la Babingtonite est celle d'un prisme à huit pans à sommets dièdres très surbaissés. D'*Arendal*, en *Norwège.*

3. *Pyrallolite* (Nordenskiold).

Suivant M. Beudant, l'analyse de M. Nordenskiold ferait de ce minéral un trisilicate de magnésie, mélangé d'hydrate de magnésie, et son signe serait : $MS^3 + M Aq^3$.

ANALYSE DE LA PYRALLOLITE DE STORGARD, PAR NORDENSKIOLD.

Silice.	56,62
Magnésie.	23,38
Alumine.	3,38
Chaux.	5,58
Peroxyde de fer.	0,99
Protoxyde de manganèse.	0,99
Eau.	3,58
	——
	94,52

Forme primitive : prisme oblique à base de parallélogramme obliquangle de 94° 36'. La base est inclinée de 140° 49' sur une des faces. Clivable parallèlement aux pans du prisme et dans la direction de la grande diagonale des bases. Raye la chaux carbonatée; rayée par la chaux fluatée. Éclat gras. Pes. spéc., 2, 6. Réduite en poudre, donne une lumière phosphorique bleuâtre. Couleur blanche ou verdâtre. Translucide seulement en lames minces. Cassure terreuse.

Au chalumeau, dans le matras, donne de l'eau, noircit et dégage un gaz à odeur empyreumatique. Sur le charbon, blanchit, s'enfle et fond à demi sur les bords en un émail blanc, légèrement bulleux. Avec le borax, aisément fusible en verre diaphane. Avec le sel de phosphore, se décompose en un squelette de silice demi-transparent et en un verre diaphane et incolore qui, en se refroidissant, devient opalin. (Berzélius.)

Les formes des espèces connues jusqu'à présent, se rapportent toutes au prisme primitif plus ou moins modifié sur les arêtes terminales ou sur les angles. Elles viennent de *Stargard* près de *Pargas* en *Finlande*.

Arfwedsonite (Brooke). *Peritomer Augit spath* (Mohs). Réunie à l'Amphibole Hornblende par M. de Léonhard.

ANALYSE PAR M. THOMSON.

Silice.	50,50
Peroxyde de fer.	35,14
Deutoxyde de manganèse.	8,92
Alumine.	2,49
Chaux.	1,56
Eau.	0,96
	99,57

Susceptible de clivage dans deux directions qui font entre elles un angle de 123° 55'. Pes. spéc. 3,4 à 5,5. Rayant l'apatite ; rayée par le quartz. Éclat vitreux très brillant sur les faces de clivage. Couleur noire. Opaque.

Au chalumeau, seule, aisément fusible en une boule noire. Avec le borax, donne un verre coloré par le fer. Il en est de même du sel de phosphore ; mais le verre devient incolore par le refroidissement, et renferme un squelette de silice. (Children.)

Point d'espèces connues : on ne voit que des fragmens de cristaux en masses clivables à Kangerdluarsuk dans le Groënland.

5. *Picrosmine* (Haïdinger). *Pikrosmin* (de Léonhard).

Suivant M. Beudant, sa composition serait un trisilicate de magnésie dominant, combiné avec un hydrate de magnésie, et son signe serait 3 $MS^3 + M Aq^2$.

ANALYSE PAR M. C. MAGNUS.

Silice.	54,88
Magnésie.	33,34
Protoxyde de manganèse.	0,42
Peroxyde de fer.	1,39
Eau.	7,30
	97,33

Forme primitive : prisme droit rectangulaire. Le clivage le plus net est parallèle aux pans les plus étroits du prisme. Pes. spéc., 2,59 à 2,66. Rayant la chaux carbonatée; rayée par la chaux fluatée. Eclat nacré ou vitreux. Couleur verte de diverses nuances, depuis les plus foncées jusqu'aux plus claires. Facile à couper avec le couteau. Opaque, ou translucide sur les bords.

Au chalumeau , seule, ne fond pas, mais noircit d'abord, puis blanchit et devient opaque en acquérant une dureté notable. Soluble dans le sel de phosphore, en laissant un squelette de silice, et dans le borax. Avec la soude, se réduit sur le charbon en une masse opaque à demi-vitrifiée. Avec la solution de cobalt, prend une couleur rouge pâle.

Point d'espèces connues, mais des groupemens en masses grenues et clivables. De la mine d'*Engelsburg* près *Presnitz* en *Bohême*.

6. *Asbeste* et *Amiante*. On ne saurait former un genre de ces individus en filamens plus ou moins déliés, plus ou moins flexibles dont la plupart, si ce n'est tous, appartiennent aux genres Amphibole et Pyroxène, ou peut-être forment des groupes dans lesquels ceux des deux genres se trouvent réunis. On confondait aussi la Picrosmine avec les asbestes avant que M. Haïdinger l'en eût séparée. La *Bissolite* de de Saussure à fibres capillaires, brunes dans le Dauphiné, et blanches ou verdâtres au Dôme du Gouté (Vallée de Chamouni), paraît appartenir au sous-genre *Trémolite* du genre *Amphibole*.

Les masses compactes, légères, spongieuses, connues sous le nom de *liège* ou de *cuir de montagne*, ne sont que des groupes d'individus moléculaires qui paraissent appartenir au même sous-genre.

7? *Breislakite.* Minéral en aiguilles très fines, ou en filamens capillaires, soit séparés, soit entrelacés, remplissant les cavités de certaines laves à *Capo di Bove* près de *Rome*, et *à la Scala* près de *Portici* etc.

Il n'en existe pas d'analyse, et sa composition est tout-à-fait inconnue. L'extrême ténuité de ses cristaux prismatiques empêche aussi de déterminer sa dureté et sa pesanteur spécifique. Couleur : brun rougeâtre ou châtain. Éclat pseudo-métalloïde.

Au chalumeau, seule, fond aisément en une scorie noire, brillante et magnétique. Avec le borax, donne un verre vert qui devient incolore par le refroidissement. Avec le sel de phosphore, produit une boule verte, qui, au feu de réduction, devient rouge, ce qui indique la présence d'une quantité notable de cuivre.

Famille des *WOLLASTONITES.*

Solubles en gelée ou en laissant un résidu pulvérulent dans l'acide hydro-chlorique. Tissu distinctement feuilleté on fibro-laminaire. Rayant la chaux fluatée. Difficilement fusibles au chalumeau sur les bords seulement. Pes. spéc., 2,45 à 2,9. Cette famille qui ne se compose jusqu'ici que d'un seul genre, a les plus grands rapports avec la famille des amphiboles, et aurait pu même y être réunie, si, d'un côté la solubilité dans les acides, et de l'autre la circonstance que la formule minéralogique des Wollastonites ne se composent que d'un seul terme, tandis que celles des Amphiboles ont au moins deux termes, ne nous eussent paru devoir l'en séparer quant à présent.

Genre WOLLASTONITE. (*Wollastonia.*) (Haüy.)

Tafel spath (Karsten). *Schaalstein* (Werner). *Spath en tables* (Berzélius). *Prismatischer Augit spath* (Mohs).

Combinaison de silice et de chaux, ou bisilicate de chaux,

Formule minéralogique de M. Berzélius : $C S^2$.

ANALYSES DES WOLLASTONITES.

	De Cziklowa.		De Pargas.	De Perheniémi.
	Par Stromeyer.	P. Beudant.	P. Bonsdorff.	Par Rose.
Silice.	51,44	53,1	52,58	51,60
Chaux.	47,41	45,1	44,45	46,41
Ox. de mang.	0,25	0,0	0,00	0,00
Oxyde de fer.	0,40	0,0	1,13	traces.
Magnésie.	0,00	1,8	0,68	0,00
Eau ou matière volatile.	0,07	0,0	0,99	0,00
	99,57	100,0	99,83	98,01

M. Beudant a reconnu, par le calcul, que la Wollastonite de Cziklova, qu'il a analysée, était souillée par un mélange de Trémolite et d'Édelforse.

Forme primitive : prisme rhomboïdal droit ou oblique de 95° 20' et 84° 40' suivant M. Beudant, de 95° 18' suivant M. de Léonhard, ou de 95° 25' d'après M. Mohs. Les principaux clivages sont parallèles aux pans de ce prisme. Pes. spéc., 2,45 à 2,9. Raye la chaux fluatée ; rayée par le feldspath. Couleur : blanc ou blanc jaunâtre, brunâtre ou rougeâtre. Éclat intermédiaire entre celui du verre et celui de la nacre de perle. Demi-transparente et transparente sur les bords. Cassure esquilleuse ou inégale.

Des fragmens échauffés brillent d'une vive phosphorescence jaunâtre.

Réduite en poudre et jetée dans l'acide hydrochlorique s'y résout en gelée, avec ou sans effervescence ; quelques fragmens s'y dissolvent partiellement en laissant pour résidu une masse pulvérulente.

Au chalumeau, seule dans le matras, inaltérable. Sur le charbon, se fond sur les bords en verre incolore demi-trans parent. Cette fusion exige un feu très ardent et est accompagnée d'un bouillonnement périodique. Avec le borax, aisément soluble en verre transparent. Avec le sel de phosphore, donne un verre qui devient opalin à froid et un squelette de silice. Avec un peu de soude, se dissout en verre bulleux, blanc d'émail. Une forte dose fait gonfler la matière et la rend infusible. Avec la solution de cobalt, fond très difficilement sur les bords, qui deviennent bleus. (Berzélius.)

Point d'espèces connues, les cristaux se présentent altérés, privés de sommets et réunis en masses fibreuses ou radiées (*Château d'Edimbourg*) , en masses laminaires ou lamellaires (*Capo di Bove* près de *Rome*), ou en masses fibro-laminaires (*Bannat de Temeswar*).

Appendice à la famille des Wollastonites.

Édelforse (Beudant). *Pierre calcaire d'Édelfors* (Berzélius). Une partie des *Trémolites* et des *Wollastonites* d'autres auteurs.

Combinaison de silice et de chaux, ou trisilicate de chaux. Signe minéralogique de M. Berzélius : CS^3.

ANALYSES DES ÉDELFORSES.

	D'OEdelfors. Par Hisinger.	De Cziklova. Par Beudant.
Silice.	57,77	61,6
Chaux.	35,50	36,1
Alumine.	1,83	0,0
Magnésie.	0,00	2,3
Oxyde de fer et de manganèse.	1,00	0,0
Matière volatile.	0,75	0,0
Perte.	3,15	0,0
	100,00	100,0

M. Beudant regarde l'Édelforse de Cziklova comme contenant un mélange d'environ dix pour cent de Trémolite et de Wollastonite.

L'Édelforse est, suivant M. Beudant, un minéral blanc ou grisâtre, qui cristallise peut-être en prismes rhomboïdaux. Sa pesanteur spécifique est d'environ 2,5. Raye le verre.

Au chalumeau, dans le matras, ne donne pas d'eau; seule elle se fond en verre blanc transparent.

Point d'espèce connue.

Les individus cristallins se présentent sous forme de petites fibres, blanches, raides et divergentes. A *Cziklova* dans le Bannat, enclavés dans un carbonate de chaux.

II.   26

Les individus moléculaires sont groupés en masses compactes à Œdelfors. (Suède.)

M. Beudant croit qu'une trémolite de Gjellebach analysée par Hisinger, pourrait bien être une Édelforse souillée par un mélange d'environ vingt-cinq pour cent de carbonate de chaux, et de dix pour cent de silicate de manganèse et de fer.

FAMILLE DES *DISTHÈNES.*

Inaltérables dans les acides. Tissu feuilleté. Rayant au plus la chaux fluatée. Infusibles au chalumeau sans addition; blanchissant à un feu supérieur à la chaleur rouge. Pes. spéc., 3,5 à 3,6.

Genre.— DISTHÈNE. (*Disthenum.*) (Haüy.)

Talc bleu et *Béril feuilleté* (Sage). *Schorl bleu* et *Cyanite* (De la Méthrie). *Sappare* (de Saussure). *Kyanit* (Werner) et *Rhœtizite* du même. *Prismatischer Disthen Spath* (Mohs).

Combinaison de silice et d'alumine, ou sous-silicate d'alumine.

Signe minéralogique de M. Berzélius : *A³ S.*

ANALYSES DES DISTHÈNES DU SAINT-GOTHARD, PAR M. TH. DE SAUSSURE.

	Tendre.	Dur.
Silice.	30,62	29,20
Alumine.	54,50	55,00
Oxyde de fer.	6,00	6,65
Chaux.	2,02	2,25
Magnésie.	2,30	2,00
Eau et perte.	4,56	4,09
	100,00	99,19

ANALYSES D'AUTRES DISTHÈNES.

De	Du St.-Gothard?	D'Aschaffen-burg.	Blanc de Zillerthal.
	P. M. Arfwedson.	P. Laugier.	P. Klaproth.	P. M. Beudant.
Silice.	36	38,50	39,0	31,6
Alumine.	64	55,50	53,0	67,8
Oxyde de fer.	0	2,75	3,5	0,0
Chaux.	0	0,50	0,0	0,2
Potasse.	0	0,00	0,0	0,2
Perte au feu.	0	0,75	2,0	Traces d'acide fluorique.
	100	98,00	97,5	99,8

Forme primitive : prisme oblique à base de parallélogramme obliquangle. Clivable en trois directions dont
le degré de netteté et de perfection est différent. Le
clivage le plus parfait, fait avec celui qui vient ensuite
dans l'ordre de netteté, des angles de 79° 50' et 100° 10',
et avec le plus imparfait, des angles de 106° 15' et 73°
45'. Pes. spéc., 3,5 à 3,7. Ses angles solides et ses arêtes
rayent la chaux fluatée et même quelquefois l'apatite,
tandis que ses faces de clivage sont quelquefois rayées
par la chaux fluatée ou du moins par l'apatite. Couleur
quelquefois blanche ou grise, rougeâtre ou jaunâtre,
mais le plus souvent bleue. Éclat nacré sur les clivages
les plus nets, vitreux partout ailleurs. Translucide et
même transparent. Cassure inégale.

Inaltérable dans les acides.

Au chalumeau, seul sur le charbon, le Disthène ordinaire reste
inaltérable à un feu doux ; le Rhœtizite du Tyrol rougit : tous les
deux exposés à un feu très ardent blanchissent sans fondre, même
après avoir été réduits en poudre. Avec le borax, soluble lentement, mais complétement, en verre transparent et incolore. Avec
le sel de phosphore, donne un squelette de silice bulleux et demi-
transparent, et un verre qui ne devient pas opalin par le refroidissement. Avec une petite quantité de soude, imparfaitement
fusible en une masse bulleuse et arrondie qui, à la flamme extérieure, devient rose pâle ou jaunâtre et transparente. Avec la
solution de cobalt, devient, à un feu vif, d'un beau bleu foncé.
(Berzélius.)

Les espèces suivantes ont été signalées et décrites par Haüy ;
mais elles ont besoin d'être étudiées de nouveau relativement aux
incidences, et pour rapporter les modifications qui les produisent,
à l'un des prismes obliques divers adoptés par les différens minéralogistes actuels, comme forme primitive. Aussi ne ferons-nous
ici qu'indiquer ces espèces, sans les décrire complétement.

ESPÈCES.

1re Espèce. DISTHÈNE DIVERGENT (*Disthenum divergens*). Un
prisme hexaèdre oblique. Du *Saint-Gothard*. (Haüy.)

26.

2°. **Disthène péri-octaèdre** (*Disthenum peri octaedricum*). Un prisme oblique à huit pans. Du *Saint-Gothard*. (Haüy et Lucas, Coll. du Mus.; et du *Salzbourg*. Le même, même collection.)

On trouve souvent des individus de cette espèce, groupés deux à deux et se pénétrant réciproquement. La face de jonction est parallèle aux faces de clivages les plus nettes, et le cristal double formé par ce groupement est un prisme à dix pans, dont deux font entre eux un angle rentrant.

3°. **Disthène triunitaire** (*Disthenum ortho-prismaticum*). Un prisme droit à huit pans. Du *Saint-Gothard*. (Haüy.)

4°. **Disthène dioctaèdre** (*Disthenum dioctaedricum*). Un prisme à huit pans, terminé à chaque sommet par quatre faces très surbaissées.

5°. **Disthène péridécaèdre** (*Disthenum peridecaedron*). Un prisme oblique à dix pans.

Les cristaux de Distène se présentent le plus souvent altérés, privés de leurs sommets et partagés par le clivage; ils forment alors de longs prismes laminaires ou lamelliformes, presque toujours enchâssés dans leur gangue, et accompagnés de cristaux de *Stauro- tide*. Au *Saint-Gothard*. Dans le *Zillerthal* (Tyrol). A la *Sau Alp* en *Carinthie*. A *Buitrago* en *Castille*, et en *Russie*.

Ils se présentent aussi en masses à structure laminaire et radiée en même temps; c'est ainsi que l'on trouve dans le Tyrol le Distène blanc ou grisâtre que l'on a appelé *Rhœtizite*.

MODE DE GROUPEMENT DES INDIVIDUS MOLÉCULAIRES DE CE GENRE.

En masses compactes.

ANNOTATIONS.

M. Beudant propose avec raison, ce nous semble, de réunir aux Disthènes, le minéral appelé improprement *Pinite de Saxe*, dont la composition est la même d'après l'analyse de Klaproth.

Silice.	29,50
Alumine.	63,75
Oxyde de fer.	6,75
	100,00

Cette composition est très différente de celle des minéraux du genre *Pinite*. La Pinite de Saxe diffère encore des autres, et se rapproche des Disthènes par la structure feuilletée et l'éclat souvent nacré que présentent ses cristaux.

Lucas cite , dans la Collection du Muséum, un cristal *péridodé-caèdre* de Pinite provenant du *Pinitstolln.*

FAMILLE DES *PINITES.*

Difficilement et seulement partiellement attaquables par l'acide hydrochlorique, ou totalement inaltérables dans les acides. Tissu compacte ou terreux. Ne rayant que le gypse. Pes. spéc., 2,5 à 2,98. Plus ou moins difficilement fusibles au chalumeau.

1er Genre. — PINITE. (*Pinites.*)

Pinite (Haüy, Brochant, etc.) en partie. *Pinite* (Werner et Karsten) en partie. *Micarelle* (Kirwan). *Pinite* (Beudant).

Combinaison de silice, d'alumine et de potasse, avec mélange de soude, de magnésie, d'oxydes de fer et de manganèse ; ou bisilicate d'alumine dominant, combiné avec un silicate de potasse. Cette combinaison est souillée par des mélanges d'oxydes de fer, de manganèse et de soude.

Signe minéralogique de M. Beudant : $3\,A\,S^2 + K\,S$.

ANALYSE DES PINITES DE ST. PARDOUX EN AUVERGNE, PAR M. C. G
GMELIN.

Silice.	55,96
Alumine.	25,48
Potasse.	7,89
Soude.	0,59
Chaux.	traces
Oxyde de fer.	5,51
Magnésie et oxyde de manganèse.	3,76
Eau et matière animale.	1,41
	100,60

Forme primitive: prisme droit rhomboïdal de 120° et 60°. Clivable peu nettement parallèlement à ses pans et dans la direction des petites diagonales de ses bases, plus nettement parallèlement aux bases; le plus souvent non susceptible de clivages. Haüy prenait pour forme primitive des pinites un prisme hexaèdre régulier droit, qui en effet est susceptible d'être produit comme forme secondaire par une modification du noyau indiqué ci-dessus. Pes. spéc., 2,78 à 2,98. Raye le gypse; rayée par la chaux fluatée. Couleur: gris jaunâtre, ou rougeâtre, ou brun. Éclat très faible et un peu gras. Opaque. Cassure inégale à petits grains ou terreuse. Gras au toucher. Donnant souvent par insufflation une forte odeur argileuse.

Difficilement et seulement partiellement attaquable par l'acide hydrochlorique.

Au chalumeau, dans le matras, donne un peu d'humidité sans changer d'aspect. Seule sur le charbon, blanchit et fond sur les bords seulement, en verre blanc et bulleux. Les Pinites d'Auvergne se couvrent de taches colorées; celles qui sont le plus ferrugineuses fondent aisément en verre noir. Avec le borax, très difficilement fusible, même en poudre, en verre transparent faiblement coloré par le fer. Avec le sel de phosphore, la pinite d'Auvergne est inaltérable en grain. Pulvérisée elle peut se decomposer, comme celle du Groënland, en un résidu de silice et un verre qui devient opalin par le refroidissement. Avec la soude, lentement soluble en verre opaque légèrement coloré par le fer, et difficile à fondre. (Berzélius.)

ESPÈCES.

1ʳᵉ Espèce. PINITE PÉRIHEXAÈDRE (*Pinites perihexaedra*). *Pinite primitive* (Haüy). Signe des faces, M *r* P. Un prisme hexaèdre régulier droit, produit en vertu d'une modification incomplète par une seule face sur les arêtes latérales du noyau. Inclinaison de M sur M et de M sur *r*, 120°; de P sur M et sur *r*, 90°. Du *Salzbourg* et du *Groënland*. (Haüy.)

2ᵉ. PINITE PÉRIDODÉCAÈDRE (*Pinites peridodecaedra*). Signe des faces, M *r o g* P. Un prisme à douze pans, droit, produit en vertu d'une combinaison de modifications incomplètes, l'une par une face *g* sur les arêtes latérales obtuses du noyau, l'autre par trois faces *r* (1) *o* (2) sur les arêtes latérales aiguës du même noyau. Inclinaison de *r* sur *g*, 90°; de P sur *r*, sur *g*, sur *o* et sur M 70°; de *r* sur *o*, de *o* sur M, de M sur *g*, 150°.

Var. *a. Cylindriforme*. Les douze pans du prisme égaux ou à peu près. C'est la variété la plus commune. D'*Auvergne*.

Var. *b.* *Rectangulaire.* Les faces *r* et *g* étant beaucoup plus étendues que les autres, le cristal prend l'apparence d'un prisme droit
rectangulaire, dont les arêtes latérales sont biselées ou remplacées
chacune par deux minces facettes. Haüy cite cette variété comme
venant aussi d'*Auvergne.*

3ᵉ. PINITE ÉMARGINÉE (*Pinites emarginata*). Signe des faces, M
r o g s n P. Le prisme droit à douze pans de l'espèce précédente, dont
six des arêtes de jonction des pans avec la base sont remplacées
par une facette oblique *s* et *n*, produit d'une part (*s*), en vertu
d'une modification incomplète par une seule face sur chacune des
arêtes terminales du prisme primitif, d'autre part (*n*) en vertu d'une
modification aussi incomplète par une seule face sur chacun des
deux angles aigus des bases du même prisme. Inclinaison de *s* et de
n sur P, 131° 49'; de *s* sur M et de *n* sur *r*, 138° 11'. D'*Auvergne.*
(Luc., Coll. du Mus.)

ALTÉRATION DES INDIVIDUS DE CE GENRE.

Par l'oblitération des arêtes et l'arrondissement des faces, ils
prennent la forme cylindrique.

GROUPEMENT DES INDIVIDUS DE CE GENRE.

Deux individus s'entre-croisent sous différens angles : c'est la variété *cruciforme* de Haüy.

2ᵉ Genre. —GIESECKITE (*Gieseckites*). (Sowerby.)

Les cristaux de ce genre ressemblent tellement, par tous leurs
caractères extérieurs et physiques, à ceux du genre précédent, que
plusieurs minéralogistes les ont réunis aux Pinites. Mais comme ils
en diffèrent par leur composition, nous avons cru devoir les en séparer.

Combinaison d'alumine, de silice et de potasse, avec des mélanges de magnésie et d'oxydes de fer et de manganèse; ou silicate
d'alumine dominant, combiné avec du trisilicate de potasse et
souillé par les mélanges étrangers ci-dessus désignés.

Signe minéralogique de M. Beudant : $6\,A\,S + K\,S^3$

Silice.	46,07
Alumine.	33,82
Potasse.	6,20
Magnésie.	1,20
Oxyde de fer.	3,35
Oxyde de manganèse.	1,15
	91,79
Eau probablement hygrométrique.	4,88
	96,67

Forme primitive : prisme hexaèdre régulier, ou prisme droit rhomboïdal de 120° et 60°. Point de clivages. Pes. spéc., 2,78 à 2,85. Raye le talc ou le gypse; rayée par la chaux fluatée. Couleur : le vert-olive, le gris ou le brun. Opaque. Éclat faible et gras. Cassure inégale.

Au chalumeau, seule, très difficile à fondre, et fusible seulement en partie, à un feu très vif, et en devenant magnétique. (Traill.) Avec l'acide nitrique fait une légère effervescence.

ESPÈCE UNIQUE.

GIESECKITE HEXAÈDRE (*Gieseckites hexaedra*). Un prisme hexaèdre régulier, dont les pans sont inclinés entre eux de 120°, et aux bases, de 90°. De *Akulliarasiarsuk en Groënland*.

Appendice à la famille des Pinites.

1 *Triklasite* (*Triklasia*) (Hausmann). *Fahlunite tendre* (Hisinger). *Triclasite* (Haüy).

Combinaison de silice, d'alumine et d'eau? mélangée de magnésie et d'oxydes de fer et de manganèse; ou bisilicate d'alumine, combiné avec de l'eau (1)? et souillé par les mélanges désignés ci-dessus.

---

(1) Nous exprimons ici quelque doute sur le rôle que joue l'eau dans des minéraux opaques et évidemment souillés par des mélanges, comme la triklatite, les serpentines et marmolites. Le seul critère de la présence de l'eau de composition, qui est le passage de

Signe minéralogique de M. Berzélius, d'après l'analyse de Hisinger, et dans la supposition que l'eau donnée par l'analyse est de l'eau de composition : $AS^2 + Aq$.

ANALYSES DES TRIKLASITES DE SUÈDE CRISTALLISÉES.

	Par Hisinger.	Par le Comte T. Wachmeister.	
		noire.	gris foncé.
Silice. .	46,79	44,60	44,95
Alumine.	26,73	30,10	30,70
Magnésie.	2,97	6,75	6,04
Oxyde de fer.	5,01	3,86	7,22
Oxyde de manganèse.	0,43	2,24	1,90
Potasse.	0,00	1,98	1,33
Chaux.	0,00	1,35	0,95
Eau.	13,50	9,35	8,65
	95,43	100,23	101,74

Forme primitive: Prisme rhomboïdal oblique de 109°28' et 70° 32', dont la base est inclinée à l'axe, de 101° 32'. Clivables perpendiculairement à l'axe. Pes. spéc., 2,62 à 2,79. Raye le gypse; rayée par la chaux fluatée. Couleur noire ou verte, ou brun foncé, ou brun jaunâtre. Poussière d'un blanc grisâtre. Opaque. Éclat de la cire ou du verre.

Au chalumeau, dans le matras, dégage une eau non acide. Seule sur le charbon, blanchit et fond sur les bords en verre blanc et bulleux. Avec le borax, lentement soluble en verre légèrement

l'état de transparence à celui d'opacité par la calcination, n'existe plus pour des minéraux naturellement opaques comme ceux-ci. D'ailleurs leur tissu lâche, par suite de la juxtaposition non régulière des individus moléculaires de formes très diverses appartenant à des genres très différens, dont le mélange les a pénétrés, favorise l'absorption d'eau hygrométrique, que la chaleur peut expulser; enfin les oxydes de fer et de manganèse qui les colorent, peuvent être, aussi bien que la magnésie, à l'état d'hydrate, et comme ces corps n'appartiennent pas à la composition propre du minéral, ils peuvent dégager de l'eau et changer de couleur au feu, sans qu'on puisse en conclure que le minéral lui-même soit hydraté.

(1) *Poggendorfs Ann. of Phys.*, t. 13, p. 75.

coloré par le fer. Avec le sel de phosphore, décomposable en squelette de silice, et en verre qui devient opalin et incolore par le refroidissement. Avec la soude, insoluble, mais prend l'aspect d'une scorie jaune. (Berzélius.)

ESPÈCE UNIQUE.

TRIKLASITE PÉRIHEXAÈDRE (*Triklasia perihexaedra*). Signe des faces, P *r* M. Un prisme hexaèdre oblique, produit par les pans du prisme primitif, et de plus, en vertu d'une modification incomplète, par une seule face sur les arêtes latérales aiguës de ce prisme. Inclinaison de M sur M, 109° 28'; de M sur P, 99° 24'; de M sur *r*, 125° 16'. De *la mine d'Éricsmatt à Fahlun* (Suède).

Les cristaux se trouvent presque toujours arrondis, déformés et enchâssés dans leur gangue qui est un talc schistoïde.

2. *Serpentine* ou *Stéatite cristallisée*? S'il existe réellement, comme l'indiquent quelques minéralogistes, des Serpentines ou Stéatites qui aient des formes cristallines qui leur soient propres, elles prendraient leur place ici comme genre. Mais ce fait est très douteux. La plupart des cristaux de Stéatite ou de Serpentine ne sont évidemment que des pseudomorphoses; ordinairement ce sont des cristaux de Chaux carbonatée, ou des cristaux de Quartz, de Feldspath ou de Pyroxène, dont une Stéatite compacte et sans aucun clivage a pris la place et rempli les moules, comme on le voit à *Göpfersgrünn* dans le pays de *Bayreuth*; près de *Carlsbad*, et dans la *vallée de Vieges* (Valais). Mais M. de Léonhard décrit et figure sous le nom d'*ophit* (1), et M. Robert Allan, sous le nom de *serpentine* (2), des cristaux ayant la forme d'un prisme rectangulaire droit, modifié par une facette sur chacune de ses arêtes latérales, par une face sur chacun de ses angles solides, et aussi par une face sur chacune de ses arêtes terminales longues. Présentant ainsi l'apparence d'un prisme à huit pans terminé par des sommets à six faces.

La localité de ces cristaux citée par M. Allan est la vallée de Fassa dans le Tyrol. Leurs caractères d'ailleurs sont les mêmes que ceux des roches amorphes, connues sous le nom de Serpentines, et leur composition chimique paraît en être aussi fort rapprochée.

Couleur : vert foncé. Éclat faible et gras. Pes. spéc., 2,5 à 2,6;

---

(1) *Grundzüge der Oryktognosie*, p. 109 et pl. III, fig. 85. Heidelberg, 1833.

(2) *Manual of Mineralogy*, p. 90, fig. 79. Edinburgh, 1834.

prend de l'éclat par la râclure. Raye le gypse ou tout au plus la chaux carbonatée; rayée par l'apatite.

Au chalumeau, dans le matras, donne de l'eau, noircit et devient plus dure. Seule sur le charbon, blanchit, et par un feu très vif fond seulement sur les bords minces, en émail.

La Serpentine cristallisée de Snarum, en Norwége, a été nommée *Stéatoïde*, par M. Muller, et analysée par M. Hartwall, qui l'a trouvée composée de

Silice.	42,97
Magnésie.	41,66
Oxyde de fer.	2,48
Alumine.	0,87
Eau et acide carbonique.	12,02
	100,00 (1)

La Stéatite pseudo-morphique sous forme de cristaux de quartz, a donné à M. Dewey :

Silice.	50,60
Magnésie.	28,83
Oxyde de manganèse.	1,10
Oxyde de fer.	2,59
Alumine.	0,15
Eau.	15,00
Perte.	1,73
	100,00

3. *Marmolite*? (Nuttall). *Magnésie hydratée siliceuse* (Lévy).

Autre genre de minéraux cristallins, voisin des Serpentines.

En masses offrant deux clivages de netteté différente, et formant un angle aigu, ce qui indique pour forme primitive un prisme oblique, ou un prisme droit rhomboïdal ou rectangulaire. Couleur grise ou verte claire. Translucide ou opaque. Éclat nacré ou pseudo-métalloïde. Pes. spéc. 2,47. Aisément rayée par l'acier. Poussière douce et onctueuse. Attaquable par l'acide nitrique et se réduisant en partie en masses gélatineuses

Au chalumeau, dans le matras, donne de l'eau. Seule, sur le charbon, décrépite et se durcit, puis se divise en fragmens d'apparence plumeuse, mais reste infusible.

---

(1) Berzélius, *Jahres Bericht*, 9ter *Jahrg*, p. 204.

ANALYSES DES MARMOLITES D'AMÉRIQUE.

	Par Nuttall.	Par Lychnell (1).	Par Thomson (2).
Silice.	36,00	41,67	41,72
Magnésie.	46,00	41,25	41,26
Eau.	15,00	13,80	17,68
Chaux.	2,00	0,00	6,00
Alumine.	0,00	0,00	1,00
Oxyde de fer.	0,50	1,64	0,40
Bitume et acide carbonique.	0,00	1,37	0,00
	99,50	99,73	108,06

Se trouve dans des serpentines à *Hoboken* (New-Jersey) et près de *Baltimore* (États-Unis d'Amérique).

Les remarques faites ci-dessus, relativement à l'eau que donne l'analyse de la Triklasite, sont également applicables à la Serpentine et à la Marmolite. Si cependant il se confirmait, par de nouvelles recherches, que ces minéraux sont réellement des silicates hydratés, ils passeraient dans le sous-ordre suivant des Hydro-Silicidiens et prendraient place, les uns, comme les Triklasites et les Serpentines cristallisées, en appendice à la famille des Zéolitines, et les autres, les Marmolites, en appendice à la famille des Zéolites.

FAMILLE DES *PHYLLIDIENS ANHYDRES*.

Nous comprenons sous le nom général de *Phyllidiens*, tous les minéraux connus depuis long-temps sous les noms de Micas, de Lépidolites et de Talcs laminaires, et qui se distinguent de presque tous les minéraux connus, par la supériorité d'un de leurs clivages sur tous les autres, ce qui fait qu'ils sont toujours divisibles très aisément en feuillets ou lames extrêmement minces. On ne reconnaissait jusqu'à ces dernières années dans les minéraux de ce genre que deux espèces, les Micas

---

(1) Cité par M. de Léonhard. *Grundzüge,* p. 350.
(2) *Trans. Royal Society of Edinburgh,* tom. XI, p. 271.

et les Talcs; mais les recherches optiques faites à l'aide de la lumière polarisée ont conduit à découvrir des différences essentielles de forme dans ces individus lamellaires, en apparence tout-à-fait semblables et qu'on supposait devoir appartenir à un même système cristallin. C'était déjà par conséquent une raison d'introduire des divisions spécifiques (pour nous génériques) plus nombreuses qu'on ne l'avait fait jusqu'alors. Mais il est un caractère plus important encore que celui de la forme, qui exige de répartir ces nouveaux genres dans des familles et même dans des sous-ordres différens, c'est la présence ou l'absence de l'eau de composition. Les uns sont en effet des silicates anhydres, les autres des silicates hydratés.

Les premiers seuls doivent trouver place dans le sous-ordre des Silicidiens anhydres dont ils terminent la série. Nous allons exposer leurs caractères communs, et nous indiquerons ensuite quelles sont les subdivisions à opérer dans cette famille, et les genres provisoires à établir d'après les différences que présentent ces minéraux dans leurs caractères optiques, physiques et dans les caractères chimiques en rapport avec leur composition. Un pareil travail ne peut être, comme nous venons de le dire, qu'une esquisse tout-à-fait provisoire. C'est une étude à reprendre en entier que celle de comparer ensemble par tous leurs caractères, cette grande diversité de genres, confondus jusqu'ici sous les noms de Micas et de Talcs. Le temps et les moyens nécessaires nous ont manqué jusqu'à présent pour nous livrer à une pareille étude avec le soin qu'elle mérite.

Ce sera donc avec défiance et avec doute que nous citerons pour chaque sous-division les localités où se trouvent les minéraux de cette famille qui leur appartiennent.

Quant aux espèces propres à chaque genre, la lacune
sera presque complète, car jusqu'ici les cristaux entiers
de Mica et de Talc n'ont pas été fort communs, et les
caractères chimiques et optiques de ceux qui ont été
décrits par Haüy et d'autres minéralogistes, n'ont pas
été signalés, en sorte qu'on ne sait à quel genre ces cristaux se rapportent. M. Beudant en a mentionné quelques-uns dans leur vraie place, et nous en avons profité.

Les phyllidiens anhydres sont tous plus ou moins
inaltérables dans les acides, à tissu éminemment feuilleté,
à feuillets séparables ou lames très minces et flexibles.
Dureté difficile à apprécier à cause de la facilité du
clivage; quelques-uns dépolissent le verre contre lequel
on les frotte, quoique en apparence ils ne rayent que
le gypse; d'autres sont les plus tendres des minéraux,
et n'en rayent aucun autre. Pes. spéc., 2,7 à 3. Éclat
nacré ou pseudo-métalloïde. Opaques, en feuillets épais,
mais tous translucides ou même transparens en lames
très minces.

Les minéraux de cette famille sont généralement
composés de silicate d'alumine, ordinairement dominant (et dans lequel une partie de l'alumine est parfois
remplacée par du peroxyde de fer), combiné avec des
silicates, sous-silicates ou quadri-silicates, etc., de potasse
ou de lithine remplacés quelquefois en partie par leurs
isomorphes, la magnésie, la chaux et le protoxyde de
fer. Plusieurs contiennent quelques centièmes d'acide
fluorique.

PREMIÈRE DIVISION.

MICAS.

Lames flexibles et élastiques (1). Rayant le talc. Sur-

----

(1) Si l'on possédait des observations assez nombreuses et assez
exactes sur la dureté relative des différens Micas, on formerait ici

face et poussière douces au toucher, mais non onctueuses.

1er Genre.—MICA RHOMBOÉDRIQUE ou MONO-AXIAL.

Un seul axe de double réfraction ; une lame placée
entre les deux tourmalines polarisantes, ne présente
qu'un seul système d'anneaux colorés circulaires, traversés par une croix noire.

A ce genre paraissent se rapporter :

1º Les Micas de Sibérie blancs ou gris et vert-noir, analysés par
M. H. Rose et par Klaproth.

2º Un Mica nacré de Moscovie, analysé par Vauquelin.

3º Le Mica vert et verdâtre de la Somma au Vésuve, cristallisé
en prismes hexaèdres réguliers, non analysé.

4º Des Micas noirs en prismes hexaèdres réguliers des basaltes du
Rhin et des trachistes de Hongrie, non analysés (Beudant).

5º Un Mica en très grandes lames de Miask près d'Orenbourg,
analysé par M. Kobell.

6º Un Mica verdâtre de la Vallée d'Ala. Piémont.

N. B. Les quatre premiers ont un axe répulsif et le dernier un
axe attractif.

2e Genre.—MICA PRISMATIQUE ou DI-AXIAL.

Deux axes de double réfraction ; une lame placée
entre les deux tourmalines polarisantes présente deux
systèmes d'anneaux colorés circulaires, traversés chacun par une seule bande noire, ou un système lemniscoïde ou elliptique d'anneaux colorés à deux foyers,
réunis ensemble par une bande noire, traversée elle-

---

deux tribus, l'une comprenant les Micas les plus durs, ceux qui
dépolissent le verre contre lequel on les frotte transversalement
au plan de leurs lames ; l'autre, les Micas les plus tendres qui ne
dépolissent pas le verre ; et ces deux tribus seraient subdivisées
d'après le système cristallin, en Micas rhomboédriques ou *mono-
axiaux* et Micas prismatiques ou *di-axiaux*.

même par une seconde bande noire qui lui est perpendiculaire.

A ce genre paraissent se rapporter,

1° Un Mica blanc nacré du Zillerthal, analysé par M. Beudant.

2° Un Mica vitreux de Moscovie, analysé par Vauquelin. Ecartement des axes de double réfraction, 64°.

3° Des Micas de Zinnwald analysés par Vauquelin, par M. C. G. Gmelin et par M. E. Turner: les deux derniers contiennent environ quatre pour cent de lithine et sont, l'un gris jaunâtre, l'autre blanc d'argent. L'écartement des axes du Mica de Zinnwald analysé par Vauquelin, est de 50°.

4° Un Mica du Mexique, analysé par Vauquelin dans lequel l'écartement des axes est de 63°.

5° Un Mica verdâtre d'Altemberg, analysé par M. E. Turner.

6° Un Mica gris de Cornouailles, analysé par le même.

7° Un Mica couleur de fleur de pêcher, analysé par M. C. G. Gmelin.

Ces trois derniers renferment de la lithine et de l'acide fluorique.

Le genre du Mica prismatique ou di-axial, devra nécessairement être partagé en deux genres distincts dont l'un comprendra les Micas prismatiques droits, et l'autre les Micas prismatiques obliques ; car il est hors de doute aujourd'hui qu'il existe des Micas de ces deux formes.

Haüy a signalé avec tant de détails (1) l'examen qu'il a fait d'un cristal prismatique hexaèdre modifié sur les arêtes de ses bases, qu'on ne peut douter de l'existence de Micas en prismes droits ; d'ailleurs cette existence a été confirmée plus récemment par d'autres minéralogistes.

D'un autre côté, le Comte de Bournon a décrit dans le Catalogue de la Collection Minéralogique particulière du Roi, p. 112 et suivantes, des Micas en prismes obliques, et il en existe de très bien caractérisés, de couleur jaune de miel, dans la Vallée de Binn en Valais.

Il existe encore des Micas anhydres cités par M. Berzélius dans son Traité du Chalumeau, mais sans mentionner si ce sont des micas à un axe ou à deux.

Ce sont :

1° Un Mica de l'Amérique Septentrionale.

____

(1) Traité de Minéralogie, 2ᵉ édition, t. 3, p. 131.

2° Un mica de la carrière calcaire de Pargas en Finlande.

DEUXIÈME DIVISION.

TALCS.

Lames flexibles et non élastiques. Rayés par les micas, ne rayant aucun minéral. Poussière et surfaces douces au toucher et onctueuses.

Les formes cristallines de ces minéraux n'ayant pas été bien déterminées, on ne saurait les diviser en plusieurs genres; on les réunira donc tous ici dans le même.

Genre — TALC.

M. Mohs signale, ainsi que Haüy, un prisme rhomboïdal droit de 120° et 60° comme la forme primitive des Talcs. M. de Léonhard laisse dans le doute, si ce prisme est droit ou oblique. Les couleurs les plus ordinaires des Talcs, sont le blanc ou le vert plus ou moins foncé.

Les Talcs sans eau de composition qui paraissent appartenir à ce genre sont :

1° Le Talc laminaire du Saint-Gothard, analysé par Klaproth.

2° Le Talc de Grainer en Tyrol, analysé par M. Kobell.

3° Le Talc vert clair transparent, de la Vallée de Binn en Valais.

4° Un Talc opaque blanc, de Fenestrelle.

5° Un Talc verdâtre translucide, de Skyttgrüfwa près Fahlun en Suède.

Ces trois derniers ont été éprouvés au chalumeau par M. Berzélius.

Appendice à la famille des Phyllidiens anhydres.

1. *Rubellane.* Minéral d'un brun rougeâtre ou d'un rouge brunâtre, qui se présente en lames minces empilées en forme de pyramides hexagonales dérivant d'un prisme hexaèdre. Les lames minces ne sont pas flexibles. Pes. spéc., 2,5 à 2,7.

II.

S'exfolie à la flamme d'une bougie. Composée d'après l'analyse de Klaproth, de

Silice.	45
Alumine.	10
Oxyde de fer.	20
Chaux.	10
Potasse et soude.	10
Matière volatile.	5
	——
	100

Si la matière volatile échappée dans l'analyse précédente, se trouvait être de l'eau, et que cette eau se manifestât au chalumeau dans le matras, la Rubellane prendrait place dans l'appendice à la famille des Hydrophyllidiens.

De *Schima* en Bohême.

2. *Margarite* ou *Perl Glimmer* des Allemands. *Rhomboedrischer Perl Glimmer* (Mohs). Minéral en prismes hexaèdres simples ou modifiés par une facette sur chacune des arêtes terminales. Clivable perpendiculairement à l'axe. Pes. spéc., 3,0 à 3,1. Raye la chaux carbonatée ; rayé par l'apatite. Couleur gris de perle, ou blanchâtre, ou rougeâtre. Éclat vitreux ; et sur les bases ou sur les faces de clivage, éclat nacré. Transparent.

SON ANALYSE PAR M. DUMÉNIL.

Silice.	37,00
Alumine.	40,50
Chaux.	8,96
Soude.	1,24
Oxyde de fer.	4,50
Eau.	1,00
	——
	93,20

D'où M. Beudant tire avec doute le signe minéralogique, $AS^5 + C A^4$?

De *Sterzing* en Tyrol, dans des chlorites.

Appendice au sous ordre des Silicidiens anhydres.

1. *Scolexerose* (Beudant). *Skolézite anhydre* (Nordenskiold et Berzélius). *Wernérite blanche* (John).

Minéral verdâtre ou blanchâtre ; d'un éclat vitreux ou gras ; translucide ou opaque. Rayant le verre.

Fusible au chalumeau; ne donnant pas d'eau dans le matras.

Attaquable par les acides.

Combinaison de silicate d'alumine dominant et de trisilicate de chaux.

Signe minéralogique de M. Beudant : $3\,A\,S + C\,S^3$.

ANALYSES.

	De la Scolézite anhydre. Par Nordenskiold.	De la Wernérite blanche. Par John.
Silice.	54,13	50,25
Alumine.	29,23	30,00
Chaux.	15,45	10,45
Potasse.	0,00	2,00
Oxyde de fer.	0,00	3,00
Oxyde de manganèse.	0,00	1,45
Eau.	1,07	2,85
	99,88	100,00

2. *Cérine* (Berzélius), ou *Cérérine. Cérium oxydé siliceux noir* (Haüy). *Untheilbarer Cerer-Erz* (Mohs) en partie.

Minéral noir brunâtre, opaque, indiqué comme quelquefois cristallisé en prismes, dont la forme n'est pas déterminable. Clivages parallèles à l'axe, assez distincts. Raye l'apatite. Pes. spéc., 3,7 à 3,8 selon M. Beudant, 4,1 à 4,2 suivant M. Allan. Poussière d'un gris jaunâtre ou brunâtre.

Au chalumeau, dans le matras, donne un peu d'eau sans changer d'aspect. Seule, sur le charbon, fond aisément avec boursoufflement en boule de verre, noire, éclatante. Dans le borax, aisément soluble en verre noir et opaque qui, à la flamme extérieure, est rouge sanguin tant qu'il est chaud, et devient jaune sombre par le refroidissement. Au feu de réduction, ce verre offre un beau vert de fer. Avec le phosphore, se décompose en squelette de silice opaque, et en verre transparent et opalin à froid. Avec la soude, se dissout en verre noir. (Berzélius.)

Son analyse par Hisinger a donné : Silice, 30,17; Alumine, 11,31; Oxyde de cérium, 28,19; Oxyde de fer, 20,72; Chaux 9,12 ; Oxyde de cuivre, 0,89; Matière volatile, 0,40. D'où M. Berzélius a déduit la formule :

$$(C\,S + 2A\,S),\ x\,(ce\,S + f\,S).$$

Et M. Beudant : $A\,S + 2\,(Ce, f\,Ca)\,S.$

Ce minéral, qui vient de Riddarhytta, près de *Bastnaes* en Suède, paraît très voisin des Allanites.

Deuxième sous-ordre.

HYDRO-SILICIDIENS.

Au chalumeau, dans le matras, donnant de l'eau, en perdant leur transparence.

Les Hydro-silicidiens sont en général moins durs que les Silicidiens anhydres. La moyenne dureté des Silicidiens anhydres étant 6,2 d'après l'échelle de M. Mohs, celle des Hydro-silicidiens n'est que de 4,9. On trouvera également une différence sensible en comparant des individus de deux genres dont la composition est analogue, mais dont l'un est anhydre et l'autre hydraté, et la plus grande dureté sera toujours celle du minéral anhydre.

L'éclat des Hydro-silicidiens est aussi proportionnellement plus faible que celui des Silicidiens anhydres; aussi n'y compte-t-on qu'un seul genre (celui de la Dioptase à cause de sa couleur) qui pourrait fournir des bijoux à la joaillerie.

FAMILLE DES *HYDRO-PHYLLIDIENS.*

Mêmes caractères que ceux des Phyllidiens anhydres (voyez plus haut cette famille), et mêmes observations, à l'exception des caractères communs à tout le sous-ordre, qui indiquent la présence de l'eau de composition dans ces minéraux.

On reconnaît aussi dans cette famille des minéraux divisibles en lames très minces, dont les uns ont leurs lames flexibles et élastiques, ce sont les *Hydro-micas;* les autres, flexibles et non élastiques, ce sont les *Hydro-talcs.*

Dans ces deux divisions, l'emploi de la lumière polarisée fait découvrir aussi des différences essentielles de formes, ce qui, joint à d'autres caractères physiques ou chimiques, nécessitera l'établissement de plusieurs genres.

PREMIÈRE DIVISION.

HYDRO-MICAS.

Lames flexibles et élastiques. Rayant le talc? Surface et poussière douce au toucher mais non onctueuse.

1ᵉʳ Genre.—HYDRO-MICA RHOMBOÉDRIQUE ou MONO-AXIAL.

Un seul axe de double réfraction.

Une lame placée entre les deux tourmalines polarisantes, ne présente qu'un seul système d'anneaux colorés, circulaires, traversés par une croix noire.

A ce genre paraissent se rapporter :

1° Un Mica de *Monroe* près de *New-York,* Etats-Unis d'Amérique, analysé par M. Kobell, et contenant 3 º/o d'eau ;

2° Un Mica de *Kurosalik* en *Groënland,* analysé aussi par M. Kobell, et contenant 4,3 º/o d'eau.

2ᵉ Genre.—HYDRO-MICA PRISMATIQUE OU DI-AXIAL.

Deux axes de double réfraction.

Une lame placée entre les deux tourmalines polarisantes, présente deux systèmes d'anneaux colorés, circulaires, traversés chacun par une seule bande noire, ou un système elliptique ou lemniscoïde d'anneaux colorés, à deux foyers, réunis ensemble par une bande noire, traversée elle-même par une seconde bande noire qui lui est perpendiculaire.

A ce genre paraissent se rapporter :

1° Les *lépidolites* de *Rosena* en Moravie, analysées par M. C. G. Gmelin. Elles contiennent 4 °/₀ d'eau, et en outre 3,4 °/₀ d'acide fluorique et 3,5 °/₀ de lithine ;

2° Un Mica envoyé de Varsovie à M. Biot, analysé par Vauquelin et contenant 5 °/₀ d'eau ;

3° Un Mica violâtre des États-Unis, analysé par Vauquelin, et contenant 3 °/₀ d'eau ;

4° Un Mica d'Utö en Suède, analysé par M. Henri Rose, et contenant 2,6 °/₀ d'eau ;

5° Un Mica blanc d'Ochotzk, analysé par M. Rose, et contenant 4 °/₀ d'eau ;

6° et 7° Des Micas de Brodbo et de Fimbo en Suède, essayés par M. Berzélius au chalumeau, et donnant de l'eau en prenant une couleur plus sombre. Ces micas doivent à leur contenu d'acide fluorique, de devenir mats à la surface et rudes au toucher, après l'exposition au feu. (*De l'emploi du chalumeau*, p. 370.)

DEUXIÈME DIVISION.

HYDRO-TALCS.

Lames flexibles et non élastiques. Poussière et surface douces au toucher et onctueuses.

Genre. — HYDRO-TALC.

Mêmes caractères que les Talcs anhydres, sauf ceux qui indiquent la présence de l'eau.

A ce genre paraissent se rapporter :

1° Un Talc laminaire sans désignation de localité, analysé par Vauquelin (*Journal des Mines*, n° 88, pag. 243), contenant 6 °/₀ d'eau :

2º Un Talc feuilleté de Sainte-Foix, analysé par M. Berthier, et contenant 2,6 °/₀ d'eau ;

3º Un Talc écailleux du petit Saint-Bernard, analysé par M. Berthier, et contenant 3,5 °/₀ d'eau

4º Un Talc noir de Fimbo près Fahlun, essayé au chalumeau par M. Berzélius (*De l'Emploi du chalumeau*, p. 376) ;

5º Talc vert foncé, à éclat pseudo-métalloïde, cristallisé en prismes droits à trois pans. De la vallée de Binn en Valais;

6º Les Talcs chlorites verts, plus ou moins foncés, en petites lames ou écailles souvent courbes. On a des analyses de ces minéraux par Vauquelin, Lampadius et MM. Berthier, Gruner, Kobell, qui indiquent un contenu de 2 à 12,6 °/₀ d'eau.

Appendice à la famille des Hydro-phyllidiens.

1. *Cronstedtite* (Steinmann). Anciennement *Chloromelan. Rhomboedrischer Melan Glimmer* (Mohs).

Minéral qui se présente sous la forme de prismes hexaèdres réguliers, ou de prismes à douze pans, avec un clivage très net perpendiculairement à l'axe, et d'autres peu apparens parallèles aux faces du prisme hexaèdre. Pes. spéc., 3,3. Raye le talc et même le gypse; rayée par la chaux carbonatée. Couleur noire foncée par réflexion, et d'un vert sombre par transparence dans les lames très minces. Éclat vitreux très vif. Tissu feuilleté passant au fibreux. Poussière vert sombre. Flexible et un peu élastique, en lames minces.

Au chalumeau, seule sur le charbon, écume un peu sans se fondre. Fond, avec le borax, en un globule noir, opaque et très dur.

Sa poussière est soluble en une gelée jaune et transparente dans l'acide hydrochlorique concentré.

SON ANALYSE PAR M. STEINMANN.

Silice.	22,452
Oxyde de fer.	58,853
Oxyde de manganèse.	2,885
Magnésie.	5,078
Eau.	10,700
	99,968

M. Berzélius a donné la formule minéralogique $6\dot{f}S + mnS + 9Aq$, qui, comme le remarque M. Beudant, ne saurait se rapporter à l'analyse précédente. Des environs de *Przibram* (Bohême); de *Wheal Maudlin* (Cornouailles), et de *Conhonas do Campo* (Brésil).

2. *Pyrophyllite* (Hermann), anciennement *Talc fibreux, Strahliger Talk*.

Minéral formé par le groupement, en masses fibreuses ou radiées, de petits prismes alongés, souvent nettement terminés, dont les formes pourtant n'ont pas été reconnues. Pes. spéc., 2,8. Rayé par le gypse. Couleur d'un vert clair. Éclat nacré; les lames minces sont transparentes.

A la flamme d'une bougie, s'exfolie en lames blanches.

Au chalumeau, dans le matras, donne de l'eau. Seul, sur le charbon, augmente environ vingt fois de volume, blanchit et reste infusible. Avec le borax, donne un verre vert et transparent qui, par le refroidissement, perd sa couleur. Avec le sel de phosphore, se décompose en verre incolore et en un squelette de silice. Soluble avec effervescence dans la soude en verre jaune transparent. Avec la solution de cobalt prend une couleur bleue.

SON ANALYSE PAR M. R. HERMANN.

Silice.	59,79
Alumine.	29,46
Magnésie.	4,00
Oxyde de fer.	1,80
Oxyde d'argent.	traces
Eau.	5,62
	100,67

Signe minéralogique de M. Beudant: $(M,F)S + 7AS^2 + 3Aq$, ou peut-être $MS^2 + AS + 3Aq$.

Des environs de *Bérésof* dans les monts Ourals, et peut-être de *Salm-Château* près de *Spa*, dans le Luxembourg.

3. *Pyrodmalithe* (Léonhard). *Pyrosmalithe* (Karsten). *Fer muriaté* (Haüy). *Pyroxène ferro-manganésien* (Beudant, 1re édition).

Minéral en prismes à 6 pans obliques, dont la base est inclinée d'environ 96° sur la face antérieure. Clivages très nets et faciles parallèlement aux bases. Pes. spéc., 2,95 à 3,08. Raye la chaux carbonatée; rayé par l'apatite. Râclure d'un vert clair. Couleur: brun de foie, passant au vert et au gris. Éclat nacré sur les faces de clivage; très faible sur les autres faces, et dans les cassures. Translucide sur les bords. Cassure inégale ou écailleuse.

Au chalumeau, dans le matras, donne d'abord de l'eau, puis; par l'augmentation de la chaleur, une matière jaune, qui se dissout en gouttelettes jaunes aussi, dans les dernières traces d'eau. Ces gouttelettes rougissent le papier de tournesol et ont une saveur styptique ; c'est du muriate de fer ou chlorure de fer. Chauffé sur le charbon, dégage une faible odeur d'acide, puis fond aisément en boule gris de fer, brillante et unie. Avec le borax, aisément soluble avec les couleurs caractéristiques du fer. Avec le sel de phosphore, donne, par une dissolution lente, un verre coloré par le fer et un squelette de silice. Avec la soude, sur la feuille de platine, offre la couleur verte indicative du manganèse. Sur le charbon, donne un verre noir. Avec un mélange de sel de phosphore et de deutoxyde de cuivre, on voit un instant se former autour de la perle une auréole de flamme bleu clair, indicative de l'acide hydro-chlorique. (Berzélius.)

Soluble dans l'acide hydro-chlorique , en laissant un résidu siliceux.

ANALYSE PAR HISINGER.

Silice.	35,850
Protoxyde de fer.	21,810
Protoxyde de manganèse.	21,140
Chlorure de fer.	14,095
Chaux.	1,210
Eau, acide carbonique et perte.	5,895
	100,000

Signe minéralogique de M. Berzélius : $mn \, S^2 + f S^1$, mélangé de 14 °/₀ de chlorure de fer.

Cette composition étant analogue à celle des Pyroxènes et rentrant dans leur formule générale, la forme d'ailleurs étant assez voisine de celle des individus de ce grand genre, M. Beudant a classé la Pyrodmalithe avec les Pyroxènes , dont cependant son contenu de chlorure de fer, ses clivages faciles parallèlement aux bases, ses réactions au chalumeau, sa solubilité dans les acides, et enfin l'eau de composition qu'elle contient, la séparent d'une manière non équivoque.

Des mines de fer de *Nordmark* (Suède).

FAMILLE DES *TRIPHANES*.

Action des acides, très faible. Tissu feuilleté. Éclat entre le vitreux, le nacré et le gras. Pes. spéc., 3,19 à 3,2. Rayant l'apatite ou au moins la chaux fluatée. Fusibles au chalumeau avec boursoufflement en verre incolore et transparent.

Genre. — TRIPHANE. (*Triphanes.*) (Haüy.)

Anciennement *Schorl spatheux*; *Zéolite de Suède. Spodumène* (d'Andrada). *Spodumen* (Werner et Karsten). *Prismatischer Triphan-Spath* (Mohs).

Combinaison de silice, d'alumine et de lithine, ou bisilicate d'alumine dominant, combiné avec un trisilicate de lithine d'après M. Berzélius, ou avec un bisilicate de lithine d'après M. Beudant, et une faible proportion d'eau qui ne paraît pas dans les analyses ni dans les formules, mais qui se manifeste cependant d'une manière non équivoque au chalumeau dans le matras.

Signes minéralogiques : de M. Berzélius : $3 A S^2 + L S^3$;

de M. Beudant, $2 A S^2 + L S^2$, ou $4 A S^2 + L S^2$

ANALYSES DES TRIPHANES.

	De Killiney.	De Uto.	
	Par Thomson.	Par Arfwedson.	Par Stromeyer.
Silice.	63,31	66,40	63,29
Alumine.	28,51	25,30	28,78
Lithine.	5,66	8,85	5,65
Oxyde de fer.	0,83	1,45	0,79
Oxyde de manganèse.	0,00	0,00	0,20
Perte au feu.	0,00	0,00	0,77
	98,31	102,00	99,48

Forme primitive : prisme rhomboïdal d'environ 100° et 80° suivant M. Beudant, de 95° et 87° suivant M. Mohs. Les clivages parallèles aux pans de ce dernier prisme sont également nets, et un troisième clivage dans la direction de la grande diagonale des bases est un peu plus net. Cette égalité d'éclat dans ces trois clivages a suggéré à Haüy le nom qui désigne ce genre. Pes. spéc., 3,19 à 3.2. Rayant l'apatite; rayé par le quartz. Couleur : vert, ou blanc verdâtre, ou rosâtre. Éclat nacré, peu vif sur les faces de clivage, un peu gras sur les cassures irrégulières. Translucide sur les bords. Cassure inégale à grains fins.

Au chalumeau, seul dans le matras, donne de l'eau en devenant plus trouble et plus blanc qu'auparavant. Sur le charbon, se boursouffle et fond ensuite en un verre incolore et presque transparent. Dans le borax; se boursouffle et se dissout difficilement : la masse tuméfiée devient diaphane et s'arrondit, mais résiste long-tems à la dissolution. Avec le sel de phosphore, se decompose après s'être tuméfié, et donne pour résidu un squelette de silice. Avec la soude, se gonfle et se résout en verre transparent. Avec la solution de cobalt, donne un verre bleu. (Berzélius.)

On ne connaît point de cristaux complets et terminés de ce genre, et par conséquent point d'espèces. Haüy cite une portion de cristal en prismes à six pans, dont les sommets sont remplacés par des fractures. Si le cristal avait été terminé par deux faces perpendiculaires à l'axe, c'eût été le type de l'espèce *Triphane périhexaèdre*, (*Triphanes perihexaedricus*).

On ne trouve les fragmens de cristaux de Triphane que groupés en masses cristallines ou lamellaires, alongées dans le sens de l'axe et enclavées dans des granites ; à *Uto*, en Suède; à *Valligels*, près de *Sterzing*, en Tyrol ; à *Killiney*, près de Dublin, et à *Sterling* et *Durfield*, dans le Massachussets, en Amérique.

Appendice à la famille des Triphanes.

1º *Oligoklas* (Breithaupt). *Natron Spodumen*, ou *Spodumène à base de soude* (Berzélius).

Minéral classé par quelques minéralogistes avec les feldspaths, ayant comme eux, pour forme cylindrique, un prisme doublement oblique. Clivable nettement dans deux directions inclinées entre elles de 93º 45' et 86º 15'; l'un des deux clivages est plus parfait que l'autre. Il en existe encore trois qui ne sont visibles qu'à une vive lumière. Pes. spéc., 2,64 à 2,66. Raye l'apatite, rayé par le quartz. Cassure écailleuse et inégale. Couleur blanche, quelquefois grisâtre. Éclat, sur le clivage principal, nacré ; sur les autres, vitreux, et dans la cassure , gras.

Son analyse par MM. Berzélius et Arfwedson.

Silice.	63,70
Alumine.	23,95
Soude.	8,11
Potasse.	1,20
Chaux.	2,05
Magnésie.	0,65
Oxyde de fer.	0,50
	100,16

Signe minéralogique de M. Berzélius, (N, K, C, M) S^3 + 3 A S^2.

De M. Beudant, (N, K, C, M) S + 3 A S^3.

Point d'espèces connues, mais des groupemens d'individus moléculaires en masses clivables. Au *Danvilzoll* près de Stockholm, et en masses amorphes et compactes à *Arendal* (Norwége).

2º *Killinite* (Taylor). Minéral en longs prismes qui paraissent rectangulaires, non terminés et clivables en prismes rhomboïdaux d'environ 135º et 45º. Il existe aussi un clivage dans la direction de la petite diagonale de la base supposée. Pes. spéc., 2,65 à 2,75. Raye la chaux carbonatée ; rayé par l'apatite. Couleur : vert ou gris verdâtre ou jaune brunâtre. Éclat vitreux faible, légèrement translucide. Cassure inégale à grains fins.

Au chalumeau, blanchit, augmente de volume, et fond aisément en émail blanc.

ANALYSES DES KILLINITES DE KILLINEY.

	Par Barker.	par Thomson.
Silice.	52,49	49,08
Alumine.	24,50	30,60
Potasse.	5,00	6,72
Oxyde de fer.	2,49	2,27
Oxyde de manganèse.	0,75	0,00
Eau.	5,00	10,00
	90,23	98,67

Se trouve en longs prismes oblitérés, ou en masses cristallines, dans un granite, à *Killiney*, près de Dublin (Irlande).

FAMILLE DES *ZÉOLITINES.*

Inattaquables, ou plus ou moins difficilement attaquables par les acides, sans former de gelée. Rayant la chaux fluatée et non l'apatite. Éclat vitreux ou nacré. Pes. spéc., 2,0 à 2,9. Fusibles au chalumeau.

Les rapports qui existent entre cette famille et celle des Zéolites sont si nombreux qu'on aurait bien pu, sans grand inconvénient, ne pas séparer les quatre genres dont elle se compose, des vraies Zéolites. Cependant l'action des acides qui est si marquée sur les Zéolites et qui réduit en gelée le plus grand nombre d'entre elles, est nulle ou ne s'exerce que très difficilement sur les Zéolitines; et ce caractère qui tient sûrement à quelque particularité dans leur composition, nous a paru mériter d'être pris en considération.

1er Genre. — CHABASIE. (*Chabasia.*) (Bosc d'Antic.)

Zéolite cristallisée en cubes (Romé-de-l'Isle et Faujas). Variété du *Wurfel zeolith* (Reuss). *Zéolite cubique* (De la Méthrie et Brochant). *Schabazit* (Werner). *Chabasin* (Karsten). *Rhomboedrischer Kuphon-Spath* (Mohs).

Combinaison de silice, de chaux, d'alumine et d'eau; ou bisilicate d'alumine dominant, combiné avec un trisilicate de chaux, dans lequel la chaux est quelquefois remplacée par un peu de soude et de potasse, et combiné de plus avec de l'eau. Formule minéralogique de M. Berzélius, $C\,S^3 + 3\,A\,S^2 + 6\,Aq.$

ANALYSES DES CHABASIES.

	De Gustafsberg. Par Berzélius.	De Féroe. Par Arfwedson.	De Kilmalcolm. Par Connell.
Silice.	50,68	48,30	50,14
Alumine.	17,90	19,28	17,48
Chaux.	9,70	8,70	8,47
Potasse et soude.	1,70	2,50	2,58
Eau.	19,50	20,00	20,83
	99,48	98,78	99,50

Forme primitive : rhomboïde obtus de 94° 46' et 85° 14' selon M. Beudant et M. Mohs; de 93° 48' et 86° 12' selon Haüy. Clivable distinctement dans des directions parallèles à ses faces. Pes. spéc., 2,0 à 2,7. Raye la chaux fluatée; rayée par l'apatite. Couleur ordinairement blanche, quelquefois grisâtre ou jaunâtre, rarement rougeâtre. Éclat vitreux, vif. Transparente ou translucide. Structure lamellaire. Cassure conchoïde ou inégale à petits grains.

Insoluble dans les acides, ou très difficilement soluble et seulement par digestion.

Au chalumeau, dans le matras, donne de l'eau en perdant sa transparence. Seule sur le charbon, se boursoufle et fond en verre écumeux.

ESPÈCES.

1re Espèce. CHABASIE PRIMITIVE (*Chabasia rhomboidea*). Signe des faces, P. Un rhomboïde obtus, dont les inclinaisons ont été signalées plus haut. Des *Iles Féroe*, d'*Islande*, des *bords de la Nahe* entre *Oberstein* et *Idar*; de l'*Ile de Bourbon*. Des échantillons de cette espèce provenant de ces diverses localités, font, d'après Lucas, partie de la Collection du Muséum de Paris.

2e. CHABASIE TRI-RHOMBOÏDALE (*Chabasia tri-rhomboidea*). Signe des faces, P *r n*. Le rhomboïde primitif ayant chacune de ses arêtes terminales remplacée par une face *n*, et chacun de ses six angles solides latéraux tronqués par une face *r*. Combinaison de deux modifications incomplètes qui, chacune, si elle atteignait sa limite, produirait un rhomboïde, l'une par une face sur sur les arêtes terminales, l'autre aussi par une face sur les angles solides latéraux du noyau. Inclinaison de P sur *n*, 136° 54' (Haüy); de P sur *r*, 120° 47' (Haüy), 120° 5; (Beudant) de *r* sur *n*, 143° 69' (Haüy). D'*Oberstein*. (Lucas, Coll. du Muséum.)

3e. CHABASIE UNIQUADRAGÉNAIRE (*Chabasia pyramidata*). Signe des faces, P *x r*. Un dodécaèdre bipyramidal, à triangles scalènes, surbaissé, dont les six angles solides latéraux sont remplacés chacun par deux facettes triangulaires. Combinaison de deux modifications incomplètes, l'une par une face (*r*), sur chacun des six angles solides, l'autre par deux faces (*x*), sur chacune des arêtes terminales du noyau. Inclinaison de *x* sur *x*, 178° 2', suivant Haüy; de 173°

32', suivant M. Beudant; de P sur x, 178° 34', suivant Haüy; de 175° 30', suivant M. Beudant.

2ᵉ Genre. — CARPHOLITE (*Carpholites*).

Strohstein ou *Karpholit* (Werner).

Combinaison de silice, d'alumine, de protoxyde de manganèse et d'eau ; avec un mélange de protoxyde de fer, de chaux et d'acide fluorique; ou silicate d'alumine dominant, combiné avec un silicate de protoxyde de manganèse et de fer, et avec de l'eau, et mélangé de fluate de chaux.

Signe minéralogique de M. Berzélius : $(mn,f) S + 3 AS + Aq.$

De M. Beudant $3 AS + mn S + 2 Aq.$

ANALYSES DES CARPHOLITES DE SCHLACKENWALD EN BOHÈME.

	par Steinmann.	par Stromeyer.
Silice.	37,53	36,15
Alumine.	26,48	28,67
Protoxyde de manganèse.	17,09	19,16
Protoxyde de fer.	5,64	2,29
Chaux.	0,00	0,27
Acide fluorique.	0,00	1,47
Eau.	11,36	10,78
	98,10	98,79

Forme primitive : inconnue. Les cristaux déformés et incomplets de ce genre se présentent, sous la forme de petits prismes accolés, en masses fibreuses ou radiées. Pes. spéc., 2,9. Raye la chaux fluatée ; rayée par le feldspath. Couleur jaune de paille ou de cire. Éclat nacré. Opaque.

Au chalumeau, dans le matras, donne de l'eau qui devient acide lorsque le fragment est en ignition, attaque le verre et jaunit le papier de Fernambouc. Les parois du matras se recouvrent çà et là de silice décomposée par l'acide fluorique.

Sur le charbon, se gonfle, blanchit, puis fond lentement en verre brun et opaque. Avec le borax, soluble en verre transparent, qui prend à la flamme extérieure une couleur améthyste, et devient verdâtre à la flamme intérieure. Avec la solution de cobalt, prend une couleur bleue sombre qui n'est pas très pure. (Berzélius.)

Point d'espèce connue.

Les groupes de cristaux altérés et incomplets, disposés en masses fibreuses et radiées, viennent de Schlackenwald en Bohême.

3e Genre. — HARMOTOME. (*Harmotomus.*) (Haüy.)

Hyacinthe blanche cruciforme (Romé-de-l'Isle). *Andréasbergolithe* et *Andréolithe* (De la Méthrie et Daubenton). *Kreuzstein* (Werner et Karsten). *Ercinite* (Napione). *Staurolite* (Kirwan). *Pierre cruciforme* (Brochant). *Paratomer Kuphon Spath* (Mohs).

Combinaison de silice, d'alumine, de baryte et d'eau (la baryte est quelquefois remplacée en faible partie par de la chaux, de la soude ou de la potasse), ou silicate d'alumine dominant, combiné avec un quadrisilicate de baryte (ou de chaux, soude ou potasse) et avec de l'eau.

Signe minéralogique de M. Berzélius, $4\,A\,S + B\,S4 + 6\,Aq.$

ANALYSES DES HARMOTOMES.

| | De Schiffenburg. | D'Andréasberg. | | D'Oberstein. |
	Par Werneckink.	Par Klaproth.	Par Gmelin. et Nepel.	Par Duméuil.	Par Tassaert.
Silice.	44,79	49	56,30	43,25	47,5
Alumine.	19,28	16	14,50	15,25	19,5
Baryte.	17,59	18	17,52	20,18	16,0
Chaux.	1,08	0	1,00	3,55	0,0
Oxydes de fer et de manganèse.	0,85	0	0,00	0,00	0,0
Soude.	0,00	0	1,25	0,00	0,0
Potasse.	0,00	0	0,00	1,08	0,0
Eau.	15,32	15	11,69	16,00	13,5
	98,91	98	102,26	99,31	96,5

M. Beudant observe que les formules minéralogiques tirées de ces diverses analyses, diffèrent toutes de celle de M. Berzélius, et diffèrent aussi notablement les unes des autres, tant par les rapports entre l'oxygène de la silice et celui des bases, que par le nombre des atomes d'eau. Dans les unes il y a des bisilicates, dans les autres, des quadrisilicates d'alumine, plusieurs présentent des trisilicates de baryte, une seule un quadrisilicate ; enfin l'eau y varie entre 4,6 et 7 atomes. Ce qui prouve que la composition atomique des Harmotomes est loin d'être bien connue.

Forme primitive : prisme droit rectangulaire. Clivable très nettement dans des directions parallèles à ses pans; moins facilement dans celles des faces d'un octaèdre rectangulaire inscrit. Pes. spéc., 2,35 à 2,4. Raye la chaux fluatée; rayé par l'apatite. Couleur blanche, quelquefois grisâtre ou jaunâtre, rarement rouge. Translucide ou opaque. Cassure conchoïde ou inégale.

Inaltérable dans les acides, ou du moins très difficilement attaquable par eux.

Au chalumeau, dans le matras, donne de l'eau en perdant sa transparence. Sur le charbon, fond aisément et sans boursoufflement en verre diaphane non bulleux. Avec le borax, très difficilement soluble en verre incolore. Avec le sel de phosphore, donne un verre transparent qui devient opalin par le refroidissement, et un squelette de silice. Avec peu de soude, fond en verre transparent qui devient opaque par le refroidissement si la proportion de soude est plus forte. Avec la solution de cobalt, les bords fondus se colorent en bleu. (Berzélius.)

ESPÈCES.

1re Espèce. HARMOTOME DODÉCAÈDRE (*Harmotomus dodecaedricus*). Signe des faces, M T *r*. Un prisme rectangulaire (MT), terminé par des pyramides à quatre faces rhomboïdales *r*, correspondantes aux arêtes du prisme, et produites en vertu d'une modification incomplète par une face sur chacun des angles solides du noyau. Inclinaison de *r* sur *r*, 120° ou 121°; de M sur T, 90°. D'*Oberstein* et de *Strontian* (Ecosse). (Lucas, Collect. du Muséum.)

2e. HARMOTOME PARTIEL (*Harmotomus partialis*). Signe des faces, M T *r s*. La forme de l'espèce précédente avec l'addition d'une facette (*s*) qui remplace deux arêtes terminales opposées dans chacune des pyramides qui forment les sommets. Cette face est produite en vertu d'une modification par une face sur chacune des arêtes longues des bases. Inclinaison de M sur *s*, 125° 5'; (Beudant). De *Strontian* (Ecosse). (Lucas, Collect. du Mus.)

MODE DE GROUPEMENT PARTICULIER AUX INDIVIDUS DES ESPÈCES
DE CE GENRE.

Quatre individus se réunissent parallèlement aux faces de leurs prismes, de manière à se pénétrer en partie, et à former une croix rectangulaire, laissant entre ses branches des angles rentrans de 90°. Haüy a nommé de pareils groupes *Harmotomes cruciformes.* *Andreasberg* (Hartz), et se trouvent aussi, quoique plus rarement, à *Strontian* (Écosse).

Appendice à la famille des Zéolitines.

Lévyne (Brewster). *Makrotyper Kuphon Spath* (Mohs).

Cristaux ressemblant beaucoup aux Chabasies : ils ont, comme celles-ci, un rhomboïde pour forme primitive ; mais, dans les **Lévy-nes**, c'est un rhomboïde obtus de 100° 31' et 79° 29' qu'on obtient par un clivage peu distinct des cristaux de formes secondaires que présente la nature. Ces formes sont, en général, des dodécaèdres bipyramidaux, à triangles isocèles, formés par une combinaison du rhomboïde primitif et d'une modification incomplète par une seule face sur chacune des arêtes terminales du noyau. Ces dodé-caèdres sont profondément tronqués au sommet par une face per-pendiculaire à l'axe et produite en vertu d'une modification par une seule face sur les angles solides terminaux du rhomboïde pri-mitif. Pes. spéc., 2,0 à 2,2. Raye la chaux carbonatée ; rayée par l'apatite. Couleur blanche. Éclat vitreux. Demi-transparente. Cassure imparfaitement conchoïde.

Insoluble dans les acides et non réductible en gelée.

Au chalumeau, dans le matras, donne beaucoup d'eau, blanchit et perd sa transparence. Seule, sur le charbon, se gonfle. Avec le sel de phosphore, donne un squelette de silice et un verre transpa-rent, qui devient opaque par le refroidissement.

Les individus s'assemblent souvent par groupes de six, en se pé-nétrant réciproquement, et forment ainsi un cristal composé régu-lier qui a la forme d'un dodécaèdre bipyramidal, profondément tronqué au sommet et dont toutes les arêtes terminales sont rem-placées par des angles rentrans.

La composition des Lévynes es t encore mal connue. Le minéral de Dalsnypen dans les îles de Féroé, analysé par M. Berzélius sous le nom de Lévyne, et qui lui a donné une composition semblable à celle des Chabasies, paraît à M. Robert Allan être en effet une Chabasie. Il ne différerait de celles-ci que par une faible quantité de soude substituée à une portion de potasse, et une petite portion de magnésie remplaçant un peu de la chaux.

On indique les Lévynes comme se trouvant à *Dalsnypen* (îles Féroé); au *Deer Park de Glenarm* (en Irlande); à *Skagastrand* (en Islande); à *Godhavn* (île de Disco , Groënland) ; dans le *Vicentin*, et à *Hartfield-Moss*, comté de *Renfrew*. (Écosse).

FAMILLE DES *ZÉOLITES*.

Solubles dans les acides , la plupart en gelée. Tissu compacte ou feuilleté. Les plus dures rayent l'apatite ; la plupart , seulement la chaux fluatée ; quelques-unes ne rayent que la chaux carbonatée. Pes. spéc., 2,0 à 3,6. Éclat vitreux ou nacré. Au chalumeau, aisément fusibles en tout ou en partie, avec ou sans boursoufflement , à l'exception des Dioptases, des Brewstérites et des Calamines qui sont infusibles , mais qui éprouvent une altération.

1er Genre. — GISMONDINE. (*Gismondia.*)
(Carpi et de Léonhard.)

Zéagonite (Gismondi). *Abrazite* (Brocchi). *Harmotome de Marburg* (L. Gmelin). *Harmotome d'Annerode* (Vernekink). *Phillipsite* (Lévy). *Staurotypes Kuphon-Spath* (Mohs).

Combinaison de silice, d'alumine, de chaux, de potasse et d'eau, ou bisilicate d'alumine dominant, combiné avec un bisilicate de chaux et de potasse, et avec de l'eau ?

Signe minéralogique : $3\,A\,S^2 + (C,K)\,S^2 + 5\,A\,q$?

C'est une composition fort analogue à celle de l'Harmotome , mais sans baryte.

Carpi a donné une analyse de la Gismondine de Capo di Bove près de Rome , mais elle a été faite dans un temps où les moyens d'analyses n'étaient pas aussi perfectionnés qu'aujourd'hui ; aussi ne peut-elle être réduite en formule. Elle nous apprend cependant que ce minéral ne renferme point de baryte , mais se compose de silice, de chaux, de magnésie, d'oxyde de fer et d'alumine.

M. R. Allan cite, dans son *Manual of Mineralogy*, p. 208 , une analyse de la Gismondine par M. Viviani, que nous reproduisons ici, quoique nous la regardions comme appartenant à un tout autre minéral.

ANALYSES.

	De la Gismondine.	Des Harmotomes.	
	De	De Marburg.	D'Annerode.
	Par Viviani.	P. L. Gmelin.	P. Vernekink.
Silice.	5₇,45	48,02	53,0₇
Alumine.	7,36	22,6₁	21,3₁
Chaux.	25,3o	6,56	6,6₇
Magnésie.	2,56	0,00	0,00
Potasse.	0,00	7,5o	0,00
Baryte.	0,00	0,00	0,39
Oxyde de fer.	3,00		
Oxyde de manganèse.	0,5o	0,18	0,56
Eau.	0,00	16,₇5	17,09
Perte, probablement due à l'eau.	3,83	0,00	0,00
	100,00	101,62	99,09

Forme primitive : prisme droit rectangulaire, semblable à celui de l'Harmotome. Raye l'apatite ; rayée par le quartz. Pes. spéc., 2,0 à 2,2. Couleur blanche ou rosâtre. Éclat vitreux passant au gras. Transparente.

Soluble dans les acides ; forme une gelée dans l'acide hydrochlorique chauffé.

Au chalumeau, dans le matras, perd sa transparence, blanchit, donne de l'eau et devient terreuse.

Seule, sur le charbon, fusible avec boursoufflement en verre blanc et bulleux.

ESPÈCE UNIQUE.

GISMONDINE DODÉCAÈDRE (*Gismondia dodecaedra*). Signe des faces, M T r. Un prisme rectangulaire, terminé par une pyramide à quatre faces rhomboïdales, correspondantes aux arêtes du prisme, et produites, en vertu d'une modification incomplète par une face sur tous les angles solides du noyau. D'*Acireale* (Sicile), et de la *Somma.*

Var. *a. Cunéiforme.* L'angle solide du sommet est remplacé par une arête. De *Capo di Bove* près de Rome.

MODE DE GROUPEMENT DES INDIVIDUS DE CETTE ESPÈCE.

Une multitude considérable de très petits individus se groupent ensemble de manière à former par leur réunion des octaèdres surbaissés cunéiformes, qui se croisent deux à deux, de manière que les arêtes de leurs sommets se coupent à angle droit. Dans ces groupes réguliers, les faces du prisme des individus composant le groupe, sont souvent tout-à-fait cachées, et celles des pyramides terminales se montrent par des stries rhomboïdales sur les faces des octaèdres. De *Capo di Bove* près de Rome.

ANNOTATIONS.

M. Haïdinger dans son *Treatise on Mineralogy*, et d'après lui M. R. Allan dans son Manuel, ont confondu ensemble, sous le nom de *Zeagonit*, les Gismondines ou Phillipsites de Capo di Bove et du Vésuve, avec les Zircons violets, qui se trouvent au Vésuve dans le Feldspath nommé *Eisspath*, ainsi que nous nous en sommes assuré par les échantillons des deux genres mêlés sous la dénomination commune de Zéagonite dans la belle collection de M. Th. Allan, où ils ont servi de type à la description de M. Haïdinger. En effet, la dureté, les inclinaisons des faces de l'octaèdre, et la couleur violette dans cette description, se rapportent au Zircon en octaèdres surbaissés du Vésuve, tandis que l'effet des acides et du chalumeau et la couleur blanche, grise et rougeâtre dans la même description, sont celles des Gismondines.

2ᵉ Genre.—PRÉHNITE. (*Prehnites.*) (De Born.)

Prehnit (Werner et Karsten). *Koupholite* (Picot-la-Peyrouse et De la Méthrie). *Schorl en gerbes* (Schreiber). *Émeraude du Cap* (Rochon). *Chrysolite du Cap* (Sage). *Prase cristallisée* (Hacquet). *Zéolite vitreuse verdâtre du Cap* (De Born). *Crisolito* et *Crisoprasio del Capo* (Petrini). *Halbzeolith* (OEstner). *Axotomer Triphan Spath* (Mohs.)

Combinaison de silice, d'alumine, de chaux et d'eau, mélangée d'une petite quantité d'oxyde de fer; ou silicate d'alumine dominant, combiné avec un trisilicate de chaux, et avec de l'eau, et mélangé d'oxyde de fer.

Signe minéralogique de M. Berzélius : $C^3 S^3 + 3 A S + A q$.

ANALYSES DES PREHNITES.

	Primitive. Des Pyrénées. Par Walmstedt.	Fibreuse. De Dumbarton. Walmstedt.	Fibreuse De Dumbarton. Thomson.	d'OEdelfors. Walmstedt.
Silice.	44,71	44,10	43,60	43,01
Alumine.	23,99	24,26	23,00	19,30
Chaux.	25,41	26,40	22,33	26,28
Oxyde de fer.	1,25	0,74	2,00	6,81
Oxyde de man- ganèse.	0,19	0,00	0,00	0,00
Eau.	4,45	4,18	6,40	4,43
	100,00	99,68	97,33	99,83

Forme primitive : prisme droit rhomboïdal de 102°
40' et 77° 20' (Haüy) (1), dont la hauteur est au côté
de la base à peu près comme 5 : 7. Ce prisme se subdi-
vise par des clivages dans la direction des petites diagonales de ses bases. Pes. spéc.. 2,6 à 3.1. Raye l'apatite ;
rayée par le quartz. Couleur verte, verdâtre, jaunâtre
ou blanchâtre. Éclat nacré ou vitreux. Demi-transparente ou translucide. Cassure inégale à grains fins.

Électrique par la chaleur.

Soluble en gelée ou en laissant un résidu siliceux, dans l'acide
hydro-chlorique affaibli. Il est quelquefois nécessaire que le fragment ait été calciné pour manifester ce caractère.

Au chalumeau, dans le matras, donnant un peu d'eau et devenant opaque après quelque tems d'exposition au feu. Seule sur le
charbon, fusible en verre blanc et bulleux. Avec le borax, donne
aisément un verre diaphane. Avec le sel de phosphore, donne un
squelette de silice et un verre qui devient opalin par le refroidissement. Avec la soude, forme lentement et avec boursoufflement un
verre transparent ou une scorie demi-vitreuse. (Berzélius.)

---

(1) M. Mohs prend pour forme primitive un autre prisme rhomboïdal droit de 99° 30', dont la base correspond aux faces de clivages
de Haüy.

1re Espèce. PREHNITE PRIMITIVE (*Prehnites rhombo-prismatica*). Signe des faces, M P. C'est la *Koupholite* de Picot la Peyrouse et autres minéralogistes. Prisme rhomboïdal droit de 102° 40' et 77" 20'. De *l'Armentière, en Oisans* (Dauphiné) et *de la Vallée de Fassa* (Tyrol). (Lucas, Collect. du Muséum.) Du *Mont Crélitz* (Vallée de Barèges, Pyrénées.) (Idem. Ibid.)

2e. PREHNITE QUADRI-HEXAGONALE (*Prehnites quadri-hexagonalis*). Signe des faces, M P *n*. Solide à dix faces, qui, vu dans une direction où son axe de cristallisation soit horizontal, paraît un prisme hexaèdre très aplati terminé par des sommets dièdres. Il est produit en vertu d'une modification incomplète par une face sur les angles aigus de la base. Inclinaison de *n* sur *n*, 49° 14'; de *n* sur P, 155° 23'; de *n* sur M, 105° 5'.

3e. PREHNITE PÉRIHEXAÈDRE (*Prehnites perihexaedra*). Signe des faces, M P *l*. Un prisme droit hexaèdre produit en vertu d'une modification incomplète par une seule face sur les arêtes latérales aiguës du prisme primitif. Inclinaison de M sur *l*, 128° 40'. De *l'Oisans* (Dauphiné), de *Fassa* (Tyrol), et du *Mont-Crelitz* (Pyrénées). (Lucas, Coll. du Mus.)

4e. PREHNITE PÉRIOCTAÈDRE (*Prehnites perioctaedra*). Signe des faces, M P *k l*. Un prisme droit à huit pans. L'espèce précédente, augmentée d'une facette *k*, produite en vertu d'une modification par une seule face sur chacune des deux arêtes latérales obtuses du prisme primitif. Inclinaison de *k* sur M, 141° 20'. De *l'Oisans* (Dauphiné), et du *Mont Crélitz* (Pyrénées). (Lucas, Collection du Mus.)

Voyez en outre d'autres espèces représentées par M. Beudant. (*Traité de Minéralogie*, seconde édition, tom. 2, pl. VIII, fig. 1, 3, 27, 50.)

ALTÉRATIONS DANS LES FORMES DES CRISTAUX DE CE GENRE.

Certaines faces ont une tendance à s'arrondir, ce qui donne à beaucoup de cristaux, des formes plus ou moins convexes, et aussi des formes *baccillaires*.

MODE DE GROUPEMENT DES INDIVIDUS DE CE GENRE.

En masses fibreuses, radiées, mamelonnées, entrelacées, subcompactes.

5ᵉ Genre.—DIOPTASE. (*Dioptasium.*) (Haüy.)

Émeraude de Sibérie (Ferber). *Achirite* ou *Aschirite* (Sewerguine). *Émeraudine* (De la Méthrie). *Kupfersmaragd* (Werner).
Dioptas (Karsten). *Cristallisirtes Kupfergrün* (Estner). *Rhomboedrischer Smaragd Malachit* (Mohs).

Combinaison de silice, d'oxyde de cuivre et d'eau , ou bisilicate
d'oxyde de cuivre , combiné avec de l'eau et mélangé d'un peu
d'oxyde de fer.

Signe minéralogique de M. Berzélius , d'après l'analyse de
M. Hess (1) : $Cu\ S^2 + Aq.$

ANALYSES DES DIOPTASES DU PAYS DES KIRGUISES.

	Par Vauquelin.	Par Lowitz.	Par Hess.
Silice.	43,18	33	36,60
Oxyde de cuivre.	45,45	55	48,89
Protoxyde de fer.	0,00	0	2,00
Eau.	11,36	12	12,29
	99,99	100	99,78

Forme primitive : rhomboïde obtus de 123º 58' et
56" 2' (1). Clivages très nets parallèlement aux faces.
Pes. spéc., 3,2 à 3,3. Raye la chaux fluatée ; rayée par
le feldspath. Couleur : vert d'émeraude. Éclat vitreux
passant au nacré. Poussière verte. Cassure conchoïde ,
à petites cavités.

Insoluble dans l'acide nitrique, même à chaud. Soluble partiellement et sans effervescence dans l'acide hydro-chlorique.

Au chalumeau , dans le matras, donne de l'eau et noircit. Sur
le charbon , devient noire à la flamme extérieure et rouge à la
flamme intérieure , mais ne fond pas. Avec le borax , donne les
réactions du cuivre , et toutes les fois qu'on commence à chauffer
le globule , il colore pour un instant la flamme en un beau vert.
Avec le sel de phosphore, donne un squelette de silice dans un

___

(1) Berzélius. *Jahres Bericht,* 9ter *Jahrg,* p. 197.

(2) M. Mohs adopte , pour forme primitive , un rhomboïde de
126º 17' et 53º 43'.

verre qui offre les réactions du cuivre. Avec la soude, se réduit en cuivre métallique et en verre incolore. (Berzélius.)

ESPÈCE UNIQUE.

DIOPTASE DODÉCAÈDRE (*Dioptasium dodecaedricum*). Signe des faces, *s r*. Un prisme hexaèdre régulier, terminé par le sommet à trois faces d'un rhomboïde plus aigu que le noyau. Combinaison de deux modifications, l'une par une face (*r*) sur les angles latéraux, l'autre aussi par une face (*s*) parallèle à l'axe, sur les arêtes latérales du rhomboïde primitif que cette combinaison intercepte complétement. Inclinaison de *s* sur *s*, 120°; de *r* sur *r*, 93° 35' (1); de *r* sur *s*, 133° 12' (2). *Du pays des Kirguises.*

Les cristaux sont petits et souvent groupés plusieurs ensemble.

4e Genre.—SILICATE DE ZINC ou CALAMINE. (*Calamina.*)

Calamine ou *Pierre calaminaire*, *Spath de zinc* et *Mine de zinc vitriforme* (Romé-de-l'Isle), en partie. *Chaux de zinc, Zinc spathique* (De Born), en partie. *Zinc en chaux* (Bergmann), en partie. *Zink glaserz* (Karsten). *Galmey* (Werner), en partie. *Oxyde de zinc silicifère* (Smithson). *Zinc oxydé silicifère* (Haüy). *Silicate de zinc* (Berzélius). *Prismatic or Electric Calamine* (Jameson). *Zinkglas* (Haussmann). *Prismatischer Zink-Baryt* (Mohs).

Combinaison de silice, d'oxyde de zinc et d'eau, ou silicate d'oxyde de zinc combiné avec de l'eau.

Signe minéralogique de M. Berzélius: $2 Z S + Aq$; de M. Beudant: $Z S + x Aq$.

ANALYSES DES CALAMINES.

| | De Rezbanya. | Du Brisgau. | De Limbourg. | D'Altemberg. | |
	Par Smithson.	Par Berthier.	Par Berthier.	Par Berzélius.	Par Berzélius.
Silice.	25,0	25,5	25	24,89	26,23
Oxyde de zinc.	68,3	64,5	66	66,83	66,37
Eau.	4,4	10,0	9	7,46	7,40
	97,7	100,0	100	99,18	100,00

(1) 95° 33' (Beudant.) 95° 48' (Mohs.)

(2) 133°. (Beudant.)

Forme primitive : prisme rhomboïdal droit de 102° 30' et 77° 30' (1), dont les diagonales et la hauteur sont dans les rapports des nombres 14, 12 et 7 (Beudant.) Clivages très nets parallèlement aux pans du prisme, moins nets parallèlement aux bases. Pes. spéc., 5,3 à 3,6. Raye la chaux fluatée; rayée par le feldspath. Couleur : blanc, blanchâtre, gris, jaunâtre ou brunâtre. Poussière et râclure blanches. Éclat vitreux passant au nacré et approchant quelquefois de l'éclat adamantin. Transparente, translucide ou opaque. Cassure inégale à petits grains. Phosphorescente par le frottement. Électrique habituellement à la température atmosphérique.

Soluble en gelée dans l'acide nitrique à froid et dans l'acide sulfurique chauffé.

Au chalumeau, dans le matras, décrépite un peu, dégage de l'eau en devenant blanc laiteux. Sur le charbon ne fond pas, mais se gonfle à un feu vif. Avec le borax, donne un verre incolore qui ne devient laiteux ni par le flamber, ni par le refroidissement. Avec le sel de phosphore, donne un verre incolore qui devient opaque par le refroidissement. L'addition d'une grande quantité de matière peut seule faire voir, dans la perte, quelque signe de la présence de la silice. Dans la soude, insoluble, mais se gonfle et dégage à peine de la fumée de zinc. Avec la solution de cobalt, à une température peu élevée, se colore en vert, et à un feu vif, devient, sur les bords, d'un beau bleu clair. (Berzélius.)

ESPÈCES.

1re Espèce. CALAMINE UNITAIRE (*Calamina decaedra*). Signe des faces, M r o. Prisme hexaèdre, à sommets dièdres, dont les faces (o) correspondent aux arêtes aiguës du prisme. Combinaison de deux modifications incomplètes, l'une par une face (r) sur les arêtes latérales obtuses du noyau; l'autre par une face (o) sur chacun des angles aigus des bases du prisme primitif qui n'est pas entièrement intercepté par cette combinaison. Inclinaison de M sur o, 132° 35'; de M sur r, 128° 40' (Beudant); 130° 2' (Haüy).

____

(1) 103° 53' et 76° 7', suivant M. Mohs.

2ᵉ. **Calamine trapézienne** (*Calamina trapeziana*). Signe des faces, M *r s*. Même prisme hexaèdre que dans l'espèce précédente et terminé aussi par des sommets dièdres, mais dont les faces (*s*) répondent aux arêtes latérales obtuses du noyau ou aux faces les plus larges du prisme hexaèdre. Elles sont produites en vertu d'une modification par une face sur chacun des angles obtus des bases du noyau. Cette espèce présente ordinairement l'apparence d'une table rectangulaire biselée sur ses quatre bords. Inclinaison de *s* sur *s*, 128° 27'; de *s* sur *r*, 116° 40' (Beudant); de 115° 52' (Haüy). De *Raïbl* en Carinthie, et de *Nertschinskoï* et de *Zmeof* en Sibérie. (Lucas, Coll. du Mus.)

Voyez d'autres espèces figurées par **M. Beudant**. (*Traité de Minéral.*, deuxième édition, pl. IX, fig. 31 à 36 et fig. 38.)

MODE DE GROUPEMENT DES INDIVIDUS ALTÉRÉS DE CE GENRE.

En masses fibreuses, lamellaires, mamelonnées, globuliformes.

MODE DE GROUPEMENT DES INDIVIDUS MOLÉCULAIRES DE CE GENRE.

En masses compactes, caverneuses, terreuses.

5ᵉ Genre. — DATHOLITE. (Esmarck.)(*Datholites*).

Datholit (Werner et Karsten). *Chaux boratée siliceuse* (Haüy). *Esmarkite* (Hausmann). *Borate of lime* (Phillips). *Humboldtite* (Lévy). *Prismatic Dystom-Spath* (Mohs).

Combinaison de silice, d'acide borique, de chaux et d'eau ou tri-borate de chaux, combiné avec un quadrisilicate de chaux et de l'eau.

Signe minéralogique de M. Beudant, $CB^3 + CS^4 + Aq.$

ANALYSES DES DATHOLITES.

| | D'Arendal | | D'Andreasberg. |
	par Klaproth.	par Vauquelin.	par Stromeyer.
Silice.	36,5	36,66	37,36
Acide borique.	24,0	21,67	21,26
Chaux.	35,5	34,00	35,67
Eau.	4,0	5,50	5,71
	100,0	97,83	100,00

Forme primitive : prisme rhomboïdal droit de 103° 42' et 76° 18' suivant M. Beudant; ou prisme rhomboïdal oblique de 102° 30' et 77° 30', et dont la base est inclinée à l'axe de 91° 41', suivant M. Mohs. Clivable parallèlement aux faces et moins nettement dans la direction des grandes diagonales des bases. Pes. spéc., 2,9 à 3,3. Raye la chaux fluatée; rayée par le feldspath. Couleur blanche, grise, bleuâtre, rougeâtre ou verdâtre. Éclat entre le vitreux et le nacré. Plus ou moins transparente. Cassure conchoïde ou esquilleuse.

Soluble en gelée dans les acides.

Au chalumeau, dans le matras, donne un peu d'eau et blanchit. Sur le charbon, seule, se boursouffle et donne un verre transparent, incolore, rose pâle ou vert de fer. Avec le borax, facilement fusible en verre transparent des mêmes nuances. Soluble dans le sel de phosphore, en laissant un squelette de silice comme résidu. Si la quantité de matière d'essai est forte, on obtient un verre opaque, blanc d'émail. Avec peu de soude, donne un verre transparent, qui avec plus de soude devient opaque par le refroidissement; avec plus de soude encore, toute la matière pénètre dans le charbon. Avec la solution de cobalt, donne un verre opaque bleu. Avec le gypse se fond en boule qui est diaphane même après le refroidissement. (Berzélius.)

ESPÈCES.

1re Espèce. DATHOLITE SEXDÉCIMALE (*Datholites sexdecimalis.*) Signe des faces, M *n* P *f h*. Prisme à dix pans; sommets à trois faces. Produite par une combinaison de modifications sur les arêtes latérales et sur les angles aigus des bases du noyau, avec une portion des faces du prisme primitif. D'*Arendal* (Norwége). (Lucas, Collect. du Mus.)

2e. DATHOLITE DÉCI-OCTONALE (*Datholites deci-octonalis*). Signe des faces, M *f* P *h b*. Prisme à huit pans; sommets à cinq faces. Combinaison des mêmes modifications que dans l'espèce précédente avec l'addition d'une modification par une face sur chacun des angles obtus des bases. La partie non interceptée des faces du noyau se réduit à une portion des bases. Voyez Pl. VIII, fig. 34, Tome 2, du Traité de Minér. de M. Beudant. Voyez aussi pour d'autres espèces du même genre, les fig. 36 et 37 de la même planche.

MODE DE GROUPEMENT DES INDIVIDUS DÉFORMÉS OU MOLÉCULAIRES
DE CE GENRE.

En masses fibreuses mamelonnées. C'est la *Botryolite* de divers auteurs. D'*Arendal* (Norwége).

En masses compactes. D'*Arendal*, de *Theiss* Près *Clauen* en Tyrol, etc.

ANNOTATIONS.

Nous avons cité la *Botryolite* comme formée d'un assemblage de cristaux appartenant au genre de la *Datholite*. Cependant M. Beudant à cause d'une différence chimique dans la proportion des principes constituans , continue à la considérer comme une substance distincte. Son analyse par Klaproth a donné,

Silice.	36,0
Acide borique.	13,5
Chaux.	39,5
Oxyde de fer.	1,0
Eau	6,5
	96,5

D'où M. Berzélius a tiré la formule irrégulière, $3\ CS^3 + CB^2 + 2Aq$. Ses caractères chimiques, physiques et pyrognostiques sont les mêmes que ceux des Datholites, et elle se trouve comme celles-ci à *Arendal* (en Norwége.)

6ᵉ Genre. ANALCIME. (*Analcimus*).

Zéolite dure (Dolomieu). *Kubizit* (Werner). *Zéolite cubique* (De la Méthrie). Variété du *Würfel zéolith* (Reuss). *Sarcolith* ? (Thomson). *Hexaedrischer Kuphon Spath* (Mohs).

Combinaison de silice, d'alumine, de soude, de chaux et d'eau; ou bisilicate d'alumine dominant, combiné avec un bisilicate de soude (remplacée parfois par un peu de chaux) et d'eau.

Signe minéralogique de M. Berzélius $N\ N\ S^2 + 3\ A\ S^2 + 2\ Aq$.

ANALYSES DES ANALCIMES.

	De Fassa.	De Montecchio Maggiore.	De Kilpatrick.
	Par H. Rose.	Par Vauquelin.	Par Connell.
Silice.	55,12	58,0	55,07
Alumine.	22,99	18,0	22,22
Soude.	13,53	10,0	13,71
Eau.	8,27	8,5	8,22
Chaux	0,00	2,0	0,00
	99,91	96,5	99,22

Forme primitive : le cube. Divisible, quoique difficilement, parellèlement à ses faces. Pes. spéc., 2,2 à 2,53. Rayant l'apatite ; rayé par le feldspath. Incolore, ou blanc, grisâtre, rougeâtre et même rouge. Transparent, translucide ou opaque. Éclat vitreux et nacré. Cassure imparfaitement conchoïde, passant à la cassure inégale à grains fins, ou terreuse.

Soluble dans les acides, et après avoir été pulvérisé, se réduisant en gelée, dans l'acide hydro-chlorique chauffé.

Au chalumeau, seul dans le matras, donne de l'eau, et s'il est transparent, tourne au blanc laiteux. — Sur le charbon, fond sans boursoufflement ni bouillonnement en verre diaphane légèrement bulleux.—Dans le borax, très difficilement soluble, même en poudre, et formant une concrétion opaque et un verre transparent. — Avec le sel de phosphore, se décompose lentement, laissant pour résidu un squelette légèrement bulleux, et donnant un verre transparent qui ne devient que difficilement et à la longue un peu opalin. — Avec la soude, donne un verre transparent, et avec la solution de cobalt, un verre bleu. (Berzélius.)

ESPÈCES.

1re Espèce. ANALCIME TRAPÉZOÏDAL (*Analcimus trapezoïdeus*). Signe des faces, o. Solide à vingt-quatre faces trapézoïdales, égales et semblables, produites en vertu d'une modification complète par trois faces correspondantes aux faces du noyau, sur chacun des angles solides du cube primitif. Inclinaison de o sur o, 131° 48' 36", et 146° 26' 33". Des *Iles des Cyclopes* (Sicile); de *Montecchio Maggiore* (Vicentin); de *Dumbarton* (Écosse). (Luc.,Coll. du Mus.) On trouve aussi cette espèce dans la *Vallée de Fassa* en Tyrol ; à *Salisbury Craigs* près d'Édimbourg, etc.

2e. ANALCIME TRIÉPOINTÉ (*Analcimus trispunctatus*). Signe des faces, P o. Un cube ayant tous ses angles solides remplacés chacun par trois facettes triangulaires correspondantes à ses faces; même modification que dans l'espèce précédente, mais incomplète. Inclinaison de P sur o, 144° 44' 8". *Vallée de Fassa* en Tyrol, et de l'*Etna*. (Haüy.)

3e. ANALCIME CUBO-OCTAÈDRE (*Analcimus cubo-octaedricus*). Signe des faces, P n. Le cube ayant tous ses angles solides remplacés chacun par une seule facette triangulaire, produite en vertu d'une modification incomplète par une seule face sur chacun des angles solides du noyau. Inclinaison de P sur *n*, 125° 15' 52". Du *mont Somma*. (Haüy.) Cette espèce est une *Sarcolithe* de Thomson.

4ᵉ. ANALCIME TRIFORME (*Analcimus triformis*). Signe des faces, P *n r*. Le cube ayant tous ses angles solides et toutes ses arêtes modifiés chacun par une seule face. C'est la modification qui produit l'espèce précédente, combinée avec une modification également incomplète par une face sur chacune des arêtes du cube primitif. Inclinaison de *r* sur P, 153° 26' 5". Du *mont Somma*. C'est une *Sarcolithe* de Thomson et de M. Robert Allan. Voyez son *Manual of Mineralogy*, p. 116, fig. 86.

N.B. M. Haïdinger a séparé les Sarcolithes des Analcimes, et leur a donné le nom de *Octohedral Kouphone Spar*.

Voyez d'autres espèces indiquées par M. Beudant : *Traité de Minér.*, t. II, p. 96, et pl. II, fig. 49, 50 et 54. Parmi celles-ci se trouve l'*Analcime primitif* (*Analcimus cubicus*) dont la forme est le cube non modifié.

MODES DE GROUPEMENT DES INDIVIDUS MOLÉCULAIRES DE CE GENRE.

En masses mamelonnées et globulaires.

ANNOTATIONS.

Les gros cristaux opaques d'Analcime de la vallée de Fassa en Tyrol, sont traversés par des lames d'Apophyllite, et c'est peut-être à un semblable mélange qu'est due la singulière apparence qu'ont présenté à M. Brewster les cristaux d'Analcime qu'il a soumis à l'action de la lumière polarisée.

Au lieu d'avoir la refraction simple et par conséquent de ne point modifier la lumière polarisée, ces cristaux ont présenté à ce savant physicien, dans leur structure, un mélange de portions disposées symétriquement, dans quelques-unes desquelles il n'y a point de double réfraction, tandis que dans les autres, cette propriété se manifeste évidemment par les diverses nuances de couleur, distribuées en dessins très réguliers que fait naître l'emploi de la lumière polarisée. Voyez t. I, § 136, p. 218.

7ᵉ Genre.—GMÉLINITE. (*Gmelinia.*) (Brewster.)

Sarcolithe (Vauquelin). *Hydrolite* (De Drée). *Hexagonal Kouphone Spar* (Haïdinger).

Combinaison de silice, d'alumine, de chaux, de soude et d'eau; ou bisilicate d'alumine dominant, combiné avec un trisilicate de chaux et de soude et avec de l'eau.

Signe minéralogique donné avec quelque doute par M. Beudant, $4\,A\,S^2 + (C,N)\,S^3 + 8\,Aq.$

ANALYSES DES GMÉLINITES.

| | Par Vauquelin. | | Par Thomson. (1) |
	De Montecchio Maggiore.	De Castel.	D'Antrim.
Silice.	50,0	50,00	39,89
Alumine.	20,0	20,00	12,97
Chaux.	4,5	4,25	0,00
Soude.	4,5	4,25	0,00
Potasse.	0,0	0,00	9,82
Oxyde de fer.	0,0	0,00	7,44
Eau.	21,0	20,00	29,86
	100,0	98,50	99,98

Forme primitive : un rhomboïde dont les incidences n'ont pas été déterminées. Clivable parallèlement à ses faces. Pes. spéc., 2,5 à 2,1. Raye la chaux fluatée; rayée par l'apatite. Couleur blanche, passant au rouge de chair. Éclat vitreux. Transparente ou translucide. Cassure inégale.

Soluble dans les acides.

Au chalumeau, dans le matras, donne de l'eau et finit par se réduire en une poudre blanche. Seule, sur le charbon, fond avec boursoufflement en verre blanc.

A la simple flamme d'une bougie, se divise en petites écailles, qui sont lancées au loin.

ESPÈCE UNIQUE.

GMÉLINITE HEXAGONALE (*Gmelinites hexagonalis*). Un prisme hexaèdre régulier très court, surmonté par une pyramide à six pans, dont l'angle terminal est remplacé par une face hexagonale

---

(1) Cette analyse de Thomson rapportée par M. R. Allan à une Gmélinite, paraît tout-à-fait étrangère à ce minéral.

perpendiculaire à l'axe. De *Montecchio Maggiore* et de *Castel* dans le Vicentin, et de *Glenarm* dans le comté d'Antrim en Irlande.

Les cristaux déformés prennent une forme globulaire.

8ᵉ Genre. — MÉSOTYPE. (*Mesotypus.*)

Ce genre et les deux suivans ayant été confondus ensemble par Haüy et les minéralogistes de son école, sous le nom de *Mésotype*, il est impossible d'établir une synonymie exacte des auteurs qui ont suivi la nomenclature de Haüy. D'ailleurs les minéralogistes actuels, qui sont d'accord sur la nécessité de reconnaître des genres différens dans les minéraux rassemblés par Haüy dans son espèce *Mésotype*, le sont moins sur la répartition de ces divers minéraux dans les groupes différens. Les uns multiplient beaucoup le nombre de ces groupes, les autres tendent plutôt à le restreindre. Ainsi, d'un côté MM. Haïdinger et Allan séparent les Mésotypes des Natrolites, tandis que M. de Léonhard, non-seulement les réunit, mais leur associe encore les Scolézites. Nous tâcherons d'éviter ces deux inconvéniens en ne séparant un genre d'un autre, que lorsque des différences dans les caractères physiques, aussi tranchées qu'elles peuvent l'être dans des minéraux qui d'ailleurs se ressemblent beaucoup, correspondront avec des différences également notables dans la composition.

D'après ces principes, nous ne croyons pas devoir séparer les Natrolites des Mésotypes qui comprennent une partie des *Prismatischer Kuphon-Spath* de M. Mohs.

Combinaison de silice, d'alumine, de soude et d'eau, ou silicate d'alumine dominant, combiné avec un trisilicate de soude et avec de l'eau.

Signe minéralogique de M. Berzélius : $N\,S^3 + 3\,A\,S + Aq.$

ANALYSES DES MÉSOTYPES.

	Proprement dites.		Natrolites.	
	De Féroé.	De Hohentwiel.		Du Tyrol.
	Par Smithson.	Par Klaproth.	Par Fuchs et Gehlen.	Par Fuchs et Gehlen.
Silice.	49,0	48,00	47,21	48,63
Alumine.	27,0	24,25	25,60	24,82
Soude.	17,0	16,50	16,12	15,69
Eau.	9,6	9,00	8,88	9,60
Oxyde de fer.	0,0	1,75	1,25	0,21
	102,6	99,50	99,06	98,95

II,

Forme primitive : prisme droit rhomboïdal, de 91° 0'
et 89° 0' à 91° 40' et 88° 20', dont la hauteur et le
côté de la base sont à peu près comme 1 et 2. Deux
axes de double réfraction. Ce prisme se clive très nettement parallèlement à ses faces. Pes. spéc. , 2,24 à
2,50. Rayent la chaux fluatée ; rayées par le feldspath.
Couleur blanche quelquefois grisâtre, verdâtre, jaune
ou rougeâtre. Éclat vitreux vif, quelquefois soyeux à
l'intérieur. Transparentes ou translucides. Cassure
inégale ou conchoïde.

Électriques par la chaleur. Des fragmens échauffés
répandant une lueur phosporique d'un bleu impur.

Solubles en gelée dans les acides.

Au chalumeau, dans le matras, donnent de l'eau en perdant
leur transparence. Seules, sur le charbon, fondent en verre bulleux, incolore. Avec le borax, lentement et difficilement solubles
en verre transparent et incolore. Dans le sel de phosphore, aisément décomposables en squelette de silice et en verre qui devient
opalin en se refroidissant. Solubles avec la soude en verre transparent. (Berzélius.)

ESPÈCES.

1re Espèce. Mésotype pyramidée (*Mesotypus pyramidatus*). Signe
des faces, M o. Un prisme rhomboïdal très rapproché d'un prisme
droit à base carrée, et terminé par des pyramides à quatre faces
triangulaires, correspondant aux pans du prisme et produites en
vertu d'une modification incomplète par une face o sur chacune
des arêtes terminales du noyau. Inclinaison de M sur M , 91° et
89°, ou 91° 40' et 88° 20'; de M sur o , environ 146° 30'. Des îles
Féroé, d'Islande, du *Puy de Murmant* (*Auvergne*), etc.

2e. Mésotype sexoctonale (*Mesotypus sexoctonalis*). Signe des
faces, M r o. Prisme à six pans. Sommets à quatre faces; ou l'espèce
précédente modifiée par une face sur les arêtes latérales aiguës du
prisme. Suivant Haüy, cette espèce est la *Scolézite* de MM. Fuchs
et Gehlen.

M. Allan décrit, sous le nom de *Scolézite*, p. 122 de son *Manuel*,
et représente à la fig. 93 un cristal analogue à l'espèce *Sexocto-*

nale. C'est le même prisme à six pans , mais avec deux facettes de plus à chaque sommet. Or, de pareilles formes sont incompatibles avec la forme primitive des Scolézites , qui est un prisme symétrique à un seul axe de double réfraction.

Le même auteur représente aussi , fig. 91, un cristal plus compliqué, savoir : un prisme à quatre pans , terminé par des sommets à douze faces, dont huit parallèles aux arêtes terminales du prisme ou latérales de la pyramide, et quatre parallèles , deux à deux , à deux arêtes terminales opposées de la pyramide. Il désigne ce cristal comme type de son espèce *Natrolite.* Mais les différences dans les incidences des faces analogues , sont trop petites pour justifier cette séparation d'avec les Mésotypes.

Voyez une autre espèce de Mésotype figurée par M. Beudant , t. 2, pl. X, fig. 72.

Les cristaux de ce genre et les deux suivans sont souvent altérés, privés de sommets et ayant des formes baccillaires ou aciculaires, quelquefois ils sont isolés et libres , mais le plus souvent ils sont groupés en masses radiées, aciculaires , fibreuses, capillaires , floconneuses , etc., suivant l'épaisseur des cristaux individuels dont elles sont formées. Ces masses remplissent des cavités dans l'intérieur de certaines amygdaloïdes ou de certains basaltes , et leur surface extérieure est globuliforme ou mamelonnée. De pareils groupes de cristaux aciculaires de Mésotypes sont fréquens en Auvergne, dans le Vivarais, en Tyrol , en Écosse, en Irlande , aux Îles Féroé, dans les districts basaltiques de l'Allemagne, de la Bohême, etc.

Les individus moléculaires se groupent en masses terreuses et pulvérulentes. C'est le *Mehlzeolith* des Allemands, ou Zéolite farineuse.

9ᵉ Genre. — SCOLÉZITE. (*Scolesia.*) (Beudant.)

Mésotype , en partie. *Harmotomous Kuphon Spath* (Haïdinger) ?
Combinaison de silice, d'alumine, de chaux et d'eau , ou silicate d'alumine dominant , combiné avec un trisilicate de chaux et avec de l'eau.

Signe minéralogique de M. Berzélius : $C S^3 + 3 A S + 3 Aq.$

ANALYSE DES SCOLÉZITES DE STAFFA.

Par Fuchs.

Silice.	46,75
Alumine.	24,82
Chaux.	14,20
Soude.	0,39
Eau.	13,64
	99,80

Forme primitive : prisme droit à base carrée, dont les dimensions n'ont pas été déterminées. Les angles de ce prisme ne différant que de un degré ou de un et degré demi de ceux du prisme rhomboïdal des Mésotypes, ou pourrait croire à la possibilité de quelque erreur d'observation, et hésiter à séparer deux genres de minéraux si rapprochés par tous leurs caractères. Mais les caractères optiques ont prononcé sur cette question en montrant que les Scolézites n'ont qu'un axe de double réfraction, et que par conséquent la base de leur noyau est un carré.

Pour tous les autres caractères, voyez ceux des Mésotypes, qui sont entièrement semblables, excepté qu'au chalumeau, seules sur le charbon, les Scolézites se boursoufflent avant de fondre, et qu'avec le borax et le sel de phosphore, elles manifestent une forte effervescence en fondant. (Berzélius.)

ESPÈCES.

1re Espèce. SCOLÉZITE PYRAMIDÉE (*Scolesia pyramidata*). Signe des faces, M o. Un prisme symétrique terminé par une pyramide à quatre faces triangulaires correspondantes aux pans du prisme et produites en vertu d'une modification incomplète par une seule face, sur chacune des arêtes terminales du noyau. Des îles de *Féroé*? Des *Hébrides*?

2e. SCOLÉZITE DIOCTAÈDRE (*Scolesia dioctaedra*). Signe des faces, M r o. Prisme à huit pans terminé par une pyramide à quatre faces. C'est l'espèce précédente avec une modification par une seule face sur chacune des arêtes latérales du prisme primitif.

3°. Scolézite trioctaèdre (*Scolesia trioctaedra*). Signe des faces, **M** *r o l.* Prisme à huit pans, terminé à chaque sommet par une pyramide à huit faces.

Voyez les figures de ces trois espèces, à la pl. III, fig. 26, 33 et 36 du deuxième volume du Traité de M. Beudant.

Les altérations et les groupemens des cristaux du genre Scolézite, sont les mêmes que ceux des Mésotypes dont ils sont presque toujours accompagnés.

M. Beudant a démontré que des masses aciculaires ou fibreuses, radiées, blanches, ressemblant aux groupes radiés de Mésotypes et venant d'Islande, de Pargas en Finlande, de Hauenstein, etc., que MM. Fuchs, Gehlen et Berzélius avaient analysées comme des minéraux particuliers sous les nom de *mézolite* et de *mézole*, sont des mélanges d'individus aciculaires ou capillaires des deux genres Scolézite et Mézotype réunis en proportions variables. Voyez Beudant, *Traité de Minéralogie*, deuxième édit., t. II, p. 57 et 58.

10e Genre. —Thomsonite. (*Thomsonia.*) (Brooke.)

Mésotype de plusieurs minéralogistes, en partie. *Orthotomer Kuphon Spath* (Mohs).

Combinaison de silice, d'alumine, de chaux et d'eau ; ou silicate d'alumine dominant, combiné avec un silicate de chaux et avec de l'eau.

Signe minéralogique donné avec quelque doute par M. Beudant, $3 AS + C S + 2 Aq.$

ANALYSES DES THOMSONITES.

	De Kilpatrick. Par Berzélius.	De Lochwinnoch. Par Thomson.
Silice.	38,30	36,80
Alumine.	30,20	31,35
Chaux.	13,54	15,40
Soude.	4,53	0,00
Magnésie.	0,40	0,20
Peroxyde de fer.	0,00	0,60
Eau.	13,10	13,00
Perte (ou Soude ?)	0,00	2,64
	100,07	100,00

N. B. Dans les Thomsonites analysées ici, une petite portion de la chaux est remplacée par des bases isomorphes, la soude et la magnésie.

Forme primitive : prisme droit à base carrée, dont la hauteur et le côté sont à peu près comme 22 et 31 (1) d'après M. Beudant. Pes. spéc., 2,55 à 2,4. Raye la chaux fluatée ; rayée par le feldspath. Couleur blanche. Éclat vitreux ou nacré. Translucide et même transparente dans les fragmens minces.

Au chalumeau, dans le matras, donne de l'eau. Seule sur le charbon, se boursoufle, devient blanc de neige et opaque, et par un feu vif et prolongé, fond un peu sur les bords et les angles seulement, en émail blanc.

ESPÈCES.

1re Espèce. THOMSONITE PRIMITIVE (*Thomsonia prismatica*). Signe des faces, P M. Un prisme droit à base carrée.

2e. THOMSONITE ÉMARGINÉE (*Thomsonia emarginata*). Signe des faces, P M *r o*. Le prisme primitif ayant chacune de ses arêtes, tant latérales que terminales, remplacées par une facette. Combinaison de deux modifications incomplètes, chacune par une face sur chacune des arêtes terminales et latérales du noyau. Le cristal prend la forme d'un prisme à huit pans, terminé par des sommets à cinq faces, dont une perpendiculaire à l'axe. Inclinaison des facettes *r* qui remplacent les arêtes terminales, sur les faces correspondantes M du prisme, 135° 20'. (Beudant). De *Féroé*?

3e. THOMSONITE DÉCI-SEXDÉCIMALE (*Thomsonia deci-sexdecimalis*). Signe des faces, P M *r o x*. Prisme à seize pans ; sommets à cinq faces dont une perpendiculaire à l'axe. C'est l'espèce précédente augmentée de huit faces *x* au prisme, produites en vertu d'une modification incomplète par deux faces sur chacune des arêtes latérales du noyau.

4e. THOMSONITE TRIACONTATÉTRAÈDRE (*Thomsonia triacontatetraedra*). Signe des faces, P M *r o x d*. Solide à trente-quatre faces, dont seize au prisme, et neuf (dont une perpendiculaire à l'axe) à chaque sommet. L'espèce précédente augmentée à chacun de ses sommets, par quatre faces *d* produites en vertu d'une modification

----

(1) Suivant M. Mohs, la forme primitive serait un prisme rhomboïdal droit, de 90° 40' et 89° 20', clivable dans la direction des deux diagonales de ses bases : le solide de clivage serait donc un prisme droit rectangulaire.

par une seule face sur chacun des angles de la base du noyau. Inclinaison des facettes d qui remplacent les angles sur les pans correspondans o du prisme, 145°. (Beudant.)

Voyez les quatre espèces ci-dessus, représentées dans le Traité de M. Beudant, t. II, pl. III, fig. 1, 15, 18, 20.

5ᵉ. Thomsonite dissymétrique (*Thomsonia semi-angulata*). Signe des faces, P M o d. Prisme à huit pans, ayant deux angles opposés de chaque base, modifiés chacun par une face d. La loi de symétrie aurait exigé que cette modification s'étendît aux quatre angles de chaque base, comme dans l'espèce qui précède. C'est apparemment un pareil défaut de symétrie, qui aura engagé M. Mohs à adopter un prisme rhomboïdal pour forme primitive de ce genre. De *Kilpatrick* près *Dumbarton* (Écosse). Représentée dans le Manuel de M. Allan, fig. 94.

Les individus déformés et mutilés de ce genre, prennent des formes aciculaires ou baccillaires, et se groupent en masses fibreuses et radiées.

11ᵉ Genre. — STILBITE. (*Stilbites.*)

Stilbite (Haüy) en partie. *Strahlzeolith* (Werner). *Prismatoidischer Kuphon-Spath* (Mohs). *Desmin* (Breithaupt). *Blattrich-Strahliger Stilbit* (Haussmann).

Combinaison de silice, d'alumine, de chaux et d'eau, et quelquefois d'un peu de potasse ou de soude; ou trisilicate d'alumine dominant, combiné avec un trisilicate de chaux (quelquefois remplacée, en partie, par de la potasse ou de la soude), et avec de l'eau.

Signe minéralogique de M. Berzélius : $\left.\begin{array}{c}C\\N\end{array}\right\}\ S^3 + 3\ AS^3 + 6\ Aq.$

ANALYSES DES STILBITES.

	De Rœdefiord. Par Hisinger.	D'Osteroé. Par Duménil.	De Nalsoé. Par Retzius.
Silice.	58,0	59,25	56,08
Alumine.	16,1	15,00	17,22
Chaux.	9,2	5,35	6,95
Potasse.	0,0	4,75	0,00
Soude.	0,0	0,00	2,17
Eau.	16,4	16,00	18,35
	99,7	100,35	100,77

Forme primitive : prisme droit rectangulaire , dont la hauteur et les côtés sont comme les nombres 2, 3 et 5. Clivable très nettement parallèlement aux pans les plus étroits du prisme; parallèlement aux pans larges il n'y a que des indices de clivage. Pes. spéc. , 2,16. Raye la chaux carbonatée : rayée par l'apatite. Couleur blanche, ou blanc jaunâtre ou rougeâtre, plus rarement grise ou brune. Éclat nacré sur les faces de clivage, vitreux partout ailleurs. Demi - transparente ou translucide. Tissu feuilleté. Cassure inégale.

Soluble sans effervescence dans les acides et y faisant difficilement gelée à froid.

Au chalumeau, dans le matras, donne de l'eau et blanchit. Seule sur le charbon, s'exfolie et fond avec bouillonnement en verre bulleux et incolore. Avec le borax et avec la soude, fond en verre transparent. Avec le sel de phosphore, se décompose avec effervescence en verre diaphane qui devient opalin par refroidissement et en un squelette de silice. (Berzélius.)

ESPÈCES.

1ere Espèce. STILBITE PRIMITIVE (*Stilbites prismatica*). Signe des faces, P M T. Un prisme droit rectangulaire, dont les dimensions relatives ont été données plus haut. Inclinaison de P sur M et sur T, 90°; de M sur T, 90°. De *Strontian* (en Écosse)? (Luc., Coll. du Mus.)

2e. STILBITE DODÉCAÈDRE (*Stilbites dodecaedra*). Signe des faces, T M r. Prisme rectangulaire, terminé par quatre faces r, correspondantes aux arêtes du prisme, et produites, en vertu d'une modification incomplète, par une seule face sur chacun des angles solides du noyau. Cette modification intercepte entièrement les bases du prisme. Inclinaison de r sur M, 119° 56'; de r sur r, suivant Haüy , 125° 52' et 112° 14' (1). Des îles *Féroé* et d'*Andreasberg* (au Hartz). (Luc., Coll. du Mus.)

Var. *a. Lamelliforme*. Amincie en lame hexagonale, dont quatre bords sont biselés. D'*Andreasberg*, (Luc., Coll. du Mus.)

---

(1) Suivant M. Mohs, 119° 15' et 114° 0'.

5ᵉ. **Stilbite épointée** (*Stilbites truncata*). Signe des faces, P M T *r*. L'espéce précédente, dans laquelle la base du prisme n'est pas interceptée entièrement par les faces de la pyramide. Inclinaison de P sur *r*, 133° 3'.

Var. *a. Pyramidale.* La pyramide du sommet est presque aussi complète que dans l'espèce *dodécaèdre*, et n'a que son angle terminal tronqué par une petite facette rectangulaire perpendiculaire à l'axe.

Var. *b. Prismatique.* La forme d'un prisme rectangulaire domine, et ses angles solides sont remplacés par des facettes triangulaires ou trapézoïdales, quelquefois contiguës.

Cette espèce se trouve aux îles *Féroé* et en *Norwége*. (Luc., Coll. du Mus.)

Voyez, pour l'indication d'autres espèces, le Traité de M. Beudant, t. II, p. 118 et pl. VIII, fig. 2, 5, 9. Ce sont des prismes droits à huit pans, dont les uns ont l'axe vertical et sont produits par des modifications incomplètes sur les arêtes latérales du noyau, et les autres (ainsi qu'un prisme à 12 pans, fig. 5) ont l'axe horizontal et sont produits par des modifications incomplètes sur les arêtes terminales du prisme primitif.

MODES DE GROUPEMENT DES INDIVIDUS ALTÉRÉS DE CE GENRE.

En masses laminaires, flabelliformes, lamelliformes, lamellaires, fibreuses-radiées, aciculaires, radiées ou mamelonnées et radiées à l'intérieur.

12ᵉ Genre. — HEULANDITE. (*Heulandia.*) (Brooke.)

Stilbite anamorphique, accélérée et octo-duodécimale (de Haüy). *Zéolite rouge du Tyrol* (Faujas). *Stilbite laminaire rouge de Fassa; Fassaït* (Lenz). *Stilbite orangée* (Brongniart). *Blatter-Zéolith* (Werner). *Euzéolith* (Breithaupt). *Hemiprismatischer Kuphon-Spath* (Mohs).

Combinaison de silice, d'alumine, de chaux et d'eau, quelquefois aussi d'un peu d'oxyde de fer; ou trisilicate d'alumine dominant, combiné avec un trisilicate de chaux (remplacée quelquefois, en partie, par de l'oxyde de fer), et avec de l'eau.

Signe minéralogique de M. Berzélius : $C A^3 + 4 A S^3 + 6 Aq$.

ANALYSES DES HEULANDITES.

	Rouge. De Campsie, par Walmstedt	Rouge. D'OEdelfors. par Retzius.	Blanche. De Féroé. par Thomson.
Silice.	59,90	60,280	59,14
Alumine.	16,83	15,416	17,92
Chaux.	17,19	8,180	0,00
Potasse.	0,00	0,000	7,65
Oxyde de fer.	0,00	4,160	0,00
Eau.	13,43	11,070	15,10
Magnésie et oxyde de manganèse.	0,00	0,420	0,00
	107,35	99,526	99,81

Forme primitive : prisme rectangulaire oblique, dont la base est inclinée à l'axe de 130° (1) suivant M. Beudant. Clivage très net parallèlement aux deux faces du prisme sur lesquelles la base ne repose pas. Tissu très distinctement feuilleté. Pes. spéc. , 2,2 à 2,5. Raye la chaux carbonatée et la stilbite; rayée par l'apatite. Couleur blanche ou rouge ; quelquefois grise ou brune. Éclat vitreux. excepté sur les faces de clivage et sur les faces naturelles qui correspondent à celles-ci, où l'éclat est nacré. Translucide ou presque opaque.

Avec les acides et au chalumeau, dans le matras, etc., les Heulandites se comportent comme les Stilbites, avec lesquelles elles ont le plus grand rapport.

ESPÈCES.

1re Espèce. HEULANDITE PRIMITIVE (*Heulandia obliquo-prismatica*). Signe des faces , P M T. Un prisme rectangulaire oblique. Inclinaison de M sur T. 90°; de P sur M, environ 130°. (Beudant.)

2e. HEULANDITE TRONQUÉE (*Heulandia obtusata*). Signe des faces, M T P *s*. L'espèce précédente, modifiée par une face *s* sur l'arête

---

(1) De 131° 30' d'après M. de Léonhard , et de 129° 40' d'après MM. Haïdinger et Allan.

terminale aiguë de chaque base. Inclinaison de *s* sur P, 114°; de *s* sur M, 116° 20'.

3°. Heulandite semi-épointée (*Heulandia semi-angulata*). Signe des faces, M T P *s r*. La *tronquée* ayant les deux angles inférieurs de chaque base remplacés chacun par une facette triangulaire *r*. Inclinaison de *r* sur M, 148°. (Beudant.)

4°. Heulandite épointée (*Heulandia angulata*). Signe des faces, M l P *s r l*. La *tronquée* ayant les huit angles solides qui correspondent à ceux du prisme primitif, remplacés chacun par une facette triangulaire.

Voyez deux autres espèces de Heulandite à la pl. XI, fig. 9 et 10, tom. 2, du *Traité* de M. Beudant.

La plupart des espèces de ce genre se trouvent dans la vallée de *Fassa* en Tyrol, à *Campsie* en Ecosse, en *Islande* et dans les îles *Féroé*.

13e Genre. — EPISTILBITE. (*Epistilbia*.) (G. Rose)

Diplogener Kuphon-Spath (Haïdinger et Mohs).

Combinaison de silice, d'alumine, de chaux, de soude et d'eau: ou trisilicate d'alumine dominant, combiné avec un trisilicate de chaux (quelquefois remplacée, en partie, par de la soude) et avec de l'eau.

Signe minéralogique de M. Rose : $3 A S^3 + C S^3 + 5 Aq.$

ANALYSES DES ÉPISTILBITES.

	D'Islande. Par G. Rose.	De Féroé. Par Beudant.
Silice.	58,59	58,61
Alumine.	17,52	17,03
Chaux.	7,56	8,21
Soude.	1,78	1,20
Eau.	14,00	13,80
	99,45	98,85

Forme primitive : prisme rhomboïdal droit de 135° 10' et 44° 50'. Clivage très net parallèlement à la petite diagonale de la base. Raye la chaux fluatée; rayée par l'apatite. Pes., spéc. 2,2 à 2,25. Couleur blanche. Éclat vitreux, excepté sur les faces de clivage et sur celles des cristaux qui y correspondent, où l'éclat est nacré. Trans-parente ou seulement translucide sur les bords.

Soluble dans l'acide hydro-chlorique concentré, en laissant un résidu de silice en poudre blanche.

Au chalumeau, seule, fond en blanchissant et en se boursouf-flant, et donne un émail bulleux. Avec la soude, fond en un verre transparent plein de bulles.

ESPÈCES.

1re Espèce. EPISTILBITE DODÉCAÈDRE (*Epistilbia dodecaedra*). Signe des faces, M r s. Le prisme rhomboïdal primitif terminé par des sommets à quatre faces, dont deux opposées *r* sont produites en vertu d'une modification par une face sur chacun des angles obtus de la base, et les deux autres également opposées *s*, en vertu d'une modification analogue sur chacun des angles aigus de la même base, que cette combinaison de modifications intercepte complétement. Inclinaison de M sur M, 185° 10' et 44° 50'; de *r* sur *r*, 109° 46'; de *s* sur *s*, 147° 40'. D'*Islande*.

2e. EPISTILBITE QUADRI-SÉDÉCIMALE (*Epistilbia quadri-sedecimalis*). Signe des faces, M r s l. L'espèce précédente, augmentée de quatre faces à chaque sommet, produites en vertu d'une modification par deux faces sur chacun des angles aigus de la base. D'*Islande*.

3e. EPISTILBITE SEXOCTONALE (*Epistilbia sexoctonalis*). Signe des faces, M r s t. Prisme à six pans ; sommets à quatre faces. L'espèce *Dodécaèdre*, augmentée de deux faces au prisme, produites en vertu d'une modification incomplète par une face sur chacune des arêtes latérales aiguës du prisme primitif. D'*Islande*. Représentée dans le *Manuel* de M. Allan, fig. 98.

M. de Léonhard indique une quatrième espèce, formée par la combinaison du prisme à six pans de la *sexoctonale* avec les som-mets à huit faces de la *quadri-sexdécimale*.

Les individus incomplets et altérés de ce genre, réduits à la forme aciculaire, se groupent en divergeant en petites houppes qui re-couvrent les cristaux de Stilbite et de Heulandite. D'*Islande* et des îles *Féroé*.

14e Genre. — BREWSTÉRITE. (*Breusteria*.) (Brooke.)

Brewsterischer Kuphon Spath (Haïdinger).

Combinaison de silice, d'alumine, de strontiane, de baryte, de chaux, et d'eau avec un peu d'oxyde de fer; ou trisilicate d'alumine dominant, combiné avec un silicate de strontiane, baryte et chaux, et avec de l'eau, d'après l'analyse suivante de M. Connell qui, en supposant un léger surplus de silice ou de quartz mélangé, donnerait la formule minéralogique : $4\,A\,S^3 + (St,B,C.)\,S + 5\,Aq.$

ANALYSE DES BREWSTÉRITES DE STRONTIAN, PAR M. A. CONNELL (1).

Silice.	53,66
Alumine.	17,49
Strontiane.	8,32
Baryte.	6,75
Chaux.	1,34
Oxyde de fer.	0,29
Eau.	12,58
	———
	100,43

Forme primitive : prisme rectangulaire oblique dont la base est inclinée à l'axe d'environ 94° (93° 40'). Clivage net parallèlement au pan du prisme sur lequel repose la base et son opposé. Pes. spéc. 2,1 à 2,4. Couleur blanche, jaunâtre ou grisâtre. Éclat vitreux, excepté sur les faces de clivage où il est nacré et vif. Transparente ou translucide. Cassure inégale.

Soluble en gelée dans les acides.

Au chalumeau, dans le matras, donne de l'eau et perd sa transparence. Seule, sur le charbon, écume, mais ne fond pas. Avec le sel de phosphore, se dissout aisément, en laissant un squelette de silice.

ESPÈCES.

1re Espèce. BREWSTÉRITE QUADRIDÉCIMALE (*Breusteria quadridecimalis*). Signe des faces, P M T c f d. Solide à quatorze faces. Prisme à huit pans, terminé par des sommets à trois faces. Combinaison de deux modifications incomplètes, l'une par une face c et f sur chacune des arêtes latérales du prisme ; l'autre aussi par une face d sur chacune des arêtes terminales longues de la base du noyau. Cette combinaison n'intercepte entièrement aucune des

____

(1) *Edinburgh New Philosoph. Journal*, janvier 1831.

faces fondamentales. De *Strontian* en Ecosse. *Voyez* le *Manuel* de
M. Allan, fig. 99.

2ᵉ. Brewstérite icosi - hexaèdre (*Breusteria icosi - hexaedra*).
Signe des faces, P M T *r i g l d.* Solide à vingt-six faces. Prisme à
vingt pans, terminé par des sommets à trois faces. Ce sont les sommets de l'espèce précédente et le prisme primitif modifié sur chacune de ses arêtes latérales , par deux modifications incomplètes
de deux faces chacune. *Voyez* la fig. 22, pl. XI, tom. 2, du *Traité*
de M. Beudant, et les incidences mutuelles des facettes du prisme.
Ibid., p. 126.

3ᵉ. Brewstérite périocto-décaèdre (*Breusteria periocto-decaedra*).
Signe des faces, T *r i g l d.* Prisme à dix-huit pans terminé par des
sommets dièdres. L'espèce précédente , moins la face correspondante à la base du noyau , le pan du prisme primitif sur lequel
celle-ci repose, et son opposé. Ces faces fondamentales étant complétement interceptées par les modifications ci-dessus désignées.
Inclinaison mutuelle des deux faces *d* du sommet, 173ᵒ (Beudant);
172ᵒ (Allan). *Voyez* la fig. 63 , pl. 2 des *Grundzüge* de M. de
Léonhard.

15ᵉ Genre. — APOPHYLLITE. (*Apophyllites.*) (Haüy.)

Ichthyophthalmite (d'Andrada). *Ichthyophthalm* (Karsten). *Fisch-
augenstein* et *Albin* (Werner). *Pyramidales Kuphon Spath* (Mohs).

A ce genre appartiennent les *Tessélites* et les *Oxhavérites* de
M. Brewster.

Combinaison de silice , de chaux, de potasse et d'eau ; ou trisilicate de chaux dominant, combiné avec un sésilicate de potasse et
avec de l'eau.

Signe minéralogique de M. Berzélius $K\,S^6 + 8\,C\,S^3 + 16\,Aq.$

ANALYSES DES APOPHYLLITES.

	d'Utö.	de Farö.	de Fassa.	de Karasrat.
	par	par	par	par
	Berzélius.	Berzélius.	Stromeyer.	Stromeyer.
Silice.	52,90	52,38	51,86	51,86
Chaux.	25,20	24,98	25,20	25,22
Potasse.	5,26	5,37	5,14	5,31
Eau.	16,00	16,20	16,04	16,00
Acide fluorique.	0,00	0,64	0,00	0,00
Oxyde de fer et alumine.	0,00	0,00	traces.	traces.
	99,36	99,57	98,04	99,29

Forme primitive : prisme droit à base carrée, dont les côtés de la base et la hauteur sont environ comme 4 et 5. Clivage le plus net perpendiculaire à l'axe. Se clive aussi, mais moins nettement, dans des directions parallèles aux deux diagonales. Pes. spéc., 2,33 à 2,46. Raye la chaux fluatée ; rayé par le feldspath. Couleur blanche ou incolore, ou grisâtre, jaunâtre, verdâtre, rarement rosâtre. Transparent, ou translucide. Éclat vitreux excepté sur les faces perpendiculaires à l'axe où il est nacré. Cassure conchoïde passant à l'inégale à grains fins.

Dans les acides, s'exfolie dans le sens des clivages les plus nets, et se réduit en flocons blanchâtres. En poudre forme gelée avec les acides.

A la simple flamme d'une bougie, se divise en feuillets qui fondent sur les bords.

Au chalumeau, dans le matras, donne beaucoup d'eau et tourne au blanc laiteux. Seul, sur le charbon, se fendille et s'étend dans le sens des lames, puis se fond, avec boursoufflement en verre bulleux et incolore. Avec le borax, aisément soluble en verre transparent. Avec le sel de phosphore, se décompose aisément et donne un squelette de silice très tuméfié. Avec la soude, aisément soluble en verre transparent qui, avec plus de soude, devient opaque en refroidissant.

ESPÈCES.

1re Espèce. Apophyllite primitif (*Apophyllites prismaticus*). Signe des faces, M P. Un prisme droit à base carrée. Inclinaison de M sur M, 90°; de P sur M, 90°. D'*Uto* en Suède (Haüy).

2e. Apophyllite dodécaèdre (*Apophyllites dodecaedricus*). Signe des faces, M s. Prisme à quatre pans surmonté d'une pyramide à quatres faces rhomboïdales s, correspondantes aux arêtes du prisme, et produites en vertu d'une modification incomplète par une face sur chacun des angles solides du noyau. Cette modification intercepte entièrement la base. Inclinaison de s sur s, 104° 18' (Beudant), 104° 2' (Haüy et Mohs) ; de M sur s, environ 128°. Des *Iles Féroé* Haüy).

3e. Apophyllite épointé (*Apophyllites angulatus*). Mésotype *épointée* (Haüy. Tableau comparatif). *Albin* (Werner). Signe des faces, M P *s*. Le prisme primitif dont tous les angles solides sont remplacés chacun par une face. Inclinaison de *s* sur P, 120° 5' (Beudant); 119° 30' (Haüy). De *Uto* en *Suède* (Lucas, Coll. du Mus.), et aussi de *Aussig* en *Bohême*.

Var. *a*. *Prismatique* : un prisme à base carrée, dont les angles sont remplacés par des facettes triangulaires.

Var. *b*. *Octaédrique* : un octaèdre symétrique alongé, dont les angles solides sont remplacés les uns (ceux des sommets) par une face carrée, les autres (les latéraux) par une face rhombe.

Var. *c*. *Symétrique* : un prisme à quatre pans, terminé par des pyramides correspondantes aux arêtes, et tronquées au sommet.

4e. Apophyllite octoduodécimal (*Apophyllites octoduodecimalis*). Signe des faces, M *s l*. L'espèce *dodécaèdre*, augmentée de huit pans au prisme, produits en vertu d'une modification incomplète par deux faces *l* sur chacune des arêtes latérales du noyau. Inclinaison de M sur *l*, 153° 26'; de *l* sur *l*, 143° 8'.

5e. Apophyllite déciduodécimal (*Apophyllites deciduodecimalis*). Signe des faces, M P *s l*. L'espèce *épointée* augmentée des mêmes faces *l* que l'espèce précédente.

Voyez d'autres espèces figurées par M. Beudant, Traité, t. II, pl. III, fig. 38, 65, 72.

ALTÉRATIONS ET MODES DE GROUPEMENT DES INDIVIDUS DE DE GENRE.

Les cristaux qui ont une face perpendiculaire à l'axe, sont sujets à prendre la forme de lames. Ces cristaux laminiformes s'empilent les uns sur les autres, et se groupent de manière à former des masses à structure lamellaire.

Des lames très minces se groupent en masses divergentes, qui, dans les cassures perpendiculaires aux lames, présentent la forme de masses fibreuses radiées.

ANNOTATION.

M. Brewster a observé à l'aide de la lumière polarisée, que certaines Apophyllites, distinguées par lui des autres, sous le nom de *Tessélites*, offraient des particularités remarquables de structure intérieure, qui conduisent à croire que ce sont des individus composés, formés par l'assemblage de cristaux moléculaires d'Apophyllites avec des cristaux également moléculaires, appartenant à des systèmes de cristallisation différens, et par conséquent à d'autres genres.

16ᵉ Genre. — **LAUMONITE.** (*Laumontia.*) Werner.

Zéolithe de Bretagne et *Zéolithe efflorescente* (Gillet de Laumont).
Lomonit (Werner et Karsten). *Laumontit* (de Léonhard). *Diatomer
Kuphon-Spath* (Mohs).

Combinaison de silice, d'alumine, de chaux et d'eau; ou trisilicate d'alumine dominant, combiné avec un bisilicate de chaux et
avec de l'eau.

Signe minéralogique de M. Beudant, d'après l'analyse suivante
de M. L. Gmelin : $3\ A\,S^3 + C\,S^2 + 4\,Aq$.

M. Berzélius, d'après l'analyse de M. Vogel, admettait la formule
$C\,S^4 + 4\,A\,S^2 + 6\,Aq$.

ANALYSES DES LAUMONITES.

	De Huelgoet. par Vogel.	De Huelgoet. par L. Gmelin.	De Skye. par A. Connell.
Silice.	49,0	48,3	52,04
Alumine.	22,0	22,7	21,14
Chaux.	9,0	12,1	10,62
Eau.	17,5	16,0	14,92
Acide carbonique.	2,5	0,0	0,00
	100,0	99,1	98,72

Forme primitive : prisme rhomboïdal oblique d'environ 92° 30' et 87° 30', dont la base est inclinée à
l'axe d'environ 125° (Beudant). Clivages très faciles
et souvent spontanés parallèlement aux pans de ce
prisme. Pes. spéc., 2,23 à 2,26 (2,3 à 2,4 suivant
M. Mohs). Rayée par la chaux carbonatée : la grande
fragilité de ce minéral empêche de déterminer exactement sa dureté. Couleur blanche, jaunâtre ou grise,
rarement rouge. Dans l'état naturel, transparente; mais
l'exposition à l'air la rend opaque. Tissu feuilleté. Très
fragile. L'exposition à l'air pendant un certain temps
la fait tomber en efflorescence et la réduit en une poussière blanche.

Soluble en gelée dans les acides nitrique et hydro-chlorique.

Au chalumeau, dans le matras, donne de l'eau. Sur le charbon, se transforme d'abord en une perle semblable à l'émail; ensuite une plus forte chaleur la réduit en verre demi-transparent, à texture bulleuse. Soluble avec effervescence, dans le borax, en verre transparent, et dans le sel de phosphore, en laissant un squelette de silice. Avec la soude, aisément fusible en verre diaphane. (Berzélius.)

ESPÈCES.

1ere Espèce. LAUMONITE PRIMITIVE (*Laumontia obliquo-prismatica*). Signe des faces, P M. Le prisme oblique décrit ci-dessus. De *Huelgoet* (en Bretagne). On obtient souvent cette même forme comme solide de clivage par la décomposition spontanée des cristaux de ce genre.

2e. LAUMONITE UNITAIRE (*Laumontia quadrihexagonalis*). Signe des faces, M *r l*. Prisme hexaèdre à sommets dièdres. Modification incomplète par une face *l* sur les arêtes latérales obtuses du prisme primitif, combinée avec une modification par une face *r* sur chacun des angles aigus de la base. Cette modification intercepte entièrement les bases du noyau. Inclinaison de *r* sur *r*, de part et d'autre de l'arête culminante, environ 117°; de *r* sur M, environ 110°; de M sur *l*, environ 139°. De *Huelgoet* (en Bretagne).

3e. LAUMONITE BISUNITAIRE (*Laumontia quadri-octonalis*). Signe des faces, M *r l s*. Prisme à huit pansterminé par des sommets dièdres. L'espèce précédente augmentée de deux faces au prisme, produites en vertu d'une modification par une face *s* sur chacune des arêtes latérales aiguës du noyau. Inclinaison de M sur *s*, environ 131°. De *Huelgoet* (en Bretagne).

MODES DE GROUPEMENT.

a. DES INDIVIDUS VISIBLES.

En druses.

b. DES INDIVIDUS MOLÉCULAIRES DE CE GENRE.

En masses lamellaires.

Appendice à la famille des Zéolites.

1e. *Cérérite* (Beudant). *Cérite* (Berzélius). *Cerium oxydé silicifère rouge* (Haüy). *Untheilbares Cerer-Erz* (Mohs) en partie. *Cerinstein* (Werner).

Minéral rosâtre, violâtre, ou d'un rouge brunâtre, passant au gris. Indiqué par M. Mohs, comme cristallisant dans le système rhomboédrique. Pes. spéc., 4,9 à 5,o. Rayant l'apatite ; rayé par le feldspath. Poussière d'un blanc grisâtre. Opaque ou seulement un peu translucide sur les bords. Éclat très faible. Cassure inégale ou écailleuse.

Soluble par digestion dans les acides. .

Au chalumeau, dans le matras, donne de l'eau, et devient tout-à-fait opaque. Sur le charbon, se fendille, mais ne fond pas. Avec le borax, soluble lentement. Au feu d'oxydation, donne un verre orangé, foncé, qui devient jaune clair par le refroidissement ; au feu de réduction, prend une faible teinture de fer. Avec le sel de phosphore, donne, au feu d'oxydation, un beau verre rouge, qui devient limpide comme de l'eau en se refroidissant, et qui est incolore et jamais opaque au feu de réduction, mais qui contient un squelette de silice blanc et opaque. Avec la soude, fond à demi en une scorie orangée. (Berzélius.)

De *Ryddarhytta* près de Bastnaës (en Suède).

M. Wollaston a décrit (1) un silicate de cérium brun jaunâtre clair, en prisme hexaèdre régulier, clivable parallèlement à l'axe. Translucide. Accompagnant les Émeraudes de Santa Fe de Bogota (au Pérou).

2. *Comptonite* (Allan et Phillips) ; *Comptonitic Kouphone Spar* (Haïdinger). Minéral ressemblant par ses principaux caractères aux Thomsonites, et comme elles, blanc, transparent ou translucide. Forme primitive : prisme droit rectangulaire. Clivable parallèlement à ses faces (ce qui correspond aux clivages rectangulaires des Thomsonites). La seule forme connue est un prisme à huit pans, terminé par des sommets dièdres tellement surbaissés que si on ne les examine pas avec attention, les deux faces paraissent se réunir en un seul plan perpendiculaire à l'axe. Elles sont cependant inclinées l'une à l'autre de 175° 35'.

Au chalumeau, donne de l'eau et se boursoufle un peu, devient opaque et fond imparfaitement en verre bulleux. Avec le borax, le verre est transparent et aussi bulleux. Avec le sel de phosphore, donne un squelette de silice et un verre qui devient opaque par le refroidissement. Soluble en gelée dans l'acide nitrique, après avoir été réduit en poudre.

____

(1) *Edinburgh Jour. of Science*, vol VI, p. 357.

Trouvé dans les cavités des laves au *Vésuve* ; dans les basaltes du *Pflaster Kaute* près d'*Eissnach* en Hesse; à *Leitméritz* et *Hauenstein* en Bohème, et enfin dans les *Iles des Cyclopes* en Sicile.

Point d'analyse.

C'est très probablement une espèce particulière de Thomsonite à sommets dièdres.

3. *Edingtonite* ou *Hemi pyramidal Feldspath* (Haïdinger). Minéral blanc grisâtre, translucide, à éclat vitreux, fragile, dont la forme primitive serait, suivant M. Haïdinger, un prisme droit à base carrée, et dont les modifications seraient dissymétriques. Clivable très nettement parallèlement à ses pans. L'espèce unique qui a été décrite et figurée par M. Allan, fig. 107 de son Manuel, paraîtrait plutôt un prisme droit rectangulaire très court, terminé par des sommets à quatre faces, ou un octaèdre rectangulaire cunéiforme dans lequel les arêtes de la base commune des deux pyramides sont remplacées chacune par une face parallèle à l'axe. Raye la chaux carbonatée; rayé par l'apatite. Pes. spéc., 2,7 à 2,75.

Au chalumeau, dans le matras, donne de l'eau, blanchit et perd sa transparence. Seul sur le charbon, fond à un feu vif en une masse limpide. Soluble en gelée dans l'acide hydrochlorique.

La seule analyse qui existe de ce minéral, celle de M. Turner, est très incomplète; elle donne : Silice, 35,09. Alumine, 27,69. Chaux, 12, 68. Eau, 13,32. M. Turner conjecture que les dix ou onze centièmes qui manquent ici doivent être un alkali, sur la nature duquel il ne se prononce pas. Ainsi, la composition de l'Edingtonite n'est point connue, et les formules minéralogiques qui ont été données ne sauraient être justes.

Des environs de *Dumbarton* en Ecosse.

4. *Okénite* (Kobell). Minéral d'un blanc jaunâtre ou bleuâtre, fibreux ou plutôt finement étoilé. Rayant la chaux fluatée; rayé par le feldspath. Transparent. Eclat faible et nacré. Pes. spéc., 2,28.

Au chalumeau, dans le matras, donne beaucoup d'eau légèrement alkaline. Seul sur le charbon, se fond facilement et en écumant, en une masse semblable à de la porcelaine. Dans le borax, soluble entièrement en verre limpide et incolore. Difficilement et imparfaitement soluble dans le sel de phosphore.

Son analyse par M. Kobell a donné : Silice, 56,99. Chaux, 26,35. Eau, 16,65. M. Berzélius en a déduit la formule : $CS^3 + 2\,Aq$, ou plus proprement $CS^3\,Aq + S\,Aq$. (*Jahres Bericht* 9ter Jahr. p. 187, et *Karstners Archiv.* XIV, p. 33.

De l'*île Disko* et de *Kudlisat* près de *Waygat* (Groënland).

5. *Hypostilbite* (Beudant). Minéral blanc, mat ou peu éclatant, en globules lisses, composés de stries très fines ou compactes, sans brillant dans la cassure. Pes. spéc., 2,14. Ne rayant pas le verre.

Soluble dans les acides sans faire gelée.

Au chalumeau, difficilement fusible sur les bords du fragment ; se gonflant un peu, et devenant rude à la surface. Son analyse par M. Beudant: Silice, 52,43. Alumine, 18,32. Chaux, 8,10. Soude, 2,41. Eau, 18,70. D'où M. Beudant tire la formule 3 AS^3 + CS + 6 Aq. Une analyse de M. Duménil offre les mêmes résultats. Des *îles Féroé*.

6. *Sphérostilbite* (Beudant). Minéral en globules striés du centre à la circonférence ; d'un éclat nacré ; très brillant dans la cassure. Pes. spéc., 2,31. Surface des globules rayée par l'ongle. Fibres flexibles. Rayant la chaux carbonatée.

Soluble en gelée dans les acides.

Au chalumeau, fusible avec exfoliation et boursoufflement.

Analyse par M. Beudant des Sphérostilbites de Féroé : Silice, 55,91. Alumine, 16,61. Chaux, 9,03. Soude, 0,68. Eau, 17,84. D'où M. Beudant déduit la formule 3 AS^3 + CS^1 + 6 Aq.

Des analyses des sphérostilbites de *Vagoe*, de *Féroé*, de *Dalsnypen* par M. Duménil, et de celles d'*Islande* par Gehlen, présentent des résultats semblables.

7°. *Dysclasite* (Connell). Minéral blanc, avec une teinte opaline. Translucide. Éclat vitreux vif. Tissu imparfaitement fibreux ; les fibres quelquefois divergens. Sa structure est sub-cristalline. Se brise très difficilement. Pes. spéc., 2,36. Raye la chaux carbonatée et même la chaux fluatée ; rayé par l'apatite ou seulement par le feldspath. Au chalumeau, dans le matras, donne de l'eau. Seul sur le charbon, ne fond que sur les bords et sans boursoufflement. Avec la soude, fait effervescence et donne un verre demi-transparent. Avec le borax et avec le sel de phosphore, un verre incolore. Réduit en poudre, forme gelée dans l'acide hydrochlorique. Son analyse par M. Connell : Silice, 57,69. Chaux, 26,85. Eau, 14,71. Soude, 0,44. Potasse, 0,23. Oxyde de fer, 0,32. Oxyde de manganèse, 0,22. Des *îles Féroé*.

8. *Némalite* (Nutall). *Hydrate de magnésie silicifère* ou *Siliceous hydrate of magnesia* (Thomson). Minéral blanc, un peu jaunâtre, composé de fibres élastiques aisément séparables, ressemblant aux fibres de l'amiante. Opaque. Au chalumeau, dans le matras, donne

de l'eau et devient brun. Soluble sans effervescence dans l'acide nitrique, en laissant un petit résidu de silice. Son analyse par M. Thomson :

Silice, 12,57. Magnésie, 51,72. Peroxyde de fer, 5,87. Eau, 29,67. Dans des veines de serpentine à *Hobaken* (*New Jersey*. Etats-Unis d'Amérique).

Appendice à l'Ordre des Silicidiens.

1. *Silicate de manganèse du Piémont* (Berzélius). *Marceline* (Beudant). Minéral indiqué par M. Beudant comme noir grisâtre, d'un éclat légèrement métalloïde ou vitreux, cristallisant en octaèdre à base carrée, dont les faces, de part et d'autre de la base commune des deux pyramides, sont inclinées entre elles de 117° 30'? Pes. spéc., 3,8. Rayant difficilement le verre. Ne donnant pas d'eau par calcination. Fusible sur les bords, au chalumeau, sans changement de couleur. Avec la soude, sur la feuille de platine, donnant une couleur verte. Dans l'acide hydrochlorique forme gelée avec dégagement de chlore. Son analyse par M. Berzélius :

Silice, 15,17. Oxyde de manganèse brun-marron, 75,80. Alumine, 2,80. Oxyde de fer, 4,14. Formule de M. Berzélius : $Mg^3\mathcal{S}$. (De *St.-Marcel, Val d'Aoste.*)

L'éclat métallique de ce minéral rend très douteux que ce soit réellement un Silicidien ou un silicate, car ce serait l'exemple unique d'un éclat semblable dans cet ordre. Il paraît probable, vu cette circonstance jointe à la forme cristalline et à la faible proportion de silice, que c'est une Braunite cristallisée et mélangée de silice provenant de la gangue, qui a été analysée par M. Berzélius.

2. *Sapparite* (Schlottheim). Minéral d'un bleu de Prusse, cristallisant en prismes rectangulaires, clivables parallèlement à leurs pans. Transparent. Éclat vif. Raye la chaux fluatée. Cassure inégale ou conchoïde. Se trouve avec les Spinelles du *Pégu* ou de *Ceylan.*

3. *Sideroschisolithe* (Wernekinck). Minéral noir foncé, à poussière verte sombre. Forme primitive : rhomboïde n'ayant qu'un seul clivage perpendiculaire à l'axe. Sa forme la plus ordinaire est un dodécaèdre bipyramidal, à triangles isocèles, tronqué au sommet. M. Beudant l'indique aussi en petits prismes hexaèdres. Éclat vif.

Pes. spéc., environ 3. Raye le gypse; rayé par la chaux carbonatée. A la flamme d'une bougie, devient noir de fer et magnétique. Au chalumeau, très aisément fusible en verre noir magnétique.

Son analyse par M. Wernekinck : Silice, 16,3. Protoxyde de fer, 70, 16. Alumine, 4,1. Eau, 7,3. D'où M. Beudant tire, avec doute, la formule : $2fS^4 + AS^2 + 3\,Aq$. De *Conghonas do Campo* (au *Brésil.*)

4. *Bucklandite* (Lévy). *Dystomic Augit-Spath* (Haïdinger). Minéral analogue à un pyroxène. Brun foncé, presque noir; opaque. Forme primitive : prisme rhomboïdal oblique de 109° 20' et 70° 40', dont la base est inclinée à l'axe de 114° 55'. Point de clivages. Sa forme la plus ordinaire est un prisme à six pans, à sommets dièdres, avec quatre facettes triangulaires remplaçant les arêtes de jonction des faces du sommet avec celles du prisme rhomboïdal. Rayant le verre et le pyroxène. Éclat vitreux. Cassure inégale. Point d'analyse. Pes. spéc., 3,94. Entièrement soluble dans l'acide hydrochlorique suivant M. G. Rose. D'*Arendal* (Norwége) et du lac de *Laach*.

5. *Glaukolite* (Fischer). Minéral d'un bleu de lavande ou violâtre, passant au vert et au gris. Éclat vitreux un peu gras. Structure sub-lamellaire et offrant, suivant M. Brooke, des traces de clivages parallèles aux pans d'un prisme rhomboïdal de 143° 30'. Translucide sur les bords. Cassure écailleuse. Raye l'apatite; rayé par l'adulaire ou le quartz. Poussière d'un blanc grisâtre clair. Pes. spéc., 2,7. Au chalumeau, fond difficilement et seulement sur les bords, mais blanchit. Se dissout avec effervescence dans le borax et le sel de phosphore.

Ses analyses par M. Bergemann : Silice, 50,58 ou 54,56. Alumine, 27,60 ou 29,77. Chaux, 10,27 ou 11,08. Magnésie, 3,73 ou 0,0. Potasse, 1,27 ou 4,57. Soude, 2,96 ou 0,0. Perte au feu, 1,73. M. Berzélius tire de la première analyse : $NS^3 + 3CS^3 + 12\,AS$; et M. Beudant : $3AS + (C,M,K,N)S^3$. Des bords du lac *Baïkal* en *Sibérie.*

6. *Thulite* (Brooke). Minéral de couleur rouge de rose; en masses cristallines ou quelquefois en cristaux déterminables, indiqués comme ayant des formes analogues à celles de l'Épidote. Clivable dans deux directions parallèles aux pans d'un prisme rhomboïdal de 92° 30' et 87° 30'. Rayant l'apatite; rayé par le quartz. Translucide. M. Beudant en donne l'analyse suivante : Silice, 42,5. Alumine, 25,1. Chaux, 19,4. Magnésie, 0,6. D'où il tire la formule $2AS + CS^2$.

Accompagnant la **Cyprine** ou **Idocrase** bleue cuivreuse. A *Suhland* dans le *Tellemark* (en *Norwége*).

7. *Turnérite* (Lévy). Minéral brun jaunâtre ou jaune brunâtre. Forme primitive : prisme rhomboïdal oblique de 96° 10' et 85° 50'. Clivable dans la direction des diagonales des bases. Éclat adamantin. Transparent ou translucide. Considéré, jusqu'à ces derniers temps, comme appartenant au genre Sphène, dont il a d'ailleurs tous les caractères physiques. Mais M. Children, d'après un essai qu'il en a fait, n'y a point trouvé de titane, mais y a reconnu peu de silice, de l'alumine, de la chaux, de la magnésie et une petite quantité d'oxyde de fer.

Du *Mont Sorel* en *Dauphiné*.

8. *Pyrorthite* (Berzélius). Minéral noir, devenant brun jaunâtre par la décomposition ; en prismes rhomboïdaux altérés et privés de sommets ou en masses baccillaires. Rayé par la chaux carbonatée. Poussière d'un noir brunâtre. Opaque. Extérieurement matte. A l'intérieur, éclat de la résine. Cassure conchoïde, écailleuse ou terreuse. Pes. spéc., 2,19. Soluble dans les acides chauffés, en laissant pour résidu une matière pulvérulente noire.

Au chalumeau, dans le matras, donne beaucoup d'eau et laisse une matière noire comme du charbon. Seul, sur le charbon, brûle, et le minéral devient blanc ou gris-blanc ou rouge, et extrêmement léger. Avec le borax, soluble aisément en verre rouge sanguin à chaud, et jaune à froid. Avec le sel de phosphore, difficilement soluble en laissant pour résidu une masse poreuse, qui demeure à la surface de la boule quand elle est en fusion, et s'y introduit pendant son refroidissement. Avec la soude, se tuméfie et se transforme en une scorie jaune grisâtre. Donne sur la feuille de platine la couleur verte indicative du manganèse.

Son analyse, par M. Berzélius : Silice, 10,43. Alumine, 3,59. Chaux, 1,81. Protoxyde de cérium, 13,92. Protoxyde de fer, 6,08. Protoxyde de manganèse, 1,39. Ittria, 4,87. Eau et parties volatiles, 26,50. Carbonate et perte, 31,41.

Du *Korarf* près de *Fahlun* en Suède.

9. *Hisingérite* (Berzélius). Minéral en masses clivables dans une seule direction et ayant une structure feuilletée. Noir, mat. Cassure terreuse. Tendre, susceptible d'être coupé avec un couteau. Poussière d'un gris verdâtre. Pes. spéc., 3,04. Au chalumeau, avec un feu modéré, devient magnétique ; à une température plus élevée

fond en un globule opaque, noir et mat. Avec le borax, donne un verre jaunâtre.

Son analyse, par Hisinger : Protoxyde de fer, 47,80. Silice, 27,50. Alumine, 5,50. Oxyde de manganèse, 0,77. Eau, 11,75. D'où M. Beudant tire la formule : $AS + 4fS + 4Aq$ ou $AS^2 + 4fS + 4Aq$.

De la mine de *Gillinge*, paroisse de *Svarta* en *Sudermanie*.

10. *Pectolite* (Kobell). Minéral blanc ou grisâtre, à éclat nacré, en masses radiées et ressemblant aux Mésotypes. Pes. spéc., 2,69. Rayant la chaux fluatée.

De petits fragmens, mis dans l'acide hydrochlorique se réduisent, au bout de plusieurs jours, en une espèce de gelée.

Son analyse, par M. Kobell : Silice, 51,30. Chaux, 33,77. Soude, 8,26. Potasse, 1,57. Eau, 3,89. Alumine avec un peu d'oxyde de fer, 0,90. D'où M. Beudant tire la formule : $4CS^2 + (K,N)S^3 + Aq$.

Du *Monte Baldo* et du mont *Monzoni* dans le *Tyrol*.

11. *Latrobite* (Brooke). *Diploït* (Breithaupt). Minéral en masses cristallines ou en prismes rhomboïdaux obliques, d'environ 93° 30' et 86° 30'. Clivables parallèlement aux faces : les clivages les plus nets ont lieu dans la direction des bases. Les cristaux sont mal déterminés. Raye l'apatite; rayé par le feldspath. Pes. spéc., 2,72 à 2,8. Couleur : rouge de rose ou de fleur de pêcher. Éclat vitreux approchant de l'éclat nacré.

Au chalumeau, devient blanc, et à l'aide d'une forte chaleur éprouve sur les arêtes et sur les angles une sorte de fusion qui donne un verre incolore. — Avec le sel de phosphore, donne une perle transparente contenant un squelette de silice.

Son analyse par M. C. G. Gmelin : Silice, 44,63. Alumine, 36,81. Chaux, 8,29. Oxyde de manganèse, 3,16. Magnésie, 0,62. Eau, 2,04. M. Beudant en extrait la formule : $4 A S + (C, K, M. mn) S$. De l'*Ile d'Amitok*, sur la côte du *Labrador*.

12. *Bustamite* (Brongniart). Minéral gris pâle, verdâtre ou rougeâtre, presque opaque. Pes. spéc., 3,12 à 3,20. Raye le feldspath. Son analyse par M. Dumas : Silice, 48,90. Protoxyde de manganèse, 36,06. Protoxyde de fer, 0,81. Chaux, 14,57. Perte, 0,34. D'où M. Beudant tire la formule: $CS^2 + 2 m n S$. De *Real de minas*, de *Fetela*, de *Jonotla* au *Mexique*.

13. *Weissite* (le Comte Troll Wachtmeister). Minéral gris cendré ou brunâtre, demi-translucide. Prisme rhomboïdal oblique, n'ayant que de faibles traces de clivage. Éclat nacré ou de cire; demi-translucide. Pes. spéc., 2,80. Raye le verre; rayé par l'acier. Cassure égale ou à gros grains.

Au chalumeau, dans le matras, brunit et donne de l'eau faiblement acide, qui agit sur le papier de tournesol et non sur celui de Fernambouc. Seul sur le charbon, blanchit, fond sur les bords, et s'entoure d'une auréole de fumée de zinc. — Dans le borax, lentement soluble en verre incolore. Il en est de même dans le sel de phosphore, en laissant un squelette de silice. Avec la soude, fusible en scorie opaque, et sur la feuille de platine, donnant la couleur verte indicative du manganèse.

Son analyse par M. le Comte Troll Wachtmeister : Silice, 53,69. Alumine, 21,70. Magnésie, 8,99. Protoxyde de fer, 1,43. Protoxyde de manganèse, 0,63. Potasse, 4,10. Soude, 0,68. Oxyde de zinc, 0,30. Eau avec traces d'ammoniaque, 3,20. Chaux, traces. D'où M. Beudant dérive la formule : $2\,A\,S^2 + (M, f, mn, K, N, Z)\,S$ ou $2\,A\,S^2 + (M, f, mn, K, N, Z)\,S^2$. De la mine d'*Erics Matt*, près de *Fahlun* en Suède.

14. *Murchisonite* (Lévy et Phillips). Minéral blanc rougeâtre ou jaunâtre, très rapproché du Feldspath, en cristaux qui sont des prismes rectangulaires obliques. Pes. spéc., 2,5. Son analyse par M. Phillips : Silice, 68,6. Alumine, 16,6. Potasse, 14,8. Formule de M. Beudant : $3\,A\,S^4 + K\,S^2$. De *Dawlisch* et de *Heavitree* en Angleterre, et de l'île d'*Arran* en Écosse.

15. *Torrélite* (Renwick). Minéral rouge vermillon ; râclure rouge de rose. On n'indique point de forme cristalline. Cassure grenue. Légèrement magnétique. Rayant le verre. Au chalumeau, seul sur le charbon, infusible, mais formant avec le borax, un verre vert à chaud, incolore à froid. — Fait effervescence avec les acides.

Son analyse par M. Renwick : Silice, 52,60. Peroxyde de cérium, 12,52. Protoxyde de fer, 21,00. Chaux, 24,08. Alumine, 3,68. Eau, 3,50. Des mines de fer d'*Andover*, comté de Sussex, États-Unis d'Amérique.

16. *Krokydolite* (Haussmann). *Blau Eisenstein* (Klaproth). Minéral en masses fibreuses ou compactes, d'un bleu d'indigo ou de lavande: cette dernière couleur est aussi celle de la poussière, quelquefois aussi verdâtre. Les fibres très fines sont flexibles et élastiques et ressemblent à celles de l'asbeste. Pes. spéc., 3,20. Raye la chaux carbonatée ; rayé par le feldspath. Opaque. Doux au toucher. Éclat de la soie. Non magnétique. Inattaquable par l'eau et par les acides. Les fibres minces sont fusibles à la simple flamme d'une lampe à esprit-de-vin. Le minéral même dans tous ses états, fond à une forte chaleur rouge, en un verre noir, opaque, bulleux et magnétique.

Dans le borax, se fond aisément en perle transparente de couleur verte.

Son analyse par M. Stromeyer : Silice, 50,81. Protoxyde de fer, 33,88. Protoxyde de manganèse, 0,17. Magnésie, 2,32. Chaux, 0,02. Soude, 7,03. Eau, 5,58. De la *rivière Orange*, au *Cap de Bonne Espérance*.

17. *Herschellite* (Lévy). Cristaux en prismes hexaèdres, blancs. Clivage facile perpendiculairement à l'axe du prisme. Transparent ou translucide. Cassure conchoïde. Rayé par l'acier. Pes. spéc., 2,11. Composé, d'après un essai fait par Wollaston, de silice, d'alumine et de potasse. Les individus cristallins sont quelquefois isolés; mais ils sont le plus souvent groupés en masses serrées, comme ceux du genre Prehnite. D'*Aci-reale* près de *Catane* en *Sicile*.

18. *Worthite* (Hess). Minéral en masses cristallines feuilletées. Blanc. Transparent. Eclat vitreux. Rayant aisément le quartz. Pes. spéc., 3 ?

Au chalumeau, dans le matras, donne de l'eau en perdant sa transparence. Seul sur le charbon, infusible. Avec le borax, insoluble et à peine attaquable par le sel de phosphore. Avec la soude, fait effervescence, mais la perle ne fond pas, même à un feu vif.

Son analyse par Hess. : Silice, 40,79. Alumine, 54,45. Eau, 4,76.

Se trouve en cailloux roulés provenant probablement de la *Finlande* ou de la *Suède*.

19. *Kiesel-Wismuth* (de Léonhard) ou *Silicate de bismuth*. *Wismuth Blende* (Breithaupt). Cristaux très petits dont la forme dominante est le tétraèdre régulier. Traces de clivage par trois plans obliques, correspondans aux faces du tétraèdre, sur chacun de ses angles solides, ce qui annonce que la forme primitive est, comme dans la Blende ou Zinc sulfuré, un dodécaèdre rhomboïdal, et que par conséquent les modifications qui produisent les formes où le tétraèdre domine, sont produites par des modifications dissymétriques. Couleur : brun, brun rougeâtre ou noirâtre, rarement jaune de cire. Eclat adamantin passant au gras et au vitreux. Demi-transparent ou opaque. Cassure conchoïde ou inégale. Raye la chaux fluatée; rayé par le feldspath. Poussière d'un gris jaunâtre. Pes. spéc., 5,9.

Soluble dans l'acide hydrochlorique en laissant pour résidu de la silice pulvérulente.

Au chalumeau, sur le charbon, fusible en un grain qui est blanc au feu de réduction. Le charbon se colore fortement en vert. Avec la soude au feu d'oxydation, donne un globule blanc verdâtre, transparent, à la surface inférieure duquel on trouve un peu de métal réduit. Avec le sel de phosphore, au feu d'oxydation, forme un globule blanc opaque.

Une analyse de M. Hünefeld avait fait regarder ce minéral comme composé d'acide carbonique, de silice et d'oxyde de bismuth et mélangé d'arséniate de bismuth, avec quelques traces d'arséniate d'oxydes de fer et de cobalt. Des recherches plus récentes de M. Karsten prouvent que ce minéral se compose en très grande partie de silicate de bismuth.

De l'*Erzgebirge* en *Saxe*.

20. *Willelmine* (Lévy). *Willemit* (de Léonhard). Minéral blanc, ou jaunâtre, ou rouge, ou d'un brun rougeâtre, dont la forme primitive est un rhomboïde obtus de 128°. Clivable dans une seule direction perpendiculaire à l'axe. Sa forme la plus ordinaire est celle d'un prisme hexaèdre régulier terminé par des rhomboïdes. Pes. spéc., 4,18. Composé de silice, d'oxyde de zinc et d'une très petite quantité d'oxyde de fer. C'est, suivant M. Beudant, un silicate de zinc anhydre de la formule ZS.

De la *Vieille Montagne* près d'*Aix-la-Chapelle*.

21. *Amphodelite* (Nordenskiold). Minéral d'une forme cristalline ressemblant à celle des Feldspaths. Couleur : rouge clair. Deux clivages inclinés l'un à l'autre de 94° 19′. Pes. spéc., 2,76. Rayant la chaux carbonatée; rayé par le feldspath. Composé de Silice, 45,80. Alumine, 35,45. Chaux, 10,15. Magnésie, 5,05. Oxyde de fer, 1,70. Eau, 1,85. De la carrière calcaire de *Lojo* en Finlande.

22. *Chelmsfordite* (Cleaveland). Minéral en prismes rectangulaires souvent modifiés, quelquefois amorphes; ne présentant qu'un seul clivage imparfait. Contient 75 pour cent de silice. Pes. spéc., 2,4.

De *Chelmsford*, dans les États-Unis d'Amérique.

23. *Cummingtonite* (Dewey). Minéral en fines aiguilles, groupées en touffes et légèrement divergentes. Couleur : blanc grisâtre. Éclat de la soie. Opaque, ou seulement translucide sur les bords. Pes. spéc., 3,20. Aisément rayé par l'acier. Son analyse par Thomson (1) : Silice 56,54. Protoxyde de fer 21,67. Protoxyde de manganèse 7,80. Soude 8,44. Perte par le feu, 3,18.

Plusieurs minéralogistes, entre autres MM. Mohs, de Léonhard et Beudant, ont réuni les minéraux nommés *Cummingtonites*, avec

____

(1) *Transactions de la Société Royale d'Édimbourg*, t. XI, p. 247.

les Épidotes. Mais l'analyse de M. Thomson et le peu de dureté de ces minéraux, les en distinguent essentiellement.

24. *Pyrargyllite* (Nordenskio'd). Minéral ordinairement en masses, mais prenant, quoique rarement, la forme de prismes à quatre pans dont les arêtes sont biselées. Souvent mêlé de chlorite. Pes. spéc., 2,5. Rayant le gypse ; rayé par la chaux fluatée ou l'apatite. Couleur : en partie noir, et alors brillant , en partie bleuâtre et mat. Contenant : Silice, 43,93. Alumine, 28,93. Oxyde de fer, 5,30. Magnésie avec un peu d'oxyde de manganèse, 2,9. Potasse, 1,05. Soude, 1,85. Eau 15,47.

Entièrement soluble dans l'acide nitrique. Émettant l'odeur argileuse par l'action de la chaleur.

Des environs de *Helsingfors* en Finlande.

N. B. M. de Léonhard rapproche , avec raison, ce minéral de la famille des Pinites. Mais il nous semble plus voisin des Triklasites que des Pinites proprement dites, et, vu son contenu d'eau , il devra suivre le sort des minéraux contenus dans notre appendice à la famille des Pinites , lorsqu'on aura déterminé si cette eau est essentielle ou hygrométrique.

25. *Xanthite* (Mather). Minéral formé par un amas de petits grains arrondis , aisément séparables les uns des autres , et qu'on réussit, en appuyant avec l'ongle, à désunir. Couleur : d'un jaune grisâtre clair. Translucide ou transparent. Eclat vif et approchant de celui de la résine. Clivages parallèles aux faces d'un prisme doublement oblique, et inclinés entre eux de 97° 30'; de 94° et de 107° 30'. Pes. spéc., 3,2. Son analyse par M. Thomson : Silice, 32,71. Chaux, 36,31. Alumine, 12,28. Peroxyde de fer , 12,00. Protoxyde de manganèse, 3,68. Eau, 0,60.

Au chalumeau , fusible en petites particules sur une feuille de platine et avec boursoufflement, en une perle verdâtre translucide légèrement magnétique. Avec le borax , donne un verre jaune à chaud et incolore à froid. Au microscope, les grains dont ce minéral se compose, paraissent consister en cristaux imparfaits , ayant un tissu feuilleté. D'*Amity*, dans le comté d'*Orange*, Etats-Unis.

QUATRIÈME ORDRE.

LES BORIDIENS.

Minéraux dont l'acide borique forme l'élément électro-négatif dominant, ou *Borates* des chimistes.

Rayant le feldspath. Insolubles dans les acides. Au chalumeau, susceptibles d'être dissous aisément dans les trois flux, le borax, le sel de phosphore et la soude, en verre diaphane, lorsque les flux et la matière d'essai sont dans une certaine proportion. Si le sel de phosphore et la soude sont en trop petite quantité, le verre devient opaque avec le premier, et avec la seconde, forme, en se refroidissant, des cristaux à larges facettes. Avec le réactif de M. Turner (mélange de 4 1/2 parties de bi-sulfate de potasse et de 1 partie de fluate de chaux), colorent en vert pur la flamme activée par le chalumeau.

Genre unique.— BORACITE. (*Boracites.*) (De la Méthrie et Werner.)

Chaux boracique (de Born). *Spath boracique* et *Boracite* (De la Méthrie). *Würfelstein* (Westrumb). *Borazit* (Werner et Karsten). *Borace calcario*, *Spato boracino* et *Quarzo cubico* (Petrini). *Spato sedativo* (Napione). *Borated Calx* (Kirwan). *Magnésie boratée* (Haüy). *Octohedral Boracite* (Jameson). *Tetraedrischer Borazit* (Mohs).

Combinaison d'acide borique et de magnésie, quelquefois avec un mélange de chaux et d'un peu de silice; ou quadriborate de magnésie, quelquefois remplacée par de la chaux, et mélangé d'un peu de silice.

Signe minéralogique de M. Beudant : $M\,B\,o4$. D'après l'analyse de M. Arfwedson, de M. Berzélius : $M\,B\,o^2$.

ANALYSES DES BORACITES.

	De Lunebourg. par Arfwedson.	De .... par Stromeyer.	De Schildstein. par Duménil.	De Segeberg. par Pfaff.	De Kalkberg. par Westrumb.
Acide borique.	69.7	67	64,14	54,55	68,00
Magnésie.	30,3	33	31,11	30,68	13,50
Chaux.	0,0	0	0,00	0,00	12,00
Silice.	0,0	0	0,50	2 27	2,00
Alumine.	0,0	0	0,00	0,00	1,00
Oxyde de fer.	0,0	0	1,50	0,57	0,75
	100,0	100	97,25	89,07	98,25

Forme primitive : regardée jusques à ces derniers temps comme un cube ou un octaèdre régulier, affectés de modifications dissymétriques. L'emploi de la lumière polarisée a démontré dans ces minéraux l'existence d'un axe de double réfraction, passant par la ligne qui joint deux angles solides du cube, diamétralement opposés. Par conséquent, la forme primitive doit être un rhomboïde dont les angles plans, aussi bien que les incidences des faces entre elles, ne diffèrent de 90°, que d'une quantité comme infiniment petite. Ainsi, en continuant à appeler cube un pareil rhomboïde, nous ne commettrons pas d'erreur sensible, et nous pourrons décrire convenablement les modifications et déterminer les incidences des faces, qui sont sensiblement les mêmes que celles du système régulier ou tétraédrique.

En adoptant un rhomboïde quelconque comme noyau, il serait très difficile d'expliquer les modifications que présente la nature; même en supposant, ce qui est ef-

fectivement le cas , que les modifications de ce rhomboïde sont dissymétriques. Les Boracites ont un clivage
imparfait sur les huit angles solides du cube, parallèlement aux faces d'un octaèdre régulier , ou sur la moitié
de ces angles parallèlement aux faces d'un tétraèdre régulier. Pes. spéc. , 2,56 à 3,o. Raye le feldspath ; rayée
par la topaze. Couleur blanche, verdâtre ou grisâtre.
Éclat vitreux, tenant un peu de l'éclat adamantin.
Transparente ou translucide. Cassure conchoïde ou à
grains fins.

Electrique par la chaleur avec des pôles différens', situés aux
extrémités des diamètres qui passent par les angles solides du noyau
cubique.

Au chalumeau, dans le matras, inaltérable. Seule, sur le charbon, se boursoufile et fond en une perle de verre difficile à obtenir,
transparente, qui est jaunâtre à chaud, et qui, en se refroidissant,
devient blanche et opaque, et se recouvre d'aiguilles cristallines.
Ses réactions avec les flux sont celles qui ont été indiquées comme
caractères de l'ordre des Boridiens.

ESPÈCES.

1re Espèce. Boracite quadriduodécimale (*Boracites quadriduodecimalis*). Un dodécaèdre rhomboïdal dans lequel la moitié des
angles solides triples a été remplacée par des facettes triangulaires.

2e. Boracite défective (*Boracites deficiens*). Un cube dont les
douze arêtes et la moitié des angles solides sont tronqués ou remplacés chacun par une seule face.

3e. Boracite surabondante (*Boracites superflua*). L'espèce précédente, dans laquelle les angles solides du cube qui, dans celle-ci
n'étaient pas modifiés , sont remplacés par quatre facettes , dont
trois correspondent aux faces du cube.

4e. Boracite distincte (*Boracites distincta*). Un dodécaèdre
rhomboïdal dont les six angles solides quadruples et la moitié des
huit angles solides triples, sont remplacés chacun par une face, et
dont les arêtes qui aboutissent aux angles triples non modifiés,
sont tronquées ou remplacées chacune par une face, tandis que

celles qui aboutissent aux angles modifiés n'ont éprouvé elles-mêmes aucune modification.

5e. Boracite plagièdre (*Boracites plagiedra*). Un dodécaèdre rhomboïdal, modifié par une face sur la moitié de ses angles triples, et par neuf faces (dont huit triangulaires sont disposées deux à deux le long de chacune des quatre arêtes aboutissant à l'angle solide modifié) sur chacun de ses angles quadruples.

Sur les trois seules localités où les cristaux de ce genre ont été trouvés, savoir : *Schildstein* et *Kalkberg* près de *Lünebourg*, et *Segeberg* près de *Kiel*, le seul mode de groupement connu pour les individus de ce genre, est indiqué par M. de Léonhard, comme de petites masses en forme de plaques arrondies, composées de fibres d'un éclat soyeux et trouvées près de *Lunéville* (France).

CINQUIÈME ORDRE.

LES TITANIDIENS.

Minéraux dont l'acide titanique forme l'élément électro-négatif dominant : ce sont des titanates des chimistes.

Rayant la chaux fluatée ou l'apatite. Au chalumeau, infusibles sans addition, ou très difficilement fusibles en scorie. Insolubles dans la soude. Aisément et complétement solubles dans les deux autres flux. Dans le borax, en verre jaune foncé, rougeâtre ou rouge, et dans le sel de phosphore, en verre jaune, transparent, qui, dans quelques-uns, devient vert d'herbe par le refroidissement. Les cristaux des deux genres dont se compose cet ordre, sont noirs ou bruns foncés, translucides au moins sur les bords minces, et ont un éclat vitreux ou résineux, mais jamais approchant de l'éclat métallique. Pes. spéc., de 4,21 à 5,14.

1ᵉʳ Genre.— PYROCHLORE. (*Pyrochloron.*) (Wohler.)

Oktaedrisches Titan-erz (Mohs).

Combinaison d'acide titanique, de chaux, de protoxyde de manganèse et d'oxydes de fer, d'urane, de cérium et d'étain ; ou tri-titanate de fer, d'urane et de cérium combiné avec un tri-titanate de chaux.

Signe minéralogique de M. Beudant : $(F, U, Ce) Ti^3 + Ca\, Ti^3$.

ANALYSE DES PYROCHLORES, PAR M WOHLER.

Acide titanique.	62,75
Chaux.	12,85
Protoxyde de manganèse.	2,75
Oxyde de fer.	2,16
Oxyde d'urane.	5,18
Oxyde de cérium.	6,80
Oxyde d'étain.	0,61
Eau.	4,20
Acide fluorique et magnésie.	traces.
	97,30

Forme primitive : octaèdre régulier sans clivages distincts. Pes. spéc., 4,21. Raye la chaux fluatée ; rayé par le feldspath. Couleur : le brun foncé et le noir dans les cassures fraîches. Éclat vitreux ou gras. Translucide seulement sur les bords ou dans les fragmens extrêmement minces. Cassure conchoïde. Poussière d'un brun clair.

Au chalumeau, dans le matras, donne de l'eau et devient jaune verdâtre. Seul, sur le charbon, très difficilement fusible en une scorie d'un brun-noir. Avec le borax, il fait effervescence et se dissout complétement en un globule transparent qui, au feu d'oxydation, est d'un jaune rougeâtre et devient opaque par le flamber. Au feu de réduction, il est d'un rouge foncé et le flamber le change en un émail d'un gris bleuâtre. Avec le sel de phosphore, il est entièrement dissous en un globule qui, au feu d'oxydation, est jaune et devient d'un vert d'herbe par le refroidissement, et qui, au feu de réduction, est d'un rouge foncé.

ESPÈCE UNIQUE.

PYROCHLORE PRIMITIF (*Pyrochloron octaedricum*). Signe des faces, P. Un octaèdre régulier sans aucune modification. De *Frideriksvarn* et de *Laurvig* en *Norwége*.

2ᵉ Genre.—ÆSCHYNITE. (*Æschynites.*) (Brooke.)

Combinaison d'acide titanique, de zircone, d'oxyde de cérium, de chaux, d'oxyde d'étain et d'oxyde de fer. Sa composition atomique n'a pas été déterminée.

ANALYSE DES ÆSCHYNITES PAR M. HARTWALL.

Acide titanique.	56,0
Zircone.	20,0
Oxyde de cérium.	15,0
Chaux.	3,8
Oxyde de fer.	2,6
Oxyde d'étain.	0,5
	———
	97,9

Forme primitive : prisme rhomboïdal oblique, d'environ 127°, et 55° suivant M. Brooke. Raye l'apatite, rayée par le feldspath. Pes. spéc., 5,14. Couleur, par réflexion : le noir foncé ; par transparence, le jaune brunâtre. Translucide sur les bords et dans les fragmens minces. Éclat résineux. Cassure imparfaitement conchoïde, à petites cavités.

Au chalumeau, dans le matras, donne de l'eau sans changer d'aspect. Seule sur le charbon, se gonfle et devient jaune de rouille. Avec le borax, se dissout aisément en un verre d'un jaune sombre. Avec le sel de phosphore, en un verre transparent et incolore. Infusible avec la soude.

31.

ESPÈCE UNIQUE.

ÆSCHYNITE PRIMITIVE (*Æschinites obliquo-prismatica.*) Signe des faces, P M. Un prisme rhomboïdal oblique. Inclinaison de M sur M, 127° et 53°. Des *Monts Ilmen* près de *Miask* en Sibérie.

SIXIÈME ORDRE.

LES MOLYBDÉNIENS.

Minéraux dont l'acide molybdique forme le principe électro négatif dominant, ou *molybdates* des chimistes.

Lentement et difficilement solubles dans l'acide nitrique en laissant un résidu. Ne rayant que le gypse; rayés par la chaux fluatée. Au chalumeau, seuls sur le charbon, se réduisent en partie; le reste pénètre dans l'intérieur du charbon. Solubles dans les trois flux. Avec le borax, aisément solubles à la flamme extérieure en verre incolore; à la flamme intérieure en un verre transparent qui devient, à froid, sombre et opaque, mais qui, par l'aplatissement entre les pincettes, offre une couleur brunâtre. Avec le sel de phosphore, aisément soluble en verre vert, si le minéral est en petite quantité ; si la quantité est plus grande, le verre est opaque et noir. Solubles avec la soude, et en partie réductibles.

Genre unique.—PLOMB MOLYBDATÉ. (*Melinosis*).

Mine de plomb jaune (Romé-de-l'Isle). *Oxyde de plomb spathique jaune* (De Born). *Plomb jaune* (De la Méthric). *Gelbbleierz* (Werner).

Yellow lead spar (Kirwan). *Bleigelb* (Haussmann). *Pyramidaler Blei-Baryt* (Mohs). *Mélinose* (Beudant).

Combinaison d'acide molybdique et d'oxyde de plomb ; ou tri-molybdate de plomb, suivant M. Beudant. Son signe minéralogique, d'après le même savant, est $Pb\ Mo^3$.

ANALYSES DES PLOMBS MOLYBDATÉS.

	par Berzélius.	par Klaproth.	par Gœbel.
Acide molybdique.	39,14	34,25	41,8
Oxyde de plomb.	60,86	64,42	58,1
	100,00	98,67	99,9

Forme primitive : prisme droit symétrique ou à base carrée, dont la hauteur et le côté de la base sont à peu près comme 32 et 41 (Beudant). Les joints naturels, distincts seulement à une vive lumière, sont parallèles aux faces d'un octaèdre symétrique produit en vertu d'une modification sur les arêtes terminales du noyau ; il y en a aussi de parallèles à la base du prisme, mais moins nets encore. Raye le gypse ; rayé par la chaux fluatée. Pes. spéc., 6,69 à 6,76. Couleur : jaune orangé ou jaune de cire, passant au gris et au brun, rarement au rouge aurore. Éclat de la cire, et souvent aussi éclat adamantin, suivant l'état de perfection ou d'altération des cristaux. Translucide quelquefois seulement sur les bords. Cassure à grains fins, passant à la cassure conchoïde.

Les réactions au chalumeau des individus de ce genre, d'après M. Berzélius, ont été données en grande partie comme caractères de l'ordre ; il ne reste à ajouter ici que les faits suivans. Dans l'essai sur le charbon sans addition, les plombs molybdatés décrépitent fortement et acquièrent une couleur jaune rembrunie, que le refroidissement efface. Le minéral fondu pénètre dans le charbon, laissant, à la surface, du plomb réduit. On retire par le lavage de la partie absorbée, des grains métalliques qui sont : 1° du plomb

malléable; 2° du molybdène ou une combinaison de molybdène et
de plomb non malléable ni fusible. La partie réduite par la soude
sur le charbon est du plomb malléable. (Berzélius.)

> * Espèces ayant pour forme dominante un prisme symétrique
> très court ou tabulaire.

1re Espèce. PLOMB MOLYBDATÉ PRIMITIF (*Melinosis prismatica*).
Pl. molyb. bisunitaire (Haüy). Signe des faces, P M. Le prisme
symétrique décrit ci-dessus. Inclinaison de P sur M, et de M sur M,
90°. De *Bleyberg* en *Carinthie*. (Lucas, Coll. du Mus.)

2°. PLOMB MOLYBDATÉ PÉRIOCTOGONE (*Melinosis perioctogona*). *Pl.
molyb. triunitaire* (Haüy). Signe des faces, P M *l*. Un prisme à huit
pans; le noyau incomplétement modifié par une face *l*, sur chacune
des arêtes latérales. Inclinaison de P sur *l*, 90°.

3°. PLOMB MOLYBDATÉ PÉRIDODÉCAGONE (*Melinosis peridodecagona*).
Pl. molyb. périoctogone (Haüy). Signe des faces, P M *r*. Prisme à
douze pans ; le noyau incomplétement modifié par deux faces *r* sur
chacune des arêtes latérales. Inclinaison de *r* sur *r*, environ 112°1/2;
de *r* sur M, environ 169° ; de P sur *r*, 90°. (Haüy.)

4°. PLOMB MOLYBDATÉ ENTOURÉ ('*Melinosis cincta*). *Pl. mol. sexoctonal* (Haüy). Signe des faces, P M *h*. Le prisme primitif incomplétement modifié par une face *h* sur chacune de ses arêtes terminales. Inclinaison de P sur *h*, environ 142°; de M sur *h*, environ 128°.
(Haüy.)

Voyez d'autres espèces de cette division, dans le Traité de
M. Beudant, t. II, pl. III, fig. 5, 7, 9.

> ** Espèces dans lesquelles domine la forme d'un octaèdre sur-
> baissé, produit en vertu d'une modification par une face *h*, sur
> chaque arête terminale du noyau, interceptant entièrement les
> pans du prisme.

> *a*. Point de faces perpendiculaires à l'axe: les bases du noyau
> sont complétement interceptées.

5°. PLOMB MOLYBDATÉ OBTUS (*Melinosa obtusa*). *Pl. mol. primitif*
(Haüy). Signe des faces, *h*. Un octaèdre symétrique surbaissé. Inclinaison de *h* sur *h*; face adjacente de la même pyramide, environ
128° (Haüy); 128° 23' (Beudant); sur *h* face de la pyramide opposée,
environ 77° (Haüy).

6°. PLOMB MOLYBDATÉ BIFORME (*Melinosis biformis*), idem. (Haüy.)
Signe des faces, *h s*. L'octaèdre de l'espèce précédente modifié sur
chacune de ses huit arêtes terminales par une face produite en

vertu d'une modification par une face *s*, sur chacun des angles des bases du prisme primitif. Inclinaison de *h* sur *s*, environ 148°; de *s'* sur *s*, 116° 21'(Haüy).De *Koresbanya* en *Transylvanie*, et de Bleyberg en *Carinthie*. (Luc., Coll. du Mus.)

b. Une face terminale P, perpendiculaire à l'axe correspondant à la base du noyau qui n'est pas complétement interceptée.

N. B. Les individus de cette catégorie ont ordinairement la forme de tables ou de lames minces.

7ᵉ. PLOMB MOLYBDATÉ BASÉ (*Melinosa tabularis*), idem. (Haüy). Signe des faces, P *h*. L'octaèdre de l'espèce *obtuse* terminé par une face P perpendiculaire à l'axe. Inclinaison de P sur *h*, 142° 10' (Beudant); 141° 40' (Haüy). De *Koresbanya* en *Transylvanie*. (Luc., Coll. Du Mus.)

8ᵉ. PLOMB MOLYBDATÈ ÉPOINTÉ (*Melinosa spuntata*), idem. (Haüy). Signe des faces, P *h l*. L'espèce précédente ayant encore les quatre angles latéraux de l'octaèdre, remplacés chacun par une face *l*, parallèle à l'axe et produite en vertu d'une modification par une face sur chacune des arêtes latérales du prisme primitif. De *Bleyberg* en *Carinthie*. (Luc., Coll. du Mus.)

Voyez encore comme espèce de cette catégorie, le *Pl. molyb*. *triforme* et le *décioctonal* de Haüy. Cette dernière est indiquée par Lucas comme venant de *Bleyberg* et faisant partie de la collection du Muséum. Voyez aussi la planche III, tome II du Traité de M. Beudant, figures 64 et 65, et de 67 à 72.

*** Espèces dans lesquelles domine la forme d'un octaèdre très aigu, dans lequel l'incidence mutuelle de deux faces adjacentes de la même pyramide est de 131° 35', et celle de deux faces adjacentes appartenant à chacune des deux pyramides, est de 99° 40'. (1).

9ᵉ. PLOMB MOLYBDATÉ AIGU (*Melinosis acuta*). L'octaèdre aigu décrit ci-dessus, ayant les arêtes de la base commune des deux pyramides, remplacées chacune par une facette parallèle à l'axe. Voyez la figure 57 du Manuel de M. Allan. De *Bleyberg*?

MODE DE GROUPEMENT DES INDIVIDUS ALTÉRÉS DE CE GENRE.

En masses formées de lames ou de lamelles entre-croisées.

---

(1) M. Mohs prend cet octaèdre pour forme primitive du Plomb molybdaté, et dit que les clivages principaux sont parallèles à ses faces.

SEPTIÈME ORDRE.

Les Schéelidiens.

Minéraux dont l'acide tungstique forme le principe électro-négatif. Ce sont des tungstates des chimistes.

Au chalumeau, aisément solubles dans les trois flux. Avec le sel de phosphore (quand la quantité du minéral est très petite relativement à celle du fondant), donne un verre incolore à la flamme extérieure, et un verre d'un beau bleu à la flamme intérieure. Solubles, sans effervescence, dans l'acide hydrochlorique chauffé, et plus lentement et difficilement dans l'acide nitrique, en laissant quelquefois un résidu. Pesanteur spécifique, 6 à 8. Rayant au moins le gypse, au plus la chaux fluatée.

1ᵉʳ Genre. — SCHÉELITE. (*Schœlia.*) (de Léonhard.)

Wolfram blanc (Romé-de-l'Isle). *Tungstène blanc, Spath Tungstique* et *Tungstène* (De la Méthrie). *Tungstate calcaire et mine d'étain blanche* (De Born). *Schwerstein* (Werner). *Tungstein* (Blumenbach). *Schéelerz* (Karsten). *La Pierre pesante* (Brochant). *Schéelin calcaire* (Haüy). *Scheelkalk* des Allemands. *Pyramidaler Scheel baryt* (Mohs).

Combinaison d'acide tungstique et de chaux, ou tri-tungstate de chaux.

Signe minéralogique de M. Berzélius, $C\,W^3$.

	De Suède. Par Berzélius.	De Huttingtown. Par Bowen.
Acide tungstique.	80,417	76,05
Chaux.	19,400	19,36
Oxyde de fer.	0,000	1,03
Oxyde de manganèse.	0,000	0,03
Silice.	0,000	2,54
	99,817	99,01

Forme primitive : octaèdre symétrique ou à base carrée, de 108° 12' (1) pour l'inclinaison d'une face sur la face adjacente de la pyramide opposée, et de 110° 2' sur la face adjacente de la même pyramide (Lévy). Clivable parallèlement à ses faces et aussi aux faces d'un autre octaèdre produit par une modification sur les angles solides latéraux, par une face correspondante à chaque arête terminale. Pes. spéc., 6,07 à 6,1. Raye la chaux fluatée; rayée par l'apatite. Couleur blanche ou jaunâtre, quelquefois grise ou brune. Éclat intermédiaire entre celui de la cire et celui du verre. Translucide, en général, seulement sur les bords. Cassure conchoïde ou esquilleuse.

Sa poussière jaunit dans l'acide nitrique chauffé. Lentement et difficilement soluble dans les acides à chaud, en laissant (dans l'acide nitrique) un résidu d'acide tungstique.

Émet une lueur phosphorique lorsqu'on en projette des fragmens sur des charbons ardens.

Au chalumeau, dans le matras, inaltérable. Seule sur le charbon avec un feu très vif, fond dans les parties minces en verre demi-transparent. Avec le borax donne aisément un verre d'abord transparent, puis opaque, blanc de lait, cristallin, et qui reste incolore au feu de réduction. Avec le sel de phosphore, aisément

---

(1) 106° 39', Beudant.

soluble à la flamme extérieure, en verre transparent et incolore, et à la flamme intérieure, en verre vert qui devient d'un beau bleu par le refroidissement. Avec la soude, forme une scorie blanche, arrondie sur les bords. (Berzélius.)

ESPÈCES.

1ʳᵉ Espèce. SCHÉELITE PRIMITIVE (*Scheelia octaedrica*). *Schéelin calcaire unitaire* de Haüy. Signe des faces, P. L'octaèdre symétrique décrit ci-dessus. De *Schönfeld* près de *Schlackenwald* (Bohême). (Luc., Coll. du Mus.)

2ᵉ. SCHÉELITE DI-OCTAÈDRE (*Scheelia dioctaedra*) idem. (Haüy.) Signe des faces, P *g*. L'octaèdre primitif, modifié sur chacun de ses angles solides latéraux, par deux faces correspondant chacune à une arête terminale. Inclinaison de *g* sur *g*, 128° 40' (Beudant), 130° 20' (Haüy); de *g* sur P, 136° 28 (Beudant), 140° 4' (Haüy).

Voyez d'autres espèces figurées par M. Beudant, *Traité*, t. II, pl. III, fig. 51, 53, 60, 63 et 66.

MODE DE GROUPEMENT DES INDIVIDUS ALTÉRÉS OU MOLÉCULAIRES DE CE GENRE.

En masses lamellaires, cristallines ou compactes. De *Schlackenwald* (en Bohême). De *Ehrenfriedersdorff* (en Saxe). Du *Puy les Vignes* (département de la Haute-Vienne), etc.

2ᵉ Genre.—PLOMB TUNGSTATÉ. (Lévy.) (*Scheelitina.*)

Tungstate de plomb (Berzélius). *Scheelsaures Blei* (de Léonhard). *Wolframsaures Blei, Scheel Bleispath* et *Bleischeelat* d'autres minéralogistes allemands. *Schéelitine* (Beudant).

Combinaison d'acide tungstique et d'oxyde de plomb, ou tritungstate de plomb.

Signe minéralogique de M. Beudant : *Pb W³*.

ANALYSE DES PLOMBS TUNGSTATÉS, PAR LAMPADIUS.

Oxyde de plomb.	48,28
Acide tungstique.	51,72
	100,00

Forme primitive : prisme droit symétrique ou à base carrée, ayant un seul clivage net parallèlement à sa base, et seulement des traces indistinctes de clivages parallèles à une modification par une face sur les angles solides, conduisant à un octaèdre. Pes. spéc. , 8,1. Rayant le gypse ; rayé par la chaux fluatée. Couleur : d'un brun jaunâtre ou blanchâtre, d'un jaune de cire impur approchant quelquefois du gris, du brun et du vert. Éclat extérieur gras ou mat ; éclat intérieur intermédiaire entre celui de la cire et celui du verre. Translucide ou opaque. Cassure conchoïde.

Soluble à chaud dans l'acide hydro-chlorique, en laissant une poudre jaune pour résidu.

Au chalumeau, seul sur le charbon, fond avec dégagement de fumée de plomb, en un globule cristallin de couleur sombre et d'aspect métallique. Avec le borax, soluble à la flamme extérieure, sans coloration; à la flamme intérieure, il devient jaunâtre par une brusque insufflation, et gris et opaque à froid. Si le feu est gradué, le plomb se dissipe en fumée, et le globule devient, par le refroidissement, transparent et rouge sombre. Avec le sel de phosphore, donne à la flamme extérieure, un verre incolore, qui, à la flamme intérieure, est d'un bleu vif. Si le minéral est en grande proportion, le verre est verdâtre et devient opaque. Avec la soude, réductible en globules de plomb. (Berzélius.)

M. de Léonhard indique plusieurs espèces de ce genre.

1° Le prisme symétrique primitif, quelquefois raccourci et présentant l'aspect d'une table.

2° Le même prisme modifié par une face sur chacun de ses angles solides.

3° Un octaèdre symétrique, produit par la même modification, mais complète.

4° L'octaèdre ci-dessus, terminé par une face perpendiculaire à l'axe.

5° Un autre octaèdre, produit, en vertu d'une modification complète, par une seule face sur chacune des arêtes terminales du prisme primitif.

6° Un solide en forme de fuseau alongé, composé d'un octaèdre, modifié sur chacune des arêtes de la base commune des deux pyramides, par une face parallèle à l'axe, et terminé par des sommets à huit faces, formés par la combinaison de deux autres octaèdres. Voy. *Leonhard's Grundzüge*, pl. V, fig. 177.

Toutes ces espèces viennent de *Zinnwald* (en Bohême).

HUITIÈME ORDRE.

LES CHROMIDIENS.

Minéraux dans lesquels l'acide chromique est le principe électro-négatif dominant, ou chromates des chimistes.

Au chalumeau, seuls, fondent avec ou sans boursoufflement et sans effervescence, en une masse ou en un globule dont une portion seulement se réduit, et le reste a une couleur sombre et quelquefois un aspect métallique. Fondent aisément avec le borax et le sel de phosphore. Une petite quantité de matière donne, avec le borax, à la flamme extérieure, un verre vert. Avec le sel de phosphore, le verre est vert à chaud et peut devenir opaque, vert grisâtre, rouge ou noir par le refroidissement. Avec la soude, la masse est absorbée, et il reste du plomb réduit sur le charbon. Sur le fil ou sur la feuille de platine, au feu d'oxydation, la masse fondue ou le verre est jaune après le refroidissement.

Solubles en tout ou en partie, sans effervescence, dans l'acide nitrique. Pesanteur spécifique, 5,5 à 6,1. Rayant le gypse ; rayés par la chaux fluatée. Formes primitives appartenant au système des prismes obliques rhomboïdaux.

1er Genre.—PLOMB CHROMATÉ. (Haüy.) (*Crocoïsa.*)

Plomb spathique rouge (Pallas). *Plomb rouge* et *Oxyde de plomb rouge* (Macquart). *Oxyde de plomb spathique rouge* (de Born). *Chromate de plomb* (Vauquelin). *Rothbleierz* (Werner et Karsten). *Red lead Spar* (Kirwan). *Red lead Ore* (Thomson). *La mine de plomb rouge* (Brochant). *Chromate of lead* (Phillips). *Kallochrom* (Haussmann). *Hemiprismaticher Blei-Baryt* (Mohs). *Crocoïse* (Beudant).

Combinaison d'acide chromique et de plomb, ou tri-chromate d'oxyde de plomb.

Signe minéralogique de M. Beudant : $Pb\,Cr^3$.

ANALYSE DES PLOMBS CHROMATÉS, PAR BERZÉLIUS.

Acide chromique.	31,5
Oxyde de plomb.	68,5
	100,0

Forme primitive : prisme oblique rhomboïdal de 93° 30' et 86° 30', dont la base est inclinée sur les faces, de 99° 10' (Beudant). Clivable parallèlement aux faces et dans la direction des deux diagonales des bases. Pes. spéc., 5,95 à 6,6. Raye le gypse ; rayé par la chaux fluatée. Couleur rouge. Poussière jaune orangée. Translucide et demi-transparent. Éclat adamantin faible. Cassure inégale à petits grains, passant à la cassure conchoïde.

Soluble dans l'acide nitrique.

Au chalumeau, seul sur le charbon, décrépite, se fendille longitudinalement, fond et s'étale. La partie inférieure du fragment se réduit avec la flamme et la fumée propre au plomb ; la partie supérieure est une masse sombre qui ne verdit pas au feu. Avec le borax, aisément soluble. Si la matière est peu abondante, le verre est vert ; s'il y a beaucoup de matière d'essai, le verre est encore vert à la flamme extérieure, mais tellement chargé de particules noirâtres qu'il en paraît opaque. Au feu de réduction, il prend une couleur sombre, et par refroidissement l'aspect d'un émail gris verdâtre. Avec le sel de phosphore, aisément soluble en verre d'un beau vert; si la quantité de matière d'essai est considérable, le verre à froid est opaque, gris ou vert grisâtre. Avec la soude, la masse est absorbée, et des grains métalliques restent sur le charbon. Sur le platine, forme une masse saline et liquide, jaune-brun à chaud au feu d'oxydation, et devenant jaune après le refroidissement. Au feu de réduction, la masse fondue devient verte. (Berzélius.)

ESPÈCES.

1re Espèce. PLOMB CHROMATÉ QUADRIOCTONAL (*Crocoïsa quadrioctonalis*). Signe des faces, M *t r*. Prisme à huit pans et à sommets dièdres obliques, ou dont l'arête terminale est inclinée à l'axe. Modifications incomplètes, l'une par deux faces *r* sur chacune des arêtes latérales aiguës; l'autre par une face *t* sur chacune des deux arêtes antérieures de la base du noyau. Cette dernière intercepte entièrement les bases du prisme primitif. Inclinaison de M sur M, 93° 30' (Beudant), 93° 0' (Haüy); de M sur *t*, 146° 25' (Beudant), 145° 26' (Haüy); de *t* sur *t*, environ 120° (Haüy).

2e. PLOMB CHROMATÉ-DIOCTAÈDRE (*Crocoïsa dioctaedra*). Signe des faces, M *r t n*. Prisme à huit pans terminé par des sommets à quatre faces. C'est l'espèce ci-dessus, augmentée à chaque sommet de deux facettes *n*, produites en vertu d'une modification par une face sur chacune des deux arêtes postérieures de la base du noyau. Inclinaison de *n* sur *n*, environ 102° (Haüy).

3e. PLOMB CHROMATÉ SEX OCTONAL (*Crocoïsa sex octonalis*). Signe des faces, M *f t n*. Prisme à six pans; sommets à quatre faces. Ce sont les sommets de l'espèce *dioctaèdre* sur un prisme formé de quatre pans primitifs, et de deux pans *f* produits en vertu d'une modification par une face sur chacune des arêtes latérales obtuses du noyau (1). Inclinaison de *f* sur M, 136° 1/2 (Haüy).

Voyez pour la description et la figure d'un très grand nombre d'autres espèces de ce genre, le beau travail de M. Soret, dans les

---

(1) Haüy a donné un signe de décroissement et une lettre différente aux faces, que dans les deux dernières espèces nous avons désignées par la lettre *n*. Il nomme celles de la *dioctaèdre u*, mais il n'en donne pas les incidences.

Annales des Mines de 1818. Les cristaux qui ont servi à la détermination de toutes ces espèces, ont été déposés par ce savant minéralogiste au Musée de Genève. Elles viennent, ainsi que tous les cristaux de Plomb chromaté répandus dans les collections, de la mine de *Bérézof* en *Sibérie*.

ALTÉRATIONS DE FORME ET D'AGGRÉGATION DES CRISTAUX DE CE GENRE.

Masses baccillaires et laminiformes, et masses terreuses.

2ᵉ Genre. — VAUQUELINITE. (*Vauquelinia*.) (Blöde.)

Plomb chromé (Haüy). *Vauqueline* (Berzélius). *Chromate of lead and copper* (Phillips). *Hemi-prismatic Olive Malachite* (Haïdinger).

Combinaison d'acide chromique, d'oxyde de plomb et d'oxyde de cuivre; ou bi-chromate d'oxyde de plomb dominant, combiné avec un bi-chromate d'oxyde de cuivre.

Signe minéralogique de M. Beudant : $2\ Pb\ Cr^3 + Cu\ Cr^3$.

ANALYSES DES VAUQUELINITES, PAR BERZÉLIUS.

Acide chromique.	28,33
Oxyde de plomb.	60,87
Oxyde de cuivre.	10,80
	100,00

Forme primitive : prisme rhomboïdal oblique ? Pes. spéc., 5,9 à 7,2. Raye le gypse; rayée par la chaux fluatée. Couleur : vert noirâtre, ou vert d'olive ou d'asperge, ou jaune, et quelquefois brune. Poussière vert d'asperge. Éclat des faces cristallines, faiblement adamantin; éclat intérieur gras. Un peu translucide ou opaque. Cassure conchoïde aplatie.

En partie soluble dans l'acide nitrique.

Au chalumeau, dans le matras, ne donnant pas d'eau. Seule sur le charbon, se boursouffle un peu et fond en écumant beaucoup; se convertit ensuite en une boule gris sombre, à éclat métallique, autour de laquelle on voit de petits grains de plomb réduit. La plus grande partie de la boule est inaltérable , même à un feu de réduction très vif. Avec le borax et le sel de phosphore, fond en petite quantité avec effervescence en verre vert qui , à la flamme extérieure , reste transparent après le refroidissement. Au feu de réduction, le verre devient , par le refroidissement, rouge et diaphane, ou rouge et opaque, ou noir, suivant la quantité de minéral employé. Avec la soude, soluble avec effervescence, et absorbé par le charbon , d'où l'on retire ensuite, par le lavage, des grains de plomb. Sur le fil de platine , donne , au feu d'oxydation , un verre transparent qui est vert à chaud et devient jaune et opaque à froid.

Point d'espèces décrites. Les individus cristallins sont ordinairement fort petits , indistincts, altérés, aciculaires , irrégulièrement groupés en masses stalactitiques, botroïdales ou mamelonnées.

Se trouve dans les mines de *Berezof*, en *Sibérie*, au *Brésil* et a dernièrement été découverte à *Pont-Gibaud* (département du Puy-de-Dôme).

NEUVIÈME ORDRE.

Les Fluoridiens.

Minéraux dans lesquels l'acide fluorique ou le fluor (*phtore* de M. Beudant) forme le principe électro-négatif dominant. Ce sont les fluates, ou les fluorures ou fluures des chimistes , les phtorures de M. Beudant.

Au chalumeau, fusibles avec le borax et le sel de phosphore. Seuls sur le charbon , fondent, en général, aisément avec le gypse. Les minéraux de ce genre étant mêlés avec le sel de phosphore fondu, et le mélange étant chauffé à l'extrémité d'un tube ouvert où l'on introduit la flamme , il se dégage un liquide qui corrode le tube et jaunit le papier de Fernambouc. Les plus durs rayent la chaux fluatée, la plupart la chaux carbonatée, et les plus tendres, seulement le gypse. Attaquables par les acides froids ou chauffés.

1ᵉʳ Genre.—CHAUX FLUATÉE. (*Fluorina.*) (Haüy.)

Spath fusible ou *vitreux, Spath phosphorique* et *Fluor spathique* (Romé-de l'Isle). *Fluor mineral* et *Spath Fluor* (Mongès). *Fluorite* (Napione). *Fluor* (Kirwan). *Fluss spath* (Werner). *Fluor calcium* (Berzélius). *Oktaedrisches Fluss-Haloïd* (Mohs). *Fluorine* (Beudant).

Combinaison d'acide fluorique et de chaux, ou, suivant plusieurs chimistes, et entre autres M. Beudant, combinaison de phtore ou fluor (corps simple) et de calcium. Dans le premier cas, la chaux fluatée est un fluate de chaux, dans le second, un bi-phtorure ou bifluorure de calcium.

ANALYSE DES CHAUX FLUATÉES, PAR BERZÉLIUS.

Chaux.	72,137
Acide fluorique.	27,863
	100,000

Signe minéralogique du même savant : *C Fl.*

COMPOSITION DES PHTORURES DE CALCIUM, D'APRÈS M. BEUDANT.

Phtore.	48,13
Calcium.	51,87
	100,00

Signe chimique du même auteur : Ca Ph².

Forme primitive : octaèdre régulier. Clivages très nets et très faciles, parallèlement aux faces du noyau. Pes. spéc., 3,14 à 3,3. Raye la chaux carbonatée ; rayée par le feldspath adulaire ou le quartz. Couleurs très variées, quelquefois incolores, ou blanches, ou grises, vertes, bleues, violettes, jaunes, roses de diverses nuances. Souvent un même cristal est coloré de teintes différentes. Éclat vitreux très vif. Transparente ou seulement translucide quelquefois uniquement sur les bords.

La poussière de certains cristaux jetée sur un charbon ardent, répand une lueur phosphorique bleuâtre ou verdâtre ; deux morceaux frottés l'un contre l'autre, répandent aussi dans l'obscurité, une lueur phosphorique.

Attaquable par les acides et sur-tout en poudre par l'acide sulfurique chauffé qui, en décomposant la substance du minéral, dégage l'acide fluorique en vapeurs ; sa présence se manifeste par son action sur le verre qu'il dépolit et corrode.

Au chalumeau, seule dans le matras, à une faible chaleur, jette souvent, dans l'obscurité, une lueur verdâtre. Sur le charbon, fond à un feu vif en une perle opaque. Avec le gypse se résout facilement en une perle diaphane qui devient opaque par le refroidissement. Dans le borax et le sel de phosphore, aisément fusible en verre transparent qui, à un certain degré de saturation, devient opaque. Avec peu de soude, forme un verre diaphane qui, après une longue insufflation, perd sa transparence. Si l'on augmente la dose de soude, on transforme le verre en un émail difficilement fusible. (Berzélius.)

ESPÈCES.

1re Espèce. CHAUX FLUATÉE PRIMITIVE (*Fluorina octaedra*). Signe des faces, P. Octaèdre régulier. Inclinaison de P sur P, 109° 28' 16".

Variété *rose* de *Chamouni* et du *Saint-Gothard*.

— *verte* de *Californie* (Lucas, Coll. du Mus.) ; dè *Saxe* et d'*Auvergne* (le même).

Haüy cite en outre le *Derbyshire* et *Guanaxuato* au *Mexique*, comme localités de cette espèce. Et l'on peut y ajouter encore les variétés vert de chrome de *Santa-Fe de Bogota*, et vert de pomme de *Moldava* dans le *Bannat de Temeswar*.

2°. CHAUX FLUATÉE CUBIQUE (*Fluorina cubica*). Signe des faces, *i*. Le cube. Modification complète par une face sur chacun des angles solides du noyau. Inclinaison de *i* sur *i*, 90°.

Variété *violette* d'*Allenhead* (*Northumberland*). (Lucas, Coll. du Mus.)

— *jaune* de *Gersdorf* (*Saxe*). (Le même.)

— *verte* de *Schlangenberg* (*Sibérie*). (Le même.)

— *blanchâtre* du *Marché-aux-Chevaux* à Paris, et *Neuilly*. (Le même et Haüy.)

Haüy cite encore *Kongsberg* comme localité de cette espèce, et

Boston en *Angleterre* comme celle où se trouve la chaux fluatée cubique, mécaniquement mélangée d'alumine, et qu'il a nommée *aluminifère*.

3ᵉ. **Chaux fluatée cubo-octaèdre** (*Fluorina cubo-octaedra*). Signe des faces, P *i*. Un cube ou un octaèdre ayant tous leurs angles solides remplacés chacun par une face. C'est la modification qui produit l'espèce précédente, mais incomplète. Inclinaison de P sur *i*, 125° 15' 52". Du *Derbyshire*. (Haüy.)

4ᵉ. **Chaux fluatée hexatétraèdre** (*Fluorina hexatetraedra*). Signe des faces, *x*. Solide à vingt-quatre faces triangulaires, disposées quatre à quatre en forme de pyramides sur chaque face d'un cube. Modification complète par quatre faces correspondantes aux arêtes de l'octaèdre sur chacun des angles solides du noyau. Inclinaison de *x* sur *x*, 126° 56' 8" et 154° 9' 28".

Variété limpide du *Derbyshire*. (Lucas, Coll. du Mus.)

5ᵉ. **Chaux fluatée dodécaèdre** (*Fluorina dodecaedra*). Signe des faces, *s*. Dodécaèdre rhomboïdal produit en vertu d'une modification complète par une seule face sur chacune des arêtes du noyau. Inclinaison de *s* sur *s*, 120°. Entre *Le Breuil* et *Charecey* près de *Chálons*, département de Saône-et-Loire. (Haüy.)

6ᵉ. **Chaux fluatée émarginée** (*Fluorina emarginata*). Signe des faces, P *s*. L'octaèdre régulier ayant chacune de ses arêtes remplacées par une facette. Même modification qui produit la *dodécaèdre*, mais incomplète. Inclinaison de P sur *s*, 153° 26' 5". Des mines de *Saxe*. (Haüy.)

7ᵉ. **Chaux fluatée cubo-dodécaèdre** (*Fluorina cubo-dodecaedra*). Signe des faces, *i s*. Un cube ayant chacune de ses arêtes remplacée par une face. Combinaison (interceptant complétement le noyau) des modifications qui produisent les espèces *cubique* et *dodécaèdre*. Inclinaison de *i* sur *s*, 135°. Du *Derbyshire*. (Haüy.)

8ᵉ. **Chaux fluatée bordée** (*Fluorina quadrifera*). Signe des faces, *i x*. Un cube ayant chacune de ses arêtes remplacée par deux faces. Combinaison (interceptant complétement le noyau) des modifications qui produisent les espèces *cubique* et *hexatétraèdre*. Inclinaison de *i* sur *x*, 161° 31' 56".

Variété limpide du *Derbyshire*. (Lucas, Coll. du Mus.)

9ᵉ. **Chaux fluatée cubo triépointée** (*Fluorina cubo-trispunctata*). Signe des faces *i u*. Un cube ayant chacun de ses angles solides modifié par trois faces correspondantes à ses faces. Des mines de *Saxe* (Haüy).

32.

10e. **Chaux fluatée ennéahexaèdre** (*Fluorina enneahexaedra*). Signe des faces , *i n*. Un cube ayant chacun de ses angles solides modifié par six facettes correspondantes deux à deux à ses faces. Du *Derbyshire*. (Haüy.)

11e. **Chaux fluatée triforme** (*Fluorina triformis*). Signe des faces , P *s i*. Un octaèdre régulier ayant chacune de ses arêtes et chacun de ses angles solides modifiés par une face. Combinaison (n'interceptant pas entièrement le noyau) des modifications qui produisent les espèces *cubique* et *dodécaèdre*.

12e. **Chaux fluatée divergente** (*Fluorina tetracontatetraedra*). Signe des faces ; P *s x*. Solide , à quarante-quatre faces. Octaèdre régulier ayant chacune de ses arêtes remplacée par une face, et chacun de ses angles solides remplacé par quatre faces correspondantes aux arêtes du noyau.

13e. **Chaux fluatée unibinaire** (*Fluorina similis*). Signe des faces , P *s z*. Solide à quarante-quatre faces , analogue au précédent. Octaèdre régulier ayant chacune de ses arêtes remplacée par une face, et chacun de ses angles solides remplacé par quatre faces correspondantes aux faces du noyau.

14e. **Chaux fluatée cubo-triémarginée** (*Fluorina cubo-triemarginata*). Signe des faces *i x s*. Un cube ayant chacune de ses arêtes remplacée par trois faces. Combinaison (interceptant entièrement le noyau) des modifications qui produisent les espèces *cubique*, *dodécaèdre* et *hexatétraèdre*.

15e. **Chaux fluatée quadriforme** (*Fluorina quadriformis*). Signe des faces, *i x s u*. Un cube ayant chacune de ses arêtes et chacun de ses angles solides, remplacés par trois faces.

Voyez encore d'autres espèces représentées par M. Beudant, Traité, t. 2, pl. 1. fig. 18 à 21, 23, 25, 28 à 30, 32, 34 à 37, et pl. II, fig. 54 à 62, 63, 65 à 70, 72, 83 à 85.

ALTÉRATIONS DES CRISTAUX DE CE GENRE.

Les cristaux de Chaux fluatée ont quelquefois leurs arêtes et leurs angles solides émoussés et leurs faces arrondies, de manière à présenter des formes plus ou moins sphéroïdales.

MODES DE GROUPEMENT DES INDIVIDUS DE CE GENRE.

-╂- Réguliers.

Des petits cristaux, appartenant sur-tout à l'espèce *cubique* et aussi à celles où le cube domine , forment, par leur assemblage ,

des cubes, des octaèdres ou des dodécaèdres rhomboïdaux ; de pareils groupes réguliers se trouvent sur-tout en Saxe. (Voyez Beudant, Traité, t. I, pl. VIII, fig. 4, 5 et 6.)

D'autres se groupent de manière à présenter des octaèdres , des
cubes, etc., dont les faces sont creusées en trémies. (Voyez même
ouvrage, t. I, pl. X, fig. 28 et 29.)

+ + Irréguliers.

En masses bacillaires ou formées par la réunion de grosses fibres
divergentes.

MODES DE GROUPEMENT DES INDIVIDUS MOLÉCULAIRES DE CE GENRE.

En masses lamellaires, testacées, stalactitiques, stratoïdes, semi-
compactes, compactes, pseudo morphiques (sous forme d'encrines)
granulaires , terreuses. (*Flusserde*, Werner.)

2ᵉ Genre. — CÉRIUM FLUATÉ. (Haüy.) (*Flucerina.*)

Fluate neutre de cerium (Berzélius). *Neutraler flussaurer Cerer*
(de Léonhard). *Flucérine* (Beudant).

Combinaison d'acide fluorique et d'oxyde de cerium, ou de
phtore (fluor) et de cerium, ou bi-fluate d'oxyde de cerium, ou
enfin, selon M. Beudant, tri-phtorure de cerium.

ANALYSE DES CERIUM FLUATÉS DE BRODBO, PAR M. BERZÉLIUS.

Oxyde de cerium.	82,64
Yttria.	1,12
Acide fluorique.	16,24
	100,00

D'où il déduit la formule *Ce Fl*.

M. Beudant convertit cette analyse en celle-ci :

Phtore.	33,58
Cerium.	65,53
Yttrium.	0,89
	100,00

Et la formule est Ce Ph³.

Forme primitive : prisme hexaèdre régulier ? Pes.
spéc. , 4,7. Rayant la chaux carbonatée ; rayé par le

feldspath. Couleur : rouge de cire , rougeâtre ou jaunâtre. Éclat peu vif , translucide seulement dans les
fragmens les plus minces. Cassure inégale passant à l'é-
cailleuse.

Attaquable par les acides.

Au chalumeau, seul dans le matras, donne de l'eau qui corrode un
peu le verre à peu de distance de la pièce d'essai, et jaunit le papier de
Fernambouc : la matière essayée devient blanche. Dans le tube ouvert, la flamme étant dirigée dans son intérieur, le verre est attaqué
et devient opaque par suite d'un dépôt de silice. L'eau qui se con-
dense dans le tube jaunit le papier de Fernambouc. La matière d'essai
devient d'un jaune-brun. Seul sur le charbon, se rembrunit un peu,
mais ne fond pas. Avec le borax , dans la flamme extérieure, donne
un beau verre rouge ou orangé à chaud, qui devient jaunâtre à froid
et blanc d'émail par le flamber. Au feu de réduction, il perd sa
couleur, et si le minéral est en grande proportion, le verre devient
blanc d'émail et cristallise en se refroidissant. Avec le sel de phosphore, fond et donne un verre d'un beau rouge à chaud, limpide e
incolore à froid. Il est aussi incolore au feu de réduction. Avec la
soude , se divise, se gonfle , mais ne se dissout pas : la soude entre
dans le charbon et laisse à la surface une masse grise. (Berzélius.)

ESPÈCE UNIQUE.

CÉRIUM FLUATÉ ANNULAIRE (*Flucerina annularis*). Signe des faces ,
P M *r*. Un prisme hexaèdre ayant ses arêtes terminales, celles qui
sont situées au contour des bases, remplacées chacune par une facette. De *Brodbo* et de *Finbo* en Suède.

MODES DE GROUPEMENT DES INDIVIDUS MOLÉCULAIRES DE CE GENRE.

En masses feuilletées, cristallines ou compactes.

ANNOTATIONS.

Le minéral nommé par M. Berzélius *Fluate de cerium avec excès
de base*, et par M. Beudant *Basicérine*, ne se distingue guères du
Cerium fluaté que par une proportion un peu plus forte d'oxyde de
cerium , l'absence de l'yttria, et la présence d'une quantité variable d'eau qui est peut-être hygrométrique. Dailleurs il n'a encore
présenté aucun cristal régulier , mais seulement des groupes d'individus moléculaires en masses cristallines ou compactes. De *Fimbo*
près *Fahlun* en Suède.

3ᵉ Genre.—CRYOLITE. (*Cryolithos.*) (Abilgaard.)

Kryolith (Werner). *Alumine fluatée alkaline* (Haüy). *Prismatisches Kryon Haloïd*, et plus récemment *Axotomes Orthoklas-Haloïd* (Mohs).

Combinaison d'acide fluorique, de soude et d'alumine, ou de phtore, de sodium et d'aluminium. D'après M. Berzélius, c'est un fluate de soude combiné avec un fluate d'alumine, et son signe minéralogique est, *N Fl* + *A Fl*. D'après M. Beudant, c'est un bi-phtorure de sodium dominant, combiné avec un tri-phtorure d'aluminium.

ANALYSE DES CRYOLITES, PAR BERZÉLIUS.

Acide fluorique.	3ı,35
Soude.	¹44.25
Alumine.	24,40
	100,00

Ce qui correspond, suivant M. Beudant, à

Phtore.	54,07
Sodium.	32,93
Aluminium.	13,00
	100,00

Forme primitive : prisme droit rectangulaire, clivable parallèlement à ses faces. Des trois clivages rectangulaires, il y en a deux plus nets que le troisième, et sur ces deux-ci il y en a un plus particulièrement net, qui doit probablement correspondre aux bases du prisme. Pes. spéc., 2,96. Raye le gypse et même faiblement la chaux carbonatée ; rayée par la chaux fluatée. Couleur : le blanc, quelquefois brunâtre ou jaunâtre. Éclat nacré faible. Translucide et devenant presque transparente par l'immersion dans l'eau, sur-tout lorsque le minéral est réduit en poudre.

Attaquable par l'acide nitrique chauffé. La poussière mêlée d'un

peu d'eau ; mise dans l'acide sulfurique concentré dégage des vapeurs d'acide fluorique qui corrodent le verre.

Les fragmens minces fondent à la simple flamme d'une bougie.

Au chalumeau, seule dans le matras, donne un peu d'eau et décrépite sans perdre sa transparence. Dans le tube ouvert, et la
flamme étant dirigée sur la matière d'essai, le verre est fortement
attaqué, et l'humidité qui se rassemble dans le tube jaunit le papier
de Fernambouc. Seule sur le charbon, fond aisément en perle transparente à chaud, et opaque à froid. A un feu soutenu, le verre
s'étale, le fluate de soude est absorbé par le charbon et une croûte
alumineuse demeure à la surface. Aisément soluble dans le borax,
le sel de phosphore et la soude, en verre transparent à chaud, et
blanc de lait à froid. (Berzélius.)

Point d'espèces connues.

MODE DE GROUPEMENT DES INDIVIDUS MOLÉCULAIRES DE CE SOUS-GENRE.

En masses clivables. De *Ivikaet* en *Groënland*.

Appendice à l'Ordre des Fluoridiens.

1. *Ittrocérite* (Berzélius). *Ittrocererite* (de Léonhard). *Fluate d'yttria
et de cerium* (Berzélius). *Cerium oxydé yttrifère.* Minéral violâtre,
grisâtre, blanchâtre ou rougeâtre, en masses cristallines, offrant,
suivant M. Breithaupt, des clivages imparfaits, parallèles aux pans
d'un prisme rhomboïdal. Brillant. Opaque. Cassure unie. Pes.
spéc. , 3,40 à 3,45. Rayant la chaux fluatée ; rayé par l'apatite ou
le quartz. Soluble sans résidu dans l'acide hydrochlorique bouillant, et avec effervescence dans l'acide sulfurique chauffé.

Au chalumeau, dans le matras, donne un peu d'eau à odeur empyreumatique, et blanchit. Sur le charbon, infusible sans addition,
mais avec le gypse, fond quelquefois en une perle opaque et d'autres
fois est infusible. Avec le borax et le sel de phosphore, très aisément
soluble en verre jaune, à chaud, au feu d'oxydation, et qui avant la
saturation est transparent. (Berzélius.)

Ce minéral paraît être un mélange mécanique et en toutes proportions de fluate de chaux, de fluate d'yttria et de fluate de cerium,
ou, suivant M. Beudant, de phtorures de calcium, d'yttrium et de
cerium. Voyez les analyses des Yttrocérites de *Fimbo* et de *Brodbo*
en Suède par M. Berzélius, dans le Traité de M. Beudant, t. 2, p. 522.

L'une des variétés d'Yttrocérite de *Fimbo* renferme très peu de chaux, peu d'oxyde de fer et une quantité notable de silice. Elle se présente en masses compactes, mattes, d'un brun rougeâtre, rouges, jaunes ou blanches, à cassure inégale et écailleuse. Sa pesanteur spécifique est de 4,15. Elle raye la chaux fluatée et est rayée par l'apatite. Se comporte au chalumeau, en général, comme le Cerium fluaté.

2. *Fluellite* (Lévy et Wollaston). Cristaux en octaèdres rhomboïdaux dont les angles sont de 109°, 82° et 144°, et qui sont basés ou terminés par une face perpendiculaire à l'axe. Blancs, transparens. Éclat vitreux. Wollaston a reconnu par un essai, que ces cristaux étaient composés d'acide fluorique et d'alumine. De la mine de *Stony Gwyn* en *Cornouailles*.

DIXIÈME ORDRE.

LES PHOSPHATIDIENS.

Minéraux dont l'acide phosphorique forme le principe électro-négatif dominant, ou phosphates des chimistes.

Au chalumeau, fusibles, tant sans addition qu'avec le borax et le sel de phosphore. Fondus avec l'acide borique, un fragment de fil de fer introduit dans la boule, est, à un bon feu de réduction, changé en partie en phosphure de fer, et fond. Si après cela on enlève la boule de dessus le charbon, qu'on l'enveloppe de papier et qu'on la frappe avec un marteau sur l'enclume, on obtient le phosphure de fer dégagé du verre, et sous la forme d'un culot métallique, magnétique, plus ou moins fragile sous le marteau. Si la pièce d'essai ne contenait pas d'acide phosphorique, et si , par conséquent , le minéral dont elle provient , n'appartenait pas à l'ordre des Phosphatidiens , la portion du fil de fer contenu dans la boule vitreuse , conserverait sa forme et son éclat métallique.

Réduits en poudre , qu'on humecte légèrement avec de l'acide sulfurique , les minéraux de cet ordre , chauffés à la pointe de la flamme produite par l'action du chalumeau , donnent une couleur verte à la partie de cette flamme située derrière la pièce d'essai. L'expérience doit être faite dans l'obscurité pour qu'on puisse apercevoir cette teinte. Les minéraux de l'ordre des Boridiens et tous ceux qui renferment de l'acide borique, même en petite quantité, offrent la même réaction; mais les Phosphatidiens ne présentent pas , comme ceux-ci , la coloration de la flamme par la fusion avec le réactif de M. Turner (mélange de 4 parties 1/2 de bi-sulfate de potasse avec 1 partie de fluate de chaux) , ce qui sert à les distinguer au besoin.

Plus ou moins complétement solubles ou atta-quables par les acides , à la seule exception de l'*Yttria phosphaté.*

Les plus durs rayent la chaux fluatée ; les plus tendres seulement le gypse.

1ᵉʳ Sous-ordre.

ANHYDRO-PHOSPHATIDIENS.

Au chalumeau, dans le matras, ne dégageant ni eau, ni odeur d'ail; ou, s'ils donnent un peu d'eau, c'est de l'eau hygrométrique, quelquefois acide, dont l'expulsion ne leur fait pas perdre leur transparence.

1ᵉʳ Genre.—APATITE. (*Apatites.*) (Werner.)

Chaux phosphorée (De Born). *Phosphorite* (Kirwan). *Agustite* (Reuss). *Chrysolite ordinaire* ou *proprement dite* (Romé-de-l'Isle). *Chrysolite d'Espagne* (De Born). *Spargelstein* (Werner). *Pierre d'asperge* (Brochant). *Asparagolith* (Abilgaard). *Moroxite* (Reuss). *Rhomboedrischer Fluss-Haloïd* (Mohs).

Combinaison d'acide phosphorique, d'acide fluorique et d'acide muriatique avec de la chaux, ou d'acide phosphorique avec de la chaux, et de fluor (phtore) et de chlore avec du calcium; ou enfin sous-phosphate de chaux dominant, combiné avec du fluate et du muriate de chaux ou avec du bi-fluorure (phtorure) et du chlorure de calcium.

Signe chimique de M. Beudant,

$$3\ \dot{C}a^3\ \overset{\cdots}{\ddot{P}} + \left\{ \begin{array}{l} Ca\ Ch^2 \\ Ca\ Ph^2 \end{array} \right.$$

qui peut être représenté par la formule minéralogique,

$$3\ (at)\ (1)\ C^3\ \overset{5}{R} + \left\{ \begin{array}{l} C\ Ch^2 \\ C\ Ph^2 \end{array} \right.$$

ANALYSES PAR M. G. ROSE, DES APATITES DU

	Saint-Gothard.	Cap de Gates.	Grainer en Tyrol.
Chaux.	55,66	55,300	55,575
Acide muriatique.	0,02	0,434	0,073
Acide fluorique.			
Acide phosphorique Et perte	} 44,32	44,266	44,352
	100,00	100,000	100,000

(1) Dans cette formule, le signe (at) indique que le coefficient désigne un nombre d'atomes.

Ces analyses sont ainsi représentées par M. Beudant dans la théorie du fluor ou phtore et du chlore.

	Du Saint-Gothard.	Du Cap de Gates.	Du Grainer.
Phosphate de chaux.	92,31	92,666	92,16
Phtorure de calcium.	7,69	7,049	7,69
Chlorure de calcium.	traces	0,885	0,15
	100,00	100,000	100,00

Forme primitive : prisme hexaèdre régulier, dont l'apothème est à la hauteur à peu près comme 46 à 39 suivant M. Beudant, comme 51 à 42 ou comme 17 à 14 environ suivant Haüy; le même donne le rapport d'environ 10 à 7 pour celui du côté de la base à la hauteur. Clivable parallèlement à toutes ses faces. Pes. spéc., 3,16 à 3,28. Raye la chaux fluatée; rayée par le feldspath. Couleurs très variées, quelquefois même dans un même cristal. Incolore, blanche, grise, bleue, violette, jaune orangée, rouge, verte, brune. Éclat gras vif. Translucide et plus rarement transparente. Cassure conchoïde ou inégale.

La poussière de quelques cristaux jetée sur des charbons ardens émet une lueur phosphorique jaune.

Soluble sans effervescence dans les acides nitrique et hydrochlorique.

Au chalumeau, seule sur le charbon, très difficilement fusible et seulement sur les bords de très minces paillettes et avec un feu très vif, en verre incolore et transparent. — Avec le borax, lentement soluble en verre diaphane, qui pour une forte proportion de matière, devient opaque à froid.— Avec le sel de phosphore, soluble en verre transparent qui, près du point de sa saturation, devient opaque à froid et offre des facettes cristallines. Complétement saturée, la boule se congèle sans cristallisation et devient d'un blanc laiteux.—Avec la soude, se boursouffle avec effervescence; la soude entre dans le charbon, en laissant à la surface une masse blanche. — Avec l'acide borique, très difficilement soluble, mais donne avec le fil de fer, un régule de phosphure de fer. (Berzélius.)

* Espèces ayant des faces perpendiculaires à l'axe.

1re Espèce. APATITE PRIMITIVE (*Apatites hexaedra*). Signe des faces, P M. Un prisme hexaèdre régulier. Inclinaison de M sur M, 120°; de M sur P, 90°. Violette d'*Ehrenfriedersdorff* en *Saxe*. (Luc., Coll. du Mus.) — Jaunâtre du *Lac de Laach* et du *Brisgau*. (Haüy.)

2e. APATITE PÉRIDODÉCAÈDRE (*Apatites peridodecaedra*). Signe des faces, M *e* P. Un prisme à douze pans régulier. Modification incomplète par une face sur chacune des arêtes latérales du noyau. Inclinaison de *e* sur M, 150°.

Blanchâtre, de *Schlackenwald* (*Bohême*), et Bleue, de *Johann-Georgen Stadt* (*Saxe*). (Lucas, Coll. du Mus. et Haüy.) Cette dernière est le *Béril* de *Saxe* et l'*Agustite* de Reuss.

3e. APATITE UNI-ANNULAIRE (*Apatites annularis*). Signe des faces, M *x* P. Le prisme hexaèdre primitif ayant chacune des arêtes au pourtour des bases remplacée par une facette. Modification incomplète par une face *x* sur chacune des arêtes terminales du noyau. Inclinaison de P sur *x*, 140° 46' (Haüy), 134° 43' (Beudant); de M sur *x*, 129° 14' (Haüy).

Brunâtre et blanc verdâtre, des environs de *New-York* (*États-Unis*) (Haüy), et d'*Ehrenfriedersdorff* (*Saxe*). (Lucas, Collection du Muséum.)

4e. APATITE BINO-ANNULAIRE (*Apatites annulata*). Signe des faces, M *r* P. Forme tout-à-fait analogue à celle de l'espèce précédente, et en différant seulement par l'inclinaison des facettes *r* qui remplacent les arêtes des bases sur les faces primitives. Inclinaison de *r* sur P, 157° 47', (Haüy); 157° (Beudant).

Blanc grisâtre, des environs de *Nantes*; *vert obscur*, de *Sungangarsok* (*Groënland*) (Haüy).

5e. APATITE QUADRATIFÈRE (*Apatites quadratifera*). Signe des faces, M *s x* P. L'espèce *uni-annulaire* augmentée, à chaque extrémité de ses arêtes latérales, d'une facette carrée *s* produite en vertu d'une modification incomplète par une face sur chacun des angles solides du noyau.

6e. APATITE UNI-BINAIRE (*Apatites trapezifera*). Signe des faces, M *s r* P. L'espèce *bino-annulaire* ayant à chacune des extrémités de ses arêtes latérales la facette *s* de l'espèce précédente, mais qui, au lieu de présenter la forme d'un carré, offre celle d'un trapèze.

Grisâtre, de *Huel Gorland* (*Cornouailles*) (Lucas, Coll. du Mus.), et blanc grisâtre, des environs de *Nantes* (Haüy).

7e. **Apatite doublante** (*Apatites triplicata*). Signe des faces, M *z x r s u* P. Le prisme primitif modifié sur chacune de ses arêtes terminales, par trois rangs de facettes, dont les arêtes d'intersection entre elles et avec les faces primitives sont parallèles, et modifié aussi sur chacun de ses angles solides par trois facettes, dont l'une est un octogone, et les deux autres sont des trapèzes.

Limpide. Du *Saint-Gothard.* (Haüy.)

N. B. Voyez pour d'autres espèces appartenant à cette catégorie, Haüy, Atlas, pl. 26, fig. 9, 10 et 11, et pl. 27, fig. 12 et 13. Voyez aussi Beudant, t. 2, pl. VI, fig. 5, 7, 9, 11, 14, 18 à 22, 25, 29, 33.

****** Espèces n'ayant point de faces perpendiculaires à l'axe.

8e. **Apatite pyramidée** (*Apatites pyramidata*). Signe des faces M *x.* Un prisme hexaèdre terminé par une pyramide à six faces. Même modification que pour l'espèce *uni-annulaire*, mais complète en haut et interceptant les bases du noyau. Inclinaison de *x* sur *x*, 143° 8 '. (Haüy.)

Verdâtre ou bleuâtre, d'*Arendal* (*Norwége*) (Haüy); et verdâtre, de *Langoe* près *Arendal* (Lucas, Coll. du Mus.) : c'est la *Moroxite* de Reuss. Jaunâtre, translucide, du cap de *Gates*, (Espagne), et bleu grisâtre, du *Four au Diable* près *Nantes*. (Lucas, Coll. du Mus.)

9e. **Apatite didodécaèdre** (*Apatites didodecaedra*). Signe des faces, M *e x.* Un prisme à douze pans, terminé par une pyramide à six faces. Combinaison des modifications qui produisent les espèces *péridodécaèdre* et *pyramidée.* Jaune verdâtre, du *Royaume de Murcie* (Espagne). (Luc., Coll. du Mus.)

MODES DE GROUPEMENT DES INDIVIDUS MOLÉCULAIRES DE CE GENRE.

En masses laminaires, lamellaires, granulaires, fibreuses, mamelonnées à l'extérieur et radiées intérieurement, compactes, stalactitiques, réniformes, testacées, grossières ou terreuses.(*Phosphorit* de Werner): ces dernières ont quelquefois une structure mamelonnée et radiée en même tems. A *Logrosan* (Espagne).

En amas pulvérulens, vulgairement *terre de Marmarosch.*

2ᵉ Genre. — Plomb phosphaté. (*Pyromorpha.*)

Mine de plomb verte (Romé-de-l'Isle). *Oxyde de plomb spathique vert* et *phosphate de plomb* (De Born). *Mine de plomb phosphorique* (De la Méthrie). *Braun Bleierz* et *Grun Bleierz* (Werner), en partie.

La *mine de plomb brune* et la *mine de plomb verte* (Brochant), en partie. *Phosphor Blei* (Karsten). *Pyromorphite* (Haussmann et Beudant). *Rhomboedrischer Blei-Baryt* (Mohs), en partie (1).

Combinaison de protoxyde de plomb, d'acide phosphorique et d'acide muriatique ; ou de protoxyde de plomb, d'acide phosphorique, de plomb et de chlore, ou sous-phosphate de protoxyde de plomb dominant, combiné avec du bichlorure de plomb.

Signe minéralogique de M. Beudant : $3\,(at)\,Pb^3 P^5 + Pb\,Ch^2$.

ANALYSES DES PLOMBS PHOSPHATÉS, PAR M. WÖHLER.

De Tschopau.		De Leadhilir.	
Acide phosphorique.	15,727	Phosphate de plomb.	88,16
Protoxyde de plomb.	74,216		
Chlorure de plomb.	10,054	Chlorure de plomb.	9,91
	99,997		98,07

Forme primitive : prisme hexaèdre régulier, dont la hauteur est à l'apothème de sa base à peu près comme 66 à 37, d'après M. Beudant (2). Divisible par des clivages obliques à l'axe, sur chacune de ses arêtes terminales, parallèlement aux faces d'un dodécaèdre bipyramidal à triangles isocèles. Le prisme hexaèdre est aussi susceptible de clivage parallèlement à ses faces. Pes. spéc., 6,9 à 7,06. Raye le gypse ; rayé par la chaux fluatée. Couleur : vert de diverses nuances, passant d'une part au jaune, au brun et presque au noir, et de l'autre à l'orangé, et au rouge, rarement au blanc.

---

(1) M. Mohs a réuni, sous ce nom, le plomb phosphaté, le plomb phosphaté arsénifère et le plomb arséniaté, qui doivent être séparés. Les auteurs dont nous avons cité les dénominations en ajoutant *en partie* ; n'ont pas séparé comme nous le plomb phosphaté arsénifère du plomb phosphaté pur.

(2) Haüy prenait pour forme primitive un rhomboïde obtus de 110° 55' et 69° 5', clivable à la fois parallèlement à ses faces et à ses arêtes terminales, ce qui conduit à un dodécaèdre bipyramidal, à triangles isocèles. M. de Léonhard a adopté ce dodécaèdre comme forme primitive du plomb phosphaté.

Éclat gras ou éclat de la cire. Transparent, translucide ou opaque. Poussière claire, grise, ou d'un blanc verdâtre ou jaunâtre, quelquefois jaune.

Soluble à chaud et sans effervescence dans l'acide nitrique.

Au chalumeau, seul sur le charbon, fond à la flamme extérieure en un grain qui cristallise, et est, à froid, d'une couleur sombre. A la flamme intérieure, dégage de la fumée de plomb ; la flamme devient bleuâtre et le grain, à froid, forme des cristaux à larges facettes d'un blanc un peu nacré. Avec le borax, fond aisément sur le fil de platine en verre transparent qui, lorsqu'il est saturé, est jaune à chaud et incolore à froid. Sur le charbon, le plomb se réduit en bouillonnant. Avec le sel de phosphore, fond aisément en un verre transparent et incolore; lorsqu'il est saturé, le verre est jaunâtre à chaud et blanc d'émail à froid. Irréductible à la flamme intérieure, à moins qu'il ne soit sur-saturé. Avec la soude, sur le fil de platine, aisément fusible en un verre transparent qui, à froid, devient jaunâtre et opaque. Sur le charbon, le plomb se réduit en un instant. Avec l'acide borique et le fer, donne du phosphure de fer et du plomb métallique. (Berzélius.)

* Espèces ayant des faces perpendiculaires à l'axe.

a. Ayant des faces parallèles à l'axe.

1re Espèce. PLOMB PHOSPHATÉ PRIMITIF (*Pyromorpha prismatica*). *Plomb phosph. prismatique* (Haüy). Signe des faces, P M. Un prisme hexaèdre régulier. Inclinaison de M sur M, 120°; de M sur P, 90°.

Vert ou vert jaunâtre ou grisâtre, de *Hofsgrund* près de *Fribourg* en *Brisgau* , de *Clausthal* au *Hartz* , de *Tschopau* en *Saxe* , de *Bérésof* en *Sibérie* ; brun rougeâtre, de *Hofer Stolln* près de *Schemnitz*; blanc jaunâtre ou brun, de *Poullaouen*, département du Finistère. Des individus de ces diverses localités sont cités par Lucas comme faisant partie de la Collection du Muséum. Il cite aussi *Rheinbreitenbach* , près de *Cologne*, comme localité de cristaux gris brunâtres de cette espèce.

2e. PLOMB PHOSPHATÉ PÉRIDODÉCAÈDRE (*Pyromorpha peridodecaedra*). Signe des faces, M P *g*. Prisme à douze pans réguliers. Modification incomplète par une face sur chacune des arêtes latérales du noyau. Inclinaison de M sur *g*, 150°; de *g* sur P, 90°. De *Poullaouen*, département du Finistère (gris mêlé de rougeâtre).(Lucas, Coll. du Mus.) De *Huelgoët* (violet) (Haüy).

3e. **PLOMB PHOSPHATÉ ANNULAIRE** (*Pyromorpha annularis*). Signe des faces, P M *s*. Prisme hexaèdre régulier ayant chacune des arêtes au pourtour des bases, remplacées par une facetté *s* produite en vertu d'une modification incomplète par une face sur chacune des arêtes terminales du noyau. Inclinaison de M sur *s*, 131° 45' (Beudant), 130° 53' (Haüy); de P sur *s*, 138° 30' (Beudant), 139° 7' (Haüy). Du *Brisgau* (vert). (Lucas, Coll. du Mus.). De *Beresof* en *Sibérie* (vert). (Haüy.)

4e. **PLOMB PHOSPHATÉ DOUBLANT** (*Pyromorpha icosi - hexaedra*). Signe des faces, P M *g s*, Solide à vingt-six faces. L'espèce *annulaire* ayant douze pans au lieu de six au prisme. Combinaison des modifications qui produisent l'*annulaire* et le *péridodécaèdre*.

Voyez encore, pour des espèces appartenant à cette catégorie, Beudant, tom. 2, pl. VI, fig. 9 et 10.

b. Espèces n'ayant point de faces parallèles à l'axe.

5e. **PLOMB PHOSPHATÉ BASÉ** (*Pyromorpha truncata*). Signe des faces, P *s*. Un dodécaèdre bipyramidal à triangles isocèles, surbaissé et ayant ses angles terminaux tronqués par une face perpendiculaire à l'axe. Même modification que celle qui produit l'*annulaire*, mais moins incomplète, puisqu'ici les pans du prisme primitif sont totalement interceptés. Inclinaison de P sur *s*, 139° 7' (Haüy), 138° 30' (Beudant); de *s* sur *s*, faces adjacentes des deux pyramides opposées, 83°, ou, d'après M. Mohs, 80° 44', et d'après Haüy, 81° 46'.

** Espèces n'ayant point de faces perpendiculaires à l'axe.

6e. **PLOMB PHOSPHATÉ TRI-HEXAÈDRE** (*Pyromorpha tri-hexaedra*). Signe des faces, M *s*. Prisme hexaèdre régulier terminé par deux pyramides à six faces correspondantes à ses pans. Même modification que celle qui produit l'*annulaire*, mais moins incomplète, puisqu'ici les bases du prisme primitif sont totalement interceptées. Inclinaison de M sur *s*, 131° 45' (Beudant), 130° 53' (Haüy). Du *Brisgau*. (Lucas, Coll. du Mus.)

7e. **PLOMB PHOSPHATÉ ISOGONE** (*Pyromorpha isogona*). Signe des faces, M *t*. Prisme hexaèdre régulier terminé par deux pyramides à six faces, plus aiguës que celles de l'espèce précédente, produites en vertu d'une modification analogue, mais non la même que celle qui produit le *trihexaèdre*. Inclinaison de *t* sur M, 150°. (Haüy.)

Voyez d'autres espèces de cette catégorie dans M. Beudant, tom. 2 , pl. VI, fig. 52 et 53. La fig. 53 représente le dodécaèdre de l'espèce *basée* complet sans la face terminale perpendiculaire à l'axe. La fig. 52 représente une forme analogue à celle du *tri-hexaè-dre*, mais terminée par un sommet de rhomboïde obtus à trois faces: cette forme prouverait que, suivant l'opinion de Haüy , la forme primitive de ce genre serait un rhomboïde obtus et non un prisme hexaèdre , à moins cependant qu'on ne supposât ce sommet rhomboïdal comme produit en vertu d'une modification dissymétrique.

ALTÉRATION DES INDIVIDUS DE CE GENRE.

a. Dans la forme.

Les cristaux de plomb phosphaté s'arrondissent quelquefois , de manière que, lorsqu'ils ont la forme d'un dodécaèdre bipyramidal ou d'un prisme terminé par des pyramides, ils prennent une forme globulaire avec des côtes saillantes, comme les melons.

Les cristaux prismatiques deviennent aciculaires , et se groupent en divergeant.

b. Dans la substance.

Certains cristaux de plomb phosphaté de *Huelgoet* en *Bretagne* , ont été décomposés, et leur substance a été changée en celle d'une Galène ou Plomb sulfuré, qui a pris la forme d'un prisme hexaèdre régulier.

MODES DE GROUPEMENT DES INDIVIDUS MOLÉCULAIRES DE CE GENRE.

En masses mamelonnées, botryoïdes, stalactitiques , compactes , caverneuses.

En amas pulvérulens.

ANNOTATIONS.

On trouve, dans les mines de *Leadhills*, en Écosse , des amas de très petits cristaux de plomb phosphaté d'une brillante couleur orangée. M. W. Vernon de York a reconnu que cette couleur provenait d'un contenu d'environ un pour cent d'acide chromique. De là vient que ces cristaux, au chalumeau, à la flamme extérieure, ne perdent point leur couleur , mais , à la flamme intérieure , deviennent verts. Ce mélange étant en proportion trop peu considérable pour figurer dans la formule minéralogique de composition , n'autoriserait pas à établir en sous-genre ces Plombs phosphatés chromifères ; mais ils doivent être regardés comme variétés distinctes et bien caractérisées des espèces auxquelles ils se rapportent.

3ᵉ Genre. — WAGNÉRITE. (Fuchs.) (*Wagnerites.*)

Magnésie phosphatée (des minéralogistes français). *Pleuroklas* (Breithaupt). *Hemiprismatischer Fluss-Haloïd* (Mohs). *Phosphorsaurer Talk* (de Léonhard).

Combinaison d'acide phosphorique, de magnésie, d'oxydes de fer, de manganèse et d'acide fluorique (ou de phtore avec du magnésium), ou sous-phosphate de magnésie combiné avec du bi-fluate de magnésie ou avec du bi-phtorure de magnésium.

Signe minéralogique d'après la formule chimique de M. Beudant :

$$M^3\,P^5 + M\,Ph^2.$$

Dans l'hypothèse de l'acide fluorique, elle serait : $M^3P^5 + M Fl.$

ANALYSE DES WAGNÉRITES, PAR FUCHS.

Magnésie.	46,66
Oxyde de fer.	5,00
Oxyde de manganèse.	0,50
Acide phosphorique.	41,73
Acide fluorique.	6,50
	100,39

Cette analyse est représentée par la formule minéralogique :

$$(M, f, mn)^3 P^5 + M\,Fl.$$

Forme primitive : prisme rhomboïdal oblique de 95° 25' et 84° 35', dont la base est inclinée sur les pans de 109° 20'. Clivable, mais peu nettement parallèlement à toutes ses faces et aussi dans la direction des petites diagonales de ses bases. Pes. spéc., 3,01 à 3,15. Raye la chaux fluatée ; rayée par le feldspath. Couleur jaune de diverses nuances, passant au gris. Poussière et râclure blanches. Éclat vitreux. Demi-transparente. Cassure imparfaitement conchoïde, passant à l'écailleuse et à l'inégale.

Lentement soluble à chaud dans les acides nitrique et sulfurique, en exhalant des vapeurs d'acide fluorique qui corrodent le verre.

Au chalumeau, seule, difficilement fusible, et seulement en fragmens très petits, avec dégagement de quelques bulles d'air, en verre gris foncé et verdâtre. Avec le sel de phosphore et le borax, fusible aisément en verre transparent qui, à froid, est limpide comme de l'eau. Dans la soude, la poussière du minéral fait effervescence, mais ne se dissout pas entièrement. Dans le matras, ne donne pas d'eau. (Berzélius.)

Les espèces de ce genre, qui ont été indiquées plutôt que décrites, présentent des formes très compliquées produites par des modifications sur les arêtes latérales du prisme, et sur les arêtes ainsi que sur les angles des bases. M. de Léonhard a représenté d'un seul côté, dans la fig. 123, planche IV de ses *Grundzüge*, la moitié supérieure d'un cristal de Wagnérite offrant sept faces au prisme qui doit par conséquent en avoir quatorze, et cinq faces à la partie antérieure du sommet qui est très surbaissé : on ignore comment est conformée la partie postérieure de ce sommet. De *Höllengraben* près de *Werfen* dans le *Salzbourg*.

4ᵉ Genre. — AMBLYGONITE. (*Amblygonia*). (Breithaupt.)

Amblygonic Augit-Spath (Haïdinger).

Combinaison d'acide phosphorique, d'alumine et de lithine, ou sous-phosphate de lithine, combiné avec du sous-phosphate d'alumine dominant.

Signe minéralogique d'après la formule chimique de M. Berzélius : $L^4 P^5 + 3 A^4 P^5$.

Point d'analyse citée.

Forme primitive : prisme droit rhomboïdal de 106° $10'$ et 73° $50'$; clivable parallèlement à ses pans. Pes. spéc., 2,9 à 3,0. Rayant l'apatite ; rayée par le quartz. Couleur verte de diverses nuances. Éclat vitreux. Translucide ou opaque. Tissu feuilleté. Cassure inégale.

Au chalumeau, dans le matras, donne un peu d'humidité qui, à un feu vif, devient acide et attaque le verre. Sur le charbon, fond très aisément en verre clair qui devient opaque en se congelant. Avec le borax, aisément soluble en verre transparent et incolore. Avec le sel de phosphore, instantanément soluble sans résidu, en verre transparent. Avec un peu de soude, fond; se tuméfie et devient infusible avec une plus grande proportion. Avec l'acide borique et le fer, donne du phosphure de fer. (Berzélius.)

Les espèces n'ont pas encore été décrites et n'ont été trouvées qu'en fort petits cristaux à *Chursdorf* près de *Penig* en *Saxe*, et à *Arendal* en *Norwége*. On y a aussi trouvé des groupes d'individus moléculaires en petites masses cristallines.

5ᵉ Genre. — YTTRIA PHOSPHATÉE. (*Phosphyttria*.) (Berzélius.)

Phosphorsaure Yttererde (de Léonhard). *Xenotime* (Beudant). *Ytterspath.*

Combinaison d'acide phosphorique et d'yttria, ou sous-phosphate d'yttria, mélangé d'une trace d'acide fluorique et d'un peu de sous-phosphate de fer.

Signe minéralogique de M. Berzélius : $Y^3 P^5$. M. Beudant verrait dans l'analyse suivante le signe $Y^2 P^3$.

ANALYSE DES YTTRIA PHOSPHATÉES, PAR M. BERZÉLIUS.

Acide phosphorique et un peu d'acide fluorique.	33,49
Yttria.	62,58
Sous-phosphate de fer.	3,93
	100,00

Forme primitive : prisme droit à base carrée, clivable parallèlement aux pans du prisme. Pes. spéc., 4,14 à 4,55. Raye la chaux fluatée ; rayée par le feldspath. Couleur : brun jaunâtre. Poussière d'un brun clair ; translucide ou opaque. Éclat résineux ou gras. Cassure écailleuse.

Insoluble dans les acides.

Au chalumeau, dans le matras, ne donne pas d'eau. Seule sur le charbon, infusible. Avec le borax, donne une perle de verre incolore qui devient d'un blanc laiteux par le refroidissement. Avec le sel de phosphore , difficilement soluble en verre incolore. Avec la soude , soluble avec effervescence en une scorie grise, infusible. Avec l'acide borique et le fer, donnant du phosphure de fer.

ESPÈCE UNIQUE.

YTTRIA PHOSPHATÉE DODÉCAÈDRE (*Phosphyttria dodecaedra*). Signe des faces, M *r*. Un prisme symétrique très court, terminé par des pyramides à quatre faces, correspondantes à ses pans et très surbaissées. Modification incomplète par une face *r* sur chacune des arêtes terminales du noyau. Inclinaison de M sur *r*, environ 135°. De *Lindenaes* en *Norwège*.

MODE DÉ GROUPEMENT DES INDIVIDUS MOLÉCULAIRES DE CE GENRE.

En masses cristallines.

6ᵉ Genre. — TRIPLITE. (*Triplites.*) (Haussmann.)

Manganèse phosphaté et *Manganèse'phosphaté ferrifcre* (Haüy). *Fer phosphaté* (Brochant). *Eisen Pecherz* (Werner). *Phosphor Mangan* (Karsten). *Phosphorsaures Mangan* (de Léonhard).

Combinaison d'acide phosphorique et de protoxydes de fer et de manganèse; ou sous-phosphate de protoxyde de fer, combiné avec un sous-phosphate de protoxyde de manganèse et mélangé d'un peu de sous-phosphate de chaux, et d'acide fluorique.

Signe minéralogique de M. [Berzélius : $f4\ P^5 + mn4\ P^5$; ou plus probablement, suivant M. Beudant : $(f, mn)\ 4\ P^5$.

ANALYSE DES TRIPLITES DU LIMOUSIN, PAR M. BERZÉLIUS.

Acide phosphorique.	32,78
Protoxyde de fer.	31,90
Protoxyde de manganèse.	32,60
Phosphate de chaux.	3,20
	100,48

Forme primitive (indiquée par le clivage des masses formées de groupes d'individus moléculaires). Prisme droit rectangulaire. De ces trois clivages qui sont perpendiculaires entre eux , l'un est moins net que les autres. Pes. spéc. , 3,4 à 3,9. Rayant la chaux fluatée ; rayée par le feldspath. Couleur noire ou brune. Poussière gris jaunâtre ou brunâtre. Translucide sur les bords, ou opaque. Cassure conchoïde aplatie, ou égale, ou inégale. Fragile et facile à broyer.

Lentement soluble sans effervescence dans les acides nitrique et hydro-chlorique.

Au chalumeau, seule dans le matras, donne un peu d'eau qui rougit le papier de tournesol et jaunit le papier de Fernambouc, mais qui n'a aucune action sur le verre. Dans le tube ouvert, la flamme étant dirigée dans le tube, ses parois deviennent opaques, et le verre est attaqué, mais le papier de Fernambouc n'est pas jauni. Sur le charbon, aisément fusible avec une forte intumescence en une perle noire qui est magnétique, et a l'éclat métallique. Avec le borax, aisément soluble en verre ayant une couleur améthyste au feu d'oxydation, et vert de bouteille au feu de réduction. Avec le sel de phosphore, on ne voit guère que la couleur verte, mais à un feu d'oxydation très faible et prolongé, une légère teinte améthyste paraît. Avec l'acide borique, fond et donne avec le fil de fer, du phosphure de fer. Avec la soude, sur le charbon, insoluble; mais sur la feuille de platine donne une couleur verte. (Berzélius.)

Point d'espèces connues dans ce genre.

MODE DE GROUPEMENT DES INDIVIDUS MOLÉCULAIRES DE CE GENRE.

En masses compactes, clivables. Des environs de *Limoges*.

Appendice au Sous-ordre des Anhydro-Phosphatidiens.

Childrenite (Lévy). Cristaux jaunes ou d'un brun jaunâtre, en octaèdres rhomboïdaux, dont les faces d'une même pyramide, sont inclinées entre elles de 130° 20' et 102° 30', et les faces adjacentes des deux pyramides opposées, de 97° 50'. Raye la chaux fluatée; rayée par le feldspath adulaire. Clivables sur les angles latéraux aigus, par des plans parallèles à l'axe. Cassure inégale. Translucides.

Composition d'après les essais de de Wollaston : acide phosphorique, alumine et oxyde de fer.

ESPÈCE UNIQUE.

CHILDRENITE OCTODÉCIMALE (*Childrenia octodecimalis*). Un octaèdre rhomboïdal, modifié sur chacun de ses angles latéraux aigus;

1° par une face parallèle à l'axe ; 2° par quatre facettes triangulaires, correspondantes aux arêtes. Des environs de *Tavistock* en
Devonshire. (Voyez Allan, *Manual of Min.*, fig. 48.)

Deuxième Sous-ordre.

HYDRO- PHSPHATIDIENS.

Au chalumeau, dans le matras, donnant de
l'eau et perdant leur transparence, mais ne dégageant pas l'odeur d'ail.

1ᵉʳ Genre — WAVELLITE. (*Vavellia*.) (Babington.)

Hydrargilite (Davy). *Hydrate d'alumine* (Klaproth). *Alumine
hydro-phosphatée* (Haüy). *Lasionit* (Fuchs); aussi *Devonite*. *Prismatisches Wavelin-Halloïd* (Haïdinger). *Sub-phosphate of alumine*
(Phillips).

Combinaison d'acide phosphorique, d'eau, d'alumine, d'un peu
de chaux et d'oxydes de fer et de manganèse, enfin d'acide fluorique
ou de phtore et d'aluminium ou phosphate d'alumine dominant,
combiné avec de l'eau et avec un peu de tri-fluate d'alumine ou tri-
phtorure d'aluminium, et mélangé de chaux et d'oxyde de fer et
de manganèse.

Signe chimique de M. Beudant,

$$\left(\overset{\cdots}{\text{Ä}}{}^{4}\ \overset{\cdots}{\text{P}}{}^{3} + 18\ Aq\right) + A\ Ph^{3}$$

ANALYSES DES WAVELLITES, PAR

	Berzélius. (Wavellite.)	Fuchs. (Lasionite.)
Acide phosphorique.	33,40	34,72
Alumine.	35,35	36,56
Eau.	26,80	28,00
Chaux.	0,50	0,00
Oxyde de fer et de manganèse.	1,25	0,00
Acide fluorique.	2,06	0,00
	99,36	99,28

Forme primitive : prisme droit rhomboïdal de 122°
15' et 57° 45'. Clivable parallèlement à ses pans dont
la hauteur et la grande diagonale sont comme 11 et
10, suivant M. Beudant. Pes. spéc., 2,33 à 2,44. Raye
la chaux carbonatée ; rayée par la chaux fluatée ou par
l'apatite. Couleur blanche ou incolore, ordinairement
grisâtre , d'un gris verdâtre, verte, brune, bleue ou
rouge. Éclat nacré. Translucide.

Soluble dans les acides chauffés , sans effervescence.

Les fragmens exposés à la flamme d'une bougie, blanchissent et
deviennent friables.

Au chalumeau, dans le matras, dégage une eau dont les dernières
gouttes sont acides, ont une consistance gélatineuse et jaunissent le
papier de Fernambouc. Elles laissent sur le verre , en s'évaporant,
des dépôts de silice qui le ternissent. Des anneaux de silice se forment au-dessus de la pièce d'essai. — Sur le charbon, se gonfle,
perd sa forme cristalline et devient d'un blanc de neige. — Avec le
borax et le sel de phosphore , fond en un verre limpide. — Avec la
soude, se gonfle un peu et forme un composé infusible. — Avec la
solution de cobalt, donne une couleur bleue. — Avec l'acide borique et le fil de fer, donne du phosphure de fer. (Berzélius.)

ESPÈCES.

1re Espèce. WAVELLITE DITÉTRAÈDRE (*Vavellia ditetraedra*).
Signe des faces, M *b*. Le prisme primitif terminé par un sommet
dièdre. Modification par une face *b* sur chacun des angles obtus des
bases , qui intercepte entièrement ces bases. Inclinaison de M sur
M, 122° 15' et 57° 45'; de *b* sur *b*, 107° 6'. (*Voyez* Beudant, Traité,
t. II, pl. IX, fig. 13.)

2e. WAVELLLITE HEXATÉTRAÈDRE (*Vavellia hexatetraedra*). Signe
des faces, M *f b*. Prisme à six pans et à sommets dièdres ayant des
pans qui présentent des angles saillans aigus. Même modification
que dans l'espèce précédente, et de plus une modification incomplète
par une face *f* sur chacune des arêtes latérales obtuses du noyau.
Inclinaison de M sur *f*, 151° 8'; de *b* sur *f*, 126° 17'. (*Voyez* Beudant,
t. II, pl. IX, fig. 15.)

3e. WAVELLITE ANALOGUE (*Vavellia analoga*). Signe des faces,
M *g,b*. Prisme à six pans et à sommets dièdres, n'ayant que des angles saillans obtus au prisme. Sommet de la *ditétraèdre* et le prisme

primitif incomplétement modifié par une face sur chacune de ses arêtes latérales aiguës. Inclinaison de M sur *g*, 118° 54'. (*Voyez* Allan, *Manual of Min.*, fig. 43.)

4°. **Wavellite tritétraèdre** (*Vavellia tritetraedra*). Signe des faces, M *r b*. Prisme à huit pans à sommets dièdres. Combinaison de la modification qui produit la *ditétraèdre* avec les pans du prisme primitif, et avec une modification incomplète par deux faces *r* sur chacune de arêtes latérales aiguës du noyau. (*Voyez* Beudant, t. II, pl. IX, fig. 14.)

M. de Léonhard présente, pl. 1, fig. 29 et 30 de ses *Grundzüge*, deux autres espèces de Wavellites de forme encore plus compliquée; l'une est un prisme à seize pans et à sommets dièdres, l'autre un prisme à quatorze pans et à sommets formés de dix faces, dont deux sont les faces *b* du sommet dièdre, et les huit autres sont de petites facettes disposées quatre par quatre à chacun des deux angles aigus des bases du noyau.

MODES DE GROUPPEEMENT DES CRISTAUX DE CE GENRE, ET LEURS ALTÉRATIONS.

En masses mamelonnées ou globuliformes extérieurement, et radiées intérieurement.

Les individus de ce genre sont souvent privés de sommets, et deviennent aciculaires. De *Barnstaple* en *Devonshire* ; de *Clonmell* près *Cork* (*Irlande*); de *Zbirow* en *Bohême*; d'*Amberg* en *Bavière*; de *Villa Ricca* au *Brésil*, etc.

2ᵉ Genre. — KAKOXÈNE. (*Kakoxenos*.) (Steinmann.)

Combinaison d'acide phosphorique, d'eau, d'acide fluorique, d'alumine, de peroxyde de fer, de silice et d'une très petite quantité de chaux ; ou, suivant M. Beudant, phosphate de peroxyde de fer dominant, combiné avec un silicate d'alumine et avec de l'eau, et mélangé de fluate de chaux en très faible proportion : ce qu'il exprime par la formule $AS + 2FP + 5Aq$, à laquelle il faut ajouter un mélange de CFl^2 ou de CPh^2. Une autre combinaison paraît plus vraisemblable au même savant, c'est celle qu'il exprime par la formule : $AP^5 + Aq, ASi^2 + 3Aq (F,A)^2 Aq$, à laquelle il faut aussi ajouter un mélange de CFl^2 ou de CPh^2.

Acide phosphorique.	17,86
Alumine.	10,01
Silice.	8,90
Peroxyde de fer.	36,82
Chaux.	0,15
Eau et acide fluorique.	25,95
	99,69

Il existe une autre analyse des Kakoxènes par M. de Holger, citée par M. de Léonhard, *Grundzüge*, etc., p. 57, qui présente une toute autre composition.

Acide phosphorique.	9,20
Acide sulfurique.	11,29
Peroxyde de fer.	36,83
Alumine.	11,29
Oxyde de zinc.	1,23
Silice.	3,30
Magnésie.	7,58
Eau.	18,98
	99,70

Forme primitive : probablement appartenant à l'un des systèmes des prismes rectangulaires ou rhomboïdaux d'après la citation que fait M. de Léonhard de l'observation de M. Lhotsky. Celui-ci, en examinant au microscope avec un grossissement de 500 fois, des fibres cristallines ou cristaux aciculaires de Kakoxène, y a reconnu la forme d'un prisme hexaèdre irrégulier (c'est-à-dire dont les pans forment entre eux des angles très inégaux) terminé par des pyramides à six faces. Pes. spéc., 3,38. Couleur jaune de diverses nuances. passant au rouge brunâtre. Éclat vif adamantin ou demi-métallique, aussi soyeux et souvent mat. Happe à la langue. Odeur un peu argileuse. Goût astringent. Ce goût pro-

vient probablement d'un mélange accidentel de quelque substance saline, et c'est aussi à cela que doit tenir
l'action de l'eau sur ce minéral.

Dans l'eau, en effet, il perd en partie son éclat et brunit. Placé
sur un fer rouge, il émet une lueur phosphorique verte.

Au chalumeau, sur le charbon, décrépite fortement. Au feu de
gaz oxygène, donne une masse scoriforme magnétique. Avec le
borax, incomplétement soluble en une perle de verre vert de
bouteille foncé. Avec la soude, difficilement soluble en une masse
noirâtre qui tient le milieu entre une scorie et un émail.

La seule espèce connue dans ce genre est celle que M. Lhotsky a
découverte à l'aide du microscope, et qu'il a décrite comme un
prisme hexaèdre irrégulier terminé par une pyramide à six faces.
Cette espèce pourrait prendre le nom de *Kakoxène tri-hexaèdre*
(*Kakoxenos tri-hexaedricus*). De la mine *Hrbek* près *Straschiz*, en
Bohême.

MODE DE GROUPEMENT DES INDIVIDUS DE CE GENRE, ORDINAIREMENT ALTÉRÉS ET DEVENUS ACICULAIRES.

En masses fibreuses et radiées. C'est ordinairement un petit
grain de Manganèse oxydé brun qui sert de centre autour duquel
se groupent les cristaux divergens.

3ᵉ Genre.—KLAPROTHINE. (Beudant.) (*Klaprothia.*)

Feldspath bleu céleste (De Born). *Faux Lapis* (Stutz). *Voraulite*
et *Tyrolite* (De la Méthrie). Var. du *Dichter Feldspath* (Werner).
Var. du *Feldspath compacte* (Brochant). *Lazulith* et *Blau Spath*
(Werner). *Felsite* (Kirwan). *Splittriger* et *Gemeiner Lazulith*
(Karsten). *Klaprothite* (De Drée). *Azurite* (Phillips). *Feldspath
bleu* et *Lazulite de Werner* (Haüy). *Prismatischer* et *Prismatoïdischer Lasur-spath* (Mohs). Aussi *Sidérite* de quelques minéralogistes.

Combinaison d'acide phosphorique, d'alumine, de magnésie et
d'eau (1); phosphate double d'alumine et de magnésie combiné
avec de l'eau, et mélangé de silice, d'oxyde de fer et de chaux.

---

(1) Quoique l'analyse par Brandes de la Klaprothine de Krieglach ne présente qu'une fort petite fraction d'eau, les réactions au

Formule minéralogique d'après M. Beudant : $MP + 3\ AP$.

ANALYSES DES KLAPROTHINES.

	De Krieglach. Par Brandes.	De Radelgraben. Par Fuchs.
Acide phosphorique.	43,32	41,81
Alumine.	34,50	35,73
Magnésie.	13,56	9,34
Chaux.	0,48	0,00
Oxyde de fer.	0,80	2,64
Silice.	6,50	2,10
Eau.	0,50	6,06
	99,66	97,68

Forme primitive : prisme droit rhomboïdal de 121°
50' et 58° 50' (Léonhard), ou prisme rectangulaire
ou carré (Beudant). Clivages très peu distincts parallèlement aux pans du prisme rhomboïdal ou sur les arêtes
latérales du prisme rectangulaire. Raye l'apatite ; rayée
par le quartz. Pes. spéc., 3,02. Couleur bleu-de-ciel,
ou de smalt, ou d'indigo. Éclat vitreux. Opaque ou légèrement translucide. Tissu imparfaitement feuilleté.
Cassure inégale à petits grains.

Très faiblement attaquable par les acides, même chauffés.

La Klaprothine de Krieglach, au chalumeau, dans le matras,
donne de l'eau et perd sa couleur. Seule, sur le charbon, elle se
boursouffle, mais ne fond pas ; elle prend seulement, dans les parties le plus fortement chauffées, un aspect vitreux et bulleux.
Dans le borax, soluble complétement en verre transparent et incolore; il en est de même, mais plus lentement, dans le sel de phosphore. Avec la soude, se gonfle, mais ne fond ni ne se dissout.
Avec l'acide borique et le fil de fer, donne du phosphure de fer.
Avec la solution de cobalt, produit un beau bleu. La Klaprothine

---

chalumeau dans le matras, constatées par M. Berzélius , en indiquent décidément la présence. L'eau doit donc être ajoutée aux
formules chimiques et minéralogiques des Klaprothines.

de Vorau diffère de celle de Krieglach , en ce qu'elle se boursouffle beaucoup plus et tombe même en pièces ; qu'elle ne donne , seule sur le charbon , aucun signe de fusion , et qu'avec la solution de cobalt , ce n'est qu'après avoir commencé à fondre qu'elle donne une couleur bleue qui est sensiblement rougeâtre. (Berzélius.)

Les espèces de ce genre n'ont point été décrites par les auteurs, qui ont cependant presque tous mentionné l'existence de cristaux de formes diverses. Haüy cite , sous le nom de *Lazulite prismatique*, des prismes plus ou moins déliés, qui paraissent hexaèdres; il mentionne même un cristal qu'il avait en sa possession, mais sans le décrire. M. R. Allan ne décrit pas non plus un cristal de Klaprothine qu'il a lui-même trouvé à *Rœdelsgraben*, près de *Werfen*, dans le *Salzbourg*. M. Beudant , de son côté , parle de cristaux de ce genre en prismes rectangulaires privés de sommets. Enfin M. de Léonhard est le seul qui a représenté (pl. I, fig. 31 de ses *Grundzüge*) une forme cristalline très compliquée de Klaprothine. C'est un solide à trente-quatre faces , soit un prisme hexaèdre surmonté de sommets ayant quatorze faces chacun. Le prisme primitif très raccourci et modifié : 1° par une face sur chacune de ses arêtes latérales obtuses ; 2° par une face sur chacun des angles obtus des bases ; 3° par une face sur chacune des arêtes terminales ; 4° par cinq faces sur chacun des angles aigus des bases. Ce qui forme un ensemble assez semblable à un fuseau à axe horizontal chargé de facettes symétriquement disposées et convergeant vers les deux extrémités de l'axe qu'elles constituent en deux angles solides octuples ou formés chacun de huit faces. On pourrait nommer cette espèce *Klaprothia tetratriacontaedra*.

MODES DE GROUPEMENT DES INDIVIDUS MOLÉCULAIRES DE CE GENRE.

En masses laminaires ou lamellaires, et en masses compactes.

4e Genre. — URANITE. (*Uranites*.) (Klaproth.)

Ce genre se divise en deux sous-genres : l'un, les *Uranites* proprement dites; l'autre, les *Chalcolites*.

SYNONYMIE COMMUNE AUX DEUX SOUS-GENRES.

Urane oxydé (De la Méthrie et Haüy). *Pyramidaler Euchlor-Glimmer* (Mohs). *Pyramidaler Euchlor-Malachit* (Partsch). *Phosphate of Uranium* (Phillips). *Uranglimmer* (de Léonhard.)

Formule chimique de composition , commune aux deux sous-genres , d'après M. Beudant :

$$3 \left\{ \begin{matrix} \dot{C}_{a^2} \\ \dot{C}u^2 \end{matrix} \right\} \ddot{\ddot{P}} + \ddot{\ddot{U}}_4 \ddot{\ddot{P}}^3 + 48 \, \mathcal{A}q.$$

Ou sous-phosphates hydratés d'urane et de chaux ou de cuivre.

Caractères communs aux deux Sous-genres.

Forme primitive : prisme droit à base carrée dans lequel le côté de la base est à la hauteur à peu près comme 5 à 16. Nettement clivable parallèlement à la base du prisme. Les cristaux sont ordinairement en forme de tables. Pes. spéc., 3,1 à 3,3. Raye le gypse ; rayée par la chaux carbonatée. Les lames minces ne sont pas flexibles, mais très fragiles. Éclat vif et gras. Couleur jaune ou verte. Structure feuilletée, sur-tout parallèlement aux bases des prismes.

Solubles sans effervescence dans l'acide nitrique.

Au chalumeau, dans le matras, donnant de l'eau et devenant opaques. Seules sur le charbon, fondent avec boursoufflement en un grain noir à surface demi-cristalline. Aisément solubles dans le borax et le sel de phosphore en verre transparent, jaune sombre au feu d'oxydation, et d'un beau vert au feu de réduction. Avec la soude, formant une scorie non fondue. (Berzélius.)

* Espèces ayant des faces perpendiculaires à l'axe.

1ere Espèce. Uranite primitive (*Uranites prismatica*). Signe des faces, PM. Prisme symétrique ou à base carrée désigné ci-dessus. Les prismes de cette espèce, sont très courts et se présentent sous la forme de tables ou lames rectangulaires. Inclinaison de M sur M et sur P, 90°.

2e. Uranite sex-octonale (*Uranites sex-octonalis*). Signe des faces , P M r. Le prisme primitif, modifié incomplétement par une face sur chacune de ses arêtes terminales.

3e. Uranite basée (*Uranites truncata*). Signe des faces , P r. L'espèce précédente, dans laquelle les faces r interceptent entièrement les pans M du prisme. C'est un octaèdre symétrique r profondement tronqué par une face P, perpendiculaire à l'axe, ou une table carrée biselée. Inclinaison de *r* sur *r*, face adjacente de la même pyramide, 95° 46', sur *r'* (face adjacente de la pyramide opposée), 143° 2' (Mohs).

4e. URANITE QUADRIDÉCIMALE (*Uranites quadridecimalis*). Signe des faces, P *r u*. L'espèce précédente augmentée de quatre facettes parallèles à l'axe, sur chacun des angles solides les plus saillans de la lame carrée ou du tronçon d'octaèdre. Modification incomplète par une face *u*, sur chacune des arêtes latérales du prisme primitif.

5e. URANITE OCTODÉCIMALE (*Uranites octodecimalis*). Signe des faces, P *r l*. Double pyramide à huit faces, profondément tronquée au sommet par une face perpendiculaire à l'axe. La *basée* ayant chacune des arêtes terminales de l'octaèdre remplacée par une face.

Les fig. 2, 3 (prismes à huit et à 12 pans ; 7 (prisme symétrique dont les angles solides sont tronqués); 10, 18, 64, 65, 67 à 72 de la pl. III, t. 2 du Traité de M. Beudant, représentent d'autres espèces de ce genre appartenant à la même catégorie.

**** Espèces n'ayant point de faces perpendiculaires à l'axe.**

6e. URANITE OCTAÈDRE (*Uranites octaedrica*). Signe des faces, *r*. Un octaèdre symétrique ou à base carrée. C'est la même modification qui produit les espèces *sexoctonale* et *basée*, mais qui, étant complète, intercepte entièrement le noyau. Inclinaison de *r* sur *r* (face adjacente de la même pyramide), 95° 46', sur *r'* (face adjacente de la pyramide opposée), 143° 2' (Mohs).

7e. URANITE DODÉCAÈDRE (*Uranites dodecaedra*). Signe des faces, M *r*. Le prisme primitif raccourci et réduit à une simple lame, terminé, à chaque sommet, par une pyramide à quatre faces, ou l'espèce *octaèdre* ayant les arêtes de jonction des deux pyramides remplacées chacune par une facette parallèle à l'axe.

MODES DE GROUPEMENT DES INDIVIDUS DE CE GENRE.

En masses lamellaires, souvent flabelliformes ou divergeant en forme d'éventail, ou squamiformes. Ces lamelles sont des individus ou cristaux plus ou moins altérés.

1er Sous-Genre.—URANITE PROPREMENT DITE.

Uranite-Spathique (Klaproth). *Chaux jaune d'uranit* et *Urane oxydé jaune* (De la Méthrie). *Uranglimmer* (Werner et Karsten), n partie. *Uranate de chaux* (Berzélius.)

Combinaison d'acide phosphorique, de chaux, d'oxyde d'urane et d'eau , avec traces d'acide fluorique et d'ammoniaque , et mélange mécanique de silice, de baryte, de magnésie et d'oxydes de manganèse et de fer; ou sous-phosphates hydratés d'urane et de chaux, mélangés des substances ci-dessus désignées.

Signe chimique de M. Beudant :

$$3\,\dot{C}\ ^{a^2}\ \overset{\cdots}{\ddot{P}} + \overset{\cdots}{\ddot{U}}{}^{4}\,\overset{\cdots}{\ddot{P}} + 48\ Aq.$$

ANALYSES DES URANITES D'AUTUN , PAR M. BERZÉLIUS.

Acide phosphorique.	14,63
Oxyde d'urane.	59,37
Chaux.	5,66
Magnésie et oxyde de manganèse.	0,19
Silice et oxyde de fer.	2,85
Baryte.	1,51
Eau.	14,90
Acide fluorique et ammoniaque.	traces
	99,11

Couleur jaune. Pes. spéc. , 3,12. Sa solution dans l'acide nitrique est jaune, et dans l'ammoniaque, blanche.

Au chalumeau, avec le borax et le sel de phosphore, le verre obtenu au feu de réduction reste vert après le refroidissement , même en le fondant avec de l'étain. Avec la soude , ne donne (au moins l'Uranite d'Autun) aucune particule métallique à l'essai de réduction. (Berzélius.)

ESPÈCES DE CE SOUS-GENRE.

On ne trouve indiquées que :

La PRIMITIVE.
La SEXOCTONALE.
L'OCTODÉCIMALE.

Sans désignation de localités. Probablement d'*Autun* ou des environs de *Limoges*. Outre les modes de groupement propres à tout le genre , le sous-genre *Uranite* présente des groupemens en amas terreux (*Uranocher* des Allemands, en partie) provenant de la désagrégation des masses lamellaires.

34

2ᵉ Sous-genre. — CHALKOLITE. (Thomson et Berzélius.)

Spath pesant vert (Sage). *Cuivre corné* ou *muriate de cuivre et Oxyde de Bismuth micacé et cristallisé* (De Born). *Mica vert* (Mongez). *Uranit mêlé au cuivre minéralisé par l'acide aérien* et *Urane oxydé vert* (De la Méthrie). *Uranglimmer* (Werner), en partie; aussi *Torberite* et *Grüner Uranerz.*

Combinaison d'acide phosphorique, d'oxydes d'urane et de cuivre, et d'eau; ou sous-phosphates hydratés d'urane et de cuivre.

Signe chimique de M. Beudant :

$$3 \, \dot{C}_2 \ddot{P} + \ddot{U}^4 \ddot{P}^3 + 48 \, Aq \ (1).$$

ANALYSES DES CHALKOLITES DU CORNOUAILLES.

	Par Berzélius.	Par R. Phillips.
Acide phosphorique.	15,56	16,0
Oxyde d'urane.	60,25	60,0
Oxyde de cuivre.	8,44	9,0
Eau.	15,05	14,5
Gangue.	0,70	0,0
	100,00	99,5

Couleur verte. Pes. spéc., 3,53. Sa solution dans l'ammoniaque est bleue.

Au chalumeau, avec le borax et le sel de phosphore, le verre obtenu au feu de réduction devient, par le refroidissement; après l'avoir fondu avec de l'étain, rouge et opaque. Avec la soude, la chalkolite du Cornouailles se réduit en grains métalliques blancs. (Berzélius.)

ESPÈCES DE CE SOUS-GENRE.

Toutes les espèces décrites et indiquées plus haut à la suite des caractères communs à tous les individus du genre.

Lucas cite dans la Collection du Muséum les espèces suivantes qui appartiennent au sous-genre *Chalcolite.*

---

(1) Il paraît vraisemblable que c'est à une erreur typographique qu'est due, dans la formule de M. Beudant, l'omission de l'exposant 3 après le dernier $\ddot{P}$ du signe.

La PRIMITIVE.

La SEXOCTONALE, qu'il nomme *Trapézienne*.

Toutes deux de *Johann-Georgenstadt*.

Les autres espèces de ce sous-genre et les groupes d'individus viennent du *Cornouailles*, de *Saxe*, de *Bohême* ou de *Bavière*.

5ᵉ Genre. — VIVIANITE. (*Vivianum.*) (Werner.)

Bleu martial fossile cristallisé (Sage). *Schorl bleu de Sibérie* (Macquart). *Fer phosphaté au maximum* (De la Méthrie). *Fer phosphaté* (Haüy). *Phosphate d'oxydule de fer* (Berzélius). *Eisen-Phyllit* (Breithaupt?). *Phosphor Saures Eisen* (De Léonhard). *Prismatischer Eisen-Glimmer* (Mohs). *Dichromatisches Euklas-Haloïd* (Haïdinger).

Combinaison d'acide phosphorique, de protoxyde de fer, et d'eau; ou phosphate hydraté de protoxyde de fer avec excès de base.

Signes chimiques de M. Beudant : $\ddot{\mathrm{F}}^8\dddot{\mathrm{P}}^3 + 20\ Aq.$, ce qui peut

se partager ainsi : $\left(\dot{\mathrm{F}}^3\dddot{\mathrm{P}}+9\ Aq\right)+\left(\dot{\mathrm{F}}^5\dddot{\mathrm{P}}_2+10\ Aq\right)$ pour les Vivianites de Cornouailles.

Et $\mathrm{F}^3\dddot{\mathrm{P}}+9\ Aq$ pour celles de Bodenmais.

ANALYSES DES VIVIANITES.

	Du Cornouailles. Par Stromeyer.	De Bodenmais. Par Vogel.
Acide phosphorique.	31,18	26,4
Protoxyde de fer.	41,23	41,0
Eau.	27,49	31,0
	99,90	98,4

Forme primitive : prisme rectangulaire oblique dont la base est inclinée à l'axe ou au pan sur lequel elle repose de 100° 1' (Haüy), 100° 53' (Mohs), 125° 18' (de Léonhard et Beudant). Clivable assez nettement parallèlement au pan du prisme sur lequel repose la base, et à son opposé. Pes. spéc., 2,66. Raye le talc ; rayée par la chaux carbonatée. Fragile. Couleur bleue

34.

plus ou moins foncée qui dans les cristaux translucides, ou dans certaines directions se change en verdâtre, quelquefois presque incolore. Éclat vitreux ou nacré. Translucide ou opaque. Poussière d'un bleu pâle, tachant le papier. Les lames minces sont flexibles.

Soluble, sans effervescence dans l'acide nitrique et dans l'acide hydrochlorique étendu.

Au chalumeau, dans le matras, donne beaucoup d'eau, se boursouffle et se parsème de taches grises et rouges. Sur le charbon, se boursouffle, rougit et se fond en grain gris d'acier, à éclat métallique. Avec le borax et le sel de phosphore donne, au feu d'oxydation, un verre rouge sombre à chaud et jaunâtre ou incolore à froid, et au feu de réduction un verre vert de bouteille. Avec la soude, sur le charbon, donne au feu de réduction, des grains de fer magnétiques. Avec l'acide borique et le fil de fer, donne un régule de phosphure de fer fondu. (Berzélius.)

ESPÈCES.

1re Espèce. VIVIANITE PRIMITIVE (*Vivianum obliquo - prismaticum*). Signe des faces, P M T. Le prisme rectangulaire oblique décrit ci-dessus, ordinairement fort alongé dans le sens de l'axe. Citée par M. de Léonhard sans désignation de localité.

2e. VIVIANITE PÉRI-OCTAÈDRE (*Vivianum peri-octaedricum*). Signe des faces, P M T *r*. Prisme oblique à huit pans. Modification incomplète par une face *r* sur chacune des arêtes latérales du noyau. Inclinaison de T sur *r*, 126° 9' (Haüy); 125° 56' (Beudant).

3^r. VIVIANITE SEX-OCTONALE (*Vivianum sex-octonale*). Signe des faces, P *l* M T *r*. Prisme à huit pans terminé par des sommets obliques à trois faces Combinaison de la modification qui produit l'espèce *péri-octaèdre* avec une modification incomplète par une face *l* sur chacune des deux arêtes longues de la base du noyau, modification qui n'intercepte pas entièrement cette base. (Voyez Beudant, tom. 2, pl. XII, fig. 9.) Inclinaison de P sur *l*, 150° 30'. (Beudant.)

4e. VIVAITE QUADRI-OCTONALE (*Vivianum quadri-octonale*). Signe des faces, M T *r l*. Prisme à huit pans et à sommets dièdres obliques. Même combinaison de modifications que dans l'espèce précédente, seulement celle qui produit les faces culminantes *l* est plus complète et intercepte entièrement les bases. Inclinaison des deux faces culminantes entre elles ou de *l* sur *l*, 121°. De la *Boniche*, en *Auvergne*, et des environs de *Philadelphie* (*États-Unis*). (Haüy et Lucas.)

5ᵉ. VIVIANITE TRAPÉZIENNE (*Vivianum trapezianum*). Signe des faces, T *r l*. Prisme à six pans terminé par des sommets dièdres obliques. Se présente comme une table ou lame en forme de parallélogramme obliquangle , biselée par des facettes trapézoïdales. C'est la même combinaison de modifications qui produit la *quadrioctonale* , mais où les faces *r* ont complétement intercepté les pans étroits M du prisme rectangulaire primitif. (*Voyez* de Léonhard, *Grundzüge*, pl. I, fig. 33, et Allan's *Manual*, etc., fig. 37.)

6ᵉ. VIVIANITE SÉDÉCIMALE (*Vivianum sedecimale*). Signe des faces, P *l* T *r f*. Prisme à dix pans. Sommets à trois faces obliques. (*Voyez* Beudant, tom. 2, pl. XII, fig. 10.)

7ᵉ. VIVIANITE BI-QUADRIDÉCIMALE (*Vivianum bi-quadridecimale*). Signe des faces , P *l o n* T *r f g*. Prisme à quatorze pans. Sommets à sept faces , dont cinq antérieurement et deux postérieurement. (*Voyez* Beudant, tom. 2, pl. XII, fig. 19.)

8ᵉ. VIVIANITE SURCOMPOSÉE (*Vivianum compositissimum*). Prisme à quatorze pans. Sommets à seize faces , dont six antérieurement et dix postérieurement. (*Voyez* Beudant, tom. 2, pl. XII, fig. 20.)

La plupart des espèces ci-dessus viennent du *Cornouailles*; quelques-unes se trouvent à *Bodenmais* en *Bavière*.

ALTÉRATIONS DANS LA FORME DES INDIVIDUS DE CE GENRE.

Par l'oblitération de certaines faces et sur-tout des faces terminales , les cristaux deviennent aciculaires , et souvent aussi prennent la forme de lames ou de tables aplaties, irrégulièrement terminées.

MODE DE GROUPEMENT DES INDIVIDUS ALTÉRÉS DE CE GENRE.

En masses globuleuses ou boules composées de lames entre-croisées. Lucas cite , comme existant dans la Collection du Muséum, à Paris, deux boules de cette nature venant des bords de la rivière des *Créoles* dans l'*Ile de France*.

MODE DE GROUPEMENT DES INDIVIDUS MOLÉCULAIRES DE CE GENRE.

En amas terreux et pulvérulents , enchâssés dans des glaises, argiles et tourbes, et mêlés de débris de végétaux. De pareils amas se sont présentés à *Nantes* , aux environs du *Mans* , près de *Cler-*

mont et de *Mauriac* (en *Auvergne*) , de *Bourg en Bresse* , de *Lay-bach* en *Carniole* , dans le *Cornouailles*, l'*Ile de Mans*, et dans les marais d'*Irbit* dans les *Monts Ourals* (Sibérie), etc., etc.

Mais les divers amas terreux des lieux ci-dessus désignés , non plus que ceux de *Hillentrap* , *Alleyras* , qui sont de couleur bleue ; de *Sayn* au bord du Rhin, qui sont verts ; d'*Eckarsberg* en *Thuringe* , et du *New Jersey*, qui sont blancs tant qu'ils ont été à l'abri du contact de l'air et qui ne deviennent bleus qu'après y avoir été exposés , tous ces minéraux à l'état pulvérulent, quoique composés d'acide phosphorique et d'oxyde de fer, sont loin d'offrir les mêmes combinaisons atomiques. Il existe , à cet égard , une grande variété dans les résultats des analyses et par conséquent dans les formules qui les représentent. M. Beudant a rassemblé et discuté avec soin et étendue, les données actuellement existantes à cet égard, et il est porté à penser qu'il existe, dans de pareils amas terreux, des mélanges entre diverses espèces de phosphate de protoxyde de fer avec plus ou moins d'eau, et plusieurs phosphates de peroxyde de fer , et que ces mélanges peuvent avoir lieu en proportions très variables. Il soupçonne aussi , d'après l'influence qu'exerce l'exposition à l'air sur la couleur de ces minéraux , que des altérations et modifications dans la substance de pareils corps, peuvent avoir lieu insensiblement depuis le moment où le phosphate de fer est tiré du sein de la terre, jusqu'à celui où il est soumis à l'analyse, ce qui expliquerait les grandes différences que nous venons de signaler.

6e Genre.—LIBETHÉNITE. (*Apheresis.*) (Breithaupt.)

Cuivre phosphaté (Haüy), en partie. *Olivenerz* (Werner) en partie. *Diprismatischer oliven-malachit*(Mohs).*Oktaedrisches phosphorsaurer kupfer* (De Léonhard). *Phosphor kupfer von Libethen* (Haïdinger). *Phosphate of Copper* (Phillips et Allan). *Aphérèse* (Beudant).

Combinaison d'acide phosphorique, d'oxyde de cuivre et d'eau; ou phosphate hydraté basique d'oxyde de cuivre.

ANALYSE DES LIBETHÉNITES , PAR BERTHIER.

Acide phosphorique.	28,7
Oxyde de cuivre.	63,9
Eau.	7,4
	100,0

Signe chimique de M. Beudant,

$$\dot{C}u\,4\;\overset{\cdots}{P} + 3\;Aq.$$

Forme primitive : octaèdre rectangulaire dont les faces adjacentes des deux pyramides font entre elles des angles de 95° 15' et de 121° 15', suivant M. Beudant. Clivable peu distinctement parallèlement à ses faces. Pes. spéc., 3,6 à 3,8. Raye la chaux carbonatée ; rayée par l'apatite. Couleur vert-olive, souvent noirâtre. Translucide snr les bords. Éclat gras. Cassure conchoïde ou inégale.

Soluble sans effervescence dans l'acide nitrique qu'elle colore en bleu-de-ciel, ainsi que l'ammoniaque.

Au chalumeau, dans le matras, donne de l'eau. — Seule sur le charbon, ne colore pas la flamme. Avec un feu vif et brusque, se réduit en poudre; avec un feu gradué, noircit et fond. Au centre du grain noir est un globule de cuivre métallique.— Avec le borax et le sel de phosphore, donne, au feu d'oxydation, un verre vert qui devient, au feu de réduction, incolore à chaud, et d'un rouge de cinabre ou de rubis à froid. — Avec peu de soude, donne une boule liquide : pour chaque nouvelle addition d'une petite quantité de soude, la masse se gonfle et se liquéfie de nouveau, jusqu'à ce qu'enfin elle se dilate, se solidifie et devienne infusible. Avec beaucoup de soude, le cuivre se réduit en globules métalliques.—Avec du plomb métallique en volume égal au sien, la pièce d'essai se décompose, à un bon feu de réduction, en un régule de cuivre métallique, autour duquel est une masse de phosphate de plomb fondu, qui cristallise par le refroidissement. (Berzélius.)

ESPÈCES.

1re Espèce. LIBETHÉNITE PRIMITIVE (*Apheresis octaedrica*). Signe des faces, P M. L'octaèdre rectangulaire décrit ci-dessus. De *Libethen* (Hongrie).

Var. *a. Cunéiforme.* Les angles solides terminaux alongés en arêtes. De *Libethen.*

2e. LIBETHÉNITE SEMI-BORDÉE (*Apheresis semicincta*). Signe des faces, P M *b.* L'octaèdre primitif ayant les deux arêtes longues de la base commune des deux pyramides , remplacées chacune par une face *b*, parallèle à l'axe, produite en vertu d'une modification incomplète sur ces mêmes arêtes. De *Libethen*.·(Beudant, t. 2, pl. X, fig. 3) .

Var. *a. Cunéiforme.*

3ª. Libethénite di-octaèdre (*Apheresis dioctaedrica*). Signe des faces, P M *r*. L'octaèdre primitif, modifié incomplétement sur chacun de ses angles solides latéraux, par deux faces triangulaires *r*, correspondantes aux arêtes terminales. (Voyez Allan's *Manual*, fig. 68.)

Var. *a.   unéiforme.*

4ᵉ. Libethénite octodécimale (*Apheresis octo-decimalis*). Signe des faces, P M *b r*. Combinaison des deux modifications incomplètes qui produisent la *semi-bordée* et la *dioctaèdre* (Voyez ces espèces) avec les faces du noyau. De *Libethen*.

Var. *a. Cunéiforme*. (Voyez Beudant, t. 2, pl. X, fig. 7.)

5ᵉ. Libethénite hexa-dioctaèdre (*Apheresis hexa-dioctaedrica*). Signe des faces, P M *roh*. L'espèce *dioctaèdre* ayant toutes les parties qui correspondent aux sommets des angles solides de l'octaèdre primitif, tronquées. Les angles terminaux, chacun par une facette perpendiculaire à l'axe. Les angles latéraux chacun par une facette parallèle à l'axe. De *Libethen*. (Beudant, t. 2, pl. X, fig. 10.)

Les cristaux de ce genre, alongés dans le sens de l'axe, se groupent en masses fibreuses radiées à fibres très courtes, divergentes , portant à leurs extrémités extérieures les faces des octaèdres terminaux.

Les individus moléculaires forment par leur groupement, de petites masses compactes, renfermées dans du quartz.

7ᵉ Genre. — Pseudo - malachite. (Haussmann.)
(*Ypoleimma.*)

Mine de cuivre phosphoré et *antimonial* (Sage). *Cuivre phosphaté* (Haüy), en partie. *Phosphorsaures Kupfer* (Karsten), en partie, et *Phosphor Kupfer* (le même). *Phosphor Kupfererz* (Werner). *Prismatischer Habronem Malachit* (Mohs). *Phosphor Kupfer von Rheinbreitenbach* (Haïdinger). *Prismatisches phosphorsaures Kupfer* (de Léonhard). *Ypoleime* (Beudant). *Hydrous phosphate of Copper* (Phillips et Allan).

Combinaison d'acide phosphorique , d'oxyde de cuivre et d'eau, dans des proportions différentes que dans le genre précédent ; ou phosphore hydraté sur-basique d'oxyde de cuivre.

Signe chimique de M. Beudant :

$$\overset{.}{Cu}\,{}^5\overset{...}{P} + 5\,Aq.$$

Signe minéralogique correspondant, par le même :

$$Cu\,P + Aq.$$

ANALYSE DES PSEUDO-MALACHITES, PAR F. LUNN, CONFIRMÉE PAR M. ARFWEDSON.

Acide phosphorique.	21,687
Oxyde de cuivre.	62,847
Eau.	15,454
	99,988

Forme primitive : prisme rhomboïdal oblique, d'environ 141° et 39', dont la base fait avec les pans un angle d'environ 112° 30' (Beudant). Les pans du prisme font entre eux un angle de 141° 4' et 38° 56' suivant M. Mohs. Clivage très imparfait parallèlement aux arêtes latérales obtuses d'après M. Mohs, et parallèlement aux bases du noyau d'après M. de Léonhard. Pes. spéc. , 4,2. Raye la chaux fluatée ; rayée par le feldspath. Couleur : vert d'émeraude et aussi d'autres nuances, souvent noirâtre à la surface des cristaux. Éclat vitreux ou adamantin. Demi-transparente ou opaque. Cassure conchoïde.

Avec les acides et au chalumeau, se comporte comme les Libethénites.

ESPÈCES.

1re Espèce. PSEUDO-MALACHITE PRIMITIVE (*Ypoleimma obliquo-prismatica*). Signe des faces, P M. Le prisme rhomboïdal oblique décrit ci-dessus. Inclinaison de M sur M, 141° 4' et 38° 56'; de P sur M, environ 112° 30'. De *Rheinbreitenbach* (Bords du Rhin) ?

2°. PSEUDO-MALACHITE QUADRIHEXAÉDRIQUE (*Ypoleimma quadri-hexaedrica*). Signe des faces, P *h g t*. Un prisme rectangulaire oblique, ayant chacune des arêtes longues de ses bases remplacée par une facette *t.* Combinaison de trois modifications incomplètes : 1° par une face *h,* sur chacune des arêtes latérales obtuses ; 2° par une face *g,* sur chacune des arêtes latérales aiguës du noyau. Ces deux modifications combinées, interceptent entièrement les pans du prisme rhomboïdal primitif, et forment, avec la base du noyau, un prisme oblique rectangulaire ; 3° par une face *t* sur chacun des angles obtus des bases du noyau. (Voyez Beudant, t. 2, pl. XI, fig. 2.) De *Rheinbreitenbach?*

3ᵉ. Pseudo-malachite quadrioctonale (*Ypoleimma quadrioctonalis*). Signe des faces, M *h g t.* Prisme à huit pans et à sommets dièdres obliques. Combinaison des mêmes modifications que dans l'espèce précédente, mais où les faces *t* interceptent entièrement la base du noyau, et forment, par leur rencontre, le sommet dièdre, et où les faces *h* et *g* du prisme rectangulaire n'interceptent pas entièrement les pans du noyau. (Voyez Beudant, t. 2, pl. XI, fig. 6.)

4ᵉ. Pseudo-malachite émoussée (*Ypoleimma angulata*). Signe des faces, P *r s h g.* Le prisme rectangulaire de l'espèce *quadrihexaédrique,* sans les faces *t,* et ayant chacun de ses angles solides remplacé par une facette triangulaire *r* ou *s* produite en vertu d'une modification incomplète, par une face sur chacune des arêtes terminales du prisme rhomboïdal oblique primitif. (Voyez Beudant, t. 2, pl. XI, fig. 9.)

5ᵉ. Pseudo-malachite sexoctonale (*Ypoleimma sexoctonalis*). Prisme à six pans terminé par des sommets à quatre faces dont trois sont situées antérieurement et une postérieurement. (Voyez Allan's *Manual,* fig. 73).

M. Beudant cite encore d'autres espèces dont le prisme est à six pans et les sommets semblables à ceux des quatre premières espèces.

ALTÉRATION DES CRISTAUX DE CE GENRE.

Les faces tendent à s'arrondir et à devenir convexes.

Les prismes s'alongent dans le sens de l'axe et deviennent aciculaires. Dans cet état, les petits cristaux se groupent parallèlement à leur axe, de manière à former des assemblages de forme cylindroïde, fortement striés ou cannelés longitudinalement. Ils forment aussi des masses fibreuses.

8ᵉ Genre. — HUREAULITE. (Allan.) (*Hureauxia.*)

Hureaulit de Léonhard).

Combinaison d'acide phosphorique, de protoxyde de manganèse, de protoxyde de fer, et d'eau ; ou sous-phosphate surhydraté de protoxyde de manganèse dominant, combiné avec du sous-phosphate sur-hydraté de protoxyde de fer.

Signe minéralogique de M. Beudant : $f\,P^2 + 3\,mn\,P^2 + 6\,Aq.$

ANALYSE DES HUREAULITES DES ENVIRONS DE LIMOGES ; PAR DUFRESNOY.

Acide phosphorique.	38,00
Protoxyde de fer.	11,10
Protoxyde de manganèse.	32,85
Eau.	18,00
	99,95

Forme primitive : prisme rhomboïdal oblique de 117° 30' et 62° 30', dont la base inclinée sur l'arête aiguë du prisme, fait avec ses pans des angles de 101° 13' (Dufresnoy). Pes. spéc., 2,27. Rayant la chaux carbonatée; rayée par la chaux fluatée. Couleur d'un jaune rougeâtre. Translucide. Cassure conchoïde.

Au chalumeau, dans le matras, donne de l'eau. Seule sur le charbon, aisément fusible en globule noir métallique, et se comportant d'ailleurs avec les flux comme les Triplites.

ESPÈCES.

1ere Espèce. HUREAULITE DITÉTRAÈDRE (*Hureauxia ditetraedra*). Signe des faces, M *d*. Le prisme rhomboïdal primitif, terminé par des sommets dièdres obliques, produit, en vertu d'une modification par une face *d*, sur chacun des angles obtus des bases. Ces faces *d*, en se réunissant, interceptent entièrement les bases, et leur arête de jonction qui est oblique à l'axe, correspond aux arêtes latérales aiguës du prisme primitif. De la *carrière du Hureaux*, près de *Limoges*.

2e. HUREAULITE HEXATÉTRAÈDRE (*Hureauxia hexatetraedra*). Signe des faces, M *h d*. Prisme à six pans terminé par des sommets dièdres obliques. C'est la forme de l'espèce précédente augmentée de deux faces au prisme, produites en vertu d'une modification incomplète par une face *h* sur chacune des deux arêtes latérales aiguës du noyau. De la carrière du *Hureaux* près de *Limoges*.

MODES DE GROUPEMENT D'INDIVIDUS MOLÉCULAIRES APPARTENANT PROBABLEMENT A CE GENRE.

En masses fibro-lamellaires, radiées, ou compactes et terreuses.

En masses squamiformes d'un rouge-brun foncé, d'un éclat vif et nacré.

Toutes ces masses accompagnent ordinairement les cristaux du genre Hureaulite.

9ᵉ Genre. — HÉTÉROSITE. (*Heterosis.*) (Alluau.)

Hétéposite (de Léonhard et Allan).

Combinaison d'acide phosphorique, de protoxyde de fer, de protoxyde de manganèse, et d'eau, dans des proportions différentes de celles que présente l'espèce précédente; ou sous-phosphate hydraté de protoxyde de fer dominant, combiné avec du sous-phosphate de manganèse et de l'eau.

Signe minéralogique de M. Beudant : $mn\,P^\lambda + 2\,f\,P^\lambda + Aq.$

ANALYSE DES HÉTÉROSITES DES ENVIRONS DE LIMOGES, PAR DUFRESNOY.

Acide phosphorique.	41,77
Protoxyde de fer.	34,89
Protoxyde de manganèse.	17,57
Eau.	4,40
Silice.	0,22
	98,85

Forme primitive, obtenue par le clivage des masses formées par le groupement d'individus moléculaires. Prisme rhomboïdal oblique de 100° et 80° à 101° et 79°. Pes. spéc., 3,52. Raye le verre ou l'apatite. Couleur dans l'état sain : gris bleuâtre ou verdâtre. Éclat vitreux ou gras.

Soluble dans les acides en laissant un résidu siliceux.

Au chalumeau, dans le matras, donnant de l'eau. Seule, sur le charbon, fusible avec bouillonnement en un globule brun métalloïde. Avec les flux, se comporte comme les Triplites.

Point d'espèces connues dans ce genre.

MODE DE GROUPEMENT DES INDIVIDUS MOLÉCULAIRES DE CE GENRE.

En masses lamellaires ou laminaires, susceptibles de clivages. De la carrière du *Hureaux* près de *Limoges*.

ALTÉRATION DANS CERTAINES PARTIES DES MASSES, PAR SUITE DE L'EXPOSITION A L'ACTION DE L'AIR.

Les parties des masses qui ont été exposées à l'air, prennent une couleur d'un beau violet, deviennent ternes, ou leur éclat approche du pseudo-métalloïde ; enfin leur pesanteur spécifique est réduite à 3,39.

Appendice au Sous-ordre des Hydrophosphatidiens.

1. *Dufrénite* (Brongniart). *Phosphate de fer manganésien vert* ou *Sous-phosphate de fer manganésifère du Limousin* (Beudant). Minéral vert-olive ou vert obscur, ou brun-châtain , en petites masses rayonnées; légèrement translucide ; extrêmement fusible , même à la flamme d'une bougie. Pesanteur spécifique, 3,227. Son analyse, par M. Dufresnoy, a donné : acide phospho rique , 24,8 ; protoxyde de fer, 51,0; eau , 15 ,0 ; peroxyde de manganèse , 9,0. Vient d'*Anglar* près de *Limoges*.

M. Beudant rapproche de ce minéral un phosphate de fer qui se présente en globules compactes vert-poireau à *Sayn* sur les bords du Rhin.

2. *Péganite* (Breithaupt). Minéral vert cristallisé. Paraît être une alumine phosphatée hydratée. Accompagne la Wavellite. Entre *Langenstriegis* et *Frankenberg* en *Saxe*.

3. *Polysphärite* (Breithaupt). Minéral brun ou jaune, en masses arrondies, ayant intérieurement une structure radiée. Éclat gras. Cassure conchoïde. Raye le talc ; rayé par la chaux fluatée. Pesanteur spécifique, 5,83 à 5,89. Paraît composé d'acide phosphorique, d'oxyde de plomb et d'alumine. Des mines de *Freyberg* en *Saxe*.

4. *Karphosidérite* (Breithaupt). Minéral jaune de paille. Éclat gras ; en masses réniformes. Pes. spéc., 2,5. Raye la chaux fluatée; rayé par l'apatite. Gras au toucher. Cassure inégale.

Au chalumeau, dans le tube ouvert, donne une eau accompagnée de fumée, qui rougit le papier de tournesol, et devient rouge elle-même comme de l'oxyde de fer. Seule sur le charbon, à un feu vif, fond en un globule fortement magnétique. Avec la soude , réductible en petites feuilles métalliques magnétiques. Avec le borax, fond au feu d'oxydation, en faisant une faible effervescence, en verre, et avec le sel de phosphore, en scorie noire. Avec l'acide borique et le fil de fer, donne un régule fondu de phosphure de fer (Harkort). Vient de la côte de *Labrador*. Se compose d'acide phosphorique, d'oxyde de fer et d'eau, avec une petite quantité d'oxydes de manganèse et de zinc.

Troisième Sous-ordre.

Arséni-Phosphatidiens.

Dans le matras, ou dans le tube ouvert, ou sur le charbon au chalumeau, dégageant des fumées arsénicales accompagnées de l'odeur d'ail.

Ce sont chimiquement des substances dans lesquelles une portion plus ou moins considérable de l'acide phosphorique qui forme le principe électro-négatif dominant, est remplacée par de l'acide arsénique son isomorphe. Nous avons dû, conformément aux principes énoncés dans la Taxonomie, placer comme Sous-ordre distinct, et séparer des autres Phosphatidiens, les minéraux qui, outre l'acide phosphorique, renferment de l'acide arsénique en quantité variable ; et par la même raison que des cristaux qui contiennent différentes bases isomorphes constituent autant de Sous-genres différens qu'il y de bases dominantes, des cristaux qui renferment des acides ou principes électro-négatifs isomorphes doivent former autant de Sous-ordres différens, quelle que soit la ressemblance, l'identité même qui existe entre eux, sous le rapport de la forme cristalline et des autres caractères tant physiques que chimiques. Mais une pareille séparation ne doit avoir lieu que lorsque la présence de l'acide isomorphe est indiquée par un caractère minéralogique.

1er Genre.—POLYCHROME. (1) (*Polychromon.*)

Mine de plomb verte minéralisée par l'acide arsénical (Proust). *Mine de plomb verte de Rosiers* (Fourcroy). *Plomb phosphaté et arséniaté* (De la Méthrie). *Plomb arséniaté* (Mohs). *Muschelisches phosphor blei* (Karsten). *Traubenerz* (Karsten et Klaproth). *Arseniate of Lead* (Thomson et Phillips). *Arsenico phosphorated Lead* (Kirwan). *Mine de plomb phosphaté arséniaté* (Brochant et Brongniart). *Plomb phosphaté arsénié* (Haüy, première édition du Traité). *Plomb phosphaté arsénifère* (Haüy, seconde édition). *Traubenblei* (Haussman). *Brachytyper Blei-Baryt* (Partsch).

Les autres minéralogistes ayant réuni ce genre à celui des Plombs phosphatés, leurs dénominations sont les mêmes que celles qui s'appliquent à ce dernier genre.

Composition tout-à-fait semblable à celle des plombs phosphatés (*Pyromorpha*), sauf qu'une portion de l'acide phosphorique est ici remplacée, en proportions variables, par de l'acide arsénique.

Signe minéralogique d'après M. Rose et M. Beudant :

$$x\left(P\,b^3 \left\{ \begin{matrix} P^5 \\ A_a^5 \end{matrix} \right\} \right) + \mathrm{Pb\ Ch^2}$$

Il existe plusieurs analyses de Polychromes ou Plombs phosphatés arsénifères, dans lesquelles la quantité d'acide arsénique varie de 2,3 à 21,20 pour cent, suivant M. Rose, et bien plus encore; car il y a des analyses, celle de Fourcroy, par exemple, du Polychrome de Rosiers qui, si elles sont justes, indiqueraient jusqu'à 29 pour cent d'acide arsénique associé à 14 °/₀ d'acide phosphorique.

---

(1) Un des noms donnés par les minéralogistes allemands aux Plombs phosphatés, et qui convient sur-tout à ce genre, à cause de la variété des couleurs que présentent les cristaux qui lui appartiennent.

La forme primitive des cristaux de ce genre est un prisme hexaèdre régulier semblable à celui des Plombs phosphatés. Leur pesanteur spéc. est, suivant M. Rose, de 7,054 à 7,263. La couleur varie du blanc (ceux de *T'schopau*), au vert (ceux de *Johann Georgenstadt*), et au jaune, qui est le plus commun.

Au chalumeau , dégage des fumées arsénicales et l'odeur d'ail , du moins à la flamme intérieure. Ce caractère servira toujours à distinguer des Plombs phosphatés (*Pyromorpha*) les Polychromes qui ne contiennent qu'une très petite quantité d'acide arsénique uni à une très grande proportion d'acide phosphorique. Les Polychromes, au contraire, qui ne contiennent presque que de l'acide arsénique uni à une très faible proportion d'acide phosphorique, ne se réduisent pas complètement comme les Plombs arséniatés (*Mimétès*) , mais le phosphate de plomb reste toujours sous la forme d'une perle qui cristallise après la fusion. (Berzélius.)

Tous les autres caractères physiques sont d'ailleurs semblables à ceux des Plombs phosphatés. (*Pyromorpha.*)

ESPÈCES DE CE GENRE CITÉES PAR HAÜY.

1re Espèce. POLYCHROME ANNULAIRE (*Polychronum annulare*). De *Johann-Georgenstadt.* (Haüy.)

2e. POLYCHROME ISOGONE (*Polychromon isogonum*).

3e. POLYCHROME TRIHEXAÈDRE (*Polychromon trihexaedricum*). De *Johann-Georgenstadt.* (Haüy.)

Voyez au genre Plomb phosphaté la description de ces espèces.

Les cristaux de ce genre éprouvent les mêmes altérations de forme que ceux du genre Plomb phosphaté. Les faces deviennent arrondies et les arêtes curvilignes. Les cristaux prennent aussi une forme sub-lenticulaire.

Les individus moléculaires se groupent en masses mamelonnées.

2e Genre. — LIBETHÉNITE ARSÉNIFÈRE ou BREITHAUPTINE. (*Breithauptia.*)

Nous ne faisons que signaler ce genre d'après l'indication de quelques cristaux de Cuivre hydro-phosphaté de Libethen en Hongrie, qui contenaient de l'acide arsénique. Les minéraux de ce genre ne diffèrent du genre Libéthenite, que par la présence de cet acide, manifestée par l'odeur d'ail et les fumées arsénicales au chalumeau.

Appendice au Sous-ordre des Arséni-Phosphatidiens.

Hédyphane ou *Hédyphan* (Breithaupt). Minéral en masses compactes ou en grains isolés, clivables, d'un blanc grisâtre, translucides. Éclat adamantin approchant de l'éclat gras. Pes. spéc., 5,404. Raye la chaux carbonatée ; rayé par l'apatite. Cassure imparfaitement conchoïde, à petites cavités. Contient, suivant l'analyse de M. Karsten : Oxyde de plomb, 52,95. Acide muriatique, 2,03. Acide arsénique, 22,78. Acide phosphorique, 6,20. Chaux, 14,03. Ou chlorure de plomb, 10,2. Arséniate de plomb, 60,1. Arséniate de chaux, 12,9. Phosphate de chaux, 15,5.

Au chalumeau, donne une fritte ou une masse friable blanche, sans donner l'odeur d'ail ? Découvert à *Langbanschytta* en *Suède* ; par M. Charles Retzius.

Onzième Ordre.

ARSÉNIDIENS.

Minéraux dans lesquels l'acide arsénique forme le principe électro-négatif dominant. Ce sont les arséniates des chimistes.

Au chalumeau, fusibles avec le borax et le sel de phosphore, en dégageant une odeur d'ail. Fondus avec l'acide borique et le fil de fer, ce fil reste dans le globule sans éprouver ni fusion ni altération. Leur poussière trempée dans l'acide sulfurique, puissoumise à l'action du chalumeau, ne colore pas la flamme en vert. Solubles sans effervescence dans les acides. Tendres. Rayant au plus la chaux carbonatée.

1er Genre. — PLOMB ARSÉNIATÉ. (*Mimetes.*)

Plomb arséniaté (Berzélius et celui de Haüy, en partie). *Bleiblu-the, Bleinière, Flockenerz* des Allemands. *Gelbes Bleierz,* en partie. *Mimétèse* (Beudant).

Combinaison d'acide arsénique , d'acide muriatique et d'oxyde de plomb; ou d'acide arsénique, de chlore, de plomb et d'oxyde de plomb : ou arséniate d'oxyde de plomb dominant, combiné avec du muriate d'oxyde de plomb ou avec du chlorure de plomb.

Signe chimique de M. Beudant : $3 Pb^3 \ddot{A} + Pb Ch^2$.

L'analyse par M. Wöhler d'un échantillon de *Johann - Georgenstadt*, cité par M. Beudant, appartiendrait rigoureusement à notre genre Polychrone du sous-ordre des Arséni-Phosphatidiens, comme renfermant 1,32 d'acide phosphorique. Mais on trouve dans une des mines de *Gwennap*, dans le *Cornouailles*, un vrai Plomb arséniaté , sans acide phosphorique et ayant tous les caractères du Mimétèse de M. Beuda nt.

Son analyse, par W. Gregor, a donné :

Oxyde de plomb.	69,76
Acide arsénique.	26,40
Acide muriatique.	1,58
	97,74

Voyez *Nouveau Bulletin philomathique,* tom. 2, p. 146.

Il existe une analyse par Bindheim d'un arséniate de plomb filamenteux et en masses terreuses du Brisgau, qui a fourni :

Acide arsénique.	25
Oxyde de plomb.	35
Eau.	10
Oxyde de fer.	14
Silice et alumine.	10
Argent.	1,15
	95,15

Ce qui présenterait une composition fort différente des Mimétèses de M. Beudant; car, tandis que celles-ci sont des arséniates de la formule $Pb^3 Ar^5$, cette analyse donnerait le signe minéralogique : $Pb Ar^5 + 3Aq$.

Nous donnerons d'abord les caractères des Mimétèses de M. Beudant, types de notre genre Plomb arséniaté ; puis après nous donnerons ceux de ces hydro-arséniates filamenteux auxquels se rapportent les trois premières dénominations allemandes citées dans notre *Synonymie*, ainsi que les *Arsenik saures Blei* de M. de Léonhard.

Forme primitive : prisme hexaèdre régulier dont la hauteur est à l'apothème, suivant M. Beudant, comme 5 à 3 ou peut-être comme 66 à 37, ainsi que dans le Plomb phosphaté (*Pyromorpha*). Pes. spéc., 5,6 ? à 6,41. Rayant la chaux carbonatée. Fragile. Couleur : le jaune, le blanc jaunâtre, le brun jaunâtre très clair (les cristaux de Cornouailles). Éclat gras passant à l'adamantin. Translucide.

Attaquable par l'acide nitrique.

Au chalumeau, dans le matras, ne donnant pas d'eau. Seul, sur le charbon, difficilement fusible, mais entièrement réductible en globules de plomb métallique. Exhale des vapeurs arsénicales accompagnées de l'odeur d'ail. Avec un mélange de sel de phosphore et de deutoxyde de cuivre, colore la flamme en vert, ce qui indique la présence du chlore. Un cristal étant tenu par les pincettes et fondu par une de ses extrémités à la flamme extérieure, la partie fondue cristallise ensuite par le refroidissement. Il ne faut pas que la matière fondue touche le platine, car elle l'attaquerait aisément. (Berzélius.)

ESPÈCES.

1re Espèce. PLOMB ARSÉNIATÉ PRIMITIF (*Mimetes prismaticum*). Signe des faces, P M. Prisme hexaèdre régulier. Du *Cornouailles*. (Haüy.)

2e. PLOMB ARSÉNIATÉ ANNULAIRE (*Mimetes annulare*). Signe des faces, P M *s*. Le prisme hexaèdre régulier ayant chacune de ses arêtes terminales remplacée par une facette *s*. Inclinaison de P sur *s*, environ 98⁰ (Haüy); de *s* sur M, 130⁰ 4' (Beudant). Du *Cornouailles*. (Haüy.)

3e. PLOMB ARSÉNIATÉ TRI-HEXAÈDRE (*Mimetes tri-hexaedricum*). Signe des faces, M *s*. Le prisme hexaèdre terminé par deux pyramides à six faces correspondantes à ses pans. Du *Cornouailles*. (Lucas.)

35.

4ᵉ. **Plomb arséniaté barré** (*Mimetes truncatum*). Signe des faces,
P *s.* Un dodécaèdre bipyramidal à triangles isocèles , ayant ses angles terminaux tronqués par une face perpendiculaire à l'axe. (Indiqué par M. Beudant.)

Ces quatre espèces étant tout-à-fait analogues aux espèces de
même nom du genre Plomb phosphaté (*Pyromorpha*) , il faut voir
les détails des modifications qui les ont produites, aux espèces correspondantes de ce dernier genre.

MODES DE GROUPEMENT DES INDIVIDUS ALTÉRÉS OU MOLÉCULAIRES DE CE
GENRE.

En masses fibreuses, à fibres grossières parallèles.
En masses ou croûtes mamelonnées.

ANNOTATIONS.

Les arseniates de plomb filamenteux et terreux, dont nous avons
donné ci-dessus l'analyse par Bindheim , paraissent ou avoir subi
de considérables altérations et acquis une grande proportion d'eau
hygrométrique , ou devoir former un genre distinct, si ce sont
réellement des arséniates hydratés et si leur composition atomique
est bien conforme à la formule tirée de cette analyse. Haüy , dans
sa première édition , les avait désignés sous le nom de *Plomb arsénié*. M. de Léonhard les nomme *Arseniksaures Blei*. On les décrit
comme pouvant avoir pour forme primitive un prisme hexaèdre
régulier, ou un dodécaèdre bipyramidal à triangles isocèles, mais
comme n'offrant ordinairement que des cristaux aciculaires ou
capillaires, réunis en faisceaux ou en masses mamelonnées, sphéroïdales , aplaties , ou des individus moléculaires rassemblés en
amas terreux. Couleur jaune de citron ou de paille, et brune. Éclat
de la cire , faible. Tissu fibreux. Cassure conchoïde. Rayant le
gypse ; rayés par la chaux fluatée. Pes. spéc., 6,4 à 7,1. Au chalumeau , se réduisent en partie en émettant des vapeurs arsénicales.
Colorent le verre de borax en jaune-citron. Trouvés dans le département de *Saône-et-Loire* , à *Saint-Prix-sous-Beuvray* ; en *Dauphiné* ; à la *Horpie-en-Oisans* ; à *Nertschink* (*Sibérie*) ; en *Andalousie* , etc.

2ᵉ Genre — OLIVÉNITE. (De Léonhard) (*Olivenia.*)

Cuivre oxydé vert arsénical (De Born). *Mine de cuivre arsénié* ou
Arséniate de cuivre (De la Méthrie) , en partie. *Olive copper ore*

(Kirwan). *Cuivre arséniaté* (Haüy et Brochant), en partie. *Olivenerz*
(Werner), en partie. *Oliven Kupfer* (Haussmann). 3ᵉ espèce de Bournon. *Cuivre arséniaté octaèdre aigu* et *prismatique droit* (Haüy).
*Arséniate de cuivre vert sombre et vert grisâtre, cristallisé en aiguilles
capillaires* (Berzélius). *Prismatischer Oliven-malachit* (Mohs). *Right
prismatic arseniate of Copper* (Phillips). *Acicular arseniate of Copper*
(Allan).

Combinaison d'acide arsénique , d'oxyde de cuivre, ou arséniate
de cuivre basique anhydre.

Signe minéralogique de M. Beudant d'après l'analyse de Klaproth,
ou $Cu^3 Ar^5 + Aq$, ou $Cu^2 Ar^3$.

ANALYSES DES OLIVÉNITES DU CORNOUAILLES.

	Par Chénevix.	Par Klaproth.
Acide arsénique.	39,7	45,00
Oxyde de cuivre.	60,0	50,62
Eau.	0,0	3,50
	99,7	99,12

M. Beudant indique l'acide phosphorique comme un des élémens
constituans des Olivénites. Mais cet élément n'est pas représenté
dans les analyses connues , à l'exception d'une seule de M. de
Kobell ; mais cette analyse pourrait bien se rapporter à notre genre
Breithauptine ou Libethénite arsénifère , Werner ayant confondu
les minéraux des genres Libethénite et Olivénite sous le même nom
de *Olivenerz*.

Forme primitive : prisme rhomboïdal droit de 92°
30'(Mohs). MM. Beudant et de Léonhard prennent pour
noyau un prisme rhomboïdal droit de 110° 50' et 69°
10'. Le premier des ces angles indique, suivant M. Mohs,
l'incidence de deux faces adjacentes des deux pyramides
opposées qui constituent l'octaèdre rectangulaire produit en vertu d'une modification complète par une
face sur chacun des angles solides du prisme primitif.
Cet octaèdre doit être supposé à axe horizontal et cunéiforme, pour coïncider avec le noyau choisi par M. Beudant. Clivages nets parallèlement aux pans du prisme

primitif et aussi aux deux faces verticales de l'octaèdre cunéiforme désigné ci-dessus. Pes. spéc., 4,2 à 4,6· Raye la chaux carbonatée ; rayée par l'apatite. Les cristaux très alongés et très minces ou capillaires flexibles. Couleur : vert sombre passant au noirâtre. Éclat vitreux vif, avec une tendance à l'éclat gras. Transparent ou opaque. Cassure inégale, grenue ou conchoïde·

Soluble dans l'acide nitrique. Colore en bleu l'ammoniaque.

Au chalumeau, dans le matras, ne donne pas d'eau, et demeure inaltérable. — Sur le charbon, donne une forte odeur d'ail, fond, détone et pénètre très avant dans le charbon d'où l'on retire un grain, métallique blanc et cassant, qui, par le refroidissement, se recouvre d'une mince couche rouge d'oxydule de cuivre.— Avec le borax et le sel de phosphore, fond au feu d'oxydation, en verre vert qui devient, au feu de réduction, incolore à chaud, et rouge à froid. — Avec la soude se réduit en un grain métallique blanc et cassant. (Berzélius.)

ESPÈCES.

1re Espèce. OLIVÉNITE OCTAÈDRE (*Olivenia octaedrica*). Signe des faces, M *l*. Un octaèdre rectangulaire aigu, produit en vertu d'une modification incomplète par une face sur les angles des bases du prisme primitif, modification qui intercepte complétement les bases du noyau. Inclinaison d'une face large M, sur la face large correspondante M de la pyramide opposée, 92° 3o'; d'une face étroite *l* sur la face étroite correspondante *l* de la pyramide opposée, 11o° 3o'.

Var. *a. Cunéiforme.* L'angle terminal prolongé en arête parallèle aux arêtes longues de la base commune. Le prolongement est souvent tel, que le cristal devient un long prisme rhomboïdal terminé par un sommet dièdre. De *Cornouailles.*

2e. OLIVÉNITE HEXATÉTRAÈDRE (*Olivenia hexatetraedra*). Signe des faces, M *r l*. Prisme hexaèdre à sommets dièdres. Même modification que dans l'espèce précédente, et de plus, une modification incomplète par une face *r* sur chacune des arêtes latérales. (*Voyez* de Léonhard, *Grundzüge*, pl. II, fig. 46, et Allan, *Manual*, fig. 58.)

3e. OLIVÉNITE HEXADÉCAÈDRE (*Olivenia hexadecaedra*). Prisme hexaèdre, terminé par des sommets à cinq faces chacun ; ou placé dans une position différente et perpendiculaire à celle-ci, prisme à huit pans terminé par des sommets à quatre faces. (*Voyez* de Léon hard, *Grundzüge*, pl. II, fig. 47.)

Les cristaux de ce genre se déforment et deviennent aciculaires et même capillaires. Ils se groupent alors en masses fibreuses, radiées et mamelonnées qui ont l'éclat de la soie. C'est alors les *Wood copper* des Anglais en partie, le *Cuivre ars. hématitiforme*, ou 5e espèce de Bournon, et le *Cuivre ars. mamelonné* fibreux et *Cuivre arséniaté mamelonné altéré* de Haüy, dont les couleurs sont des nuances diverses de vert, de jaune et de gris blanchâtre, disposées en zones concentriques. Du *Cornouailles*, etc.

3e Genre. — APHANÈSE. (*Aphanesia*.) (Beudant.)

La 4e espèce de *Cuivre arséniaté* de Bournon. *Cuivre arsén. prismatique triangulaire* (Haüy). *Strahlerz* (Werner). *Strahlenerz* (Karsten). *Strahlen kupfer* (Haussmann). *Oblique prismatic arseniate of copper* (Phillips). *Diatomer Habronem-Malachit* (Mohs) (1). *Axotomer Habronem-Malachit* (Haïdinger).

Combinaison d'acide arsénique, d'oxyde de cuivre et d'eau ; ou arséniate de cuivre basique surhydraté.

Signe chimique de M. Beudant,

$$2 \, \overset{.}{Cu^3} \, \overset{..:}{Ar} \; + \; 15 \; Aq^2.$$

Donne aussi des indices d'acide phosphorique.

Analyse des aphanèses du Cornouailles, par Chénevix.

Acide arsénique.	30
Oxyde de cuivre.	54
Eau.	16
	___
	100

Forme primitive : prisme rhomboïdal oblique de 124° et 56° ; la base est inclinée sur les pans de 95°? Clivable très nettement parallèlement aux bases. Pes. spéc., 4,1 à 4,28. Raye le gypse ou au plus la chaux carbona-

---

(1) M. Mohs, et d'après lui MM. Haïdinger et Allan, y rapportent le *Cuivre arséniaté ferrifère* de Haüy, qui paraît plutôt appartenir au genre Scorodite.

tée ; rayée par la chaux fluatée. Couleur : vert bleuâtre passant au bleu indigo foncé et devenant noirâtre sur les faces. Poussière et râclure d'un vert bleuâtre. Éclat vif et nacré sur les bases. Translucide sur les bords.

Au chalumeau , dans le matras , donne de l'eau.— Seule sur le charbon, fond en un bouton qui cristallise à la surface, réductible à un feu vif. (Beudant.) Exhalant, en fondant, des vapeurs arsénicales et l'odeur d'ail.

ESPÈCE UNIQUE.

Aphanèse ditétraèdre (*Aphanesia ditetraedra*). Signe des faces, P M *c*. Le prisme rhomboïdal décrit ci-dessus terminé par des sommets dièdres, correspondant à ses arêtes latérales obtuses. Les deux faces de chaque sommet sont inégales et inégalement inclinées à l'axe; elles se réunissent au sommet en une arête horizontale ou perpendiculaire à l'axe du prisme. L'une de ces faces est la base P, l'autre est produite en vertu d'une modification par une face sur l'angle supérieur de la base. (*Voyez* Allan, *Manual*, fig. 75.)

ALTÉRATION DE LA FORME DANS LES INDIVIDUS DE CETTE ESPÈCE.

L'une des moitiés longitudinales de chaque cristal ayant en quelque sorte avorté , ces cristaux se présentent comme autant de prismes triangulaires obliques.

C'est ainsi qu'ils se montrent groupés ensemble en masses mamelonnées et radiées dans la mine de *Tin Croft* en *Cornouailles.* (Luc., Coll. du Mus.)

4e Genre. — CYPROMICA. (*Euchlorion.*)

Cuivre arséniaté hexagonal lamelliforme (Haüy). 2e espèce de *Cuivre arséniaté* de Bournon. *Kupfer glimmer* (Werner et Karsten). *Rhomboedrischer Euchlor Glimmer* (Mohs). *Rhomboedrischer Euchlor Malachit* (Partsch). *Erinite* (Beudant), en partie. *Rhomboïdal arseniate of copper* (Phillips). *Copper mica* (Allan).

Autre combinaison d'acide arsénique, d'oxyde de cuivre et d'eau , mais dont les proportions atomiques et par conséquent la formule chimique n'ont pas pu être déterminées avec exactitude.

ANALYSES DES CYPROMICAS DE CORNOUAILLES.

ANALYSES DES CYPROMICAS DE CORNOUAILLES.

	Par Vauquelin.	Par Chénevix.
Acide arsénique.	43	21
Oxyde de cuivre.	39	58
Eau.	17	21
	99	100

Forme primitive : rhomboïde aigu de 69° 21' et 110° 39' (1). Clivage perpendiculaire à l'axe, très net. Pes. spéc., 2,5 à 2,6. Raye le talc ; rayé par la chaux carbonatée. Couleur : vert d'émeraude ou d'herbe. Éclat vif et nacré sur les faces perpendiculaires à l'axe, vitreux sur les autres. Transparent ou translucide. Tissu feuilleté et parfois fibreux.

Soluble dans l'acide nitrique.

Au chalumeau, sur le charbon, décrépite et dégage des fumées d'arsenic avec l'odeur d'ail, puis se réduit en poudre qui colore la flamme en vert, enfin se convertit, d'abord en une scorie de couleur claire, et plus tard en une boule vitreuse. Avec le borax, donne une perle de verre verte, tachetée de rouge et renfermant des grains de cuivre réduit.

ESPÈCES.

1re Espèce. CYPROMICA BASÉ (*Euchlorion apice truncatum*). Signe des faces , P *o*. Lame ou table hexagonale ayant six facettes latérales , dont trois inclinées dans un sens alternent avec trois autres inclinées en sens opposé. C'est le rhomboïde primitif, profondément tronqué au sommet par une face *o*, perpendiculaire à l'axe , produite , en vertu d'une modification , par une face sur les angles solides terminaux du noyau. De *Cornouailles*. (Voyez de Léonhard, *Grundzüge,* pl. II, fig. 49, et Allan, *Manual*, fig, 76.)

2e. CYPROMICA DIRHOMBOÏDAL (*Euchlorion dirhomboidale*). Signe des faces, P *g*. Table ou lame hexagonale qui, au lieu d'être terminée par un plan perpendiculaire à l'axe , l'est par le sommet à trois

____

(1) 68° 45' et 111° 15', d'après M. Mohs; 69° 30' et 110°30', d'après M. Beudant.

faces très surbaissé d'un rhomboïde très obtus. (Voyez de Léonhard, *Grundzüge*, pl. II, fig. 5o.)

Les individus de ce genre, en s'appliquant latéralement les uns
contre les autres, forment des groupes disposés en rosettes ou en
masses cristallines, qui se divisent aisément en lamelles très minces
comme les micas.

ANNOTATIONS.

M. Beudant a réuni dans un même groupe et comme une seule et
même espèce (genre *nobis*) les Cypromicas et les Érinites. Cependant,
outre que la forme primitive des Érinites est inconnue, leur pesanteur spécifique et leur dureté sont fort supérieures à celles des
Cypromicas. Leur composition chimique d'ailleurs ne pourrait être
comparée, puisqu'il n'existe pas d'analyse récente de ces derniers.
C'est pourquoi nous séparons de nouveau ces deux genres, et nous
placerons provisoirement les Érinites de MM. Allan et Haïdinger
en appendice à l'ordre des Arsénidiens.

5ᵉ Genre. — EUCHROÏTE. (*Euchroïa.*) (Breithaupt.)

Prismatischer Smaragd-Malachit (Mohs).

Autre combinaison d'acide arsénique, d'oxyde de cuivre et d'eau,
ou arséniate d'oxyde de cuivre hydraté. La composition atomique
n'est pas encore déterminée, et c'est avec doute que M. Beudant
admet l'analyse suivante :

ANALYSE DES EUCHROÏTES DE LIBETHEN , PAR TURNER.

Acide arsénique.	33,02
Oxyde de fer.	47,85
Eau.	18,80
	99,67

Forme primitive : prisme rhomboïdal droit de 117°
20' et 62° 40'. Clivages indistincts. Pes. spéc. , 3,38 à
3,41. Raye la chaux carbonatée; rayée par l'apatite.
Couleur : vert d'émeraude ou vert de poireau. Poussière : vert de pomme clair. Éclat vitreux. Transparente
ou translucide. Cassure conchoïde à petites cavités, ou
inégale.

Aisément soluble dans l'acide nitrique sans effervescence.

Au chalumeau, dans le matras, donne de l'eau, change de couleur et devient friable. Sur le charbon, se réduit avec une sorte de déflagration, en laissant un globule malléable de cuivre dans lequel sont disséminées de petites particules métalliques blanches, qui s^e cristallisent par une insufflation prolongée (Allan). Sur le fil de platine, fusible, avec dégagement de vapeurs arsénicales, en une masse d'un brun verdâtre qui offre quelques facettes cristallines. (de Léonhard.)

ESPÈCES.

1re Espèce. EUCHROÏTE OCTODÉCIMALE (*Euchroia octodecimalis*). Signe des faces, P M *s l u*. Prisme à douze pans. Sommets à trois faces chacun. L'une de ces faces est perpendiculaire à l'axe, c'est la base P du prisme; les deux autres sont obliques et correspondent aux arêtes latérales aiguës du noyau : elles sont produites, en vertu d'une modification incomplète, par une face *u* sur chacun des angles aigus des bases. Huit des pans du prisme proviennent d'une combinaison de deux modifications incomplètes *s* et *l*, par deux faces chacune, des arêtes latérales aiguës du noyau. Par cette combinaison de modifications, aucune des faces du prisme primitif n'est entièrement interceptée. De *Libethen* (Hongrie). (Voyez de Léonhard, *Grundzüge*, pl. II, fig. 52.)

2e. EUCHROÏTE VIGÉSIMALE (*Euchroia vigesimalis*). Signe des faces, P M *s l u k*. L'espèce précédente ayant deux pans de plus au prisme, produits en vertu d'une modification incomplète par une face *k* sur chacune des arêtes latérales aiguës du noyau. De *Libethen*. (Voyez Allan, *Manual*, fig. 72.)

6e Genre. — LIROCONITE. (*Liroconis*.) (Beudant.)

Cuivre arséniaté primitif ou *Octaèdre obtus* (Haüy). Première espèce de *Cuivre arséniaté* (de Bournon). *Linsenerz* (Werner et Karsten). *Linsen Kupfer* (Haussmann). *Pelekyd* (Breithaupt). *Octoedral arseniate of Copper* (Phillips). *Prismatischer Lirokon-Malachit* (Mohs). *Di-prismatic Olivenite*, *Lenticular Copper* et *Prismatic Liriconite* (Jameson). *Lenticular Arseniate of Copper* (Allan).

Autre combinaison d'acide arsénique, d'oxyde de cuivre et d'eau. C'est ou un arséniate surbasique hydraté d'oxyde de cuivre, ou un arséniate d'oxyde de cuivre combiné avec un hydrate d'oxyde de cuivre. M. Beudant présente ces deux résultats dans les deux formules chimiques suivantes, qu'il ne donne, au reste, qu'avec doute, comme tirées de l'analyse déjà ancienne et peut-être peu exacte de Chénevix.

1re formule : $\dot{C}u^{10}\overset{\cdots}{A}r + 30\,Aq$.

2e formule : $\dot{C}u^5\overset{\cdots}{A}r + 5\dot{C}u\,Aq^6$.

La très forte proportion d'eau que contiennent les Liroconites, et leur couleur bleue, deux caractères qui les distinguent essentiellement des autres arséniates de cuivre hydratés, porterait à supposer que c'est une combinaison d'acide arsénique hydraté avec de l'hydrate de cuivre, qui constitue la substance des minéraux de ce genre, tandis que dans les autres genres l'acide seul serait hydraté, et c'est pour cela qu'ils conservent la couleur verte de l'oxyde de cuivre. Dans cette supposition les Euchroïtes, les Cypromicas, les Aphanèses seraient des hydro-arséniates d'oxyde de cuivre anhydre, et les Liroconites seraient des hydro-arséniates d'hydrate de cuivre.

ANALYSES DES LIROCONITES DU CORNOUAILLES, PAR CHÉNEVIX.

Acide arsénique.	14
Oxyde de cuivre.	49
Eau.	35
	—
	98

AUTRE ANALYSE DES MÊMES, PAR LE COMTE TROLLE-WACHTMEISTER.

Acide arsénique.	20,79
Oxyde de cuivre.	35,19
Eau.	22,24
Alumine.	8,03
Oxyde de fer.	3,41
Acide phosphorique.	3,61
Silice.	4,04
	——
	97,31

Forme primitive : octaèdre rectangulaire obtus dont les faces sont inclinées de 60° 40' et de 72° 22' de part et d'autre de la base (Beudant). (1). Clivage peu net

---

(1) D'après M. Mohs, ces angles seraient de 60° 15' et de 71° 59'.

parallèlement aux plus grandes faces de l'octaèdre. Pes.
spéc., 2,88 à 2.92. Raye le gypse ; rayée par. la chaux
carbonatée. Couleur : bleu-de-ciel quelquefois verdâtre.
Éclat vitreux ou gras. Transparente ou translucide. Cassure inégale ou conchoïde à petites cavités.

Soluble sans effervescence dans l'acide nitrique.

Au chalumeau, dans le matras, donne beaucoup d'eau. Seule,
sur le charbon, fond imparfaitement et ne se réduit pas avec dé-
tonation, mais donne pour résidu une masse de scories renfermant
quelques grains métalliques blancs. (Berzélius.) Avec le borax,
donne un globule vert de pré et se réduit en partie.

ESPÈCE.

LIROCONITE PRIMITIVE (*Liroconis octaedrica*). Signe des faces, P M.
L'octaèdre rectangulaire caractérisé ci-dessus. Inclinaison de P
sur P, 60° 40'; de M sur M, 72° 22'. Du *Cornouailles*. (Lucas, Coll.
du Mus.)

Var. *a. Cunéiforme*. L'angle solide terminal prolongé en arête
parallèlement aux plus grandes faces.

M. Beudant indique très brièvement l'existence d'autres espèces
de ce genre qui, selon lui, présenteraient la forme d'octaèdres modifiés sur les arêtes par des faces simples , doubles ou triples , et
quelquefois sur les angles solides.

ALTÉRATION DANS LA FORME DES INDIVIDUS DE CE GENRE ET MODES DE
GROUPEMENT DES INDIVIDUS ALTÉRÉS.

Les arêtes et les angles solides s'émoussent, les faces deviennent convexes et les cristaux prennent une forme lenticulaire.

Ces cristaux, devenus lenticulaires, se groupent en mamelons ou
en masses mamelonnées.

7ᵉ Genre. — SCORODITE. (*Scorodia.*) (Breithaupt.)

Prismatischer Fluss-Haloïd (Mohs). *Martial arseniate of Copper*

La forme primitive qu'il admet est un octaèdre rhomboïdal , dont
le prisme droit rhomboïdal dérive à ses angles de 119° 45' et
60° 15'. M. de Léonhard adopte ce prisme pour noyau, et lui assigne des angles de 119° 20' et 60° 40'. Notre octaèdre primitif devient pour lui, son prisme rhomboïdal à sommets dièdres.

(Phillips). Probablement *Cuivre arséniaté ferrifère* (Haüy). *Dystomic Fluor Haloïde* (Haïdinger).

Combinaison d'acide arsénique , de protoxyde de fer , d'oxyde de
cuivre et d'eau, avec mélanges, en très faible proportion, d'oxyde de
manganèse , d'acide sulfurique , de chaux et de magnésie.

La composition atomique est encore fort peu connue , vu la di-
vergence et le peu de probabilité d'exactitude des analyses.

ANALYSES DES SCORODITES.

| | Du Cornouailles. | De .... |
	Par Chénevix.	Par Ficinus.
Acide arsénique.	33,5	15,7
Acide sulfurique.	0,0	0,7
Oxyde de fer.	27,5	.
Protoxyde de fer avec		
Oxyde de manganèse.	» »	23,9
Chaux et magnésie.		
Oxyde de cuivre.	22,5	0,0
Eau.	20,0	9,0
Silice ou gangue.	3,0	0,7
	106,5	50,0

Forme primitive : prisme droit rhomboïdal de 120°
40' et 59° 50' (Beudant) (1). Clivable imparfaitement
dans des directions parallèles à ses pans , et plus imparfaitement encore suivant les deux diagonales de ses
bases. Pes. spéc., 3,1 à 3,2. Raye la chaux carbonatée ;
rayée par la chaux fluatée. Couleur par réflexion, verte
ou vert noirâtre, et par transparence , d'un bleu pâle.
L'exposition à l'air change cette couleur en brun ou en
noir par altération. Poussière d'un gris verdâtre pâle, ou
blanche. Transparente sur les bords ou demi-transparente. Éclat vitreux qui passe à l'éclat gras dans les

____

(1) De 119° 2' et 60° 58' environ, suivant MM. Mohs et de Léonhard.

cassures et à l'éclat adamantin sur les faces cristallines.
Tissu feuilleté. Cassure inégale ou imparfaitement conchoïde à petites cavités.

Soluble dans les acides nitrique et hydrochlorique.

Au chalumeau, dans le matras, dégage de l'eau et devient d'un
gris-blanc ou jaunâtre. A une chaleur intense, la masse noircit et
il se sublime de petits cristaux d'arsenic blanc, brillants. Après le
refroidissement, cette masse est parsemée de taches rouges et d'un
vert sombre; par le broiement, elle donne une poudre d'un gris-jaune
clair. Sur le charbon, répand une abondante fumée d'arsenic avec
l'odeur d'ail, et fond au feu de réduction en une scorie magnétique.
Avec les flux, donne une forte odeur d'ail et des verres vert de
bouteille caractéristique du fer. (Berzélius.)

ESPÈCES.

1ʳᵉ Espèce. Scorodite dodécaèdre (*Scorodia dodecaedrica*). Signe
des faces, *f h d*. Prisme rectangulaire terminé par des sommets à
quatre faces rhombes correspondantes à ses arêtes. Combinaison de
quatre modifications, chacune par une face, sur les quatre arêtes
latérales et sur les huit arêtes terminales du noyau que cette combinaison intercepte entièrement. Inclinaison réciproque des faces
de la pyramide terminale, suivant M. Mohs, 102° 1' ?

Var. *a. Symétrique.* Un solide à douze faces rhombes. (*Voyez* de
Léonhard, *Grundzüge*, pl. II, fig. 45.)

2ᵉ. Scorodite quadri-octonale (*Scorodia quadri-octonalis*). Signe
des faces, M *f h d*. Prisme à huit pans. Sommets à quatre faces.
C'est l'espèce précédente augmentée de quatre pans au prisme,
provenant des faces latérales du noyau, qui ne sont pas entièrement
interceptées. (*Voyez* Allan, *Manual*, fig. 46.)

3ᵉ. Scorodite vigésimale (*Scorodia vigesimalis*). Signe des faces,
M *f h d c*. Solide à vingt faces. L'espèce précédente augmentée de
quatre facettes correspondantes aux quatre angles aigus des bases
du noyau. (*Voyez* la figure qu'en a donnée W. Phillips, *Annals of
Philosophy*. N. S. tom. 7, p. 97.) De *Saint-Austle* dans le *Cornouailles*.

MODÈS DE GROUPEMENT DES INDIVIDUS MOLÉCULAIRES DE CE GENRE.

En masses cristallines, botryoïdales, mamelonnées, réniformes.
Du *Cornouailles*, de *Schwartzemberg* en *Saxe*; de *Löling* près de
Huttemberg en *Carinthie*, etc.

8e Genre. — FER ARSÉNIATÉ. (*Pharmacosideris.*)

Arséniate de fer (de Bournon). *Wurfelerz* (Werner et Karsten). *Cube-ore* (Thomson et Jameson). *Pharmako Siderit* (Haussmann). *Hexaedrischer Lirocon-Malachit* (Mohs).

Combinaison d'acide arsénique, de protoxyde et de peroxyde de fer et d'eau, mélangée d'acide phosphorique et d'oxyde de cuivre en très petite proportion, ou arséniate hydraté surbasique de peroxyde et de protoxyde de fer (1) mélangé d'un peu d'acide phosphorique et de cuivre.

Signe minéralogique de M. Beudant :

$$f^3 Ar^5 + F^9 Ar^{10} + 6\ Aq.$$

ANALYSES PAR M. BERZÉLIUS

	D'après M. Beudant.	D'après M. de Léonhard.
Acide arsénique.	37,82	38,00
Acide phosphorique.	2,53	0,70
Peroxyde de fer.	39,20	40,56
Oxyde de cuivre.	0,65	0,60
Eau.	18,61	19,57
Matière insoluble.	1,76	0,35
	100,57	99,78

Forme primitive : le cube. Clivable parallèlement à ses faces quoique peu nettement. Pes. spéc., 2,9 à 3,0. Raye la chaux carbonatée; rayé par la chaux fluatée. Couleur : vert foncé passant au brun. Poussière d'un vert olive pâle. Éclat gras et nacré. Translucide. Cassure inégale ou conchoïde.

Soluble dans les acides forts.

Au chalumeau, dans le matras, dégage de l'eau et devient rouge. A un feu ardent, donne peu ou point de cristaux d'arsenic blanc; se boursouffle un peu, devient rouge par le refroidissement, et

---

(1) Quoique l'analyse de M. Berzélius n'indique que du peroxyde de fer, M. Beudant regarde comme évident que le protoxyde de fer existe aussi dans la combinaison.

donne, par le broiement, une poudre rouge. Sur le charbon, dégage l'odeur d'ail et se fond, au feu de réduction, en une scorie magnétique grise, à éclat métallique. Avec les flux, donne, en dégageant une forte odeur d'ail, des verres vert de bouteille. (Berzélius.)

ESPÈCES.

1re Espèce. FER ARSÉNIATÉ PRIMITIF (*Pharmacosideris cubica*). Signe des faces, P. Un cube. Inclinaison de P sur P, 90°. Du *Cornouailles*. (Lucas, Coll. du Mus.)

2e. FER ARSÉNIATÉ CUBO-OCTAÈDRE (*Pharmacosideris cubo-octaedra*). Signe des faces, P r. Un cube ayant ses angles solides tronqués par une face triangulaire. Modification incomplète par une face sur chaque angle solide du noyau. Inclinaison de r sur P, 125° 15' 52''. (Cité par M. de Léonhard.)

3e. FER ARSÉNIATÉ CUBO-DODÉCAÈDRE (*Pharmacosideris cubododecaedra*). Signe des faces, P s. Un cube ayant toutes ses arêtes tronquées. Modification incomplète par une seule face sur chacune des arêtes du noyau. Inclinaison de s sur P, 153° 26' 5''. (Cité par M. de Léonhard.)

4e. FER ARSÉNIATÉ TRIFORME (*Pharmacosideris triformis*). Signe des faces, P s r. Un cube tronqué sur toutes ses arêtes et sur tous ses angles solides. Combinaison des deux modifications qui produisent les deux espèces précédentes, et des faces du cube primitif. Inclinaison de s sur r, 144° 44' 8''. (*Voyez* de Léonhard, *Grundzüge*, pl. II, fig. 43.)

5e. FER ARSÉNIATÉ QUADRIÉPOINTÉ (*Pharmacosideris quadri-spuntata*). Signe des faces, P r f. Un cube ayant tous ses angles solides modifiés chacun par quatre facettes triangulaires, dont l'une centrale et les trois autres correspondantes aux arêtes. (*Voyez* de Léonhard, *Grundzüge*, pl. II, fig. 44.)

M. Allan observe que les cristaux de ce genre, modifiés sur les angles, sont ordinairement dissymétriques, c'est-à-dire qu'il n'y a que la moitié de leurs angles solides qui éprouve de pareilles modifications, et ce fait devient d'autant plus remarquable, qu'il coïncide avec la propriété d'être électriques par la chaleur dont jouissent, selon lui, ces mêmes cristaux. (*Voyez* la représentation qu'il a donnée d'un Fer arséniaté cubo-octaèdre dissymétrique, *Manual*, fig. 67.)

<table>
<tr><td>II.</td><td>36</td></tr>
</table>

Ils se décomposent quelquefois et passent à l'état d'hydroxyde de fer brun-jaune, ou d'arséniate brun de peroxyde.

MODES DE GROUPEMENT DES INDIVIDUS VISIBLES OU MOLÉCULAIRES DE CE GENRE.

En assemblages géodiques.
En masses compactes (rares). Du *Cornouailles.*

9ᵉ Genre.—NICKEL ARSÉNIATÉ. (*Nickel ocrum.*)
(Stromeyer.)

Nickel terreux, Ocre ou *Oxyde de Nickel* (De Born). *Nickel oxydé verdâtre* (De la Méthrie). *Carbonate de Nickel* (Daubenton). *Nickel ocher* (Werner). *Calce nativa di Nickel* (Petrini). *Ocre de Nicolo de Cobre* (Herrgen). *Nickel ochre* (Kirwan). *Nickel oxydé* (Haüy, première édition). *Nickel arséniaté* (Haüy, deuxième édition). *Nickel ocre* (Beudant). *Nickel blüthe* des Allemands.

Combinaison d'acide arsénique, d'oxyde de nickel et d'eau, ou sous-arséniate hydraté d'oxyde de nickel.

Signe chimique de M. Beudant : $Ni^3 \overset{\cdots}{Ar} + 9Aq.$

Acide arsénique.	36,8
Oxyde de nickel.	36,2
Oxyde de cobalt.	2,5
Eau.	24,5
	100,0

Forme primitive inconnue. Les cristaux de ce genre ne se présentent qu'altérés , de manière à ce qu'on ne puisse reconnaître leur forme ; ils sont alors capillaires ou filamenteux et groupés ensemble. Les individus moléculaires se groupent en masses compactes ou en amas terreux et pulvérulens. L'existence des cristaux étant reconnue et ces minéraux présentant clairement les caractères de l'Ordre des Arsénidiens, ils prennent, par cette raison, une place dans la méthode. Pes. spéc. et dureté inconnues. Couleur : vert-de-pomme, quelquefois très pâle. Mat.

Attaquable par l'acide nitrique. La solution devient violette par l'addition de l'ammoniaque, et précipite en vert par les alkalis fixes.

Au chalumeau, dans le matras, donne de l'eau et brunit. Sur le charbon, dégage une forte odeur d'ail, et fond à la flamme intérieure en un grain de nickel arsénifère. Avec le borax et le sel de phosphore, donne un verre jaune orangé ou rougeâtre qui, par le refroidissement, devient jaune ou incolore. Si la quantité de matière est considérable proportionnellement à celle du fondant, le verre est opaque et brun sombre à chaud, et rouge sombre et transparent à froid. Au feu de réduction, fond en une perle de verre grisâtre, pleine d'une fine poussière de nickel métallique. Le nickel arséniaté d'Allemont, qui contient de l'oxyde de cobalt, donne, avec le borax, un verre bleu. Avec la soude, insoluble, mais réductible en particules métalliques magnétiques. (Berzélius.)

Point d'espèces connues.

10ᵉ Genre.— COBALT ARSÉNIATÉ. (Haüy.)
(*Erythrina.*)

Fleurs de cobalt (Romé-de-l'Isle). *Oxyde de cobalt rouge* (De Born). *Koboldblüthe* (Werner et Karsten). *Erd Kobold* (Werner). *Cobalt terreux rouge* (Brochant). *Red Cobalt Ore* (Kirwan). *Cobalt bloom* (Thomson) *Red Cobalt* (Phillips). *Prismatischer Kobalt-Glimmer* (Mohs). *Diatomes Euklas Haloïd* (Haïdinger). *Erythrine* (Beudant).

Combinaison d'acide arsénique, d'oxyde de cobalt et d'eau, ou sous-arséniate hydraté d'oxyde de cobalt, quelquefois remplacé par un peu d'oxyde de nickel et d'oxyde de fer.

Signe chimique de M. Beudant : $Co^3 \overset{...}{A}r + 9 Aq?$

ANALYSES DES COBALTS ARSÉNIATÉS.

	D'Allemont. Par Laugier.	De Riegelsdorff. Par Bucholz.
Acide arsénique.	40,0	37
Oxyde de cobalt.	20,5	39
Oxyde de nickel.	9,2	0
Oxyde de fer.	6,1	0
Eau.	24,5	22
	100,3	98

Forme primitive : prisme rectangulaire oblique dont la base est incliné sur le pan antérieur sur lequel elle repose, de 124° 5.. (de Léonhard). Clivage parallèle à ce même pan , le plus net. Pes. spéc., 2,9 à 3,1. Raye le gypse ; rayé par la chaux carbonatée. Couleur : rouge-violet, passant, d'une part , à la couleur lie de vin, et de l'autre, à celle des fleurs de pêcher. Poussière, de la même couleur que la masse , mais un peu plus pâle. Translucide. Éclat nacré, et sur quelques faces, vitreux.

Soluble dans l'acide nitrique qu'il colore en rose.

Au chalumeau, dans le matras, donne de l'eau et brunit, mais ne donne pas de sublimé. Sur le charbon , fume abondamment et dégage une odeur d'ail. Fond à un bon feu de réduction, et se convertit en cobalt arsénical. Avec les flux , donne un verre bleu. (Berzélius.)

ESPÈCE.

COBALT ARSÉNIATÉ PRIMITIF (*Erythrina obliquo-prismatica*). Signe des faces, P M T. Le prisme rectangulaire oblique décrit ci-dessus. Inclinaison de M sur T , 90° ; de P sur M , 124° 51'. (Cité par MM. Beudant et de Léonhard , sans désignation de localité.)

Haüy mentionne , mais comme ne les ayant pas vues lui-même, d'autres espèces ; l'une citée par Romé-de-l'Isle , serait un prisme hexaèdre terminé par des sommets à faces obliques ; une autre, un prisme quadrangulaire terminé par des sommets à deux ou quatre faces. M. Beudant indique aussi des prismes rectangulaires légèrement modifiés sur les arêtes et les angles , mais sans plus de détails et sans figures. Il en est de même de M. de Léonhard.

ALTÉRATION DE FORMES ET MODES DE GROUPEMENT DES INDIVIDUS ALTÉRÉS.

Les cristaux deviennent aciculaires et se groupent en faisceaux divergens, ou en masses mamelonnées globulaires et rayonnées, ou en couches fibreuses à fibres droites , ou en petites lames minces, circulaires , striées du centre à la circonférence. De *Schneeberg* (Saxe), de *Saalsfeld* (Thuringe) et de *Riegelsdorff* (Hesse).

MODES DE GROUPEMENT DES INDIVIDUS MOLÉCULAIRES DE CE GENRE.

En masses compactes, terreuses, botryoïdes, réniformes. En *Dauphiné*, en *Cornouailles* et dans le *Cumberland*.

En amas pulvérulens. Ce sont les *Kobalt-Beschlag* des Allemands. Mêmes localités.

Il faut cependant distinguer dans ces amas pulvérulens, ceux qui appartiennent au genre *Cobalt arséniaté* et ceux qui en ont été séparés par M. Berzélius et nommés par lui *Arsénites de cobalt*, et par M. Beudant, *Rhodoïse*. La couleur de ces derniers est aussi rose ou rose violâtre ; ils ne se distinguent des premiers qu'en ce que leur principe électro-négatif est l'acide arsénieux et non l'acide arsénique. D'ailleurs tous les caractères sont les mêmes dans les deux matières pulvérulentes, à l'exception des réactions au chalumeau, dans le matras et dans le tube ouvert, où l'arsénite dégage un sublimé blanc d'acide arsénieux, ce que ne fait pas l'arséniate. L'Arsénite de cobalt ou Rhodoïse se trouve à *Schneeberg* (en Saxe) et à *Allemont* (Dauphiné).

11ᵉ Genre — PHARMACOLITE. (*Pharmacolitos.*) (Karsten.)

Chaux arséniatée (Haüy). *Hemiprismatisches Euklas-Haloïd* (Mohs, Grundriss, etc.) (1). *Hemiprismatisches Gyps-Haloïd* (Haidinger).

Combinaison d'acide arsénique, de chaux et d'eau, ou arséniate de chaux.

Signe minéralogique de M. Beudant : $Ca^2 \ Ar^5 + 3 \ Aq$.

ANALYSE DES PHARMACOLITES DE WITTICHÉN, PAR KLAPROTH.

Acide arsénique.	50,54
Chaux.	25,00
Eau.	24,46
	100,00

Forme primitive : prisme rhomboïdal oblique de

---

(1) Dans les *Anfangsgründe* de M. Mohs , imprimés à Vienne en 1832 , on ne retrouve plus la Pharmacolite , et tout son genre *Euklas-haloïd* a été également supprimé et les espèces réparties dans d'autres genres.

117° 24' dont la base est inclinée à l'axe de 96° 46', suivant M. Allan qui a en sa possession un cristal d'une taille considérable provenant de la collection du baron de Born. M. Beudant assigne comme forme primitive un rhomboïde. Les clivages parallèles aux petites diagonales des bases sont très faciles et très nets d'après M. Allan. Pes. spéc., 2,64 à 2,8. Raye le gypse faiblement ; rayée faiblement aussi par la chaux carbonatée. Couleur blanche ou grisâtre, prenant souvent une teinte rosée à cause d'un mélange de Cobalt arséniaté. Quelquefois limpide et incolore, ou seulement translucide ou opaque. Éclat vitreux passant au soyeux ou bien mat. Cassure conchoïde ou terreuse.

Soluble sans effervescence dans l'acide nitrique.

Au chalumeau, dans le matras, donne beaucoup d'eau non acide; point de sublimé d'arsenic blanc; perd sa transparence, mais ne change pas de forme. Sur le charbon, fond à la flamme intérieure en un grain bleuâtre demi-translucide, et exhale une odeur d'ail. Soluble avec le borax et le sel de phosphore, en dégageant une abondante fumée d'arsenic. Avec la soude, se décompose avec un grand dégagement d'arsenic. La chaux reste sur le charbon. (Berzélius.)

M. Allan représente, fig. 38, une espèce de ce genre qu'on pourrait nommer *Pharmacolite icosaédrique* (*Pharmacolithos icosaedricus*). Signe des faces, M P *f l n*. Les lettres correspondantes dans la figure de M. Allan sont : *f o* P *l n*. Solide à vingt faces, dont six au prisme et sept à chaque sommet. Combinaison de modifications sur les arêtes terminales, sur les arêtes latérales aiguës et sur les angles latéraux aigus des bases, qui n'interceptent entièrement aucune des faces du noyau.

Suivant M. Beudant, qui regarde le rhomboïde comme la forme primitive des pharmacolites, les formes des espèces seraient des prismes hexaèdres réguliers annulaires, et des dodécaèdres bipyramidaux à triangles scalènes, très alongés.

ALTÉRATIONS DES FORMES DANS LES CRISTAUX DE CE GENRE.

Ils deviennent aciculaires ou capillaires, et se groupent en mamelons, dont l'intérieur, légèrement nacré, est strié du centre à la circonférence. De *Wittichen* , en Souabe , et de *Bieber*, dans le Hanau.

Stromeyer a analysé , sous le nom de *Pikropharmacolite* , un arséniate hydraté de chaux, de magnésie et d'oxyde de cobalt, provenant de *Riegelsdorff* en *Hesse*. M. Beudant y joint un autre arséniate hydraté de chàux d'*Andreasberg* au *Hartz* ; et sépare ces minéraux, en leur donnant le nom d'*Arsénicites*, des Pharmacolites dont d'ailleurs ils présentent tous les caractères chimiques. Comme les Pharmacolites, ils offrent des cristaux aciculaires groupés en globules fibreux, et des amas pulvérulens. Mais leur formule minéralogique , déduite par M. Beudant des analyses des Arsénicites de Riegelsdorff et d'Andreasberg, diffère de celle des Pharmacolites. Elle est : $CaAr^3 + 3 \ Aq.$

Appendice à l'Ordre des Arsénidiens.

1. *Haïdingerite* (Turner). *Diprismatisches Euklas Haloïd* , et *Diatomer Gyps Haloïd* (Haïdinger). Minéral très rapproché des Pharmacolites , mais dont les formes dérivent d'un solide du système des prismes rectangulaires ou rhomboïdaux droits. Sa forme primitive est un prisme droit rectangulaire, clivable très aisément et très nettement dans des directions parallèles au pan le plus étroit du prisme. Couleur blanche. Pes. spéc., 2,84. Raye le talc; faiblement rayée par la chaux carbonatée. Éclat vitreux. Son analyse par Turner a donné : Arséniate de chaux, 85,68. Eau, 14,32.

Signe chimique de M. Beudant :

$$Ca \ \overset{\cdots}{A} r + 3 \ Aq.$$

Et par conséquent contenant la moitié moins d'eau que les Pharmacolites.

Aisément soluble dans l'acide nitrique.

M. Beudant dit que les Haïdingérites sont cristallisées en dodécaèdre à triangles scalènes , dont les inclinaisons réciproques des faces sont de 123° 35', 135° 59' et 75° 35'. La figure 39 du *Manuel* de M. Allan, qui représente un cristal de ce genre, offre une forme tout-à-fait rapprochée de celle du prisme primitif, que nous avons admis d'après M. Haïdinger. C'est un prisme à huit pans , terminé par des sommets à quatre faces correspondantes à ceux des pans du prisme, qui font entre eux des angles droits. En d'autres termes, c'est le prisme droit rectangulaire primitif , modifié incomplétement par une face sur chacune de ses arêtes latérales, et par une face aussi sur chacune de ses arêtes terminales : ces dernières modifications interceptent entièrement les bases du noyau. Si les Haïdingérites prenaient place comme genre dans la méthode, cette espèce devrait 'appeler *Haïdingérite dioctaèdre* (*Haidingeria dioctaedra*). **De** *Baden*, avec les Pharmacolites.

2. *Rosélite* (Lévy). Cristaux ayant pour forme primitive un prisme rhomboïdal droit, de 132° 48' et 47° 12'. Clivable nettement dans une direction parallèle aux petites diagonales des bases. Raye le gypse; rayée par la chaux fluatée. Couleur : rouge de rose foncé. Râclure et poussière blanches. Éclat vitreux. Translucide. Soluble dans l'acide hydro-chlorique.

Au chalumeau, donne de l'eau et noircit. Colore en bleu le borax et le sel de phosphore. Se compose, d'après les essais faits par M. Children , d'acide arsénique , d'oxyde de cobalt, de chaux . de magnésie et d'eau.

La seule espèce connue de ce minéral qui, s'il entrait comme genre dans la méthode, prendrait le nom de *Rosélite icosaèdre* (*Roselia icosaedra*), est un solide à vingt faces formé d'un prisme à six pans, terminé par des sommets à sept faces chacun. C'est le prisme rhomboïdal primitif, modifié par une face sur chacune de ses arêtes latérales aiguës et sur chacune de ses arêtes terminales , et par deux faces sur chacun des angles aigus de ses bases. Cette combinaison de modifications n'intercepte entièrement aucune des faces du noyau.

Voyez-en la représentation dans le *Manual* de M. Allan, fig. 49. Mais, pour que la position de la figure corresponde avec celle qui résulte du noyau que nous avons adopté avec M. de Léonhard, il faut que l'axe qui est ici vertical, devienne horizontal, de manière que les faces *a* de M. Allan, soient les pans du prisme primitif, et que les faces *g* en soient les bases. De *Schneeberg* en *Saxe*.

3. *Néoctèse* (Beudant). *Fer arséniaté du Brésil* (Berzélius). Minéral d'un vert clair , cristallisant en prisme rectangulaire? Au chalumeau dans le matras, donnant de l'eau et prenant une couleur jaune. Ne donnant pas de sublimé blanc d'acide arsénieux.

Soluble dans les acides forts.

L'analyse des Néoctèses de San Antonio-Perreira , près de Villa-Rica, au Brésil , a donné à M. Berzélius : Acide arsénique , 50,78. Peroxyde de fer, 34,85. Eau , 15,55. Arséniate d'alumine , 0,67. Acide phosphorique et oxyde de cuivre, traces.

Ce qui conduit M. Beudant à la formule chimique approximative suivante :

$$\ddot{F}\,\dddot{A}r + 4\ Aq.$$

4. *Sidéritine* (Beudant). *Fer oxydé résinite* (Haüy), en partie. *Eisen sinter* (Werner), en partie. *Eisen pecherz* (Karsten), en partie. *Pittizit* (Haussmann), en partie. *Pitchy Iron Ore* (Phillips), en partie.

Minéral brun jaunâtre, rougeâtre ou noirâtre, quelquefois jaune de rouille, à râclure jaunâtre, verdâtre ou jaune-citron. Non cristallisé; et probablement un minéral composé, formé par la juxtaposition d'individus moléculaires de divers genres, de l'ordre des Arsénidiens et des Sulfatidiens, assemblés en masses compactes, ou botryoïdales, ou stalactitiques, demi-transparentes ou seulement translucides sur les bords. Fragiles. Rayant le gypse ; rayées par la chaux carbonatée. Pes. spéc., 2,4.

Soluble dans l'acide hydrochlorique.

Dans l'eau, ne se dissout pas entièrement, mais devient rouge, transparente, prend l'éclat vitreux et se décompose en partie : l'eau devient jaunâtre et acquiert une saveur acide.

Au chalumeau, dans le matras, donne beaucoup d'eau avec de l'acide sulfureux qui blanchit le papier de Fernambouc introduit dans le col du matras. Ne donne aucun sublimé. Sur le charbon, se contracte, dégage une épaisse fumée blanche, accompagnée de l'odeur d'ail très forte, se comporte d'ailleurs comme les Scorodites et les Pharmacosidérites, ou Fer arséniaté.

ANALYSES DES SIDÉRITINES DE SAXE.

	Par Stromeyer.	Laugier.	Karsten.
Acide arsénique.	26,05	20	30,25
Acide sulfurique.	10,03	14	0,00
Peroxyde de fer.	33,09	35	40,45
Oxyde de manganèse.	0,54	0	0,00
Eau.	29,25	30	28,50
	98,96	99	99,20

D'où M. Beudant extrait le signe minéralogique ($F\ Ar^3 + 3\ Aq$) $+ 2(F\ Su + 5\ Aq)$, quelquefois mélangé de $F\ Su + 2\ Aq$. Ces minéraux se trouvent à *Schneeberg*, à *Freyberg* en *Saxe*, et dans d'autres lieux.

5. *Erinite* (Allan). *Dystomes Habronem Malachit* (Haïdinger).

Erinite de M: Beudant, seulement en partie. Minéral cristallin en groupes fibreux, mamelonnés et formés de couches concentriques aisément séparables, à surface rude. Forme des individus, inconnue. Clivages des masses très indistincts, peut-être en tables à quatre pans rectangulaires. Pes. spéc., 4,o à 4,1. Raye la chaux fluatée, rayée par le feldspath. Couleur vert d'émeraude brillant, passant au vert d'herbe. Râclure vert pâle ou vert de pomme. Point d'éclat. Un peu translucide sur les bords. Fragile. Cassure imparfaitement conchoïde. Son analyse par M. Turner a fourni : Acide arsénique, 33,78. Oxyde de cuivre, 59,44. Alumine, 1,77. Eau, 5,01. M. Beudant en tire la formule minéralogique 3 *Cu Ar* + *Aq*. Se trouve associée avec des olivénites. Dans le comté de *Limerick* en *Irlande*.

6. *Kupferschaum* (Werner). *Kupfer-glimmer* du même, en partie. *Grüner Zink*, en partie. *Prismatischer Euchlor-Glimmer* (Mohs). *Prismatischer Euchlor Malachit* (Partsch). *Cupriferous calamine* (Phillips). *Zinc hydraté cuprifère* (Lévy).

Minéral cristallisé, ayant pour forme primitive un prisme rhomboïdal droit. Clivages très nets parallèlement aux bases de ce prisme. Pes. spéc., 3,09 à 3,2. Raye le talc; rayé par le gypse. Couleur : vert de pomme pâle et vert de gris passant au bleu-de-ciel. Translucide. Éclat vitreux sur les pans du prisme, et nacré sur les bases. Tissu feuilleté. Les lames minces sont flexibles. Complètement soluble dans les acides chauffés.

Au chalumeau, dans la pince de platine, fond très aisément en une scorie un peu bulleuse, rouge de cuivre, tachée de gris. — Sur le charbon, se boursouffle, dégage l'odeur d'ail, et fond en une scorie verte contenant beaucoup de grains de cuivre métallique réduit. — Avec le borax, donne aisément un verre vert très limpide, ayant des reflets bleus. — Avec le sel de phosphore, donne aisément aussi un verre vert de mer, qui devient opaque par le refroidissement. — Dans la soude, sur le charbon, se réduit en cuivre métallique, (de Léonhard.)

Les minéraux de ce genre étaient considérés par M. Brooke, comme composés d'hydrate de zinc et de cuivre. L'analyse suivante de M. de Kobell leur donne une toute autre composition : Acide arsénique, 25,01. Oxyde de cuivre, 43,88. Eau, 17,46. Carbonate de chaux (faisant probablement partie de la gangue), 13,65.

M. de Léonhard indique deux formes ou espèces de ce genre, savoir: 1° le prisme primitif simple; 2° le même prisme modifié sur ses arêtes latérales; mais il ne donne aucun détail ultérieur ni aucune

figure. — Les individus altérés dans leur forme présentent l'apparence de lames, et forment par leur groupement des masses cristallines réniformes ou botryoïdes. De diverses localités : dans le
Tyrol, la *Thuringe*, la *Hongrie* (à Libethen), le *Bannat*, en *Italie* à
Campiglio près de *Piombino*.

DOUZIÈME ORDRE.

LES ANTIMONIDIENS.

Oxydes d'Antimoine.

Au chalumeau, seuls sur le charbon ou dans le
tube ouvert, se volatilisent en fumée blanche qui
ne dégage pas l'odeur d'ail , et qui, dans le tube
ouvert, est susceptible d'être transportée par l'application de la chaleur , d'une portion du tube
à l'autre (1). Fusibles avec le borax et le sel de
phosphore; réductibles avec la soude sur le charbon. Solubles dans l'acide hydrochlorique ou
dans l'eau régale.

Genre unique. — ANTIMOINE OXYDÉ. (Haüy).
                 (*Exiteles.*)

Muriate d'antimoine (De Born). *Chaux d'antimoine native* (Mon-
gez). *Antimoine oxydé blanc* (De la Méthrie). *Weiss spiesglaserz*
(Werner). *Weiss spiesglanzerz* (Karsten). *Antimoine blanc* (Bro-
chant). *Spiesglanz weiss* (Haussmann). *Prismatischer Antimon-
Baryt* (Mohs). *Antimon blüthe* (de Léonhard). *White Antimony*
(Allan).

---

(1) Si l'*Antimoine oxydé jaune* ou *acide antimonieux*, que nous
ne plaçons aujourd'hui qu'en appendice à la suite des Antimoni-
diens , venait plus tard à prendre rang comme genre , il deviendrait
nécessaire de modifier cette première partie , en ajoutant à la suite
du mot *se volatilisent*, les mots « *du moins au feu de réduction.* »

Combinaison d'oxygène et d'antimoine, et plus exactement de deux atomes d'antimoine avec trois atomes d'oxygène, ou oxyde d'antimoine.

Signe chimique : $\overset{..}{S}$b, de MM. Berzélius et Beudant; et signe minéralogique *Sb*.

Représentant la composition en poids :

Oxygène.	15,68
Antimoine.	84,32
	100,00

Souvent l'oxyde d'antimoine est souillé par des mélanges mécaniques accidentels.

ANALYSE DES ANTIMOINES OXYDÉS D'ALLEMONT, PAR VAUQUELIN.

Oxyde d'antimoine.	86
Oxyde d'antimoine mêlé d'oxyde de fer.	3
Silice.	8
Perte.	3
	100

Forme primitive : prisme droit rhomboïdal de 137° 45' et 42° 17', suivant M. Beudant; de 136 58' et 43° 2', d'après M. Mohs. Clivable très aisément et nettement dans une seule direction parallèle à celles des petites diagonales des bases, moins nettement parallèlement aux pans du prisme primitif. Pes. spéc., 5,56. Raye le talc; rayé par la chaux fluatée. Couleur blanche ou grisâtre, quelquefois jaunâtre. Éclat adamantin et nacré. Transparent ou translucide. Tissu feuilleté ou structure lamelleuse dans un seul sens. Cassure conchoïde à petites cavités, ou inégale.

Soluble entièrement dans l'acide nitro-hydrochlorique ou eau régale. Si l'on étend d'eau cette solution, il se dépose un précipité blanc.

Fusible à la simple flamme d'une bougie.

Au chalumeau, dans le matras, se volatilise et dépose un sublimé cristallin. — Seul sur le charbon, fond aisément, se volatilise sous la forme d'une fumée blanche qui blanchit le charbon et se réduit en antimoine métallique en donnant à la flamme une couleur verdâtre.—Avec le borax, donne un verre jaunâtre à chaud, et presque incolore à froid.— Avec le sel de phosphore, soluble en verre transparent et incolore, qui, si l'antimoine oxydé renferme du fer, prend au feu de réduction une couleur rouge. Au moyen d'une vive insufflation, l'antimoine est réduit, s'évapore et la couleur disparaît. — Avec la soude, sur le charbon, se réduit; sur le fil de platine, donne un verre transparent et incolore, qui devient blanc par le refroidissement. (Berzélius.)

ESPÈCES.

1re Espèce. ANTIMOINE OXYDÉ PÉRIHEXAÈDRE (*Exiteles perihexuedrum*). Signe des faces, P M *h*. Un prisme hexaèdre. Modification incomplète par une face sur chacune des arêtes latérales obtuses du noyau.

2e. ANTIMOINE OXYDÉ PÉRIOCTAÈDRE (*Exiteles perioctaedrum*). Signe des faces, P M *g h*. Un prisme à huit pans. Combinaison de deux modifications qui n'interceptent aucune des faces du noyau, toutes deux par une face, l'une sur les arêtes latérales aiguës, l'autre sur les arêtes latérales obtuses du prisme primitif.

3e. ANTIMOINE OXYDÉ PÉRIORTHOGONE (*Exiteles perorithogonum*). Signe des faces, P *g h*. Un prisme rectangulaire, produit par la même combinaison de modifications que l'espèce précédente mais qui, ici, interceptent entièrement les pans du prisme primitif.

Ces trois espèces sont indiquées par M. de Léonhard, sans désignation de localités.

ALTÉRATION DES CRISTAUX ET MODES DE GROUPEMENT DES INDIVIDUS ALTÉRÉS DE CE GENRE.

Les cristaux dans lesquels domine la forme d'un prisme rhomboïdal deviennent, par altération dans leur forme, des prismes aciculaires longs et très fins, qui s'assemblent en faisceaux fibreux ou en groupes divergens. A *Allemont* en *Dauphiné* (Haüy), et à *Malacska* en *Hongrie*. (Lucas, Coll. du Mus.)

Les cristaux qui ont pour forme dominante un prisme rectangulaire, deviennent, par altération, de simples tables ou lames rectangulaires plus ou moins épaisses, quelquefois alongées dans un sens, et qui se groupent en masses laminaires ou lamellaires. De *Przibram* en *Bohême*. (Lucas, Coll. du Mus.)

Appendice à l'Ordre des Antimonidiens.

1. *Acide antimonieux* (Berzélius). *Antimoine oxydé terreux* et *Antimoine oxydé* (jaune) *épigène* (Haüy). *Spiesglasocker* (Werner). *Spiesglanzocker* (Karsten). L'*Antimoine jaune* et l'*Ocre d'antimoine* (Brochant). *Antimonocher* (de Léonhard). *Stibiconise* (Beudant).

Combinaison d'oxygène, d'antimoine et d'eau, et plus exactement combinaison d'un atome d'antimoine avec deux atomes d'oxygène et avec une quantité indéterminée d'atomes d'eau, ou acide antimonieux hydraté.

Signe chimique de MM. Berzélius et Beudant : $\ddot{S}b + x\,Aq$.

Signe minéralogique : $Sb + x\,Aq$.

Minéral non cristallin et terreux, mais qui offre quelquefois des formes extérieurement régulières, empruntées à des cristaux d'Antimoine sulfuré (*Stibina*) dont il a pris la place, et de la décomposition desquels il paraît provenir.

Couleur : jaune, blanc jaunâtre ou gris jaunâtre, verdâtre ou brun. Mat. Très tendre et friable. Poussière d'un gris ou d'un blanc jaunâtre. Pes. spéc., 3,7 à 3,8. Au chalumeau, dans le matras, dégage de l'eau. Sur le charbon, non réductible, mais donnant un léger sublimé d'antimoine. Avec le borax et le sel de phosphore, se comporte comme l'Antimoine oxydé. Avec la soude, il se réduit à l'état d'antimoine métallique. (Berzélius.) Dans le tube ouvert, il n'est pas volatile. Ce n'est qu'au feu de réduction qu'il donne de la fumée blanche. (Beudant.)

Accompagne les *Antimoines sulfurés* (*Stibina*). A Brück, dans la Prusse Rhénane ; dans le pays de Nassau ; dans les Erzgebirge en Saxe ; en Hongrie, et sur-tout à Cervantes en Gallice (Espagne), où l'on voit souvent des prismes d'Antimoine sulfuré changés en partie en Acide antimonieux.

2. *Antimonphyllite* (Breithaupt). Minéral cristallisé en minces prismes hexaèdres irréguliers, ou dans lesquels les incidences des pans sont inégales. Couleur d'un blanc grisâtre. Contient de l'oxyde d'antimoine et peut-être d'autres élémens qui n'ont pas été reconnus. On ignore aussi la localité de ce minéral. (Voyez *Berzélius, Jahrs Bericht.* 1832, p. 202.)

TREIZIÈME ORDRE.

LES SULFATIDIENS.

Minéraux dont l'acide sulfurique forme le principe électro-négatif dominant, ou sulfates des chimistes.

Fusibles, au chalumeau avec le borax et le sel de phosphore, et donnant à un verre de silice et de soude avec lequel ils sont fondus, la couleur brune de l'hépar. Avec le sel de phosphore, ne laissent point de squelette non dissous, et avec le même fondant et le deutoxyde de cuivre, non plus qu'avec le réactif de Turner, ne colorent pas la flamme. Ne faisant pas effervescence avec les acides. Les plus durs ne rayent tout au plus que la chaux fluatée, les plus tendres seulement le talc.

Premier Sous-ordre.

ANHYDRO-SULFATIDIENS.

Ne donnant pas d'eau dans le matras, ou s'ils en donnent ce n'est qu'en très faible quantité. En général insolubles dans les acides à froid et plus ou moins incomplétement attaquables par les acides chauffés. Rayant la chaux carbonatée ou le gypse.

1ᵉʳ Genre.—PLOMB SULFATÉ. (Haüy.) (*Anglesites.*)

Vitriol de plomb natif (Withering et Brochant). *Blei-vitriol* (Karsten). *Vitriol Bleierz* (Werner). *Prismatischer Blei Baryt* (Mohs). *Anglésite* (Beudant).

Combinaison d'acide sulfurique et de protoxyde de plomb, ou sulfate de plomb des chimistes. Souillé quelquefois par des mélanges accidentels d'oxyde ou d'hydrate de fer, d'oxyde de manganèse, d'alumine et de silice, et contenant parfois un peu d'eau hygrométrique.

ANALYSES DES PLOMBS SULFATÉS.

	De Zellerfeld. Par Stromeyer.	D'Anglesea. Par Klaproth.	De Wanlockhead. Par Klaproth.
Acide sulfurique.	26,0942	24,8	25,75
Protoxyde de plomb.	72,4665	71,0	70,50
Eau.	0,1242	2,0	2,25
Oxyde ou hydrate de fer.	0,0879	1,0	0,00
Oxydes de manganèse et traces d'alumine.	0,0666	0,0	0,00
Silice.	0,5087	0,0	0,00
	99,3481	98,8	98,50

Signe minéralogique de M. Berzélius : $Pb\ S^3$.

Forme primitive : octaèdre rectangulaire dont les faces larges d'une des pyramides font, avec les faces larges adjacentes de l'autre pyramide, un angle de 101° 32', les faces étroites d'une des pyramides avec les faces étroites adjacentes de l'autre, un angle de 76° 12', et les faces adjacentes d'une même pyramide, un angle de 119° 51'. Cet octaèdre se clive parallèlement à ses faces et aussi par des pans parallèles à l'axe ; et passant par les arêtes terminales, ces deux clivages conduisent à un prisme droit rhomboïdal. Pes. spéc., 6,23 à 6,31. Raye le gypse, rayé par la chaux fluatée.

Couleur blanche, grise ou jaunâtre ; l'oxyde de cuivre
lui donne quelquefois une couleur bleue ou verte. Éclat
adamantin ou gras. Transparent ou translucide. Cassure conchoïde à petites cavités.

Insoluble dans l'acide nitrique à froid, et difficilement attaquable
par le même acide chauffé. La vapeur de l'hydro-sulfure ammoniacal donne aux surfaces qui y sont exposées une couleur d'un
gris métallique.

Au chalumeau, décrépite. Sur le charbon, fond à la flamme extérieure en une perle transparente qui devient laiteuse en se solidifiant. Au feu de réduction, fait effervescence et donne un grain
de plomb. Avec le borax, sur le fil de platine, donne un verre
transparent, jaune à chaud, et incolore à froid. Sur le charbon,
s'étend et se réduit en plomb métallique. Avec le sel de phosphore,
donne un verre transparent et incolore, quelquefois blanc d'émail
à froid ; ne se réduit pas à la flamme intérieure. Avec la soude, sur
le fil de platine, fond aisément en verre transparent qui devient
jaunâtre et opaque à froid. Sur le charbon, se réduit en un instant.
Avec le verre de silice et de soude, prend la couleur brune de
l'hépar.

ESPÈCES.

1re Espèce. PLOMB SULFATÉ PRIMITIF (*Anglesites octaedrica*). Signe
des faces, P M. L'octaèdre rectangulaire décrit ci-dessus. D'*Anglesey*. (Lucas, Coll. du Mus.)

Var. *a. Cunéiforme*. L'angle terminal prolongé en arête parallèlement aux arêtes longues de la base commune ; ou prisme rhomboïdal de 101° 1/2 et 78° 1/2, très court et à sommets dièdres.
D'*Anglesey*. (Lucas, Coll. du Mus.)

Var. *b. Prismatique*. L'angle terminal prolongé en arête parallèlement aux arêtes courtes de la base commune. L'axe étant placé
horizontalement, le cristal devient un prisme rhomboïdal alongé
de 103° 1/2 et de 76° 1/2, terminé par des sommets dièdres. (*Voyez*
Beudant, tom. 2, pl. X, fig. 13.)

2e. PLOMB SULFATÉ SEMI-PRISMÉ (*Anglesites semi-prismata*). Signe
des faces, P M *n*. L'octaèdre primitif cunéiforme modifié par une
face *n* parallèle à l'axe sur chacune des deux arêtes longues de la
base commune. Vu avec son axe horizontal, c'est un prisme à six

pans terminé par des sommets dièdres. Inclinaison de *u* sur P,
141° environ. D'*Anglesey*. (Lucas, Coll. du Mus.)

3ᵉ. Plomb sulfaté sexoctonal (*Anglesites sexoctonalis*). Signe
des faces, P M *t n*. L'espèce précédente ayant de plus tous les angles
solides latéraux de l'octaèdre primitif, remplacés par une face *t*,
ou si l'axe est placé horizontalement, un prisme hexaèdre terminé
par des sommets à quatre faces.

4ᵉ. Plomb sulfaté trihexaèdre (*Anglesites trihexaedra*). Signe des
faces, P M *n s*. L'espèce *semi-prismée* avec deux faces *s* sur chacun
des angles solides latéraux de l'octaèdre primitif. Si l'axe est placé
horizontalement, c'est un prisme hexaèdre terminé par des sommets
à six faces. Inclinaison de P sur *s*, 154° 17'; de M sur *s*, 141° 40'.
D'*Anglesey*. (Luc., Coll. du Mus.)

5ᵉ. Plomb sulfaté déci-sexdécimal (*Anglesites deci-sexdecimalis*).
Signe des faces, P M *o s l*. Prisme hexaèdre avec des sommets à dix
faces. C'est l'octaèdre primitif considéré avec son axe horizontal et
modifié par une face *o* sur chacun de ses angles solides terminaux,
et par deux faces *s* et deux faces *l* sur chacun des angles solides
latéraux. *Des mines du Hartz*. (Haüy.)

Voyez d'autres espèces figurées dans l'atlas de Haüy, pl. 96, fig.
96, et pl. 97, fig. 98 et 99, et dans M. Beudant, t. II, pl. 10,
fig. 5, 8, 9, 14 à 16, 37 à 40.

Les individus de ce genre ont souvent leurs angles solides et
leurs arêtes émoussées, et ils se groupent en masses mamelonnées
et en druses.

Les individus moléculaires se groupent en masses compactes,
terreuses et quelquefois cristallines.

Ces divers groupemens, ainsi que les cristaux isolés, se trouvent
dans l'*Ile d'Anglesey*, à *Leadhills* et *Wanlock head* (Écosse); à *Wolfach* (duché de Bade) ; à *Zellerfeld* (Hartz); à *Linarès* (Espagne) à
Nertschinsk (Sibérie), etc.

Appendice au Genre Plomb sulfaté.

Plomb sulfaté cuprifère. Cupreous sulfate of lead (Brooke).
Kupfer-Blei-vitriol (De Léonhard). *Diplogener Blei-baryt* (Haïdinger).

Si une forme cristalline appartenant au système prismatique
rectangulaire oblique n'éloignait pas les cristaux de ce genre de
ceux du genre *Anglesites*, on pourrait supposer que ce n'est qu'un
mélange mécanique d'hydrate de cuivre qui occasione les diffé-

rences, d'ailleurs peu importantes, par lesquelles ces minéraux sont distingués, et si cette forme pouvait être ramenée, par la supposition de modifications dissymétriques, à celle des Plombs sulfatés, les cristaux dont il est question appartiendraient à un sous-genre du genre *Anglesites*. Si au contraire on ne pouvait établir aucune loi de dérivation, même dissymétrique, en rapport avec le noyau des Plombs sulfatés, il faudait nécessairement élever les Plombs sulfatés cuprifères au rang de genre; il faudrait alors aussi les placer dans le Sous-ordre des Hydro-Sulfatidiens à cause de l'eau contenue par l'hydrate de cuivre, qui doit se manifester par la calcination dans le matras et par le changement de couleur du minéral. En attendant d'avoir les données nécessaires pour fixer la vraie place de ces cristaux, il paraît plus convenable d'en rapprocher la description de celle des Plombs sulfatés avec lesquels ils ont les plus grands rapports.

Les Plombs sulfatés cuprifères sont une combinaison ou un mélange de sulfate de plomb, d'oxyde de cuivre et d'eau, ou d'hydrate de cuivre.

M. Beudant qui paraît admettre l'idée d'une combinaison, en donne, d'après l'analyse suivante de M. Brooke, la formule comme :
$Pb\ Su^3 + Cu\ Aq.$

Analyse : Sulfate de plomb, 74,4. Oxyde de cuivre, 18,0. Eau, 4,7. Total, 97,1.

Forme primitive : prisme rectangulaire oblique dont la base est inclinée sur l'axe de 102° 45', ou prisme oblique rhomboïdal de 119° et 61°. Les clivages parallèles aux pans de ce dernier prisme sont très nets. Pes. spéc., 5,3 à 5,43. Raye le gypse; rayé par la chaux fluatée. Couleur d'un bleu foncé. Râclure d'un bleu pâle. Éclat vitreux et adamantin. Translucide.

M. de Léonhard indique une espèce qui offrirait la forme du prisme rhomboïdal primitif oblique, modifiée par une face sur chacune des arêtes latérales, et par quatre faces sur chacun des angles solides aigus du noyau. M. Allan dans son *Manual of Miner.*, représente, fig. 62, un cristal de Plomb sulfaté cuprifère, ayant la forme d'un prisme rectangulaire oblique, dont les pans étroits sont interceptés par un biseau à deux faces inclinées entre elles de 119°, et l'arête qui réunit la base et le pan large antérieur du prisme remplacée par une facette. Si l'on suppose l'axe de ce cristal placé horizontalement, on aura un prisme hexaèdre, dont quatre faces, celles en biseau, correspondent aux pans du prisme rhomboïdal primitif terminé par des sommets à deux faces inégales, et inégale-

37.

ment inclinées a l'ase du prisme rhomboïdal et aux pans correspondans du prisme hexaèdre, l'une des ces faces est la base du noyau , l'autre fait avec l'axe un angle de 95° 45'. De *Leadhills* et de *Wanloch head* en Écosse.

Il se trouve aussi à *Linarès* en Espagne, des cristaux aciculaires de sulfate de plomb bleu, dans lesquels M. John a trouvé par l'analyse : Sulfure de plomb, 96. Carbonate de cuivre et carbonate de plomb, 5. Total 101. Il est prouvé que ceux-ci ne sont que des plombs sulfurés colorés en bleu par un mélange de carbonate de cuivre.

2ᵉ Genre.—BARYTINE. (Brongniart et Beudant.)

(*Barytina.*)

Spath pesant ou *séléniteux* (Romé-de-l'Isle). *Terre pesante vitriolée* (Bergmann). *Gypse pesant* (D'Arcet). *Spath fusible* (Bucquet). *Baryte vitriolée* et *Sulfate de Baryte* (de Born). *Schwerspath* (Werner). *Baryt* (Karsten). *Barosélénite* (Kirwan). *Barytite* (De la Métherie). *Baryte sulfatée* (Haüy). *Wolnyn* (Ionas). *Schoharite* (Eaton). *Hépatit* (Karsten et Haussmann). *Prismatischer Hal-Baryt* (Mohs). *Barytes* (Allan).

Combinaison d'acide sulfurique et de baryte, ou sulfate de baryte. Signe minéralogique de M. Beudant : $B\,Su^3$.

La baryte sulfatée pure se compose, suivant M. Beudant, de :

Acide sulfurique.	34,37
Baryte.	65,63
	100,00

Mais elle est quelquefois souillée par des mélanges de strontiane sulfatée, qui vont parfois jusqu'à près de 4 pour cent du tout, de silice , qui, dans les Barytines de Peggau et des environs de New-York, se monte jusqu'à $\frac{10}{100}$, et dans celle de Bologne jusqu'à $\frac{16}{100}$ Les plus pures qui ont été analysées, sont celles de Leiningen (par Klaproth) contenant $99\frac{0}{0}$ de baryte sulfatée , et celles du comté, de Surrey qui, d'après Stromeyer, en renferment 99,3762 pour cent.

Forme primitive : prisme droit rhomboïdal de 101° 42' et 78° 18' (Mohs et Beudant), 101° 40' et 78° 20'

(de Léonhard) (1), dont la hauteur et les côtés sont à peu près comme 42 à 41. Les clivages parallèles aux bases sont très nets , ceux qui sont parallèles aux pans s'obtiennent moins facilement. Pes. spéc. , 4,41 à 4,67. Raye la chaux carbonatée ; rayée par la chaux fluatée. Incolore ou blanche, quelquefois bleuâtre, jaune, rouge, couleur de chair, ou brune et même noire. Eclat vitreux passant au gras. Transparente ou translucide. Quelques cristaux paraissent d'un blanc sombre lorsqu'on les voit dans la direction de leur axe , et d'un gris jaunâtre lorsqu'ils sont vus perpendiculairement à cet axe. Cassure imparfaitement conchoïde, aplatie.

Quelquefois les fragmens acquièrent par la chaleur la propriété d'émettre une faible lueur phosphorique. Toutes les barytines se réduisent par la calcination en une poussière qui , après avoir été exposée à la lumière, répand dans les ténèbres une lueur rougeâtre.

Insoluble dans les acides.

Au chalumeau, seule sur le charbon, décrépite avec violence et fond très difficilement, ou seulement s'arrondit aux bords. A la flamme intérieure, se décompose et donne un sulfure de baryte qui, étant humecté, dégage une faible odeur de foie de soufre ; sa saveur est celle des œufs gâtés, et cuisante. Lorsque les Barytines contiennent un mélange de sulfate de strontiane, si on peut réussir à en dissoudre une portion quelconque dans l'acide hydrochlorique, et qu'après avoir évaporé à siccité cette solution , on place le sel produit sur un papier trempé dans l'alcool et qu'on allume ce papier , la flamme se colorera en rouge partout où elle touchera le sel; mais s'il n'y a point de sulfate de strontiane, la flamme ne sera pas colorée. Avec le borax, fait effervescence et se dissout en verre transparent, qui devient jaune ou brun à froid, et opaque si la Barytine est en proportion considérable. Avec la soude, se gonfle , se décompose , entre dans le charbon, et forme une masse qui dégage fortement l'odeur de foie de soufre. Avec un mélange de silice et de soude, donne un verre coloré en brun par l'hépar. Avec la chaux

---

(1) Haüy indiquait 101° 32' 13" et 78° 27' 47", pour la mesure des mêmes angles.

fluatée, fond en un verre transparent qui prend le blanc d'émail
par le refroidissement. (Berzélius.)

1re Espèce. BARYTINE PRIMITIVE (*Barytina prismatica*). Signe des
faces, P M. Un prisme rhomboïdal droit, ordinairement très court.
Inclinaison de P sur M, 90°; de M sur M, 101° 32' et 78° 28' (Haüy),
101° 42' et 78° 18' (Beudant). De *Czarles* et de *Nagybania* en
Transylvanie. (Luc., Coll. du Mus.) D'*Offenbanya* et de *Kapnik*,
même pays, et de *Schemnitz* (Hongrie). (Haüy.)

2°. BARYTINE BINAIRE (*Barytina ditetraedra*). Signe des faces,
M *d*. Prisme rhomboïdal terminé par des sommets dièdres, dont
les deux faces à leur réunion à l'arête culminante forment entre
elles un angle aigu d'environ 78°. Ce sont les pans M du prisme
primitif qui sont ces faces culminantes. Les faces *d* sont produites,
en vertu d'une modification, par une face sur chacun des angles
obtus de la base du noyau, base qu'elles interceptent en entier.
Elles constituent les pans du prisme de cette espèce, qui, pour
être mis en rapport de position avec le prisme primitif, doit avoir
son axe horizontal. Inclinaison de *d* sur *d*, 78° 2' et 101° 58' (Haüy);
de M sur M, 78° 18'.

Var. *a. Prismatique.* Prisme rhomboïdal à sommets dièdres, ou
octaèdre rectangulaire cunéiforme.

Var. *b. Octaèdre.* Un octaèdre ayant ses huit faces triangulaires
isocèles. De *Roure* (département du Puy-de-Dôme). (Haüy.)

3°. BARYTINE UNITAIRE (*Barytina similis*). Signe des faces, M *o*.
Forme analogue à celle de l'espèce précédente, et, comme elle, un
prisme rhomboïdal à sommets dièdres, mais les faces de ce sommet,
qui sont aussi les pans du prisme primitif, forment entre elles des
angles obtus, d'environ 101° 40'. Les faces *o* du prisme de cette espèce sont produites, en vertu d'une modification, par une seule
face sur chacun des angles aigus des bases du noyau, bases qu'elles
interceptent aussi complètement. Ce prisme doit être considéré
également comme ayant son axe horizontal pour être en rapport de
position avec le noyau. Inclinaison de o sur o, 105° 50' et 74° 10'
(Haüy); de M sur M. 101° 42'.

4°. BARYTINE APOPHANE (*Barytina apophana*). Signe des faces,
P M *d*. Le prisme rhomboïdal droit primitif modifié par une seule
face *d* sur chacun des angles obtus de ses bases. C'est la même
modification qui produit l'espèce *binaire*, mais moins complète en-

core, car elle n'intercepte pas les bases du noyau. Inclinaison de P sur *d*, 141° (Haüy), 141° 10' (Beudant).

Var. *a. Trianguliflère.* Les faces *d* qui remplacent les angles obtus, sont des triangles et n'interceptent pas entièrement les arêtes latérales obtuses du noyau.

Var. *b. Trapézifère.* Les faces *d* sont des trapèzes, interceptent entièrement les arêtes latérales obtuses du noyau et se réunissent sous un angle dièdre de 78° 2'.

Les cristaux de l'espèce *apophane* se trouvent à *Kapnick* en *Transylvanie.* (Lucas, Coll. du Mus.)

5°. BARYTINE ÉMOUSSÉE (*Barytina analoga*). Signe des faces, P M *o*. Forme analogue à celle de l'espèce précédente. Le prisme rhomboïdal primitif modifié par une face *o* sur chacun des angles aigus de ses bases. Même modification que celle qui produit l'espèce *unitaire*, mais qui, ici, n'intercepte pas les bases du noyau. Inclinaison de P sur *o*, 127° 5' (Haüy), 124° (Beudant).

Var. *a. Trianguliflère.* Les faces *o* sont des triangles.

Var. *b. Trapézifère.* Les faces *o* sont des trapèzes et se réunissent en une arête sous un angle de 105° 50' environ.

Var. *c. Prismatique.* Prisme à six pans *o* P, à sommets dièdres M.

6°. BARYTINE UNIBINAIRE (*Barytina octaedriformis*). Signe des faces, *o d.* Un octaèdre rectangulaire cunéiforme, clivable parallèlement à son axe sur ses angles solides latéraux, et plus nettement encore perpendiculairement à ce même axe sur l'arête ou l'angle solide terminal. Combinaison des deux modifications sur les angles aigus et obtus des bases par lesquelles sont formées les espèces *binaire* et *unitaire.* Cette combinaison intercepte entièrement le noyau. Inclinaison de *d* sur *o*, 117° 56'. (Haüy.)

7°. BARYTINE SUB-PYRAMIDÉE (*Barytina sub-pyramidata*). Signe des faces, P M *z*. Le prisme primitif ayant les arêtes au pourtour de ses bases tronquées. Modification incomplète par une face sur chacune des arêtes terminales du noyau. Inclinaison de P sur *z*, 115° 33'. (Haüy.)

8°. BARYTINE RÉTRÉCIE (*Barytina acuto-hexaedra*). Signe des faces, M *s* P. Une lame ou prisme hexaèdre très court, dont deux angles dièdres latéraux opposés sont aigus (de 78° 18'), et les quatre autres obtus. Modification incomplète par une seule face *s* sur les arêtes latérales obtuses du noyau. Inclinaison de M sur M, 78° 18'; de *s* sur M, 140° 46' (Haüy) ; de *s* sur P, 90°. De *Freyberg* (Lucas, Coll. du Mus.) De *Kapnick* et de *Felsobanya* (*Hongrie*). (Haüy).

9°. BARYTINE RACCOURCIE (*Barytina obtuso hexaedra*). Signe des faces, M *k* P. Une lame ou prisme hexaèdre très court, dont aucun des angles dièdres latéraux n'est aigu. Modification incomplète par une seule face *k* sur les arêtes latérales aiguës du noyau. Inclinaison de *k* sur M, 129° 14' (Haüy); de M sur M, 101° 42'; de *k* sur P, 90°. De *Schemnitz* (Hongrie). (Haüy et Lucas, Coll. du Mus. De *Roure* (Auvergne). (Haüy.)

10°. Barytine dodécaèdre (*Barytina dodecaedra*). Signe des faces, M *d o*. Prisme rhomboïdal terminé par des sommets à quatre faces trapézoïdales correspondant aux arêtes.

Var. *a*. *Ditétraédriforme*. Le prisme *d* de l'espèce *binaire* formant le prisme de celle-ci et celui de l'*unitaire* (o), deux des faces à chaque sommet. Le prisme est alors de 78° 2' et 101° 58'.

Var. *b*. *Similiforme*. Le prisme o de l'espèce *unitaire* formant le prisme de celle-ci et celui de la *binaire* (*d*), deux des faces à chaque sommet. Le prisme est alors de 74° 10' et 105° 50'.

C'est la combinaison des modifications qui produisent les espèces *binaire* et *unitaire*. Inclinaison de *d* sur o, 117° 56' (Haüy). Des environs de *Coude* (Auvergne). (Haüy.)

11°. Barytine trapézienne (*Barytina trapeziana*). Signe des faces, *d o* P. Une lame rectangulaire biselée, ou un prisme rectangulaire très court ayant chacune de ses faces latérales interceptée par un biseau à deux faces. Combinaison de deux modifications incomplètes, chacune par une face sur les deux sortes d'angles des bases du noyau. Ces bases ne sont pas interceptées. Inclinaison des faces des biseaux *d* sur *d*, 78° 2'; o sur o, 125° 50'; de P sur o, 127° 5'; de P sur *d*, 141° (Haüy). De *Saxe* (Lucas, Coll. du Mus.) Du *Hartz* et de *Roure* (Auvergne). (Haüy.)

12°. Barytine quadridécimale (*Barytina quadridecimalis*). Signe des faces, M *d r p*. Prisme à dix pans, à axe horizontal et terminé par des sommets dièdres qui correspondent aux angles saillans aigus du prisme primitif. Les pans du prisme de cette espèce sont formés par les bases du noyau et par deux modifications sur les angles obtus des bases du noyau. Les pans de ce prisme offrent les inclinaisons suivantes : 73° 2', 158° 56', 162° 3' (Haüy). Des mines du *Hartz*. (Haüy.)

13°. Barytine épointée (*Barytina spuntata*). Signe des faces, P M *d o*. Une table rectangulaire biselée et ayant ses quatre angles solides les plus saillans, remplacés chacun par une facette trapézoïdale M, reste des pans du prisme primitif. C'est l'espèce *trapézienne*, mais où la combinaison de modifications qui la forme, n'intercepte pas entièrement les faces latérales du noyau. Des mines de mercure d'*Espagne*, du *Palatinat* et du *Duché de Deux-Ponts* (Haüy). Du *Puy de Chaté* près de *Royat* (Auvergne), et de *Saxe.* (Lucas, Coll. du Mus.)

Nous n'avons décrit ici qu'un très petit nombre d'espèces de ce genre, le plus nombreux de tous en espèces après le genre Spath ou Chaux carbonatée. Haüy en a déterminé et figuré soixante-treize, et sans doute il en existe une quantité bien plus considérable. Les espèces que nous avons choisies sont celles qui ont les formes les plus simples et les plus fréquemment dominantes dans les cristaux plus compliqués. Pour une étude de ceux-ci nous renvoyons au *Traité* et à l'atlas de Haüy, ainsi qu'à la page 462 du *Traité* de M. Beudant, et aux planches et figures qui y sont citées. L'*Auvergne* est un des pays les plus riches en espèces diverses du genre Barytine. On en trouve au *Puy de Chaté* près *Royat*, au *Puy de Corrent*, à la montagne de la *Courtade*, près de *Champeix*, au pont de *Pérache* près de *Coude*, où Haüy a reconnu dix espèces différentes, etc.

ALTÉRATION DES INDIVIDUS DE CE GENRE ET LEURS GROUPEMENS.

Les espèces en forme de tables ou de lames, subissent parfois des arrondissemens sur leurs bords et leurs angles, et les cristaux ainsi altérés se groupent en forme de crêtes de coq, ou se présentent comme de petites masses laminaires et lamellaires.

Les espèces en forme de prismes alongés par de pareils arrondissemens, offrent quelquefois la forme de baguettes sillonnées de stries longitudinales, et les individus ainsi altérés se groupent en masses baccillaires, c'est le *Stangenspath* de Werner ; ou en masses fibreuses et radiées, c'est la *pierre de Bologne*, qui, étant calcinée, donne le phosphore de Bologne.

On trouve aussi des groupemens d'individus moléculaires en masses concrétionnées, mamelonnées, stalagmitiques, botryoïdes, contournées (*pierre de tripes* de Wieliczka), granulaires, compactes et terreuses. Communes dans beaucoup de contrées et sur-tout dans les régions métallifères.

ANNOTATION.

Haüy a séparé des autres Barytines celles qui rendent une odeur fétide par le frottement ou par l'action du feu, et les a désignées sous le nom de *Baryte sulfatée fétide*. C'est le *Lapis hepaticus* de Wallerius; l'*Hépatit* de Karsten; le *Leberstein* de Cronstedt, le

Schwerleberspath de Werner ; le *Liverstone* de Kirwan. On en trouve dans différentes parties des *Alpes* ; à *Kongsberg* en *Norwége* et à *Lublin* en *Gallicie*.

2ᵉ Genre. — CÉLESTINE. (Werner.) (*Celestina.*)

Spath séléniteux de Sicile (Romé-de-l'Isle). *Strontiane* (Daubenton). *Strontiane sulfatée* (Haüy). *Schützit* (Reuss). *Prismatoïdischer Hal-Baryt* (Mohs).

Combinaison d'acide sulfurique et de strontiane , ou sulfate de strontiane.

Signe minéralogique : *St Su³*.

Sa composition , suivant M. Beudant , est :

Acide sulfurique.	43,64
Strontiane.	56,36
	————
	100,00

Les cristaux de Célestine les plus purs, sont cependant rarement exempts de mélanges, qui sont des sulfates de baryte ou de chaux, des carbonates de chaux ou de strontiane , de la silice, de l'alumine et de l'oxyde de fer. La proportion de ces matières mélangées varie de 0,57 °/₀ (Célestine de Sicile) à 9,58°/₀ (Célestine de Montmartre).

Forme primitive : prisme rhomboïdal droit de 104° 48' et 75° 12' (Haüy) , d'environ 104° 1/2 et 75' 1/2 (Beudant). Le rapport d'un des côtés de la base à la hauteur est, suivant Haüy, à peu près celui de 114 à 115. Clivages les plus nets parallèles aux bases , moins nets parallélement aux pans du prisme. Il y a aussi des joints parallèles aux directions des deux diagonales des bases. Mais ceux-ci ne s'aperçoivent qu'à une vive lumière. Pes. spéc. , 3,6 à 4,0. Raye la chaux carbonatée ; rayée par la chaux fluatée. Incolore, ou blanche, bleue, bleuâtre , jaunâtre ou grisâtre. Éclat vitreux passant au nacré. Transparente ou translucide. Cassure inégale ou conchoïde.

Des fragmens exposés à la chaleur, ou leur poussière projetée sur un fer rouge, émettent une lueur phosphorique assez vive.

Après la calcination, excitant sur la langue une saveur un peu âcre.

Difficilement soluble ou insoluble dans les acides.

Au chalumeau, seule sur le charbon, décrépite et fond à la flamme extérieure en une boule d'un blanc laiteux qui, à la flamme intérieure, s'étale, se décompose, devient infusible et donne pour résidu une masse hépatique. Si, après avoir dissous cette masse dans l'acide hydrochlorique, l'on fait évaporer jusqu'à siccité cette dissolution, que l'on place le sel produit sur un papier trempé dans l'alcool et qu'on allume ce papier, la flamme se colorera en rouge partout où elle touchera le sel. Avec les flux, le verre de silice et de soude et la chaux fluatée se comportent comme les Barytines ou Barytes sulfatées. (Berzélius.)

ESPÈCES.

1ere Espèce. Célestine unitaire (*Celestina ditetraedra*). Signe des faces, M o. Prisme rhomboïdal à sommets dièdres, dont les deux faces à leur réunion à l'arête culminante forment entre elles un angle obtus d'environ 105°. Ce sont les pans M du prisme primitif qui sont ces faces culminantes. Les faces o sont produites en vertu d'une modification par une face sur chacun des angles aigus des bases du noyau, bases qu'elles interceptent en entier. Elles constituent les pans du prisme de cette espèce, qui, pour être mis en rapport de position avec le prisme primitif, doit avoir son axe horizontal. Inclinaison de o sur o, 102° 58' et 77° 2' (Haüy), 105° 58' et 76° 2' (Mohs); de M sur M, 104° 48'.

2e. Célestine émoussée (*Celestina hexatetraedra*). Signe des faces, P M o. Prisme à six pans, à sommets dièdres, ou le prisme rhomboïdal primitif modifié par une face o sur chacun des angles aigus de ses bases. Même modification que celle qui produit l'espèce précédente, mais qui n'intercepte pas les bases du noyau. Inclinaison de P sur o, 128° 31' (Haüy), 128° (Beudant.)

3e. Célestine bisunitaire (*Celestina hexaedra*). Signe des faces, P o s. Table ou lame hexaèdre, ou prisme hexaèdre droit très court. C'est le prisme de l'espèce précédente (*émoussée*), qui, au lieu d'avoir des sommets dièdres, est terminé de part et d'autre par une facette perpendiculaire à son axe, et parallèle à l'axe du prisme primitif, produite en vertu d'une modification par une face, sur chacune des arêtes latérales obtuses du noyau. Inclinaison de *s* sur P et sur *o*, 90°.

4°. **Célestine dodécaèdre** (*Celestina dodecaedra*). Signe des faces, *o d* M. Prisme à quatre pans, terminé par des sommets à quatre faces correspondantes à ses arêtes. C'est l'espèce *unitaire* ayant deux faces *d* de plus à chaque sommet, produites en vertu d'une modification par une face sur chacun des angles obtus des bases du noyau. Inclinaison de *d* sur *d*, 78° 28'. De *Sicile*. (Luc., Coll. du Mus.)

5°. **Célestine épointée** (*Celestina spuntata*). Signe des faces, *o* P M *d*. Prisme à six pans; sommets à quatre faces. L'espèce précédente ayant au prisme deux faces de plus, qui sont les bases P du noyau. Inclinaison de P sur *d*, 140° 46'. De *Sicile* et de *Montmartre*. (Luc., Coll. du Mus.)

6°. **Célestine entourée** (*Celestina cincta*). Signe des faces, *o* P M *d z*. Prisme à six pans. Sommets à huit faces toutes obliques à l'axe.

7°. **Célestine anamorphique** (*Celestina annulata*). Signe des faces, *o* P *s d z*. Prisme à six pans terminé par des sommets à sept faces, dont une est perpendiculaire à l'axe du prisme, ou prisme hexaèdre non régulier, ayant les six arêtes au pourtour de ses bases, remplacées chacune par une face.

8°. **Célestine apotome** (*Celestina acuta*). Signe des faces, *o n*. Prisme rhomboïdal très court, terminé par des sommets très alongés et aigus à quatre faces *n* correspondantes à ses quatre pans; ou octaèdre rhomboïdal aigu ayant les arêtes de la base commune des deux pyramides, remplacées chacune par une face parallèle à l'axe de cet octaèdre. Inclinaison de *n* sur *n*, 107° 44' et 84° 20'. De *Bougival* et de *Montmartre* près de *Paris*. (Haüy.)

9°. **Célestine dioxynite** (*Celestina dioxynita*). Signe des faces, *o n d*. L'espèce précédente dont l'angle solide quadruple terminal est remplacé par deux faces rectangulaires qui se réunissent en une arête culminante, formant entre elles un angle dièdre de 78° 28'. De *Meudon* près de *Paris*. (Haüy.)

N. B. La plupart des espèces précédentes qui n'ont pas de localité désignée viennent probablement des environs de *Girgenti* en Sicile.

Voyez pour d'autres espèces de ce genre, les espèces de Sicile et de Bex en Suisse, décrites par M. Soret, dans les Mémoires de la Société de Physique et d'Histoire Naturelle de Genève.

Voyez aussi les pl. IX, fig. 35, 36, 43, 44, et X, fig. 18, à 24, 30, 31, 34, du tome second de M. Beudant.

ALTÉRATION DANS LA FORME ET MODE DE GROUPEMENT DES INDIVIDUS ALTÉRÉS ET MOLÉCULAIRES.

Les cristaux prismatiques par l'arrondissement de leurs faces, deviennent baccillaires ou aciculaires. Ils se groupent alors en masses fibreuses à grosses fibres divergentes, ou à petites fibres parallèles.

Les individus moléculaires se groupent en masses lamellaires, mamelonnées, stalactitiques, compactes, terreuses, réniformes, ordinairement mélangées d'argile et de chaux carbonatée. (Montmartre près de Paris.) Les masses compactes empruntent quelquefois la forme d'autres êtres et revêtent l'apparence extérieure du gypse lenticulaire ou de coquilles.

2ᵉ Genre.—ANHYDRITE. (de Léonhard.) (*Karstenia.*)

Gypse anhydre de quelques auteurs. *Chaux anhydro-sulfatée* et plus anciennement *Chaux sulfatée anhydre* (Haüy). *Muriazit* et *Würfelspath* (Werner). *Spath cubique* (Brochant). *Chaux sulfatine* (Brongniart, Traité). *Karsténite* (Haussmann , Brongniart et Beudant). *Prismatischer Orthoklas-Haloïd* (Partsch). *Prismatischer Gyps Haloïd* (Mohs). *La pierre de Vulpino* (Fleuriau de Bellevue). La *Vulpinite* et le *Bardiglione* (Bournon) appartiennent à ce genre.

Combinaison d'acide sulfurique et de chaux, ou sulfate anhydre de chaux.

Signe minéralogique de M. Berzélius , $Ca\ S^3$.

ANALYSES DES ANHYDRITES.

	De Sulz. Par Klaproth.	D'Eisleben. Par Rose.	De Vulpino. Par Stromeyer.	De Bohême. Par Beudant.
Acide sulfurique.	57,00	56,28	58,007	56,0
Chaux.	42,00	41,48	41,704	39,0
Oxyde de fer.	0,10	0,00	0,000	0,0
Silice.	0,25	0,00	0,090	0,2
Eau.	0,00	0,75	0,072	0,0
Baryte.	0,00	0,00	0,000	2,0
Chlorure de sodium.	0,00	0,00	0,000	2,7
	99,35	98,51	99,875	99,9

Forme primitive : prisme droit rectangulaire dont les côtés de la base et la hauteur sont entre eux comme 12,10 et 9. Clivable très nettement, parallèlement à ses faces, c'est-à-dire dans trois directions perpendiculaires entre elles. Les trois sortes de faces de clivage ont des degrés de netteté différens. Il existe aussi des indices de joints naturels dans la direction des deux diagonales des bases parallèlement à un prisme rhomboïdal de 100° 8' et 79° 52'. Pes. spéc., 2,5 à 2,9. Raye la chaux carbonatée; rayée par la chaux fluatée. Incolore, ou blanche, bleuâtre, bleue, rose, rouge de chair, grise. Éclat vitreux sur certaines faces, nacré sur d'autres. Transparente ou seulement faiblement translucide. Cassure inégale ou conchoïde à petites cavités. Des fragmens exposés à l'action de la chaleur émettent une faible lueur phosphorique.

Au chalumeau, dans le matras, ne donne point d'eau ou n'en donne que des traces. — Seule entre les pinces de platine, difficilement fusible au feu d'oxydation, en un émail blanc. — Sur le charbon, au feu de réduction se décompose. réagit comme un alkali sur le papier de Fernambouc, et répand une odeur de foie de soufre lorsqu'on l'humecte. — Dans le borax, soluble avec effervescence en un verre transparent qui, après le refroidissement, est jaune-brun et qui, si la proportion de matière d'essai est considérable, devient alors brun et opaque. — Avec la chaux fluatée, donne une perle transparente à chaud et d'un blanc d'émail à froid. — Donne au verre de silice et de soude avec lequel on la fond, la couleur brune de l'hépar. (Berzélius).

ESPÈCES.

1re Espèce. ANHYDRITE PRIMITIVE (*Kerstenia rectangularis*). Signe des faces, P M. T. Le prisme rectangulaire décrit ci-dessus. Des *Salines de Hall* en *Tyrol*. (Luc., Coll. du Mus.)

2e. ANHYDRITE PÉRIOCTAÈDRE (*Kerstenia perioctaedra*). Signe des faces, M et T P. Un prisme droit à huit pans, dont quatre sont les pans du prisme primitif, et les quatre autres sont produits en vertu d'une modification incomplète par une face sur chacune des arêtes latérales du noyau. Inclinaison de *r* sur M, 140° 4'; de *r* sur T, 129° 56'.

3ᵉ. ANHYDRITE PROGRESSIVE (*Karstenia progrediens*). Signe des faces , M T *f n o* P. Le prisme rectangulaire primitif modifié sur chacun de ses angles solides , par trois facettes inclinées dans le même sens , sur les pans larges M du prisme, et dont les arêtes de commune intersection sont parallèles entre elles.

MODES DE GROUPEMENT DES INDIVIDUS ALTÉRÉS DANS LEUR FORME,
OU MOLÉCULAIRES DE CE GENRE.

En masses laminaires, fibreuses, botryoïdes ou contournées comme les intestins (Pierre de tripes, *Gekrosstein*.)
En masses compactes ou terreuses.

ALTÉRATION DE LA SUBSTANCE DANS LES INDIVIDUS DE CE GENRE
ET DANS LES MASSES FORMÉES PAR LEUR ASSEMBLAGE.

L'exposition prolongée à l'action des élémens fait acquérir aux Anhydrites, de l'eau de composition, et leur substance est changée en Gypse ou Chaux sulfatée hydratée. Haüy désigne sous le nom de *Chaux sulfatée épigène*, les Gypses ainsi produits par l'altération des Anhydrites. Ils sont abondans partout où existent des Anhydrites; à Bex, dans la Tarentaise, à Vulpino, etc.

6ᵉ Genre. — GLAUBÉRITE. (Brongniart.)
(*Brongniartia*).

Brongniartia (de Léonhard). *Prismatisches Brythin-Salz* (Mohs), *Polyhalite gris de Vic* (Berthier).
Combinaison d'acide sulfurique , de chaux et de soude sans eau , ou sulfate anhydre de chaux , combiné avec du sulfate anhydre de soude et quelquefois aussi du sulfate anhydre de magnésie.
Signe minéralogique de M. Berzélius : $C S^3 + N S^3$.

ANALYSE DES GLAUBÉRITES DE VILLA-RUBIA , PAR BRONGNIART.

Sulfate de chaux.	49
Sulfate de soude.	51
	100

ANALYSES DES GLAUBÉRITES (POLYHALITES GRIS, BERTHIER) DE VIC,
PAR BERTHIÉR.

Sulfate de chaux.	40,0	40,0
Sulfate de soude.	29,4	37,6
Sulfate de magnésie.	17,6	0,5
Chlorure de sodium.	0,7	15,4
Argile et oxyde de fer.	4,3	4,5
Perte.	8,0	2,0
	100,0	100,0

Forme primitive : prisme rhomboïdal oblique de 85° 20' et 96° 40', dont la base est inclinée à l'axe de 104° 15'. Clivable parallèlement à ses faces ; le clivage le plus net est parallèle aux bases. Pes. spéc., 2,75 à 2,80. Raye le gypse; rayée par la chaux fluatée. Incolore, jaune de vin, rougeâtre. Éclat vitreux. Transparente ou translucide.

L'eau exerce une action marquée sur les Glaubérites. Un cristal mis dans l'eau, devient opaque et d'un blanc laiteux ; après la dessiccation on trouve sa surface recouverte d'une croûte blanche qui est du sulfate de chaux. Le sulfate de soude a été dissous par l'eau, qui a ainsi décomposé les parties superficielles du cristal. De là vient son goût salé et astringent. Cette propriété rapproche les minéraux de ce genre des cristaux Hydrolysimiens ; cependant comme ils ne sont pas entièrement solubles, mais seulement superficiellement décomposables dans l'eau, nous n'avons pas cru devoir les réunir à cette division. Une pareille décomposition et la saveur qui l'accompagne pourraient bien provenir d'un mélange de sel marin (chlorure de sodium) ou d'un peu de soude sulfatée formée par épigénie.

Au chalumeau, seule dans le matras, décrépite et dégage une très petite quantité d'eau. Fond à une faible chaleur en verre transparent. Sur le charbon, blanchit, puis fond en une perle claire qui devient opaque à froid. Au feu de réduction, se fige et devient hépatique. Le sulfure de soude pénètre dans le charbon, et une boule de chaux blanche et très poreuse demeure à la surface. Avec le borax, soluble avec une vive effervescence, puis absorbée par le charbon. Avec le sel de phosphore, fond avec effervescence en verre blanc-de-lait. Fond avec la chaux fluatée. Avec la soude, se décompose : une masse hépatique pénètre dans le charbon et la chaux reste à la surface. Donne au verre de silice et de soude la couleur brune de l'hépar. (Berzélius.)

ESPÈCES.

1re Espèce. GLAUBÉRITE PRIMITIF (*Brongniartia obliquo-prismatica*). Signe des faces, M P. Le prisme rhomboïdal oblique décrit ci-dessus. Inclinaison de M sur M, 83° 20' et 96° 40'; de M sur P, 104° 15'. De *Villa Rubia* près d'*Ocana* (Espagne).

2e. GLAUBÉRITE MIXTE (*Brongniartia analoga*). Signe des faces, P *f*. Un prisme rhomboïdal oblique, dont les pans *f* font entre eux des angles de 116° 20' et 63° 40', et, avec la base P, de 137° 9'. Modification par une face sur chacune des deux arêtes adjacentes inférieures des bases. Cette modification intercepte entièrement les pans du prisme primitif. De *Villa Rubia.*

3e. GLAUBÉRITE QUADRIHEXAGONAL (*Brongniartia quadrihexagonalis*). Signe des faces, M P *f*. Le prisme primitif, dont les deux arêtes adjacentes inférieures de chaque base sont remplacées par une facette *f* correspondante aux pans du prisme. Même modification que celle qui produit l'espèce précédente, mais qui n'intercepte entièrement aucune des faces du noyau. Inclinaison de *f* sur P, 137° 9'; de *f* sur M, 147° 40'. De *Villa Rubia* et de *Vic* en Lorraine. (Dufresnoy, *Annales des Mines*, deuxième série, tom. 3, p. 66.)

Appendice au Sous-ordre des Anhydro-Sulfatidiens.

Polyhalites rouges (Stromeyer). Une partie des *Muriazit* de Werner, et en particulier son *Fasriger Muriazit.*

Ce sont des minéraux, ou en cristaux imparfaits et mutilés ou déformés, approchant de la forme du prisme rhomboïdal des Glaubérites, ou en masses fibreuses, ou baccillaires, ou compactes, dont la couleur est rouge de chair, ou de brique ou jaunâtre, l'éclat gras ou nacré, la structure feuilletée ou fibreuse, la cassure écailleuse ou inégale. Ils sont légèrement solubles ou décomposables dans l'eau, et ont une saveur astringente et salée. Pes. spéc., 2,73 à 2,78. Rayent la chaux carbonatée. M. Haïdinger y a reconnu au microscope, des cristaux en forme de prismes rhomboïdaux droits, de 115° et 65° environ. Et M. Allan, dans son *Manual*, figure un cristal (fig. 33) qui, suivant qu'on place son axe verticalement ou horizontalement, peut être considéré ou comme un prisme droit rectangulaire à sommets dièdres, dont les faces inclinées entre elles de 115° correspondent aux pans larges du prisme ; ou comme le prisme rhomboïdal droit primitif modifié par une face sur chacune de ses deux arêtes latérales aiguës, formant ainsi un prisme hexaèdre droit, dont les pans font entre eux des angles de 115° et de 122° 30'. Ces cristaux, aussi bien que ceux mentionnés par M. Haïdinger, proviennent d'Ischel ou de Hall. D'un autre côté, M. Berthier a observé, à Vic, des Polyhalites rouges cristallisés en prismes rhomboïdaux obliques qui, quoique mutilés et déformés, lui ont paru analogues à ceux des Glaubérites de la même localité. Les analyses des Polyhalites de Vic, par le même savant (*Annales des Mines,* tom. 10, p. 260), ont montré que leur composition est analogue à celle des Glaubérites, mais qu'ils sont mélangés de sulfate de magnésie, de chlorure de sodium, ainsi que d'argile et d'oxyde de fer qui les colorent en rouge. Quant aux Polyhalites d'Ischel, d'Aussée dans le Salzbourg, et de Hall en Tyrol, dont la forme diffère de celle des Glaubérites, leur composition en diffère aussi. M. Stromeyer y a trouvé : Sulfate de potasse, 27,7. Sulfate de chaux anhydre, 22,4. Sulfate de chaux hydraté, 28,2. Sulfate de magnésie anhydre, 20,0. Muriate de soude ou chlorure de sodium, 0,2. Sulfate de protoxyde de fer, 0,3. Leur saveur, qui est faible, est plus amère et plus astringente que salée. Leur solubilité dans l'eau est presque nulle. Se fondent très aisément, même à la simple flamme d'une bougie, en un globule brun opaque.

Il y a donc probablement deux genres distincts dans les Polyhalites ; si tant est que ce ne soient pas des mélanges mécaniques de minéraux divers, dont les uns dominent dans une localité, les autres dans une autre.

Les Polyhalites rouges de Vic sont probablement des Glaubérites souillées par un mélange d'argile et d'oxyde de fer. Celles du Salzbourg et du Tyrol sont autre chose, mais il est encore difficile de caractériser leur véritable nature et de leur assigner une place dans la Méthode.

Deuxième Sous-ordre.

Hydro-sulfatidiens.

Au chalumeau, dans le matras, donnant de l'eau et perdant leur transparence. Solubles dans les acides. Un seul genre raye la chaux carbonatée; les autres sont rayés par elle et ne rayent que le talc.

1er Genre. — ALUNITE. (Cordier.) (*Alunites.*)

Pierre d'alun et *Pierre alumineuse de la Tolfa* de quelques minéralogistes français. *Alumine sous-sulfatée alkaline* (Haüy). *Alun stone* (Phillips). *Alaunstein* (de Léonhard). *Rhomboedrischer Alaun-Haloïd* (Mohs).

Combinaison d'acide sulfurique, d'alumine, de potasse et d'eau, ou sulfate hydraté d'alumine et de potasse. On n'a pas encore reconnu sa composition atomique, et il n'en existe point de formule minéralogique.

ANALYSES DES ALUNITES.

	Cristallisée. Par Cordier.	De Montione. Par Descotils.
Acide sulfurique.	35,49	35,6
Alumine.	39,65	40,0
Potasse.	10,00	13,8
Eau.	14,83	10,6
	99,97	100,0

Forme primitive : rhomboïde aigu de 87° 10' et 92° 50'. Assez nettement clivable perpendiculairement à son axe, moins nettement parallèlement à ses faces. Pes. spéc., 2,69 à 2.75. Rayant la chaux carbonatée ; rayée par la chaux fluatée. Couleur blanche, rougeâtre ou

grisâtre. Éclat vitreux ou nacré. Translucide, quelquefois seulement sur les bords. Tissu en général lamelleux.
Cassure inégale à gros grains, conchoïde ou terreuse.

Soluble en poudre dans l'acide sulfurique.

Au chalumeau, dans le matras, donne de l'eau, et, par une
forte chaleur, un sublimé de sulfate d'ammoniaque, soluble dans
l'eau. Sur le charbon, à un feu vif, se contracte mais ne fond pas.
Dans le borax, soluble avec effervescence en verre incolore et
transparent. Avec le sel de phosphore (l'alunite de la Tolfa, probablement contenant un mélange mécanique de silice), se dissout
en donnant pour résidu un squelette de silice demi-transparent
et un verre qui ne devient pas opalin par le refroidissement. Avec
la soude, ne fond pas. Avec la solution de cobalt, donne un beau
bleu.

ESPÈCES.

1ere Espèce. ALUNITE PRIMITIVE (*Alunites rhomboedrica*). Signe
des faces, P. Un rhomboïde aigu de 87° 10' et 92° 50'.

2e. ALUNITE BASÉE (*Alunites apice-truncata*). Signe des faces,
P o. Le rhomboïde primitif ayant ses deux sommets modifiés cha-
cun par une face o perpendiculaire à l'axe. De la *Tolfa* près de
Rome (Haüy).

MODES DE GROUPEMENT DES INDIVIDUS MOLÉCULAIRES DE CE
GENRE.

En masses fibreuses ou radiées, quelquefois disposées en couches
planes ou courbes. — En masses compactes qui renferment, dans
certaines localités (aux *Monts Dore*, en Auvergne, par exemple),
un mélange mécanique de silice. Ces masses sont quelquefois caverneuses, cellulaires ou poreuses. — En amas terreux. Ces divers modes de groupement se voient à la *Tolfa*, aux *Monts-Dore*,
à *Parad* (en Hongrie), et à *Milo* et *Argentiera* (Iles de l'Archipel
grec).

2ᵉ Genre. — GYPSE. (*Gypsum*).

Sélénite (Romé-de-l'Isle et Bergman). *Fraueneis* (Werner).
Chaux sulfatée (Haüy). *Gyps* (de Léonhard). *Prismatoïdisches
Gyps-Haloïd* (Mohs). *Prismatoïdisches Euklas-Haloïd* (Partsch).

Combinaison d'acide sulfurique, de chaux et d'eau ; ou sulfate
de chaux hydraté.

Signe minéralogique de M. Berzélius : $C\,S^3 + 2\,Aq.$

ANALYSE DU GYPSE CRISTALLISÉ, PAR BUCHOLZ.

Acide sulfurique.	46
Chaux.	33
Eau.	21
	——
	100

Forme primitive : prisme oblique rectangulaire dont la base est inclinée aux pans M sur lesquels elle repose, de 113° 6' et 66° 54'. Clivages et joints naturels très faciles et très nets parallèlement aux pans T du prisme, adjacens à ceux sur lesquels repose la base (1). Pes. spéc., 2,26 à 2,4. Raye le talc ; rayé par la chaux carbonatée. Incolore, ou blanc, ou grisâtre, jaunâtre ou même brun, selon qu'il est plus ou moins pur. Quelquefois jaune ou rouge. Parfaitement transparent ou seulement translucide ou opaque. Tissu éminemment lamelleux. Divisible aisément en lames extrêmement minces qui sont flexibles sans être élastiques.

Soluble dans 460 fois son poids d'eau, ce qui rend cette solubilité insensible, et par conséquent inutile comme caractère minéralogique.

Au chalumeau, dans le matras, donne de l'eau et devient blanc laiteux, se comporte d'ailleurs sur le charbon et avec les flux comme les Anhydrites (*Karstenia*). Voyez ce genre.

ESPÈCES.

1re Espèce. GYPSE TRAPÉZIEN (*Gypsum trapezianum*). Signe des faces, T *l f*. Table ou lame rhomboïdale biselée. Modification par une face *l*, sur chacune des arêtes terminales longues, qui intercepte entièrement la base P, combinée avec une modification également

---

(1) Haüy considérait la forme primitive du Gypse, comme un prisme droit, dont les bases, qui correspondaient à nos faces T, et par conséquent aux faces de clivage, étaient des parallélogrammes obliquangles. Les côtés de la base étaient, suivant lui, entre eux et aux arêtes latérales du prisme, comme les nombres 12, 13 et 32.

par une face *f*, sur chacune des arêtes latérales, qui intercepte entièrement le pan M du prisme primitif. Mais le pan T, parallèle aux faces de clivage, n'est pas intercepté par cette combinaison et forme la base de la table ou lame, dont les faces secondaires *f l* de forme trapézoïdale, sont les biseaux. Inclinaison de *l* sur *l*, 143° 48' (Beudant), 143° 53' (Haüy), 142° 52' (Mohs); de *f* sur *f*, 100° 40' (Beudant), 110° 36' 1/2 (Haüy), 110° 37' (Mohs); de T sur *l*, 180° (Beudant), 108° 3' (Haüy); de T sur *f*, 124° 20' (Beudant), 124° 42' (Haüy). C'est l'espèce la plus commune de ce genre. Haüy cite *Montmartre*, *Mézières* (département des Ardennes), et *Prouleroy* (département de l'Oise), comme localités où cette espèce se trouve. Elle se trouve aussi entre *Cracovie* et *Brusco*, en *Pologne*, et en *Hongrie*. (Lucas, Coll. du Mus.) Etc.

Var. *a. Alongée*. Dans le sens des faces *l*.

Var. *b. Élargie*. Alongée dans le sens d'une des diagonales de la table ou lame.

N. B. Les individus de cette espèce se groupent quelquefois deux à deux avec compénétration réciproque et inversion (hémitropie) de l'un des individus. Les deux moitiés de ce cristal composé, forment un angle rentrant de 106° 15', auquel correspond un angle saillant de même valeur. Des *Salines d'Autriche*. (Haüy.)

Les arêtes et les angles solides subissent, à divers degrés, des arrondissemens, et s'émoussent graduellement, jusqu'à donner au cristal une forme *lenticulaire* (Montmartre) et quelquefois *conique* (près de l'*Hôpital Saint Louis*, à Paris). Haüy nomme *mixtilignes* les cristaux de Gypse qui présentent des formes intermédiaires entre le *Gypse trapézien* parfait et le Gypse lenticulaire.

Les lentilles se groupent deux à deux, en se pénétrant réciproquement de manière à présenter, par les clivages, comme la section d'un fer de lance. Cet accident est très commun à *Montmartre* et sur-tout dans les carrières de *Pantin*. Ces lentilles géminées sont connues sous le nom de *Gypse cunéiforme* ou en *fer de lance*.

2°. GYPSE UNIQUATERNAIRE (*Gypsum analogum*). Signe des faces, T *l o*. Table ou lame rhomboïdale biselée, tout-à-fait semblable à l'espèce précédente, excepté que le biseau formé par les faces *f* est ici remplacé par un biseau plus aigu formé par les faces *o* inclinées entre elles de 71° 40', et sur les faces T, de 144° 9'.

3°. GYPSE ÉQUIVALENT (*Gypsum hexagonale*). Signe des faces, T *l f n*. Table ou lame hexagonale biselée sur ses six bords. C'est l'espèce *trapézienne* augmentée de quatre facettes *n* produites en vertu d'une modification par une face sur chacun des angles supérieurs des bases. Inclinaison de *n* sur *n*, 138° 55' (Haüy); de *n* sur T, 110° 32' 1/2 (Haüy), 110° 51' (Beudant). De *Kremnitz* (Hongrie) et d'*Ischel* (Haute Autriche). (Lucas, Coll. du Mus.) Des environs de *St-Germain-en-Laye*. (Haüy.)

4e. Gypse quaterno-bisunitaire (*Gypsum simile*). Signe des faces, T *l o f n.* Table ou lame hexagonale biselée sur ses six bords comme l'espèce précédente, excepté que le biseau formé par les facettes *o* de l'espèce *uniquaternaire* remplace ici le biseau formé dans l'*équivalente* par les faces *f.*

5°. Gypse progressif (*Gypsum quadridecimale*). Signe des faces, T *f l k.* L'espèce *trapézienne*, dans laquelle l'arête qui sépare les faces *l* du biseau terminal de la face T est remplacée par une facette *k.*

6°. Gypse prominule (*Gypsum prominulum*). Signe des faces, T *f* P *u.* Prisme à huit pans, terminé par des sommets dièdres. Dans les cristaux groupés deux à deux avec pénétration réciproque et inversion de l'un des deux (hémitropie), les sommets paraissent être à quatre faces, une arête perpendiculaire à l'arête de jonction des deux faces originaires, naissant de cette hémitropie. De *Sicile.* (Haüy.)

On trouve encore à *Bex* en Suisse, etc., à *Hall* dans le Tyrol, diverses espèces qui se rapprochent de la *trapézienne* par leur forme générale, mais qui s'en distinguent par le grand nombre de facettes à arêtes d'intersections parallèles entre elles, et à l'arête d'un des biseaux, qui remplacent les arêtes de jonction de ces biseaux et de la face T, et aussi par la présence constante d'une grande face *i* qui remplace deux des angles solides les plus saillans de la lame ou table rhomboïdale ; face produite en vertu d'une modification sur l'arête terminale supérieure de la base du noyau. (*Voyez* la figure de deux de ces espèces dans l'atlas de Haüy, pl. 31, fig. 12 et 13. *Voyez* aussi d'autres espèces dans le même atlas, pl. 30, fig. 8 et 11.) M. Soret a décrit plusieurs espèces du genre Gypse, provenant des salines de Bex, dans les Annales des Mines et dans les Mémoires de la Société de Physique et d'Histoire Naturelle de Genève.

ALTÉRATION DANS LES FORMES DES CRISTAUX PRISMATIQUES DE CE GENRE.

Les angles saillans et solides s'émoussent ; les sommets s'oblitèrent et les cristaux deviennent *prismatoïdes*, *cylindroïdes*, *aciculaires*, et se groupent en masses fibreuses à fibres parallèles ou rayonnées.

MODES DE GROUPEMENT DES INDIVIDUS MOLÉCULAIRES DE CE GENRE.

En masses laminaires, lamellaires, grano-lamellaires, granulaires, compactes, concrétionnées (albâtre gypseux), niviformes, terreuses, pulvérulentes. Communs dans presque toutes les contrées.

3ᵉ Genre.—BROCHANTITE. (Lévy.) (*Brochantia.*)

Combinaison d'acide sulfurique, d'oxyde de cuivre et d'eau, ou sous-sulfate anhydre de cuivre.

Signe minéralogique de M. Beudant, *Cu Su + Aq.*

ANALYSE DES BROCHANTITES DE SIBÉRIE, PAR MAGNUS.

Acide sulfurique.	17,426
Oxyde de cuivre.	66,935
Eau.	11,917
Oxyde de plomb.	1,048
Oxyde d'étain.	3,145
	————
	100,471

Forme primitive : prisme droit rhomboïdal de 117° et 63°. Traces de clivages parallèles à une face qui modifierait chacun des angles solides aigus. Pes. spéc., 3,78 à 3,87. Raye la chaux carbonatée; rayée par la chaux fluatée. Couleur : vert d'émeraude. Transparente. Éclat vitreux.

Soluble dans les acides, mais non dans l'eau.

Au chalumeau, dans le matras, donnant de l'eau en exhalant l'odeur d'acide sulfureux.—Sur le charbon, se réduit en un grain de cuivre non malléable.— Avec la soude, fond en un globule métallique. Avec les autres flux, donne les réactions de l'oxyde de cuivre.

ESPÈCES.

1ʳᵉ Espèce. BROCHANTITE DIOCTAÈDRE (*Brochantia dioctaedra*). Signe des faces, M *s d o r*. Un prisme à huit pans terminé par des sommets à quatre faces *o r*, correspondantes aux arêtes latérales du prisme rhomboïdal primitif, ou aux faces *s d* du prisme rectangulaire qui remplacent celles-ci. Combinaison de modifications par une face, 1° sur toutes les arêtes latérales, par lesquelles sont produites les faces *s d*, 2° sur tous les angles solides du noyau, qui produisent les faces terminales *o r*. Cette combinaison n'intercepte que les bases du prisme fondamental et en laisse à découvert les pans M. Inclinaison de *o* sur *o*, mesurée à l'angle dièdre que forment ces faces à l'arête culminante, 150° 30′; de *r* sur *s*, 122° 50′; de *o* sur *d*, 104° 45′ D'*Ekatherinbourg* (Sibérie). Cette espèce est représentée à la fig. 52 du *Manual* de M. Allan (1).

2ᵉ. BROCHANTITE QUADRI-DÉCIMALE (*Brochantia quadri-decimalis.*) Signe des faces, P M *r o*. Table ou lame rectangulaire biselée et épointée sur tous ses bords et angles solides les plus saillans. C'est le prisme rhomboïdal primitif, modifié incomplétement par une face *r* et *o* sur chacun de ses angles solides : cette modification n'intercepte pas les bases P du noyau , mais en intercepte partiellement les pans, dont les restes sont les quatre facettes M qui remplacent les angles solides de la table rectangulaire. Inclinaison des faces *o* d'un des biseaux entre elles, 29° 30′; de *o* sur la base P, 165° 15′; des faces *r* de l'autre biseau entre elles, 65° 40′; de *r* sur la base P, 147° 10′. D'*Ékatherinbourg* (Sibérie). (*Voyez* la figure de cette espèce dans les *Grundzüge* de M. de Léonhard, pl. I, fig. 28.)

Appendice au Sous-ordre des Hydro-Sulfatidiens.

1. *Pitizite* (Beudant). *Fer oxydé résinite* (Haüy), en partie. *Eisen sinter* (Werner), en partie. *Eisen pecherz* (Karsten), en partie. *Pittizit* (Haussmann), en partie. *Pitchy Iron ore* (Phillips), en partie.

Minéral brun , non cristallin, à poussière jaune. Insoluble dans l'eau, soluble dans les acides. Au chalumeau, ne donnant pas l'odeur d'ail. Dans le matras, donnant de l'eau et laissant un résidu rouge. Composé , suivant l'analyse de M. Berzélius. Acide sulfurique, 15,9. Peroxyde de fer, 62,4. Eau , 21,7. Signe minéralogique de M. Beudant, $F^2 Su + 2 Aq$. Se présente dans plusieurs mines, en masses stalactitiques , mamelonnées , incrustantes et en amas pulvérulens.

2. *Königine* (Lévy). *Kœninite* (Beudant). Cristaux dont la forme primitive est un prisme rhomboïdal d'environ 105° et 75° 20′ Aisément clivables parallèlement à la base du prisme. Rayant le talc ; rayés

---

(1) Nos faces M correspondent au faces *d* de cette figure, nos faces *s* aux faces *s* de M. Allan , nos faces *d* à ses faces P, nos faces *o* à ses faces *o*, et enfin nos faces *r* à ses faces M.

par la chaux carbonatée. Couleur : vert d'émeraude ou vert noirâtre. Transparente.

La substance de ces cristaux paraît être , d'après les essais de
Wollaston , un sous-sulfate hydraté d'oxyde de cuivre ; et en cela,
comme par plusieurs de leurs caractères , ils se rapprochent beaucoup des Brochantites.

M. de Léonhard indique deux espèces de Könìgines :

1° *Könìgine périhexaèdre.* Prisme hexaèdre irrégulier, droit, produit en vertu d'une modification incomplète par une face sur les
arêtes latérales obtuses du noyau. De *Werchoturi* (Sibérie).

2° *Könìgine hexatétraèdre.* Le même prisme hexaèdre , modifié
par un biseau qui en intercepte entièrement les arêtes latérales aiguës correspondantes aux arêtes latérales aiguës du prisme primitif.
Les faces de ce biseau sont produites en vertu d'une modification
par une face sur les angles aigus des bases. De *Werchoturi*
(Sibérie).

QUATORZIÈME ORDRE.

Les Carbonidiens.

Minéraux dans lesquels le principe électro-négatif dominant ou caractéristique est l'acide carbonique. Ce sont les Carbonates des chimistes.

Solubles, avec une effervescence plus ou moins
marquée, dans les acides à chaud ou à froid.
(Il est quelquefois nécessaire que le minéral soit
réduit en poudre et quelquefois aussi que l'acide
soit étendu d'eau, pour que cette propriété caractéristique puisse se manifester.) Rayant au plus
la chaux carbonatée, généralement le gypse.

Cet Ordre se divise en trois Sous-ordres, dont
le premier est composé des cristaux Carbonidiens,

dans la substance desquels il entre des sulfates ; il forme ainsi une liaison avec l'ordre précédent. Le second Sous-ordre renferme des cristaux dont la substance ne contient que des carbonates. Enfin le troisième comprend des cristaux qui, outre l'acide carbonique, contiennent encore de l'acide hydrochlorique ou du chlore, ce qui établit une espèce de passage entre l'ordre des Carbonidiens et celui des Chloridiens qui le suit.

Premier Sous-ordre.

Sulfo-Carbonidiens.

Au chalumeau, donnant la couleur brune de l'hépar à un verre de silice et de soude avec lequel ils sont fondus.

1ᵉʳ Genre.—LANARKITE. (Beudant.) (*Lanarkis.*)

Sulfato-carbonate of lead (Brooke). *Plomb sulfo-carbonaté* ou *sulfo-carbonate de plomb*, de quelques minéralogistes. *Prismatisches Schwefel-Kohlensaures Blei* (de Léonhard). *Prismatoïdisches Blei Baryt* (Haïdinger).

Combinaison d'acide carbonique, d'acide sulfurique et d'oxyde de plomb, ou sulfate de plomb combiné avec du carbonate de plomb.

Signe minéralogique de M. Beudant : $Pb\ C_2 + Pb\ Su^3$

ANALYSE DES LANARKITES DES LEADHILLS PAR BROOKE.

Carbonate de plomb.	46,9
Sulfate de plomb.	53,1
	———
	100,0.

Forme primitive : prisme rhomboïdal oblique d'environ 120° 45' et 59° 15' (Brooke). Clivage très facile et très net parallèlement à une face qui remplacerait les arêtes latérales aiguës du prisme. Les lames extraites par le clivage sont flexibles. Pes. spéc. , 6,8 à 7,0. Rayant le talc ; rayée par la chaux carbonatée. Couleur : blanc, verdâtre , ou jaunâtre, vert de pomme , gris et bleuâtre. Éclat vitreux passant au gras, et nacré sur les faces de clivage.

Soluble avec une très faible effervescence dans l'acide nitrique et en laissant pour résidu du sulfate de plomb.

Au chalumeau, seule sur le charbon, fond en une boule blanche qui renferme du plomb métallique.

ESPÈCE UNIQUE.

Lanarkite octaédriforme (*Lanarkis octaedriformis*). Un prisme rhomboïdal terminé par des sommets dièdres obliques ; ou dans un autre sens un octaèdre rhomboïdal ou à base de parallélogramme obliquangle , irrégulier et cunéiforme. Cette espèce est représentée dans le *Manual* de M. Allan, fig. 60. Des *Leadhills* (Ecosse).

2ᵉ Genre. — CALÉDONITE. (Beudant.)
(*Caledonium.*)

Cupreous sulfato-carbonate of lead (Brooke). *Kupfer haltiges Schwefel-Kohlensaures Blei* (de Léonhard). *Paratomer Blei-Baryt* (Haïdinger).

Combinaison d'acide carbonique, d'acide sulfurique, d'oxyde de plomb et d'oxyde de cuivre, ou sulfate de plomb dominant, combiné avec du carbonate de plomb et du carbonate de cuivre.

Signe minéralogique de M. Beudant :

$$Cu\ C^2 + 2\ Pb\ C^2 + 3\ Pb\ Su^2.$$

ANALYSE DES CALÉDONITES DES LEADHILLS, PAR BROOKE.

Carbonate de plomb.	32,8
Carbonate de cuivre.	11,4
Sulfate de plomb.	55,8
	———
	100,0

Forme primitive : prisme droit rhomboïdal d'environ
95° et 85° (Brooke). Clivages indistincts parallèles à
toutes les faces du prisme et aussi à une modification
par une face sur les arêtes latérales aiguës du noyau. Pes.
spéc., 6,4. Raye le gypse; ràyée par la chaux fluatée.
Couleur : vert-de-gris brillant ou bleuâtre. Éclat gras.
Translucide. Un peu fragile. Cassure inégale. Râclure
blanc verdâtre.

Soluble avec une faible effervescence dans l'acide nitrique, en
laissant pour résidu du sulfate de plomb.

Au chalumeau, sur le charbon, se réduit.

ESPÈCE UNIQUE.

CALÉDONITE INTERROMPUE (*Caledonium interruptum*). Signe des
faces, P M *h e*. Un prisme hexaèdre non régulier ayant quatre des
plus courtes arêtes de ses bases, contiguës deux à deux, remplacées
chacune par une facette.

Combinaison de deux modifications incomplètes, dont l'une par
une face sur chacune des deux arêtes latérales du noyau, produit le
pan *h* du prisme hexaèdre, l'autre par une face *c* sur chacune des
arêtes terminales du noyau. Cette combinaison n'intercepte entièrement aucune des faces du prisme primitif. Des *Leadhills* (Écosse).
Voyez le *Manual* de M. Allan, fig. 61.

Les petits cristaux de ce genre se présentent quelquefois groupés
en touffes divergentes.

3ᵉ Genre. — LEADHILLITE. (Beudant.) (*Leadhillia.*)

Plomb carbonaté rhomboïdal (Bournon). *Sulfato-tri-carbonaté
of Lead* (Brooke). *Axotomer Blei-Baryt* (Mohs). *Rhomboedrischer
Schwefel-kohlensaures Blei* (de Léonhard).

Combinaison d'acide carbonique, d'acide sulfurique, et d'oxyde
de plomb ; ou carbonate de plomb dominant, combiné avec du sulfate de plomb.

Signe minéralogique de M. Beudant : $3\ Pb\ C^2 + Pb\ Su^3$

ANALYSES DES LEADHILLITES DES LEADHILLS.

	Par Brooke.	Par Stromeyer.	Par Berzélius.
Carbonate de plomb.	72,5	72,7	71,1
Sulfate de plomb.	27,5	27,3	30,0
	—	—	—
	100,0	100,0	101,1.

La forme primitive des cristaux de ce genre avait été long-temps regardée comme un rhomboïde aigu de 72° 30' et 107° 30'. Mais les observations optiques de Sir David Brewster, qui ont constaté l'existence dans les Leadhillites de deux axes de double réfraction, et le nouvel examen cristallographique qu'en a fait M. Haïdinger, ont engagé ce dernier minéralogiste à adopter pour forme primitive un prisme rhomboïdal oblique de 120o 20' et 59° 40', dont la base est inclinée à l'axe de 90° 29'(1). Clivable très facilement et très nettement dans une direction parallèle à cette base. Pes. spéc., 6,3 à 6,5. Raye le gypse; rayée par la chaux carbonatée. Couleur : le blanc jaunâtre, grisâtre ou verdâtre. Éclat nacré sur les bases et sur les faces de clivage qui leur sont parallèles. Demi-transparente ou translucide. Cassure conchoïde.

Soluble avec une vive effervescence dans l'acide nitrique en laissant un résidu de sulfate de plomb, en poudre blanche.

Au chalumeau, seul sur le charbon, gonfle un peu, jaunit, mais redevient blanc en refroidissant, puis fond en boule qui est blanche à froid. Se réduit aussi bien avec ou sans la soude, en un grain de plomb métallique. — Donne au verre de silice et de soude la couleur brune de l'hépar. (Berzélius.)

ESPÈCE.

LEADHILLITE HEXAÈDRE (*Leadhillia hexaedrica*). Signe des faces,

___

(1) Voyez *Transactions of the Royal Society of Edinburgh*, t. X, p. 217.

P M *h*. Un prisme hexaèdre oblique très voisin d'un prisme hexaèdre droit régulier. C'est le prisme rhomboïdal oblique primitif, modifié par une face *h* sur chacune des deux arêtes aiguës du noyau. Inclinaison de M sur M, 120° 20'; de M sur *h*, 119 50'; de P sur *h*, 90° 29'. *Des Leadhills.* Cette espèce est représentée dans la fig. 59 du *Manual* de M. Allan.

M. Beudant cite sans aucun détail, des formes qui se rapprocheraient de rhomboïdes simples ou modifiés de diverses manières. Et M. De Léonhard représente, pl. III, fig. 100, un rhomboïde aigu dont les angles solides terminaux sont remplacés par un pointement à trois faces correspondantes aux faces du rhomboïde.

Les individus altérés, déformés par l'arrondissement de leurs faces qui tendent à devenir convexes, se groupent ensemble en masses cristallines dont le tissu est très feuilleté.

Appendice au Sous-ordre des Sulfo-Carbonidiens.

Stromnite (Traill); *Barystrontianite* (Phillips). Minéral en masses à structure cristalline, dont la forme est encore inconnue. Couleur : blanc jaunâtre intérieurement et dans les cassures fraîches, gris extérieurement dans les surfaces soumises à l'action des élémens et partiellement décomposés. Pes. spéc., 3,5 à 3,7. Raye la chaux carbonatée; rayée par la chaux fluatée. Éclat faible et nacré. Opaque ou seulement translucide snr les bords. Fragile. Fait une vive effervescence avec les acides. Infusible au chalumeau. Son analyse par M. le Docteur Traill a donné : Carbonate de strontiane, 68,6. Sulfate de baryte, 27,5. Carbonate de chaux, 2,6. Oxyde de fer, 0,1. Perte, 1,2. Total 100,0. M. Beudant en déduit la formule $4\,Sr\,C^2 + Ba\,Su^3$.

Si la substance de ce minéral était réellement, comme semble l'indiquer l'analyse, une combinaison chimique de carbonate de strontiane avec du sulfate de baryte, et si en conséquence on venait à découvrir des cristaux ayant une forme qui leur fût propre, les *Stromnites* formeraient un genre dans le Sous-ordre des Sulfo-Carbonidiens.

Mais il serait très possible que ce fût une roche composée ou un assemblage physique d'individus ou cristaux des deux genres Baryline et Strontianite accidentellement juxta-posés et groupés ensemble. Dans ce cas, les Stromnites ne sauraient être admises dans la Méthode. De *Stromness* dans les *Orcades.*

Deuxième Sous-ordre.

CARBONIDIENS PURS OU PROPREMENT DITS.

Au chalumeau , ne donnant pas la couleur brune de l'hépar au verre de silice et de soude avec lequel on les fond, et ne colorant pas la flamme lorsqu'ils sont fondus avec un mélange de sel de phosphore et de deutoxyde de cuivre.

2ᵉ. Genre — PLOMB CARBONATÉ. (*Cerussa.*)

Mine de plomb blanche (Romé-de-l'Isle). *Plomb spathique blanc* (De Born). *Weiss Bleirz* (Werner). *Plomb blanc* (Brochant). *Plomo espatico* et *Vidrio de plomo nativo* (Heergen). *Bleispath* (Karsten). *Bleiweiss* (Haussmann). *Diprismatischer Blei-Baryt* (Mohs). *Céruse* (Beudant).

Combinaison d'acide carbonique et de protoxyde de plomb, ou carbonate de plomb.

Signe minéralogique de M. Beudant. *Pb* C^2.

ANALYSES DES PLOMBS CARBONATÉS.

	des Leadhills par Klaproth.	de Zellerfeld par Westrumb.	de Nertschinsk par John.	
			diaphane.	translucide.
Acide carbonique.	16	16,0	15,5	15,00
Protoxyde de plomb.	82	81,2	84,5	73,50
Chaux.	0	0,9	0,0	0,00
Oxyde de fer.	0	0,3	0,0 et alumine	2,66
Silice.	0	0,0	0,0	8,00
Eau et perte.	2	1,6	»	»
	100	100,0	100,0	99,16

Forme primitive : prisme rhomboïdal droit de 117° et 63° (Beudant), 117° 4' et 62° 56' (Haüy), 117° 15' et 62° 47' (Mohs). Clivable dans des directions parallèles aux petites diagonales des bases. Pes. spéc., 6,26 à 6,72. Rayant la chaux carbonatée ; rayé par la chaux fluatée. Couleur blanche ou incolore dans l'état normal, souvent jaunâtre, grisâtre ou brune, quelquefois noire avec un éclat adamantin métalloïde et presque métallique : cette couleur et ce genre d'éclat sont dus à une altération superficielle dans la substance du cristal, qui en a probablement décomposé les particules extérieures et réduit le plomb, ou l'a changé en sulfure de plomb (Galène). Dans un pareil état, les minéraux de ce genre ont été appelés *Plombs carbonatés noirs* (*Schwartz Bleierz*, Werner). L'éclat des Plombs carbonatés blancs est très vif, gras ou adamantin. Transparent et possédant la double réfraction à un haut degré, ou seulement translucide. Cassure inégale à petits grains, ou conchoïde.

Acquérant l'électricité polaire par la chaleur. Sa poussière jetée sur des charbons ardens émet une lueur phosphorique.

Soluble avec effervescence dans l'acide nitrique qui a quelquefois besoin d'être affaibli pour exercer cette action. Insoluble dans l'eau. Les cristaux blancs ou jaunâtres exposés à l'action de l'hydro-sulfure ammoniacal, deviennent noirs.

Au chalumeau, seul sur le charbon, décrépite fortement, jaunit, puis rougit et se réduit en plomb métallique, tandis que le charbon se recouvre de fumée de plomb, qui est jaune. Avec les flux, fond comme l'oxyde de plomb pur en verre diaphane.

ESPÈCES.

1re Espèce. Plomb carbonaté octaèdre (*Cerussa octaedrica*). Signe des faces, M x. Un octaèdre rectangulaire cunéiforme, à axe horizontal, dont les pans M du noyau, forment les faces triangulaires étroites, et dont les faces larges trapézoïdales sont formées en vertu d'une modification incomplète par une face x, sur chacun des angles

solides aigus du prisme primitif : cette modification intercepte entiè
rement les bases et les arêtes latérales aiguës du noyau. Vu dans un
autre sens, le cristal paraît un prisme rhomboïdal x, terminé par des
sommets dièdres M. Inclinaison de M sur M, 117° (Beudant) , 117°
4' (Haüy), 117° 13' (Mohs); de x sur x, environ 127° (Haüy). Des
mines de la Bretagne (Haüy). De *Huelgoet,* suivant Lucas. De *Sibérie*
(Le même, Collect. du Mus.)

2e. PLOMB CARBONATÉ QUADRI-HEXAGONAL (*Cerussa quadri-hexagonalis*). Signe des faces, M $l u$. Prisme hexaèdre à sommets dièdres.
Combinaison de deux modifications chacune par une face, l'une (l) sur
chacune des arêtes latérales aigües du prisme primitif, l'autre (u) sur
chacun des angles solides aigus de ce même prisme. Cette combinaison intercepte complétement les bases du noyau , mais non ses pans.
Inclinaison de M sur l, 121° 28' ; de M sur M , environ 117°; de l
sur u, 144° 44' (Haüy).

3e. PLOMB CARBONATÉ TRI-HEXAÈDRE (*Cerussa tri-hexaedra*). Signe
des faces, M $l u t$. Un prisme hexaèdre terminé à chaque sommet par
une pyramide à six faces, correspondantes aux faces du prisme
(forme analogue à la forme la plus commune du quartz prismé). C'est
l'espèce précédente augmentée de quatre faces t à chaque sommet ,
produites en vertu d'une modification par une face sur chacune des
arêtes terminales du noyau, dont les bases sont entièrement interceptées. Inclinaison de t sur t, 130° environ ; de M sur t , 143° 33'
(Haüy). De *Huelgoet* en *Bretagne* (Haüy), et de *Sibérie* (Lucas, Coll.
du Mus.)

4e. PLOMB CARBONATÉ DODÉCAÈDRE (*Cerussa dodecaedra*). Signe
des faces, $u t$. Un dodécaèdre bipyramidal à triangles isocèles. Ce
sont les sommets de l'espèce *tri-hexaèdre* qui sont unis base à base en
interceptant complétement le prisme intermédiaire et toutes les faces
du noyau. Inclinaison d'une face t, d'une des pyramides sur la face t
adjacente de la pyramide opposée, 107° 6' (Hauy), 108° 28' (Allan);
de u d'une des pyramides sur u de l'autre pyramide, 107° 28' (Haüy),
110° 40' (Allan). De *Przibram* en *Bohème* et de *Saint-Sauveur* en
Languedoc. (Romé-de-l'Isle). De *Sibérie.* (Lucas, Coll. du Mus.)

5e. PLOMB CARBONATÉ AMBI-ANNULAIRE (*Cerussa annularis*). Signe
des faces, M $l t u$ P. Un prisme hexaèdre droit , ayant chacune des
six arêtes au pourtour de ses bases, remplacée par une facette. C'est
l'espèce *tri-hexaèdre,* dont les pyramides à six faces qui le terminent,
ont chacune l'angle solide de leur sommet fortement tronqué par une
face P perpendiculaire à l'axe. Ce sont par conséquent les mêmes

modifications qui produisent cette espèce, mais qui ici n'intercceptent pas entièrement la base du noyau. Inclinaison de P sur u, 125° 16'; de P sur l, 126° 27' (Haüy). De *Gazimour* en *Daourie*. (Haüy.)

6e. Plomb carbonaté hexaèdre (*Cerussa hexaedra*). Signe des faces, P M b. Le prisme hexaèdre simple et sans facettes additionnelles, ou le prisme rhomboïdal droit primitif modifié seulement par une face l, sur chacune de ses arêtes latérales aiguës. Cité par M. Beudant.

7e. Plomb carbonaté octo-vigesimal (*Cerussa octo-vigesimalis*). Signe des faces, P M l t u x z. L'espèce *ambiannulaire* augmentée sur deux arêtes opposées au pourtour de la base du prisme hexaèdre, de deux facettes ayant leurs arêtes d'intersection parallèles entre elles et aussi à celles de la facette u et à l'arête du prisme que cette facette remplace. Des *Mines de Gazimour en Daourie*. (Haüy.)

8e. Plomb carbonaté sexoctonal (*Cerussa sexoctona*). Signe des faces, M l s y. Prisme hexaèdre terminé par des sommets à quatre faces, dont deux s sont grandes, hexagonales et forment par leur réunion une arête culminante et un angle dièdre très obtus, et les deux autres y, sont petites, rhomboïdales, non contiguës étant séparées par l'arête culminante à laquelle elles aboutissent d'une part, et de l'autre à l'arête latérale obtuse du prisme primitif. Ces quatre faces terminales sont le produit d'une modification par une face sur chacun des angles solides du noyau D'*Angleterre* et de *Poullaouen* (Bretagne). (Lucas, Coll. du Mus.) Des *Mines de la Croix* en *Loraine*. (Haüy.)

9e. Plomb carbonaté sexduodécimal (*Cerussa sexduodecimalis*). Signe des faces, M l s y u. L'espèce précédente augmentée d'une facette qui remplace l'arête de jonction d'une des grandes faces terminales s avec le pan l du prisme hexaèdre. De *Poullaouen* (Bretagne). (Lucas, Collec. du Mus.) De *La Croix* (Lorraine). (Haüy.)

10e Plomb carbonaté sex-vigésimal (*Cerussa sex-vigesimalis*). Signe des faces, M e l g s P h y. Forme d'un prisme ou d'une table épaisse rectangulaire, modifiée par un ou deux rangs de facettes sur toutes ses arêtes tant latérales que terminales. Des *mines du Hartz* (Haüy). De *Sibérie* et de *La Croix* dans les *Vosges*. (Lucas, Collect. du Mus.)

Voyez d'autres espèces encore plus compliquées dans l'Atlas de Haüy, pl. XCII, fig. 58, 61, 62, et dans le Traité de M. Beudant, tome. 2, pl. VIII, IX et X, à celles des figures indiquées à la page 365 du même volume, qui n'ont pas été décrites ou signalées ici.

MODES DE GROUPEMENT DES CRISTAUX DE DIVERSES ESPÈCES DE CE GENRE.

Les cristaux de plomb carbonaté présentent de fréquens exemples de groupemens de deux individus, avec pénétration réciproque et inversion de l'un d'entre eux (hémitropies), qui se font remarquer par des angles rentrans.

Les espèces prismatiques se groupent ensemble par deux ou par trois, en adhérant par un seul de leurs pans ou faces latérales ; ou en plus grand nombre, formant par leur réunion des cristaux composés prismatiques comme les Arragonites, et terminés par des arêtes de pyramides.

ALTÉRATION DE LA FORME DES CRISTAUX ET MODES DE GROUPEMENT DES
INDIVIDUS ALTÉRÉS.

Les cristaux, en s'arrondissant par leurs arêtes et leurs angles, deviennent bacillaires, aciculaires, et se groupent en faisceaux ou en masses fibreuses.

MODES DE GROUPEMENT DES INDIVIDUS MOLÉCULAIRES DE CE GENRE.

En masses mamelonnées, stalagmitiques, compactes.

En amas terreux et pulvérulens, *Bleierde* de Werner. *Céruse native* de De Born. *Plomb terreux* de Brochant.

ALTÉRATION DANS LA SUBSTANCE, OU MÉLANGES QUI INFLUENT SUR
QUELQUES-UNS DES CARACTÈRES DU GENRE.

Bien des cristaux de ce genre souffrent, comme il a été dit plus haut, une décomposition partielle ou une réduction spontanée d'une partie des molécules, qui leur donne une couleur noire ou gris sombre, jointe à un éclat adamantin métalloïde ou métallique; c'est cet état qui est désigné sous le nom de *Plomb carbonaté noir*. Dans cet état d'altération, les cristaux prennent l'apparence de ceux qui appartiennent à la classe des Amphiphanes.

Il y a des cristaux auxquels une combinaison ou un mélange d'oxyde ou d'hydrate de cuivre communique une belle couleur bleue. On les trouve à *Lacroix* près de *Linarès* (Andalousie). On les a distingués des autres sous le nom de *Plombs carbonatés cuprifères*. Lorsqu'on aura décrit les espèces de ces Plombs carbonatés bleus, on pourra en former un sous-genre caractérisé par sa couleur et ses réactions au chalumeau.

ANNOTATIONS.

M. Berthier a trouvé dans des Plombs carbonatés du département de la Charente, un contenu de un dixième pour cent de carbonate d'argent.

Il existe aussi des Plombs carbonatés argentifères à Babenthal près de Spire en Bavière. M. Fournet (Ann. des Mines, t. XIII, p. 331) a observé que là l'argent n'était pas carbonaté, et qu'il est contenu dans le Plomb carbonaté blanc, mais sur-tout dans le noir. Ce mélange n'altérant nullement les caractères du genre, et ne se manifestant par aucun caractère minéralogique, ne nécessitera pas la formation d'un sous-genre, et ne peut être mentionné qu'historiquement. Peut-être parviendrait-on au chalumeau (après la réduction du Plomb carbonaté, en traitant à la coupelle sur le charbon, le régule de plomb) à obtenir un grain d'argent.

2ᵉ Genre. — WITHÉRITE. (*Witheria.*)

Baryte aérée (De Born). *Spath pesant aéré* (de la Méthrie). *Witherit* (Werner et Karsten). *Baryte carbonatée* (Haüy). *Kohlensaures baryt* (de Léonhard). *Barolite* (Kirwan). *Diprismatischer Hal-Baryt* (Mohs).

Combinaison d'acide carbonique et de baryte, ou carbonate de baryte.

Signe minéralogique de M. Beudant. *Ba C²*.

ANALYSES DES WITHERITES.

	de. . . . par Bucholz.	d'Angleterre. par Beudant.	de Styrie. par Klaproth.
Acide carbonique.	20,66	22,5	22
Baryte.	79,00	77,1	78
Eau.	0,33	0,0	0
Chaux.	0,00	0,4	0
	99,99	100,0	100

Forme primitive : prisme droit rhomboïdal de 118° 57' et 61° 5' (Beudant), 118° 30' et 61° 30' (Mohs.) Clivable parallèlement à ses faces et aussi dans la direction des petites diagonales des bases. Pes. spéc., 4,30. Raye la chaux carbonatée; rayée par la chaux fluatée. Couleur blanche, quelquefois jaunâtre ou grisâtre, plus rarement jaune

de vin, grise, verte et très rarement rouge. Éclat vitreux
passant au gras. Demi-transparente ou translucide.
Tissu feuilleté. Cassure inégale ou écailleuse.

Sa poussière, jetée sur un charbon ardent, brille dans l'obscurité
d'une lueur blanche. Soluble lentement et avec une effervescence
faible dans l'acide nitrique étendu d'eau.

Au chalumeau, dans la pince de platine, fond aisément, sans décrépiter et avec une vive lueur et un faible boursoufflement, en un
émail blanc.—Sur le charbon, fait une vive effervescence, éclabousse,
devient caustique et est absorbée par le charbon. La masse caustique
dissoute dans l'alcool ne donne point au papier trempé dans cette
solution la faculté de colorer en pourpre la flamme dans laquelle
on le brûle.—Dans le borax et le sel de phosphore, fond avec une
vive effervescence en un verre limpide, qui avec une plus grande
proportion de Witherite, devient opaque et blanc d'émail par le refroidissement.—Avec la soude, fond et passe dans le charbon. Avec
le nitrate de cobalt, fond en une boule d'un rouge-brun, rouge de
brique, ou jaune de rouille à chaud, et incolore à froid. Exposée à
l'air, cette boule se réduit bientôt en une poudre d'un gris clair.
(Berzélius).

ESPÈCES.

1re Espèce. WITHÉRITE PÉRIHEXAÈDRE (*Witheria perihexaedra*).
Signe des faces, P M *l*. Un prisme hexaèdre voisin du régulier, produit en vertu d'une modification incomplète par une face sur chacune des arêtes latérales aiguës du prisme rhomboïdal primitif.
Inclinaison de M sur M, 118° 57' ; de M sur *l*, 120° 31' 30" ; de M
et de *l* sur P, 90°. Citée par M. Beudant.

2e WITHÉRITE PRISMÉE (*Witheria prismata*). Signe des faces,
M *l y c*. Un prisme hexaèdre terminé par des pyramides à six faces
correspondante à ses faces. C'est la modification qui produit l'espèce
précédente combinée avec deux modifications chacune par une face,
dont l'une sur chacune des arêtes terminales, et l'autre sur chacun
des angles solides aigus du noyau, dont les bases sont entièrement
interceptées par cette combinaison. Inclinaison des faces *y* du sommet
sur les faces M du prisme, 145° 30'. D'*Angleterre*. (Lucas, Collec.
du Mus.)

3e WITHÉRITE ANNULAIRE (*Witheria annulata*). Signe des faces,
P M *l y c*. Un prisme hexaèdre ayant les six arêtes au pourtour de

chaque base remplacées chacune par une facette. C'est la même combinaison de modifications qui produit l'espèce précédente , mais qui ici n'intercepte pas entièrement les bases du noyau. D'*Angleterre*. (Lucas, Collec. du Mus.)

4e Withérite triannulaire (*Witheria tri-annulata*). Un prisme hexaèdre ayant les arêtes au pourtour de chaque base remplacées par trois rangs de facettes annulaires.

5e Withérite dodécaèdre (*Witheria dodecaedra*). Signe des faces, *y c*. Un dodécaèdre bipyramidal à faces triangulaires isocèles. Ce sont les deux pyramides terminales de l'espèce *prismée*, réunies base à base sans l'intervention d'un prisme. Citée par M. Beudant.

6e Withérite tétrahexaèdre (*Witheria tetrahexaedra*). L'espèce *dodécaèdre* terminée à chaque sommet par une pyramide à six faces triangulaires isocèles correspondantes à ses faces.

Voyez une autre espèce figurée par M. Beudant, t. 2, pl. viii, fig. 54.

MODES DE GROUPEMENT DES INDIVIDUS ALTÉRÉS OU MOLÉCULAIRES DE CE SOUS-GENRE.

En masses laminaires radiées, aciculaires radiées, fibreuses, subfibreuses et compactes. Se trouvant à *Alston Moor* (comté de Durham); dans le *Cumberland* et dans d'autres comtés de l'Angleterre; en *Saltzbourg;* en *Styrie;* en *Sibérie*, etc.

3e Genre. — STRONTIANITE. (*Strontiania*.)

Stronite (Hope). *Strontianite* (De la Méthrie, Reuss, Kirwan, Brochant). *Strontian* (Werner et Karsten). *Strontiane carbonatée* (Haüy). *Peritomer Hal Baryt* (Mohs). *Kohlensaures Strontian* (de Léonhard). *Strontites* (Allan).

Combinaison d'acide carbonique et de strontiane, ou carbonate de strontiane. Signe minéralogique de M. Beudant : $Sr\,C^2$.

Ordinairement mélangée de carbonates de chaux et de manganèse.

ANALYSES DES STRONTIANITES PAR STROMEYER.

	De Braunsdorf.	De Strontian.
	Saxe.	Écosse.
Acide carbonique.	29,94	30,31
Strontiane.	67,51	65,60
Chaux.	1,28	3,47
Oxyde de manganèse.	0,09	0,06
Eau.	0,07	0,07
	———	———
	98,89	99,51

Forme primitive: prisme rhomboïdal droit de 117° 32' et 62° 28' (Beudant), 117° 16' et 62° 44' (de Léonhard). Clivages assez nets parallèlement aux pans du prisme, moins nets dans la direction des petites diagonales des bases. Pes. spéc., 3,6 à 3,7. Raye la chaux carbonatée; rayée par la chaux fluatée. Couleur blanche passant au gris, au jaune et au vert; plus rarement vert de pomme ou d'asperge. Éclat vitreux passant au gras. Demi-transparente ou translucide. Cassure inégale ou conchoïde. Sa poussière jetée sur des charbons ardens brille d'une lueur phosphorique.

Soluble avec effervescence dans les acides nitrique et hydro-chlorique. Un papier plongé dans cette solution puis desséché, brûle avec une flamme rouge.

Au chalumeau, seule sur le charbon, fond à la surface seulement et forme des ramifications semblables à celles d'un chou-fleur, qui brillent d'un éclat éblouissant. A un feu vif de réduction, colore faiblement la flamme en rougeâtre. — Avec les flux, donne, après une vive effervescence, un verre limpide à chaud, couleur blanc d'émail et opaque à froid. (Berzélius.)

ESPÈCES.

1re Espèce. STRONTIANITE PRISMATIQUE (*Strontiania prismatica*). Signe des faces, P M *l*. Un prisme hexaèdre voisin du régulier formé en vertu d'une modification incomplète par une face *l* sur chacune des arêtes latérales aiguës du prisme primitif. Inclinaison de M sur M, 117° 32'; de M sur *l*, 121° 14'; de P sur M, et sur *l*, 90° (Beudant). De *Strontian* (Écosse). (Lucas, Coll. du Muséum.)

2e. STRONTIANITE ANNULAIRE (*Strontiania annulata*). Signe des faces, P M *l* y e. Le prisme hexaèdre précédent ayant toutes les arêtes au pourtour de ses bases remplacées chacune par une facette. Combinaison de la modification qui produit l'espèce précédente, avec deux autres modifications incomplètes également par une face, l'une sur chacune des arêtes terminales, l'autre sur chacun des angles solides aigus du prisme primitif. Cette combinaison n'intercepte entièrement aucune des faces du noyau. Inclinaison de M sur y, 139°? de *l* sur e 143° 20'. Des environs de *Salizbourg*. (Haüy.)

3ᵉ. Strontianite bisannulaire (*Strontiania bisannulata*). L'espèce précédente augmentée d'un second rang de facettes annulaires au pourtour des bases du prisme hexaèdre.

4ᵉ. Strontianite interrompue (*Strontiania interrupta*). Le double rang de facettes annulaires de l'espèce précédente ne règne que sur les quatre arêtes de la base du prisme hexaèdre, qui correspondent aux arêtes terminales du prisme primitif, les deux autres arêtes ne sont remplacées que par une seule facette. De *Léogang* près de *Saltzbourg* (Mohs). (Voyez sa figure dans le second volume du *Gründriss* de M. Mohs et dans le *Manual* de M. Allan, fig. 51.)

ALTÉRATION DANS LA FORME, ET GROUPEMENT DES INDIVIDUS DE CE GENRE.

Les arêtes et les angles solides des prismes s'oblitérant, les cristaux deviennent annulaires et restent libres ou se groupent ainsi en faisceaux formés d'aiguilles parallèles ou divergentes et en masses fibreuses, radiées.

4ᵉ Genre. — BARYTO-CALCITE. (Brooke.)
(*Baryto-calcium.*)

Hemi-prismatischer Hal-Baryt (Mohs).

Combinaison d'acide carbonique, de baryte et de chaux; ou combinaison de carbonate de baryte avec du carbonate de chaux.

Signe minéralogique de M. Beudant : $Ba\ C^2 + Ca\ C^2$.

ANALYSE DES BARYTO-CALCITES D'ALSTON-MOOR, PAR CHILDREN.

Carbonate de baryte.	65,9
Carbonate de chaux.	33,6
	99,5

Forme primitive : prisme rhomboïdal oblique de 106° 54' et 73° 6', dont la base est inclinée sur les pans de 102° 54' et à l'axe de 110° 50' (Brooke). Clivable avec beaucoup de facilité et de netteté parallèlement à toutes ses faces. Couleur blanche, jaune ou grisâtre. Pes. spéc., 5,66. Raye la chaux carbonatée; rayée par la chaux fluatée. Transparente ou translucide. Éclat vitreux tendant à celui de la résine. Cassure inégale ou conchoïde.

Soluble avec une vive effervescence dans les acides nitrique et hydrochlorique.

Au chalumeau, dans le matras ; donne un peu d'humidité. — Sur le charbon, ne fond pas, mais donne une masse caustique et comme alcaline. — Avec le borax, fait une vive effervescence et se dissout à la flamme d'oxydation en une perle transparente d'un léger violet bleuâtre, qui devient incolore au feu de réduction. — Avec le sel de phosphore, donne une perle jaune à chaud, et incolore à froid.

ESPÈCE UNIQUE.

Baryto-calcite tritronquée (*Baryto-calcium tritruncatum*). Signe des faces, P M *h b*. Prisme à six pans terminé par des sommets obliques à trois faces chacun. L'axe du prisme étant vertical, le sommet supérieur seul est visible. Produit de deux modifications chacune par une face ; 1° sur chacune des arêtes latérales obtuses du prisme primitif (face *h*) ; 2° sur chacune des arêtes terminales inférieures (face *b*). Cette combinaison de modifications, sans intercepter entièrement aucune des faces du noyau, les réduit toutes à de petits triangles. — On peut aussi, en supposant oblique l'axe du prisme primitif et verticales les arêtes d'intersection des faces *b* entre elles, se représenter la forme de cette espèce comme un prisme *b* rhomboïdal oblique de 95° 15' et 84° 45', terminé par des sommets chacun à quatre faces, dont trois grandes M *h*, situées antérieurement ou au sommet supérieur, et une petite triangulaire P, située postérieurement ou au sommet inférieur. C'est dans cette position qu'elle est présentée dans la figure 54 du *Manual* de M. Allan. Inclinaison de *b* sur *b*, 95° 15' et 84° 45' ; de *h* sur l'arête de jonction des faces *b*, 119° ; de P sur cette même arête, 135°. De *Alston Moor* dans le *Cumberland*.

ALTÉRATION SUPERFICIELLE DANS LA SUBSTANCE DES CRISTAUX DE CE GENRE.

Les surfaces exposées à l'action de l'air se décomposent en une matière blanche farineuse qui ressemble à de la baryte.

MODE DE GROUPEMENT DES INDIVIDUS MOLÉCULAIRES DE CE GENRE.

En masses compactes. A *Alston Moor*.

5ᵉ Genre. — ARRAGONITE. (Werner.) (*Aragonites.*)

Spath calcaire en prismes hexagones verdâtres d'Espagne (Romé-
de-l'Isle). *Cristalli spathosœ, hexagonœ, truncatœ* (Cronstadt). *Spath
calcaire prismatique d'Espagne* (De Born). *Arragon* (Karsten). *Ex-
zentrischer Kalkstein* (Reuss). *Arragon spar* (Kirwan). *Carbonate de
chaux dur* (Bournon). *Igloït* (Esmark). *Prismatisches Kalk-Haloïd*
(Mohs). *Prismatic limestone* (Jameson).

Combinaison d'acide carbonique et de chaux, ou carbonate de
chaux.

Signe minéralogique de M. Berzélius : *Ca C*.

C'est précisément la composition chimique de la chaux carbonatée
proprement dite ou des Spaths calcaires; et une seule différence paraît distinguer les Arragonites des Spaths calcaires : c'est que les premières contiennent toujours une faible quantité de carbonate de strontiane qui varie de 0,51 (Arragonite de *Waltsch*) à 4,01 (Arragonite de
Molina en *Arragon*) ou 4,10 (Arragonite de *Bastène* près *Dax*) pour
100, et renferment aussi une proportion d'eau évaluée entre 0,19 et
5,99 pour 100. Voyez les Analyses de diverses Arragonites dans le
tableau de M. Stromeyer (Traité de M. Beudant, t. 2, p. 337). Les
Spaths calcire ne renferment point de carbonate de strontiane, et
leur contenu d'eau ne va que de 0,1 à 0,8 pour cent. — Mais ces
faibles quantités d'eau et de carbonate de strontiane sont-elles des
mélanges ou de vraies combinaisons, et sont-elles réellement la cause
des notables différences physiques par lesquelles les Arragonites se
distinguent des Spaths calcaires ? c'est ce qui est fort douteux. Cette
cause doit être probablement cherchée ailleurs, et pour le moment
elle est inconnue.

Forme primitive : octaèdre rectangulaire à axe
horizontal dont les faces les plus étroites sont inclinées
entre elles de 115° 56' (Haüy), 116° 5' (Beudant), 116°
16' (Mohs), ou 116° 24' (Kupffer), et les faces les plus
larges de 109° 28' (Haüy), 108° 27' (Kupffer), ou 108°
8' (Mohs). Clivable parallèlement à ses faces les plus
larges et aussi sur les angles terminaux perpendiculairement à l'axe. Pes. spéc., 2,94. Raye la chaux carbonatée ; rayée par l'apatite. Incolore ou blanche ou jaune

de miel, grise, rougeâtre, verte, violette, etc. Éclat vitreux assez vif approchant de l'éclat gras. Transparente ou translucide. Structure compacte. Cassure conchoïde ou inégale.

Sa poussière projetée sur un fer rouge, émet une lueur phosphorique d'un rouge jaunâtre.

Soluble avec une vive effervescence dans les acides. Un papier trempé dans un mélange de cette solution et d'alcool, brûle avec une flamme pourprée.

A la flamme d'une bougie, des fragmens transparens prennent l'aspect de l'émail, deviennent mats et efflorescens, et finissent par se diviser en minces particules friables.

Au chalumeau, dans le matras, reste inaltérable, jusqu'à ce que vers le point de la chaleur rouge elle se gonfle et se réduit en poussière en dégageant un peu d'humidité. Avec les flux, fait effervescence et se dissout dans le borax en verre transparent qui cristallise par le refroidissement. Avec le sel de phosphore, en verre qui reste transparent, même à froid. Insoluble avec la soude. Avec la solution de cobalt, donne une masse infusible noire ou d'un gris sombre. (Berzélius).

ESPÈCES.

1re Espèce. ARRAGONITE PRIMITIVE (*Aragonites octaedroïdes*). Signe des faces, P M. L'octaèdre rectangulaire décrit ci-dessus. D'*Espagne*. (Haüy). Inclinaison de P sur M, environ 108°.

2e. ARRAGONITE TERNAIRE (*Aragonites affinis*). Signe des faces, M o. Autre octaèdre rectangulaire dont les faces culminantes o les plus étroites forment entre elles un angle plus aigu que les faces P dans la précédente. Inclinaison de o sur o, 70° 32'. D'*Espagne*. (Haüy). Ordinairement en groupes de quatre individus. (Voyez ci-après les cristaux composés de ce genre.)

3e. ARRAGONITE BASÉE (*Aragonites prismatica*). Signe des faces, M s. Un prisme rhomboïdal droit, d'environ 116° et 64°. Produit en vertu d'une modification incomplète par une face sur chacune des arêtes courtes de la base commune des deux pyramides de l'octaèdre devenu cunéiforme. Les faces étroites de l'octaèdre en sont totalement interceptées. Inclinaison de s sur M, 90°. D'*Espagne* et de *Saltzbourg*. (Haüy.)

4e. ARRAGONITE UNITERNAIRE (*Aragonites semicincta*). Signe des faces, M o s. L'espèce *ternaire* ayant les arêtes étroites de la base commune des deux pyramides, remplacées chacune par une face s, parallèle à l'axe. Inclinaison de s sur o, 125° 16'. *D'Espagne?*

5e. ARRAGONITE QUADRI-HEXAGONALE (*Aragonites quadri-hexago-nalis*). Signe des faces, P M *h*. Un prisme à six pans terminé par des sommets dièdres. L'octaèdre primitif modifié à chacun de ses deux angles solides terminaux par une face *h* perpendiculaire à l'axe. Inclinaison de *h* sur M, 122° 2'. Du *Piémont*. (Haüy.)

6e. ARRAGONITE QUADRI-OCTONALE (*Aragonites quadri-octonalis*). Signe des faces, P M *h n*. Un prisme à huit pans terminé par des sommets dièdres. L'espèce précédente augmentée de deux faces au prisme produites en vertu d'une modification par une face sur cha-cune des deux arêtes longues de la base commune des deux pyra-mides. Inclinaison de M sur *n*, environ 148°. Du *Piémont*. (Haüy.)

7e. ARRAGONITE APOTOME (*Aragonites apotoma*). Un dodécaèdre bipyramidal à triangles isocèles très alongé et très aigu, dont une des faces forme, avec les trois faces adjacentes, des angles de 120° 26', 158° 44' et 129° 2'. De *Carinthie*, etc. (Haüy.) (Voyez d'autres espèces dans le Traité de M. Beudant, t. 2, pl. IX, fig. 48 et 50 ; et dans les *Grundzüge* de M. de Léonhard, pl. **V**, fig. 158 et 161.)

CRISTAUX COMPOSÉS FORMÉS PAR LE GROUPEMENT D'INDIVIDUS APPARTENANT AUX DIVERSES ESPÈCES DE CE SOUS-GENRE.

* Individus ou cristaux composans ayant des faces obliques à leur axe.

1. *Agrégat dilaté primitif* (Haüy). Groupe régulier , ou cristal composé en prisme droit hexaèdre, ayant 4 angles de 116° et 2 de 128°; et où les faces et les arêtes culminantes des individus octaèdres de l'espèce *primitive* qui le composent, sont très prononcés. *D'Espa-gne.* (Haüy.)

2 et 3. *Agrégats semi-paralléliques ternaires et uniternaires.* (Haüy.) Cristal composé en prisme hexaèdre droit ayant deux angles de 116° et trois de 128°; et une de ses arêtes latérales remplacée par une rainure faisant un angle rentrant de 128°. Ce sont des groupes régu-liers d'individus des espèces *ternaire* ou *uniternaire* devenues cunéi-formes, et dont les faces et arêtes culminantes restent en saillie à la base des prismes composés. *D'Espagne.* (Haüy.)

** Individus ou cristaux composans n'ayant point de faces obliques à leur axe. Cristal composé en forme de prisme à 6, 7 ou 8 pans, à bases perpendiculaires à l'axe, planes et lisses ; groupes réguliers d'individus de l'espèce basée.

a. Prismes hexaèdres droits sans angles rentrans.

4. *Agrégat symétrique basé.* (Haüy.) Cristal composé en prisme hexaèdre droit ayant deux angles de 128, et quatre de 116°. Toutes ses faces sont parallèles deux à deux. D'*Espagne* et de *Bastnaës*, près de *Dax.* (Haüy.)

5. *Agrégat dilaté basé.* (Haüy). Cristal composé en prisme hexaèdre droit ayant deux angles de 128° et quatre de 116° et différant du précédent en ce que toutes ses faces ne sont pas parallèles deux à deux.

b. Prismes en apparence hexaèdres, mais réellement à sept ou huit pans, dont deux ou quatre font des angles rentrans si ouverts que les deux faces qui comprennent l'angle ne paraissent en former qu'une seule, légèrement concave.

+ Prismes à sept pans et un seul angle rentrant.

6. *Agrégat contourné basé.* Prisme à sept pans dont deux forment entre eux un angle rentrant de 168°. Ce solide a six angles saillans , dont cinq de 116° et un de 128°. D'*Espagne.* (Haüy.)

+ + Prismes à huit pans et deux angles rentrans. Quatre de ces pans forment entre eux, deux à deux, des angles rentrans de 168°. Les angles saillans sont au nombre de six, tous de 116°.

7. *Agrégat émergent basé.* (Haüy.) Les deux angles rentrans sont situés sur deux faces contiguës à un même angle saillant. Les angles rentrans sont séparés d'une part seulement par deux arêtes comprenant un seul angle saillant , et d'autre part par six arêtes comprenant cinq angles saillans. D'*Espagne* et du *Salzbourg.*

8. *Agrégat méiogone basé.* (Haüy.) Les deux angles rentrans non contigus à un même angle saillant; mais sont séparés, d'une part, par trois arêtes comprenant deux angles saillans, et d'autre part, par cinq arêtes comprenant quatre angles saillans. D'*Espagne.* (Haüy.)

9. *Agrégat mésotome basé.* (Haüy.) Les deux angles rentrans sont diamétralement opposés et séparés entre eux, de part et d'autre, par quatre arêtes comprenant trois angles saillans.

A ces divers groupes réguliers on peut encore ajouter, sous le nom d'*Agrégat symétrique cannelé*, un cristal composé, en prisme dans lequel six angles dièdres saillans de 64° alternent avec six angles dièdres rentrans de 128°. (Voyez Traité de M. Beudant, t. 1, pl. VIII, fig. 9 ; et *Grundzüge* de M. de Léonhard, pl. V, fig. 162, *b*.

ALTÉRATIONS DANS LA FORME ET MODES DE GROUPEMENS IRRÉGULIERS DES INDIVIDUS ALTÉRÉS DE CE GENRE.

Les cristaux, par l'oblitération de leurs angles et de leurs arêtes, deviennent cylindroïdes ou aciculaires et se groupent en masses baccillaires ou fibreuses, en fibres ou parallèles ou divergentes et radiées, ou entrelacées, ou enfin tellement serrées, que la masse devient fibro-compacte.

GROUPEMENT DES INDIVIDUS MOLÉCULAIRES DE CE GENRE.

En masses cylindriques ramuleuses qui ont l'aspect de branches d'arbre ou de corail, de couleur blanc de neige. C'est le *Flos-Ferri* des anciens minéralogistes, le *Kalksintes* de Werner, l'*Arragonite coralloïde* de Haüy. Des mines de fer de *Carinthie*, de *Styrie*, etc.

6ᵉ Genre. — SPATH. (*Spathum.*)

Dans ce grand Genre, que nous divisons en sept Sous-Genres, sont compris tous les carbonates dont la forme appartient au système rhomboédrique, et dont la formule minéralogique générale est $r\,C^2$: r étant une base contenant un atome d'oxygène, telle que Ca la chaux, M la magnésie, f et mn les protoxydes de fer et de manganèse, et z l'oxyde de zinc; et d'autre part C^2 étant le signe de l'acide carbonique. Les cinq premiers Sous-Genres comprennent les carbonates à une seule des bases précédentes ; le sixième, les carbonates doubles de chaux et de magnésie qui sont unis en proportions définies, ou Dolomies. Dans ces six Sous-Genres, il y a quelquefois la substitution d'une base isomorphe à une faible portion de la base principale; mais ce mélange chimique est trop peu considérable pour altérer sensiblement les propriétés caractéristiques du Sous-Genre. Dans le septième Sous-Genre, au contraire, comprenant les carbonates rhomboédriques à plusieurs bases, le mélange d'un grand nombre de bases différentes, et leur substitution isomorphique, et en proportion variable à une portion considérable de la base dominante, entraîne dans les caractères des variations plus ou moins notables.

Caractères communs à tous les individus et les Sous-Genres du Grand Genre Spath. (*Spathum.*)

Forme primitive : rhomboïde obtus de 103° et 77° à 107° 40' et 72° 20'. Clivables très nettement parallèlement à des faces et accidentellement dans l'autre direction. Pes. spéc., 4,44 et 2,56. Plusieurs rayent la chaux carbonatée ; les autres seulement le gypse, tous sont rayés par l'apatite, la plupart même par la chaux fluatée et plusieurs encore par l'arragonite.

1ᵉʳ Sous-genre. —Spath calcaire. (*Calci-spathum.*)

Chaux aérée (Bergman). *Spath d'Islande* (des anciens Minéralogistes). *Kalk-spath* (Werner). *Calcaire* (De la Méthrie et Beudant). *Chaux carbonatée* (Haüy), en partie. *Rhomboedrisches Kalk-Haloïd* (Mohs).

Carbonate de chaux. Signe minéralogique, $Ca\ C^2$.

ANALYSES DES SPATHS CALCAIRES.

| | par Stromeyer. | | par Beudant. |
	d'Islande.	d'Andreasberg.	des Pyrénées.
Acide carbonique.	43,70	43,56	43,4
Chaux.	56,15	55,98	54,7
Protoxyde de manganèse et de fer.	0,15	0,35	0,0
Magnésie.	0,00	0,00	0,9
Eau.	0,00	0,10	0,8
	100,00	99,99	99,8

Forme primitive : rhomboïde obtus de 105° 5' et 74° 55'. Clivages très faciles et très nets parallèlement aux faces de ce rhomboïde. Pes. spéc., 2,72. Raye le gypse ; rayé par la chaux fluatée. Incolore ou blanc dans l'état de pureté. Les mélanges tant chimiques que mécaniques donnent souvent aux cristaux des teintes jaunes, rouges, vertes, brunes ou bleues de diverses nuances et intensités. Éclat en général vitreux et quelquefois nacré sur certaines faces. Transparent ou translucide. Réfraction double à un haut degré, même à travers deux faces parallèles. Cassure conchoïde. Tissu distinctement lamellaire à lames plus ou moins épaisses.

Electrique positivement par le frottement et par la pression même des doigts. Électrique aussi par la chaleur, et acquérant des pôles.

Au chalumeau, dans le matras, ne donne pas d'eau.—Sur le charbon, devient caustique et brille d'un éclat particulier, après le dégagement complet de l'acide carbonique; se comporte d'ailleurs avec les flux comme les Arragonites. (Voyez ce genre.) (Berzélius).

Soluble avec une vive effervescence dans les acides à froid.

ESPÈCES.

1. Point de faces parallèles ni perpendiculaires à l'axe.
A. Rhomboïdes simples.

1re Espèce. SPATH CALCAIRE PRIMITIF (*Calci-spathum rhomboïdeum*). Signe des faces, P. Rhomboïde de 105° 5' et 74° 55'. Très commun comme solide de clivage, *Islande*, etc. ; très rare comme cristal parfait. (Lucas en cite dans la Coll. du Mus.) De *Ratieborztia* (Bohème); de *Konsberg* (Norwége); de l'*Aiguille du Gouté* (vallée de Chamouni).

Var. *a. Convexe* : les faces sont arrondies et les arêtes curvilignes. Du *Pays de Galles* (Haüy).

2°. SP. CALC. EQUIAXE (*Calci-spathum obtusissimum*). S. d. f., *g*. Rhomboïde très obtus de 134° 1/2 à 45 1/2. Modification complète par une face sur les arêtes terminales du noyau. De *Belobanya* et de *Joachimsthal* (Bohème) (Haüy). D'*Andreasberg* (Hartz), idem. D'*Angleterre*; d'*Offenbanya* (Transylvanie) ; des environs de *Lissac* (Puy-de-Dôme). (Lucas, Coll. du Mus.)

3°. SP. CALC. INVERSE (*Calci-spathum inversum*). S. d. f., *f*. Rhomboïde aigu de 78° 1/2 et 101° 1/2. Modification complète par une face sur les angles latéraux du noyau. De *Cousons* près de *Lyon* ; des environs de *Paris*; de *Baveno* (Haüy) ; d'*Iberg* (Hartz) ; de *Huttenberg* (Carinthie); de *Corse*. (Lucas, Coll. du Mus.)

Var. *a. quartzifère*, ou *Grès cristallisé*. Amas de grains de quartz réunis en cristaux de l'espèce *inverse* par un ciment calcaire à peine visible. De *Fontainebleau*.

4°. SP. CALC. CONTRASTANT (*Calci-spathum contrastans*). S. d. f., *m*.

<table>
<tr><td>II.</td><td>40</td></tr>
</table>

Rhomboïde plus aigu que le précédent; de 73° et 107° (Beudant), 65° 41' et 114° 19' (Haüy). Des environs de *La Rochelle*. (Haüy.)

5e. Sp. calc. mixte (*Calci-spathum acutissimum*) S. d. f., *s*. Rhomboïde très aigu de 63° 1/2 et 115° 1/2 (Beudant), environ 64° et 116° (Haüy). Du *Derbyshire*. (Haüy.)

6e. Sp. calc. cuboïde (*Calci-spathum cuboïdeum*). S. d. f. *h*. Rhomboïde très voisin du cube, de 88° et 92° (Beudant). De *Castelnaudary*, des environs de *Clermont* (Auvergne), d'*Andreasberg* (Hartz),(Haüy.) De *Fatzbay* (Transylvanie). (Lucas Coll. du Mus.) Du *Vicentin*. Dolomien, etc.

N. B. Ces trois dernières espèces proviennent encore de modifications complètes par une face sur les angles latéraux du noyau.

B. Dodécaèdres bipyramidaux simples.

a. A triangles isocèles.

7e. Sp. calc. leptomorphique (*Calci-spathum leptomorphon*). S. d. f., *s*. Dodécaèdre bipyramidal isocèle de 121° et 159°.

b. A triangles scalènes.

8e. Sp. calc. métastatique (*Calci-spathum metastaticum*). S. d. f., *r*. Dodécaèdre bipyramidal scalène de 144° 20', 104° 28' et 133° 26' (Haüy), 104° et 144° (Beudant). Clivable au sommet par des faces inclinées sur les arêtes les plus obtuses. Du *Derbyshire*, de *Huttenberg* (Curinthie) (Lucas, Coll. du Mus.), des *Challenches* (Dauphiné), d'*Offenbanya*, de *Berteville* (dép. du Calvados.) (Lucas.)

9e. Sp. calc. axigraphe (*Calci-spathum axigraphum*). S. d. f., *μ*. Dodécaèdre bipyramidal scalène très aigu, de 127° 46'; 113° 16'; et 163° 40' (Haüy); 128° et 113° (Beudant).

C. Rhomboïdes ayant leurs arêtes terminales remplacées.

a. Par une face.

10e. Sp. calc. semiémarginé (*Calci-spathum semiemarginatum*). S. d. f., P *g*. Combinaison du *primitif* dominant et de l'*équiaxe*, P sur *g*, 142° 14' (Haüy). Du *Dauphiné*. (Haüy.)

11e. Sp. calc. unitaire (*Calci-spathum simile*). S. d. f., P *f*. Combinaison de l'*inverse* dominant et du *primitif*. P sur *f*, 129° 13'. (Haüy.) De *Cousons* près de *Lyon* et d'*Irlande*. (Haüy.)

N. B. Si dans le *semiémarginé*, la forme de l'*équiaxe* dominait, celle-ci paraîtrait avoir ses angles latéraux remplacés par une facette triangulaire P. De même, si dans l'*unitaire* la forme *primitive* dominait, les angles latéraux de celle-ci seraient remplacés par une facette *f*. (Voyez la section des Rhomboïdes ayant leurs angles latéraux remplacés par une facette oblique à l'axe, et celle des rhomboïdes terminés par un rhomboïde plus obtus.)

b. Par un biseau de deux faces.

12°. Sp. calc. binoternaire (*Calci-spathum bivellatum*). S. d. f., *m r*. Combinaison du *contrastant* dominant et du *métastatique*, *m* sur *r*, 160° 36'. Du *Derbyshire*. (Haüy.)

D. Rhomboïdes ayant leurs arêtes latérales remplacées par un biseau
de deux faces.

13°. Sp. calc. numérique (*Calci-spathum numericum*). S. d. f., *g γ*. Combinaison de l'*équiaxe* et d'un dodécaèdre scalène γ, d'environ 115°, 142° 1/4 et 118° 1/2. Inclinaison de *g* sur γ, 143° 1/2. Près de *Clermont* (dép. du Puy-de-Dôme). (Haüy.)

Voyez la section des dodécaèdres scalènes, terminés par des rhomboïdes.

E. Rhomboïdes ayant les angles latéraux remplacés.

a. Par une facette triangulaire non parallèle à l'axe.

14°. Sp. calc. moyen (*Calci-spathum medium*). S. d. f., *f m*. Combinaison de l'*inverse* dominant et du *contrastant*. Inclinaison de *f* sur *m*, environ 123°.

15°. Sp. calc. mixtiternaire (*Calci-spathum mixti-ternare*). S. d. f., ψ, *m*. Combinaison d'un rhomboïde φ, d'environ 95° à 85°; avec le *contrastant*. Inclinaison de *m* sur φ, 127° 18'.

Voyez la section des rhomboïdes, terminés par des sommets de rhomboïdes plus obtus.

b. Par deux facettes triangulaires.

16°. Sp. calc. isométrique (*Calci-spathum isometricum*). S. d. f., *g λ*. Combinaison de l'*équiaxe* dominant avec un dodécaèdre scalène λ, de 155° 45', 114° 18' et 101° 54'. Inclinaison de *g* sur λ, 134° 50'. Du *Crispalt* (Grisons). (Haüy.)

Voyez dodécaèdres bipyramidaux, scalènes terminés par le sommet d'un rhomboïde.

40.

F. Rhomboïdes ayant pour sommet un rhomboïde plus obtus.

17°. Sp. calc. ANTÉCÉDENT (*Calci-spathum antecedens*). S. d. f., *f g*. L'*inverse* ayant pour sommet l'*équiaxe*. Inclinaison de *f* sur *g*, 143° 7'. *Des environs de Clermont* (Auvergne). (Haüy.)

18°. Sp. calc. DIHEXAÈDRE (*Calci-spathum di-hexaedricum*). S. d. f., P *m*. Le *contrastant* ayant pour sommet le *primitif*. Incl. de P sur *m*, 149° 2'. Du *Derbyshire*. (Bournon.)

19° Sp. calc. BI-RHOMBOÏDAL (*Calci-spathum bi-rhomboïdeum*). S. d. f., P *s*. Le *mixte* ayant pour sommet le *primitif*. Incl. de P sur *s*, 119° 2'. Du *Derbyshire*. (Haüy.)

20°. Sp. calc. UNI-MIXTE (*Calci-spathum uni-mixtum*). S. d. f., *s. g*. Le *mixte* ayant pour sommet l'*équiaxe*. Incl. de *s* sur *g*, 127° 52'. Du *Derbishyre*. (Haüy.)

21°. Sp. calc. CONTRACTÉ (*Calci-spathum contractum*). S. d. f., *i g*. Un rhomboïde très aigu *i* (ayant l'apparence d'un prisme hexaèdre à arêtes non parallèles entre elles, et dont les faces ne sont pas parallèles à l'axe), terminé par les trois faces culminantes de l'*équiaxe*. Incl. de *g* sur *i*, 112° 9'. Du *Cumberland* (Angleterre). (Haüy.)

22°. Sp. calc. DILATÉ (*Calci-spathum dilatatum*). S. d. f., *k g*. Un rhomboïde très aigu *k* (ayant l'apparence d'un prisme hexaèdre à arêtes non parallèles entre elles et dont les faces ne sont pas parallèles à l'axe), terminé par les trois faces culminantes de l'*équiaxe*. Incl. de *g* sur *k*, 120° 39'. Du *Hartz* (Saxe) et des environs d'*Oöerstein* (Palatinat). (Haüy.)

(Voyez la section des rhomboïdes à angles latéraux remplacés par une face triangulaire).

G. Dodécaèdres bi-pyramidaux à triangles scalènes , terminés
a. Par le sommet d'un rhomboïde.

23°. Sp. calc. BINAIRE (*Calci-spathum binare*). S. d. f., P *r*. Le *métastatique* terminé par le *primitif*. Incl. de P sur *r* , 151° 2'. Du *Derbyshire*. (Haüy.)

24°. Sp. calc. ALLÉLOGONE (*Calci-spathum allelogonum*). S. d. f., P 2. Un dodécaèdre 2 d'environ 140°, 106° 13', et 141° 12', terminé par le *primitif*. Incl. de P sur 2 , 147° 19'. De l'*Oisans* (Dauphiné.) (Haüy.)

25°. Sp. calc. BIMÉTRIQUE (*Calci-spathum bimetricum*). S. d. f., *p g*. L'*axigraphe* terminé par l'*équiaxe*.

26°. Sp. calc. DIVERGENT (*Calci-spathum divergens*). S. d. f., *x f*.

Un dodécaèdre *x*, de 92° 3', 153° 13' et 135° 35'; terminé par l'*in-verse*. Inclin. de *f* sur *x*, environ 163°.

27°. Sp. calc. sexduodécimal (*Calci-spathum sexduodecimale*). S. d. f., *γ f.* Un dodécaèdre *γ*, de 134° 25' et environ 109°, terminé par l'*inverse*.

28°. Sp. calc. divellent (*Calci-spathum divellens*). S. d. f., *r l.* Le *métastatique*, terminé par un rhomboïde *l*, de 114° 29' et 65° 31'. Incl. de *l* sur *r*, 135° 52'. Des *salines de Bex* (Suisse). (Haüy.)

29°. Sp. calc. hémitome (*Calci-spathum hemitomum*). S. d. f., *r φ.* Le *métastatique* , terminé par un rhomboïde *φ* de 88° 56' et 91° 4'. Incl. de *r* sur *φ*, 140° 37'. Du *Saint-Gothard* et du *Dauphiné*. (Haüy.)

(Voyez la section des rhomboïdes ayant leurs arètes latérales rem-placées par un biseau de deux faces , et celle des doubles pyramides 9 faces dont trois forment le sommet).

b. Par le sommet d'un double rhomboïde.

30°. Sp. calc. anti-statique(*Calci-spathum anti-staticum*). S. d. f., *γ* P *f.* Un dodécaèdre *γ*, de 134° 25' et 108° 56', terminé par l'*unitaire*. Incl. de P sur *γ*, 142° 14'.

c. Par le sommet d'un dodécaèdre plus obtus.

31°. Sp. calc. binosénaire(*Calci-spathum binosenare*). S. d. f., *r q.* Le *métastatique*, terminé par un dodécaèdre *q*, de 169° et 125°. Incl. de *r* sur *q*, 145° 33'. Du *Simplon*. (Haüy.)

H. Doubles pyramides à 9 faces dont 3 se réunissent au sommet pour former l'angle solide terminal.

32°. Sp. calc. diennéaèdre (*Calci-spathum di enneaedrum*). S. d. f., *m γ.*Combinaison du dodécaèdre *γ*, de 134° 25' et 108° 56' avec le *contrastant*. Incl. de *m* sur *γ*, 157° 12'. Du *Hartz*. (Haüy.)

33°. Sp. calc. bi-mixte(*Calci-spathum bi-mixtum*). S. d. f., *z γ.* Com-binaison du dodécaèdre de l'espèce précédente *γ* avec un rhomboïde *z* de 112° 30' et 67° 30'.

J. Solide à 24 faces triangulaires obliques et formé d'une pyramide à base rhomboïdale et à 4 faces triangulaires remplaçant chaque face du rhomboïde primitif.

34°. Sp. calc. quino-quaternaire (*Calci-spathum hexa-pyrami-*

datum). S. d. f., ω σ. Incl. de ω sur ω, 163° 5o' et 13o° 8', de σ sur σ, 165o 29' et 101o 39'.

II. Des faces perpendiculaires, mais point de faces parallèles à l'axe.

A. Rhomboïdes simples basés, ou dont les angles solides terminaux sont remplacés chacun par une face *o* perpendiculaire à l'axe.

35. Sp. calc. basé (*Calci-spathum apice truntcaum*). S. d. f., P *o*. Le *primitif* basé. Incl. de P sur *o*, 135°. De *Conilla* près *Cadix* (Espagne). (Bournon.)

36°. Sp. calc. acrogène (*Calci-spathum acrogenum*). S. d. f., g *o*. L'*équiaxe* basé. Incl. de g sur *o*, 153o 26'. Des environs de *Guanaxuato* (Mexique). (Haüy.)

37°. Sp. calc. apophane (*Calci-spathum apophanes*). S. d. f., h *o*. Le *cuboïde* basé. Incl. de h sur *o*, 123° 41'. Du *Hartz*. (Haüy.)

38°. Sp. calc. uniternaire (*Calci-spathum uniternare*). S. d. f., m *o*. Le *contrastant* basé. Inclin. de m sur *o*, 104° 2'. Du *Derbyshire*. (Haüy.)

39°. Sp. calc. antiédrique (*Calci-spathum antiedricum*). S. d. f., f *o*. L'*inverse* basé. Incl. de f sur *o*, 116° 33'. D'*Offenbania* (Transylvanie.) (Haüy.)

B. Rhomboïdes simples terminés par un rhomboïde basé.

40°. Sp. calc. épointé (*Calci-spathum spuntatum*). S. d. f., P *o*. L'*inverse* terminé par le *basé*. De *Guanaxuato* (Mexique). (Haüy.)

41°. Sp. calc. séno-bisunitaire (*Calci-spathum alterum*). S. d. f., i *o*. Un rhomboïde très aigu *i* terminé par l'*antiédrique*, ou l'*inverse* ayant chacun de ses angles solides remplacé par une face triangulaire. Du *Hartz*. (Haüy.)

42°. Sp. calc. hyperoxyde (*Calci-spathum hyperoxydum*). S. d. f., k f *o*. Un rhomboïde très aigu *k* terminé par l'*antiédrique*. Du *Hartz*. (Haüy.)

43°. Sp. calc. biseptimal (*Calci-spathum biseptimale*). S. d. f., m P *o*. Le *contrastant* terminé par le *basé*.

44°. Sp. calc. mixti-bisunitaire (*Calci-spathum obtusatum*). S. d. f., s g *o*. Le *mixte* terminé par l'*acrogène*. Du *Hartz*. (Haüy.)

C. Dodécaèdres bipyramidaux scalènes, ayant leurs angles solides terminaux tronqués par une face *o* perpendiculaire à l'axe.

45°. Sp. calc. apotome (*Calci-spathum apotomum*). S. d. f., μ *o*

L'*axigraphe* terminé par la face hexagonale *o* perpendiculaire à l'axe. Inclinaison de μ sur *o*, 97° 17'. Du *Hartz*. (Haüy.)

III. Des faces perpendiculaires et des faces parallèles à l'axe.

A. Prismes hexaèdres réguliers simples.

46e. Sp. calc. prismatique (*Calci-spathum prismaticum*). S. d. f., *c o*. Un prisme hexaèdre régulier, clivable sur trois arêtes alternativement au pourtour de ses bases ; les faces de clivage correspondent à trois de ses pans. Inclinaison de *c* sur *c*, 120°; de *c* sur *o*, 90°. Du *Hartz*, de *Marienburg* (Saxe), et de *Joachimsthal* (Bohême). (Haüy.)

Var. *a. Alternante.* Trois pans larges alternant avec trois pans étroits.

Var. *b. Comprimée.* Deux pans opposés plus larges que les quatre autres.

Var. *c. Évasée.* Quatre pans plus larges que les deux autres.

Var. *d. Raccourcie.* En prisme très court.

Var. *e. Lamelliforme.* En lame mince.

B. Prismes à douze pans réguliers simples.

47e. Sp. calc. péridodécaèdre (*Calci-spathum peridodecaedricum*). S. d. f., *u c o*. Un prisme à douze pans réguliers (combinaison de deux prismes hexaèdres réguliers), terminé par une face *o* perpendiculaire à l'axe. Inclinaison de *u* sur *c*, 150°. Du *Cumberland*. (Angleterre.)

C. Prismes hexaèdres réguliers terminés par le sommet d'un rhomboïde basé , ou par quatre faces, dont la culminante *o* est perpendiculaire à l'axe.

48e. Sp. calc. équivalent (*Calci-spathum equipollens*). S. d. f., *c g o*. Le prisme *c* du *prismatique* terminé par l'*acrogène*. Inclinaison de *g* sur *c*, 116° 34'. De *Konsberg* (Norwége) , et d'*Andreasberg* (Hartz). (Haüy.)

49e. Sp. calc. persistant (*Calci-spathum constans*). S. d. f., *c f o*. Même prisme *c* terminé par l'*antiédrique*. Inclinaison de *f* sur *c*, 153° 26'. Du *Derbyshire*. (Haüy.)

50e. Sp. calc. semi-annulaire (*Calci-spathum semi-annulare*). S. d. f., *c h o*. Même prisme *c* terminé par l'*apophane*. Inclinaison de *h* sur *c*, 146° 18'. Du *Derbyshire*. (Haüy.)

51e. Sp. calc. mixti-unibinaire (*Calci-spathum hemi-cinctum*). S. d. f., *c φ o*. Même prisme *c* terminé par le rhomboïde *φ* basé. Inclinaison de *φ* sur *c*, 141 20'.

D. Prismes hexaèdres terminés par le sommet d'un double rhomboïde basé , ou par sept faces dont la culminante *o* est perpendiculaire à l'axe.

52e. Sp. calc. triforme (*Calci-spathum triforme*). S. d. f., *c* P *g o*. Le prisme *c* du *prismatique* terminé par le *semi-émarginé* basé. Inclinaison de P sur *c*, 135°. Du *Hartz*. (Haüy.)

IV. Des faces parallèles et point de faces perpendiculaires à l'axe.

A. Prismes hexaèdres réguliers terminés par le sommet d'un rhomboïde, ou par trois faces.

53e. Sp. calc. imitable (*Calci-spathum imitabile*). S. d. f., *c* P. Le prisme *c* du *prismatique* terminé par le *primitif*. Inclinaison de P sur *c*, 135°. Du *Hartz* (Haüy); du *Cumberland* et du *Dauphiné*. (Bournon.)

54e. Sp. calc. dodécaèdre (*Calci-spathum dodecaedricum*). S. d. f., *c g*. Même prisme *c* terminé par l'*équiaxe*. Inclinaison de *c* sur *g*, 116° 34'. Du *Derbyshire* et de *Norwége*. (Haüy.)

Var. *a. Raccourci* (Haüy), ou *rhomboédrique*. Le rhomboïde *équiaxe* dominant ; le prisme hexaèdre réduit à de petites faces triangulaires remplaçant les angles solides latéraux de l'*équiaxe*.

55e. Sp. calc. analeptique (*Calci-spathum analepticum*). S. d. f., *c f*. Même prisme *c* terminé par l'*inverse*. Inclinaison de *c* sur *f*, 153° 26'. De *Cousons* près de *Lyon*. (Haüy.)

56e. Sp. calc. cuboïdo-prismatique (*Calci-spathum cuboïdo-prismaticum.*) S. d. f., *c h*. Même prisme *c* terminé par le *cuboïde*. Inclinaison de *c* sur *h*, 146° 18'. De *Castelnaudary* (département de l'Aude). (Haüy.)

57e. Sp. calc. diectasite (*Calci-spathum diectasin*). S. d. f., *c l*. Même prisme *c* terminé par un rhomboïde *l* , de 114° 30' et 65° 30'. Inclinaison de *c* sur *l*, 128° 39'.

58e. Sp. calc. mixtibinaire (*Calci-spathum mixtibinare*). S. d. f., *c φ*. Même prisme *c* terminé par le rhomboïde *φ* de 91° 4' et 88° 56'. Inclinaison de *c* sur *φ*, 141° 20'.

59e. Sp. calc. prismé (*Calci-spathum prismatum*). S. d. f., *u* P. Un prisme hexaèdre régulier *u* clivable sur trois des arêtes latérales alternativement. Les faces de clivage correspondent à trois de ses arêtes latérales. Ce prisme est terminé par le *primitif*. Inclinaison de *u* sur *u*. 120°; de *u* sur P, 127° 45'. Du *Cumberland*. (Haüy.)

60e. Sp. calc. bisunitaire (*Calci-spathum bisunitare*). S. d. f., *u g*. Même prisme *u* terminé par l'*équiaxe*. Inclinaison de *u* sur *g*, 112° 47'. Du *Cumberland*. (Haüy.)

B. Prismes hexaèdres réguliers , terminés par le sommet d'un double rhomboïde ou par six faces.

61e. Sp. calc. isoédrique (*Calci-spathum isoedricum*). S. d. f., *c* P *g*. Le prisme hexaèdre *c* du *prismatique* (dans lequel les faces de clivage correspondent aux pans) terminé par le *semi-émarginé*. Du *Dauphiné*. (Haüy.)

62e. Sp. calc. unibinaire (*Calci-spathum unibinare*). S. d. f.. *c f* P. Même prisme *c* terminé par l'*unitaire*. Du *Derbyshire*. (Haüy.)

63e. Sp. calc. inverso-émarginé (*Calci-spathum inverso-emarginatum*). S. d. f., *u f* P. Le prisme hexaèdre régulier *u* du *prismé* (dans lequel les faces de clivage correspondent aux arêtes latérales) terminé par l'*unitaire*. De *Cousons* près de *Lyon*. (Haüy.)

C. Prismes hexaèdres réguliers terminés par un rhomboïde ayant lui-même pour sommet un rhomboïde plus obtus.

64e. Sp. calc. coordonné (*Calci-spathum coordinatum*). S. d. f., *c f g*. Le prisme hexaèdre *c* du *prismatique*, terminé par l'*antécédent*. Du *Derbyshire*. (Haüy.)

65e. Sp. calc. unibino-ternaire (*Calci-spathum uni-bino-ternare*). S. d. f., *c l g*. Même prisme *c*, terminé par un rhomboïde *l*, ayant pour sommet l'*équiaxe*. De *Norwége*. (Haüy.)

66e. Sp. calc. distège (*Calci-spathum disteges*). S. d. f., *c h g*. Même prisme *c*, terminé par le *cuboïde*, ayant pour sommet l'*équiaxe*. Du *Hartz*. (Haüy.)

D. Prismes hexaèdres terminés par le sommet d'un dodécaèdre bipyramidal à triangles scalènes , ou par une pyramide à six faces correspondantes aux arêtes du prisme.

67e. Sp. calc. surbaissé (*Calci-spathum teres*). S. d. f., *c t*. Le prisme hexaèdre *c* du *prismatique* terminé par les six faces d'un dodécaèdre *t*, de 137° 39' et 159° 11'. (Haüy), 137° et 159° (Beudant.) Du *Derbyshire* et du *Cumberland*. (Haüy.)

68e. Sp. calc. bisalterne (*Calci-spathum bisalternum*). S. d.

f., *c r*. Même prisme *c*, terminé par le sommet du *métastatique*. Inclinaison de *c* sur *r*, 152° 7' et 135°. Du *Derbyshire*. (Haüy.)

E. Prismes hexaèdres terminés par le sommet d'un dodécaèdre bipyramidal à triangles isocèles, formé par la combinaison de deux rhomboïdes dont les faces font entre elles et avec l'axe des angles égaux.

69ᵉ. **Sp. calc. trihexaèdre** (*Calci-spathum trihexaedricum*). S. d. f., *c* P ε. Le prisme *c* du *prismatique*, terminé par une pyramide à triangles isocèles dont les faces correspondent à ses pans. C'est une forme tout-à-fait semblable à celle du quartz prismé. Incl. de *c* sur P et sur ε, 135°; de P sur ε, 140° 37'.

F. Prismes hexaèdres surmontés par le sommet d'un dodécaèdre bipyramidal scalène terminé lui-même par un rhomboïde.

70ᵉ. **Sp. calc. analogique.** (*Calci-spathum analogicum*). S. d. f., *c r g*. Le prisme *c* du *prismatique*, surmonté par le *métastatique* terminé par l'*équiaxe*; ou le *bisalterne* terminé par l'*équiaxe*. Du *Derbyshire*. (Haüy.)

G. Prismes à douze pans terminés par le sommet d'un rhomboïde, ou par trois faces.

71ᵉ. **Sp. calc. bino-bisunitaire** (*Calci-spathum bino-bisunitare*). S. d. f., *u c g*. Le prisme à douze pans du *péridodécaèdre*, terminé par l'*équiaxe*. De *Framont* dans les *Vosges*. (Haüy.)

Nous n'avons pas énuméré ici la dixième partie des espèces connues de ce genre, qui se montent à plus de huit cents. (Voyez le Traité et l'Atlas de Haüy et le *Traité complet de la chaux carbonatée*, par Bournon, Londres 1808. Voyez aussi les planches de la 2ᵉ édition de M. Beudant et ses tableaux des diverses formes simples de ce sous-genre, t. 2, p. 321 à 324.)

ALTÉRATION DE FORME ET MODES DE GROUPEMENT DES INDIVIDUS.

Les rhomboïdes en s'arrondissant deviennent sphéroïdaux, lenticulaires, squamiformes, lamelliformes. Les dodécaèdres rhomboïdaux prennent la forme de vases ou de petits tonneaux. Les prismes, lorsqu'ils sont alongés, deviennent cylindroïdes, aciculaires, spiculaires, etc. Lorsqu'ils sont très courts, ils deviennent laminiformes. Outre cela, dans bien des cas et dans toutes les espèces, il peut y avoir

des faces qui prennent, aux dépens des autres, des dimensions dispro-
portionnées, d'autres qui avortent, ce qui occasione des irrégularités
et des changemens remarquables dans les formes.

Les groupemens réguliers de deux ou trois individus avec pénétration réciproque et inversion (hémitropies et transpositions), ont
lieu dans la plupart des espèces de ce sous-genre et présentent un
grand nombre de variétés.

Les groupemens irréguliers sont innombrables, et on voit dans ce
sous-genre rassemblés tous les modes de groupemens, tant d'individus visibles que d'individus moléculaires, que présente le reste du
règne minéral. Comme cet objet n'entre pas directement dans notre
plan, et que d'ailleurs on trouve une énumération complète de ces
groupemens dans Haüy, et sur-tout dans le Traité de M. Beudant,
t. 2, p. 325 à 331, nous ne nous y arrêterons pas. La plupart de ces
agrégats sont de vraies roches et trouvent leur place dans la classification minéralogique ou géologique des roches. Il en est de même
des nombreux mélanges mécaniques d'oxyde de fer, d'ocre, d'argile,
de carbone, de matières bitumineuses, qui pénétrant les groupes
d'individus moléculaires réunis en masses lamellaires, sublamellaires
ou compactes, forment ces pierres calcaires ou ces marbres de couleurs et de dessins infiniment variés, qui sont si abondans dans la
nature et dans presque toutes les contrées de la terre.

2° Sous-genre — SPATH MAGNÉSIEN.

(*Magnesi-Spathum.*)

Chaux carbonatée magnésifère. en partie. *Magnésie carbonatée*
(Haüy). *Giobertite* (Beudant). *Magnésit* (Karsten et de Léonhard). *Bra-
chytypes Kalk Haloïd* (Mohs). *Rauten spath* (Werner). *Breunnerite*
(Haïdinger et Allan). Et aussi *Talk spath* (Breithaupt). *Magnesit
spath* (Stromeyer). *Baudisserite* et *Roubschite* (De la Methric). *Reine
Talkerde* (Werner). *Magnésie native* (Brochant). *Walmstedtite*
(Schweigger).

Carbonate de magnésie quelquefois avec un léger mélange de protoxydes de fer et de manganèse.

Signe minéralogique de M. Beudant, $M C^2$.

ANALYSES DES SPATHS MAGNÉSIENS.

	Par Stromeyer.		Par Henry.
	Cristaux.	Noir cristallin.	
	du	de	de	des
	Zillerthal.	Hall (Tyrol.	Baumgarten.	Indes Orientales.
Acide carbonique.	48,94	49,93	50,75	51,0
Magnésie.	41,06	43,44	47,63	46,0
Protoxyde de fer.	8,57	4,98	0,00	0,0
Oxyde de manganèse.	0,43	1,52	0,21	0,0
Carbone.	0,00	0,11	0,00	0,0
Eau.	0,00	0,00	1,40	0,5
Silice.	0,00	0,00	0,00	1,5
	99,00	99,98	98,99	99,0

Forme primitive : rhomboïde obtus d'environ 107°
25' et 72° 35'. Clivable parallèlement à ses faces. Pes.
spéc., 2,56 à 2,88 et même à 3,11, d'après M. Mohs.
Raye la chaux carbonatée ; rayé par l'apatite. Couleur
blanche, jaunâtre, rougeâtre ou verdâtre, quelquefois
brune ou noire par suite de mélanges. Translucide ou
opaque. Matte.

Soluble lentement à froid et avec une très faible effervescence dans
l'acide nitrique.

Au chalumeau dans le matras, dégage peu ou point d'eau. — Sur
le charbon, ne se réduit pas en poudre et laisse une masse qui n'est
presque pas caustique au goût, mais qui réagit comme les alcalis sur
le papier de tournesol et de Fernambouc. — Avec le borax, donne
un verre à facettes cristallines. —Avec le sel de phosphore, donne un
verre limpide qui devient blanc-de-lait à froid ou par le flamber. —
Inattaquable par la soude. — Avec la solution de cobalt, prend une
couleur de chair faible et qui ne se voit bien qu'à froid (Berzélius).

ESPÈCE UNIQUE.

SPATH MAGNÉSIEN PRIMITIF (*Magnesi-spathum rhomboideum*) S. d.
f., P. Un rhomboïde de 107° 25' et 72° 35'. Du *Zillerthal* et du *Tyrol*.
(Stromeyer et de Léonhard.)

MODES DE GROUPEMENT DES INDIVIDUS MOLÉCULAIRES.

En masses lamellaires, compactes et terreuses.

En masses spongieuses très légères mélangées de silice : c'est la *Magnésie carbonatée silicifère* de Haüy, le *quarziger magnesit* de Léonhard, et c'est en partie, ce qui est appelé vulgairement *Ecume de mer*, *Meer schaum* des Allemands. De *Baudissero* (Piémont) et de la *Natolie*.

3ᵉ Sous-genre. — SPATH DOLOMITIQUE.
(*Dolimi-Spathum.*)

Chaux carbonatée magnésifère (Haüy), en partie. *Dolomie* (de Saussure et Beudant). *Chaux magnésiée* (de Born). *Spath magnésien* (De la Méthrie et Brochant). *Bitter spath* (Werner). *Dolomit* (Karsten). *Picrite* (Blumenbach). *Miemite* (Thomson et Reuss). *Makrotypes Halk haloïd* (Mohs), en partie.

Combinaison en proportions définies de carbonate de chaux et de carbonate de magnésie; ce dernier est parfois remplacé par une petite proportion de carbonate de fer.

Signe minéralogique de M. Beudant : $Ca\ C^2 + MC^2$.

ANALYSES DES SPATHS DOLOMITIQUES CRISTALLISÉS EN RHOMBOÏDE PRIMITIF.

	du Mexique par Beudant.	Saccharoïde des Alpes par Berthier.
Acide carbonique.	47,0	46,6
Chaux.	30,4	30,0
Magnésie.	21,5	21,0
Protoxyde de fer.	0,9	0,0
Matières siliceuses.	0,0	2,4
	99,8	100,0

AUTRES ANALYSES DES SPATHS DOLOMITIQUES CRISTALLISÉS PAR KLAPROTH.

	Miémite de Toscane.	de Hall en Tyrol.	de Taberg en Wermeland.
Carbonate de chaux.	53,0	68,0	73,00
Carbonate de magnésie.	42,5	25,5	25,00
Carbonate de fer.	3,0	1,0	0,00
Oxyde de fer manganésien.	0,0	0,0	2,25
Eau.	0,0	2,0	0,00
Argile.	0,0	2,0	0,00
	98,5	98,5	100,25

Forme primitive : rhomboïde obtus d'environ 106°
15' et 73° 45'. Aisément et nettement clivable parallèlement à ses faces et aussi, quoique moins distinctement,
dans la direction de ses arêtes terminales. Pes. spéc.,
2,85 à 2,9. Raye la chaux carbonatée; rayé par la
chaux fluatée. Couleur : blanche ou grise, ou vert jaunâtre; ou incolore. Éclat nacré passant au vitreux. Demi-
transparent ou translucide.

Sa poussière projetée sur les charbons ardens, émet une lueur phosphorique.

Lentement soluble et presque sans effervescence dans l'acide nitrique à froid. Sa poussière dans les acides chauffés, cause une faible
effervescence.

Au chalumeau, infusible, ne tombe pas en poussière et se comporte d'ailleurs comme le Spath calcaire.

ESPÈCES.

1re Espèce. SPATH DOLOMITIQUE PRIMITIF (*Dolomi-spathum
rhomboïdeum*). S. d. f., P. Rhomboïde d'environ 106° 15' et 73° 45'.
En *Tyrol, Carniole, Carinthie, Alpes Italiennes*, etc., etc.

2e. SPATH. DOLOM. UNITAIRE (*Dolomi-spathum simile*). Vert jaunâtre, *Miémite de Toscane*. (Haüy et Lucas, Coll. du Mus.)

3e. SPATH DOLOM. ÉPOINTÉ (*Dolomi-spathum spuntatum*). De Tha-
rand près de Dresde (Saxe). (Haüy). Nommé *Tharandite*.

4e. SP. DOLOM. UNITERNAIRE (*Dolomi-spathum uniternare*). Haüy.
(Voyez pour les deux espèces précédentes et pour celle-ci, les espèces
de même nom du Sous-Genre *Spath calcaire*.)

5e. SP. DOLOM. HOMONOME (*Dolomi-spathum homonomum*). S.
d. f., *u* P *γ*. Prisme hexaèdre régulier *u* dans lequel les faces de clivage
correspondent aux arêtes latérales, surmonté par un dodécaèdre bipyramidal scalène *γ*, terminé par le rhomboïde primitif P. De *Toscane*. Haüy.

ALTÉRATION DES FORMES.

Les rhomboïdes deviennent lenticulaires, ou globuliformes.
Mexique). Les dodécaèdres *doliiformes* ou en forme de tonneau; les
prismes cylindroïdes.

GROUPEMENS DES INDIVIDUS.

Les cristaux parfaits ou déformés se groupent en masses lamellaires souvent géodiques, et en masses pseudo-polyédriques et stalactitiques.

Les individus moléculaires s'assemblent en masses compactes granulaires et en amas pulvérulens.

4ᵉ Sous-Genre.— SPATH FERRIQUE ou FER SPATHIQUE. (*Ferri-Spathum.*)

Fer oxydé carbonaté (Haüy). *Sidérose* (Beudant). *Mine de fer spathique* (Romé-de-l'Isle), en partie. *Spatheisenstein* (Werner et Karsten), en partie. *Eisen spath* (de Léonhard), en partie. *Brachytipes Parachros Baryt.* (Mohs).

Combinaison d'acide carbonique et de protoxyde de fer, dont parfois une faible portion est remplacée par du protoxyde de manganèse, de la magnésie , de la chaux.

Signe minéralogique de M. Beudant, $f\,C^2$

ANALYSES DES SPATHS FERRIQUES.

	En prisme hexaèdre. D'Angleterre. Par Beudant.	Lamellaire. De Baigory. Par Berthier.	Lamellaire. De Bogota. Par Berthier.
Acide carbonique.	38,72	41,0	38,7
Protoxyde de fer.	59,97	53,0	53,0
Protoxyde de manganèse.	0,39	0,6	0,8
Chaux.	0,92	0,0	1,0
Magnésie.	0,00	5,4	4,5
	100,00	100,0	98,0

Forme primitive : rhomboïde obtus d'environ 107° et 75°. Clivable aisément parallèlement à ses faces et aussi dans la direction de ses arêtes terminales. Pes. spéc., 3,56 à 3,9. Raye la chaux carbonatée ; rayé par l'apatite. Couleur blanche, ou grise, ou jaune, qui devient brune ou noire sur les surfaces exposées à l'action des élémens. Éclat nacré , ou sans éclat.

Soluble lentement et sans effervescence dans les acides à froid, mais faisant effervescence à chaud dans l'acide hydrochlorique, lorsqu'il est réduit en poudre.

Au chalumeau, dans le matras, ne donne pas d'eau, et décrépite quelquefois fortement sur le charbon ; à une faible chaleur, noircit et se fond en globules magnétiques. — Colore le borax en vert de bouteille au feu de réduction, et en jaunâtre ou jaune sombre au feu d'oxydation.

ESPÈCES.

1re Espèce. SPATH FERRIQUE PRIMITIF (*Ferri-spathum rhomboïdeum*). S. d. f., P. Un rhomboïde obtus d'environ 107° et 73°. De *Hüttemberg* en *Carinthie*, de *Kremnitz* en *Hongrie*. (Luc., Coll. du Mus.), et de *Freyberg* en Saxe. (Lucas.)

Var. *a. Curviligne*. Les faces sont courbées et infléchies, et les arêtes sont des lignes courbes.

2e. SP. FERR. ÉQUIAXE (*Ferri-spathum obtusissimum*). S. d. f., g. Du département de l'Aude. (Luc., Coll. du Mus.) Par altération, les cristaux de cette espèce deviennent parfois *lenticulaires*.

3e. SP. FERR. BASÉ (*Ferri-spathum apice-truncatum*). (Haüy.)

4e. SP. FERR. CONTRASTANT (*Ferri-spathum contrastans*). De *Hongrie*. (Luc., Coll. du Mus.)

5e. SP. FERR. PRISMATIQUE (*Ferri-spathum prismaticum*). D'*Angleterre*. (Beudant.)

6e. SP. FERR. DIHEXAÈDRE (*Ferri-spathum dihexaedricum*). D'*Espagne*. (Luc., Coll. du Mus.)

Voyez pour ces espèces, les espèces de même nom, dans le Sous-genre *Spath calcaire*.

ALTÉRATION DE LA SUBSTANCE.

Les surfaces de ces cristaux, et quelquefois même les cristaux tout entiers, sont changés en fer oxydé ou hydraté.

MODE DE GROUPEMENT DES INDIVIDUS MOLÉCULAIRES

En masses réniformes, lamellaires, pseudo-morphiques sous forme de végétaux, granulaires, oolitiques, compactes et terreuses.

5e Sous-genre. — SPATH MANGANÉSIEN.
(*Mangani-Spathum.*)

Manganèse carbonaté (Haüy). *Diallogite* (Beudant). *Rother Braunstein* (Werner). *Roth manganerz* (Karsten). *Rhodochrosit* et *Roth-*

tein (Haussmann), en partie. *Makrotyper Parachros-Baryt* (Mohs).

Carbonate de manganèse, plus ou moins mélangé de carbonates de fer, de chaux, de magnésie.

Signe minéralogique de M. Beudant, *mn* $\overset{..}{C}$.

ANALYSES DES SPATHS MANGANÉSIENS.

	De Nagyag. Par Berthier.	De Freyberg. Par Berthier.	De Buchenberg. Par Duménil.
Acide carbonique.	38,6	38,7	33,75
Protoxyde de manganèse.	56,0	52,0	54,60
Chaux.	5,4	5,0	2,50
Protoxyde de fer.	0,0	4,5	1,87
Magnésie.	0,0	0,8	0,00
Silice.	0,0	0,0	4,37
	100,0	101,0	97,09

Forme primitive : rhomboïde obtus de 103° et 77°, suivant M. Beudant; de 106° 51' et 73° 9', suivant MM. Mohs, de Léonhard, Allan. Clivable parallèlement à ses faces. Pes. spéc., 3,2 à 3,6. Raye la chaux carbonatée; rayé par la chaux fluatée. Couleur rouge de rose plus ou moins vif et de diverses nuances, quelquefois brunâtre ou brune par altération. Éclat nacré passant au vitreux. Translucide quelquefois seulement sur les bords.

Soluble avec effervescence plus ou moins forte dans l'acide nitrique.

Au chalumeau, dans le matras, donne un peu d'eau, décrépite fortement, et devient d'un gris verdâtre. Seule sur le charbon, noircit ou brunit. Avec le borax et le sel de phosphore, donne un verre améthyste au feu d'oxydation, et incolore au feu de réduction. — Avec la soude, sur le fil ou la feuille de platine, donne une masse verte transparente. (Berzélius.)

ESPÈCES.

1re Espèce. SPATH MANGANÉSIEN PRIMITIF (*Mangani - spathum rhomboïdeum*). S. d. f., P.

II.   41

2ᵉ. Sᴘ. ᴍᴀɴɢᴀɴ. sᴇᴍɪ-ᴇ́ᴍᴀʀɢɪɴᴇ́ (*Mangani-spathum semi-emargi-natum*).

3ᵉ. Sᴘ. ᴍᴀɴɢᴀɴ. ᴘʀɪsᴍᴀᴛɪQᴜᴇ (*Mangani-spathum prismaticum*).

4ᵉ. Sᴘ. ᴍᴀɴɢᴀɴ. ɪᴍɪᴛᴀʙʟᴇ (*Mangani-spathum imitabile*),

Ces quatre espèces sont indiquées par M. de Léonhard. (*Voyez* les espèces de même nom du Sous-Genre *Spath calcaire*). Il ne désigne pas leurs localités. M. Beudant mentionne des espèces en forme de dodécaèdres à triangles scalènes, mais dont l'arrondissement des faces a empêché de mesurer les angles.

ᴍᴏᴅᴇs ᴅᴇ ɢʀᴏᴜᴘᴇᴍᴇɴᴛ ᴅᴇs ɪɴᴅɪᴠɪᴅᴜs ᴀʟᴛᴇ́ʀᴇ́s ᴏᴜ ᴍᴏʟᴇ́ᴄᴜʟᴀɪʀᴇs.

En masses lamellaires, compactes, concrétionnées, globuliformes. De *Kapnick* (Transylvanie). De *Freyberg* (Saxe). D'*Orlez* (Sibérie). (Luc., Coll. du Mus.)

6ᵉ Sous-Genre—Sᴘᴀᴛʜ ᴢɪɴᴄɪQᴜᴇ ᴏᴜ Zɪɴᴄ sᴘᴀᴛʜɪQᴜᴇ.
(*Zinci-Spathum.*)

Zinc carbonaté (Haüy). *Smithsonite* (Beudant). *Zink spath* (de Léonhard). *Galmey* (Werner), en partie. *Zinc spathique* et *Calamine* des anciens minéralogistes, en partie. *Rhomboedrischer Zink - Baryt* (Mohs).

Carbonate de zinc.

Signe minéralogique de M. Beudant : $\textbf{Zn C}^2$.

ᴀɴᴀʟʏsᴇs ᴅᴇs sᴘᴀᴛʜs ᴢɪɴᴄɪQᴜᴇs ᴏᴜ ᴢɪɴᴄs sᴘᴀᴛʜɪQᴜᴇs.

	Par Smithson.		John.
	Du Sommersetshire.	Du Derbyshire.	De l'Altaï.
Acide carbonique.	35,2	34,8	36,0
Oxyde de zinc.	64,8	65,2	62,5
	100,0	100,0	98,5

Forme primitive : rhomboïde obtus de 107° 40' et 72° 20'. Clivable parallèlement à ses faces. Pes. spéc., 3,6 à 4,44. Raye l'arragonite et même la chaux fluatée; rayée par l'apatite. Couleurs : le blanc bleuâtre, grisâtre ou jaunâtre, le jaune, le gris, le brun et le vert. Éclat vitreux et nacré. Transparent ou opaque.

Soluble avec effervescence dans l'acide nitrique.

Au chalumeau, dans le matras, ne donne pas d'eau, mais prend l'aspect d'un émail blanc. Sur le charbon, ne fond pas, mais devient jaune à chaud, et de nouveau, blanc à froid. Dans l'incandescence, il jette un vif éclat, et au feu de réduction, se dissipe peu à peu. Le charbon se recouvre d'un dépôt blanc. Avec le sel de phosphore, fond en verre transparent, qui devient, au feu d'oxydation, laiteux au flamber, et blanc d'émail à froid. Avec la soude, insoluble; sur le charbon, se réduit, s'entoure de fumée de zinc et brûle avec la flamme du zinc. Avec la solution de cobalt, donne une couleur verte. (Berzélius.)

N. B. Si le Spath zincique contient du *cadmium*, il s'entoure au premier coup de feu d'un anneau rouge ou orangé.

ESPÈCES.

1re Espèce. Spath zincique prismé (*Zinci-spathum prismatum*). Du *Derbyshire.* (Haüy.)

2e. Sp. zincique primitif (*Zinci-spathum rhomboïdeum*). Cité par M. de Léonhard.

3e. Sp. zinc. métastatique (*Zinci-spathum metastaticum*)? Cité par Haüy comme une pseudomorphose, ou une forme empruntée aux Spaths calcaires; mais cette forme pourrait bien être propre à ce Sous-Genre, et ainsi constituer une vraie espèce.

Il en est de même des autres formes citées par les auteurs en termes généraux, comme empruntées aux spaths calcaires.

4e. Sp. zinc. rhomboïdal aigu (*Zinci-spathum acutum*). Ce nom n'est que provisoire, le rhomboïde aigu auquel se rapporte cette forme n'ayant pas été exactement désigné. De *Limbourg* (Haüy.)

Voyez pour la description des espèces 1 et 3, les *Spaths calcaires* de même nom.

ALTÉRATION DE FORME.

Les individus prismatiques deviennent aciculaires, en conservant leur sommet en rhomboïde aigu. Ils se groupent ainsi en masses radiées, mamelonnées, fibreuses.

GROUPEMENS D'INDIVIDUS MOLÉCULAIRES.

En masses compactes, stalactitiques, concrétionnées, lamellaires, caverneuses, souvent souillées par des mélanges de matières étrangères, telles que silicate de zinc, oxyde de fer, argile, eau, ou mé-

41.

langées chimiquement de carbonates isomorphes de fer, de manganèse, de chaux et de cuivre. Ce dernier mélange donne aux *Spaths
zinciques* une couleur bleue ou verte.

7ᵉ Sous-Genre. — SPATH POLYBASIEN.
(*Poly-spathum.*)

Ce Sous-Genre comprend tous les cristaux ou individus, tant perceptibles que moléculaires, du grand genre Spath, qui, soit par des
mélanges chimiques de divers carbonates isomorphes, soit par des
couleurs, des mesures d'angles, des réactions au chalumeau différentes
de celles qui caractérisent les Sous-Genres précédens, ne sauraient
trouver place rigoureusement dans aucun de ces Sous-Genres. Ce
sont chimiquement des carbonates multiples ou à plusieurs bases.
Suivant la nature de ces bases, ils offrent la réunion des caractères
physiques, chimiques et pyrognostiques distinctifs des divers Sous-
Genres caractérisés par la présence de l'une ou de l'autre de ces bases.

Les spaths polybasiens comprendront donc, outre les chaux *carbonatées ferrifères, magnésifères* (en partie), *manganésifères* et *ferro-
manganésifères* de Haüy, outre les *Spatheisenstein* et *Braunspath* (en
partie), et les *Bitter spath* (en partie) de Werner, outre une partie
des *makrotyper* et *brakytiper - Parachros - Baryt*, les *makrotyper,
brachytypes Kalk Haloïd*, et les *Paratomes Kalk Haloïd* (*Ankerite,
Rohwand* ou *Wandstein* des mineurs Styriens) de M. Mohs; enfin les
Calamines dans lesquelles le carbonate de zinc est mélangé de carbonate de chaux et une partie considérable des individus du grand genre
Spath encore à présent nommés *Spaths calcaires, Chaux carbonatées,*
et qui sont réellement des carbonates à plusieurs bases. Tels sont, par
exemple, d'après les analyses de M. Berthier, 1° les spaths laminaires
rouges de chair de *Moutiers* (carbonate de chaux, fer et manganèse).
2°. Les Spaths lamellaires bruns de *Moutiers*, et laminaires violacés
de *N. D. du Pré*, près du même lieu (carb. de chaux, oxyde de fer,
magnésie, oxyde de manganèse). 3° Les *Spaths primitifs* (*Poly-spa-
thum rhomboïdeum*), de *Pesay* (carb. de chaux, magnésie, oxyde de
fer et de manganèse) de *Framont* et de *Villefranche.* 4° Les Fers
spathiques d'*Allevard* (carb. de fer et de magnésie) d'*Autun* (carb.
de fer, de manganèse et de magnésie).

5° D'après les analyses de M. Beudant, les *Spaths primitifs* (*Poly-
spathum rhomboïdeum* du *Mexique* (carb. de chaux et de magnésie),
et de *Brosso* (carb. de chaux, de magnésie et oxyde de fer). Voyez

ces diverses analyses dans les *Annales des mines*, t. 8, p. 886, et nouvelle série, t. 3, p. 25; enfin dans le Traité de M. Beudant, t. 2, p. 319.

ESPÈCES.

Voyez pour les espèces de ce Sous-Genre celles du Sous-Genre *Spath calcaire*.

Les altérations et modes de groupement des individus tant perceptibles que moléculaires du Sous-Genre Spath polybasien, sont les mêmes que ceux des Sous-Genres précédens.

7ᵉ Genre. — MALACHITE. (*Malachita*.)

Cuivre carbonaté vert et *Cuivre hydrosiliceux* (les variétés cristallisées) (Haüy). *Malachit* (Werner, Haussmann, etc.). *Hemiprismatischer Habronem Malachit* (Mohs).

Combinaison d'acide carbonique, de deutoxyde de cuivre et d'eau, ou sous-carbonate hydraté de deutoxyde de cuivre.

Signe minéralogique de M. Beudant : $2\,Cu\,C + Aq$.

ANALYSES DES MALACHITES.

	De Sibérie.		De Chessy.
	Par Klaproth.	Par Vauquelin.	Par R. Phillips.
Acide carbonique.	20,5	21,25	18,5
Deutoxyde de cuivre.	71,7	70,10	72,2
Eau.	7,8	8,65	9,3
	100,0	100,00	100,0

Forme primitive : prisme rhomboïdal droit d'environ 103° et 77°, selon M. Beudant et aussi selon Haüy qui, par une erreur d'étiquette, avait pris des cristaux de Malachite pour du Cuivre hydrosiliceux cristallisé. Selon M. Mohs, ce serait un prisme rhomboïdal oblique de 103° 42' et 76° 18'. Pes. spéc., 3,5. Raye la chaux carbonatée; rayée par la chaux fluatée. Couleur : vert d'émeraude ou vert foncé. Éclat nacré. Translucide ou opaque.

Soluble avec effervescence dans les acides.

Sa poussière colore la flamme en vert.

Au chalumeau , décrépite , devient noir et se fond en partie en scorie noire. Dans le matras, donne de l'eau. Colore en vert le borax, et se réduit en un grain de cuivre.

ESPÈCES.

1re Espèce. MALACHITE DI-TÉTRAÈDRE (*Malachita di-tetraedra*). S. d. f., M *l*. Prisme rhomboïdal terminé par un sommet dièdre produit en vertu d'une modification par une face sur les angles solides aigus , qui intercepte les bases du noyau. Des environs d'*Ekatherinbourg* (Sibérie). (Haüy.)

2e. MALACHITE PÉRIHEXAÈDRE (*Malachita perihexaedra*). S. d. f., P M *r*. Un prisme hexaèdre simple non régulier, produit en vertu d'une modification incomplète par une face *r* sur chacune des arêtes latérales obtuses du noyau. Inclinaison de M sur *r*, environ 142°; de P sur M et sur *r*, 90°. D'*Ekatherinbourg*. (Haüy.)

3e. MALACHITE BIS-UNITAIRE (*Malachita hexa-tetraedra*). S. d. f., M *r d*. Le prisme hexaèdre précédent à sommets dièdres *d* produits en vertu d'une modification par une face *d* sur chacun des angles solides obtus du noyau. Inclinaison de *d* sur M, 114° 48' environ ; de *d* sur *r*, environ 122° 19'. D'*Ekatherinbourg*. (Haüy.)

N. B. Ces trois espèces ont été décrites et figurées par Haüy comme variétés de forme déterminables de son *Cuivre hydro-siliceux*.

4e. MALACHITE OCTO-TÉTRAÈDRE(*Malachita octotetraedra*). S. d. f., *r h d*. Prisme à huit pans , à sommets dièdres. L'espèce précédente , augmentée de deux faces au prisme, produites en vertu d'une modification par une face sur chacune des arêtes latérales obtuses du noyau. Indiquée par M. Beudant. (*Traité*, tom. 2, pl. IX, fig. 16.)

ALTÉRATION DE FORME ET GROUPEMENT DES CRISTAUX ALTÉRÉS.

Les cristaux s'arrondissent et s'alongent , deviennent aciculaires et se groupent en masses fibreuses , à fibres droites, parallèles ou divergentes ou entrelacées, en masses mamelonnées , concrétionnées , stalactitiques ou stalagmitiques, quelquefois pseudomorphiques : ces amas fibreux revêtant extérieurement les formes de prismes rhomboïdaux obliques des *Azurites* ou cuivres carbonatés bleus, dont ils ont pris la place.

GROUPEMENS DES INDIVIDUS MOLÉCULAIRES.

En masses compactes ou terreuses, quelquefois pseudomorphiques, et se présentant comme des cubes, des octaèdres et des dodécaèdres rhomboïdaux, formes propres aux Cuivres rouges qu'ils ont remplacés. A *Chessy* près de *Lyon*. La Malachite terreuse est le *Vert de montagne* de Romé-de-l'Isle; *Kupfer grün* ou *Berg grün* de Werner; le *Vert de cuivre* ou *Chrysocolle* de M. Brochant.

8ᵉ Genre. — AZURITE. (Beudant.) (*Azuria.*)

Azur de cuivre (Romé-de-l'Isle). *Chrysocolle bleue* (Bucquet). *Cuivre oxydé bleu* (de Born). *Kupfer lazur* (Werner et Karsten). *Cuivre azuré* (Brongniart, *Traité de Minéralogie*). *Cuivre carbonaté bleu* (Haüy). *Prismatischer Lasur Malachit* (Mohs).

Combinaison d'acide carbonique, de cuivre et d'eau, ou carbonate anhydre d'hydrate de cuivre.

Signe minéralogique de M. Beudant : $2\,Cu\,C^{2}+Cu\,Aq$.

ANALYSES DES AZURITES.

	De Chessy. Par R. Philipps.	Du Bannat. Par . . .	De Sibérie. Par Klaproth.
Acide carbonique.	25,46	25,72	24
Deutoxyde de cuivre.	69,08	69,08	70
Eau.	5,46	5,20	6
	100,00	100,00	100

Forme primitive : prisme rhomboïdal oblique de 98° 50' et 81° 10', dont la base est inclinée sur les pans de 91° 30' et 88° 30' (d'après M. Beudant), de 92° 21' sur l'axe (d'après M. Mohs). Clivable parallèlement à ses pans et dans les directions des deux diagonales de ses bases. Pes. spéc., 3,5 à 3,77. Raye la chaux carbonatée; rayée par la chaux fluatée. Couleur bleu d'azur, bleu de Prusse ou bleu noirâtre. Éclat vitreux ou nacré. Demi-transparent ou opaque.

Soluble avec effervescence dans l'acide nitrique.

Au chalumeau, dans le matras, donne de l'eau et noircit. Sur le charbon, devient d'abord noire et prend un brillant métallique, se fend et décrépite, puis se scorifie à la surface, par un feu plus vif. Avec le borax forme une scorie noire contenant quelques particules de cuivre réduit. En poudre, colore le borax en vert. (de Léonhard.)

1re. Espèce. AZURITE PRIMITIVE (*Azuria obliquo-prismatica*). S. d. f., M P. Le prisme oblique décrit ci-dessus. Cité par M. Beudant.

2°. AZURITE DÉCIMALE (*Azuria decimalis*). Cu. carb. bl. unibi-naire (Haüy.) S. d. f., M P n. Le prisme primitif ayant les deux arêtes terminales inférieures, contiguës entre elles et renfermant l'angle obtus inférieur de la base, remplacées chacune par une face n. Incl. de M sur n, 158° 46' (Haüy); de P sur n, 116° 36' (Haüy); 112° 15' (Beudant).

3e. AZURITE SEX-OCTONALE (*Azuria sex-octonalis*). S. d. f., M P n i. L'espèce précédente ayant de plus les deux angles aigus de ses bases remplacés chacun par une facette triangulaire i, inclinée de 113° 17' et 103° 21' sur M (Haüy); et de 151 34' (Haüy), 149° 20', (Beudant)? sur P.

4e. AZURITE DI-HEXAÈDRE (*Azuria di-hexaedra*). Cu. carb. bl. bino-bisunitaire. (Haüy). S. d. f., M P n s. L'espèce *décimale* ayant six pans au prisme, ou les trois arètes qui se réunissent à l'angle obtus inférieur de la base, modifiées chacune par une facette. Incl. de s sur M, 138° 53' (Haüy.)

5e. AZURITE SEX-DÉCIMALE (*Azuria sex-decimalis*). S. d. f., M P n s i. L'espèce précédente augmentée de deux facettes triangulaires i de la *sex-octonale*.

6e. AZURITE SUBPYRAMIDÉE (*Azuria subpyramidata*). S. d. f., M P n u. Le prisme primitif ayant toutes les arètes au pourtour de ses bases remplacées chacune par une facette inclinée sur P de 116° 36' (Haüy), (ou 112° 15' Beudant), ou de 136° 39' (Haüy), (138° 12', Beudant), et sur M de 158° 46' ou de 126° 14' (Haüy).

7e. AZURITE DI-HEXAÈDRE (*Azuria di-hexaedra*). S. d. f., M P l r. Le prisme primitif ayant les deux arètes latérales aiguës, remplacées chacune par une facette r, et les deux angles latéraux aigus des bases tronqués chacun par une facette trapézoïdale l. Inclinaison de M sur r, 131° 7'; de P sur l, 132° 44' (Haüy.) De *Chessy*. (Haüy.)

8e. AZURITE SEX-BISOCTONALE (*Azuria sex-bisoctonalis*). S. d. f., M P s x y h h. Un prisme oblique à six pans ayant cinq d'entre les six arêtes au pourtour de chaque base remplacées chacune par une facette *s* et les deux angles solides terminaux aigus tronqués chacun par une facette pentagonale *h* correspondante à une des arêtes latérales aiguës du noyau.

Voyez pour d'autres espèces de ce Sous-Genre, le Traité de M. Beudant, t. 2, pl. XI, fig. 12, 30, 21, 31 à 39. Toutes ces espèces ont pour forme dominante, le prisme oblique primitif, avec plus ou moins de facettes additionnelles sur les arêtes et sur les angles. Il y a plusieurs de ces espèces qui sont des prismes-obliques simples à six, huit, dix et douze pans, qui pourraient être nommées *Azuria peri-hexaedra, peri-octaedra; peri-decaedra, peri-dodecaedra,* et qui proviennent de modifications sur les arêtes latérales du noyau. La plupart des espèces de ce genre viennent de *Chessy* près de *Lyon*, quelques-unes des *Monts-Ourals* (Sibérie), de *Moldova* dans le *Bannat*, du *Cornouailles*, du *Cumberland*, etc.

MODES DE GROUPEMENT DES INDIVIDUS PERCEPTIBLES.

En géodes, en boules fibreuses, radiées intérieurement et ayant leur surface hérissée par les pointes saillantes des cristaux. En fibres courtes, parallèles, isolées, moins serrées, comme celles du velours. *Kupfer-Sammeterz* des Allemands.

Il existe aussi des groupes réguliers ou cristaux composés par la réunion d'individus visibles de ce genre. Plusieurs ont la forme de prismes très obliques.

MODE DE GROUPEMENT DES INDIVIDUS MOLÉCULAIRES.

En masses compactes (*Pierre d'Arménie*). En amas terreux. *Berg blau* des Allemands. *Bleu de montagne.*

9ᵉ Genre. — GAY-LUSSITE. (Cordier et Boussingault)
(*Gaylusacia.*)

Combinaison d'acide carbonique, de soude, de chaux et d'eau; ou carbonate de chaux et de soude hydraté.

Signe minéralogique de M. Beudant : $Na\ C^2 + Ca\ C^2 + 5Aq.$

ANALYSE DES GAY-LUSSITES DE LAGUNILLA, PAR BOUSSINGAULT.

Acide carbonique.	28,66
Soude.	20,44
Chaux.	17,70
Eau.	32,20
Argile.	1,00
	100,00

Forme primitive : prisme rhomboïdal oblique d'environ 109° 1/2 et 70° 1/2 (Cordier et Beudant) 111° 10', et 68° 50' (de Léonhard). Clivable parallèlement à ses faces. Pes. spéc., 1,92 à 1,95. Raye le gypse ; rayée par la chaux carbonate. Limpide et incolore ou d'un blanc sale. Transparent avec une double réfraction très marquée, ou translucide. Mate à l'extérieur. Éclat vitreux, vif intérieurement. Insoluble dans l'eau, qui cependant après une digestion prolongée, attaque un peu ce minéral réduit en poudre.

Soluble avec vive effervescence dans l'acide nitrique.

Au chalumeau, dans le matras, donne de l'eau et perd sa transparence. Sur le charbon, décrépite et fond en un globule opaque qui a une saveur alcaline.

ESPÈCES.

1re Espèce. GAY-LUSSITE SEDÉCIMALE (*Gaylusacia sedecimalis*). Signe des faces, P M *d ln*. Le prisme oblique rhomboïdal primitif, modifié par une face sur chacun des angles latéraux obtus des bases, sur l'angle aigu supérieur des mêmes bases et sur chacune des deux arêtes terminales supérieures qui par leur réunion, forment cet angle aigu. Voyez de Léonhard, *Grundzüge*, pl. 2, fig. 39. De *Lagunilla* près de *Mexico*.

2e. GAY-LUSSITE PYRAMIDÉE (*Gaylusacia pyramidata*) Prisme à six pans, terminés par des sommets aigus à quatre faces d'octaèdres rhomboïdaux obliques. (Voyez Beudant, *Traité*, tom. 2, pl. XII, fig. 37.) De *Lagunilla*.

3e. GAY-LUSSITE TRONQUÉE (*Gaylusacia truncata*). L'espèce précédente ayant l'angle solide culminant tronqué par une face oblique. (Voyez Beudant, *ibid.*, fig. 38.) De *Lagunilla.*

Appendice au Sous-ordre des Carbonidiens purs.

1. *Aphrite* (Karsten, en partie). *Schaumkalk* (Werner). *Chaux carbonatée nacrée*, en partie (Haüy). Minéral séparé des Spaths par M. de Léonhard, parce que sa forme primitive, indiquée par son clivage, paraît être un prisme oblique rhomboïdal ou rectangulaire ; il n'y a qu'une seule direction où le clivage soit très net. Se présente en groupemens cristallins ou écailleux. Pes. spéc., 2,58. Rayée par le talc. Couleur blanc argentin ou jaunâtre. Éclat nacré très prononcé sur les faces de clivage. Opaque. Soluble avec une vive effervescence dans les acides.

Au chalumeau, dans le matras, donne de l'eau; se comporte d'ailleurs comme les Spaths calcaires.

Les individus moléculaires se groupent en masses formées de petites écailles adhérentes et en amas terreux, nommés par les Allemands *Schaum-erde*, écume de terre. De *Saxe* et du *Meissner.*

2. *Carbonate de chaux et de soude* (Allan). Minéral différant par les proportions de ses élémens et par ses principaux caractères, des Gay-lussites. Forme primitive : un rhomboïde, semblable à celui des Spaths calcaires. Tissu laminaire. Éclat vitreux. Pes. spéc., 2,92. Raye le gypse et même la chaux carbonatée ; rayé par la chaux fluatée. Contient, suivant M. Barruel : Carbonate de chaux, 70,0. Carbonate de soude, 14,0. Eau, 9,7. Peroxyde de fer, 1,0, outre 5,0 de gangue. Au chalumeau, décrépite un peu, brunit et se réduit en chaux. Entièrement soluble avec effervescence dans l'acide nitrique. (Allan, *Manual*, etc., p. 314.) Localité inconnue.

3. *Plumbocalcite* (Johnstone). Minéral ayant le même clivage en rhomboïde obtus que les Spaths calcaires avec lesquels il a la plus grande ressemblance. Composé de carbonate de chaux, 92,2. Carbonate de plomb, 7,8. Après que l'acide carbonique en a été chassé par la calcination, il prend une couleur rougeâtre. Au chalumeau, avec la soude, donne un émail blanc, mais point de plomb réduit. Des anciens travaux aux mines de *Wanlock head* (Écosse). Johnstone, Édimb. *Jour. of Science.* N. S., tom. VI, p. 79.

4. *Zink-Bleispath* (Karsten). Minéral en petits cristaux arrondis, mêlés ensemble. Forme primitive : rhomboïde? Pes. spéc., 5,9. Blanc. Éclat vitreux à l'extérieur, adamantin intérieurement. Trans-

parent. Raye le gypse ; rayé par la chaux fluatée. Tissu feuilleté. Au chalumeau, fusible à la flamme extérieure en verre transparent et incolore. Avec le borax et le sel de phosphore, au feu d'oxydation, donne un verre transparent à chaud et blanc d'émail à froid. Sur le charbon, jaunit, puis rougit, puis, à une chaleur plus forte, donne des globules de plomb réduit, sans former de scorie. Avec la solution de cobalt, devient vert. Contient, d'après M. Karsten : Carbonate de plomb avec trace de chlorure de plomb, 92,10. Carbonate de zinc, 7,02. Total, 99,12. De *Monte-Poni* près *Iglesias* (Sardaigne).

5. *Carbo-cérine* (Beudant). *Carbonate de cérium* (Berzélius). Minéral en petites plaques cristallines quadrilatères, d'un blanc grisâtre. Suivant Hisinger, il se compose de : Oxyde de cérium, 75,7. Acide carbonique, 10,8. Eau, 13,5. A une chaleur rouge, il perd dix-neuf pour cent de son poids, sans changer d'aspect. De *Bastnaës* (Suède).

6. *Argent carbonaté* (Haüy). Minéral non cristallin, trouvé seulement une fois dans la mine de Saint-Venceslas près d'Alt Wolfach, Grand-Duché de Bade, par M. Selb, en 1788. Couleur : gris de cendre ou de fer. Éclat faible à la surface, mais vif et presque métallique dans la râclure. Cassure inégale, à grain fin. Très tendre, très pesant. Composé, suivant Selb, de : Argent, 72,5. Acide carbonique, 12,0. Carbonate d'antimoine avec un peu de cuivre oxydé, 15,5. Total, 100,0. Fait effervescence dans l'acide nitrique. Au chalumeau, se réduit presque instantanément en argent malléable.

7. *Mysorine* (Beudant). *Carbonate de cuivre anhydre.* Minéral non cristallin, brun noirâtre, mais souvent sali de vert, rouge, brun par des mélanges. Cassure conchoïde à petites cavités. Tendre, susceptible d'être coupé avec un couteau. Pes. spéc., 2,62. Ne donnant pas d'eau dans le matras. Soluble dans les acides, avec un dépôt rouge si elle est impure. Composée, d'après M. Thomson, de : Acide carbonique, 16,70. Deutoxyde de cuivre, 60,75. Peroxyde de fer, 19,50. Silice, 2,10. Du pays de *Mysore* dans l'*Indostan*.

8. *Carbonate de bismuth.* Minéral de *Saint-Agnès* en Cornouailles, terreux, ressemblant à la stéatite, et dont M. W. Mac Gregor a donné une analyse que M. Beudant regarde comme probablement incorrecte. Cette analyse a donné : Acide carbonique, 51,30. Oxyde de bismuth, 28,80. Oxyde de fer, 2,10. Alumine, 7,50. Silice, 6,70. Eau, 3,60. Sa pesanteur spécifique est de 4,31.

Troisième Sous-ordre.

MURIO-CARBONIDIENS.

Fondus au chalumeau dans le sel de phosphore mêlé de deutoxyde de cuivre, colorent la flamme en vert ou en bleu verdâtre.

1er Genre.— PLOMB MURIO-CARBONATÉ. (Thomson) (*Matlockia.*)

Plomb muriaté (Brochant). *Hornblei* (Karsten). *Plomb carbonaté muriatifère* (Haüy). *Blei-Hornerz* (de Léonhard). *Kerasine* (Beudant), en partie.

Sa composition atomique est encore douteuse ; on ignore si c'est réellement une combinaison de chlorure de plomb dominant et de carbonate de plomb, ou si c'est du chlorure de plomb mécaniquement mélangé de carbonate de plomb. MM. Berzélius et Beudant paraissent se ranger à cette dernière opinion.

ANALYSE DES PLOMBS MURIO-CARBONATÉS DE MATLOCK, PAR KLAPROTH.

Oxyde de plomb.	85,5
Acide muriatique.	8,5
Acide carbonique.	6,0
	100,0

Forme primitive : prisme droit à base carrée, dont la hauteur et le côté de la base sont à peu près comme 6 à 11. Clivable parallèlement à ses pans, suivant M. Allan. Pes. spéc., 6,0 à 6,1. Raye le gypse, rayé par la chaux fluatée. Couleur blanche, ou incolore, ou grisâtre, ou jaune de paille, ou brune. Éclat adamantin vif. Demi-transparente ou translucide. Tissu feuilleté. Cassure conchoïde.

Insoluble dans l'eau. En poudre, se dissout avec effervescence dans l'acide hydrochlorique chauffé.

Au chalumeau, seul sur le charbon, fond en boule transparente, qui est jaune pâle à froid. Avec le sel de phosphore mêlé de deutoxyde de cuivre, colore la flamme en vert ou en bleu verdâtre.

ESPÈCES.

1re Espèce. PLOMB MURIO-CARBONATÉ PÉRIOCTAÈDRE (*Matlockia périoctaedra*). S. d. f., P M *d*. Prisme à huit pans simple. Inclin. de M sur *d*, 135° (Beudant); de M et de *d* sur P, 90°. De *Matlock* (Derbyshire) Beudant.

2e. PLOMB MURIO-CARBONATÉ BORDÉ (*Matlockia cincta*). S. d. f., P M *b*. Le prisme symétrique primitif ayant chacune de ses arêtes terminales remplacée par une facette *b*. Inclinaison de M sur *b*, environ 150° 20' (Beudant). De *Matlock* (Beudant).

3e. PLOMB MURIO-CARBONATÉ ÉPOINTÉ (*Matlockia spuntata*). S. d. f., P M *i*. Le prisme primitif tronqué sur chacun de ses angles solides par une facette triangulaire. Inclinaison de P sur *i*, environ 122°. De *Matlock* (Beudant).

4e. PLOMB MURIO-CARBONATÉ ÉMARGINÉ (*Matlockia emarginata*). S. d. f., P M *d b*. Le prisme primitif ayant toutes ses arêtes remplacées chacune par une facette. De *Matlock* (Beudant). (Voyez Allan; *Manuel*, fig. 63 représentant une variété de cette espèce.)

5e. PLOMB MURIO-CARBONATÉ DÉCI-SÉDÉCIMAL (*Matlockia deci-sedecimalis*). S. d. f., P M *d b c*. L'espèce précédente ayant seize pans au prisme au lieu de huit. Inclin. de M sur *c*, environ 161°. De *Matlock* (Beudant).

6e. PLOMB MURIO-CARBONATÉ DIOCTAÈDRE (*Matlockia dioctaedra*). S. d. f., M *d i*. Prisme à huit pans, terminé à chaque sommet par une pyramide à quatre faces assez surbaissée. De *Matlock* (Beudant).

2e Genre. — PLOMB CORNÉ DE MENDIP.
(*Mendipium*.)

Plomb muriaté de quelques auteurs. *Berzélite* (Lévy). *Bleierz von Mendip* (de Léonhard). *Peritomer Bleibaryt* (Mohs). *Kérasine,* en partie (Beudant). *Muriate of lead* (Allan). *Lead spar of Mendip.*

Composition atomique encore douteuse : il est difficile de savoir si le carbonate de plomb qui est en très petite proportion dans ce minéral, y existe combiné ou seulement mélangé. M. Berzélius qui admet cette opinion, pense que c'est une combinaison d'un atome de chlorure de plomb avec deux atomes d'oxyde de plomb mélangée de carbonate de plomb.

ANALYSE DES PLOMBS CORNÉS DE MENDIP, PAR BERZÉLIUS.

Chlorure de plomb.	34,63
Oxyde de plomb.	55,82
Carbonate de plomb.	7,55
Silice.	1,46
Eau.	0,54
	————
	100,00

Forme primitive : prisme droit rhomboïdal de 102° 27' et 77° 33'. Clivable très nettement parallèlement à ses pans. Pes. spéc., 7,07. Raye le gypse ; rayé par la chaux fluatée. Couleur : blanc jaunâtre ou rougeâtre. Faiblement translucide ou opaque. Cassure conchoïde ou inégale.

Soluble avec une faible effervescence dans l'acide nitrique étendu d'eau.

Au chalumeau, sur le charbon, se réduit en plomb avec dégagement de vapeurs de chlore. — Avec le mélange de sel de phosphore et de deutoxyde de cuivre, colore la flamme en bleu.

ESPÈCE UNIQUE.

PLOMB CORNÉ DI-TÉTRAÈDRE (*Mendipium di-tetraedrum*). Signe des faces, M *d*. Prisme rhomboïdal terminé par des sommets dièdres *d*, produits en vertu d'une modification par une face *d* sur chacun des angles obtus des bases, par laquelle ces bases sont entièrement interceptées. De *Churchill* dans les collines de *Mendip* (*Somersetshire*).

Les individus de ce genre, altérés dans leur forme et devenus aciculaires, se groupent en masses fibreuses, baccillaires ou cristallines.

QUINZIÈME ORDRE.

Les Chloridiens.

Minéraux dans lesquels le chlore (anciennement l'acide muriatique) est le principe électronégatif dominant. Ce sont des chlorures et des hydro-chlorates (anciennement des muriates).

Insolubles ou solubles sans effervescence dans les acides. Au chalumeau avec le sel de phosphore, ne donnant pas de squelette de silice ni de verre opalin à froid. Fondus avec un mélange de sel de phosphore et de deutoxyde de cuivre, colorent la flamme en un beau bleu quelquefois verdâtre; mais avec le réactif de Turner (mélange de 4 1/2 parties de bisulfate de potasse et de 1 partie de fluate de chaux) ne lui communiquent aucune couleur. Tendres. Ne rayant que le talc ou le gypse.

1er Genre — Argent muriaté ou chloruré.

(*Kerargyrum*)

Mine d'argent cornée (Romé-de-l'Isle). *Argent corné* (de Born et Brochant). *Hornerz* (Werner et Karsten). *Horn-silber* (Haussmann). *Chlor-silber* (Berzélius). *Silber-Hornerz* (de Léonhard). *Hexaedrischer Perl-Kerat* (Mohs). *Chloride of silver* (Allan). *Kérargyre* (Beudant).

Combinaison de chlore et d'argent, regardée précédemment comme une combinaison d'acide muriatique et d'oxyde d'argent.

Signe chimique de M. Beudant : *Ag Ch²*.

Ce qui représente en poids :

Chlore.	24,67
Argent.	75,33
	100,00

Forme primitive : le cube, sans clivage. Pes. spéc.,
4,75 à 5,55. Rayé par la chaux carbonatée et même
par l'ongle ; se coupant comme la cire ; malléable. Couleur : blanc bleuâtre, verdâtre, jaunâtre ou gris de perle
dans les cassures fraîches, devenant brun sur les surfaces
exposées à la lumière. Éclat adamantin passant à l'éclat
gras. Faiblement translucide. Râclure brillante.

Frotté sur une lame de fer, de zinc ou de cuivre humectée, y dépose de l'argent métallique.

Fusible à la flamme d'une bougie en répandant des vapeurs de
chlore. Insoluble dans l'acide nitrique.

Au chalumeau, seul sur le charbon, se fond en perle gris de perle
ou brunâtre, ou en scorie noire. Réductible en argent métallique, au
feu de réduction.—Fusible avec le sel de phosphore, et donnant
avec le mélange de ce sel et de la soude, une auréole bleu-de-ciel,
autour de la boule métallique. (Berzélius.)

ESPÈCES.

1ere. Espèce. ARGENT MURIATÉ CUBIQUE (*Kerargyrum cubicum.*) S.
d. f., P. Le cube.

2e. ARGENT MURIATÉ CUBO-OCTAÈDRE (*Kerargyrum cubo-octae
dricum.*) S. d. f., P r. Le cube ou l'octaèdre régulier, ayant tous leurs
angles solides remplacés chacun par une facette.

3e. ARGENT MURIATÉ OCTAÈDRE (*Kerargyrum octaedricum.*) S. d.
f., r. L'octaèdre régulier.

Ces trois espèces sont citées par M. Beudant, sans désignation de
localités,

4e. ARGENT MURIATÉ CUBO-DODÉCAÈDRE (*Kerargyrum cubo-dode-
caedrum.*) Le cube ayant chacune de ses arêtes remplacée par une
facette. Cité par M. de Léonhard.

Tous ces cristaux sont fort petits et fort rares.

Les individus moléculaires de ce genre se groupent en petites
masses compactes, ou en enduit et pellicules tapissant la surface
d'autres minéraux et les fissures des roches. Se trouvent dans les mines
d'argent de Saxe (*Freyberg*, *Johann-Georgenstadt*) ; de Bohème
(*Joachimsthal*) ; de Sibérie (*Zmeof*) ; du Mexique, du Pérou, etc.

2ᵉ Genre. — MERCURE MURIATÉ ou CHLORURE
(*Calomèl.*)

Mercure doux natif (Romé-de-l'Isle). *Mercure corné* (de Born).
Quecksilber-Hornerz(Werner). *Horn-quecksilber*(Haussman). *Chlor-
quecksilber* (Berzélius). *Pyramidales Perl-Kerat* (Mohs). *Calomel*
(Haïdinger et Beudant.)

Chlorure de mercure, anciennement muriate de mercure.

Signe chimique de M. Beudant, *Hg Ch*, qui représente la composition en poids.

Chlore.	14,89
Mercure.	85,11
	100,00

Forme primitive : prisme droit à base carrée. Pes.
spéc., 6,48 à 6,50, Raye le talc ; rayé par la chaux
carbonatée. Couleur : gris cendré ou jaunâtre et blanc.
Éclat adamantin vif. Translucide sur les bords. Cassure
conchoïde ou inégale.

Au chalumeau, dans le matras sans addition, donne un sublimé
blanc ; mêlé avec de la soude, donne beaucoup de globules de mercure.—Sur le charbon, se volatilise sans résidu.—Avec le sel de
phosphore et le deutoxyde de cuivre, donne à la flamme une belle
couleur d'azur. (Berzélius.)

ESPÈCES.

1ʳᵉ Espèce. MERCURE MURIATÉ BORDÉ (*Calomel cinctum*). S. d. f.,
P M d. Le prisme symétrique primitif ayant chacune des arêtes du
pourtour de ses bases remplacée par une facette. (Beudant, tom. 2 ,
pl. 3, fig. 6.) Inclinaison de M sur d, 158°. (Beudant.)

2ᵉ. MERCURE MURIATÉ ÉMARGINÉ (*Calomel emarginatum*). S. d. f.,
P M d b. Le prisme primitif ayant toutes ses arêtes remplacées chacune par une facette. Beudant, *ibid.*, fig. 9. Inclinaison de M sur b,
135°. (Beudant.)

3ᵉ. MERCURE MURIATÉ DODÉCAÈDRE (*Calomel dodecaedron*). S. d. f.,
M i. Prisme symétrique terminé par une pyramide à quatre faces

rhombes *i* correspondantes aux arêtes, et produites en vertu d'une modification par une face sur chacun des angles solides du noyau. Inclinaison de *i* sur *i*, 96° 4'. (Mohs.) Voyez Allan, *Manual*, etc., fig. 65.

4°. MERCURE MURIATÉ DIOCTAÈDRE (*Calomel dioctaedricum*). S. d. f., M *d b*. Prisme à huit pans terminé à chaque sommet par une pyramide à quatre faces *d*, correspondantes aux quatre pans parallèles aux faces de clivage. (Beudant, *loc. cit.*, fig. 33.)

5°. MERCURE MURIATÉ ANALOGUE (*Calomel analogum.*) S. d. f., M *i b*. Même prisme à huit pans, terminé aussi par une pyramide à quatre faces *i*, mais qui correspondent aux quatre pans qui ne sont pas parallèles aux faces de clivage. (Beudant, *ibid.*, fig. 35.)

6°. MERCURE MURIATÉ TRIOCTONAL (*Calomel trioctonale*). S. d. f., M *i d b*. Prisme à huit pans, terminé par une pyramide à huit faces, ou l'une ou l'autre des deux espèces précédentes ayant chacune les arêtes terminales de leurs pyramides remplacées par une facette. De *Moschel-Landsberg* (Palatinat). (Lucas, Tabl. des Esp. min.)

Les espèces précédentes proviennent probablement de *Moschel-Landsberg*, ou d'*Almaden* ou d'*Almadenejos* en Espagne.

MODES DE GROUPEMENT DES INDIVIDUS DE CE GENRE.

En géodes. En petites masses cristallines, ou fibreuses, ou lamellaires, ou compactes et mamelonnées.

3° Genre. — CUIVRE MURIATÉ ou HYDROCHLORATÉ.
(*Atakamia.*)

Atakamite (Blumenbach, De la Méthrie et Beudant). *Salz Kupfererz* (Werner). *Salz Kupfer* (Karsten). *Smaragdo-Chalzit* (Hausmann). *Salz Saures Kupfer* (de Léonhard). *Sous-muriate de cuivre* et *Basisches Chlor-Kupfer* (Berzélius). *Prismatoïdischer Habronem Malachit* (Mohs). *Diprismatischer Habronem Malachit* (Haïdinger).

Combinaison de chlore, d'eau, d'oxyde de cuivre et peut-être de cuivre pur, mais non d'hydrate de cuivre, comme le pensent quelques chimistes, puisque l'hydrate de cuivre étant bleu, donnerait cette couleur au minéral. C'est probablement un hydrochlorate d'oxyde de cuivre avec excès de base, et non un chlorure de cuivre combiné avec de l'hydrate d'oxyde de cuivre. Anciennement considéré comme un sous-muriate de cuivre.

42.

Dans cette incertitude, fondée sur la couleur du minéral, nous nous abstenons de donner les formules, d'ailleurs peu d'accord entre elles, que MM. Berzélius et Beudant ont tirées des analyses suivantes de Proust et de Klaproth, et nous reproduisons ces analyses sous leur forme originale, telles qu'elles ont été citées par Haüy, tom. 3, p. 485.

ANALYSES DES CUIVRES MURIATÉS.

	Du Pérou.	Du Chili.	
	Par Proust.	Par Proust.	Par Klaproth.
Oxyde de cuivre.	70,5	76,5	73,0
Acide muriatique.	11,4	10,6	10,1
Eau.	18,1	12,7	16,9
Perte.	0,0	0,2	0,0
	100,0	100,0	100,0

Forme primitive : octaèdre rectangulaire à axe horizontal, dont les faces étroites d'une des pyramides font avec les faces étroites de l'autre pyramide, un angle de 107° 10', et les faces larges de l'une avec les faces larges de l'autre un angle de 112° 45'. Clivage très net perpendiculairement à l'axe de l'octaèdre. Pes. spéc., 4,0 à 4,3. Raye le gypse ; rayé par la chaux fluatée. Couleur verte brillante de diverses nuances et passant quelquefois au vert noirâtre. Poussière et râclure : vert de pomme. Éclat gras ou vitreux.

La poussière projetée sur une bougie, donne à la flamme une belle couleur verte et bleue.

Soluble sans effervescence dans l'acide nitrique, et communiquant instantanément à l'ammoniaque une belle couleur bleue.

Au chalumeau, seul sur le charbon, colore la flamme en bleu et en vert. Un dépôt rouge pulvérulent se forme autour de la matière d'essai, qui fond et se réduit en un grain de cuivre entouré de scories. (Berzélius.)

ESPÈCES.

1re Espèce. CUIVRE MURIATÉ PRIMITIF (*Atakamia octaedroïdes*). S. d. f., P M. L'octaèdre rectangulaire décrit ci-dessus et cunéiforme. Du *Chili* et du *Pérou*. (Haüy.)

2e. **Cuivre muriaté quadri-hexagonal** (*Atakamia quadri-hexago-nalis*). S. d. f., P M *h*. Prisme à six pans, à sommets dièdres. L'octaèdre primitif ayant ses angles terminaux remplacés chacun par une face. Du *Chili*. (Haüy.) Voyez Allan, *Manual*, fig. 26.

3e. **Cuivre muriaté di-octaèdre** (*Atakamia di-octaedra*). S. d. f., P M *d*. L'octaèdre primitif ayant chacune de ses huit arètes terminales remplacée par une facette. (Voyez Beudant, tom. 2, pl. IX, fig. 52.)

4e. **Cuivre muriaté tétra-octaèdre** (*Atakamia tetra-octaedra*)· S. d. f., P M *s b l i k*. L'octaèdre primitif ayant chaque angle solide terminal remplacé par un pointement à quatre faces correspondantes à ses faces, et de plus chacun de ses angles latéraux et chacune de ses arètes latérales modifiés par deux faces en biseau. (Voyez Beudant, *ibid.*, fig. 53.)

Voyez une espèce très compliquée représentée dans de Léonhard, *Grundzüge*, pl. III, fig. 96.

Les individus par altération de forme deviennent aciculaires, capillaires, lamelliformes, et se groupent en masses fibreuses, lamellaires, cristallines, muscoïdes ou en forme de mousse.

Les individus moléculaires se groupent en masses compactes ou cristallines, concrétionnées et en amas pulvérulens. De *Remolinos*, etc., au *Chili* ; de *Tarapaca* au *Pérou* ; de l'*Ile de Saint-Jean* (Antilles); du *Vésuve*.

SEIZIÈME ORDRE.

Les Mellatidiens.

Minéraux dans lesquels l'acide mellitique forme le principe électro-négatif dominant, ou Mellates des chimistes.

Au chalumeau, sur le charbon, noircissant, brûlant, puis blanchissant et éprouvant un retrait considérable, mais ne fondant pas. Dans le matras, donnant de l'eau en devenant opaques, puis se charbonnant. Ne rayant que le gypse. Très fragiles.

Genre-unique. — MELLITE. (*Mellitis.*)

Succin cristallisé (De Born). *Honigstein* (Werner). *Piedra melada*
(Herrgen). *Pierre de miel* (Brochant). *Alumine mellatée* (De la
Méthrie). *Pyramidales Melichron-harz* (Mohs).

Combinaison d'acide mellitique , d'alumine et d'eau , ou mellate
d'alumine hydraté.

ANALYSES DES MELLITES.

	Par Klaproth.	Par Wohler.
Acide mellitique.	46	41,4
Alumine.	16	14,5
Eau.	38	44,1
	100	100,0

Forme primitive : octaèdre symétrique ou à base
carrée, dans lequel l'incidence des faces d'une même
pyramide est de 118° 4', et des deux pyramides opposées
de 93° 22' (Haüy, Mohs, etc.), de 93° (Beudant). Pes.
spéc., 1,58 à 1,66. Raye le gypse ; rayé par la chaux
carbonatée. Couleur, jaune de miel ou rougeâtre ou
brune. Éclat résineux ou gras. Transparent ou translucide. Cassure conchoïde aplatie.

Au chalumeau, avec la solution de cobalt, devenant bleue. Pour ses
autres réactions, voyez les caractères de l'Ordre.

ESPÈCES.

1re Espèce. MELLITE PRIMITIF (*Mellitis octaedroïdes*). S. d. f., P.
L'octaèdre symétrique ou à base carrée décrit ci-dessus. D'*Artern* en
Thuringe. (Luc., Coll. du Mus.)

2e. MELLITE DODÉCAÈDRE (*Mellitis dodecaedrica*). S. d. f., P g.
L'octaèdre primitif ayant ses angles latéraux remplacés par une face
g parallèle à l'axe. Inclin. de g sur g, 90°; de g sur P, 120° 58'.
(Haüy.)

3e. MELLITE ÉPOINTÉ (*Mellitis spuntata*). S. d. f., P g o. L'espèce
précédente, ayant de plus ses angles terminaux remplacés par une face

o, perpendiculaire à l'axe, ou le *primitif* ayant chacun de ses angles solides tronqués. Inclin. de o sur P, 133° 19'. D'*Artern* (Thuringe). (Luc., Coll. du Mus.)

ALTÉRATION DE FORME DES INDIVIDUS.

Par l'arrondissement des faces et l'émoussement des arêtes et des angles solides, ils prennent la forme de grains arrondis.

DIX-SEPTIÈME ORDRE.

Les Oxalidiens.

Minéraux dont l'acide oxalique forme le principe électro-négatif dominant, ou Oxalates des chimistes.

Au chalumeau, brûlant en laissant pour résidu une masse sombre et poreuse, qui est attirable à l'aimant. Solubles sans effervescence dans les acides. Rapidement décomposables par les alkalis. A la simple flamme d'une bougie, devenant instantanément noirs et magnétiques. Ne rayant que le talc.

Genre-unique. — HUMBOLDTITE. (de Léonhard et Beudant.) (*Humboldtia.*)

Fer oxalaté (Haüy). *Humboldtine* (Rivero). *Eisen-resin* et *Oxalit* (Breithaupt). Combinaison d'acide oxalique et de protoxyde de fer, ou oxalate de protoxyde de fer.

ANALYSE DES HUMBOLDTITES PAR RIVERO.

Acide oxalique.	46,14
Protoxyde de fer.	53,86
	100,00

Forme primitive : prisme droit symétrique ou à bases carrées, d'après Haüy. Pes. spéc., 2,13 (de Léonhard), 1,3 (Beudant). Raye le talc ; rayée par le mica. Couleur jaune. Éclat faible. Cassure inégale ou terreuse.

Insoluble dans l'eau. Soluble sans effervescence dans les acides. Pour ses réactions au chalumeau , voyez les caractères de l'Ordre. Point d'espèces connues.

Les cristaux ne se sont encore présentés que sous forme capillaire.

MODE DE GROUPEMENT DES INDIVIDUS MOLÉCULAIRES DE CE GENRE.

En petites masses cristallines ou terreuses, disséminées dans des lignites à *Koloseruk* près *Billin* en *Bohême*, et à *Gross-Almerode* dans la *Hesse*.

DIX-HUITIÈME ORDRE.

LES HYDRATIENS.

Minéraux dont l'eau forme le principe électronégatif dominant, ou Hydrates des chimistes.

Ne présentant aucune des propriétés caractéristiques des autres Ordres de cette classe. Au chalumeau , dans le matras, donnant de l'eau en devenant opaques, et , avant comme après l'ignition, ramenant au bleu le papier de tournesol rougi. Solubles dans le borax et dans le sel de phosphore en verre transparent. Insolubles dans la soude. Avec la solution de cobalt prenant une couleur rouge de chair, sur-tout à froid. Entièrement solubles dans les acides. Rayés par la chaux carbonatée. Légèrement flexibles et élastiques.

Genre·unique.—MAGNÉSIE HYDRATÉE. (*Bruceia.*)

Native - magnesia (Cleaveland). *Native-Hydrat of magnesia*
(Brewster). *Talk-hydrat* (Haïdinger). *Nemalite* (Huttal). *Rhomboedrischer Leukophan Glimmer* (Partsch). *Brucite* (Beudant).
   Combinaison de magnésie et d'eau, ou hydrate de magnésie.
   Signe minéralogique de M. Beudant : *M Aq.*

ANALYSES DES MAGNÉSIES HYDRATÉES.

	de Hoboken, par Bruce.	de ***, par Fyfe.	d'Unst, par Stromeyer.
Magnésie.	70,0	69,75	66,67
Eau.	30,0	30,25	30,39
Chaux.	0,0	0,00	0,19
Protoxyde de manganèse.	0,0	0,00	1,57
Protoxyde de fer.	0,0	0,00	1,18
	100,0	100,00	100,00

Forme primitive indiquée par les joints naturels des
masses lamellaires : prisme droit symétrique suivant
Haüy ; prisme hexaèdre régulier du système rhomboédrique suivant MM. de Léonhard et Allan. Pes. spéc.,
2,35. Couleur blanche, ou verdâtre, ou grisâtre. Éclat
nacré. Transparente ou translucide, quelques lames
sont parfois opaques par altération. Tissu éminemment
feuilleté. Happant faiblement à la langue.

   Pour les autres caractères, voyez ceux du genre.
   Point d'espèces connues.

MODES DE GROUPEMENT DES INDIVIDUS MOLÉCULAIRES DE CE GENRE.

En masses laminaires ou lamelleuses, radiées ou sub-fibreuses. De
Hoboken dans le *New-Jersey* (Amérique du nord) et de *l'île d'Unst*,
une des *Shetland*.

IIe DIVISION.

CRISTAUX HYDRO-LYSIMIENS.

Sensiblement solubles dans l'eau; sapides. Pas plus durs ni moins fragiles que l'alun ou le sel gemme; généralement légers.

Ce sont chimiquement des sels ou combinaisons d'acides et d'oxydes, ou des acides libres, sans eau de composition, ou avec une quantité d'eau qui surpasse le tiers du poids du composé.

PREMIER ORDRE.

LES CARBONAQUÉENS.

Nature chimique. Carbonates.

Faisant effervescence avec les acides.

1er Genre. — NATRON. (*Natron.*)

Alkali minéral aéré (de Born). *Alkali fixe minéral* (Romé-de-l'Isle). *Soude carbonatée* (Haüy). *Natürlischer mineral alkali* (Werner). *Gemeiner Natron* (Karsten). *Soda* (Haussmann). *Natron salt* (Allan). *Prismatisches-Natron-Salz* (Mohs). *Natron* (Beudant).

Combinaison d'acide carbonique, d'eau et de soude, ou carbonate de soude hydraté.

Signe minéralogique de M. Beudant : $Na\ C^2 + Aq.$

ANALYSES DES NATRONS PAR M. BEUDANT.

	du Lac blanc. Hongrie.	d'Égypte.	du Vésuve.
Acide carbonique.	35,1	30,9	32,3
Soude.	50,2	43,8	46,7
Eau.	14,7	13,5	14,0
Acide sulfurique.	traces	0,0	traces
Sulfate de soude sec.	0,0	7,3	0,0
Chlorure de sodium.	0,0	5,1	2,7
Matière terreuse.	0,0	1,4	5,3
	100,0	102,0	101,0

Forme primitive : octaèdre rhomboïdal dont les faces sont inclinées entre elles à la base d'environ 114° (Beudant). Saveur urineuse et caustique. Pes. spéc., de 1,0 à 1,5. Rayant le talc; rayé par le gypse. Couleur blanche, brune ou grise. Mat ou à éclat vitreux faible. Transparent ou opaque. Très efflorescent.

Soluble dans le double de son poids d'eau froide et dans un poids égal d'eau bouillante.

Point d'espèces connues dans la nature.

On obtient artificiellement des octaèdres rhomboïdaux tronqués au sommet, etc.

Les individus altérés dans leur forme et dans leur substance par efflorescence ou réduits par là à l'état moléculaire se groupent en masses cristallines grenues fibreuses ou pulvérulentes. De *Hongrie*, d'*Égypte*, de *Barbarie*, du *Vésuve*, etc.

2ᵉ Genre. — TRONA. (*Trona.*)

Urao (Beudant). *Hemi-prismaticher Natron Salz* (Mohs).
Sesqui-carbonate de soude des chimistes.
Signe minéralogique de M. Beudant, $Na\ C^3 + 2\ Aq$.

ANALYSE DES TRONAS.

	De Barbarie. Par Beudant. Cristallisée.	De Lagunilla. Par Boussingault. Fibreuse.	
Acide carbonique.	39,274	40,13	39,00
Soude.	37,428	38,62	41,22
Eau.	23,287	21,24	18,80
	99,989	99,99	99,02

Forme primitive : prisme rectangulaire oblique (Beudant). Prisme rhomboïdal oblique de 132° 30' et 47° 30', dont la base est inclinée aux pans de 105° 11' 21" (de Léonhard). Clivable très nettement parallèlement à la base. Incolore, ou blanc, ou gris, ou jaunâtre. Pes. spéc., 2,11. Raye le gypse ; rayé par la chaux carbonatée. Éclat vitreux. Transparent. Cassure inégale. Saveur âcre et urineuse. Peu fragile.

Soluble dans l'eau, quoique moins que le Natron ; peu efflorescent à l'air.

Point d'espèces connues dans la nature.

On obtient par l'art des prismes romboïdaux obliques ayant l'angle aigu supérieur tronqué, etc.

Les individus se groupent en masses aciculaires , radiées, cristallines ou compactes, et assez peu éfflorescentes à l'air pour être employées comme pierre à bâtir. Ex.: le fort de *Qasr* en Égypte. De *Barbarie*, d'*Égypte*, de *Lagunilla* (Colombie), etc.

DEUXIÈME ORDRE.

LES NITRAQUÉENS.

Nature chimique.—Nitrates.

Fusant ou détonant sur les charbons ardens , et chauffés au rouge dans un tube fermé par un bout, remplissant le tube d'un gaz jaune orangé, qui est de l'acide nitreux. Dégageant ce même gaz par leur mélange avec de l'acide sulfurique et de la limaille de cuivre.

1er Genre.—CHAUX NITRATÉE. (*Calco-nitrum.*)

Nitre calcaire (Deborn). *Nitrous Selenite* (Kirwan). *Nitrate de chaux* (Beudant). *Kalk Salpeter* (de Léonhard.)

Nitrate de chaux dont le signe minéralogique, suivant M. Beudant, est *Ca Ni*5.

ANALYSE DES NITRATES DE CHAUX, PAR WENZEL

Acide nitrique.	66,2
Chaux.	33,8
	100,0

Forme primitive : rhomboïde ou prisme hexaèdre régulier. Saveur amère et désagréable.

Soluble dans deux fois son poids d'eau froide, et dans moins que son poids d'eau bouillante. Déliquescente. — Sur un charbon ardent, se liquéfie, puis détone lentement à mesure qu'elle se dessèche. Après la calcination, elle devient phosphorescente dans l'obscurité. Blanche ou grise.

Point d'espèces connues dans la nature, où les cristaux se présentent sous la forme d'aiguilles rassemblées en petites houpes, dans les lieux secs ; ou en croûtes et enduits terreux, sur les plâtres dans les lieux humides, mêlée avec le nitre.

L'espèce la plus ordinairement obtenue par l'art a la forme du prisme hexaèdre terminé par des pyramides à six faces. C'est ce que Haüy a nommé *Chaux nitratée tri-hexaèdre.*

2e Genre. — SOUDE NITRATÉE. (*Sodinitrum.*)

Nitre cubique des anciens minéralogistes. *Natron Salpeter* (de Léonhard). *Zootinsalz* (Breithaupt).

Nitrate de soude dont le signe minéralogique, suivant M. Beudant, est *Na Ni*5.

SON ANALYSE PAR GMÉLIN.

Acide nitrique.	62,8
Soude.	37,2
	100,0

Forme primitive : rhomboïde obtus d'environ 106°
et 74°. Clivable parallèlement à ses faces. Pes. spéc.,
2,09. Raye la chaux carbonatée. Saveur fraîche et amère.
Blanche. Éclat vitreux. Très fragile. Cassure conchoïde.
Non déliquescente.

Soluble dans une fois et demie son poids d'eau froide ou chaude.
Point d'espèces connues dans la nature.

Les cristaux obtenus par l'art sont des rhomboïdes primitifs.

Les individus moléculaires se groupent en masses cristallines ou
granulaires qui forment des couches de deux à trois pieds d'épaisseur,
occupant une étendue de plus de 40 lieues dans les déserts de
Tarapaca et d'*Atacama* (Amérique Méridionale).

3ᶜ Genre.—MAGNÉSIE NITRATÉE. (*Magnesi-nitrum.*)

Nitrate de magnésie. Signe minéralogique de M. Beudant, *MN⁵*.

SON ANALYSE PAR WENZEL.

Acide nitrique.	72
Magnésie	28
	100

Ordinairement en état de déliquescence, mais pouvant être obtenue par l'art en cristaux **prismatiques** rhomboïdaux. Ce sel se trouve
mêlé avec le nitre et le nitrate de chaux sur les vieux murs, etc.

4ᵉ Genre.— NITRE ou SALPÊTRE. (*Nitrum.*)

Nitre des anciens minéralogistes. *Kali-Salpeter.* (de Léonhard).
Prismatischer Nitrum-Salz. (Mohs).
Nitrate de potasse. Signe minéralogique de M. Beudant. *K N⁵*.

Acide nitrique.   53,54
Potasse.   46,46
                        ————
                        100,00

Forme primitive : prisme rhomboïdal droit, d'environ 60° et 120°, dont la hauteur et la petite diagonale sont comme 32 et 47.Pes. spéc., 1,9 à 2,0. Raye le talc ; rayé par la chaux carbonatée.

Soluble dans trois ou quatre fois son poids d'eau froide et dans la moitié de son poids d'eau bouillante : saveur d'abord fraîche, puis désagréable. Non déliquescente. Blanc, grisâtre ou jaunâtre. Demi-transparent ou translucide. Éclat vitreux ou nacré.

Point d'espèces connues dans la nature.

Les individus s'y présentent altérés dans leur forme et deviennent aciculaires. Ils se groupent ainsi en petites houpes à la surface des roches calcaires, des sables et des vieux murs.

Les cristaux obtenus par l'art, offrent plusieurs espèces qui sont des prismes hexaèdres simples ou terminés par des pyramides ou des tables rectangulaires biselées.

TROISIÈME ORDRE.

LES BORAQUÉENS.

Nature chimique.—Borates.

Au chalumeau, sur le charbon, fondus avec un mélange de 4 1/2 parties de bi-sulfate de potasse et de 1 partie de fluate de chaux, donnent à la flamme une couleur d'un vert brillant.

Genre-unique. — BORAX. (*Borax.*)

Tinkal (Karsten). *Soude boratée* (Haüy). *Borax saures Natron* (de Léonhard). *Prismatischer Borax-Salz* (Mohs.)

Borate de soude. Signe minéralogique de M. Beudant :

$$Na\ Bo^6 + 10\ Aq.$$

SON ANALYSE PAR KLAPROTH.

Acide borique.	37,0
Soude.	14,5
Eau.	47,0
Perte.	1,5
	100,0

Forme primitive : prisme rhomboïdal oblique de 93°
50' et 86° 30', dont la base est inclinée sur les pans de
101° 30'. Clivages les plus nets parallèles aux deux diagonales des bases et conduisant à un prisme rectangulaire oblique que Haüy et M. Beudant prennent pour
forme primitive. Pes. spéc., 1,74. Rayant le gypse ;
rayé par la chaux carbonatée. Saveur douceâtre un peu
savonneuse.

Soluble dans douze fois son poids d'eau froide et dans six fois son
poids d'eau chaude. Blanc, grisâtre, légèrement verdâtre ou jaunâtre.
Éclat de la cire. Translucide. Cassure conchoïde ou ondulée et brillante. Réfraction double à un haut degré. Se fond à une chaleur modérée, en une masse boursoufflée et très poreuse.

Au chalumeau, se boursouffle beaucoup et se fond en un verre incolore.

Point d'espèces connues dans la nature.

Les individus moléculaires se groupent en masses cristallines.

Les cristaux obtenus par l'art, offrent diverses formes, dont les
unes portent l'empreinte d'un prisme oblique à 6 pans ; les autres
celle d'un octaèdre oblique. Des *lacs de l'Inde* et de la *Tartarie*, etc.

Appendice.

Quand les *Borates de chaux et de fer* indiqués par M. Beudant
comme se trouvant dans les *Lagunis* de la *Toscane*, seront mieux
connus, ils pourront former deux nouveaux genres dans cet ordre.

QUATRIÈME ORDRE.

LES MURIAQUÉENS.

Nature chimique. — Chlorures et hydro-chlorates, anciennement muriates.

Au chalumeau, avec un mélange de sel de phosphore et de deutoxyde de cuivre, colorant la flamme en bleu.

1ᵉʳ Genre.—SEL GEMME. (*Salmarium.*)

Sel marin et *sel gemme* (des anciens minéralogistes). *Steinsalz* (Werner et Karsten). *Natürlich Kochsalz* (Werner). *Sel de cuisine* (Brochant). *Soude muriatée* (Haüy). *Hexaedrisches Steinsalz* (Mohs). *Rock salt* (Allan). *Chlornatrium* (Berzélius). *Salmare* (Beudant).

Chlorure de sodium, anciennement muriate de soude. Signe chimique de M. Beudant. Na Ch² qui est représenté en poids par :

Chlore.	60,34
Sodium.	39,66
	100,00

Forme primitive : le cube , clivable parallèlement à ses faces. Pes. spéc., 2,12 à 2,30. Raye le gypse ; rayé par la chaux carbonatée. Saveur saline bien connue. Couleur blanche, grise , bleue , rouge, ou verte (provenant d'un mélange d'oxyde de cuivre). Éclat intermédiaire entre celui de la cire et celui du verre. Transparent , translucide ou opaque. Soluble dans un poids triple d'eau froide ou bouillante. Fusible à la flamme d'une bougie.

Au chalumeau, dans le matras, donne un peu d'eau et décrépite.

Seul sur le charbon, fond avec fumée et pénètre dans le charbon.
Voyez les caractères de l'Ordre (1).

ESPÈCES.

1re Espèce. Sel gemme primitif (*Salmarium cubicum*). S. d. f.,
P. Le cube. De *Wielitska*. (Luc., Coll. du Mus.)

2e. Sel gemme cubo-octaèdre (*Salmarium cubo-octaedricum*) S.
d. f., P o Le cube ayant chacun de ses angles solides tronqué.

3e. Sel gemme cubo-dodécaèdre (*Salmarium cubo-dodecaedricum*).
S. d. f., P r. Le cube ayant chacune de ses arêtes remplacée par une
facette.

4e. Sel gemme dodécaèdre (*Salmarium dodecaedron*). S. d. f., r.
Un dodécaèdre rhomboïdal. La modification de l'espèce précédente,
mais complète.

GROUPEMENT DES INDIVIDUS.

En trémies creuses. En masses vitreuses, compactes, clivables. En
masses laminaires.

Les individus moléculaires se groupent en masses fibreuses ou
compactes, quelquefois pseudomorphiques, ayant emprunté la forme
des rhomboïdes du spath magnésien.

Les masses et cristaux de sel gemme se trouvent à *Wielitska* (Gallicie), *Hall*, *Hallein*, *Berchtoldsgaden*, etc. (Allemagne). *Northwich*
(Angleterre), *Vic* (en Lorraine). On trouve souvent de petits cristaux
ou de petites masses de ce sel sur les rivages de la mer. Et aussi au
Cratère du *Vésuve*.

2e Genre. — Salmiac. (*Salmiacum.*)

Sel ammoniaque commun ou *natif* (Bergmann, de Born, Romé-
de l'Isle). *Natürlicher Salmiak* (Werner). *Ammoniaque muriaté*
(Haüy). *Chlor ammonium* (Berzélius). *Oktaedrisches Ammoniak Salz*
(Mohs).

Chlorure d'ammonium, anciennement d'abord muriate d'ammoniaque, puis hydrochlorate d'ammoniaque.

---

(1) M. Beudant indique sous le nom de *sylvine*, un chlorure de po-
tassium ou muriate de potasse, qui a la saveur et la forme cubique
du sel gemme, et qui a été trouvé dans les *salines d'Hallein* et de
Berchtoldsgaden. Comme jusqu'ici il n'existe aucun caractère minéralogique propre à le distinguer du sel gemme, il restera provisoirement
annexé à ce dernier genre.

Signe chimique de M. Beudant : $(Ni\ Hy^3)^2(H\ Ch)$, qui est représenté en poids par :

Acide hydrochlorique.	67,97
Ammoniaque.	32,03
	100,00

Forme primitive : octaèdre régulier. Saveur urineuse et piquante. Pes. spéc., 1,45 à 1,52. Raye le talc ; rayé par la chaux carbonatée. Incolore, ou blanc, ou gris, jaune, brun, ou noir. Éclat vitreux ou mat. Transparent ou opaque. Odeur piquante.

Soluble dans six fois son poids d'eau froide et à peu près dans son poids d'eau bouillante.

Volatile entièrement en fumée sur les charbons ardens. Chauffé avec de la soude et de l'eau, développe une forte odeur ammoniacale.

ESPÈCES.

Il n'est pas sûr qu'on en connaisse de naturelles. Les cristaux cubiques, octaèdres, dodécaèdres et trapézoèdres, indiqués par Haüy et M. de Léonhard, sont, du moins la plupart, des produits de l'art.

Il existe cependant des octaèdres microscopiques en masses concrétionnées formées de ramifications comme des barbes de plume.

Les individus moléculaires se groupent en masses compactes sur les trachytes de la *Tolfa*, les laves de l'*Etna* et du *Vésuve*, et dans les houillères embrasées des environs de *Lyon* et de *Glan* (Bavière Rhénane).

3ᵉ Genre. — COTUNNITE. (*Cotunnia*.) (Monticelli et Covelli.)

Chlorure ou hydrochlorate de plomb, ou muriate de plomb.
Son analyse par M. Berzélius a fourni :

Acide muriatique ou hydrochlorique.	25,48
Plomb.	74,52
	100,00

Blanc. Les cristaux aciculaires sont trop petits pour qu'on puisse déterminer leur forme. Éclat adamantin parfois soyeux ou nacré. Légèrement rayé par l'ongle

43.

Entièrement soluble dans 27 fois son poids d'eau froide.

Au chalumeau, dans le matras, fond et se sublime. Sur le charbon, colore la flamme en bleu et émet une fumée blanche qui se dépose sur le charbon.

Trouvé au *cratère du Vésuve* après l'éruption de 1822.

CINQUIÈME ORDRE,

LES VITRIOLS.

Nature chimique. — Sulfates.

Au chalumeau, donnant la couleur brune de l'hépar à un verre de silice et de soude.

1er Genre. —MASCAGNINE. (*Mascagnia*) (Karsten.)

Sel ammoniacal secret de Glauber (Romé-de-l'Isle). *Vitriol ammoniacal* (Morveau). *Vitriolic Ammoniac* (Kirwan). *Ammoniaque sulfaté* (Haüy).

Sulfate d'ammoniaque. Signe chimique de M. Beudant,

$$(Ni\ Hy^3)\ 2\ \overset{...}{S}n\ +\ 2\ Aq.$$

qui est représenté en poids par :

Acide sulfurique.	53,1
Ammoniaque.	22,6
Eau.	24,3
	———
	100,0

Forme primitive : prisme (droit ?) rhomboïdal. Saveur âcre, piquante et un peu amère. Blanche, grise ou jaune citron. Peu brillante. Transparente.

Soluble dans deux fois son poids d'eau froide. Partiellement volatile par l'action du feu.

Donne l'odeur de l'ammoniaque soit spontanément, soit par la chaleur, soit en la broyant avec de la soude. Attire l'humidité de l'air.

Point d'espèces connues dans la nature.

Les cristaux obtenus par l'art ont la forme d'un prisme hexaèdre terminé par des pyramides à quatre faces.

Les individus moléculaires se groupent en masses concrétionnées, ou en petits amas pulvérulens répandus sur la surface des laves au *Vésuve* et à l'*Etna*, à la *Solfatare*, dans les houillières embrasées à *Aubin*, département de l'Aveyron, etc.

2ᵉ Genre.— SOUDE SULFATÉE. (*Exanthalosis.*)

Sel de Glauber des anciens minéralogistes. *Natürlicher Glauber-salz* (Werner et Karsten). *Sal milagrosa nativa* (Heergen). *Prisma-tischer Glauber-Salz* (Mohs). *Exanthalose* (Beudant).

Sulfate de soude hydraté. Signe minéralogique de M. Beudant.
$Na\,Su^3 + 2\,Aq.$

ANALYSES PAR M. BEUDANT.

	Du Vésuve.	De Hildesheim.
Acide sulfurique.	44,8	42,5
Soude.	35,0	33,4
Eau.	20,2	18,8
Matière terreuse.	0,0	5,5
	100.0	100,2

Forme primitive : prisme rhomboïdal oblique de 99° 36' et 80° 24', dont la base est inclinée sur les pans de 101° 20'. Pes. spéc., 1,47. Raye le gypse; rayée par la chaux carbonatée. Saveur d'abord fraîche, ensuite salée et amère. Blanche, jaunâtre ou grisâtre. Demi-transparente ou opaque. Éclat vitreux dans les cassures fraîches. Mate sur les surfaces. Très efflorescente et se réduisant spontanément complètement en poudre.

Au chalumeau, dans le matras, se fond dans son eau de composition. — Seule sur le charbon, le pénètre et se change en foie de soufre. — Avec la soude, pénètre en entier dans le charbon, ce qui la distingue des sels hydro-lysimiens à base terreuse.

Point d'espèces connues dans la nature.

Les individus éprouvent par efflorescence, une décomposition qui leur enlève la plus grande partie de leur eau, et les réduit en une poudre fine blanche, qui forme des amas. A *Mülhingen* (Argovie); à *Eger*, *Sedlitz*, etc. (Bohème); dans le *Dauphiné* et le *Salzburg*.

3ᵉ Genre. — THÉNARDITE. (*Thenardia*.)

Sulfate de soude anhydre, mélangé d'une très petite quantité de sous-carbonate de soude.

Signe minéralogique de M. Beudant, *Na Su^3*.

SON ANALYSE PAR CASECCA.

Sulfate de soude.	99,78
Sous-carbonate de soude.	0,22
	100,00

Forme primitive : prisme droit rhomboïdal d'environ 125° et 55°. Clivable parallèlement à ses faces : les clivages parallèles aux bases sont les plus nets. Pes. spéc., 2.75. Blanche ou rougeâtre. Transparente ou translucide. Efflorescente mais seulement superficiellement.

Au chalumeau, dans le matras, ne donnant pas d'eau.

ESPÈCES.

1ʳᵉ Espèce. THÉNARDITE OCTAÈDRE (*Thenardia octaedroïdes*). S. d. f., *d*. Octaèdre rhomboïdal, produit en vertu d'une modification complète par une face sur chacune des **arêtes** terminales. *Déposée par les eaux salées d'Espartinas* (Espagne).

2ᵉ THÉNARDITE PRISMÉE (*Thenardia prismata*). S. d. f., P *d*. Prisme rhomboïdal terminé par des pyramides à base rhomboïdale et à quatre faces. *Du même lieu*.

3ᵉ. THÉNARDITE TRONQUÉE (*Thenardia truncata*). S. d. f., M *d*. L'espèce *octaèdre* ayant ses sommets tronqués par une face perpendiculaire à l'axe. *Du même lieu*.

N. B. Les deux dernières espèces sont le résultat de la même modification que la première, mais moins complète.

4ᵉ Genre. — POTASSE SULFATÉE. (*Aphtalosis*.)

Tartre vitriolé et sel de duobus des anciens chimistes. *Schwefel saures Kali* (de Léonhard). *Aphtalose* (Beudant).

Sulfate de potasse anhydre.

Signe minéralogique de M. Beudant, $K\,Su^3$.

Soit acide sulfurique.	45,93
Potasse.	54,07
	100,00

Forme primitive : prisme droit rhomboïdal de 118°
8' et 61° 52'. Raye le gypse ; rayée par la chaux fluatée.
Non efflorescente et inaltérable à l'air. Saveur amère
et désagréable. Blanche, jaune ou verdâtre. Éclat vitreux ou gras. Transparente ou translucide.

Soluble dans seize fois son poids d'eau froide, et dans cinq fois
son poids d'eau bouillante.

Point d'espèces connues dans la nature.

Les cristaux obtenus par l'art, sont des prismes hexaèdres terminés par des pyramides à six faces, des dodécaèdres bi-pyramidaux,
ou des prismes hexaèdres simples.

Les individus moléculaires se groupent en masses mamelonnées au
Vésuve.

5° Genre. — ALUN. (*Alumen.*)

Alun de tous les anciens minéralogistes. *Alumine sulfatée*, et d'a-
bord *Alumine sulfatée alkaline* (Haüy). *Oktaedrisches Alaun-Salz*
(Mohs).

Combinaison de sulfate d'alumine, de sulfate de potasse et d'eau,
dont le signe minéralogique est, suivant M. Beudant :
$K\,Su^3 + 3\,A\,Su^3 + 24\,Aq$. Représenté en poids par

Sulfate d'alumine.	36
Sulfate de potasse.	18
Eau.	46
	100

Ou acide sulfurique, 33,77. Alumine, 10,82. Potasse, 9,94. Eau
45,47.

Forme primitive : octaèdre régulier, clivable parallèlement à ses faces. Pes. spéc., 1.75. Raye le gypse ;
rayé par la chaux carbonatée. Blanc grisâtre ou jaunâ-

tre. Transparent ou opaque. Éclat vitreux ou nacré. Saveur astringente, acerbe et douceâtre. Soluble dans environ neuf fois son poids d'eau froide et dans moins que la moitié de son poids d'eau bouillante.

Au chalumeau, dans le matras, fond, se boursoufle et donne de l'eau. Le résidu devient bleu avec la solution de cobalt. Sur le charbon, émet des vapeurs d'eau, et après la dessication se boursoufle en une masse écumeuse, avec dégagement de gaz acide sulfureux (de Léonhard.)

ESPÈCE UNIQUE DANS LA NATURE.

ALUN PRIMITIF (*Alumen octaedricum*). S. d. f., P. Octaèdre régulier. Inclinaison de P sur P, 109° 28' 16". De *Vulcano* et de *Wezelstein* près *Saalfeld* (Thuringe.) (de Léonhard.)

Les cristaux produits par l'art sont des cubes, des octaèdres diversement modifiés sur les angles et sur les arêtes.

Les individus moléculaires se groupent en fibres capillaires libres, ou en masses fibreuses nommées *Alun de plume*, *Federsalz* ou *Feder Alaun*.)

6ᵉ Genre. —AMMONALUN. (Beudant.)

(*Ammonalumen*.)

Combinaison d'acide sulfurique, d'alumine, d'ammoniaque et d'eau.

ANALYSES DE L'AMMONALUN DE TSCHERMIG.

	Par Lampadius.	Par Stromeyer.
Sulfate d'alumine.	37	38,68
Sulfate d'ammoniaque.	18	12,47
Sulfate de magnésie.	00	0,33
Eau.	45	48,39
	100	99,87

Forme primitive : le cube ou l'octaèdre régulier. Blanc. Saveur acerbe.

Au chalumeau, dans le matras, donne de l'eau et se boursoufle. Il se forme ensuite un sublimé de sulfite d'ammoniaque que l'eau dissout en grande partie. La masse desséchée se colore en bleu, par la solution de cobalt. Pétri avec la soude et chauffé doucement sur la feuille de platine, répand l'odeur d'ammoniaque. (Berzélius).

Point d'espèces connues.

Les individus moléculaires se groupent en petites masses fibreuses, dans les lignites de *Tschermig* en *Bohême*.

ANNOTATION.

On indique aussi un *Alun de soude*, qui se trouve en masses fibreuses transparentes et d'un éclat soyeux, à St.-Jean. (Amérique du Sud.) Sa couleur est blanche. Il contient, suivant Thomson. (*Trans. de la Soc. Roy. d'Edimb.*) Acide sulfurique, 38,5. Alumine, 12,0. Soude, 7,5. Eau, 42,0, avec un peu de chaux et d'oxydes de fer et de manganèse. Pesanteur spécifique : 1,88. Raye le talc ; rayé par la chaux carbonatée.

M. Beudant dit qu'on en trouve dans les solfatares de l'*Ile de Milo* (Archipel).

7ᵉ Genre. — MAGNÉSIE SULFATÉE. (*Epsomita.*)

Sulfate de magnésie des chimistes, anciennement *Sel amer*, *Sel d'Epsom*, de *Sedlitz*, *Vitriol de magnésie* (Romé-de-l'Isle). *Epsonite* (De la Méthrie). *Sal de los Alpes o de Gletscher* (Heergen). *Natürliches Bittersalz* (Werner). *Prismatisches Bittersalz* (Mohs). *Epsomite* (Beudant).

Combinaison d'acide sulfurique, de magnésie et d'eau. Signe minéralogique de M. Beudant : $M\,Su^3 + 6\,Aq$.

ANALYSES DES MAGNÉSIES SULFATÉES DE CATALOGNE.

	Par Vogel.	Par Gay-Lussac.
Acide sulfurique.	33	32,53
Magnésie.	18	16,04
Eau.	48	51,43
	99	100,00

Forme primitive : prisme rhomboïdal de 90° 30' et 89° 30', et ainsi très voisin d'un prisme rectangulaire. Rayé par la chaux carbonatée. Pes. spéc., 1,66 à 1,75. Blanche, grise ou jaunâtre. Éclat vitreux ou nacré.

Demi-transparente ou opaque. Saveur très amère.
Soluble dans un peu moins que le double de son poids
d'eau froide et dans à peine la moitié de son poids d'eau
chaude. Légèrement efflorescente à la surface.

Au chalumeau, dans le matras, donne beaucoup d'eau non acide
et fond. Avec la solution de cobalt, donne une couleur rose pâle.
(Berzélius.)

Point d'espèces connues dans la nature. Les cristaux obtenus par
l'art sont des prismes terminés par des pyramides à quatre faces et
souvent modifiés sur leurs arêtes latérales.

Les individus moléculaires, ou les cristaux altérés, se groupent en
amas de fibres capillaires disjointes. *Haarsalz*, *Halotricum* de Sco-
poli à *Idria* (Carniole), à *Catalayud* (Espagne), etc. En masses grenues, ou grains cristallins ou stalactitiques colorés en rose par le
sulfate de cobalt à *Herengrund*, et en dépôts farineux.

5ᵉ Genre.— VITRIOL VERT. (*Melanteria*.)

Couperose verte, *Vitriol martial* et *Vitriol vert* (Romé-de-l'Isle).
Vitriol de fer (De Born). *Natürlicher Vitriol*, en partie (Werner).
Eisen Vitriol (Karsten). *Fer sulfaté* (Haüy). *Hemiprismatiches Vitriol-
Salz* (Mohs). *Grüner Eisen Vitriol* (de Léonhard). *Green Vitriol*
(Allan), *Mélantérie* (Beudant).

Sulfate de fer hydraté. Signe minéralogique de M. Beudant :

$$\int Su^1 + 6\,Aq.$$

ANALYSE PAR M. BERZÉLIUS.

Acide sulfurique.	28,8
Protoxyde de fer.	25,7
Eau.	45,4
	———
	99,9

Forme primitive : prisme oblique rhomboïdal de 99°
30' et 80° 30', dont la base est inclinée sur les faces d'environ 108° et 82° (Beudant). 99° 20' (de Léonhard). (1)

---

1. Mohs donne pour le prisme 82° 21' et 91° 39', et pour l'inclinaison de la base à l'axe, 104° 20' et sur les pans, 99° 23'.

Clivable parallèlement à ses faces et le plus nettement parallèlement aux bases. Pes. spéc.. 1,84 à 1,9. Raye la chaux carbonatée ; rayé par la chaux fluatée. Vert clair se changeant en poussière blanche, ou jaunissant par le contact de l'air. Éclat vitreux et gras, ou mat. Demi-transparent ou opaque. Saveur très astringente d'encre. Soluble dans deux fois son poids d'eau froide et dans un peu moins que son poids d'eau bouillante.

Au chalumeau, dans le matras, donne de l'eau et par un feu plus vif, dégage ensuite de l'acide sulfureux. Sur le charbon, devient magnétique. Colore le verre de borax en vert.

Point d'espèces connues dans la nature.

Les cristaux obtenus par l'art sont des prismes rhomboïdaux obliques, simples ou modifiés par des facettes additionnelles sur leurs angles et sur leurs arêtes.

M. de Léonhard indique cependant quelques-unes de ces formes comme trouvées anciennement à *Bodenmais* (Bavière), et cite le *Fer sulfaté primitif* (*Melanteria obliquo-prismatica*) comme se trouvant, quoique rarement, dans la nature.

Les individus altérés, aciculaires et moléculaires, se groupent en masses fibreuses, ou formant des faisceaux capillaires parallèles ou divergens, des stalactites, des masses compactes, etc.

9ᵉ Genre. — VITRIOL ROUGE. (*Neoplasis.*)

Rother Cisen Vitriol (de Léonhard). *Sulfas biferroso-ferricus* (Berzélius). *Botryogène* (Allan). *Néoplase* (Beudant).

Bi-sulfate de peroxyde de fer dominant, combiné avec un bi-sulfate de protoxyde de fer et avec de l'eau.

Signe minéralogique de M. Beudant ; $f\,Su^2 + {}^3\,F\,Su^2 + 12\,Aq.$

Ce qui est représenté en poids par :

Acide sulfurique.	32,58
Protoxyde de fer.	10,71
Peroxyde de fer.	23,86
Eau.	32,85
	100,00

Les Vitriols rouges de *Fahlun* (Suède), d'après l'analyse de M. Berzélius, sont mélangés de Fer résinite, de Magnésie sulfatée et de Anhydrite.

Forme primitive : prisme rhomboïdal oblique de 119° 66′ et 60° 4′, dont la base est inclinée sur les faces de 115° 37′ (Beudant). Clivable parallèlement à ses pans. Pes. spéc., 2,04. Rayant le gypse ; rayé par la chaux carbonatée. Rouge d'hyacinthe foncé ou jaune d'ocre. Râclure jaune d'ocre. Éclat vitreux. Translucide. Saveur d'encre astringente. Non efflorescent.

Au chalumeau, dans le matras, donne de l'eau et laisse une terre rouge jaunâtre. Sur le charbon, se boursouffle. Avec le sel de phosphore, donne un verre rouge à chaud et incolore à froid.

ESPÈCES.

1re Espèce. VITRIOL ROUGE SEXOCTONAL. (*Neoplasis sexoctonalis.*) s.d. f.. P M *f q*. Prisme à huit pans, terminé par des sommets obliques à trois faces. Voyez Allan, *Treatise*, fig. 34, et de Léonhard, *Grundzüge*, pl. 1, fig. 22. *De Fahlun* (Suède).

2e. VITRIOL ROUGE DODÉCADÉCIMAL (*Neoplasis dodecadecimalis.*) s. d. f., P M *f g d r q* o. Prisme à dix pans ; sommets à six faces dont trois antérieures et trois postérieures. De *Fahlun* (Suède). Voyez de Léonhard, *loc. cit.*, fig. 23.

GROUPEMENT DES INDIVIDUS.

En globules hérissés de pointes cristallines et assemblés en grappes. En masses réniformes. De *Fahlun* (Suède).

ANNOTATIONS.

Le *Misy* de M. Haussmann qui se présente en masses pulvérulentes, opaques, jaune de soufre ou de citron, paraît être un Vitriol de fer, différent des deux autres, et, suivant M. Berzélius, un persulfate de fer. L'*Atrament stein* qui l'accompagne près de *Gosslar* et qui est compacte, pesant et couleur rouge de brique foncé, paraît être un mélange de sulfate de fer et de peroxyde de fer.

10ᵉ Genre. — CUIVRE SULFATÉ. (*Cyanosis.*)

Vitriol de cuivre, Vitriol bleu, Vitriol de Chypre et *Couperose bleue* (Romé-de l'Isle). *Kupfer Vitriol* (Karsten). *Natürlicher Vitriol*, en partie (Werner). *Tetartoprismatisches Vitriol-Salz* (Mohs). *Cyanose* (Beudant).

Sulfate de cuivre hydraté. Signe minéralogique de M. Beudant :
$Cu\ Su^2 + 6\ Aq.$

Qui est représenté en poids par :

Acide sulfurique.	32,14
Oxyde de cuivre.	31,80
Eau.	36,06
	100,00

Ordinairement plus ou moins mélangé de Vitriol vert.

Forme primitive : prisme oblique à base de parallélogrames obliquangles d'environ 124° 56', dont la base est inclinée sur les pans d'environ 109° 30' et 128° 30' (Beudant). Pes. spéc., 2,19. Raye le gypse; rayé par la chaux carbonatée. Bleu de Prusse, bleu-de-ciel, passant quelquefois au vert. Éclat vitreux. Translucide. Saveur styptique et métallique. Passé avec frottement sur un morceau de fer poli et humecté, il le recouvre d'un enduit cuivreux.

Au chalumeau, se décolore, et dans le matras donne de l'eau; fond ensuite promptement en verre d'un blanc bleuâtre.

Point d'espèces connues dans la nature.

Les cristaux obtenus par l'art sont des prismes obliques à quatre, six, huit ou dix pans simples ou modifiés sur quelques-unes de leurs arêtes terminales ou quelques-uns de leurs angles solides par de petites facettes additionnelles.

Les individus moléculaires se groupent en masses cristallines, stalactitiques, réniformes ou compactes, revêtant comme un enduit divers minéraux. Communs dans toutes les mines de cuivre.

11ᵉ Genre. — ZINC SULFATÉ. (*Gallizinia.*)

Vitriol de zinc (Romé-de-l'Isle). *Vitriol blanc* et *Couperose blanche* d'autres anciens minéralogistes. *Natürlischer Vitriol*, en partie (Werner). *Zink Vitriol* (Karsten). *Prismatisches Vitriol-Salz* (Mohs). *White Vitriol* (Allan). *Gallizinite* (Beudant).

Sulfate de zinc hydraté. Signe minéralogique de M. Beudant : $\dot{Z}\ddot{S}u^3 + 6\,Aq$.

ANALYSE DES ZINCS SULFATÉS DE SCHEMNITZ, PAR M. BEUDANT.

Acide sulfurique.	29,8
Oxyde de zinc.	28,5
Oxyde de manganèse.	0,7
Oxyde de fer.	0,4
Eau.	40,8
	——
	100,2

Forme primitive : prisme rhomboïdal droit de 91° 7' et 88° 53'. Pes. spéc., 2,0. Rayé par le gypse. Blanc grisâtre, jaunâtre ou rougeâtre, un peu efflorescent à la surface. Éclat vitreux ou soyeux ; quelquefois mat. Demi-transparent ou opaque. Saveur très styptique ou astringente.

Au chalumeau, dans le matras, donne de l'eau. — Sur le charbon, brûle avec dégagement de fumée de zinc qui couvre le charbon d'un enduit blanc.

Les espèces naturelles sont fort rares et leurs formes n'ont pas été exactement décrites.

Les individus altérés se présentent sous forme aciculaire ou capillaire, assemblés en petites houppes, ou formant des masses mamelonnées, stalactitiques, réniformes ou compactes. Du *Ramelsberg* près de *Gosslar*; de *Schemnitz* (Hongrie). *Fahlun* en Suède, etc.

Suivant M. Beudant. De 90° 42' et 89° 18' suivant M. Mohs. Clivable dans la direction des grandes diagonales des bases, très nettement.

12ᵉ Genre. — COBALT SULFATÉ. (*Rhodalosis.*)

Kobalt Vitriol (Kopp). *Red Vitriol* (Jameson). *Rhodhalose* (Beudant).

Sulfate de cobalt hydraté.

La composition atomique n'est pas encore définitivement établie : trois analyses différentes ont donné trois formules différentes aussi. Ce qui fait soupçonner à M. Beudant qu'il pourrait y avoir plus d'une sorte de sulfate de cobalt.

ANALYSES DES COBALTS SULFATÉS.

	Par Beudant. de Bieber ?	Par Kopp. de Bieber.
Acide sulfurique.	30,2	19,74
Oxyde de cobalt.	28,7	38,71
Oxyde de fer.	0,9	0,00
Eau.	41,2	41,55
	101,0	100,00

Forme primitive : un prisme rhomboïdal oblique de 97° 35' et 82° 25', dont la base est inclinée sur les pans d'environ 108° et 82° (Beudant). Rouge de rose ou de chair. Saveur styptique et amère. Éclat nacré. Translucide ou opaque. Râclure jaunâtre. Friable.

Au chalumeau, dans le matras, donne de l'eau, et prend une couleur plus claire. —Avec le borax, donne un verre bleu.

Point d'espèces connues dans la nature.

Les individus moléculaires se groupent en masses stalactitiques, et en enduits ou minces dépôts sur d'autres minéraux à *Leogang* dans le *Salzbourg* et à *Bieber* près d'*Hanau*.

13ᵉ Genre. — URANE SULFATÉ (*Johannia.*)

Uran Vitriol (John). *Johannit* (Haïdinger). *Sulfate vert d'urane* (Beudant).

Sulfate d'urane hydraté mêlé de sulfate de cuivre.

Composition atomique non encore déterminée. Les élémens de ces cristaux ne sont encore connus que par les essais au chalumeau, et par quelques réactions par la voie humide.

Forme primitive : prisme rhomboïdal oblique d'environ 23° 52' et 56° 28', dont la base est inclinée aux pans de 118° et 87° 28'. Pes. spéc., 3,19. Rayant le gypse et même quelquefois la chaux carbonatée; rayé par la chaux fluatée. Couleur : **vert d'herbe foncé**. Éclat vitreux. Translucide. Râclure : vert pâle.

Partiellement soluble dans l'eau.

Saveur plus amère qu'astringente.

Au chalumeau, dans le matras, donnant de l'eau en abondance, et se changeant en une masse d'un beau noirâtre foncé. — Avec la soude au feu de réduction, donne un grain de cuivre. — Avec le borax, fusible en verre d'un beau vert, tant au feu d'oxydation qu'au feu de réduction. Dans ce dernier feu il devient rouge à froid. — Avec le sel de phosphore, ne donne que des couleurs vertes : le vert de cuivre au feu d'oxydation et le vert d'urane au feu de réduction.

ESPÈCE UNIQUE.

URANE SULFATE DI-TÉTRAÈDRE (*Johannia di-tetraedra*). Signe des faces, MPr. Prisme rhomboïdal à sommets dièdres dont les faces font avec l'axe des angles différens. C'est le produit d'une modification par une face *r* sur l'angle aigu supérieur des bases P. Inclinaison de *r* sur P. 110°; de *r* sur M. 87° 28'. De *Joachimstal* (Bohême). Voyez Allan. *Manual*, fig. 172.

Les individus de ce genre déformés et devenus aciculaires, se groupent en faisceaux divergens ou en masses radiées.

Appendice à l'Ordre des Vitriols.

Alunogène (Beudant). *Sulphate of alumina* (Allan).

Minéral blanc, quelquefois jaunâtre, fibreux ou en masses cristallines et lamellaires légèrement nacrées; ou en efflorescences, dont, suivant M. Beudant, on n'obtient pas de cristaux. Translucides. Donnant de l'eau au chalumeau dans le matras, et quant à sa saveur et à ses autres réactions au chalumeau, ressemblant à l'Alun. Son signe minéralogique est, d'après M. Beudant, $A\ Su^3 + 3\ Aq.$

ANALYSES DES ALUNOGÈNES.

	de la Guadeloupe, par Beudant.	de Rio-Saldana, par Boussingault.	de ***, par Thomson.
Acide sulfurique.	39,94	36,40	35,87
Alumine.	16,76	16,00	14,64
Eau.	36,44	46,60	46,27
Alun.	4,58	0,00	0,00
Vitriol vert.	1,94	0,00	0,00
Peroxyde de fer.	0,00	0,04	0,50
Chaux.	0,00	0,02	0,00
Soude.	0,00	0,00	2,26
Argile.	0,00	0,04	0,00
	99,66	99,10	99,54

De l'*Amérique méridionale*

ASSEMBLAGES D'INDIVIDUS DE GENRES DIFFÉRENS DE L'ORDRE DES VITRIOLS QUI SE RÉUNISSENT EN MASSES EN APPARENCE HOMOGENES.

Les cristaux de cet Ordre et particulièrement ceux qu ise présentent sous forme capillaire ou aciculaire, se mêlent souvent dans leur groupement avec des individus d'autres Genres du même Ordre. Nous citerons brièvement quelques-uns de ces mélanges qui ne sauraient prendre place dans la classification, et nous mentionnerons en gros la nature de semblables mélanges, en renvoyant, pour les détails et les analyses, aux auteurs qui les ont mentionnés et décrits.

1. Mélange de Soude sulfatée et de Magnésie sulfatée de *Schemnitz*. (Beudant, t. 2, p. 476.)

2. *Blœdite* (John). Mélange de soude sulfatée, de Magnésie sulfatée, de Vitriol vert, de Manganèse sulfaté (minéral non encore trouvé isolé), et de Sel gemme. D'*Ischel* (*Basse-Autriche*) (Beudant, *ibid.*)

3. *Reussine* (Karsten). Mélange des mêmes genres que le précédent mais en proportions différentes et contenant de plus des individus de Chaux sulfatée ou Gypse, et de Magnésie muriatée ou chlorure de magnésium. Des marais de *Serpina* près *Billin* (*Bohème*), (Beudant, *ibid.*, p. 477.)

4. *Alun de plume* (*Feder Alaun*). Du cap de Bonne-Espérance. Analyse décrite par MM. Stromeyer et Hausmann. (Journal de l'Institut, n° 43, p. 81.) Mélange de sulfates d'alumine, de magnésie et de manganèse avec de l'eau et des chlorures alkalins.

5. Autre sel accompagnant le précédent. Mélange de sulfates de magnésie, de manganèse et d'eau. Stromeyer et Hausmann , *loc. cit.*

6. *Stalactite* de *Neusohl* (Hongrie). Mélange de sulfates de magnésie, de cobalt , de cuivre, de manganèse et de protoxyde de fer avec de l'eau. (Les mêmes auteurs , *ibid.*)

7. *Alun de plume* de *Hurlet* et de *Camprie*. Mélange de sulfates d'alumine et de protoxyde de fer avec de l'eau. (Beudant, t. 2, p. 490.)

8. Autre *Alun de plume*, d'une localité non désignée. Même mélange que le précédent , et contenant de plus un peu de sulfate de magnésie. (Beudant, *ibid.*)

9. *Beurre de montagne* des environs de *Saalfeld* (Thuringe). Mélange de sulfates d'alumine, de protoxyde de fer, de magnésie, de soude et d'ammoniaque avec de l'eau. (Beudant, *ibid.*)

10. Mélange de sulfates d'alumine , de manganèse et de cuivre avec de l'eau. *Schemnitz.* (Beudant. *ibid.*)

11. Mélange de sulfates d'alumine et de cuivre, avec de l'eau. Aussi de *Schemnitz.* (Beudant. *ibid.*)

12. Mélange de sulfate de magnésie avec un peu de sulfate de soude et de l'eau. D'*Aragon.* (Beudant, *ibid.*, p. 479.)

13. Mélange de sulfates de magnésie, de cuivre , de manganèse et de cobalt avec de l'eau. De *Herrengrun1.* (Beudant, *ibid.*)

On pourrait encore ajouter ici d'autres mélanges, solubles dans l'eau, avec un résidu formé d'argile ferrugineuse et peut-être de sulfate de chaux , confondus avec les *Polyhalites* ou *Glaubérites* et contenant, comme celles-ci, des sulfates de chaux, de soude et de magnésie, des chlorures de sodium et de l'argile ferrugineuse.

SIXIÈME ORDRE.

LES ACIDACÉENS.

Nature chimique. Acides libres. Difficilement solubles dans l'eau. Rougissant, lorsqu'ils sont humectés, les couleurs bleues végétales.

1er Genre. — ARSÉNOXYDE. (*Arsenoxydum.*)
(Beudant.)

Arsenic blanc natif (Romé-de-l'Isle). *Arsenik bluthe* (Karsten). *Arsenik oxydé* (Haüy). *Oktaedrische Arsenik-Saure* (Mohs). *Acide arsénieux* (Beudant).

Oxyde d'arsenic ou acide arsénieux.

Signe chimique de M. Beudant : $\ddot{A}r$, qui est représenté en poids, par :

Arsenic.	75,81
Oxygène.	24,19
	100,00

Forme primitive : octaèdre régulier. Clivable parallèlement à ses faces. Pes. spéc., 3,6 à 3,71. Rayant le talc; rayé par la chaux carbonatée et même par le gypse. Blanc, ou grisâtre, ou rougeâtre. Éclat gras passant à l'adamantin. Demi-transparent ou opaque. Saveur douceâtre et astringente.

Au chalumeau, dans le matras, se sublime sans fusion préalable : le sublimé est cristallin. Seul sur le charbon, au feu de réduction, dégage une odeur d'ail. (Berzélius.)

ESPÈCES.

Arsénoxyde primitif (*Arsenoxydum octaedricum*). S. d. f., P : l'octaèdre régulier. Inclin. de P sur P, 109° 28' 16". De *Kapnick* (*Transylvanie*). (Lucas, Coll. du Mus.)

Il est douteux que les cristaux de ce genre qui se trouvent dans les mines, soient produits immédiatement par la nature; la plupart proviennent de sublimés formés pendant le grillage de divers minerais.

Les individus moléculaires se groupent en aiguilles ou en fibres capillaires rassemblées en faisceaux ou en masses rayonnées, ou en grappes, en boules et en incrustations terreuses. A *Andreasberg* (Hartz). *Joachimsthal* (Bohème). *Bieber* (Hanau). *Vallée de Gistun* (Pyrénées), Aussi, suivant M. Beudant, dans les anciens cratères à *Vulcano* et à la *Guadeloupe*.

44.

2ᵉ Genre. — BOROXYDE ou SASSOLINE. (*Sassolina.*)

Sel sédatif natif (Romé-de-l'Isle). *Acide boracique* (de Born). *Acide horique* (Berzélius). *Sassolin* (Karsten). *Prismatische Borax-Saure* (Mohs).

Acide boracique ou borique hydraté. Signe minéralogique de M. Beudant. *Bo Aq,* qui est représenté en poids, par :

Acide borique.	56,37
Eau.	43,63
	100,00

Forme primitive : prisme droit rhomboïdal dont les angles sont encore indéterminés. Pes. spéc., 1,47 à 1,48. Très tendre. Rayant au plus le talc. Saveur d'abord acide, puis fraîche et un peu amère , enfin douceâtre. Blanc ou gris. Éclat nacré , ou mat. Transparent.

Peu soluble dans l'eau. L'alcool imprégné de sa poussière, brûle avec une flamme verte. Insoluble dans l'acide nitrique , blanchit en une demi-heure le papier de Fernambouc humecté sur lequel on le met, et brunit le papier de curcuma trempé dans l'alcool.

Au chalumeau, seul , sur le charbon, fond en verre transparent qui devient opaque à froid , si le minéral est mêlé de gypse (Berzélius). Dans le matras donne beaucoup d'eau.

Point d'espèces connues dans la nature.

Les individus altérés ou moléculaires, se groupent en masses cristallines; en paillettes ou lamelles quelquefois hexagonales ; en masses fibreuses , etc. Du *Cratère de Vulcano* et sur le bord des *Lagunis* de *Sasso* près de *Sienne*.

DIVISION

Placée en appendice à la Méthode.

Cristaux solubles dans l'alcool, insolubles dans l'eau. Inflammables, tendres et légers.

Genre unique. — SCHÉRÉRITE (*Schereria.*)
(Stromeyer).

Natürliche Naphtaline (Scherer).
Combinaison de carbone et d'hydrogène.

SON ANALYSE PAR M. MACAIRE PRINSEP,

Carbone.	73
Hydrogène.	24
	97

Forme primitive inconnue. Les cristaux sont très
petits, aciculaires, à quatre pans. Pes. spéc., environ
0,65. Blanche, jaunâtre ou verdâtre. Éclat nacré, faible.
Plus ou moins transparente. N'étant point grasse au
toucher, mais laissant sur le papier comme des taches
de graisse.

Insoluble dans l'eau. Aisément soluble dans l'alcool, l'éther et
l'acide sulfurique concentré. Sans odeur ni saveur. Fusible dans un
tube de verre à 36°. c., et en un liquide incolore, qui reste liquide
même après un assez long refroidissement, et qui finit par cristalliser
en prismes à quatre pans, groupés en masses étoilées. Exposée à la
flamme d'une bougie ou d'une lampe à esprit-de-vin, brûle en dégageant une odeur aromatique et empyreumatique, et sans le moin
dre résidu.

Point d'espèces connues.

Les individus moléculaires se groupent en grains cristallins, et en
petites paillettes ou lamelles dans les interstices des fibres d'un bois
bitumineux. A *Ussnack* près de *Saint Gall*; et à *Bach* dans le *Haut-
Westerwald*.

La matière connue sous le nom de *Suif de montagne* (*Bergtalg* et
Mountain Tallow), et celle qui a été nommée *Hatchetine* par M. Co-
nybear, paraissent être, sinon identiques avec les Schérérites, du
moins fort rapprochées de celles-ci, tant par la composition, que par
les caractères. Elles n'ont jusqu'ici présenté que des groupes d'individus moléculaires, en masses compactes. L'*Hatchetine* ressemblant à
de la cire d'abeille, dont elle a la consistance, d'un blanc jaunâtre,
d'un jaune de cire, ou verdâtre. Translucide ou opaque. Insipide et

inodore. Fusible à une température inférieure à celle de l'eau bouillante. De *Merthyr Tydvil* (Pays de Galles). Conybeare, *Annals of
Philos.* N. S. T. 1, p. 126.

Le *Suif de montagne* a une couleur et une odeur semblables à celles
du suif. Fond à environ 51° Cent. Par la fusion, devient transparent
et incolore, et par le refroidissement, opaque et blanchâtre. Soluble
dans l'alcool, l'huile d'olive et le naphte. Pes. spéc., 0,60 à 0,98. Il est
aussi volatile et combustible que les huiles volatiles et le naphte.
Trouvé en *Finlande*, dans un lac de *Suède*, dans une source près de
Strasbourg et en *Écosse*. Bulletin des Sciences naturelles, t. 4, p. 51.

1ᵉʳ *Appendice général à la Méthode.*

Comprenant des cristaux dont les caractères n'ont pas été assez complètement décrits, ou dont l'analyse est inconnue; des minéraux
cristallins dont la forme et la substance ne sont pas connues;
enfin des groupes d'individus moléculaires en apparence du même
genre, en masses compactes, non cristallines, mais qui doivent
probablement un jour être trouvés en cristaux déterminables.

Tous les minéraux de cette catégorie seront probablement une
fois classés comme genres nouveaux, dans la Méthode, ou prendront
place dans des genres déjà connus.

A. Ayant les caractères distinctifs des Métallophanes ou des
Amphiphanes Sulfuridiens.

1. *Sulfure de sélénium* (Stromeyer). Non métalloïde, brun, fusible
à une basse température. (Beudant, Traité t. 2, p. 454.) Du cratère
de *Vulcano.*

2. *Séléniures de zinc* (Del Rio). Il y en a deux sortes, l'une ressemblant à l'argent gris, noire grisâtre. Pes. spéc., 5,56, se placerait
dans les Métallophanes Séléniuriens; l'autre d'un rouge de cinabre;
pes. spéc., 5,66, qui formerait dans la classe des Amphiphanes non-
seulement un nouveau Genre, mais un nouvel Ordre.

3. *Condurite* (Faraday). *Arsen Kupfer* (de Léonhard). Si, comme il
est probable, ce minéral composé de cuivre, arsenic, soufre, acide
arsénique et eau, est un mélange d'individus moléculaires de genres
et même de classes différentes, il devra se placer dans le deuxième
appendice général, sinon ce serait un Métallophane Arséniurien ou

Pyrite altéré. De la mine de *Condurow* (Cornouailles). Phillips, *Ann. of Phil.* Oct. 1827.

4. *Arsenik glanz* (Berzélius). Métallophane Galène. Combinaison d'arsenic dominant et de soufre. Gris de plomb. Éclat métallique. Au chalumeau, donne d'abord un sublimé d'orpiment, puis se sublime sans résidu. Avec la soude , devient hépatique et noircit l'argent, ce qui indique la présence du soufre. De *Palmbaum* près *Marienberg.* (Berzélius, Jahr's Bericht, 9 ter. Jahrg. p. 192.)

5. *Arséniure de bismuth, Arsenik Wismuth* (Karsten). *Arsenik glanz* (Breithaupt). Métallophane Arséniurien? Gris de plomb ou noirâtre. Éclat métallique en masses clivables dans un seul sens. Pes. spéc., 5,5. Rayé par la chaux carbonatée. Composé, suivant M. Karsten, d'arsenic, 96,7; bismuth 3,o. De *Palmbaum* près *Marienberg.*

6. *Arsenik schwartze* de M. de Léonhard, *Grundzüge*, p. 337.

7. *Covelline* (Beudant). *Bi-sulfure de cuivre* (Covelli). Minéral noir incrustant, ayant l'aspect de toiles d'araignée ou de suie, contenant : Soufre, 32; Cuivre, 66. Soluble dans l'acide nitrique avec dégagement de gaz nitreux. Du cratère du *Vésuve.*

B. Ayant les caractères distinctifs des Lithophanes.

Composition inconnue en tout ou en partie.

* Ayant probablement les caractères des Silicidiens.

8. *Striegisan* (Breithaupt). Gris jaunâtre, brun ou noirâtre. Pes. spéc., 2,35. On le suppose formé de silice, d'alumine et d'eau et devoir être de la famille des Zéolites.

9. *Poonahlite* (Brooke). Rayant la chaux fluatée, en prismes droits rhomboïdaux effilés de 92° 20'. Ressemble aux Mésotypes. De *Poonah* (Hindostan).

10. *Zurlite* (Monticelli). Prismes rectangulaires, quelquefois modifiés sur leurs arêtes latérales et alongés dans le sens de l'axe. Pes. spéc., 3,27. Rayant l'apatite. Vert d'asperge ou gris. Opaque. Éclat gras. Infusible seul au chalumeau. Avec le borax, donnant un verre noir. Soluble dans l'acide nitrique, en partie, avec effervescence. Solution jaune. Du *Vésuve.*

11. *Biotine* (Monticelli). Forme primitive : rhomboïde obtus. Cristaux en prismes hexaèdres. Incolore ou jaune. Éclat vif. Pes. spéc., 3,11. Raye l'apatite ou le verre. Infusible au chalumeau. Partiellement soluble dans l'acide nitrique. Du *Vésuve.*

12. *Ostranite* (Breithaupt). Forme primitive : octaèdre rectangulaire à axe horisontal, dont les faces font entre elles des angles de 91° 22', et de 96° 2'. Il y aurait diverses espèces produites par des modifications sur les arêtes et sur les angles. Brun de girofle. Éclat vitreux. Raye l'apatite. Poussière brune ou d'un gris pâle. Pes. spéc., 4,32 à 4,4. Infusible au chalumeau, mais devenant plus pâle. Avec le borax, donne difficilement un verre limpide. Insoluble dans l'acide nitrique. De *Norwége*.

13. *Tautolite*. (Breithaupt). Prisme droit rhomboïdal de 109° 46'. Clivable parallèlement aux faces et aux grandes diagonales des bases. Il y a diverses espèces produites par des modifications sur les arêtes latérales et sur les angles solides obtus. Noir foncé. Éclat vitreux, imparfait. Opaque. Raye l'apatite. Poussière grise. Pes. spéc., 3,86. Au chalumeau, dans le matras, inaltérable. Seule sur le charbon forme une scorie noirâtre magnétique. Avec le borax et le sel de phosphore, donne un verre vert transparent. Avec la solution de cobalt, prend une couleur bleue. Paraît être un silicate de protoxyde de fer, combiné avec un silicate de magnésie. Du *lac de Laach*. (Prusse Rhénane).

14. *Prothéite*. (Ure.) Prismes rectangulaires. Vert olive ou blanche. Translucide ou presque opaque. Éclat vitreux, passant à l'adamantin. Infusible au chalumeau. Électrique par frottement. *Du Zillerthal.* (Tyrol.)

15. *Thraulite*. (Kobell.) Combinaison de silicate de peroxyde de fer dominant, avec du silicate de protoxyde de fer et de l'eau. Soluble en gelée dans l'acide hydrochlorique. *De Bodenmais.* (Bavière.)

16. *Pélokonite*. (Richter.) Non cristallin, bleu noirâtre. Pes. spéc., 2,5 à 2,67. Éclat vitreux faible. Raye le gypse; rayée par la chaux fluatée. Poussière : brun de foie. Paraît composée de silice, oxydes de fer et de cuivre et hydrate de manganèse. De *Sierra Amarilla* et *Remolinos* (Chili).

17. *Photizite* (Beudant). Compacte. Rayant l'apatite et même le feldspath. Rose ou jaunâtre ou verdâtre. Pes. spéc., 2,8. Très difficilement fusible. C'est un silicate de manganèse avec ou sans eau, du signe $mn\ \ddot{S}i^5$, ou $mn\ \ddot{S}i^6 + 2\,\dot{A}q$. Mélangé quelquefois de carbonate de manganèse.

18. *Allagite* (Beudant). Compacte ou quelquefois fibreuse. Verdâtre, noirâtre ou grise, ou brun rougeâtre. Pes. spéc., 3,7. C'est encore un silicate de manganèse de la forme $mn^3\ \ddot{S}i^2$. Mélangé de $mn\ \dot{C}$.

19. *Manganèse de l'esillo et Piémont.* (Beudant). Compacte. Noir

grisâtre, d'un éclat approchant du métallique. Soluble en gelée dans l'acide hydrochlorique. Ce serait un sous-silicate de manganèse mélangé avec du peroxyde de manganèse, et un peu d'oxyde de fer et de cobalt.

20. *Opsimose.* (Beudant). *Hydro-silicate de manganèse*; *Schwarzer Mangan Kiesel.* Compacte; noire, métalloïde ; à poussière d'un brun jaune. Donnant de l'eau dans le matras et devenant d'un gris clair. Fusible en verre vert au feu de réduction, et noir au feu d'oxydation. Sur la feuille de platine, colore la soude en vert. Attaquable par les acides. Sa formule est *mn Si* $+$ *Aq.* De *Claperude* en *Dalécarlie.*

21. *Chlorophalite* (Macculloch). Cristaux aciculaires, ou grains et nodules d'un vert pistache et transparent , mais que l'action de l'air noircit et rend opaques. Fragiles. Inaltérables au chalumeau. Parait composé de silice, d'oxyde de fer et d'un peu d'alumine. Du *Scourmore* (Ile de Rum) et du *Comté de Fife* (Écosse).

22. *Kérolithe.* (Breithaupt). Masses réniformes à structure lamellaire ou compacte. Blanches ou vertes. Éclat vitreux ou gras. Transparentes ou translucides. Grasses au toucher, mais ne happant pas à la langue. Composées suivant Pfaff, de silice, magnésie, alumine et eau. Dans les serpentines de *Frankenstein.* (Sizésie et de *Zoéblite*) (Saxe).

** Ayant probablement les caractères d'autres Ordres que de celui des Silicidiens.

23. *Herderite.* (Haïdinger). Cristaux ressemblant aux Apatites , mais paraissant appartenir an système prismatique rhomboïdal droit. Forme primitive : prisme rhomboïdal droit de 115° 9' et 64°51'. Les cristaux sont des prismes à six pans, avec des sommets à six faces , dont quatre correspondant anx pans du noyau et deux à ses arêtes latérales aiguës. (Voyez Allan, *Manual,* fig. 45.) En supposant l'axe de ce solide placé horizontalement, on aurait un prisme hexaèdre, voisin du régulier, bordé de facettes annulaires sur toutes ses arêtes terminales, mais dont les facettes, remplaçant deux arêtes opposées, forment un biseau qui intercepte deux pans opposés du prisme. Couleur: brun jaunâtre ou verdâtre. Fortement translucide. Éclat vitreux un peu gras. Pes., spéc., 2,9 à 3,1. Dureté égale à celle des apatites ou rayant la chaux fluatée; rayée par le feldspath. *D'Ehrenfriedersdorff.* (Saxe).

24. *Hopeite* (Brewster). Cristaux ressemblant aux Calamines ou silicates de zinc. Forme primitive : Prisme droit rhomboïdal de 98° 26' et 18° 34'. Clivable parallèlement aux deux diagonales de ses bases, et le plus

nettement dans la direction des grandes diagonales. La forme secondaire la plus ordinaire est un prisme à huit pans , terminé par des
sommets à neuf faces, dont huit correspondent aux pans de ce prisme,
et la neuvième est perpendiculaire à son axe. Pes. spéc., 2,46 à 2,76.
Rayant le gypse ; rayée par la chaux fluatée. Blanc grisâtre. Transparente ou translucide. Éclat vitreux , et dans quelques directions un
peu nacrée. Entièrement soluble sans effervescence dans les acides nitrique et hydrochlorique. Donnant de l'eau dans le matras et fondant en un globule limpide et incolore, en donnant à la flamme
une couleur verte. M. Brewster regarde ce minéral comme composé
d'oxyde de zinc, uni à un acide fort , tel que le phosphorique ou
le borique, et à de l'eau. Des mines de zinc de la *Vieille Montagne*
près d'*Aix-la-Chapelle.*

25. *Nékronite* (Haïden). Cristaux à six pans ou rhomdoïdaux ,
clivables dans deux directions rectangulaires ; ou petites masses cristallines. Blanchâtres ou bleuâtres. Éclat un peu soyeux. Odeur fétide.
Rayant l'apatite. Très difficilement fusible. Des environs *de Baltimore*,
(*États-Unis d'Amérique.*)

26. *Osmélite* (Breithaupt). Cristaux altérés , aciculaires , groupés
en faisceaux ou en étoiles. Blanc grisâtre ou gris de fumée. Translucide. Éclat vitreux ou nacré faible. Odeur argilleuse par insufflation. Clivables dans une seule direction. Rayent la chaux carbonatée et
même la chaux fluatée; rayés par l'apatite. Pes. spéc., 2,83 à 2,79,
De *Nieder Kirchen* près *Wolfstein.* (Bavière Rhénane.)

27. *Stilpnomelan* (Glocker). Masses cristallines, feuilletées, fibreuses
ou radiées. Noires foncées ou vertes, ressemblant aux chlorites. Opaques. Éclat gras ou nacré, Pes. spéc. 3,25 à 3,40. Rayant le gypse ;
rayées par la chaux fluatée. Insolubles dans les acides. Fusibles au
chalumeau en scorie noire bleuâtre. D'*Obergrund* (Silésie).

28. *Téphroïte* (Breithaupt). Masses compactes, mais clivables en
plusieurs directions , dont deux se coupent à angle droit. Gris cendré
qui devient noirâtre sur les surfaces. Éclat adamantin. Pes. spéc,,
4,11. Raye l'apatite ; rayée par le feldspath adulaire. Au chalumeau
fond en scorie noire. Des *mines de Sparta* (Amérique du Nord).

29. *Beudantite* (Lévy). Cristaux en rhomboïdes de 92° 30' et
87° 30' environ; basés ou ayant leurs angles solides terminaux remplacés par une face perpendiculaire à l'axe. Aisément clivables parallèlement à cette face. Noirs par réflexion , d'un brun foncé par réfraction ou transparence. Éclat résineux. Raye la chaux fluatée. Poussière d'un gris verdâtre. De *Nassau.*

3o. *Monticellite* (Brooke). Cristaux ressemblant aux quartz, jaunâtres et quelquefois presque transparens et incolores. Rayant la chaux carbonatée ou la chaux fluatée ; rayée par la chaux fluatée ou l'apatite. Du *Vésuve*.

** Minéraux cristallins , types d'ordres nouveaux à introduire dans la Méthode , lorsqu'on aura trouvé les caractères minéralogiques distinctifs de ces Ordres.

31. *Vanadiate de plomb. Vanadin-Saures Blei* (Wohler). Cristaux peu nets en prismes hexaèdres , ressemblant aux Plombs phosphatés et arséniatés. Jaune de paille ou brun rougeâtre. Opaque ; éclat extérieur presque nul , intérieur résineux. Rayé par l'acier. Râclure blanche. Fragile. Pes. spéc., 6,99 à 7,23. Soluble dans les acides et donnant une solution verte avec les acides sulfurique et hydrochlorique , et une solution d'un beau jaune avec l'acide nitrique.

Au chalumeau, seul sur le charbon , fond immédiatement, exhale l'odeur d'ail , se réduit et laisse à la flamme intérieure une scorie gris-d'acier , qui donne les réactions du chrome. Les Vanadiates de plomb de Zimapan contiennent , suivant M. Berzélius : Chlorure de plomb, 25,33. Vanadiate de plomb, 74,00. Hydroxyde de fer, 0,67. De *Zimapan* au *Mexique* et de *Wanloekhead* en *Écosse*.

N. B. L'Ordre des *Vanadiens*, dans lequel l'acide vanadique forme le principe électro négatif dominant, devra être placé auprès des Phosphatidiens et des Arsénidiens.

32. *Iodure d'argent. Iod-Silber* (de Léonhard). Minéral en lames minces, blanchâtres , jaunâtres ou d'un gris de perle. Transparent. Éclat gras , passant à l'adamantin. Dureté du talc. Malléable et flexible en lames minces. Soluble à chaud dans l'acide hydrochlorique qu'il colore en brun rougeâtre en dégageant, au bout de quelque temps , des vapeurs violettes . Au chalumeau , sur le charbon , se réduit aisément en un grain d'argent , en émettant une flamme d'un rouge-pourpre. D'*Albarradon* près de *Zacatecas* (Mexique).

N. B. L'Ordre des *Ioduriens* dans lequel l'iode forme le principe électro-négatif dominant , devrait être placé après celui des Chloridiens. Il contiendrait deux genres : l'*Argent ioduré* et le minéral suivant.

33. *Iodure de mercure* ou *Mercure ioduré. Iod-Quecksilber* (De Rio et de Léonhard). Couleur rouge de cinabre foncé à râclure rouge.

2ᵉ *Appendice général à la Méthode.*

Comprenant des agrégats minéraux, indiqués dans les Systèmes de minéralogie les plus récens, et qui n'étant pas cristallisés et ne devant probablement jamais être trouvés avec des formes régulières ou des clivages, ne sauraient être admis comme Genres dans la méthode. Plusieurs des minéraux que nous avons placés dans des appendices particuliers à la suite des Classes, Ordres ou Familles, pourront un jour, après un examen plus complet être relégués dans celui-ci, comme n'étant que des groupes irréguliers d'individus moléculaires appartenant soit à un seul genre (dont les caractères distinctifs reseront toujours inconnus), et par leur assemblage présentant une matière ou substance homogène, formée peut-être d'élémens combinés en proportions définies, soit à plus d'un genre et constituant ainsi des matières ou substances hétérogènes ou des minéraux méa ngés.

Comme les agrégats inorganiques dont il est ici question, sont réellement des roches et non des individus ou cristaux, et ne doivent, en aucun cas, rentrer dans une classification fondée sur les principes de l'histoire naturelle, nous nous contenterons de les nommer sans les décrire, en ayant soin cependant d'en distribuer une partie en catégories, pour placer ensemble ceux de ces agrégats qui présentent en commun les caractères minéralogiques propres à quelques-unes des divisions principales de la méthode. Puis nous renverrons pour la description de chaque sorte à un des auteurs de Traités les plus récens, qui en ait fait mention. Cette indication se fera au moyen d'une lettre désignant l'auteur et l'ouvrage, et d'un chiffre désignant la page.

B. Beudant. (Traité Élément. de Minér., 2ᵉ édit. t. 2. Paris 1833.)

L. Léonhard. (*Grundzüge der Oryktognosie*, Heidelberg. 1833.)

A. Allan. (*Manual of mineralogy*, Edinburgh.)

AGRÉGATS COMPOSÉS DE CORPS CONTENANT DE L'OXYGÈNE ET AYANT LES CARACTÈRES DES CRISTAUX LITHOPHANES ALYSIMIENS.

. Donnant au chalumeau, dans le matras et avec les flux, les mêmes réactions que les Aluminidiens Hydratés.

Hydrate d'alumine des Beaux. (Alumine, peroxyde de fer et eau). B. 631.

Hydrate d'Alumine de Bernon (Alumine de chaux et eau). B. 637.

II. Donnant au chalumeau, dans le matras et avec les flux, les mêmes réactions que les Silicidiens.

A. Anhydres.

* Compactes et durs.

+ Infusibles au chalumeau.

Bucholzite. B. 31. A. 204. *Chamoisite.* B. 127. A. 302. *Cérine.* B. 63.

+ + Fusibles au chalumeau.

Petrosilex. B. 112. *Adinole* ou *Petrosilex de Sahlberg.* B. 126. *Lave vitreuse du Cantal.* B. 113. *Obsidienne et Marékanite.* B. 113. L. 207. A. 188 et 190. *Isopyre.* B. 132. L. 249. A. 190. *Retinite.* B. 115. L. 84. A. 188. *Perlite.* B. 115. L. 85. A. 188. *Ponce.* B. 115. L. 207. A. 188. *Sphérulite.* B. 115. L. 360. A. 207. *Erlan.* L. 342. A. 306. *Tachylite.* B. 734. L. 362. *Bombite.* B. 135. *Léelite.* B. 143. L. 348. A. 135.

B. Hydratés.

* Compactes, quartzeux et alumineux, etc.

Opale (avec *Hyalite*, *Ménilite Cacholong* et *Jaspe opale*). B. 18. L. 81 à 84. A. 186. *Cuivre hydro-siliceux* ou *Chrysocole.* B. 192. L. 252. A. 72. *Silicate de Cuivre de Dillenburg.* B. 194. *Thorite.* B. 171. L. 364. A. 323. *Allophane.* B. 37 et 724. L. 85. A. 73. *Hydro-silicite* (Kuh). L. 345. A. 310. *Quincite.* B. 215. *Chloropale compacte.* B. 179. L. 83. A. 302. *Knébelite.* B. 178. L. 347. A. 311. *Sordawalite,* B. 163. L. 360. A. 321. *Nontronite.* B. 180. L. 351. A. 314. *Horn mangan.* B. 182. *Collérite.* B. 33. L. 347. A. 74. *Pholérite.* B. 34. L. 353. A. 74. *Lenzinite.* B. 35, 36 et 39. A. 74. *Halloïsite.* B. 38. L. 89. A. 73. *Cimolite.* B. 36. L. 340. A. *Bols.* B. 35. L. 87 et 342. A. 301. *Lithomarge.* B. 39. L. 89 et 362. *Berthiérine.* B. 128. *Savon de montagne.* B. 39. L. 92. *Argiles diverses.* B. 39. L. 363. *Pinguite.* L. 354. *Wolchonskoïte.* L. 367. *Alumocalcite.* L. 336. A. 298. *Substance rose de Confolens.* B. 726. *Scarbroïte.* A. 321. *Pimélite.* B. 137. A. 316. *Agalmatholite* ou *Pagodite.* B. 144. L. 91. A. 98.

** Compactes, magnésiens.

Serpentines en masse. B. 129 et 200. A. 99. *Pierre de savon* ou *Stéatite.* B. 136. L. 108. A. 97. *Néphrite.* B. 140. L. 351. A. 159.

Pikrolite. B. 203 et 204. L. 109. A. 102.   *agnésite* ou *Écume de mer.* B. 213. L. 107. *Dermatine.* L. 311. A. 305.

*** Terreux.

Tripoli (Tripel). L. 364. A. 324. *Kaolin.* B. 31. L. 86. A. 135. *Chloropale terreuse.* B. 179. L. 83. A. 302. *Terre à foulon.* B. 35 et 36. A. 307. *Terres vertes.* B. 141, 179 et 180. L. 91. A. 90. *Grüne Eisen erde.* L. 116. A. 308, *Gelberde.* L. 88.

III. Donnant au chalumeau les réactions des Phosphatidiens.

Turquoise ou *Calaïte.* B. 577. L. 60. A. 157. *Alumine phosphatée* (*Phosphor-saures Thon.* B. 579. L. 363.)

IV. Donnant au chalumeau les réactions des Sulfatidiens.

Websterite ou *Aluminite de Halle.* B. 492. L. 57. A. 297. *Sous-sulfate d'Urane.* B. 487.

V. Avec les acides faisant effervescence, comme les Carbonidiens.

Zinconise. B. 357. *Conite* ou *Konilit.* A. 303. *Guano.* B. 305.

VI. Donnant, au chalumeau les réactions des Molybdéniens.

Plomb molybdaté basique de Pamplona. B. 665.

VII. Oxydes métalliques.

Oxyde de bismuth. B. 621. *Acide tungstique.* B. 659. *Chrome oxydé.* B. 666. *Uraconise.* B. 672. *Melaconise.* B. 714. *Minium et Massicot.* B. 926. *Stikiconise* ou *Antimoine oxydé terreux.* B. 616. *Zinc mehl.* L. 367.

VIII. Agrégats inflammables ou se consumant sans flamme.

Houille.—Stipite.— Lignite ou *Jayet.— Bois bitumieux.—Terre de Cologne* ou *Terre d'ombre.—Tourbe.—Terreau.— Elatérite.—Dusodyle. —Malthe.—Sphalte.—Retinasphalte.—Copale fossile* ou *résine de Highgate.—Succin.* B. 267 à 301. L. 369 à 375. A. 288 à 294.

FIN DU DEUXIÈME ET DERNIER VOLUME.

FAUTES A CORRIGER.

TOME PREMIER.

Page.	Ligne.	Au lieu de :	Lisez :
15	12	caractèr esindiqués	caractères indiqués
40	3	du savant dans l'histoire	du savant, dans l'histoire
86	26	quamiformes	squamiformes
96 / 97	28 / 1	nous avons saisir	nous avons voulu saisir
99	7	avantage lorsque	avantage, lorsque
111	3	binnaires	binaires
115	1	détruite	détruire
124	4	quant des terres	quant aux terres
228	27	*fre chromé*	*fer chromé*
306	26	frotts	frottés

TOME DEUXIÈME.

317	8	donne un vert incolore	donne un verre incolore
326	28	de 73,40 et 108,20	de 73,40 et 106,40
339	20	Monticell	Monticelli
360	10	en boule qui	en boule noire qui
364	11	en émail noir	en émail ou scorie
444	4	raye la chaux fluatée	raye l'apatite.

TABLE ALPHABÉTIQUE

DES NOMS FRANÇAIS DES GENRES

AVEC LEURS APPENDICES.

TABLE ALPHABÉTIQUE

DES NOMS LATINS DES GENRES.

A.

Achmites, 386.
Adamas, 215.
Aeschynites, 483.
Alabandina, 199.
Albites, 347.
Allanites, 357.
Alumen, 679.
Alunites, 595.
Amalgama, 25.
Amblygonia, 516.
Ammonalumen, 680.
Amphibolus, 369.
Amphigenes, 317.
Analcimus, 445.
Anatasium, 168.
Andalusites, 274.
Anglesites, 576.
Anorchites, 359.
Anthophyllites, 393.
Anthracites, 121.
Aphanesia, 551.
Apheresis, 534.
Aphtalosis, 678.
Apophyllites, 462.
Aragonites, 619.
Argentum, 10.
Argyroblenda, 186.
Argyrosa, 84.
Arsenicum, 20.
Arsenoxydum, 691.
Ascianites, 306.
Atakamia, 659.
Aurum, 9.
Azuria, 647.

B.

Barytina, 580.

Baryto-calcium, 617.
Bismuthina, 105.
Blenda, 201.
Boracites, 478.
Borax, 671.
Bourronites, 94.
Braunites, 145.
Breithauptia, 544.
Breusteria, 460.
Brochentia, 600.
Brongniartia, 591.
Bruccia, 665.

C.

Calamina, 441.
Calci-spathum, 624.
Calco-nitrum, 669.
Caledonium, 604.
Carpholites, 431.
Celestina, 586.
Cerussa, 608.
Chabasia, 429.
Chalcopyrites, 75.
Chalkosina, 99.
Cinnabaris, 195.
Circonius, 255.
Cobaltina, 65.
Condrodia, 305.
Cordieria, 292.
Corundum, 220.
Columnia, 675.
Couserania, 587.
Craitonia, 140.
Crocoisa, 493.
Cryolithos, 505.
Cuprum, 12.
Cyanosis, 685.
Cyanophora, 195.